国家级职业教育规划教材
全国技工院校服装设计与制作专业教材（中级技能层级）
全国中等职业学校服装类专业教材

（第3版）

服装
裁剪与制作

人力资源社会保障部教材办公室　组织编写
孙常胜　主　编

中国劳动社会保障出版社

简　介

本教材详细介绍了常见服装部件和中式服装部件的缝制工艺，以及一步裙、男西裤、休闲裤、女衬衫、男衬衫、马甲、女西服、夹克衫、男西服 9 个服装品种的缝制工艺，涵盖了裙装、裤装、衬衫和上衣四大品类。同时，教材增加了服装工艺单、服装样板图及相应的排料图，让学习者对企业生产过程中所使用的单据形式有所认知，同时初步了解常见服装款式所使用的服装材料特性。

本教材由孙常胜任主编，俞岚审稿。

图书在版编目（CIP）数据

服装裁剪与制作 / 孙常胜主编 . -- 3 版 . -- 北京：中国劳动社会保障出版社，2018

全国技工院校服装设计与制作专业教材：中级技能层级　全国中等职业学校服装类专业教材

ISBN 978-7-5167-3452-0

Ⅰ . ①服…　Ⅱ . ①孙…　Ⅲ . ①服装量裁 – 中等专业学校 – 教材 ②服装缝制 – 中等专业学校 – 教材　Ⅳ . ① TS941. 63

中国版本图书馆 CIP 数据核字 (2018) 第 120408 号

中国劳动社会保障出版社出版发行

（北京市惠新东街 1 号　邮政编码：100029）

*

国铁印务有限公司印刷装订　新华书店经销

787 毫米 × 1092 毫米　16 开本　25.75 印张　484千字

2018 年 7 月第 3 版　　2022 年12月第 6 次印刷

定价：54.00 元

营销中心电话：400-606-6496

出版社网址：http://www.class.com.cn

http://jg.class.com.cn

前　言

全国中等职业技术学校服装设计与制作专业教材自2002年出版以来，在职业院校教学及相关培训中发挥了重要作用，受到广大师生的好评。近年来，随着服装行业的发展，企业对服装从业人员的知识水平和技能水平提出了更高的要求。为了适应这一变化，满足学校培养人才的需求，我们对现有教材进行了修订。

在本次修订工作中，我们收集了服装企业对技能型人才的具体要求以及学校使用教材的反馈意见，组织了一批教学经验丰富、实践能力强的教师与行业、企业专家进行充分研讨，确定重点做好以下几方面工作：

第一，更新教材内容。根据服装行业的发展变化，调整更新了相关教材的结构和内容，体现行业新理念、新标准、新技术和新工艺。进一步增加实践性教学内容的比重，在服装结构制图、服装CAD等主要技能课教材中，更多地选用与企业生产结合紧密的实践案例，并配以详细的过程分析和操作指导，以引导学生运用所学知识分析和解决实际问题。

第二，提升教材表现力。通过设置“操作提示”“自测园地”“知识拓展”等不同栏目，增加教材的亲和力，激发学生的学习兴趣。同时，尽可能多地以图表代替冗长的文字叙述，使教材更加生动直观，易于学习。

第三，加强立体化资源建设。在修订教材的同时，补充开发配套的电子课件，电子课件可通过职业教育教学资源和数字学习中心（http://zyjy.class.com.cn）免费下载。在《服装CAD（第三版）》等教材中引入二维码技术，针对教材的重点和难点制作了演示视频等多媒体素材，使用移动终端扫描书中相应位置处的二维码即可在线观看。

本套教材的修订工作得到了有关学校的大力支持，教材的编审人员做了大量的工作，在此，我们表示衷心的感谢！同时，恳切希望广大读者对教材提出宝贵的意见和建议。

人力资源社会保障部教材办公室

目 录

第一章
服装制作工艺基础知识

在服装生产过程中，基础工艺的熟练程度和技术质量将直接影响服装生产效率和服装成品质量。只有注重基础工艺的训练，才能具备扎实的基本功。缝制基础工艺包括手缝工艺、机缝工艺、熨烫工艺和裁剪工艺，其中重点是手缝工艺和机缝工艺。

本章重点讲述常见手工针法、手缝工艺、熨烫工艺和机缝工艺的基础知识，并通过一系列训练达到学习目标。

学习目标

1. 能运用手工针法进行缝制练习。
2. 能运用工业缝纫机进行简单产品的缝制。
3. 能对面料进行正确的熨烫。

第一节　手缝工艺基础知识

手缝工艺是服装缝制的一项传统技艺，具有灵活、方便的特点。手缝的基本针法是指操作者通过针、线及其他材料和工具，在裁片上进行缝纫制造后产生不同的线迹，达到不同服装制作要求的工艺。

一、认识手缝工具

工具准备充分，会使缝纫工作有一个良好的开端，所谓“工欲善其事，必先利其器”。

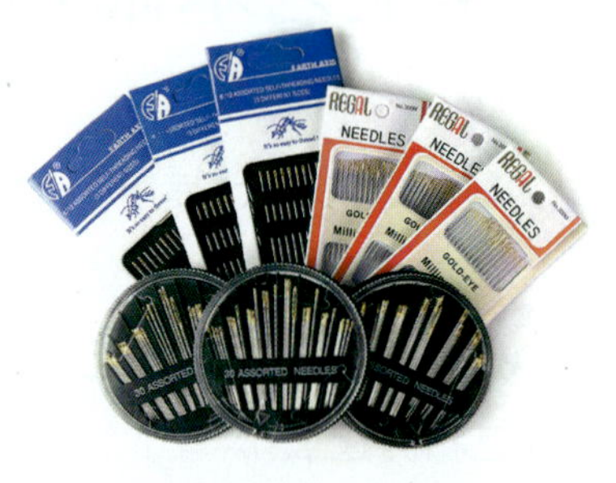

手缝针

手缝针有十多种号型。可根据面料的厚薄及所用缝纫线的粗细来选择针的种类，一般面料选用 6 号针，轻薄面料选用长 9 号针。号型越小，针越粗，尾孔也越大。

缝纫线

线的种类很多，有棉线、丝线、涤纶线等。一般可选择与针号大小相匹配，与面料颜色、质地、性能及工艺需求相一致的线。

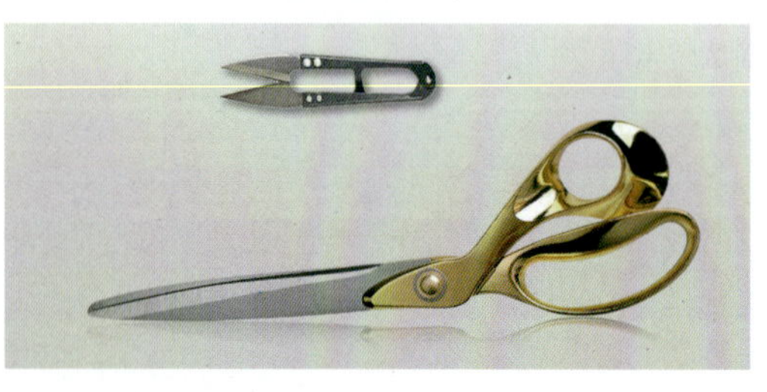

大、小剪刀

大剪刀用于面料裁剪，小剪刀用于修剪线头。选用的剪刀一定要刀刃锋利、刀头尖锐，因为钝的刀刃会损坏织物，降低裁剪效率。

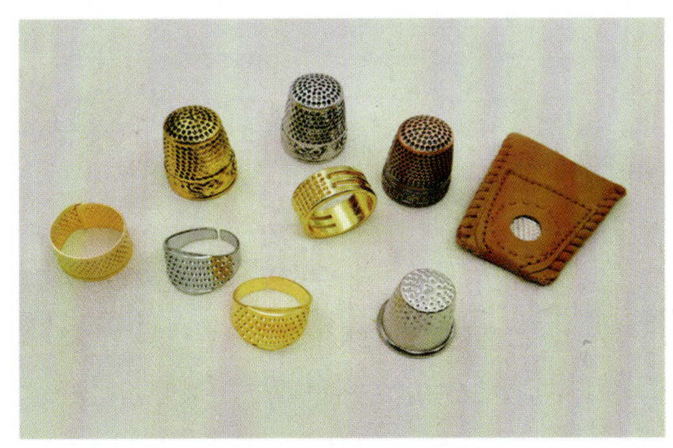

顶针

顶针又称针箍，有铜质、铝质和铁质三种，起着保护手指在缝纫中免受刺伤的作用。顶针上的洞眼要深，否则缝制厚硬布料时会打滑。

划粉

划粉有普通划粉和隐形划粉两种，用于在面料上划线、做标记位。划粉有多种颜色，在浅色衣料上划线要注意选择颜色比较接近的划粉。

插针包

在缝纫时，要养成将针和大头针有序地插在插针包上的良好习惯，这样方便使用。

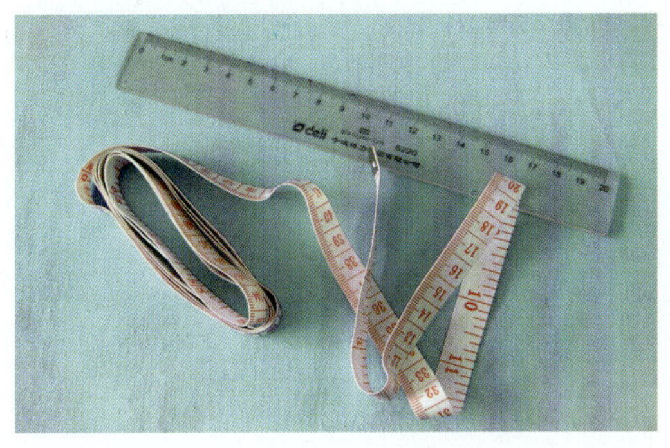

尺

服装缝制中使用的尺，通常有直尺和软尺两种。直尺主要用于裁剪与制图时进行测量、划线等，软尺主要用于量体和检测服装规格。

知识拓展

缝针、缝线与缝料的关系

要达到完美的缝制效果，除要求缝纫机本身性能良好、操作者技术熟练外，还要求缝针、缝线与缝料三者规格匹配。表 1—1—1 是常用缝针、缝线与缝料的配合关系。

表 1—1—1　缝针、缝线与缝料的关系

手缝针号	机针号	缝线	缝料
长 9	9 ~ 11	细线	薄面料（乔其纱、电力纺等）
6	14	中粗线	中厚料（纱卡、混纺、毛涤等）
3 ~ 4	16 ~ 18	粗线	厚面料（牛仔、粗纺、毡料等）

1. 缝针与缝料选择时的注意事项

（1）薄面料如果选用粗机针，则面料容易抽紧不平，针孔也会留下痕迹。

（2）细机针若穿粗线，则不容易穿进，且容易导致面料皱缩、线路不整齐及断线。

（3）厚面料如果选用细机针车缝，机针容易弯曲或断掉。

2. 缝线与缝料选择时的注意事项

（1）缝线色泽与缝料要一致，除装饰线外，应尽量选用相近色，且宜深不宜浅。

（2）缝线材料应与缝料材料特性接近。

1）缝线缩率应与缝料一致，避免缝纫物经过洗涤后缝迹因缩水过大而使织物起皱。

2）缝线的色牢度应与缝料一致，如丝绸面料选择丝线较妥。

3）缝线的耐热性应与缝料一致，一般采用涤 / 棉线，耐热与牢度都较好。高速缝纫机不能采用全涤纶线；大衣也不能采用涤纶线，因为高温熨烫可使涤纶线断线；全毛大衣应选择较粗丝线。

二、捏针穿线基本方法

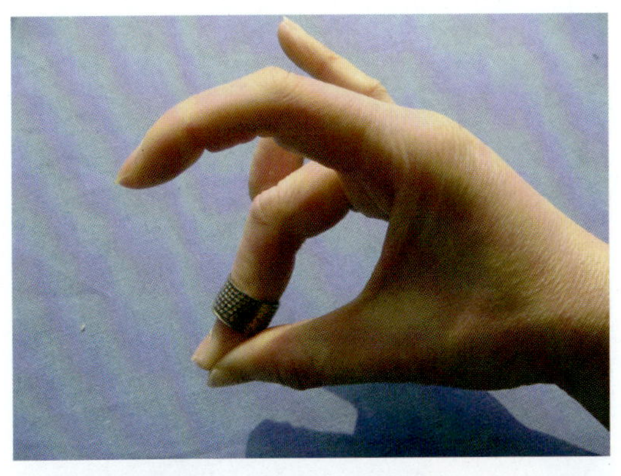

顶针用法

顶针是手缝工艺中不可缺少的工具。手缝时要戴顶针，顶针一般戴在右手中指的第一关节。戴顶针可以协助扎针、运针，也可以保护手指在缝纫中免受刺伤。

捏针姿势

捏针时，右手拇指与食指捏住针的上段，小指挑线。注意运针时针尖不宜露出过长，将顶针抵住针尾，用微力使手缝针顺利穿过衣料，做到下针要准、拉线要快、缝到头手法要轻。这样既准确又迅速，缝出来的衣片也漂亮。

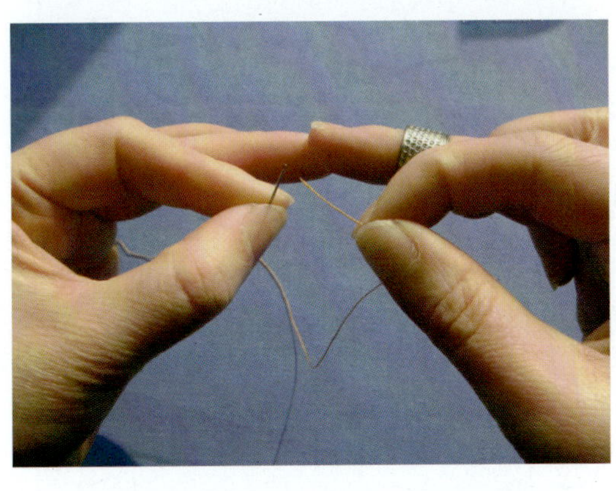

穿线方法

左手拇指和食指捏针，右手拇指和食指捏线，线头伸出 2 ~ 2.5 cm。在穿线前，一定要将线头捻光、捻细、捻尖，便于顺利穿过针孔，线过针孔迅速拉出线头，然后顺势打结。看似很简单的动作，也需要初学者眼明、心细，否则会影响穿针引线的速度。

打结

手缝前为了使缝线不拔出，在线的端部打一个起针结。缝完后，线任意放置会散掉，所以缝线打结后要打止针结，防止缝线散开。

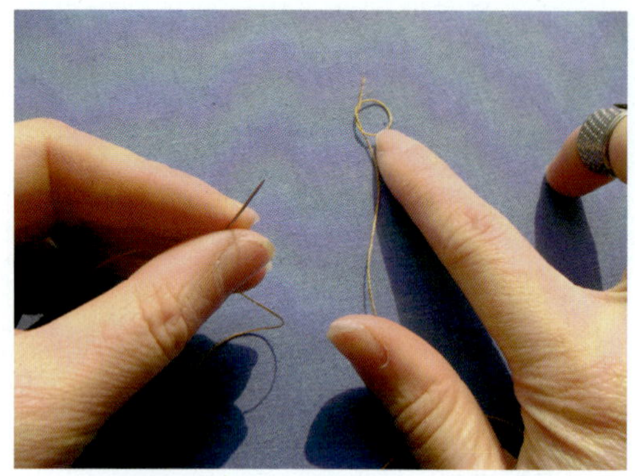

（1）起针结

线在食指上绕一圈，食指和拇指捻一下，使线端穿过线圈，将线头转入圈内，拉紧线圈即可。注意线结尽量少露线头，线结大小以不会从衣料空隙中漏出为宜。

（2）止针结

左手拇指和食指在离开止针约 3 cm 处把线捏住，用右手将针套进缝线圈内抽出针，把线圈打到止针处，左手按住线圈，右手拉紧线圈，使结正好扣紧在布面上，以免缝线松动。

操作提示

◆有些缝纫线由于捻度较大，手缝时会产生拧绞打结现象。将穿好针的缝纫线顺其捻向捻几下或熨烫一下，这样在手缝过程中线就不容易拧绞打结了。

◆你可曾看到过年长的老奶奶带着老花镜缝补衣物时，有时会拿着手缝针在头上篦几下，这样做是为什么呢？这是因为头皮的油脂能协助手缝针在缝补过程中扎针、运针，大家不妨试一下。

三、基本手缝针法

平缝针（纳布头法）

针法

平缝针法是最常用的手缝针法，也是其他手缝针法的基础。

左手拿布，右手拿针，一上一下由右向左刺入布 0.3 ~ 0.5 cm，利用顶针帮助手缝针顺向、等距向前运针，反复缝刺 3 ~ 4 个回合后，将针拔出。如此循环往复，达到手法敏捷，针迹均匀整齐、平服美观的要求。

用途

此针法多用于缝袖山头“吃势”、抽细裥、圆袋角抽缩等。

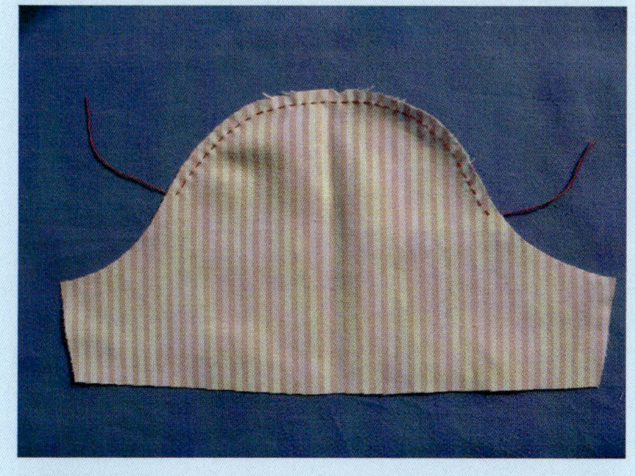

袖山头“吃势”

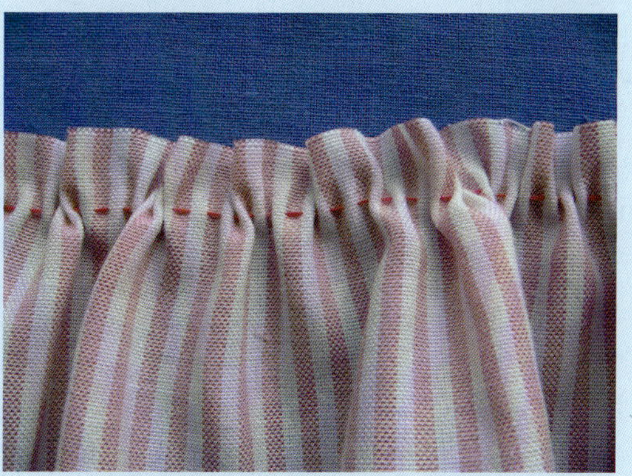

抽细裥

勾针（回针）

针法

顺勾针 自右向左前进。起针向右后退 0.5 cm，再向前进 1 cm，如此循环往复。要掌握好入针与出针的位置。这种针法前后衔接，粗看起来与机缝相似，要保证针脚顺直，针距均匀。

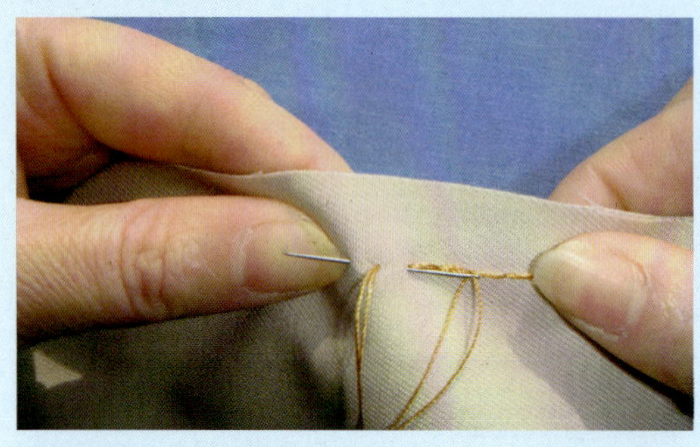

倒勾针 由左向右后退。起针向前缝 0.5 cm，再向后退缝 1 cm，如此循环往复。这种针法主要用在斜丝的部位，防止衣片拉长，能起到归拢的作用。注意运针时适当拉紧缝线；厚料用双线，薄料用单线。

用途

此针法主要用于前、后袖窿弧线，领口弧线，裤后裆缝等部位。

袖窿弧线

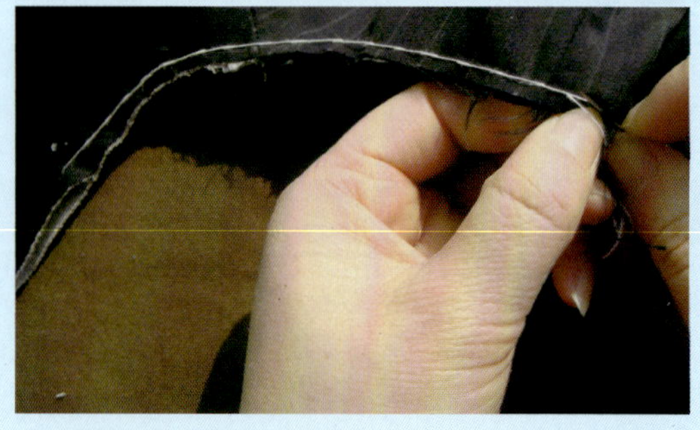

领口弧线

缲针

针法

明缲针 由右向左，由里向外缲。起针时从上层出针，向前 0.5 cm，挑起下层面料的一根布丝，针迹成斜扁形。为使服装缲好后正面不宜看清线迹，要注意缝纫线与衣料的颜色相近。

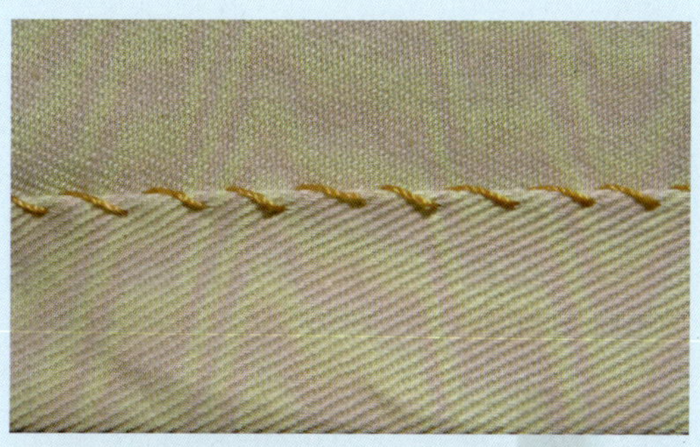

暗缲针 自右向左，由内向外竖直缲，且缝线隐藏在贴边的夹层中间，每针间隔 0.5 cm。要求大身面料与贴边平服、顺直，松紧适宜，线距均匀，产品的正面不露线迹。

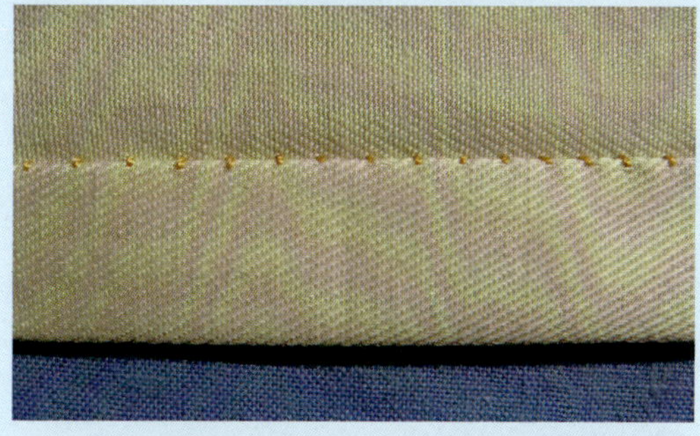

用途

此针法常用于缲缝贴边、滚条和里子的缝合部位。

领底呢缲针

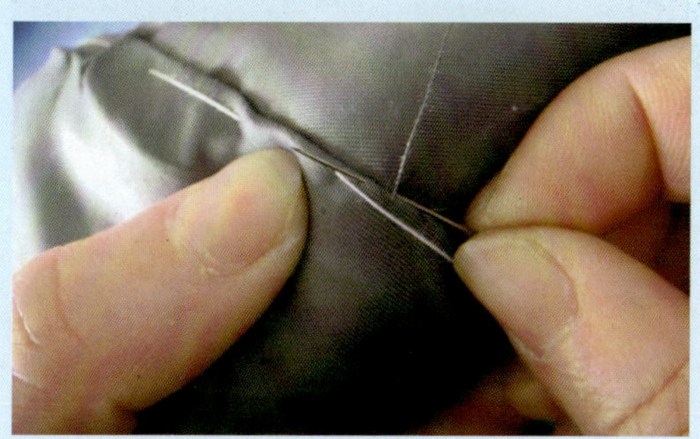

袖窿缲针

三角针（绷三角）

针法

由左向右倒退运针，绷三角前把贴边和衣料用长针绷牢。第一针起针要把线结藏在折边里，再在上针缝住衣料一根布丝，然后在下面折边缝一针，线与线的间距 0.5 ~ 0.7 cm，针脚呈斜状，即形成一个个三角状。要求折边平服，顺直缝线不能拉得太紧，以防起皱，三角呈“V”字形，大小相等达到坚固、美观的效果。要求正面不露针迹，反面针迹整齐、均匀。

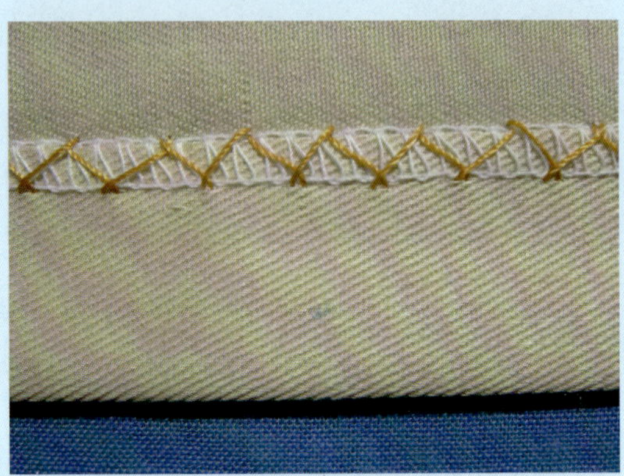

用途

此针法适用于上衣、裤和裙贴边处的缝合。

裙底边

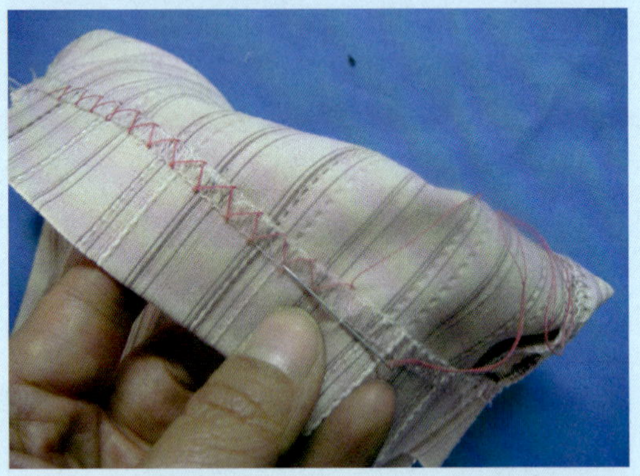

脚口折边

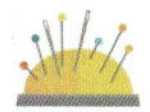

巩固练习 1

手缝针法练习

目的和要求：将若干块坯布料用手缝基本针法缝合。在拼布中，掌握基本针法的运用，提高手缝操作的熟练程度。

工具和材料：坯布料若干、6 号针、线、顶针等。

方法和步骤：将坯布料裁成若干长 30 cm、宽 8 cm 的长方形，再采用平缝针、勾针、缲针和三角针拼合坯布料。要求拼合后坯布料呈长方形，且长短、宽窄一致。

操作提示

◆穿好针的缝纫线不宜留得过长或过短，一般在 50 cm 左右，长了容易打结，短了中途接线影响美观。

◆坯布料可按布丝修剪顺直。因为布料丝绺的正直、平服是做好练习产品的第一保障。

◆坯布料本身没有正、反面之分，但经过平缝针缝合后就有了正、反面之分，有缝份的为反面。进行操作练习时一定要考虑产品的正、反面相一致。

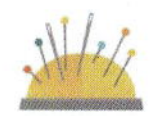

巩固练习 2

锁眼、钉扣

1. 划扣眼：将布对折剪开，扣眼大小 = 纽扣直径 + 纽扣厚度（见图 1—1—1）。

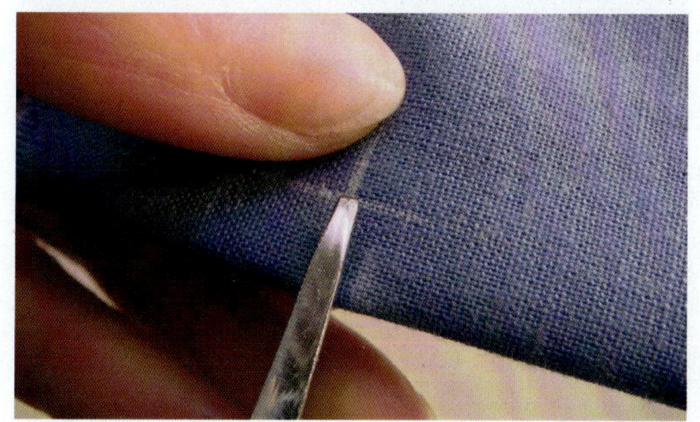

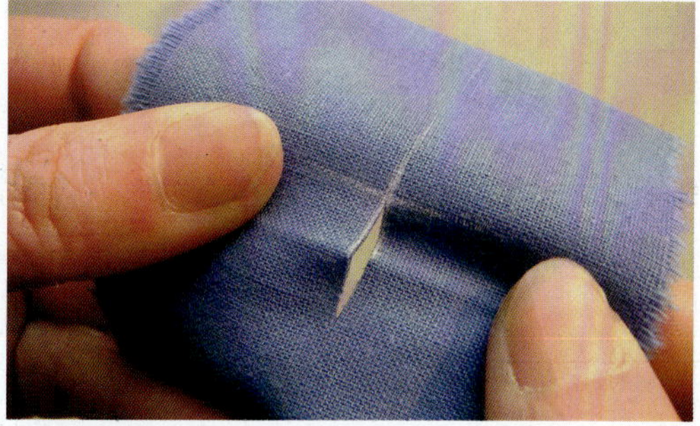

图 1—1—1　划扣眼

2. 起针：从扣眼尾端起针，线在衣片中间带出，使线结藏在衣片中（见图 1—1—2）。

图 1—1—2　起针

3. 锁眼 1：针从扣眼的尾端起，将针尾后的线绕过针的左下抽出针，朝右上方拉线，一般成 45° 角，要拉紧、拉整齐（见图 1—1—3）。

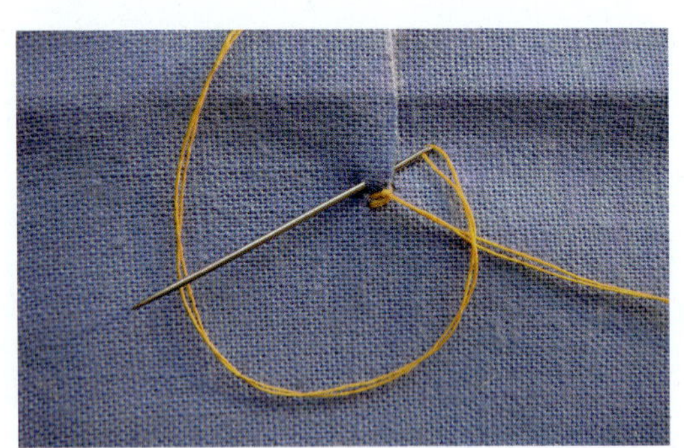
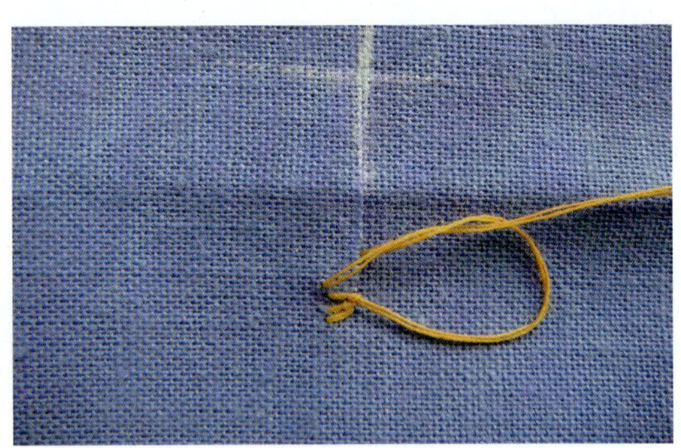

图 1—1—3　锁眼 1

4. 锁眼 2：每针距离 0.15 cm 左右，以此循环。锁缝时注意针距宽窄一致，倾斜度一致，以保证扣眼边缘锁花的美观（见图 1—1—4）。

图 1—1—4　锁眼 2

5. 锁眼 3：锁到扣眼的圆头时，针脚要随圆心的方向不断变化，呈放射状，拉线要朝布面的右上方抽拉，拉力要均匀（见图 1—1—5）。

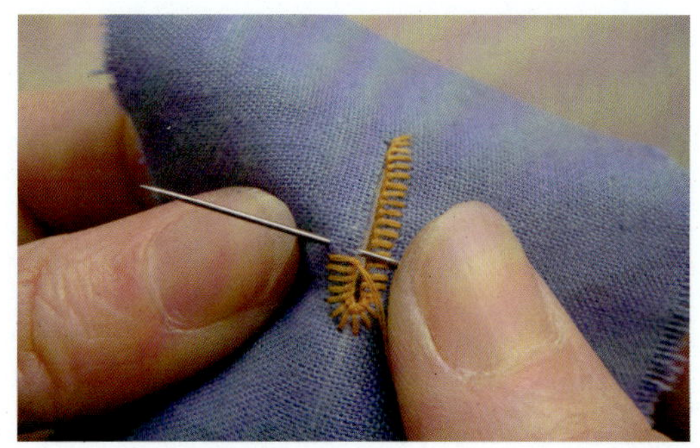

图 1—1—5　锁眼 3

6. 锁眼 4：锁到扣眼尾端时，把针穿过左面第一针锁线圈内，使尾端锁线连接，并在尾端缝两针平行（见图 1—1—6）。

图 1—1—6　锁眼 4

7. 打结封尾：从扣眼中间空隙处穿出，在反面打结，将线结留在衣片夹层内（见图 1—1—7）。

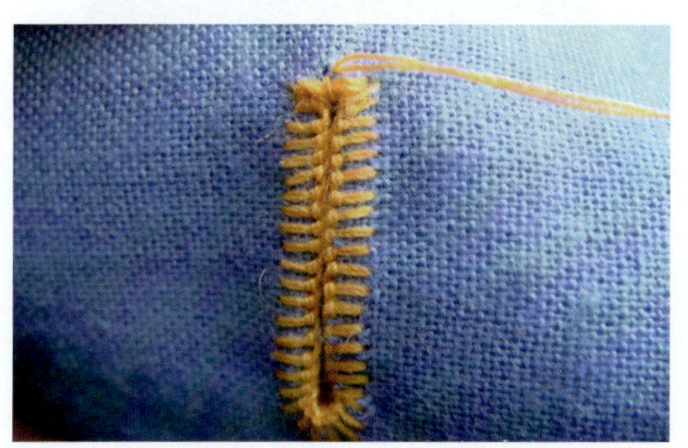

图 1—1—7　打结封尾

8. 钉扣：把纽扣钉在纽位上。钉扣有钉实用扣和钉装饰扣两种，两孔的缝线只能钉一字形，四孔的缝线可钉平行二字形、交叉 X 形和口字方形（见图 1—1—8）。

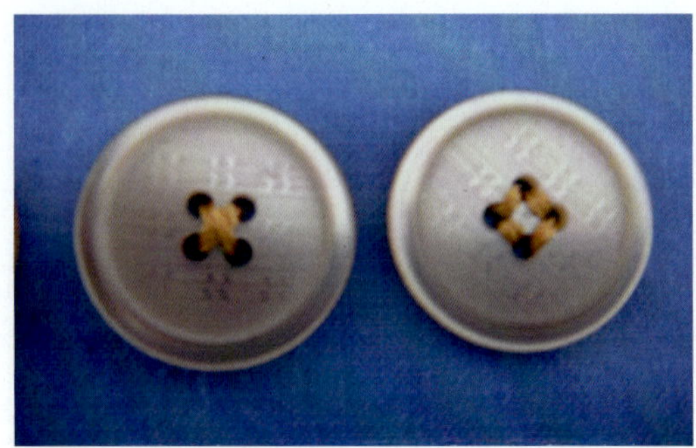

图 1—1—8　钉扣

知识拓展

机锁纽孔

纽孔在外观上有平头眼和圆头眼两种，平头眼多用在衬衫、内衣等薄型面料上，圆头眼多用在毛呢及较厚的、做工较考究的服装上。机器锁孔的线迹宽度和长度可以根据控制的按钮进行适当调整，以适合不同的面料、不同的纽扣直径。目前，工业操作过程中使用电子数控高速平头锁眼机（见图 1—1—9）和电子数控高速圆头锁眼机（见图 1—1—10），其性能稳定，锁眼美观，速度快，大大提高了生产效率。

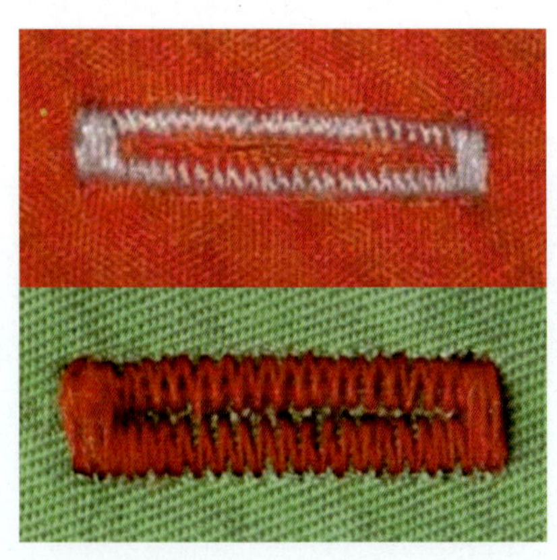

图 1—1—9　电子平头锁眼机与平头纽孔眼

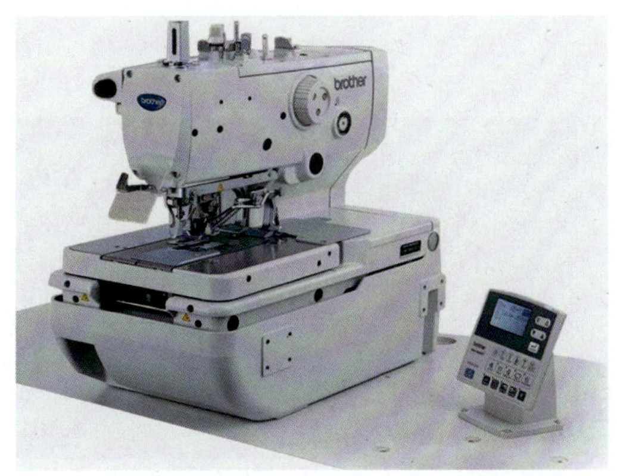

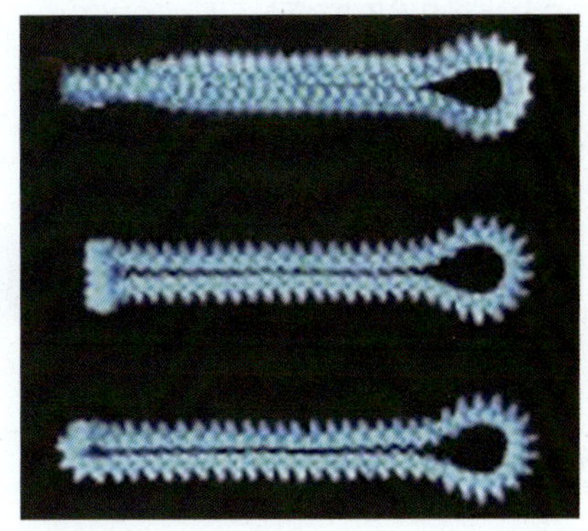

图 1—1—10　电子圆头锁眼机与圆头纽孔眼

思考与练习

1. 你掌握了哪几种手缝针法？它们各有什么用途？
2. 通过本节的学习，请自己设计并制作一件小的手缝作品。

第二节　机缝工艺基础知识

机缝，也叫车缝，泛指用缝纫机器来完成服装加工的过程。其特点是速度快，针脚整齐、美观。随着缝纫机械的不断发展，现代服装生产中机缝工艺已经成为整个服装生产的主要组成部分，本节以工业电动缝纫机为例介绍缝纫机缝纫的基本方法。

一、认识机缝工具

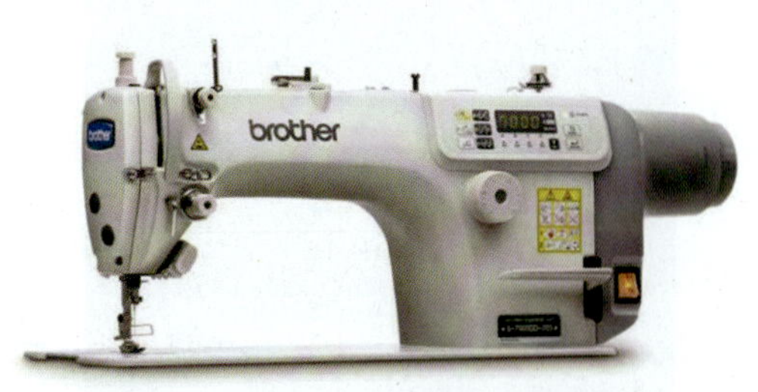

工业直驱微油高速平缝机

目前较先进的工业用平缝机，机器采用数控和自动切线装置，能极大地提高工作效率，平时只需要极少的油料进行润滑。且机器采用直驱电脑平车，噪声小。

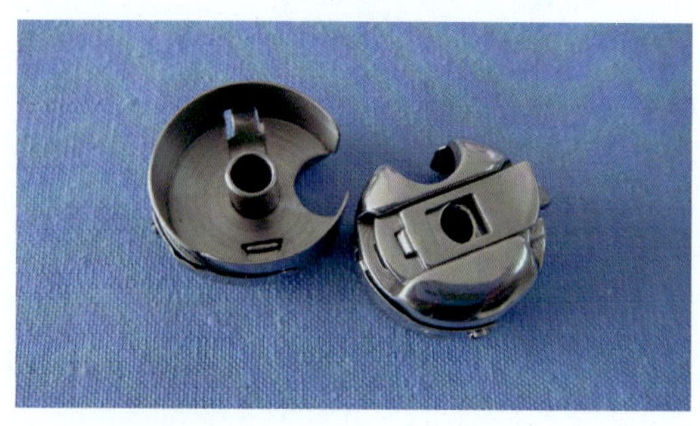

工缝梭壳

工业缝纫机中不可缺少的机器零件。有家用和工业两种，不能混用。

工缝梭芯

与梭壳配套，装在针板下面的梭床内。有不锈钢和铝合金两种材质。车缝时，底线绕在梭芯上。

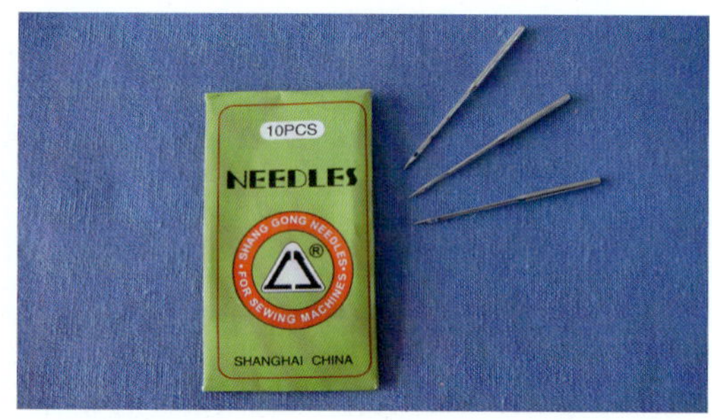

工缝机针

机针有多种规格，可根据不同织物选择不同的缝针型号。14 号工业机针是最常用的机针。机针号码越大，针身越粗。

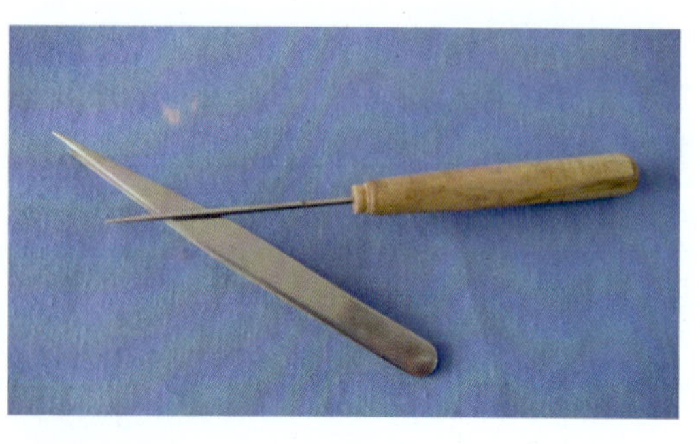

镊子、锥子

产品制作的辅助工具。主要用于缝制过程中的拆、挑、送布等工艺，也用来为服装裁片做标记。

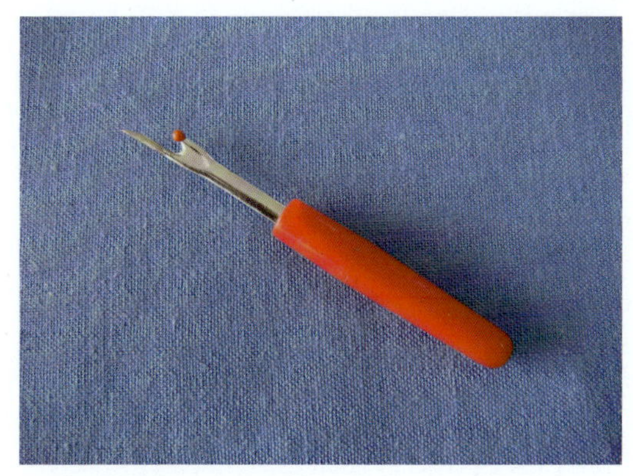

拆线器

一种带锋利刀刃的尖头小装置，能快速地拆除缝线，不易损伤面料的纱线。

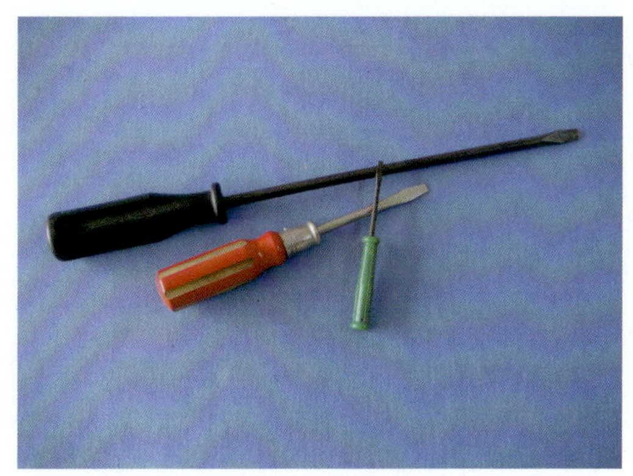

螺丝刀

缝纫机装针、调换压脚或者修理、调整机器的主要工具。

二、空车训练

1. 空车运转训练

练习前，扳动机头前侧的压脚扳手，将压脚抬至最高点，避免压脚与送布牙相互磨损（见图 1—2—1）。

图 1—2—1　抬起压脚

不装机针、不穿缝线，开启电源，进行空车起步、慢速、中速、停机训练（见图 1—2—2）。

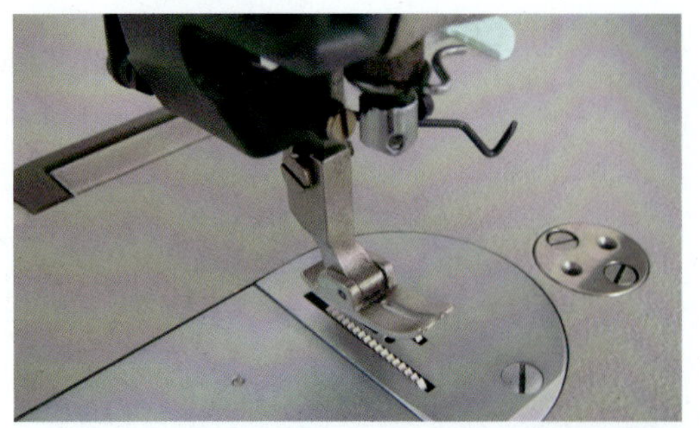

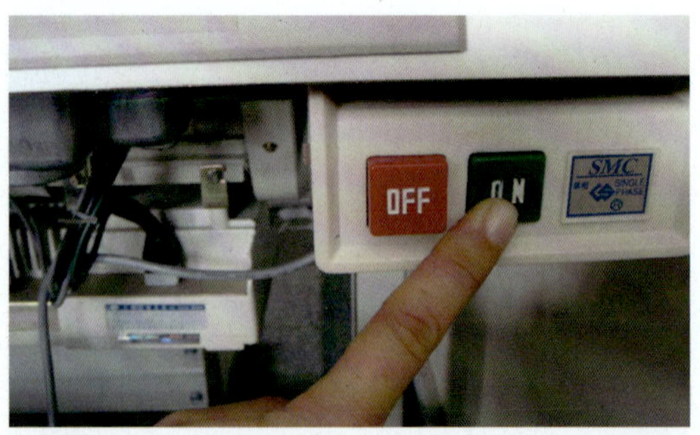

图 1—2—2　开机

坐姿要自然，挺直，平稳；两手平放在正前方，右脚在前，左脚在后，也可单脚控制（视个人习惯而定）。脚用力的力度与位置控制平缝车的停、转和车速的快慢（见图 1—2—3）。

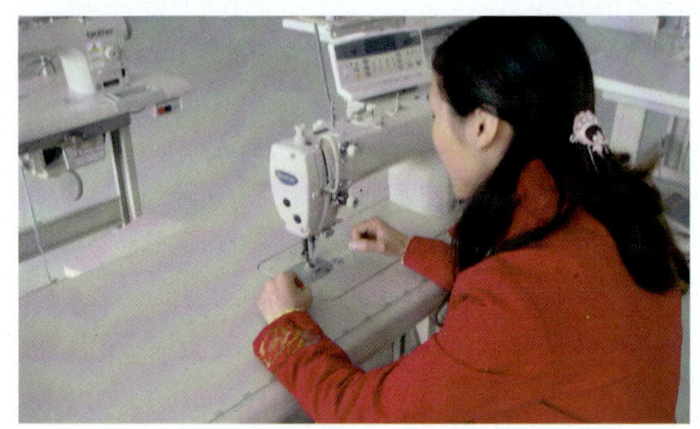

图 1—2—3　缝纫坐姿

2. 缉纸训练

使用规格尺寸 30 cm × 21 cm 较硬卡纸或牛皮纸进行训练。

（1）训练准备工作。确认机针的长槽向左后，拧松上针螺丝，把机针上端末插入针柱槽内顶至最高点，拧紧机针的固定螺丝（见图 1—2—4）。

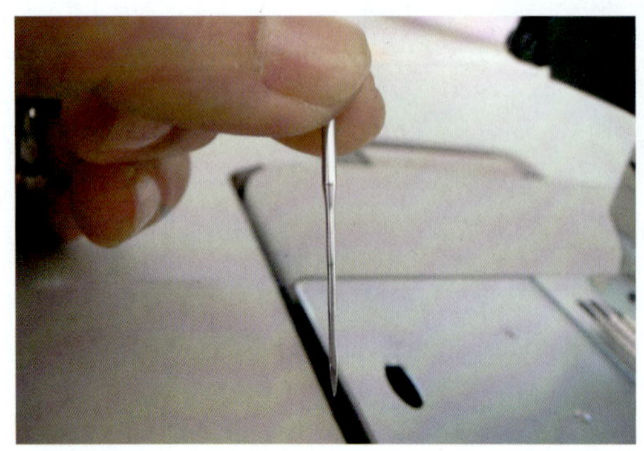

图 1—2—4　装机针

将右脚放在脚踏板上，右膝靠在膝控压脚的碰块上，练习抬、放压脚（见图 1—2—5）。

图 1—2—5　脚控踏板与抬压脚机构

将纸放在压脚下，将针扎进线条起点，放下压脚；两手一前一后轻轻扶纸，协调控制纸的方向，按规定的路径前进（见图 1—2—6）。

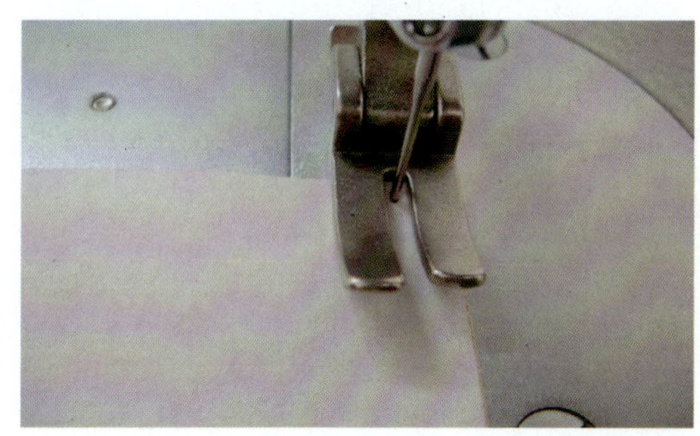
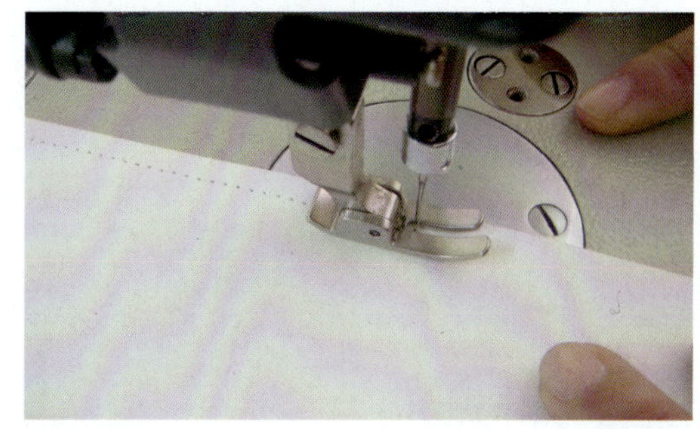

图 1—2—6　缉纸练习

（2）直线和几何图形练习。按照 0.6 cm 的间距进行直线和不同形状的几何图形缝纫训练。要求做到纸上的针孔整齐，直线不弯，转弯拐角处方正。通过训练提高控制线与线之间的距离，保持线平行的能力（见图 1—2—7）。

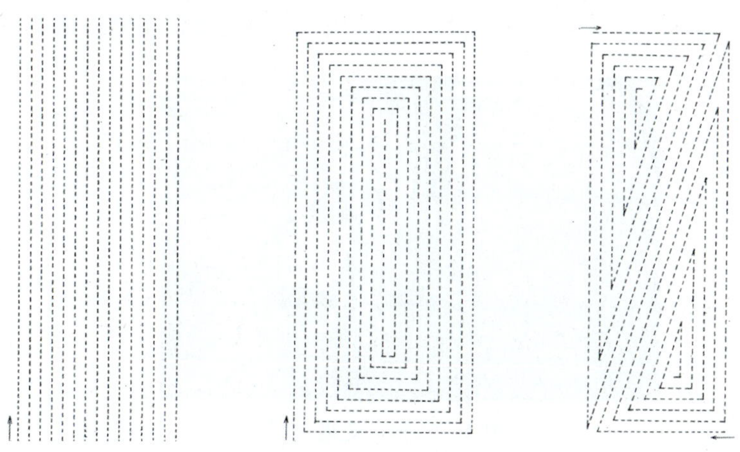

图 1—2—7　直线和几何图形练习

（3）弧线练习。按照 0.6 cm 的间距进行弧线和鞋垫缝纫训练，要求转弯处不出头、圆顺（见图 1—2—8）。

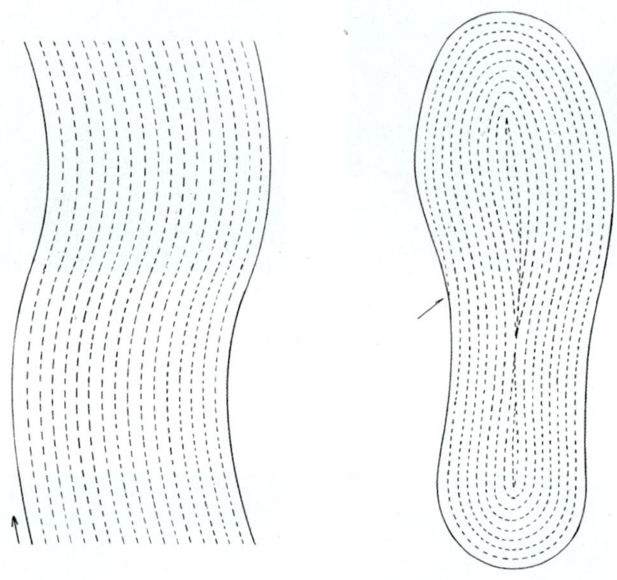

图 1—2—8　弧线练习

操作提示

◆为保证机针落在所需的地方，要学会把压脚左右外侧边缘或用定规作为参照物控制线条的间距（见图 1—2—9）。

◆接近拐角时要控制速度，让针扎进拐角刚好停住，抬起压脚，旋转缝料（纸）至另一缝线方向，放下压脚，继续缝纫。接近终点时，也要放慢速度使机器逐渐停下来。

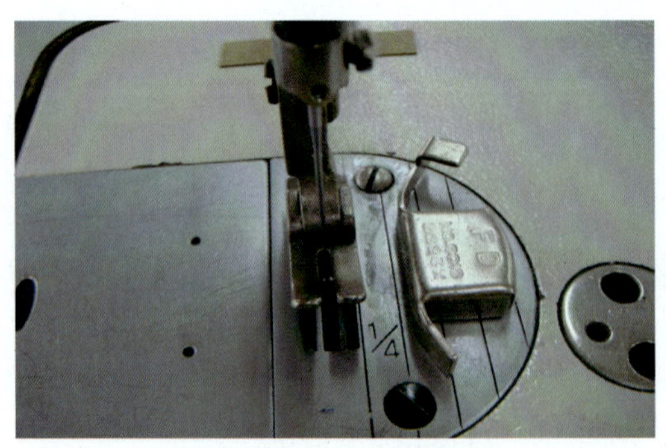

图 1—2—9　定规

三、机缝前的准备

1. 梭芯绕线（见图 1—2—10、图 1—2—11）

图 1—2—10　绕线轴绕线

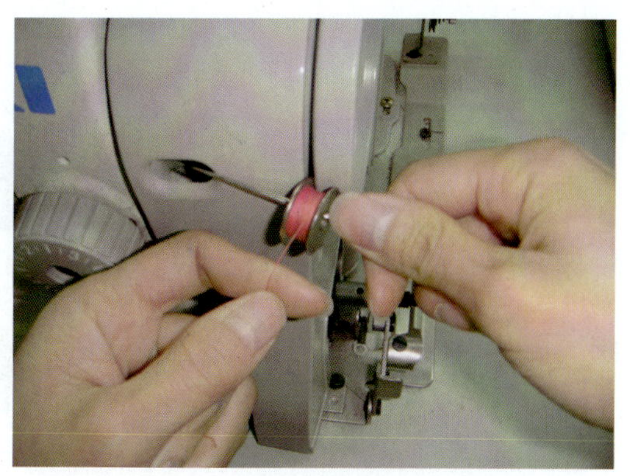

图 1—2—11　手动上轮绕线

2. 装梭芯、梭壳（见图 1—2—12、图 1—2—13）

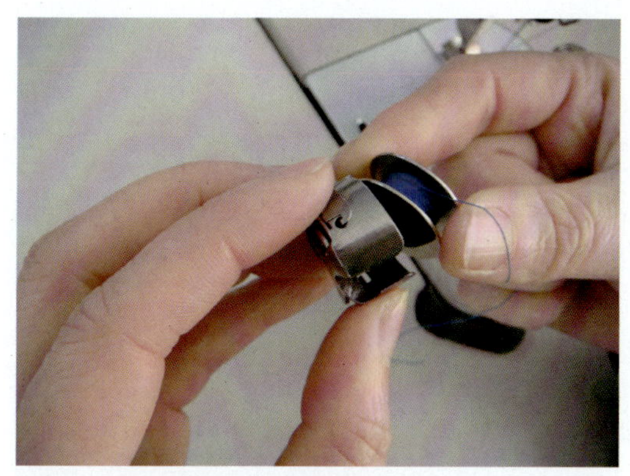

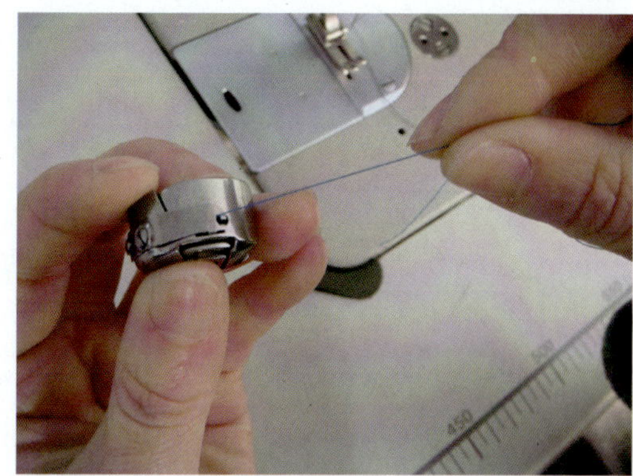

图 1—2—12　装梭芯

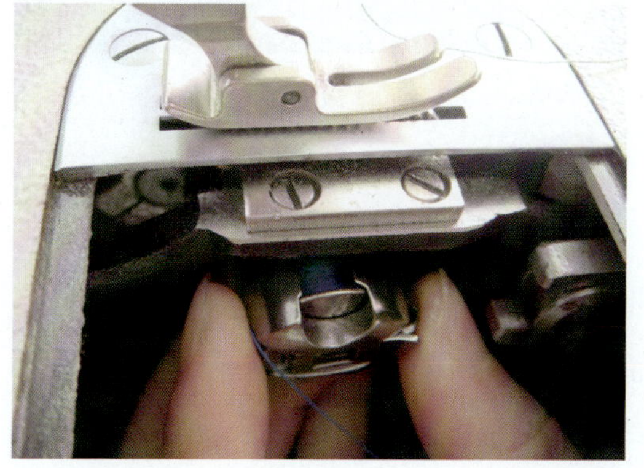

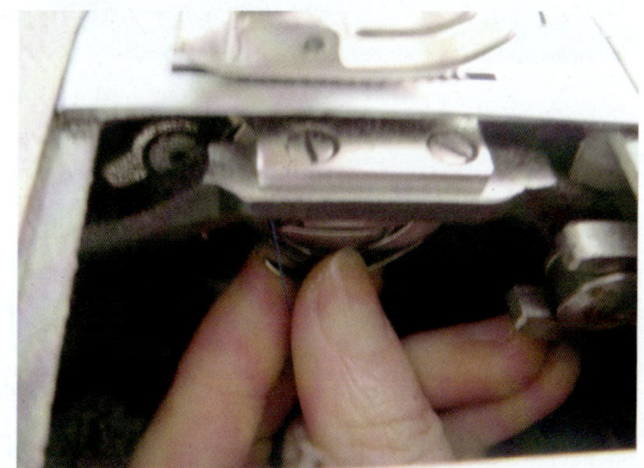

图 1—2—13　装梭壳

3. 穿面线（见图 1—2—14）

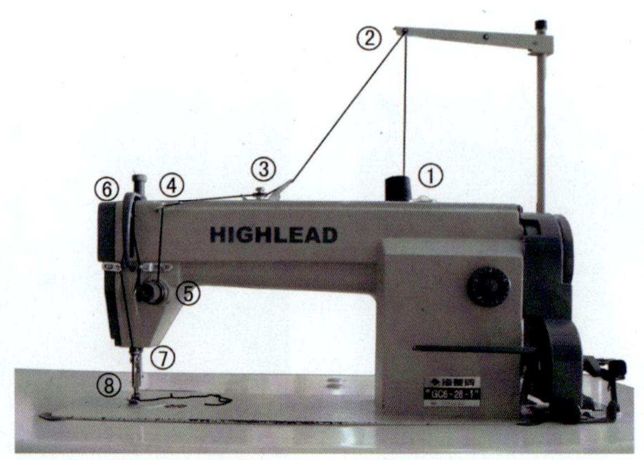

图 1—2—14　穿面线

穿面线：①放线团→②从后向前穿过线杆→③过线板→④三眼线钩→⑤向下绕过挑线簧和大线钩→⑥穿过挑线杆→⑦过面板线钩→⑧从左向右穿机针眼孔，并拉出 10 cm 长的线。

4. 引底线（见图 1—2—15）

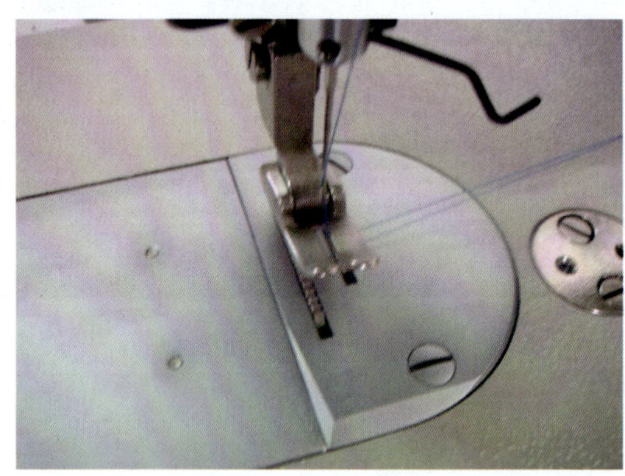

图 1—2—15　引底线

5. 调节针迹

打开电源，在碎布上调试针迹。调整时，一般先用小号螺丝刀微调好梭壳的梭皮螺丝，使底线拉出时不松不紧；面线则可旋紧或旋松面板上夹线器的螺母，根据底线进行调节，边试边查看底线、面线配合情况，使底线和面线的张力平衡，进而使底线、面线交接点在缝料中间，且松紧适中（见图 1—2—16）。

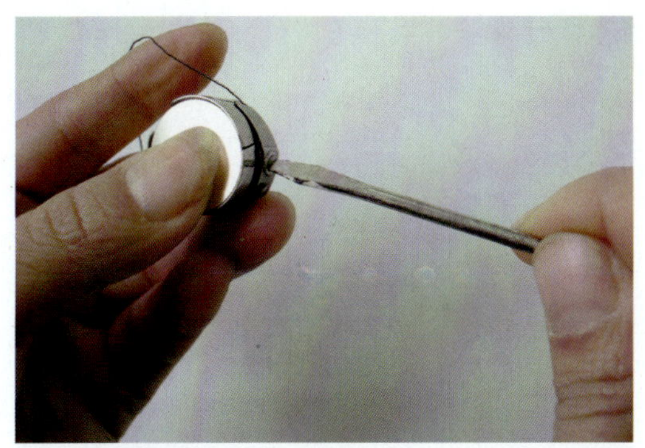

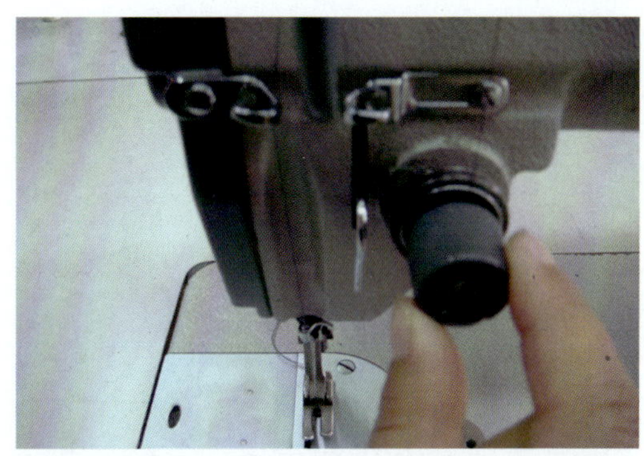

图 1—2—16　针迹的调节

6. 针距的调节

机缝前必须先将针距调节好。针距大小的调节由调节装置控制，逆时针旋转针距变长，顺时针旋转针距变短（密）。缝纫时，针距要求适当。针距太大，缝纫牢度不够；针距太小，刺伤纤维过多，影响牢度。一般情况下，缝料越厚，针距越大（见图 1—2—17）。

图 1—2—17　针距的调节

四、机缝基本缝制方法

1. 常用缝制工艺

（1）平缝。平缝又称拼缝、接缝、合缝，是缝纫工艺中最基本的缝制方法。

操作方法　缝合时，将两层缝料正面叠合，在反面沿着所预留缝份上下对齐进行缝合，一般缝份宽 0.8 ~ 1 cm。

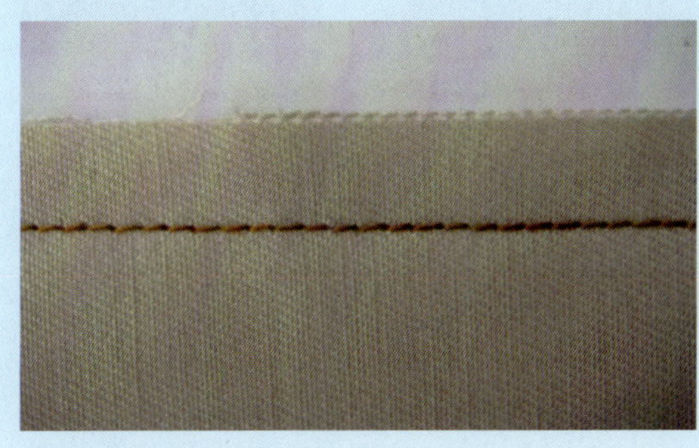

分　类　此缉法按缝份的倒向可分为坐倒缝和分缝。

坐倒缝

分缝

工艺要求　注意缝纫手势，上下层缝料平服，缉线顺直，缝份宽窄一致。在缝制的开始和结束时都要回针，以防线头脱散。

用　途　适用于上衣的肩缝、侧缝，裤子的侧缝、下裆缝等。

（2）坐缉缝。坐缉缝也称坐倒缝、分压缝，是在平缝的基础上坐倒并缝缉明线的缝制方法。

操作方法　先按平缝缉一直线缝合后，缝份单边坐倒，压脚压住坐倒的缝份，正面压一道 0.1 cm 或 0.6 cm 的明线。

工艺要求　缝缉时，缝份倒实无虚缝，并用右手略向前推，可使倒向一边的压线平服，无皱缩、起涟现象。

用　途　适用于裤子裆缝、衬衫过肩、贴袋等部位，起固定缝份、增加牢度、装饰等作用。

（3）压缉缝。压缉缝也称扣压缝、闷缉缝，是将上层缝料缝份扣烫折光后，正面压缉明线的缝制方法。

操作方法　用熨斗将上层缝料反面烫进一个缝份；将扣烫好的缝料盖住下层缝料缝份或对准下层缝料应缝的位置，正面压缉一道或两道明线。

工艺要求　缉缝针迹整齐，宽窄一致，折边平服不露毛边。

用　　途　多用于装袖衩、袖克夫、领头、裤腰、贴袋或拼接等，把缝料毛边压在内层，起到美观的作用。

（4）来去缝。来去缝也称反正缝，是将缝料正面缝，反面压后，正面不见线迹，无毛边的缝制方法。

操作方法

1）来缝：将两块缝料反面相对叠合，上下层并齐，离毛边 0.3 cm 缝缉一道线。

2）去缝：把毛丝修光，将缝料翻转正面叠合，扣齐，止口无虚缝，离进 0.5 cm 缝缉第二道线。

工艺要求 第一道来缝通常缝份不能太宽，如缝份或毛头较宽，可用剪刀剪去少许，并将缝份修整齐；第二道去缝不能压在布边上，无坐缝，无裂形，正反面都无毛边出现。

用　　途 一般多用于薄料，如女衬衫、童装的肩缝和摆缝等。

（5）单包缝。单包缝又称内包缝、暗包缝，是以一层缝料包住另一层缝料，正面显露一条线迹，无毛边的缝制方法。

操作方法

1）两层缝料正面叠合，上层缝料向左移进 0.6 cm。

2）将下层缝料露出的缝份包转，沿着毛边缝缉一道压线，不要使缝份脱开。

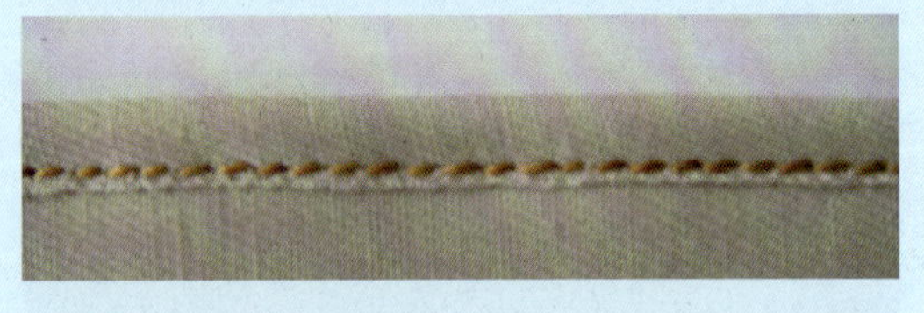

3）将上层缝料翻转。无虚缝后，正面压缉止口 0.5 cm。

工艺要求 在缝料的正面只能看到一道明线，在缝料的反面能看到两道缝线。缝份要折齐，明压线顺直，正面无裂形，反面无下坑，明线和缝份边缘的距离应相等。

用　　途 适用于单布类服装的肩缝、袖缝、侧缝等部位，起到增加牢度、美观的作用。

（6）双包缝。双包缝又称外包缝、明包缝，是以一层缝料包住另一层缝料，正面显露两条线迹，无毛边的缝制方法。

操作方法

1）两层缝料反面叠合，上层布料向左移 0.6 cm。

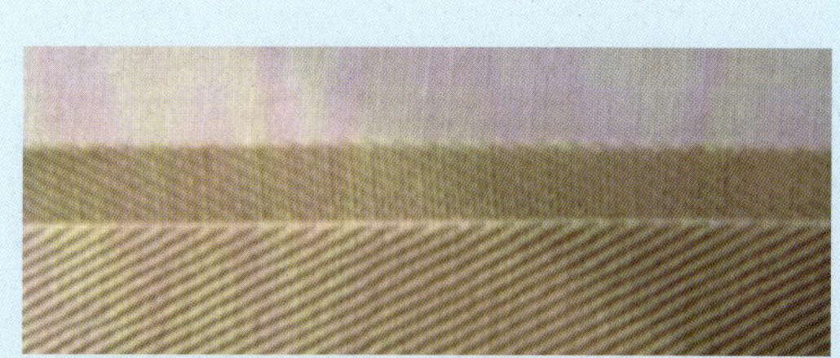

2）将下层缝料露出的缝份包转，沿着毛边缝缉一道约 0.6 cm 压线。

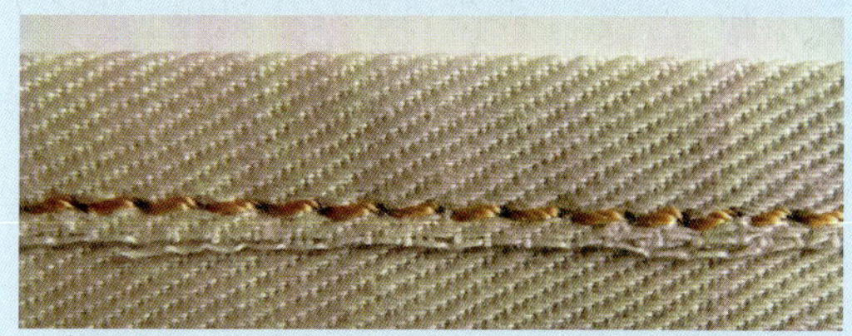

3）缝份向左折转扣齐，从缝料正面沿边缉缝一道 0.1 cm 明线。

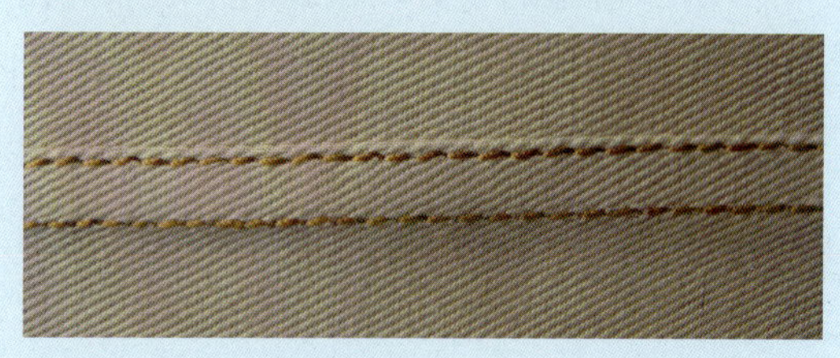

工艺要求　第一道包缝缉线是基础，缝合时要注意缉线的宽窄，还得注意把面线夹在夹线器上稍紧，因为底线在缝料上作面线用；压第二道止口线时，下层要带紧，上层沿止口压缉 0.1 cm。缝好后缝料的正反面没有毛边，正面两道线迹间距离相等。

用　　途　常用于夹克衫、运动服、牛仔服等的缝制，起到增加牢度、装饰的作用。

（7）卷边缝。卷边缝是将缝料毛边作两次翻折卷光后，沿折边上口缝缉的缝制方法。

操作方法

1）缝料反面朝上，把毛边折转 0.5 cm 左右。

2）根据所需宽度再次折转，沿折光边缉 0.1 cm 缉线。

工艺要求　缉明线时，必须一面推送上层缝料，一面稍拉紧下层缝料，做到无毛边露出，线迹与边保持等距离，没有起涟现象。

用　　途　此种缝制方法有宽、窄之分。宽缝型多用于上衣的袖口和下摆底边，裤子脚口边等；窄缝型多用于男衬衫的衣摆底边和荷叶边，衬裤脚口边等。

2. 机缝的操作要领

（1）机缝的手势。机缝时下层衣片由于受到送布牙的直接推送会走得较快，上层衣片由于受到压脚的阻力而走得较慢，这样往往容易导致衣片上层长下层短或缝合的衣片出现松紧皱缩的现象。所以缝合上下层时要注意手势（见图 1—2—18），左手向前稍推送衣片，右手把下层衣片稍拉紧，也可借助镊子或钻子来控制松紧，这样才能使上下衣片松紧度一致，不出现起涟现象。

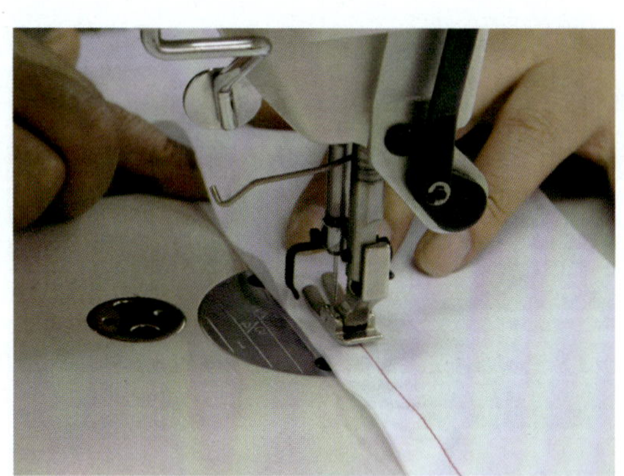

图 1—2—18　机缝的手势

（2）回针。机缝时根据需要可缉回针。方法：左手按住纸或面料，右手按回针杆（见图 1—2—19），确认成逆转之后，很快地放开右手，恢复成顺缝之后，再继续缝纫。一般回针约 3 ~ 4 针，不易太长，要求回针处不能出现双线。

图 1—2—19　回针

缝制练习

将布料按经纱向、缝份大小置于平缝机压脚前端。左、右手分别置于布料的前、后位置，双脚轻轻踏动踏板，进行直线、几何图形的缝制练习（见图 1—2—20）。

直线缝制应做到直、平、齐、准。

图 1—2—20　直线、几何图形缝制练习

弧线缝制比直线缝制难度大。操作者在准确掌握缉缝操作的基础上，通过手、脚、眼三者的协调和配合来完成练习（见图 1—2—21）。

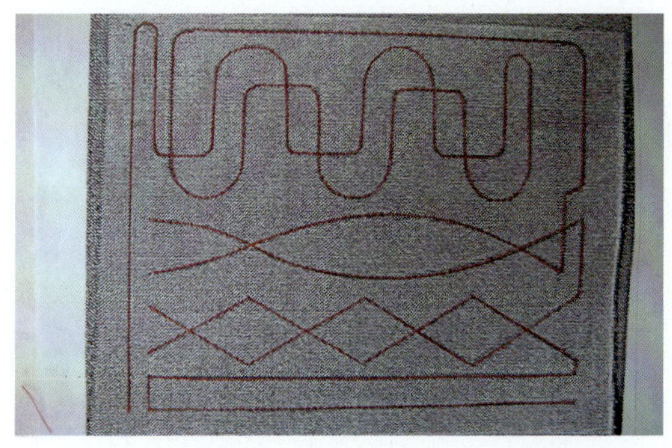

图 1—2—21　弧线缝制练习

知识拓展

简单的缝纫故障排除

1. 断面线

（1）穿面线的顺序错误——重新穿线。

（2）夹线器拧得过紧——松夹线螺母。

（3）没有装好梭壳——重新安装零件。

2. 断底线

（1）底线过紧——旋松梭壳螺丝，减少底线拉力。

（2）梭芯绕线不均匀——在绕线器上重新绕好梭芯绕线。

（3）梭芯装反——重新顺时针装梭芯。

3. 断针

（1）缝料厚而机针细——使用与缝料相适应的机针。

（2）机针未装牢固或装得太低——换针重新装，拧紧针夹。

（3）压脚松动或不正，机针碰到压脚——拧紧压脚螺丝或放正压脚。

（4）梭床未装好——重新安装梭床。

五、常见机缝工艺国标图示符号

机缝工艺因服装款式的需要而有多种形式，纺织行业对机缝工艺的线型进行了归类，将现有的机缝工艺缝型分成了八大类。为了能够规范使用并便于文字图示交流，国家标准中对八大类机缝工艺的线型进行了图示整理。表 1—2—1 列举了常用机缝工艺的图示符号，以便帮助大家了解缝型符号。

表 1—2—1　常用机缝工艺缝型图示

工艺名称	面料形态	图示符号	工艺名称	面料形态	图示符号
平缝			双包缝（外包缝）		
来去缝			压缉缝		
卷边缝			坐缉缝		
单包缝（内包缝）					

巩固练习 1

拼布练习

练习内容： 将若干块坯布料用基本针法缝合。在拼布练习过程中，掌握基本针法，提高拼缝质量。

一、工具和材料

坯布料若干，缝纫机、线、剪刀、锥子等缝纫工具。

二、方法和步骤

将坯布料裁成长 30 cm、宽 8 cm 的长方形若干，按平缝、坐缉缝、压缉缝、来去缝、单包缝和双包缝的基本针法要求进行拼布。拼好后，用卷边的机缝针法把四边折光，形成约 30 cm × 45 cm 的长方块。

操作提示

◆每条缝子的开始和结束需打回针。回针不超出缝份外，不能出现双线。

◆线迹要求：底、面线要一致，保持底线与面线的交接处在缝物的中间。不应出现上线松下线紧或下线松上线紧的情况，保证服装产品的线迹整齐、牢固、美观。

◆针距要求：14 ~ 17 针 / 3 cm。

◆要求拼合后缝料纱向正直，正、反面一致。

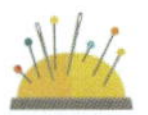

巩固练习 2

围裙工艺

一、成品效果图（见图 1—2—22）

图 1—2—22　围裙成品效果图

二、款式说明

款式说明：圆贴袋，双缉线。围裙工艺采用平缝、压缉缝、卷边缝等最基本的缝制工艺，因此围裙是初学者练习基本功较简单、实用的实习产品。

三、材料准备（见表 1—2—2）

表 1—2—2　围裙材料准备表

材料	图示
裙身 ×1 裙带 ×3 贴袋 ×1 对色线 ×1	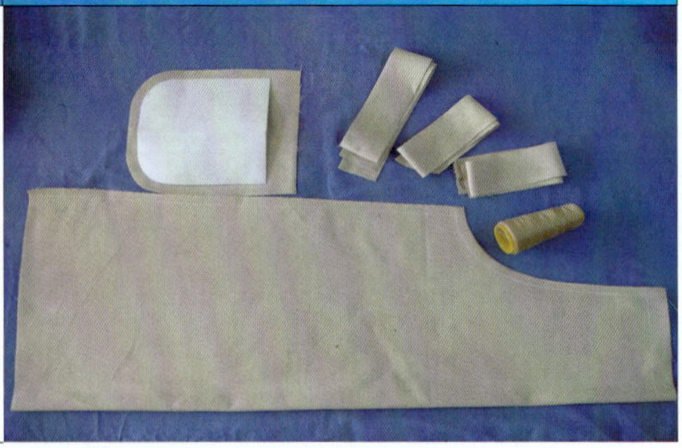

四、工艺流程

烫、做贴袋→做围裙带→卷袖笼→卷侧缝、装腰带→绱围裙带→底边→整烫。

五、缝制过程

1. 烫袋口贴边：沿袋口先折 1.4 cm，再折光 1.5 cm（见图 1—2—23）。

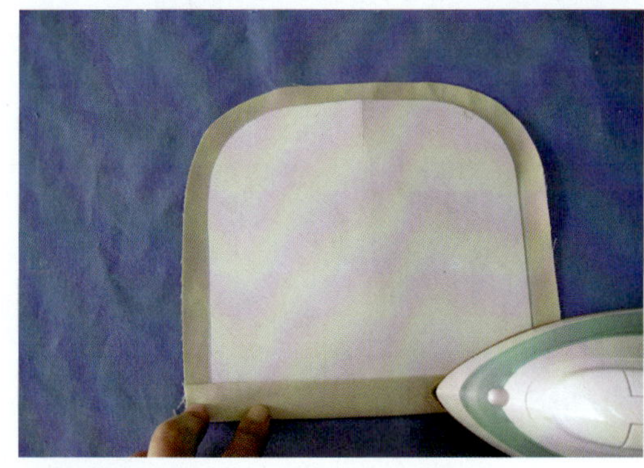

图 1—2—23　烫袋口贴边

2. 缉袋上口：袋口贴边缉 0.1 cm 清止口（见图 1—2—24）。

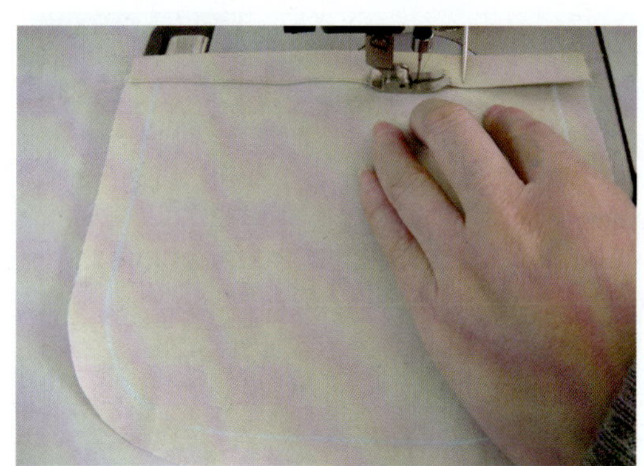

图 1—2—24　缉袋上口

3. 抽袋角“吃势”：将针距调至最大，0.5 cm 沿袋两圆角缉线（见图 1—2—25）。

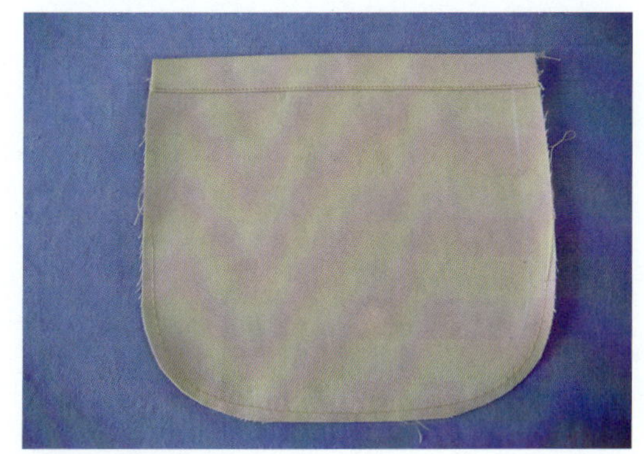

图 1—2—25　抽袋角“吃势”

4. 扣烫贴袋：按样板扣烫贴袋，要求圆角圆顺（见图 1—2—26）。

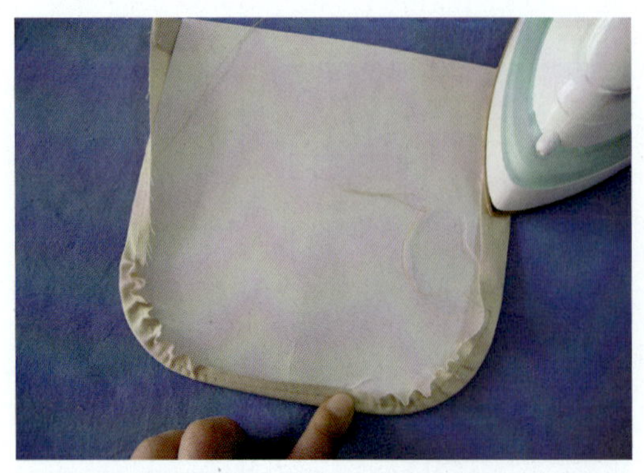

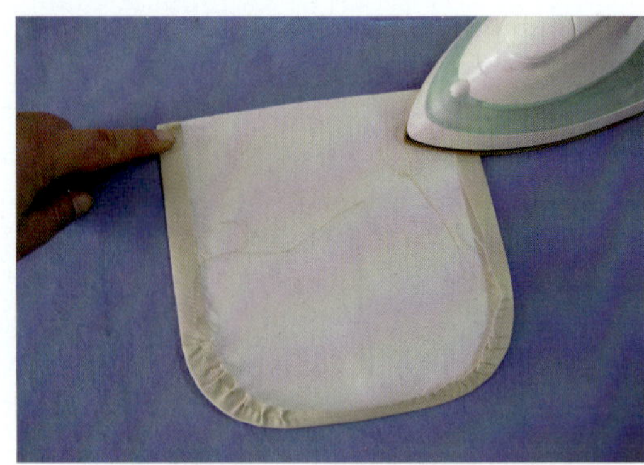

图 1—2—26　扣烫贴袋

5. 缉袋：沿贴袋三边缉 0.1 cm 和 0.6 cm 双线，要求线与线均匀、顺直（见图 1—2—27）。

图 1—2—27　缉袋

6. 贴袋完成：完成的贴袋缝线均匀、顺直，圆角左右对称（见图 1—2—28）。

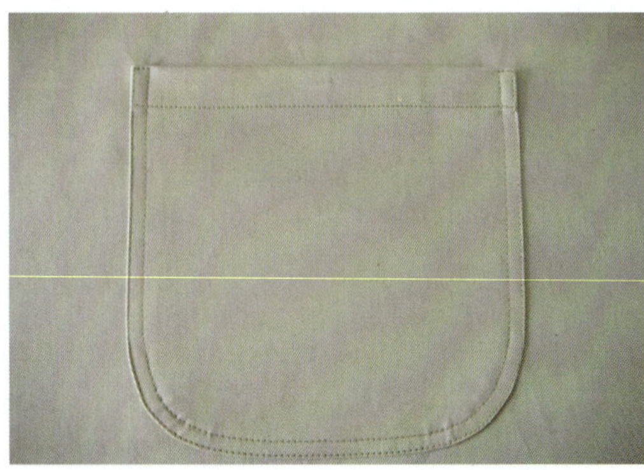

图 1—2—28　贴袋完成

7. 绢围裙带：平缝 0.5 cm，将缝份分烫（见图 1—2—29）。

图 1—2—29　绢围裙带

8. 封口：将围裙带的一头封口（见图 1—2—30）。

图 1—2—30　封口

9. 翻烫围裙带：用镊子辅助翻出围裙带，烫平（见图 1—2—31）。

图 1—2—31　翻烫围裙带

10. 卷袖笼边：窄卷边，先折 0.4 cm，再折 0.5 cm，沿折光边缉 0.1 cm，面线略调紧（见图 1—2—32）。

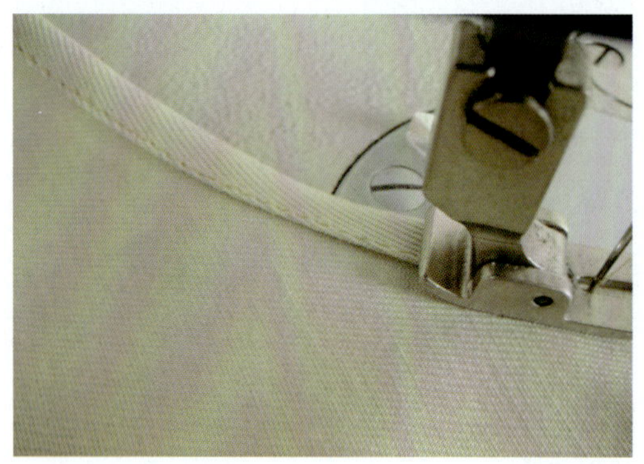
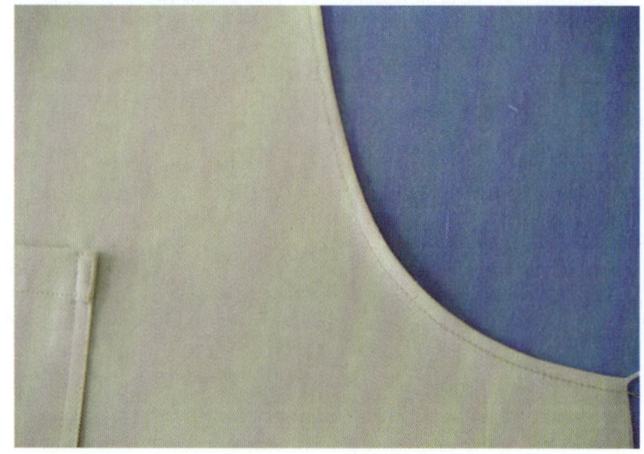

图 1—2—32　卷袖笼边

11. 卷侧缝、绱腰带：侧缝窄卷边，方法同上；腰带对齐侧缝上端，放进卷边缝里，正面压缉封口（见图 1—2—33）。

图 1—2—33　卷侧缝、绱腰带

12. 绱围裙带：方法同上（见图 1—2—34）。

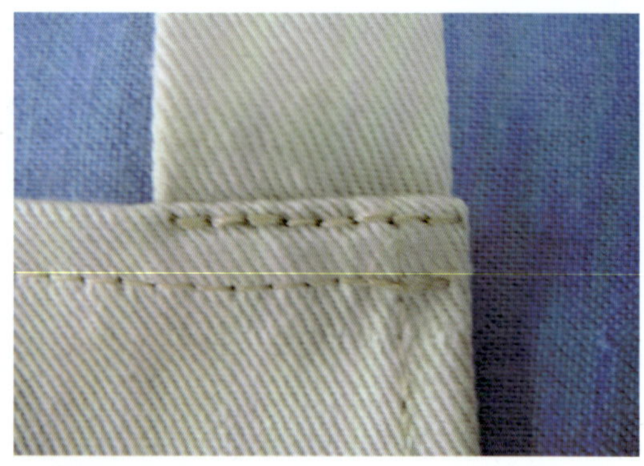

图 1—2—34　绱围裙带

13. 卷底边：先卷 0.5 cm，再卷 2 cm，宽窄一致（见图 1—2—35）。

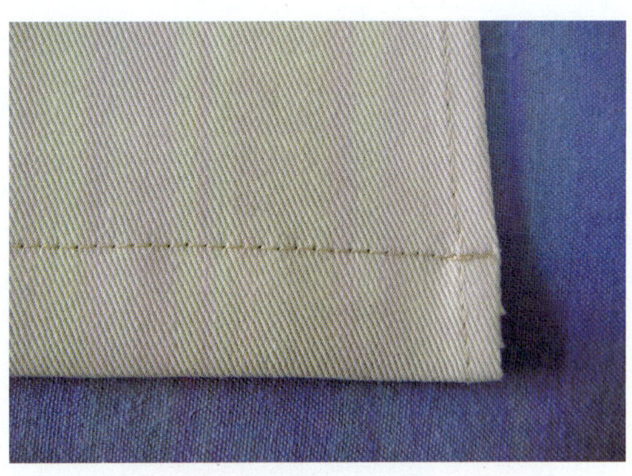

图 1—2—35　卷底边

围裙成品平铺效果如图 1—2—36 所示。

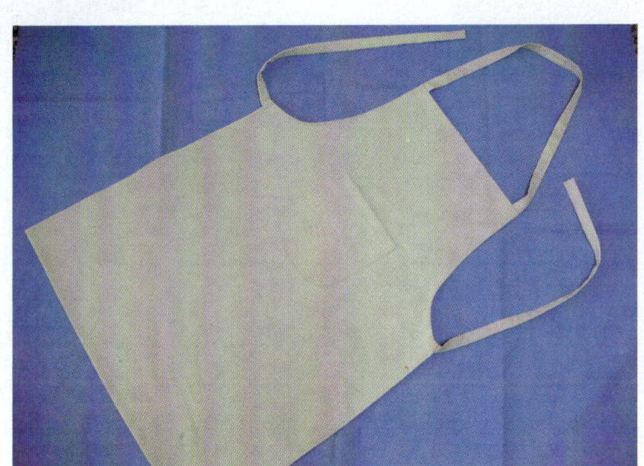

图 1—2—36　围裙成品图

操作提示

◆围裙制作主要是针对平缝和卷边缝的练习，仔细想想是这样吗？其实产品都是由各种基本的针法结合形成的，所以我们要练好基本功。

◆翻围裙带能增加产品的美观，在翻烫时需注意：

（1）缝份不宜太大，要分缝；分缝不要超过围裙带的宽度，否则会增加厚度。

（2）围裙带宽度一般要在 1 cm 以上，不能太细、太长，否则会翻不出。

知识拓展

围裙欣赏（见图 1—2—37）

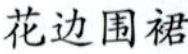

花边围裙

镶边围裙

图 1—2—37 围裙

巩固练习 3

十字裆短裤

一、成品效果图（见图 1—2—38）

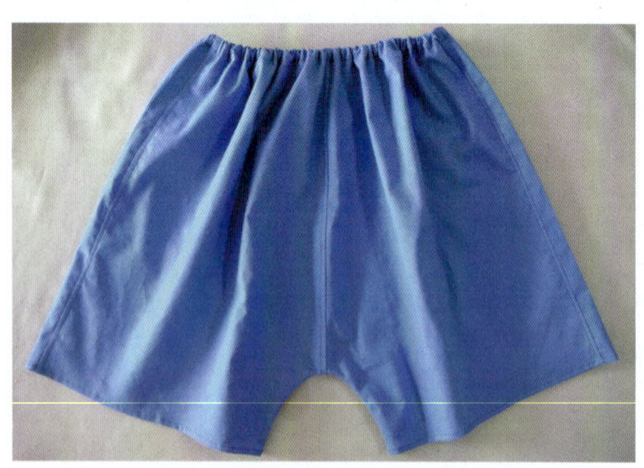

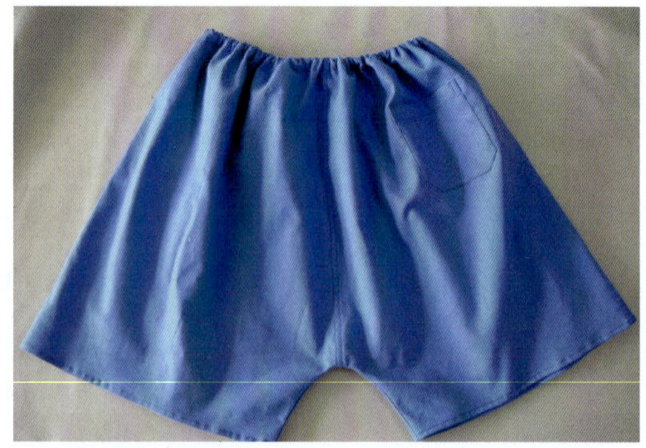

图 1—2—38 十字裆短裤成品效果图

二、款式说明

后裤片右方贴袋，单包缝明止口，脚口卷窄边，腰头卷宽边，中间留洞穿一根松紧带。

三、材料准备（见表 1—2—3）

表 1—2—3　十字裆短裤材料表

材料	图示
大裤片 ×2 小裤片 ×2 贴袋 ×1 松紧带 ×1 配色线 ×1	

四、工艺流程

做贴袋→缝合大、小裤片→缝合前、后裆缝→缝合下裆缝→卷裤脚边→卷腰口→穿松紧带→整烫。

五、缝制过程

1. 划出袋位：在右后裤片正面，距腰口 10 cm、裆缝 11 cm（毛）处划出袋位（见图 1—2—39）。

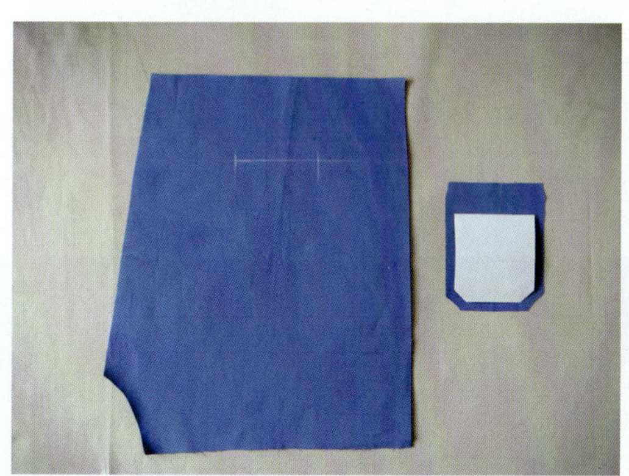

图 1—2—39　划出袋位

2. 烫袋口贴边：贴袋口先折 1.4 cm，再折 1.5 cm，缉 0.1 cm 清止口（见图 1—2—40）。

图 1—2—40　烫袋口贴边

3. 扣烫贴袋：按贴袋净样板三边扣光（见图 1—2—41）。

图 1—2—41　扣烫贴袋

4. 装后贴袋：贴袋两端缉双止口线，线与线间隔 0.6 cm 并回针加固，其余缉 0.1 cm 清止口（见图 1—2—42）。

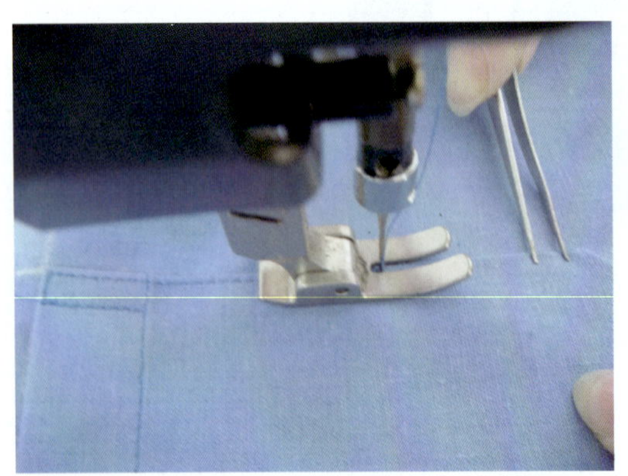
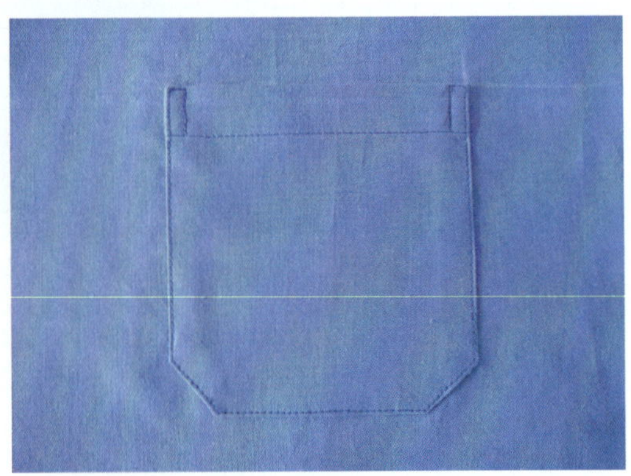

图 1—2—42　装后贴袋

5. 缝合大、小裤片：采用单包缝，大裤片包小裤片，一片从腰口包到脚口，另一片从脚口包至腰口，要求对称做（见图 1—2—43）。

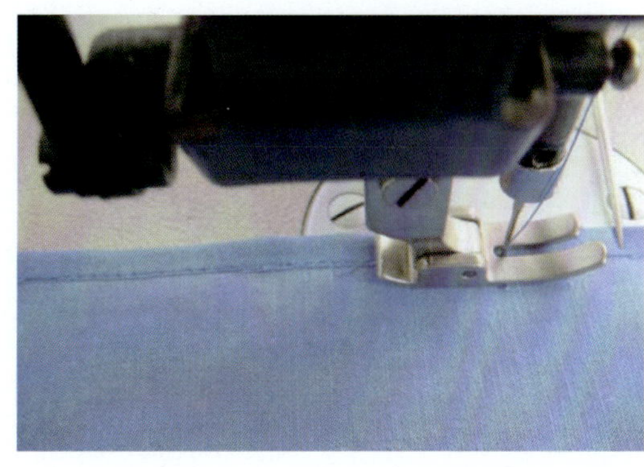

图 1—2—43　缝合大、小裤片

6. 缝合前、后裆缝：采用单包缝，前后裆缝为斜料。要注意折的量，不要拉长，以免起涟（见图 1—2—44）。

图 1—2—44　缝合前、后裆缝

7. 缝合下裆缝：方法要求同上，强调缝对缝、线对线（见图 1—2—45）。

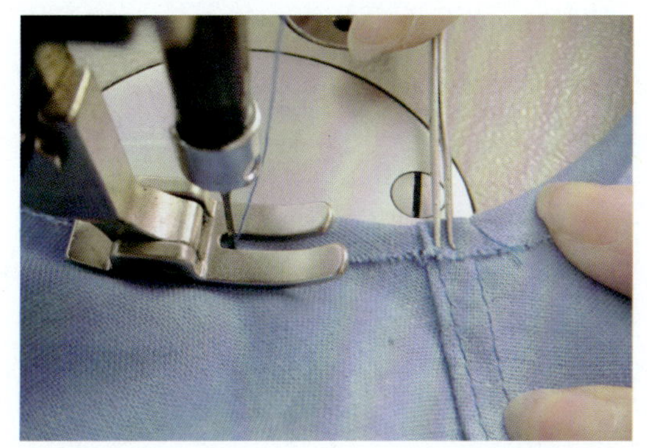
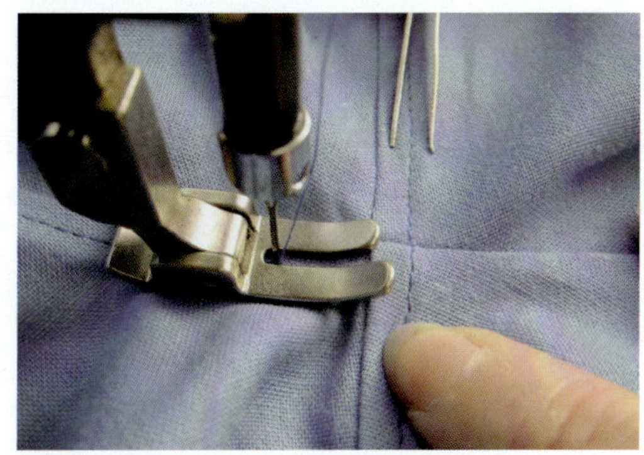

图 1—2—45　缝合下裆缝

8. 卷裤脚边：窄卷边，先折 0.4 cm，再折 0.5 cm，沿折光边缉 0.1 cm，面线略调紧（见图 1—2—46）。

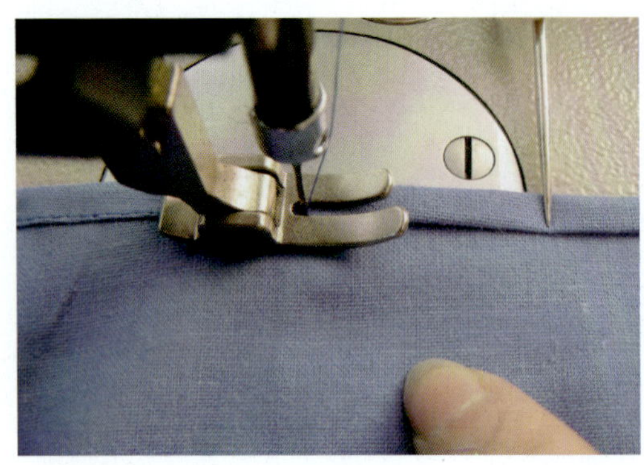
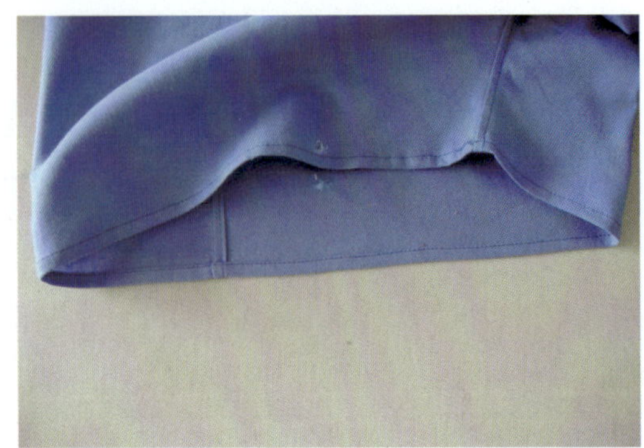

图 1—2—46　卷裤脚边

9. 卷腰口：宽卷边，先折 0.5 cm，再折 1.5 cm，沿折光边缉 0.1 cm，面线略调紧。起落手回针，留 1.2 cm 的穿筋洞（见图 1—2—47）。

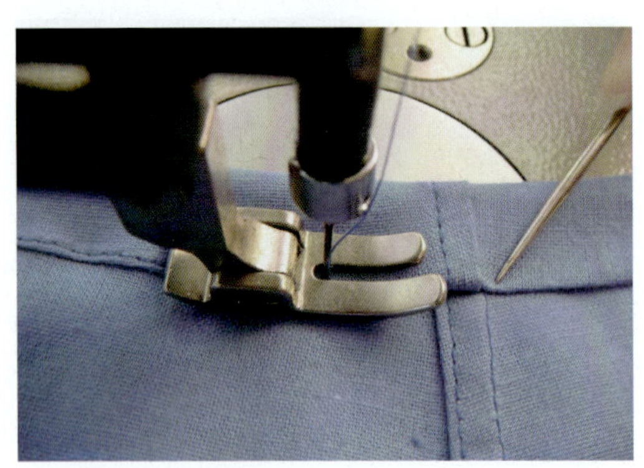

图 1—2—47　卷腰口

截至以上步骤，十字裆短裤半成品效果如图 1—2—48 所示。

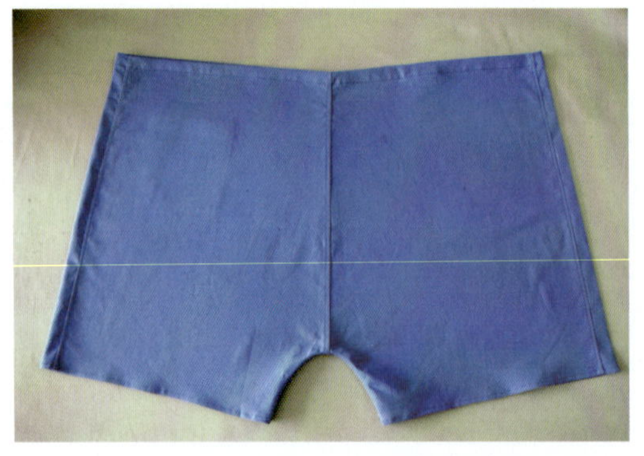
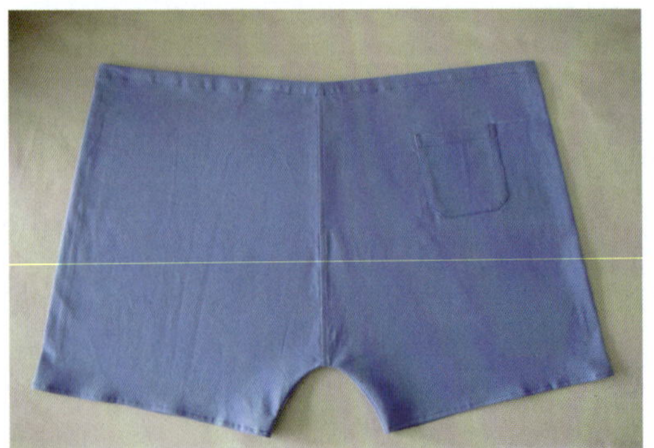

图 1—2—48　十字裆短裤半成品效果图

10. 装松紧带：用穿筋器或夹子将松紧带穿进预留洞口的夹层内，长短可视个人需要而定（见图 1—2—49）。

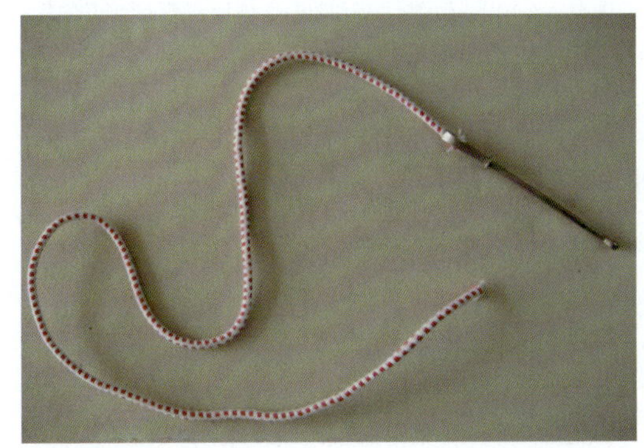

图 1—2—49　装松紧带

11. 固定松紧带：松紧带穿出后，两头手工固定（见图 1—2—50）。

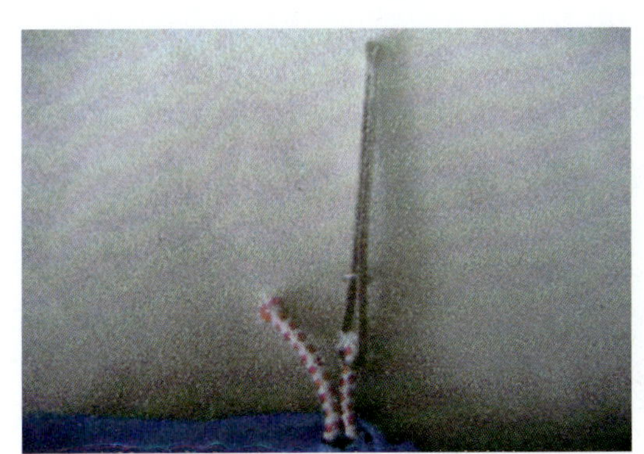
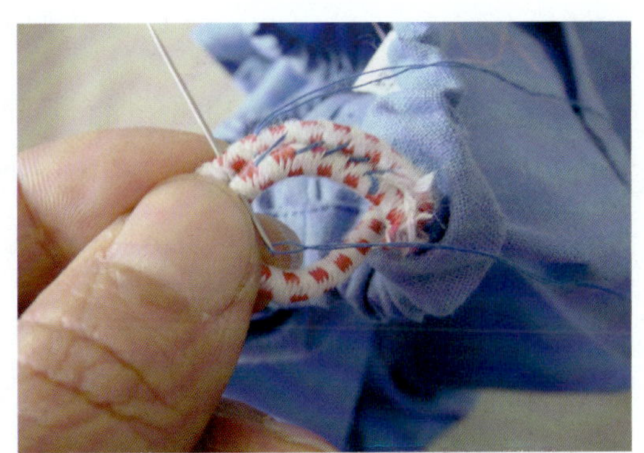

图 1—2—50　固定松紧带

六、十字裆短裤的质量要求

1. 符合成品规格。
2. 单包缝宽窄一致。
3. 正面止口缉线顺直，宽窄一致，不能有跳针、浮线。
4. 脚口、腰口卷边宽窄一致，缉线不起涟、不断线、不跳针。

操作提示

◆为了使成品不产生“一顺”，学生必须养成左、右对称做的习惯。如：十字裆短裤一片从腰口包到脚口，另一片从脚口包至腰口，要求对称做。

◆由于送布牙与压脚之间的关系，导致下层会产生自然缩缝的现象。所以实际操作过程中将需要产生缩缝的衣片放在下层，一边用锥子推送一边车缝。

◆当缝料一片为斜料时，将它放在下层会产生缩缝，将它放在上层又容易伸长。但通常还是将它放在上层，然后再垫一层硬纸板进行车缝。在车缝拉链、裤子门襟止口、皮革面料时，垫一层硬纸板车缉均可收到十分理想的效果。

知识拓展

贴袋工艺

同样的贴袋，在加固袋口拐角时有不同的表现方式，如回针法、车缝三角法、锯齿形缝迹法等（见图 1—2—51）。除了以上三种方法外，我们还有其他的方法吗？注意观察，把它积累下来，你会有不小的收获。

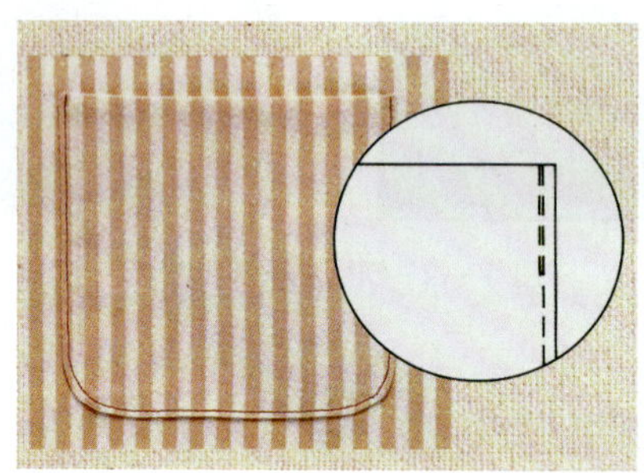

回针法

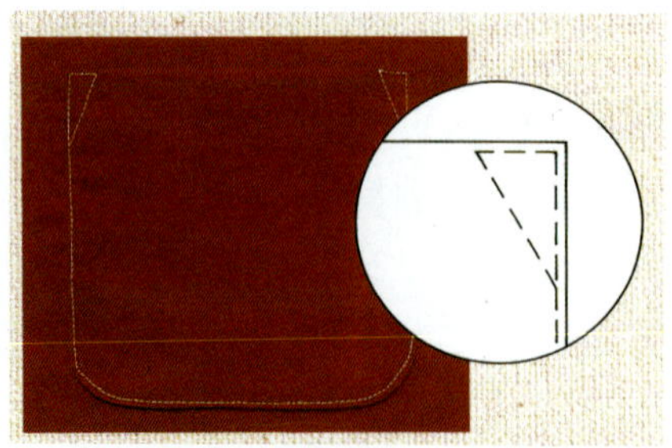

车缝三角法

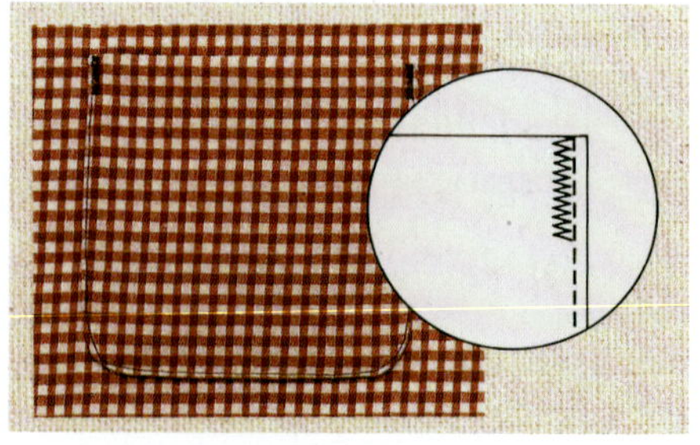

锯齿形缝迹法

图 1—2—51　贴袋工艺

思考与练习

1. 使用缝纫机可以进行哪些方面的操作呢？此外，缝纫机应如何进行保养？

2. 缉直线和拐角的要点有哪些？

3. 平缝、坐缉缝、压缉缝、来去缝、单包缝、双包缝和卷边缝各有什么特点？各应用在那些部位？

4. 根据自己的需要，缝制一双鞋垫、一条漂亮的围裙或一条短裤。

第三节　熨烫工艺基础知识

熨烫工艺是指采用熨烫专用设备对成品或者半成品的服装施加一定的温度、湿度、压力，经过一定时间，使之变形或定型的一种工艺手段。熨烫工艺是一种技术性较强的工艺，要求操作者具有较高的技巧和丰富的技术知识。服装行业用“三分做，七分烫”来强调熨烫技术在整个缝制工艺中的地位和作用。

一、常用熨烫工具

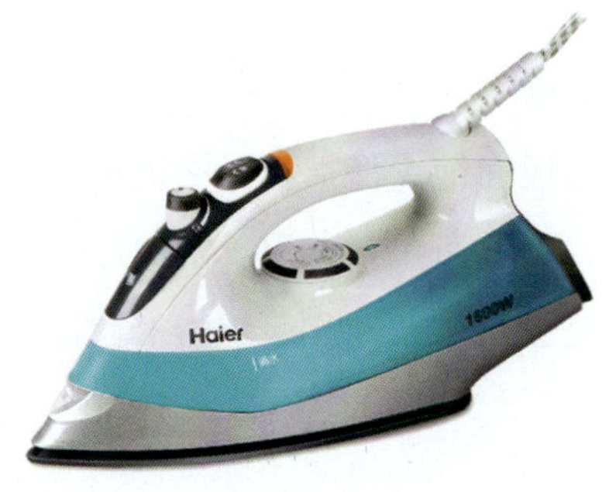

调温电熨斗

家用熨烫的主要工具，有自动调温、控温和喷水雾等功能，使用方便。功率一般有 300 W、500 W 和 700 W 三种，主要用于零部件的熨烫。

吊瓶蒸汽电熨斗

工业熨烫的工具。工作原理是利用吊挂水瓶将水通入电热蒸汽熨斗内，水加热汽化后喷出。功率一般不低于 1000 W，适用于成品整烫和呢料织物的归、拔。

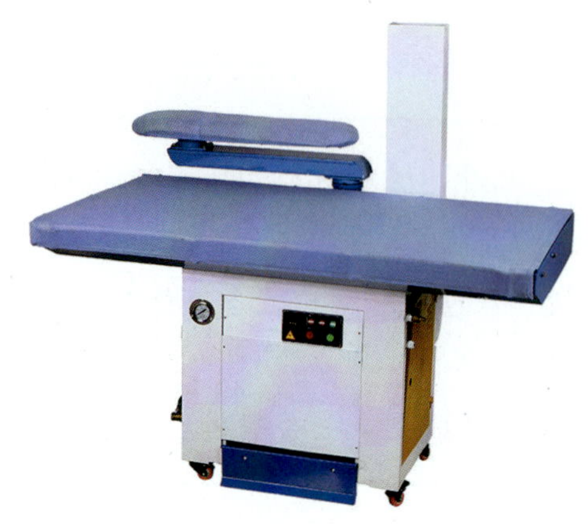

烫台

工业用吸风烫台，日常用吸风烫台和简易烫台。吸风烫台可以把衣服中的蒸汽吸掉，使熨烫后的部件或衣服快速定型、干燥。

铁凳

熨烫辅助工具。一般采用铸铁制作，上层板面铺少许棉花，外层包布。通常用于服装肩缝、袖窿、裤后裆缝等不能放平部位的熨烫。

布馒头

一般采用棉布作面子，内填木屑。有方形、椭圆形等，常用于熨烫服装的胸、背、臀等凸出部位，使这些部位产生“胖势”，丰满，有立体感。

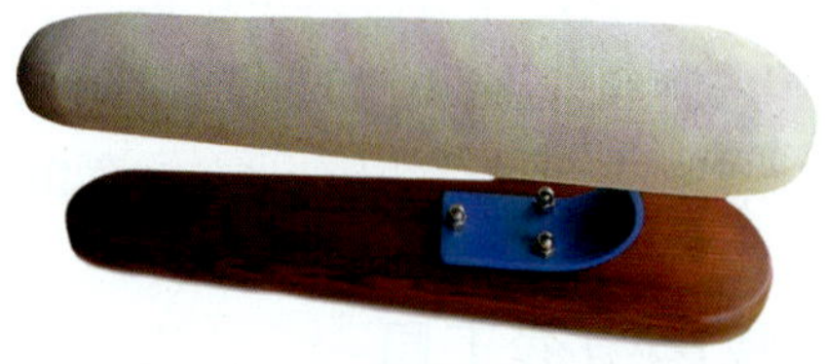

长烫凳

上层板面铺少许棉花，中央稍厚，四周略薄，用棉布包紧。用于熨烫已缝制成圆筒的缝子，如裤子侧袋缝、袖缝等。

二、手工熨烫的操作形式

手工熨烫并非简单地将加热的熨斗在衣物上推来移去，而是根据不同的熨烫要求，采用不同的熨烫技法。初学者只有反复训练这些基本技法，才能做到熟练掌握、得心应手。

1. 平烫分缝

左手把缝份边分开，右手握熨斗缓慢向前（见图 1—3—1）。平烫分缝主要用于上衣的背缝、摆缝，裤子的侧缝等。要求分缝不伸、不缩，平挺。

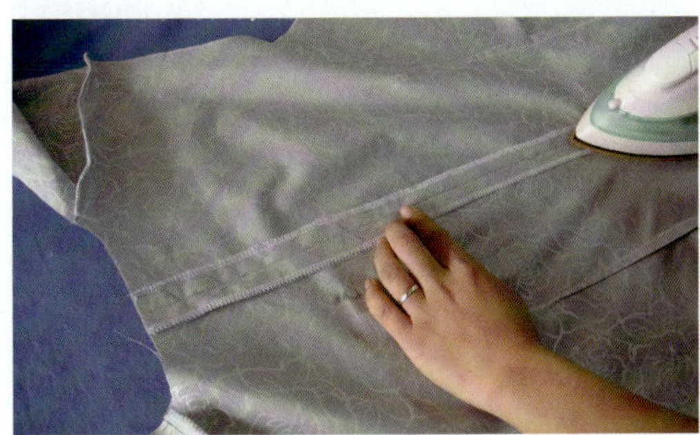

图 1—3—1　平烫分缝

2. 扣缝熨烫

扣缝熨烫是指把衣片折边或翻边处按预定要求扣压烫实定型的熨烫。按照服装部位的不同，扣缝可分为直扣缝（如裤腰）、弧形扣缝（如裙下摆）、圆形扣缝（如贴袋圆角）等。

（1）直扣缝（见图 1—3—2）。

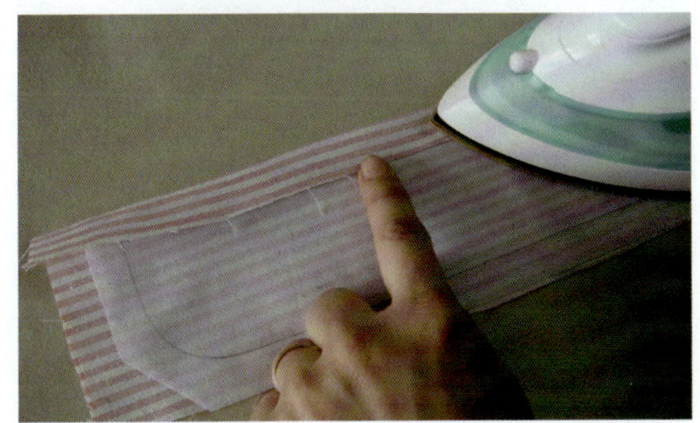

图 1—3—2　直扣缝

（2）弧形扣缝（见图 1—3—3）。

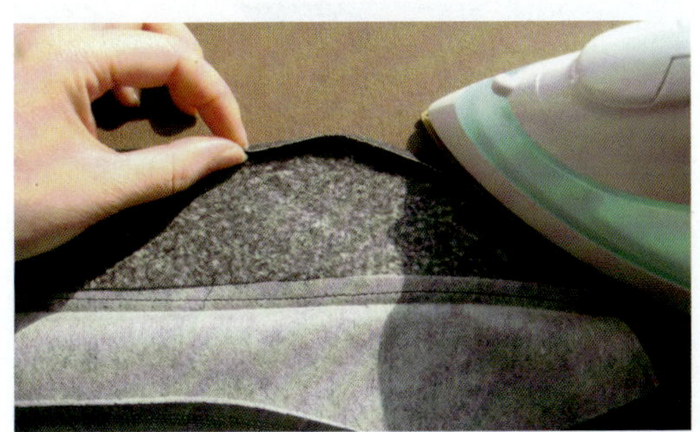
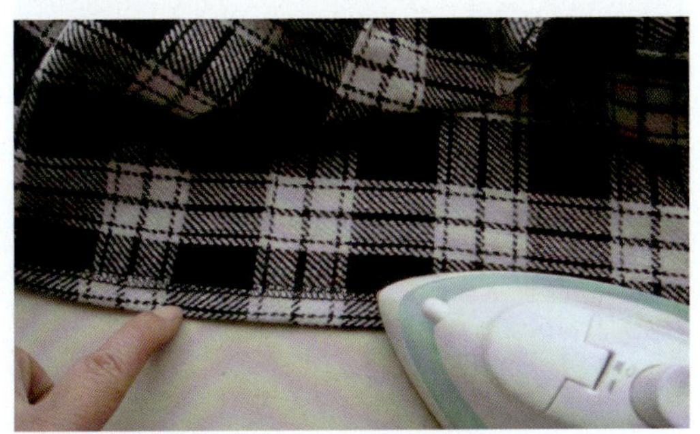

图 1—3—3　弧形扣缝

（3）圆形扣缝（见图 1—3—4）。

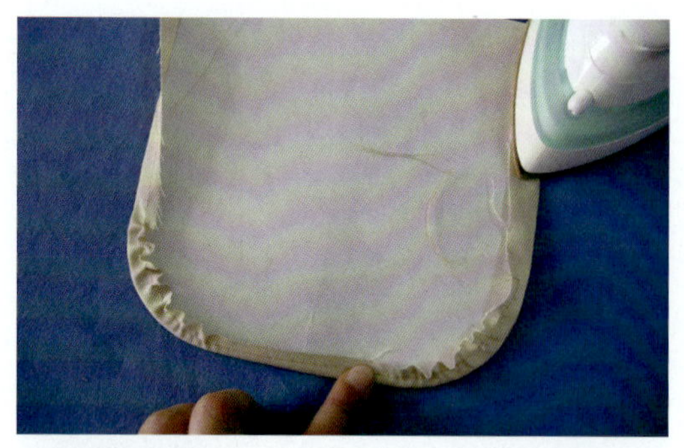

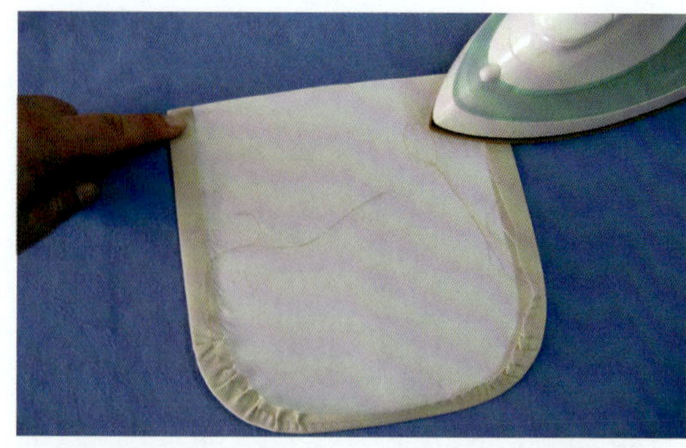

图 1—3—4　圆形扣缝

3. 拔烫

拔烫是指在衣料喷洒上水花，一手握熨斗，一手拉住衣片需拔开的部位，用力将熨斗向拔宽方向熨烫。拔烫用符号“︿”表示（见图 1—3—5）。

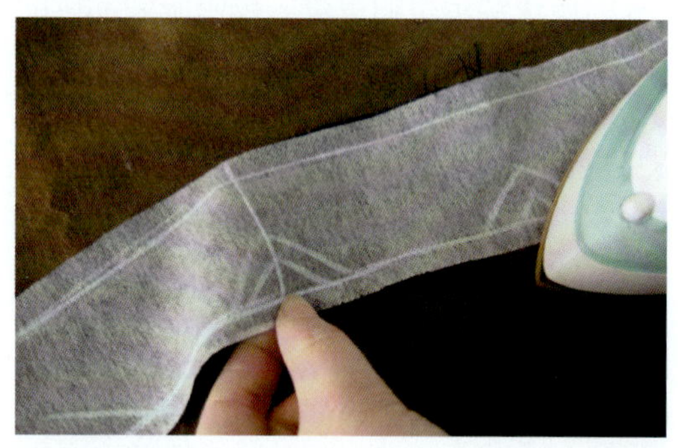

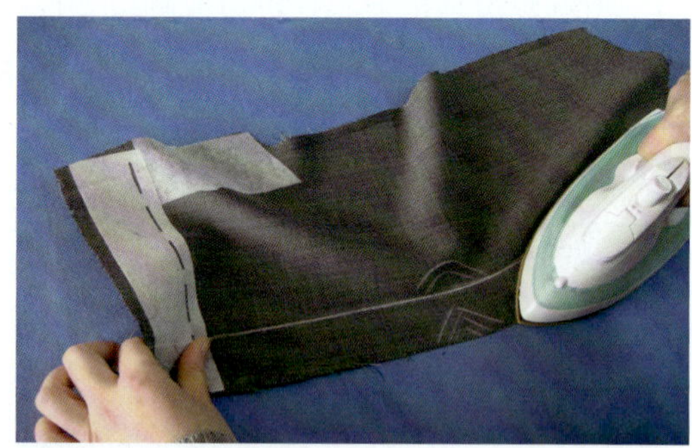

图 1—3—5　拔烫

4. 归烫

归烫与拔烫相反，熨烫时一手把衣片需归拢的部位推进，先外后内，用力将熨斗向归拢的方向熨烫。归烫用符号“⌒”表示（见图 1—3—6）。

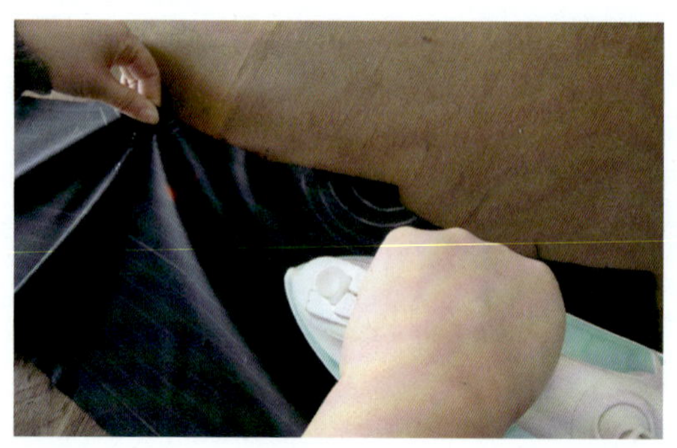

图 1—3—6　归烫

三、熨烫工艺符号及名称

1. 织物熨烫参数

温度、湿度、压力和时间是决定熨烫效果的工艺条件。对于不同的面料、不同的工艺，需选择相应的熨烫温度（见表 1—3—1）。

表 1—3—1　织物熨烫温度

面料种类	熨烫温度 /℃	面料种类	熨烫温度 /℃
锦纶织物（尼龙）	120 ~ 140	丝织物	150 ~ 180
涤纶织物	150 ~ 170	棉织物	170 ~ 190
维纶织物	120 ~ 140	麻织物	180 ~ 200
腈纶织物	110 ~ 130	毛织物	160 ~ 180

2. 熨烫标志的识别

熨烫标志实际上是服装及材料的说明书，由国家统一规定的图形表示（见表 1—3—2）。

表 1—3—2　熨烫标志的符号识别

熨烫标志	说明	熨烫标志	说明	熨烫标志	说明
	表示不能用熨斗		100 ~ 120℃ 低温熨烫		130 ~ 150℃ 中温熨烫
	180 ~ 200℃ 较高温熨烫	低	垫湿布 100 ~ 120℃ 低温熨烫	高	垫湿布 200 ~ 250℃ 高温熨烫

3. 服装熨烫工艺符号和名称

服装面料在裁制时应进行耐热测试，这在工业生产中是一道重要的工序。耐热测试后，要针对其特性注上熨烫符号，后续生产过程要按其要求进行熨烫。服装熨烫工艺符号和名称见表 1—3—3。

表 1—3—3　服装熨烫工艺符号和名称

符号	名称	符号	名称	符号	名称	符号	名称
90℃	烫干	140℃	缩烫	140℃	拔烫	100℃	干烫
120℃	拉烫	140℃	归烫	300℃	湿烫	500℃	盖布烫

续表

符号	名称	符号	名称	符号	名称	符号	名称
120℃	烫圆	0℃	不能烫	200℃	粘合烫	500℃	蒸汽烫

说明：符号中的数字表示熨烫温度，温度数值的大小应根据面料测试的承受度数来标注。

四、粘合工艺

粘合衬的使用是服装制作的一大进步。优质的粘合衬能使服装具有轻、薄、软、挺、易洗、造型性能好等优点，同时自身还具备使用方便、简化工艺的特点。如何用好、烫好粘合衬，这为熨烫工艺增添了新的内容。

1. 粘合衬的种类

粘合衬的种类很多，常用的粘合衬按照底布种类可分为有纺衬和无纺衬两种（见图 1—3—7），有纺衬又分为机织有纺衬和针织有纺衬两种（见图 1—3—8）。

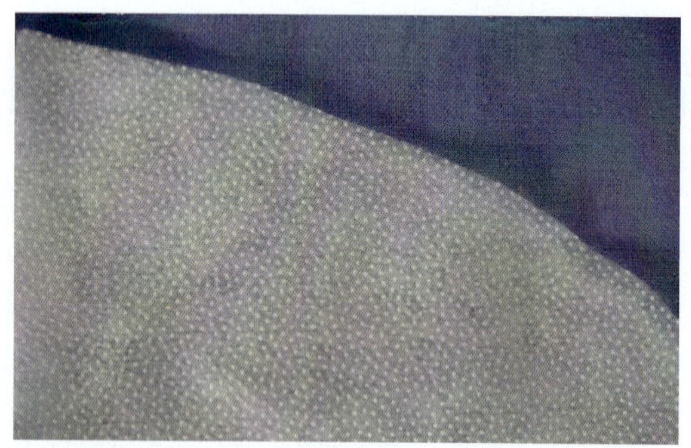

无纺衬

有纺衬

图 1—3—7　粘合衬

机织有纺衬

针织有纺衬

图 1—3—8　有纺粘合衬

2. 粘合形式

（1）手工粘合（见图 1—3—9）。

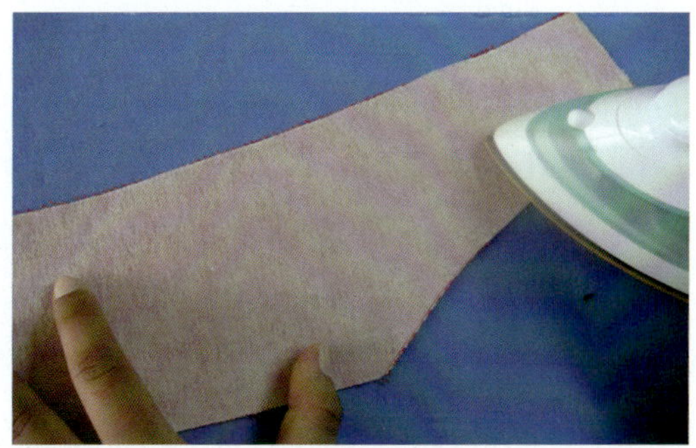

图 1—3—9　手工粘合

（2）粘合机粘合（见图 1—3—10）。

图 1—3—10　粘合机粘合

熨烫小窍门

熨烫时压力的大小要根据材料、款式、部位而定。像真丝、人造棉、人造毛、灯芯绒、平绒、丝绒等材料，只能在反面轻烫，或者在特制的熨烫板上操作，否则会使纤维倒伏而产生极光。像毛料西裤的挺缝线、西装的止口或折裥处，熨烫后可马上拿竹尺或者冷熨斗（或铁凳）用力重压一下，以利于折痕持久，止口变薄，且定型效果好。

熨烫服装时，热的部位要让其冷却后才能翻动、折转。如裤子烫好后应挂冷后再折叠、翻动。如果热时翻动，熨烫过的部位会比原先更皱。

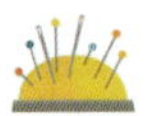

巩固练习

粘合工艺

一、目的和要求

了解粘合衬的分类及基本性能，熟悉常用的粘合设备，掌握粘合衬选用的原则，能够根据实际情况选用匹配的粘合衬。

二、工具和材料

部件面料若干，粘合衬若干，熨斗等。

三、方法和步骤

1. 在正式粘烫之前，最好用面料和粘合衬的碎料做试验，确定合适的温度、压力和时间后再正式粘烫。

2. 熨烫时，熨斗应从衣片中部开始向四周粗烫一遍，使面衬初步贴合平服，然后自上而下一步一步地用力垂直向下压烫，每次压烫熨斗在所接触部位停留时间一般控制在 4 ~ 10 s，或可根据面料与粘合衬的情况而定。不可用熨斗来回磨烫，以免引起粘合衬松紧不一致，出现四周固定而中间面与衬大小不符的现象（见图 1—3—11）。

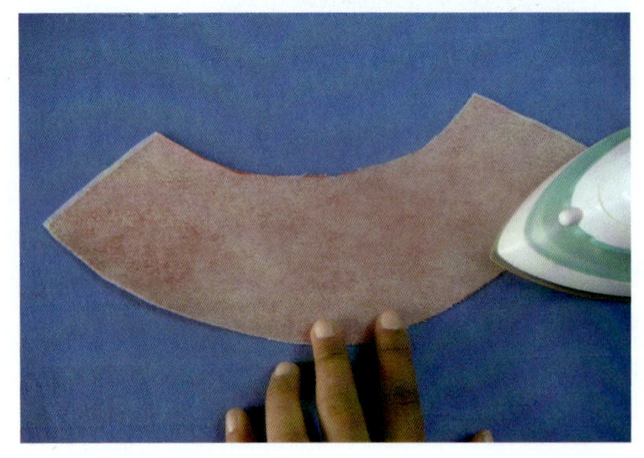

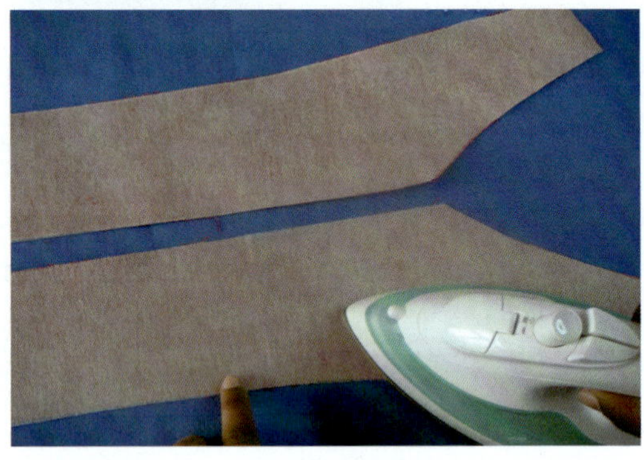

图 1—3—11　烫粘合衬

3. 刚粘烫好的衣片应待其自然冷却后再移动。

四、质量技术要求

1. “三好”：整烫温度掌握好，平挺质量好，外观折叠好。

2. “七防”：防烫黄，防烫焦，防变色，防变硬，防水渍，防极光，防渗胶。

思考与练习

1. 对你所使用的调温电熨斗，你能进行哪些方面的操作？如何操作？你知道安全使用电熨斗都有哪些注意事项吗？

2. 你能够根据实际情况选用匹配的粘合衬吗？你知道用粘合衬有哪些好处吗？

3. 根据自己的需要实践操作一下，你能自如地掌握整个操作过程吗？

第四节　裁剪工艺基础知识

裁剪的任务是把整匹服装面料按所要投产的服装样板切割成不同形状的裁片，供下道工序缝制成衣。裁剪工序一般包括验布、排料、划样、铺料、裁剪、验片、打号、粘合、分包捆扎等工艺过程，其中重点工艺是排料、划样、铺料和裁剪。

一、裁剪工艺流程

验布→排料、划样→铺料→裁剪→验片、打号→分包、捆扎。

1. 验布

为确保所投产的面料质量符合成衣生产要求，服装厂通常要对购进的面料进行检验，对不符合服装生产要求的疵点做出标记。这样做可以有效防止有疵点的面料流入下一道生产工序。服装厂一般使用验布机（见图 1—4—1）进行验布。

2. 排料、划样

划样是指按照样板的纱向要求及允许偏差程度，科学地、合理地把衣片样板直接划在原料上或纸上（见图 1—4—2），要求划准、划清晰。排料、划样的目的在于节省面料，提高面料利用率，降低成本。

图 1—4—1　验布机

图 1—4—2　排料、划样

3. 铺料

铺料俗称“拉布”，其任务是按照已确认的划样图长度和裁剪方案所确定的层数，将面料一层一层地平铺到裁床上，形成整齐的一叠面料（见图 1—4—3）。铺料的好坏除关系到裁剪车间的产量和质量外，还会影响到用料定额等多项指标的完成。

图 1—4—3　铺料

4. 裁剪

裁剪是指采用裁剪专用的工具（见图 1—4—4），按划样图中的衣片轮廓线，在同一时间内一次裁出一叠相同的衣片（见图 1—4—5）。所以裁剪必须认真、细致，稍有差错会造成重大损失。同时，裁剪前必须对划样、铺料等工序的操作进行检查核对，及时发现问题立即改正。

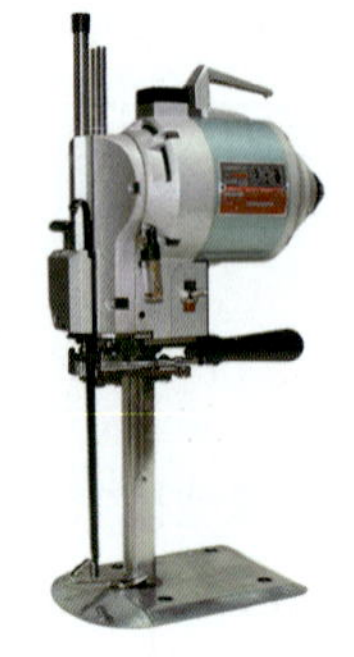

直刃型电动裁剪刀

DCQ 系列带刀裁剪机

图 1—4—4　裁剪专用工具

图 1—4—5　裁剪

5. 验片、打号

验片是指对裁片的质量进行检验，目的是及时发现裁片的质量问题和面料表面的疵点，以便修正和调整。另外，为了防止缝制时出现混号的现象，以及各匹面料之间或同匹面料之间色差对服装成品的影响，需对衣片进行打号，以确保同层、同规格衣片的缝合。如图 1—4—6 所示。

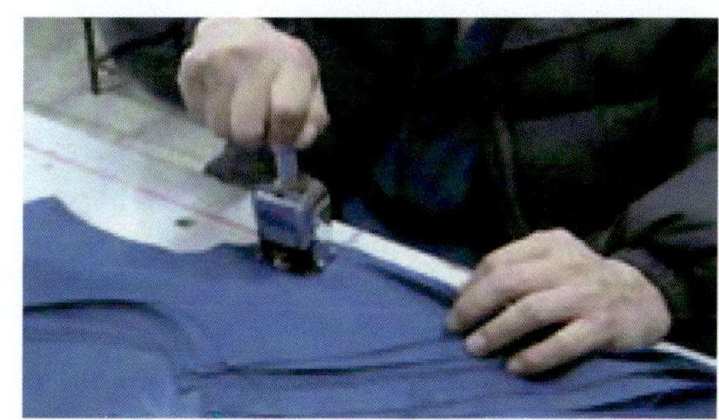

图 1—4—6　验片、打号

6. 分包、捆扎

分包是指按裁剪生产工艺单规定的型号、色号和规格要求，将组成产品的全部部件和零部件包扎在一起，以便于生产。分包时大片放外面，零部件裹在里面，每包裁片扎好后，在包外吊上标签，注明包号。如图 1—4—7 所示。

图 1—4—7　分包、捆扎

二、铺料的方法及要求

1. 单向铺料

单向铺料是指一层衣料铺到头后剪断、夹牢，将布头拉回起点，再进行第二次铺料。单向铺料适用于有特定图案、有倒顺方向、裁片左右不对称的面料（见图 1—4—8）。

2. 折转双向铺料

折转双向铺料是指一层面料铺到头后，折回再铺料。这种方法不一定每铺一层都要剪断面料。折转双向铺料适用于素色面料、无方向性花纹图案的面料和部分倒顺的面料（如衣服的里布）（见图 1—4—9）。

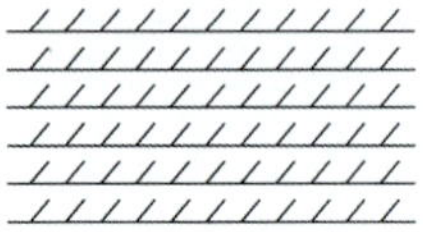

图 1—4—8　单向铺料

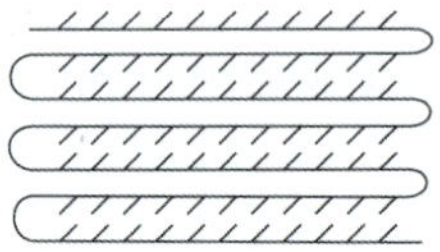

图 1—4—9　折转双向铺料

3. 冲断反转双向铺料

冲断反转双向铺料是指一层衣料铺到头后，将面料剪断翻身铺上。其适用于有倒顺毛及鸳鸯条格的面料（见图 1—4—10）。

4. 双幅对折铺料

双幅对折铺料是指将幅宽在 144 ~ 152 cm 的面料对折进行铺料（见图 1—4—11），它较适合小批量生产及对格的服装。单裁单做一般采用此种方法。

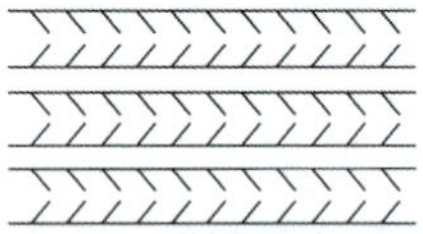

图 1—4—10　冲断反转双向铺料

图 1—4—11　双幅对折铺料

在进行面料的铺料时，要做到“四齐、一平、二准”。

“四齐”：铺料时，起、落手要齐，靠身边要齐，接布头要齐。但由于布的面料幅宽有一定误差，两布边很难全部对齐，所以在铺料时只要做到靠身侧布边对齐即可（见图 1—4—12）。

“一平”：铺料过程中要做到铺的面料平整。

“二准”：在铺料过程中要做到所铺设的面料长度准确无误，铺料的总层数准确无误。

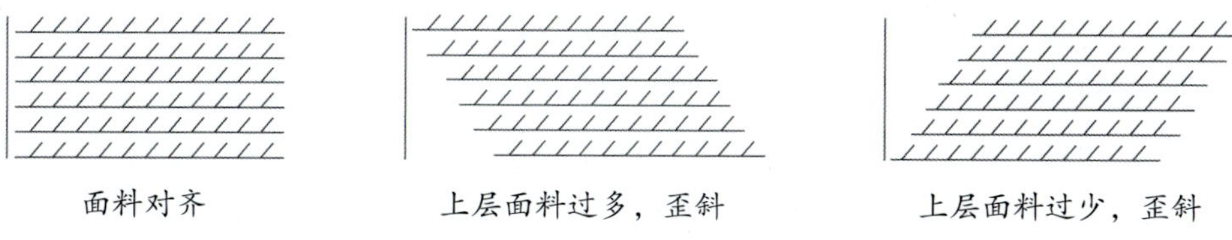

图 1—4—12 铺料对齐示意图

三、排料的方法及要求

1. 排料的方法

（1）折叠排料法。折叠排料法即和合排料，是指排料时将衣料对折，正面与正面相叠，划样划在衣料的反面的一种排料方法（见图 1—4—13）。其优点是省时省料，不会出现裁片“同顺”的错误。

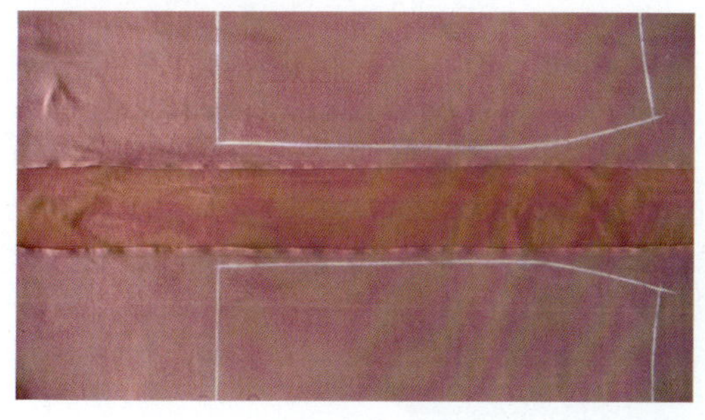

方向性排料

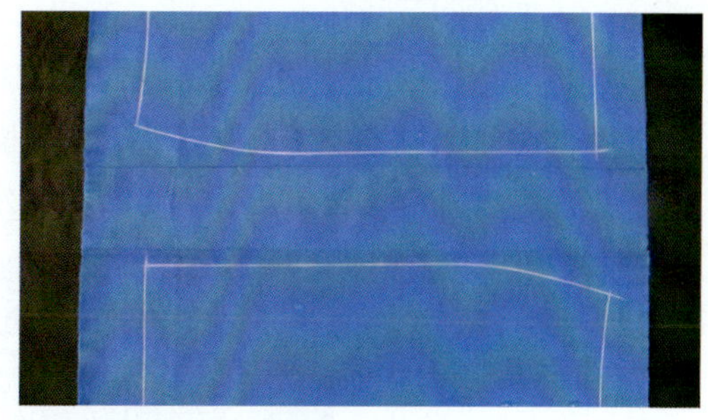

非方向性排料

图 1—4—13 折叠排料法

（2）单层排料法。单层排料法是指衣料全部以平面展开来进行划样、排料的一种方法（见图 1—4—14），是目前工厂大批量生产常用的排料方法，可以大幅度提高面料利用率和生产效率。

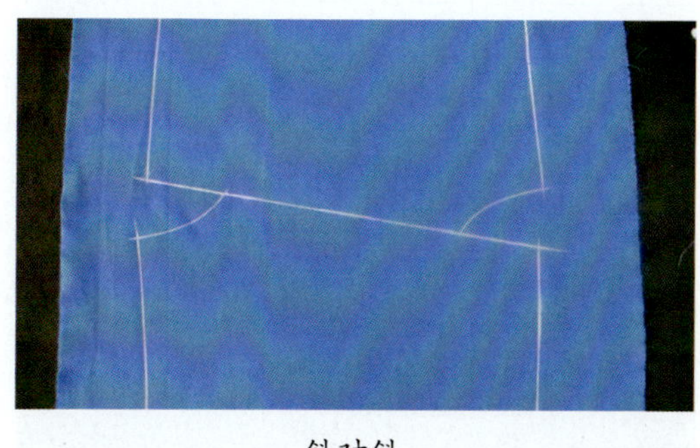

斜对斜

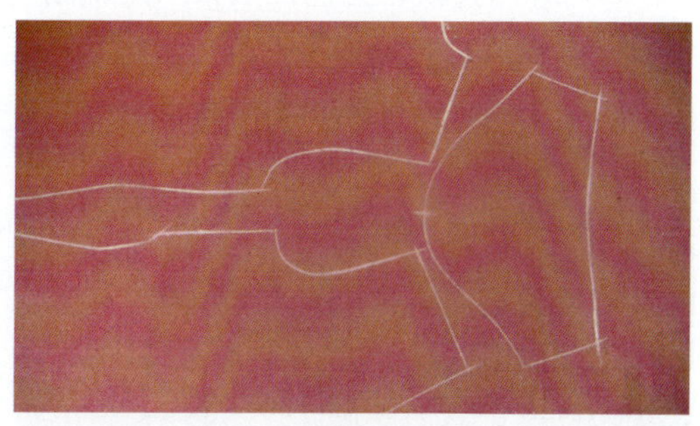

凸对凹

图 1—4—14 单层排料法

2. 排料的工艺要求

排料工序是整个服装制作过程中的重要组成部分，是一项很严密、很细致的工作。排料技能的高低对原料的利用率起着决定性的作用。所以排料时应注意以下两点：

（1）衣片的对称性。在制作样板时，对称衣片通常只绘制一片样板。排料时要注意正、反各排一次，令裁出的衣片为一左一右的对称衣片（见图 1—4—15）。排料时，如果将样板排成“一顺”，则裁出的衣片无法制作成衣（除非面料没有正反面）。

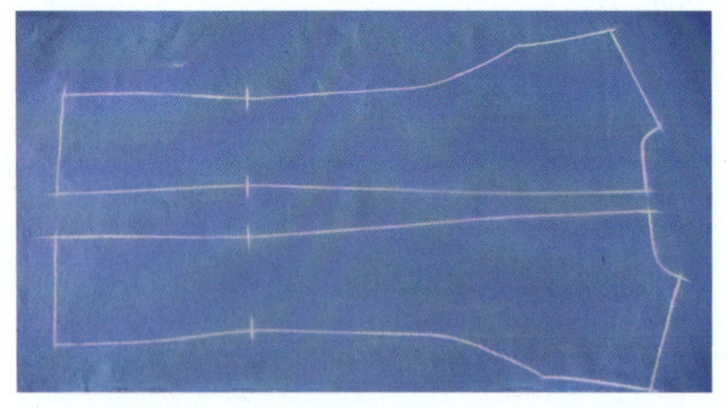

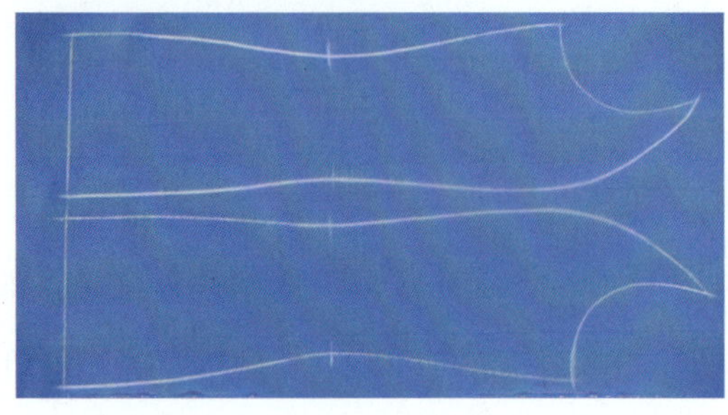

图 1—4—15　衣片的对称性

（2）面料的方向性

1）面料的经、纬向。服装原料大都由经、纬纱线交织而成。在整匹原料中，长度方向称为经向（纵向），宽度方向称为纬向（横向），成 45° 倾斜的方向称为斜向（见图 1—4—16），在行业中分别俗称为直丝绺、横丝绺和斜丝绺。

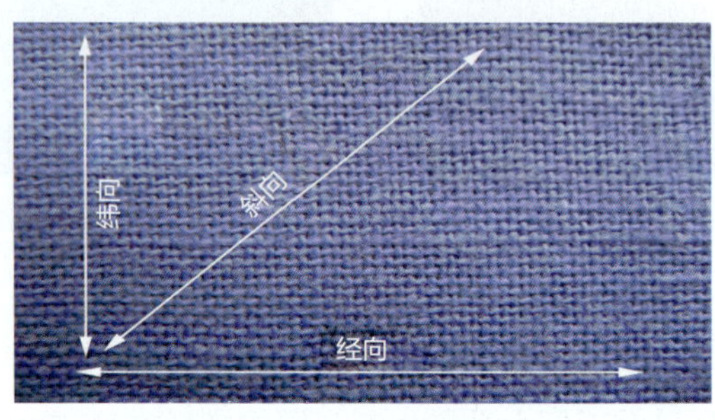

图 1—4—16　面料的经、纬向

2）面料的倒顺。方向性图案：以图案正立为顺向。有些面料上的图案有方向性，如花草、树木、动物、建筑物、文字等（见图 1—4—17）。

图 1—4—17　方向性图案

条格面料：有的条格面料具有方向性。如顺风条、鸳鸯花格等面料（见图 1—4—18），其条格排列及布局有方向性。

顺风条

鸳鸯花格

图 1—4—18　条格面料

灯芯绒、皮毛：沿经纱方向毛绒的排列具有方向性，即所谓的“倒顺毛”（见图 1—4—19）。当从不同角度观看这类面料时，其色泽及光亮程度不同，而且不同方向的手感也不一样。

灯芯绒

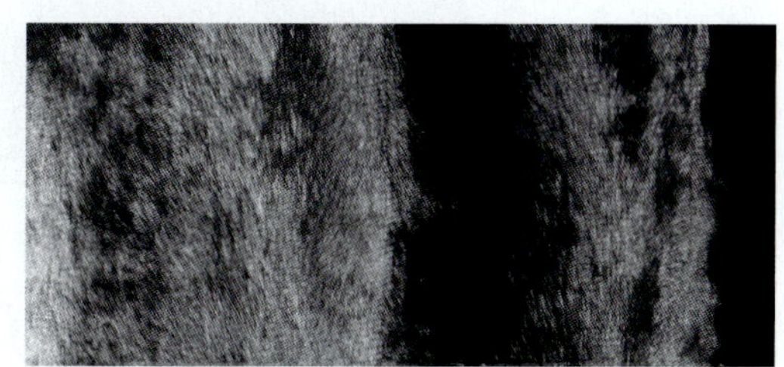

皮毛

图 1—4—19　灯芯绒、皮毛

以上面料一定要注意保证排出的各衣片方向一致。

操作提示

排料的技巧

◆**先大后小**　排料时，先将主要衣片样板排好，再排较小的零部件，充分利用各个大片样板之间的空隙，将小片样板插入。

◆**紧密套排**　采用直边对直边、斜边对斜边或斜边颠倒排放，凸边对凹边排放，互相之间可以靠得很紧。

◆**大小搭配**　可将不同规格号型的样板进行套排，在同一幅宽的面料上，科学地搭配排料可以“取长补短”，有效地提高面料的利用率。

◆**合理拼接**　在保证衣片质量的前提下，为了提高原材料的利用率，按有关技术标准规定，有些零部件的次要部位（如领里、挂面下端等）允许适当的拼接。

四、裁剪方法及要求

采用专用裁剪工具进行面料裁剪时要遵循一定的规律，一般要做到先横断、后直断，先外口、后里口，先开小、后开大，开裁时随手把刀眼开好。

裁剪工作是前道工序中重要的环节，如果面料没有裁剪好将直接影响到后续的生产制作过程。裁剪时要做到刀路清楚、裁片整齐、标记准确。

知识拓展

排料、铺料及裁剪的传统操作形式和现代化操作形式见表 1—4—1 。

表 1—4—1　排料、铺料及裁剪的操作形式

工艺	传统操作形式	现代化操作形式
排料	人工排料是裁剪工根据长期的生产实践经验，利用整套样板进行排料的多方案设计，从中选择最佳方案	电脑排料使样板排料、划样自动化，大大地缩短了排料的时间，提高了面料的利用率
铺料及裁剪	人工铺料及裁剪操作耗时费力，操作精度全凭净样，损耗大	全自动裁床，接入 CAD 后直接输出样板裁剪方案，裁剪精度高，损耗小，省时

思考与练习

1. 你能画出围裙、十字裆短裤的裁剪图吗？

2. 你知道裁剪工艺流程中都包括哪些工序吗？可以请老师带着去当地的服装厂参观，体会一下裁剪工艺的整个流程，你会有很大的收获。

第二章
裙装缝制工艺

裙装是女性服装中重要的组成部分，是一种围裹式的服装，无裆缝，属于下装。从“男裤女裙”的说法中可以看出裙装在女性日常穿着的服装中有着举足轻重的地位。

裙装的基本结构包括三个围度（即腰围、臀围、摆围）和两个长度（即裙长、臀长）。裙装的工艺变化主要表现在裙腰、裙身、裙摆等方面，还表现在装饰性点缀（如贴袋、纽扣、缉线针迹和带襻等各类饰物）的运用上。

裙装可以按照长短分为长裙、中长裙、中裙、短裙和超短裙；按照样板结构分为直裙、斜裙和拼接裙；按照款式分为一步裙、西服裙、塔裙和 A 字裙等。

裙装使用的面料种类跨度大，几乎所有面料种类都可用来制作裙装。裙装的面料要与穿着的季节相适应，如春夏季要选择轻薄的面料制作裙装，而秋冬季则选择厚料来制作裙装。

裙装款式丰富，加工工艺也较为多样，但总体而言裙装的制作有章法可寻。本章主要内容包括裙装零部件缝制工艺、一步裙缝制工艺和一步裙质量标准，要求重点掌握拉链的缝制方法和装腰的方法。

学习目标

1. 能够读懂工艺单，可以根据工艺单要求对裙装裁片进行正确的裁剪配伍和工艺制作。

2. 能够按照裙装款式图进行款式分析，会编排裙装缝制工艺流程。

3. 能够分析同类裙装的工艺流程，可以编写出工艺单，并学会评价其品质的好坏，培养对于裙装的品控能力。

第一节　裙装部件缝制工艺

零部件的缝制工艺是服装缝制工艺的基础。只有掌握了多样的零部件缝制工艺，才能更好、更快地完成整件产品的制作。本节学习拉链的缝制与绱腰。

一、明拉链缝制工艺

明拉链缝制工艺是指包含门襟与里襟的常规缝制拉链的方法。明拉链缝制材料见表 2—1—1。

表 2—1—1　明拉链缝制材料表

类别	材料
面料	大身门襟侧 ×1 大身里襟侧 ×1 里襟 ×1
辅料	无纺衬若干 拉链 ×1

具体缝制工艺如下：

1. 粘衬：将门襟侧大身粘衬，里襟粘衬（见图 2—1—1）。

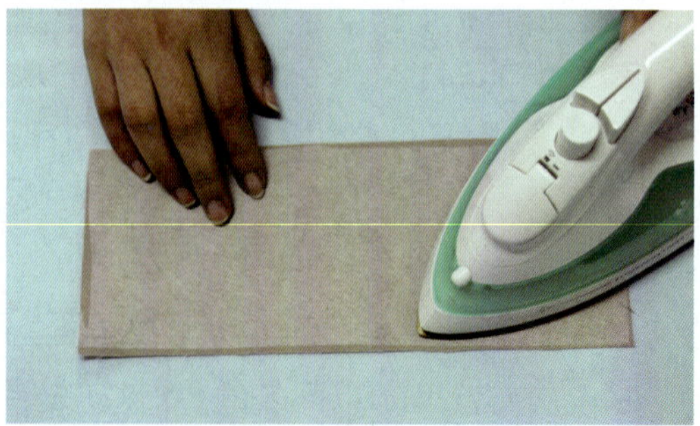

图 2—1—1　粘衬

2. 做里襟：将里襟底端 1 cm 拼合后翻正，并将大身由底缝至拉链位，并分烫开（见图 2—1—2）。

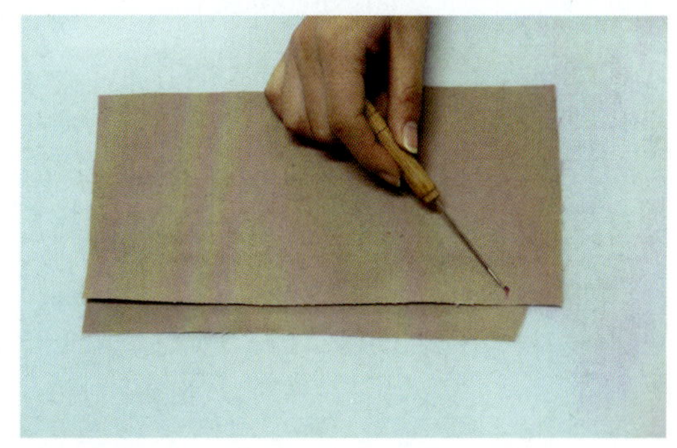

图 2—1—2 做里襟

3. 装门襟侧拉链：将门襟、里襟止口烫煞后，拉链摆在门襟下方，门襟止口盖过拉链牙齿 0.3 cm，之后在门襟侧面料上距止口 1 cm 压缝一道，将拉链与面料一并固定（见图 2—1—3）。

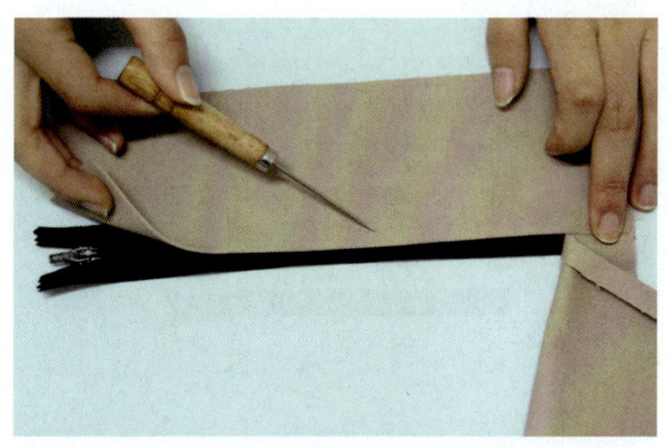
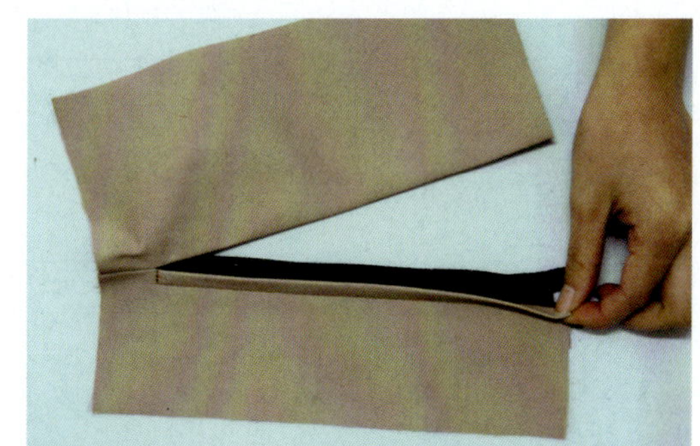

图 2—1—3 装门襟侧拉链

4. 装里襟侧拉链：将里襟放在拉链下方，大身里襟侧盖住拉链后，换单边压脚 0.1 cm 固定里襟与拉链（见图 2—1—4）。

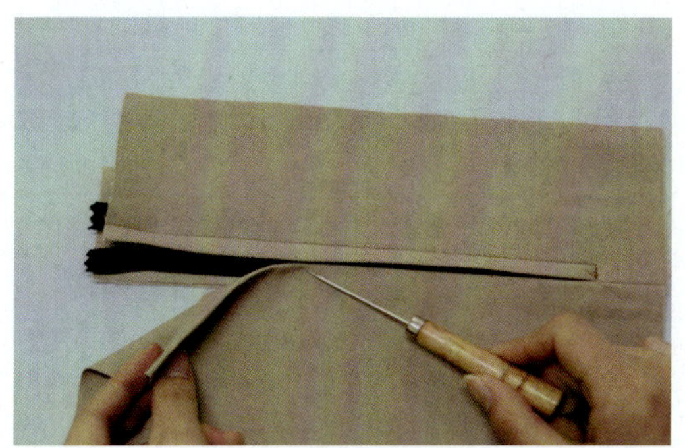
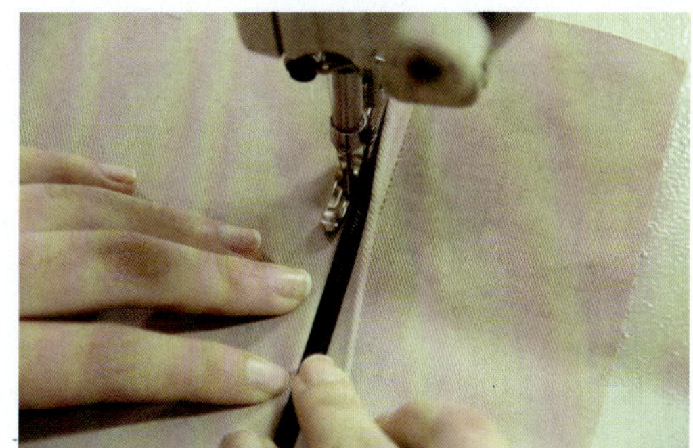

图 2—1—4 装里襟侧拉链

5. 完成明拉链缝制（见图 2—1—5）。

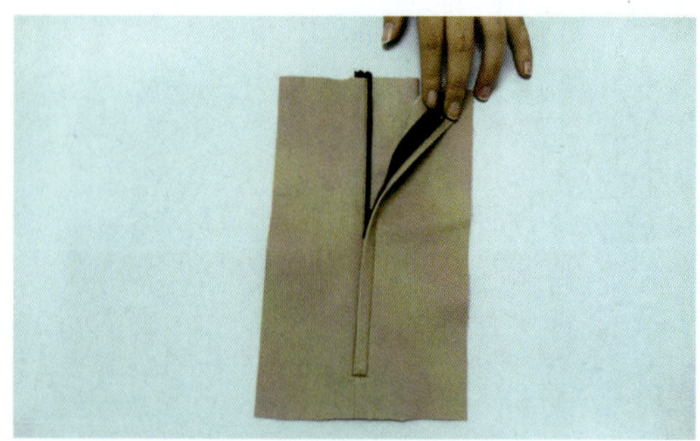

图 2—1—5　明拉链缝制完成图

二、隐形拉链缝制工艺

隐形拉链是女装中常用的拉链，在裙装中应用较多，其优点是拉链较为隐蔽。它常用在各种拼缝处，既不影响服装的整体效果，又不失拉链开缝的作用。隐形拉链缝制材料见表 2—1—2。

表 2—1—2　隐形拉链缝制材料表

面料	大身 ×2
辅料	无纺衬若干 隐形拉链 ×1

具体缝制工艺如下：

1. 粘衬：将大身缝制拉链的位置粘 1.5 cm 宽无纺衬，并在大身底端定出拉链止点（见图 2—1—6）。

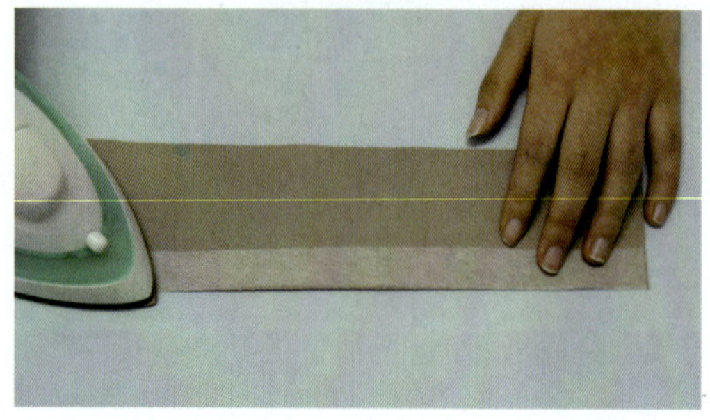

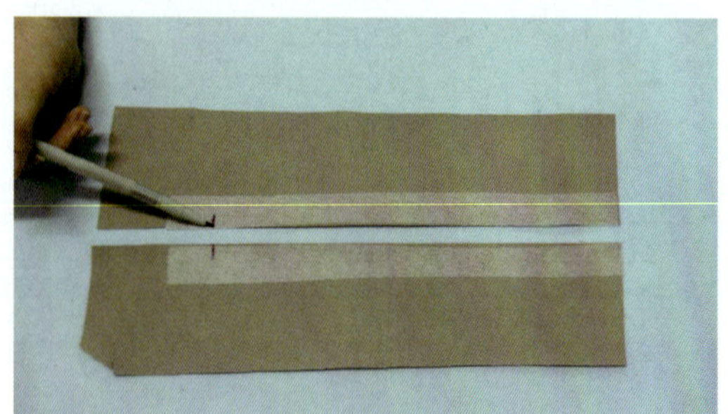

图 2—1—6　粘衬

2. 绱腰、合缝：将做好标记的大身由底 1 cm 缝至标记点并分烫，左右大身腰口 1 cm 拼缝腰头（见图 2—1—7）。

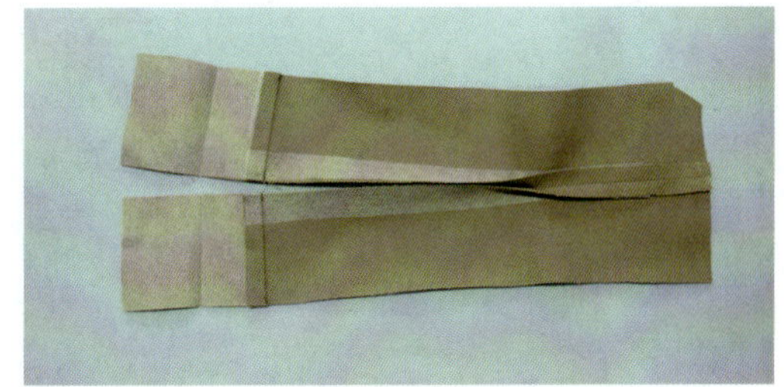

图 2—1—7　绱腰、合缝

3. 整烫拉链：将隐形拉链的牙齿用熨斗烫开，以便缝制拉链（见图 2—1—8）。

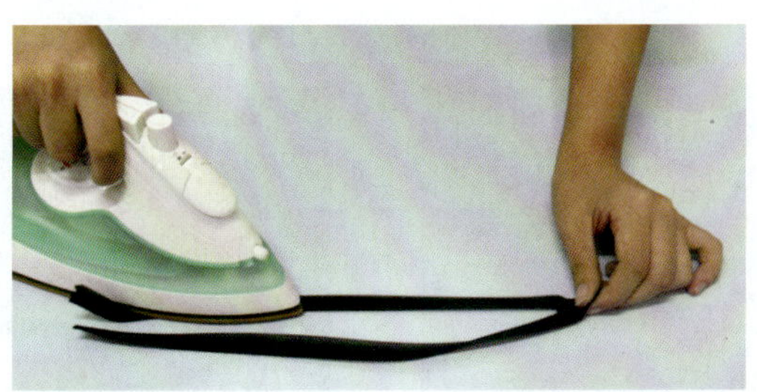

图 2—1—8　整烫拉链

4. 拉链定位标记：将拉链与大身以 10 cm 为一段画出绱拉链的拼缝标记（见图 2—1—9）。

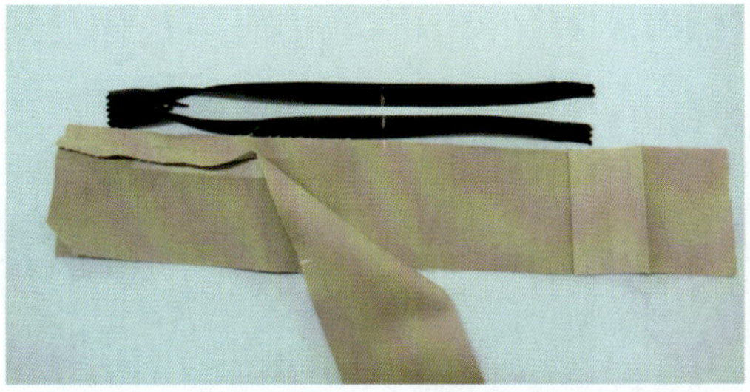

图 2—1—9　拉链定位标记

5. 绱拉链：用单边压脚将隐形拉链缝合固定（见图 2—1—10）。

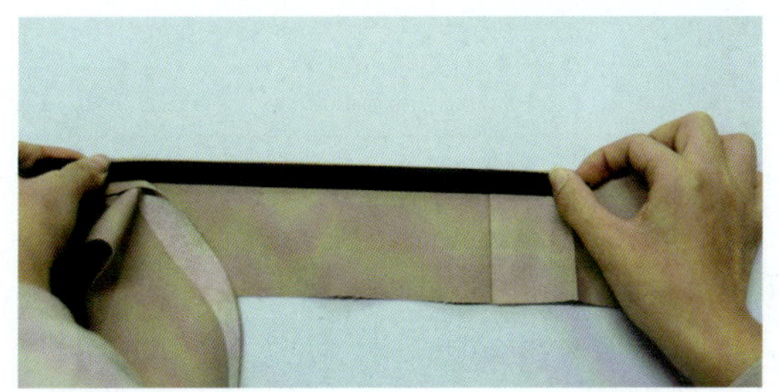
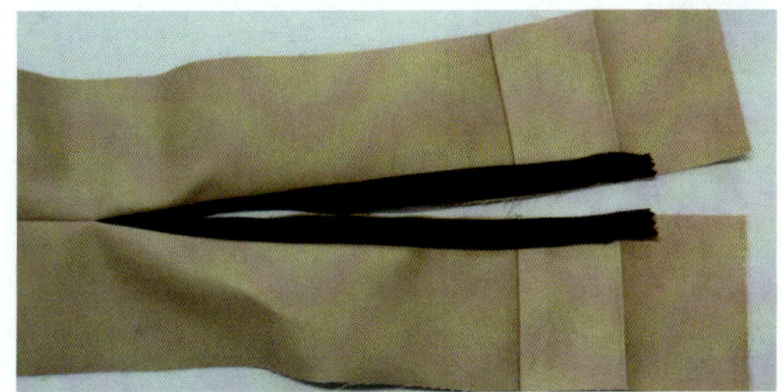

图 2—1—10　绱拉链

6. 封腰头：将拉链头折向毛缝处，再将腰里侧沿腰部止口翻折并拉出 0.7 cm，车缉 1 cm 封腰头（见图 2—1—11）。

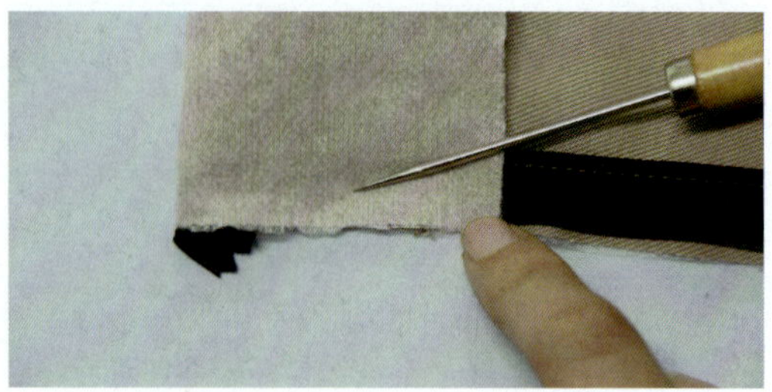

图 2—1—11　封腰头

7. 翻正腰头：将缝好的腰头翻到正面，腰里侧面料不能阻碍拉动隐形拉链头（见图 2—1—12）。

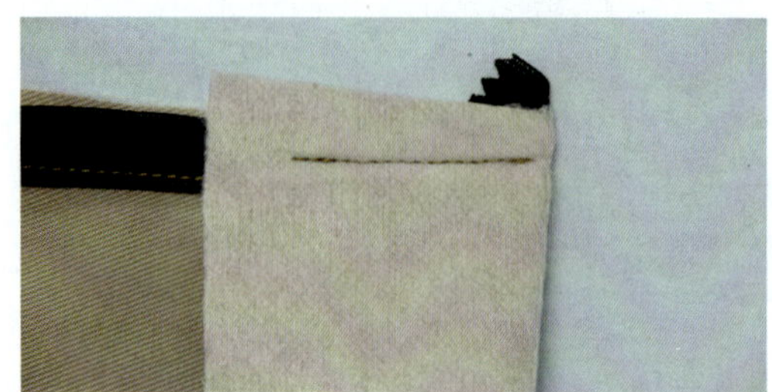

图 2—1—12　翻正腰头

8. 完成隐形拉链缝制（见图 2—1—13）。

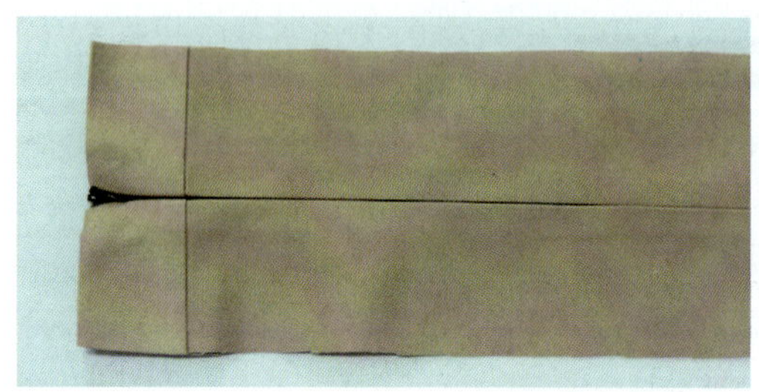

图 2—1—13　隐形拉链缝制完成图

 操作提示

◆缝制隐形拉链时，常采用单边压脚与带槽压脚（见图 2—1—14）。装压脚时注意位置，使用单边压脚时，要使针靠着压脚的边缘；使用带槽压脚时，要使针对准压脚中间的空隙，使拉链齿在凹槽下运行。建议绱拉链时线迹尽可能靠近拉链齿，以使拉链尽可能闭合。

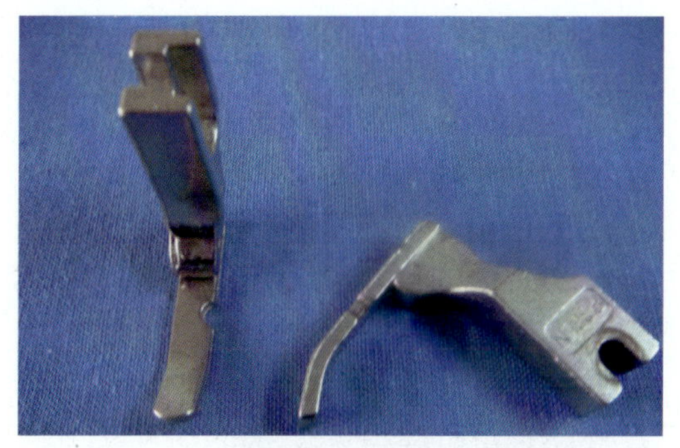

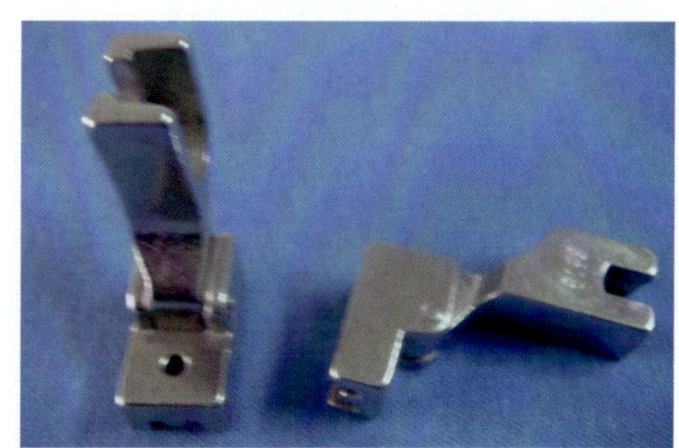

图 2—1—14　单边压脚与带槽压脚

三、装松紧腰

松紧带是服装制作中最常用的辅料之一，用于袖口、脚口、腰以及一些需要收缩起做装饰的部位。腰部装松紧带是休闲女裙常用的方法。松紧腰缝制材料见表 2—1—3。

表 2—1—3　松紧腰缝制材料表

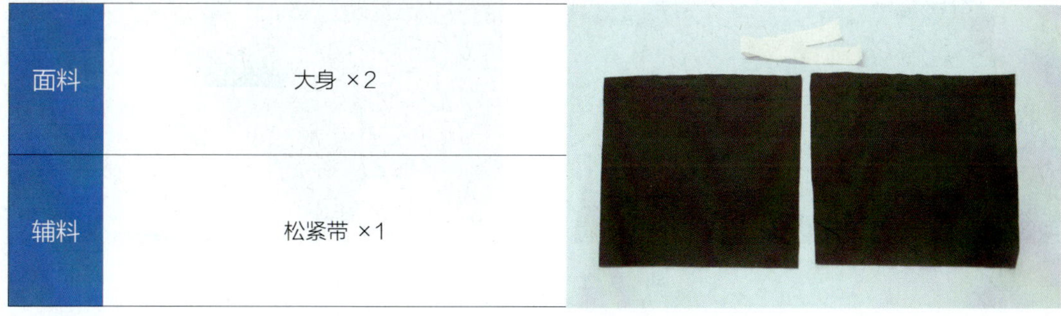

面料	大身 ×2
辅料	松紧带 ×1

具体缝制工艺如下：

1. 合侧缝、松紧带：将大身侧缝 1 cm 拼缝，将 3 cm 宽松紧带两端缝合固定成一个圆圈状（见图 2—1—15）。

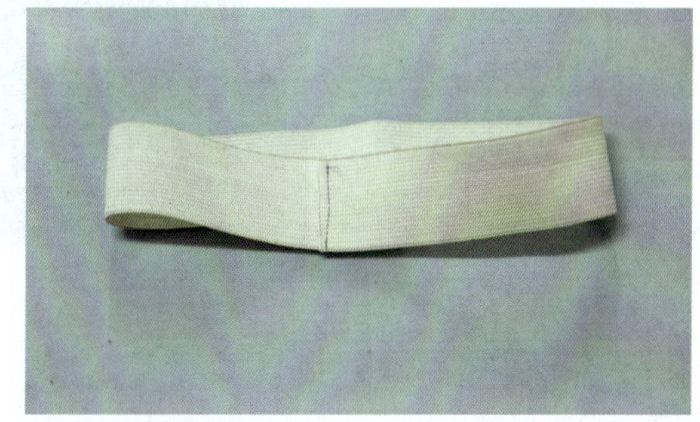

图 2—1—15　合侧缝、松紧带

2. 装松紧带：将腰口卷边 3.2 cm，并将松紧带放在中间，0.1 cm 封口（见图 2—1—16）。

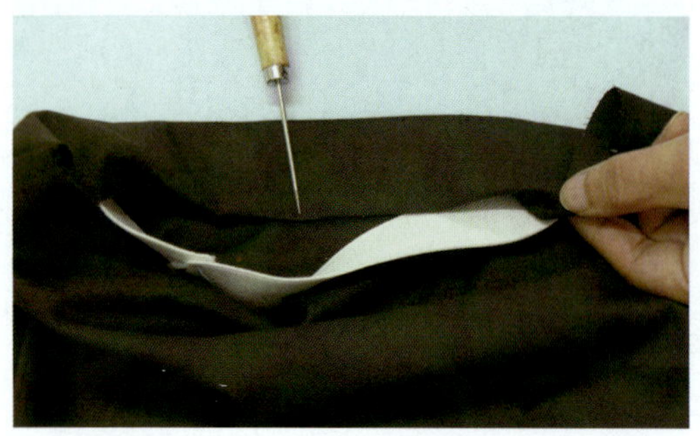
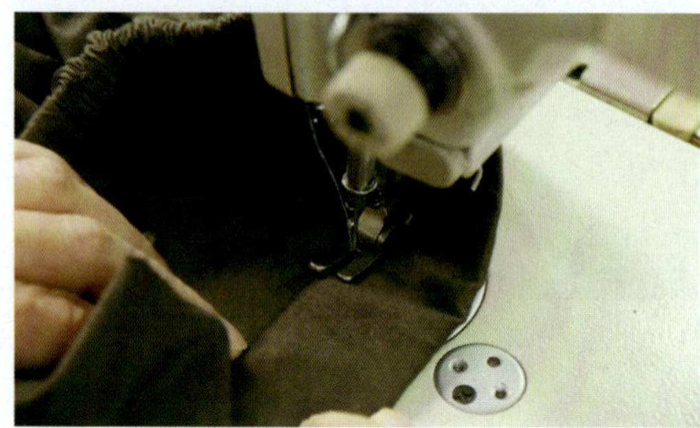

图 2—1—16　装松紧带

3. 固定松紧带：松紧带容易在腰头里面滑动扭曲，所以需要将松紧带拉开，在装好松紧带的腰头部位中间压一道固定线（见图 2—1—17）。

图 2—1—17　固定松紧带

4. 完成松紧腰缝制（见图 2—1—18）。

图 2—1—18　松紧腰缝制完成图

四、绱腰

绱腰是下装工艺中的重点之一，绱腰要做到平服不起涟。绱腰缝制材料见表 2—1—4。

表 2—1—4　绱腰缝制材料表

面料	大身 ×2 腰头 ×1
辅料	无纺衬若干

具体缝制工艺如下：

1. 粘衬：将腰头粘衬（见图 2—1—19）。

图 2—1—19　粘衬

2. 烫腰：将粘好衬的腰面折烫 1 cm，继续翻折 3 cm，使腰里侧留出 1 cm 缝份（见图 2—1—20）。

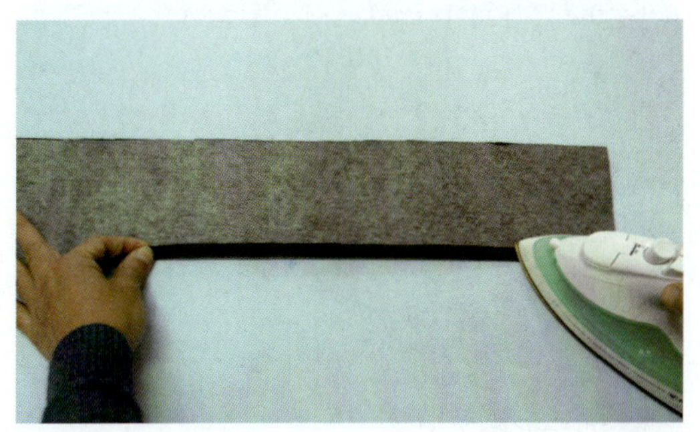

图 2—1—20　烫腰

3. 腰头封口：将烫好的腰头面、里相对两端 1 cm 封口，并翻正腰头（见图 2—1—21）。

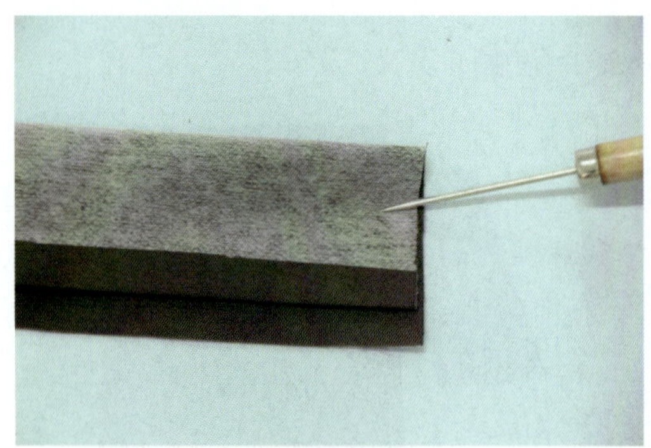

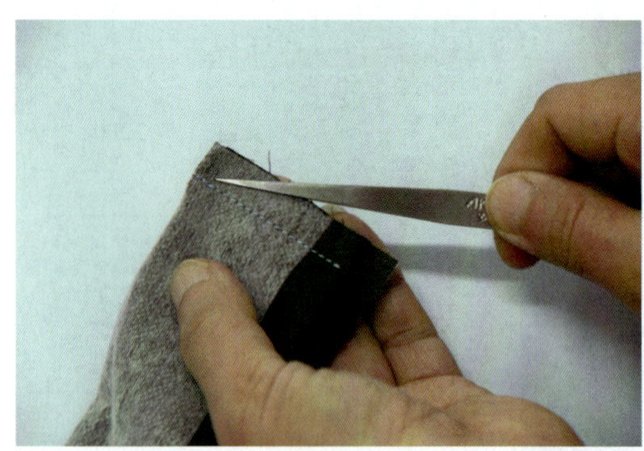

图 2—1—21　腰头封口

4. 合侧缝：将裙片两侧 1 cm 拼缝，预留出门、里襟位，分烫，并在门、里襟腰口处做绱腰标记（见图 2—1—22）。

图 2—1—22　合侧缝

5. 绱腰：将腰里与裙片腰口反面 1 cm 拼合（见图 2—1—23）。

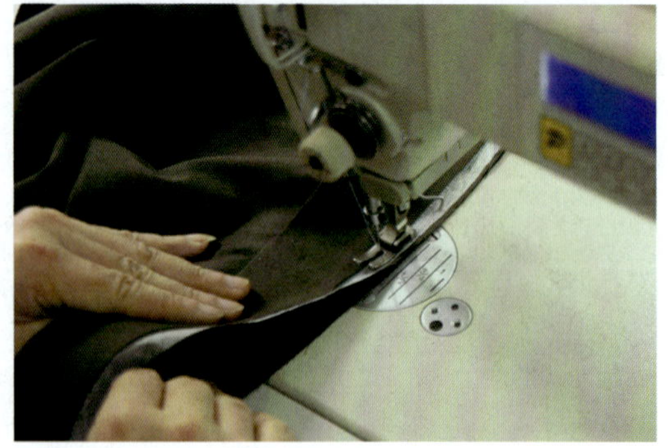

图 2—1—23　绱腰

6. 清腰面止口：将腰口缝份倒向腰头，腰面处 0.1 cm 清止口，注意要盖住缝合腰里时的车缝线迹（见图 2—1—24）。

图 2—1—24　清腰面止口

7. 完成绱腰缝制：完成的绱腰腰头要左右高低一致（见图 2—1—25）。

图 2—1—25　绱腰缝制完成图

第二节　一步裙缝制工艺

图 2—2—1　一步裙

一步裙（见图 2—2—1）因款式简约、修身、包臀而备受女性特别是职场女性的喜爱，是职场女性常穿的工作用服。一步裙多用混纺毛料、纱卡等面料制作。

下面根据一步裙服装样衣工艺通知单（见表 2—2—1）的要求，依据款式图，采用 M 号规格绘制裁剪结构图，并在结构图基础上进行放缝并制作出裁剪样板，在合适的面料上进行排料、裁剪及制作，完成一步裙缝制。

表 2—2—1　一步裙服装样衣工艺通知单

品牌：XXX 纸样编号：XXXXXX	款号：XXXXXX 下单日期：XXXX.XX.XX	名称：一步裙 完成日期：XXXX.XX.XX

款式图：

款式概述：

前后片腰口各收 4 个省，后中底边开衩，后中装隐形拉链，装腰

面料：纱卡
成分：棉 100%
组织：斜纹组织
幅宽：144 cm

辅料：

无纺粘合衬、隐形拉链、配色线、商标、洗水唛

系列规格表（5·4）　单位：cm

部位 \ 规格		155/62A	160/66A	165/70A	档差	公差
		S	M	L		
1	裙长	58	60	62	2	±1
2	腰围	64	68	72	4	±1
3	臀围	88	92	96	4	±1
4	臀长	17.5	18	18.5	0.5	±0.5
5	摆围	84	88	92	4	±1

工艺要求：

1. 省道：前后省道位置正确，省长位置正确，倒向对称，省尖处平顺
2. 拉链：隐形拉链安装平整，无起涟，高低一致
3. 装腰：装腰平整，无起涟
4. 开衩：裙后中开衩，门、里襟高低一致，平整
5. 裙下摆：下摆 3 cm 折烫，手工三角针
6. 缉线：顺直，无跳针、断线现象
7. 商标：位置端正，号型标志清晰，号型钉在商标下沿
8. 整烫：各部位熨烫到位，平服，无亮光、水花、污迹，底边平直无起浪现象
9. 针迹：明线 14 针 / 3 cm

工艺编制：　　　　工艺审核：　　　　审核日期：

本款一步裙款式简洁明了，可选用面料种类较多，并可以此作为基础款演变出多种裙装款式。

一、规格尺寸（见表 2—2—2）

表 2—2—2　一步裙 M 号规格表　　单位：cm

号型	部位	裙长	腰围	臀围	臀长	摆围
160/66A	规格	60	68	92	18	88

二、裁片配置

1. 主要裁片名称

前裙片、后裙片、裙腰。

2. 裁片图（见图 2—2—2）

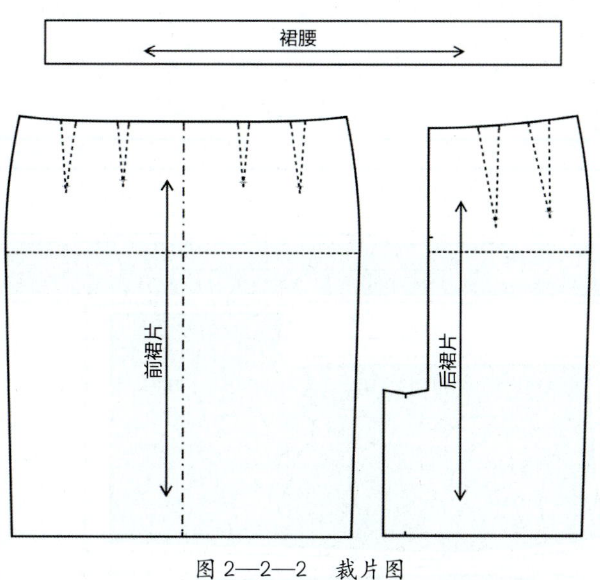

图 2—2—2　裁片图

3. 放缝图（见图 2—2—3）

（1）裙片底边放缝 3 cm，后中放缝 1.5 cm，其余各边放缝 1 cm。

（2）距离省尖 1 cm 处绘制钻眼标记，省根处绘制刀眼标记。

（3）裙后衩与拉链止点处绘制刀眼符号。

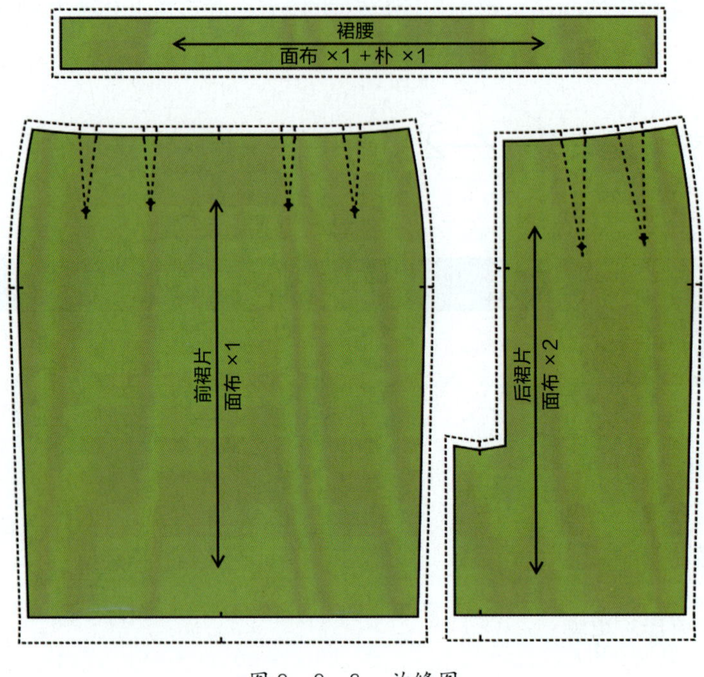

图 2—2—3　放缝图

4. 排料图（见图 2—2—4）

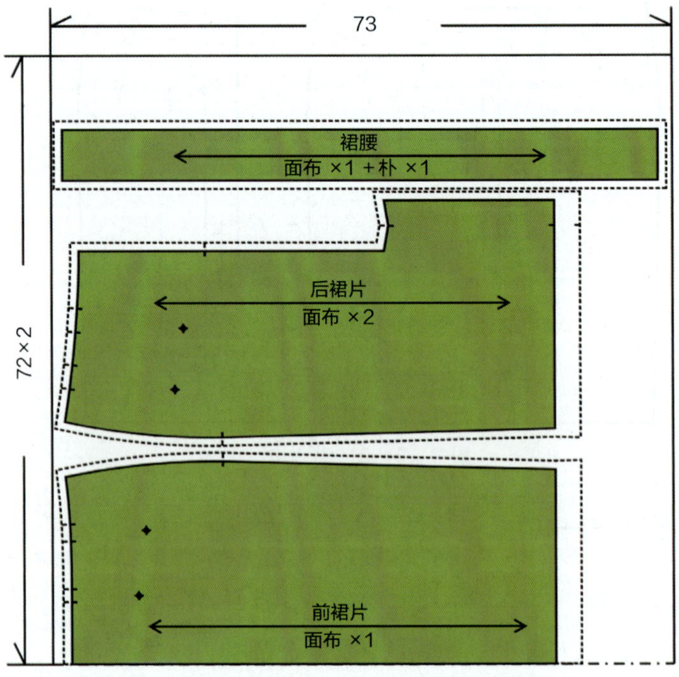

图 2—2—4　排料图

三、生产准备

1. 材料准备（见表 2—2—3）

表 2—2—3　一步裙所需材料准备表

面料	前裙片 ×1 后裙片 ×2 裙腰 ×1	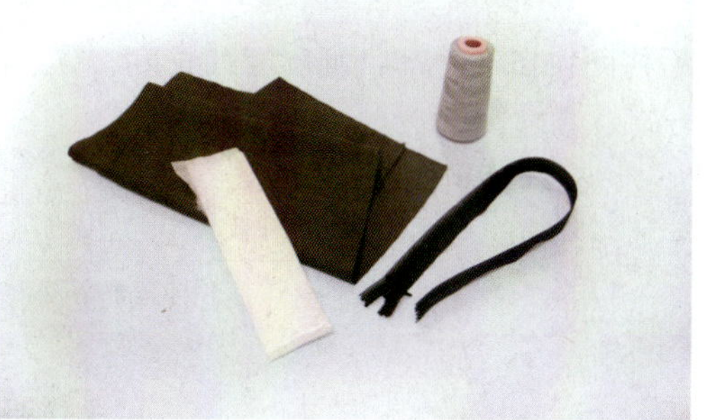
辅料	无纺衬若干 配色线 ×1 隐形拉链 ×1	

2. 面、辅料裁剪注意事项

（1）根据结构制图进行放缝，检查裁剪样板数量。

（2）整理面料，识别面料正、反面，将面料正面与正面相叠，反面朝上，布边对齐，丝绺顺直。

（3）将裁剪样板根据丝绺要求，正确地铺放在面料上，做到紧密、合理地排料。

（4）先剪主件、后裁部件，裁剪刀路顺畅，再配粘合衬。

（5）做出各部位缝制工艺对位标记，刀眼、钻孔清晰。

（6）检查所需的裁片、辅料是否完整。

知识拓展

在工艺制作之前要对面料进行测试，测试的内容包括缩率、耐热度及色牢度。

缩率包括水洗缩率、热烫缩率、缝缩率和自然回缩率，大多数情况下只测水洗缩率和热烫缩率。

水洗缩率测试方法

取长 1 m、宽 1 m 的面料（去除布边），记录经纬面料尺寸，在冷水中充分浸泡 1 h，之后将面料自然晾干（禁用手搅拧），测出经纬长度，算出面料缩率。其计算公式为：

$$\frac{\text{试验前面料长度（宽度）}-\text{试验后面料长度（宽度）}}{\text{试验前面料长度（宽度）}}\times 100\%$$

热烫缩率测试方法

取长 1 m、宽 1 m 的面料（去除布边），用熨斗干烫面料，使测试面料受热均匀，之后将面料自然冷却，测出经纬长度，算出面料缩率。此种方法多用于化纤面料，其计算公式为：

$$\frac{\text{试验前面料长度（宽度）}-\text{试验后面料长度（宽度）}}{\text{试验前面料长度（宽度）}}\times 100\%$$

耐热度测试方法

取长 20 cm、宽 20 cm 的面料（去除布边），把熨斗调至实验温度，干烫面料，然后观察面料是否发生泛黄、变色、硬化、融化、皱缩等物理性变化，之后逐级升高温度。

一般面料的耐热性温度为：棉织物 150 ~ 160℃；丝织物 130 ~ 140℃；毛织物 140 ~ 150℃；合成纤维及混纺织物 100 ~ 160℃。

3. 工艺流程

锁边→做标记→收省→合后中→合侧缝→做、装腰→装拉链→做后衩→做底边→整烫。

四、产品制作

1. 锁边：将前、后裙片除腰口外，其余各边锁边（见图 2—2—5）。

图 2—2—5　锁边

2. 做标记：将前后衣片的省道画出，并在省根处打剪口，剪口深 0.5 cm（见图 2—2—6）。

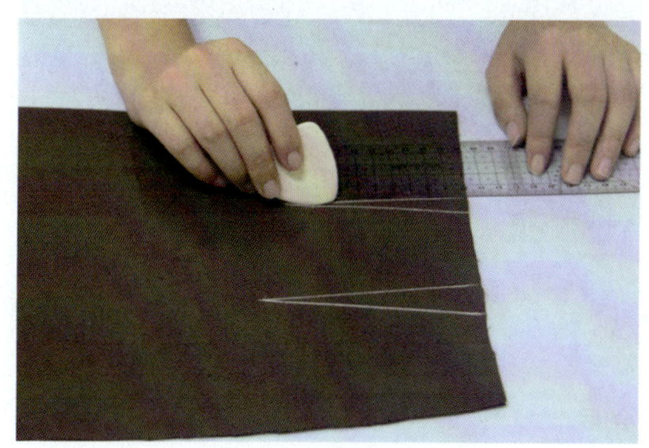
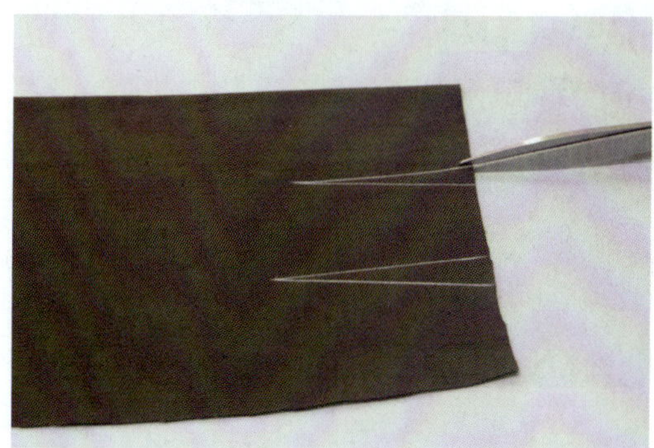

图 2—2—6　做标记

3. 收省：将省道按标记线拼缝，并将省道倒向裙中心熨烫（见图 2—2—7）。

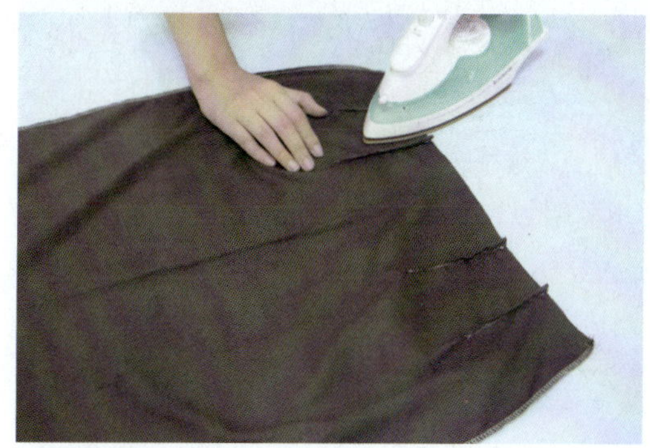

图 2—2—7　收省

4. 烫后衩：后衩粘衬，并将后衩里襟向反面折烫（见图 2—2—8）。

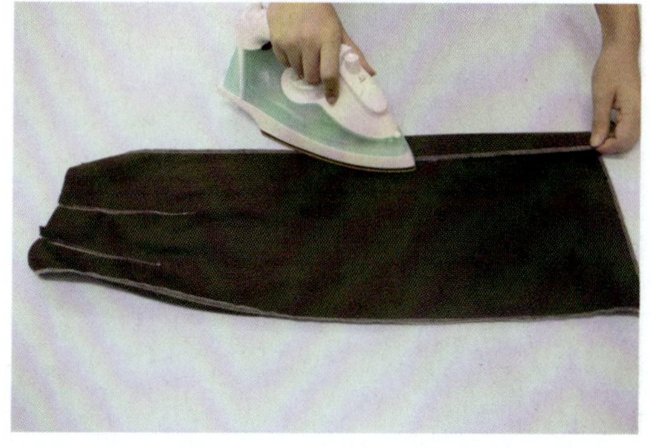

图 2—2—8　烫后衩

5. 合后中：将左、右后片面面相对，1 cm 拼缝（见图 2—2—9）。

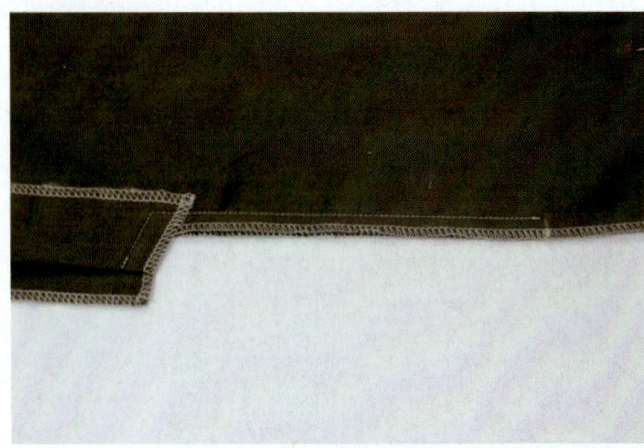

图 2—2—9　合后中

6. 分烫后中：将里襟侧衩位开剪后分烫后中（见图 2—2—10）。

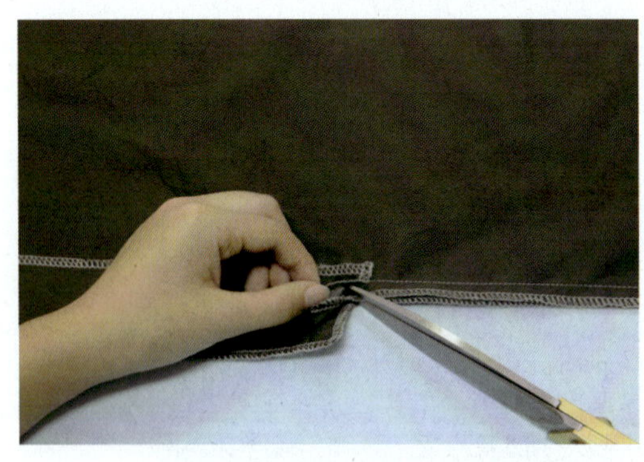
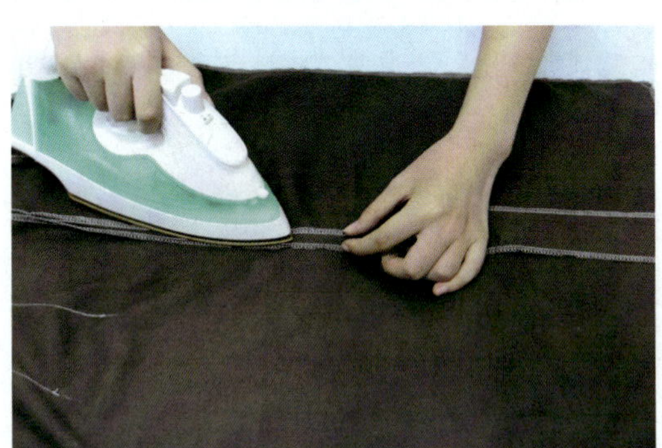

图 2—2—10　分烫后中

7. 合侧缝：将前、后衣片面面相对，1 cm 拼缝侧缝，并分烫（见图 2—2—11）。

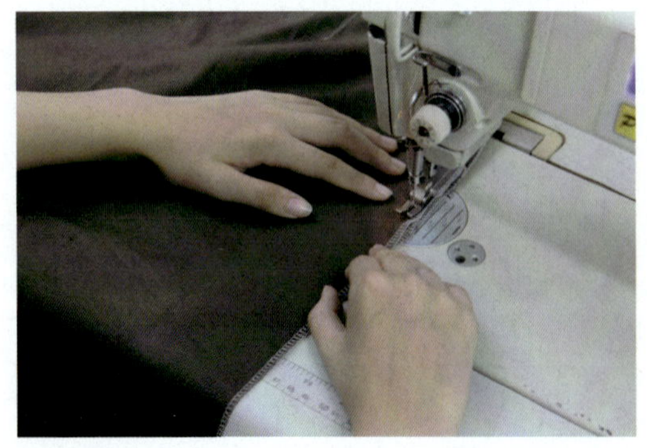
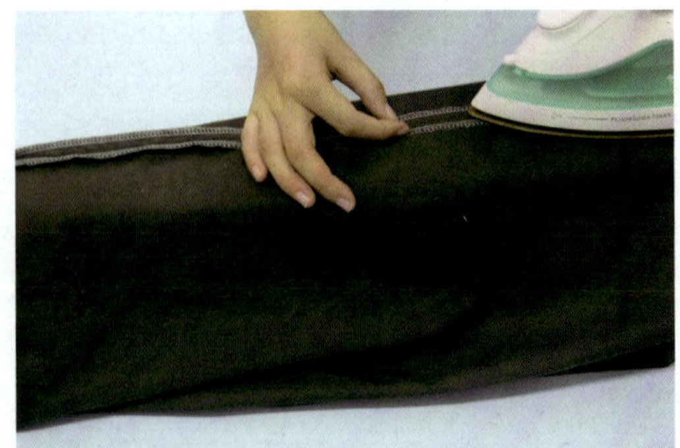

图 2—2—11　合侧缝

8. 做腰：将裙腰粘衬后，腰里侧扣烫 1 cm，再折烫出 3 cm 宽腰头，留出装腰 1 cm 缝份（见图 2—2—12）。

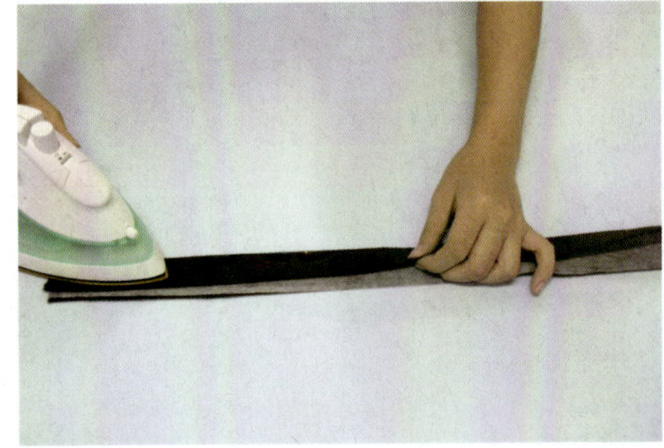

图 2—2—12　做腰

9. 绱腰：后中拉链位粘好 1.5 cm 无纺衬后，裙腰腰面侧车缉 1 cm 固定在裙子上（见图 2—2—13）。

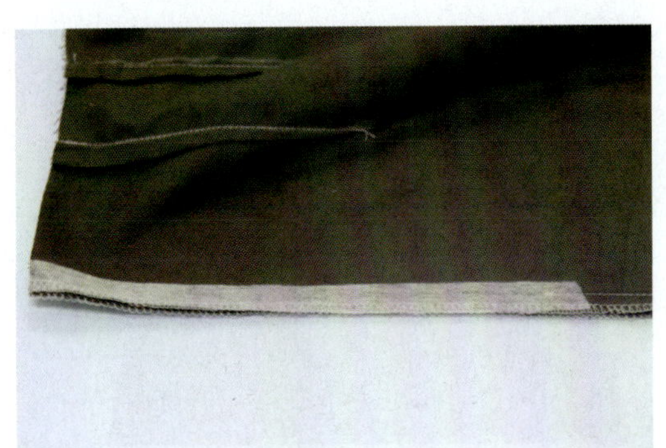
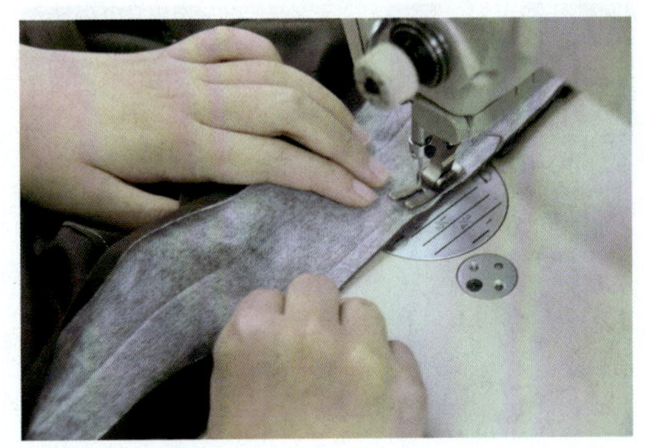

图 2—2—13　绱腰

10. 绱腰完成：裙腰两侧与后中长度要相等，且腰口线要成一条直线，无高低（见图 2—2—14）。

图 2—2—14　绱腰完成

11. 做拉链对位标记：用熨斗将隐形拉链的左右牙齿烫开，在拉链与面料上画出装拉链对位标记（见图 2—2—15）。

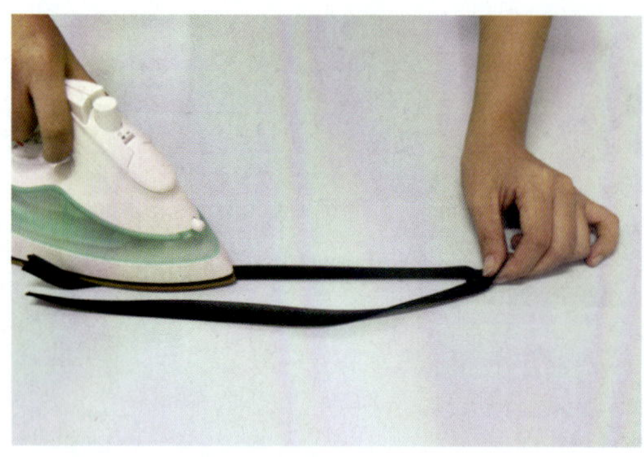

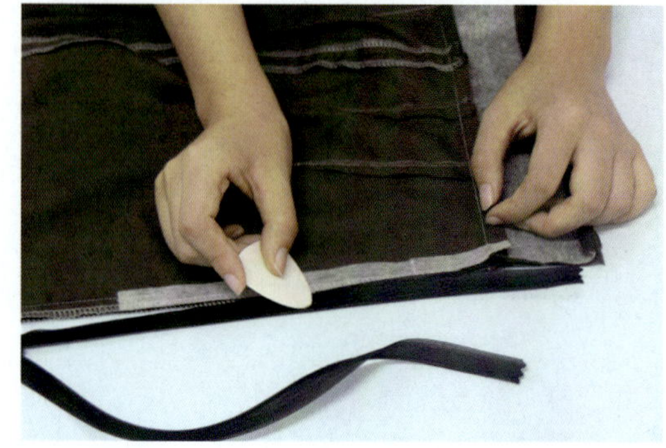

图 2—2—15　做拉链对位标记

12. 绱拉链：机器更换单边压脚后，将隐形拉链从裙腰的折口处起缝至装拉链止点，要求拉链左右对位准确、平服、无起涟（见图 2—2—16）。

图 2—2—16　绱拉链

13. 封腰头：将隐形拉链头折向面料缝份侧，之后把裙腰里襟侧沿中线折回，使腰里、腰面正面相对，再将腰里拉出 0.7 cm 后车缉 1 cm 固定腰头（见图 2—2—17）。

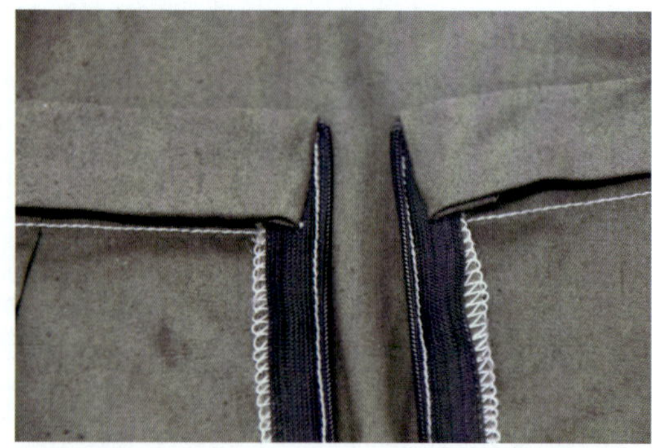

图 2—2—17　封腰头

14. 合腰：将腰头翻正后，在腰面处做漏落缝，腰里侧要求止口 0.1 cm（见图 2—2—18）。

图 2—2—18　合腰

15. 做后衩门、里襟：扣烫出裙后衩门、里襟止口与 3 cm 底边，底边无高低，将门、里襟反折至正面，沿门、里襟止口缝合（见图 2—2—19）。

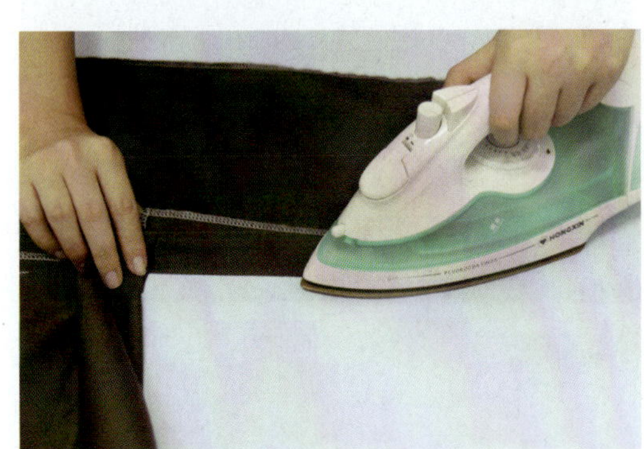

图 2—2—19　做后衩门、里襟

16. 烫底边：将裙后衩门、里襟底边处多余布料修剪掉，将底边翻正后底边按 3 cm 折烫（见图 2—2—20）。

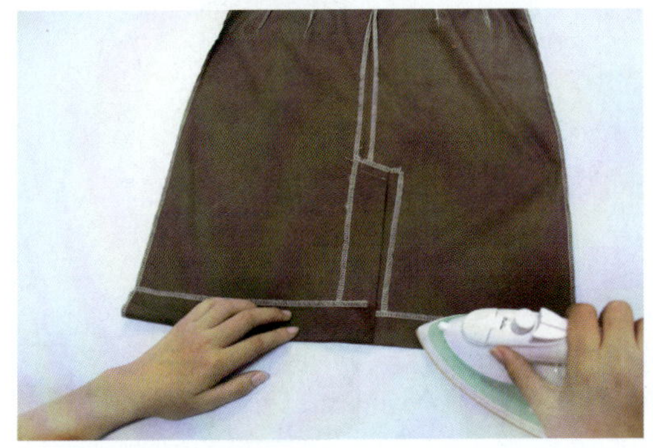

图 2—2—20　烫底边

17. 缲底边：将烫好翻正的裙子从开衩门襟侧按 1 cm 针距手工缲缝三角针至里襟侧（见图 2—2—21）。

图 2—2—21　缲底边

18. 整烫：将做好的裙子进行全面整烫，注意控温，不能烫黄、烫焦（见图 2—2—22）。

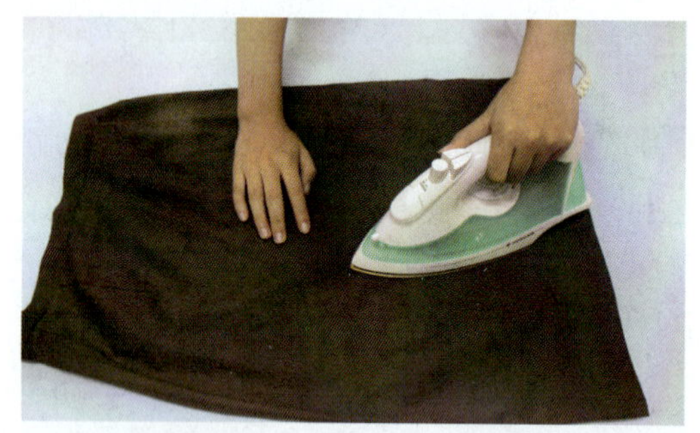

图 2—2—22　整烫

一步裙成品如图 2—2—23 所示。

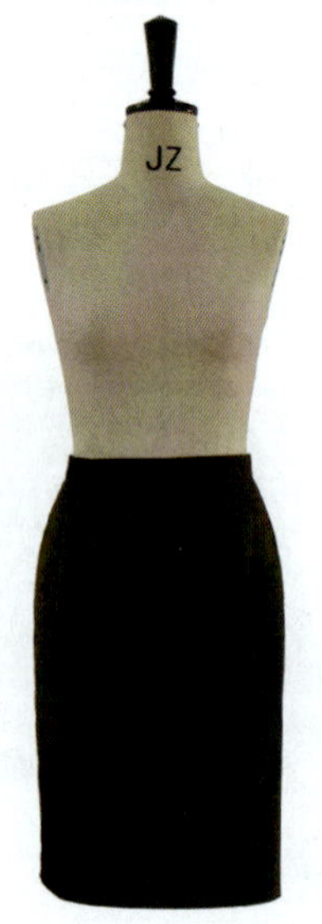

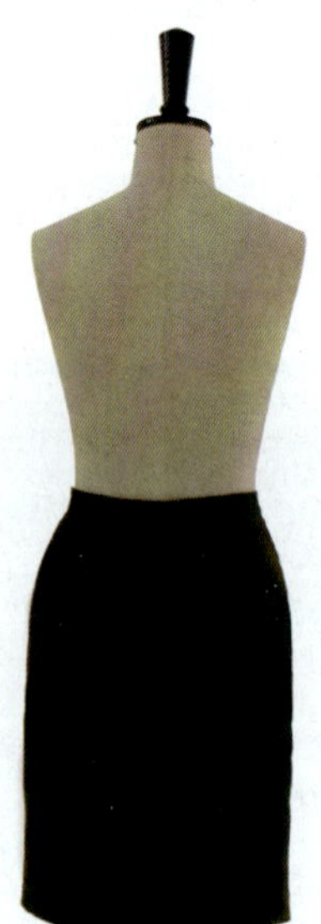

图 2—2—23　一步裙成品图

操作提示

◆拉链是一步裙制作的重点之一。拉链要求缝制平服，左右高低一致，松紧有度。在缝制隐形拉链时，可以将隐形拉链用熨斗烫平。

◆装腰要平服，无起涟，裙腰口与腰头的大小一致。装腰时，要做好装腰标记，如裙中心点、侧缝等，这样有利于保证装腰的质量。

◆开衩门、里襟无高低，开衩自然顺直、不搅不豁。底部封口丝绺顺直，无长短，折边宽窄一致。

◆产品要求整洁，无线头、无极光。

五、学习评价

序号	项目	质量要求	分值	自评	小组互评	教师评价	小计
1	规格	各部位规格尺寸不超极限标准	12.5				
2	大身	裙片绢线顺直，无不良皱褶，无极光，无烫黄	12.5				
3	开衩	左右开衩高低一致，止口顺直	12.5				
4	拉链	拉链平服，不起涟，高低一致	12.5				
合计							

第三节　一步裙工艺质量标准

一、一步裙成品规格测量方法与极限偏差范围（见表 2—3—1）

表 2—3—1　一步裙成品规格测量方法与极限偏差范围　　单位：cm

序号	部位	测量方法	极限偏差范围
1	裙长	裙子沿前后中心线摊开，由腰上口沿侧缝垂直至裙摆边	±1
2	腰围	将拉链拉好，沿腰宽中间横量（周围计算）	±1
3	臀围	将裙子摊平，前身在上，由侧缝凸起处横量（周围计算）	±1
4	摆围	将裙子摊平，前身在上，在裙摆处平量，前后分别横量（周围计算）	±1

1. 裙长测量（见图 2—3—1）

图 2—3—1　裙长测量方法

2. 腰围测量（见图 2—3—2）

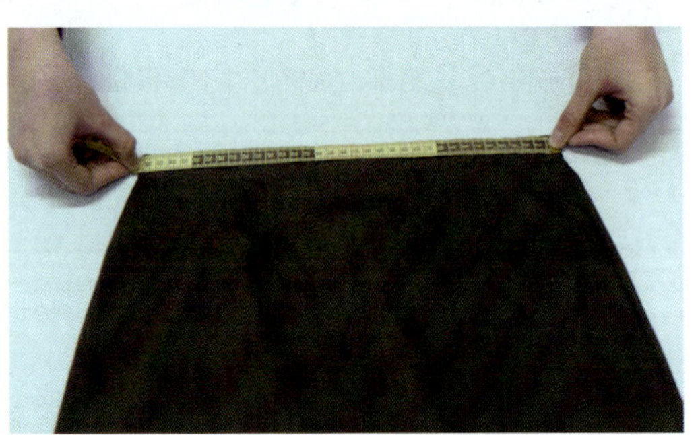

图 2—3—2　腰围测量方法

3. 臀围测量（见图 2—3—3）

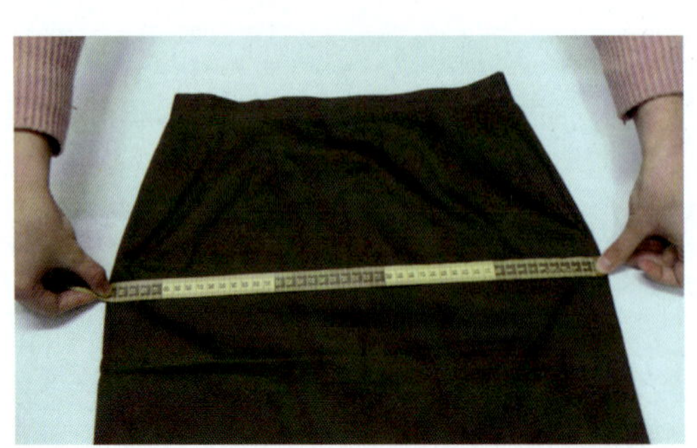

图 2—3—3　臀围测量方法

4. 摆围测量（见图 2—3—4）

图 2—3—4　摆围测量方法

知识拓展

极限偏差也称“公差”，是指服装成品各部位根据规格要求允许的尺寸偏差范围，一般用“±”来表示。在服装标准中，都有极限偏差范围的要求；在生产加工服装时，客户也会对极限偏差范围提出相应的要求。

二、一步裙外观质量标准（见表 2—3—2）

表 2—3—2　一步裙外观质量标准

序号	部位	外观质量标准
1	腰头	宽窄一致，裙腰平服，面、里衬松紧适宜，缝线顺直
2	省缝	省缝顺直，无窝形，归拔适当，符合人体
3	后开衩	底摆整齐、平整，后开衩不反翘，裙里与裙面服帖，松量适当
4	线迹	缝线针距 14 针 /3 cm，手工三角针不少于 4 针 /3 cm
5	商标、号型	商标位置端正；号型标志清晰，号型钉在商标下沿
6	整烫	各部位熨烫到位，平服，无亮光、水花、污迹，底边平直，臀部圆顺

三、一步裙质量评分细则表（见表 2—3—3）

表 2—3—3　一步裙质量评分细则表

项目	序号	质量标准要求	轻缺陷	扣分	重缺陷	扣分	严重缺陷	扣分
规格 12	1	裙长规格正确，不超偏差 ±1.0 cm	超 50%内		超 50%～100%内		超 100%以上	
	2	腰围规格正确，不超偏差 ±1.0 cm	超 50%内		超 50%～100%内		超 100%以上	
	3	臀围规格正确，不超偏差 ±1.0 cm	超 50%内		超 50%～100%内		超 100%以上	
	4	裙摆规格正确，不超偏差 ±1.0 cm	超 50%内		超 50%～100%内		超 100%以上	

续表

项目	序号	质量标准要求	轻缺陷	扣分	重缺陷	扣分	严重缺陷	扣分
腰头25	5	腰头顺直、方正或圆顺	轻不直、方		重不直、方		严重不直、方	
	6	腰面、里、衬平服，松紧适宜	轻皱		重皱		严重起皱	
	7	腰头左右对称、宽窄一致	互差 > 0.1 cm		互差 > 0.2 cm		互差 > 0.3 cm	
	8	腰头平整，无探头、缩进	进出 > 0.1 cm		进出 > 0.2 cm		进出 > 0.3 cm	
	9	腰头正面缉线顺直，无跳针	跳针 > 0.1 cm		> 0.2 cm，2 处跳针		跳针 > 0.3 cm，上下坑	
	10	腰面止口不反吐	有		吐出 0.2 cm		吐出 0.3 cm 以上	
	11	腰面拼接位置正确	偏差 > 0.2 cm		> 0.5 cm		> 0.5 cm	
裙摆、拉链、开衩23	12	裙摆平服，高低一致	不平，有高低		左右误差 > 0.5 cm			
	13	裙摆开衩平整，不反翘	不顺、有翘		起皱、弯			
	14	裙摆开衩门、里襟长短一致	互差 > 0.2 cm		门襟短里襟长		互差 > 0.5 cm	
	15	裙摆开衩封结牢固、平整	有		重反吐		严重反吐	
	16	拉链顺直，长短一致，松紧适宜	轻不牢固		重不牢固		未封	
	17	拉链平整，位置正确、牢固	上下 > 0.2 cm		上下 > 0.5 cm，不牢固			
大身20	18	省道顺直平服，左右对称	弯差 > 0.5 cm		弯差 > 1.0 cm			
	19	大身平整、无褶皱	1 处		多处			
缝子10	20	侧缝顺直平服	轻弯，吊		重弯，吊			
	21	底边圆顺，平服	轻皱		重起涟，皱			
	22	底边平整，宽窄一致	互差 > 0.2 cm		互差 > 0.4 cm			

续表

项目	序号	质量标准要求	轻缺陷	扣分	重缺陷	扣分	严重缺陷	扣分
整洁牢固10	23	整件产品无跳针、浮线、粉印	有 1 处		有 2 处		有 3 处	
	24	整件产品无明暗线头	有		明 3 根或暗 4 根		多根	
	25	各部位无轻微毛、脱、漏	＜ 0.5 cm		＞ 0.5 cm，＜ 1 cm			
	26	针码符合要求：3 cm ＞ 12 针			少于 12 针			
	27	手工花绷符合要求：3 cm ＞ 5 针	＜ 5 针		过疏			
100		合计扣分						

注：出现下列情况扣分标准

1. 凡各部位有开线、脱线，长度＞ 1 cm，扣 3 ～ 5 分，部位是________。

2. 严重污渍，面积在 2 cm 以上，扣 4 ～ 8 分，部位是________。

3. 凡出现丢工、缺件、错序，各扣 4 ～ 8 分，部位是________。

4. 凡出现事故性质量问题，如烫黄、变质、破损，各扣 4 ～ 15 分，部位是________。

5. 粘合衬严重起泡、脱胶、渗胶，扣 3 ～ 5 分，部位是________。

6. 本标准质量总分为 100 分，时间分为 20 分。总成绩 = 质量分 80% + 时间分。

7. 表中项目轻缺陷扣 1 分，重缺陷扣 2 分，严重缺陷扣 3 分，每栏扣分不超过该项目总分数。

知识拓展

◆女性所穿着的裙装从裁片结构上分为直裙、斜裙和拼接裙三大类（见图 2—3—5）。常见的直裙有西服裙和一步裙，斜裙有喇叭裙，拼接裙有塔裙等。三种类型的裙装有各自的特点：直裙简洁明了，适合白领女性；斜裙面料悬垂性好，更飘逸；拼接裙由面料相互拼接制成，其中塔裙别具一格，它常采用全棉布制作，有田园风格。

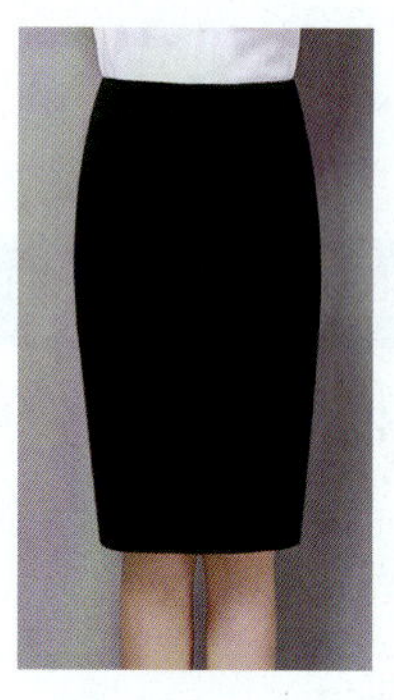

图 2—3—5　直裙、斜裙和拼接裙

◆抽褶是裙装制作时重要的手法之一。在制作裙装时，要掌握不同抽褶量所能呈现的不同效果，见表 2—3—4。

表 2—3—4　褶裥变化量

适用面料	抽褶量	效果
精纺毛织物 中厚型棉布	取原长度的 0.5 倍	
精纺毛织物 中型棉布	取原长度的 1 倍	
薄棉布 丝绸	取原长度的 1.5 倍	

思考与练习

结合一步裙工艺与裙装常用零部件的制作方法，根据图 2—3—6 所示款式图，编写裙子制作工艺单，并完成该款裙子的制作。

图 2—3—6　作业款式图

第三章

裤装缝制工艺

裤装是人们日常生活中下装重要的着装组成部分，由前裤片、后裤片及裤腰三大部分组成，款式多种多样，其设计点多集中于口袋、脚口、腰头及裤子的宽松度上。

裤装可以按照长度分为长裤、中长裤、中裤、短裤和超短裤；按照裤管造型形态分为锥型裤、直筒裤和喇叭裤；按照放松度分为紧身裤、适体裤和宽松裤。

裤装与裙装一样，适合使用的面料品种较多。高档裤装常用精纺毛料，休闲裤装常用棉麻类面料，运动裤装常用耐磨的化纤面料。裤装丰富的款式，使得其加工工艺也较裙装复杂。裤装要重点掌握口袋、门襟、装腰的制作方法。

本章主要讲述斜插袋、直插袋、月亮袋、单嵌线袋、双嵌线袋、门襟拉链等裤装常用部件的缝制方法，以及男西裤和休闲裤的制作方法。

学习目标

1. 能够读懂工艺单，可以根据工艺单要求对裤装裁片进行正确的裁剪配伍和工艺制作。

2. 能够按照裤装款式图进行款式分析，会编排裤装缝制工艺流程。

3. 能够结合裤装的工艺流程编写出工艺单，并学会评价裤装品质的好坏，培养对于裤装的品控能力。

4. 能够读懂裤装结构，会进行面料的铺料、排料、裁剪，并会制作裤装的零部件。

第一节　裤装部件缝制工艺

一、斜插袋缝制工艺

斜插袋是裤装中重要的袋型之一，是裤装重要的构成部分。斜插袋缝制材料见表 3—1—1。

表 3—1—1　斜插袋缝制材料表

面料	前片大身 ×1　后片大身 ×1 袋垫布 ×1　袋口嵌线 ×1 袋布 ×1
辅料	无纺衬若干

具体缝制工艺如下：

1. 粘衬：将斜插袋袋口反面粘 1.5 cm 宽无纺衬（见图 3—1—1）。

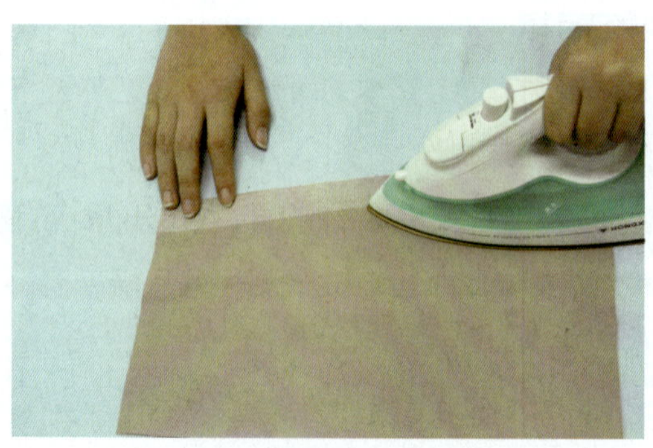

图 3—1—1　粘衬

2. 装袋布：将斜插袋大身面料置于底层，与袋口嵌线面面相对，袋布放在最上层，沿袋口位拼缝 1 cm（见图 3—1—2）。

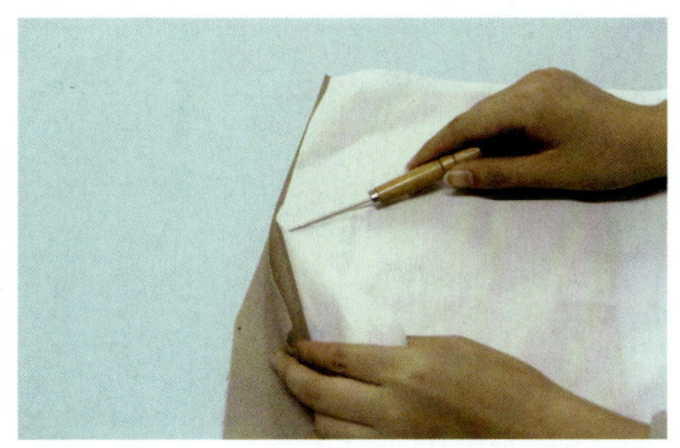
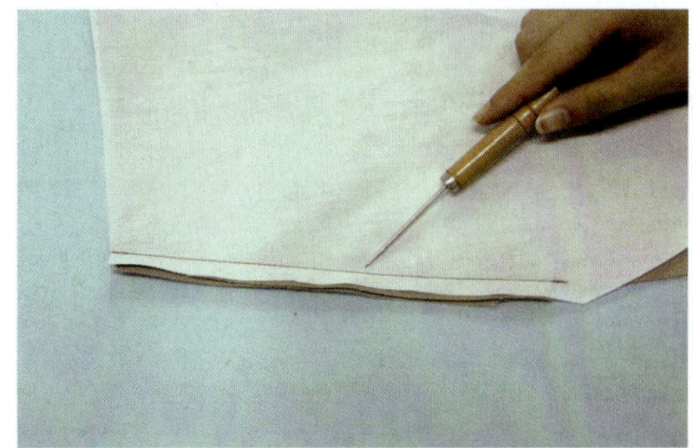

图 3—1—2　装袋布

3. 固定袋口嵌线：将口袋摆平，沿嵌线里侧锁边处车缝 0.5 cm，将嵌线与袋布固定（见图 3—1—3）。

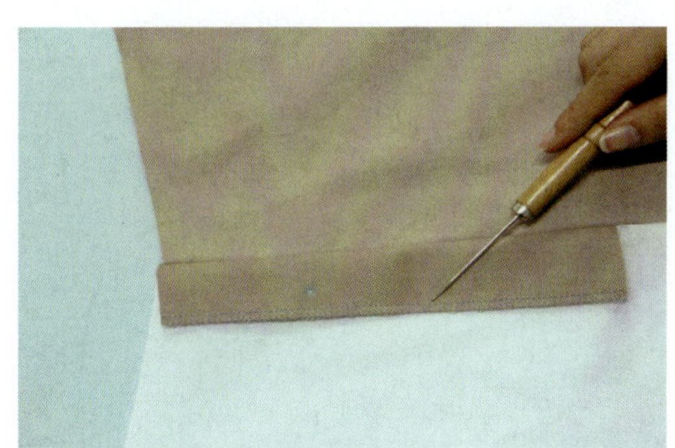

图 3—1—3　固定袋口嵌线

4. 嵌线牙：将袋布向裤片反面折进，并将嵌线折烫出 0.3 cm，沿斜插袋大身车缝 0.1 cm 明线，将嵌线牙固定（见图 3—1—4）。

图 3—1—4　嵌线牙

5. 装袋垫布：将袋布放平，斜插袋袋垫布置于袋布之上，正面朝上，距袋布边缘 0.8 cm，沿袋垫布斜边锁边处 0.5 cm 将袋垫布车缝固定在袋布上（见图 3—1—5）。

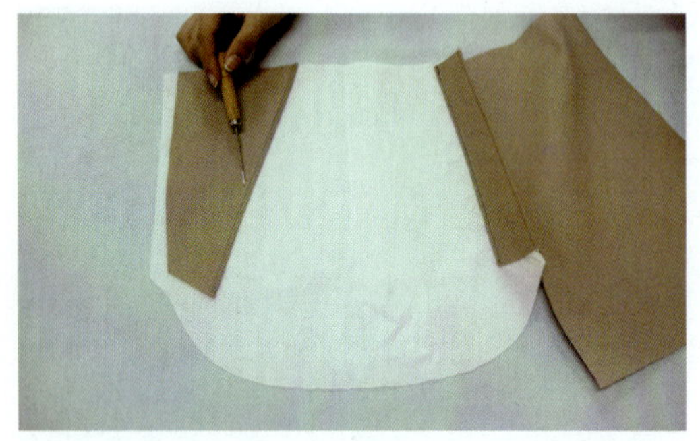

图 3—1—5 装袋垫布

6. 兜袋底：将袋布沿袋中线反向对折，将袋布面面相对，袋底对齐，0.5 cm 处车缝至距斜插袋袋口 1.5 cm 处（见图 3—1—6）。

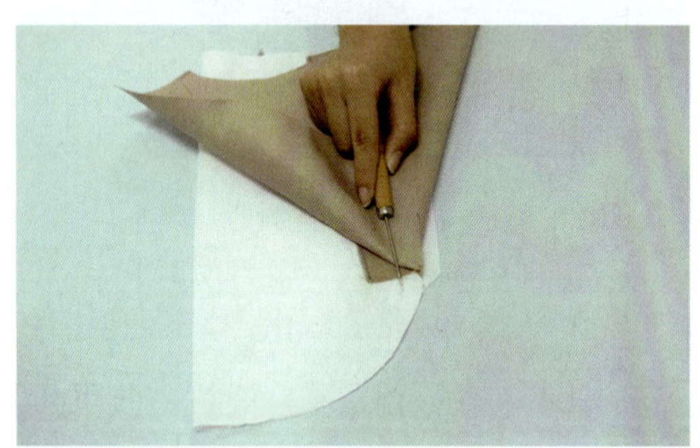

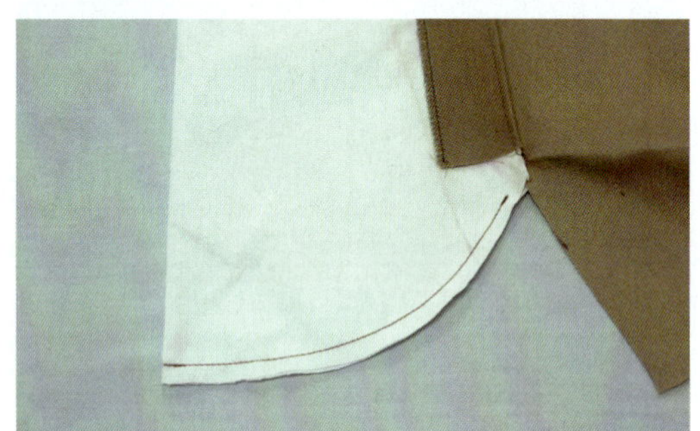

图 3—1—6 兜袋底

7. 袋底明线：将袋布翻正，沿袋底车缝 0.6 cm 明线向袋口处慢慢收小为 0.1 cm，注意袋布上层需在 1.5 cm 处掀开不能缝住（见图 3—1—7）。

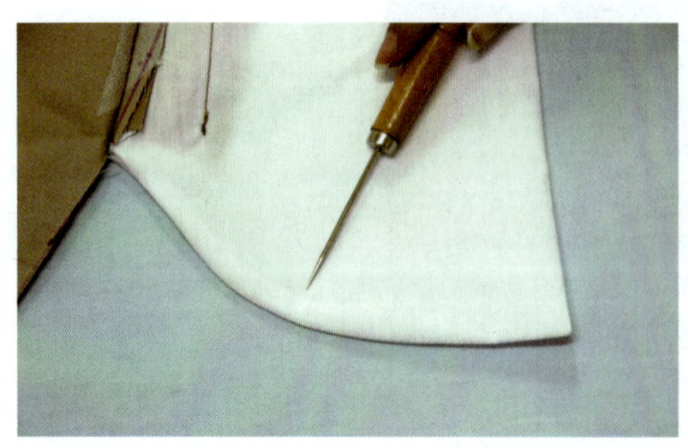

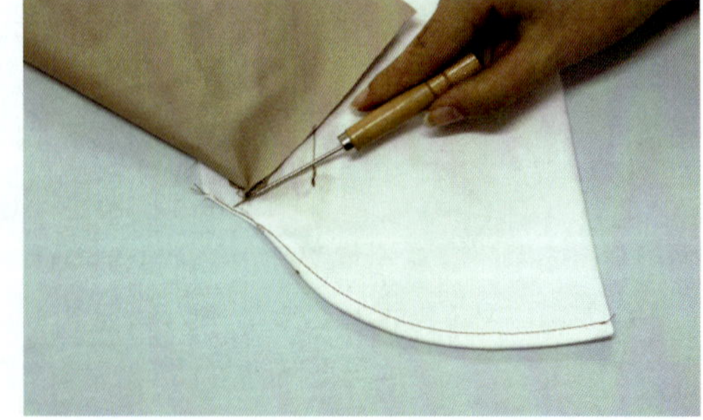

图 3—1—7 袋底明线

8. 拼侧缝：将袋布侧缝端掀开，袋垫布与后片大身 1 cm 拼缝，并将缝份分烫开（见图 3—1—8）。

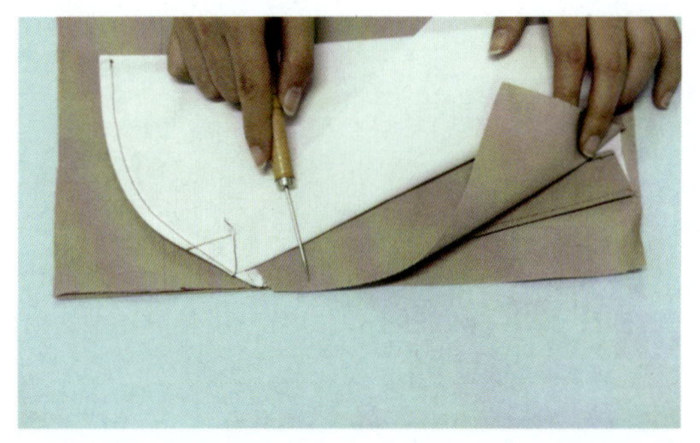
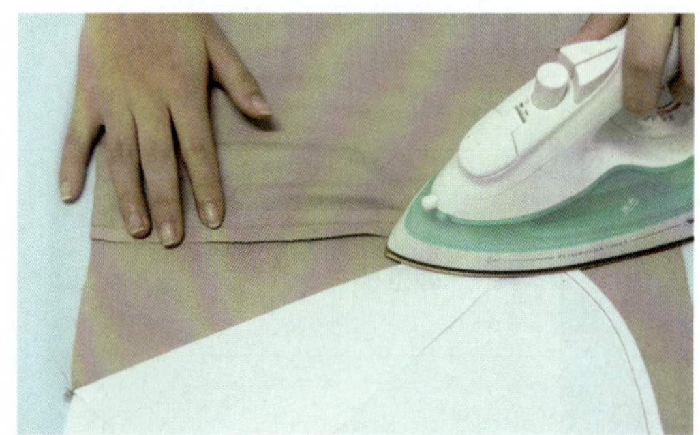

图 3—1—8　拼侧缝

9. 缝袋布侧缝：将袋布侧缝端沿后片侧缝向里侧折光，与后片缝份 0.1 cm 拼缝上（见图 3—1—9）。

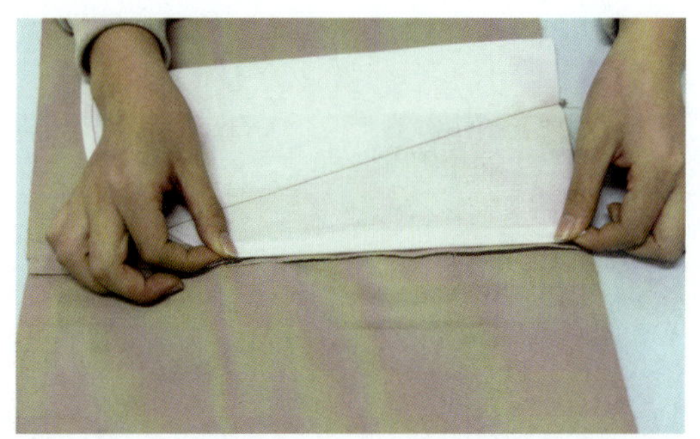
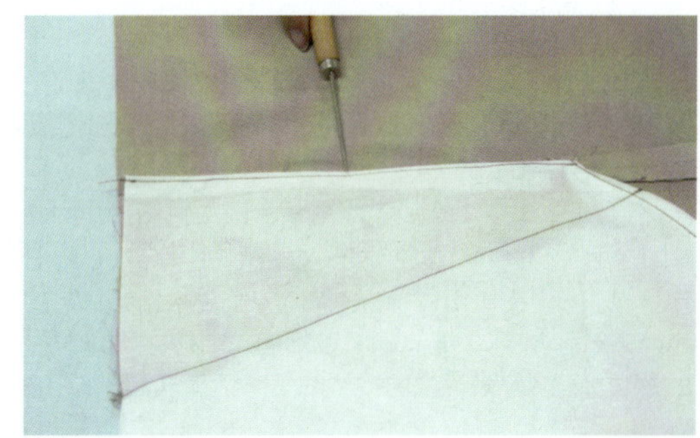

图 3—1—9　缝袋布侧缝

10. 袋口封口：距大身顶端 3 cm 处沿袋口封结固定，袋口底端封结固定，袋口大 15.5 cm（见图 3—1—10）。

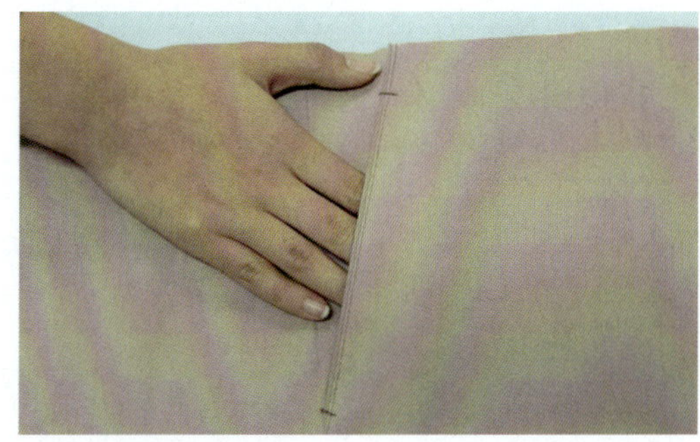

图 3—1—10　袋口封口

二、直插袋缝制工艺

直插袋是女裤常用的袋型，其制作方法与斜插袋相似，但也有其自身的特点。直插袋缝制材料见表 3—1—2。

表 3—1—2　直插袋缝制材料表

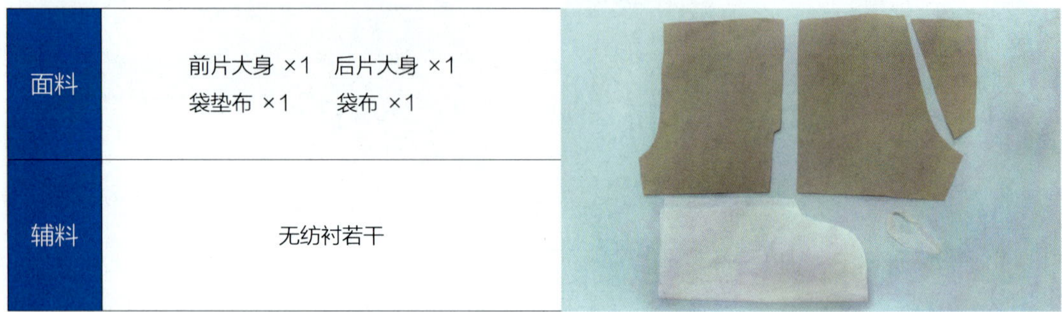

面料	前片大身 ×1　后片大身 ×1 袋垫布 ×1　袋布 ×1
辅料	无纺衬若干

具体缝制工艺如下：

1. 粘衬：沿前片直插袋袋口粘 2 cm 宽粘衬一条，并将袋口向反面折烫 0.5 cm（见图 3—1—11）。

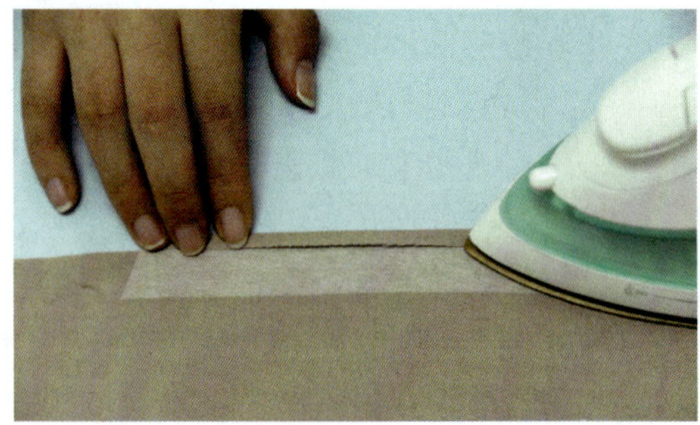

图 3—1—11　粘衬

2. 拼侧缝：将前后大身面面相对，1 cm 拼缝侧缝，同时从侧缝上端下 3 cm 处开始预留 15.5 cm 袋口位不拼缝（见图 3—1—12）。

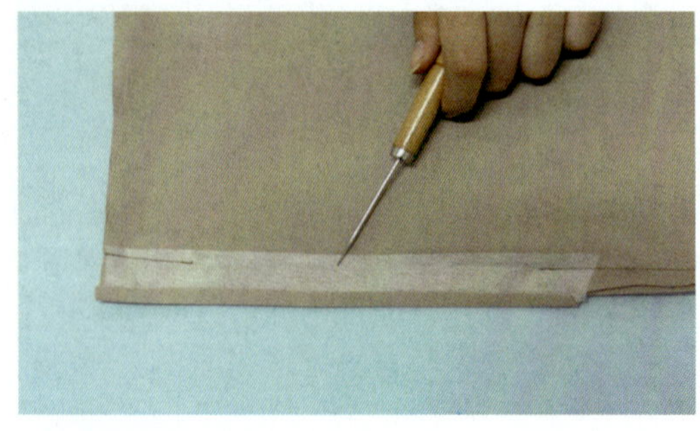

图 3—1—12　拼侧缝

3. 装袋垫布：将袋垫布与袋布正正相对，底端与袋布空开 0.8 cm，边缘对齐，0.5 cm 拼缝至袋垫布底端转角 1.5 cm 处（见图 3—1—13）。

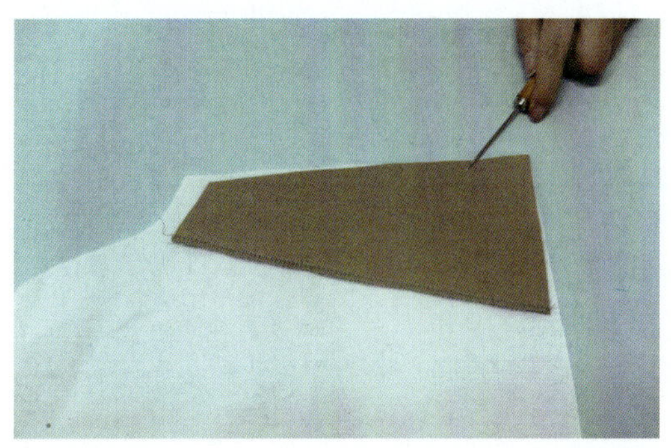
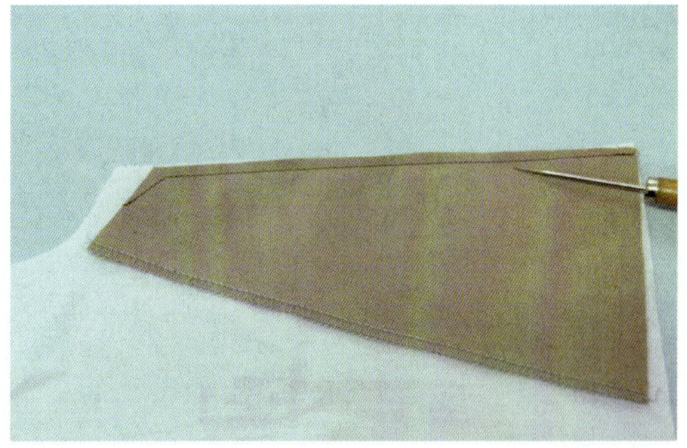

图 3—1—13　装袋垫布

4. 固定袋垫布：将袋垫布翻正，翻出里外匀，在袋垫布斜边锁边处 0.5 cm 车缝，将其固定在袋布上（见图 3—1—14）。

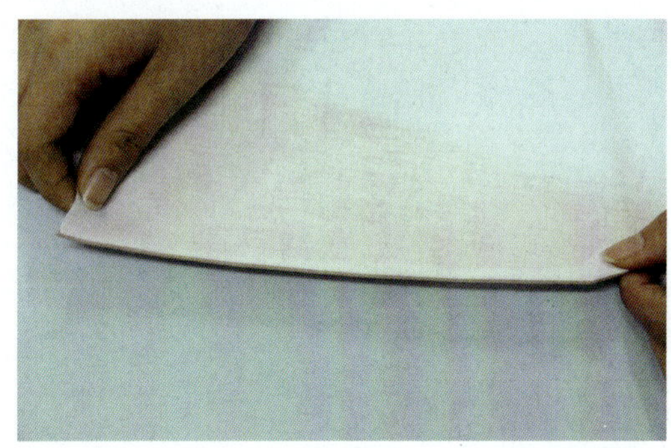
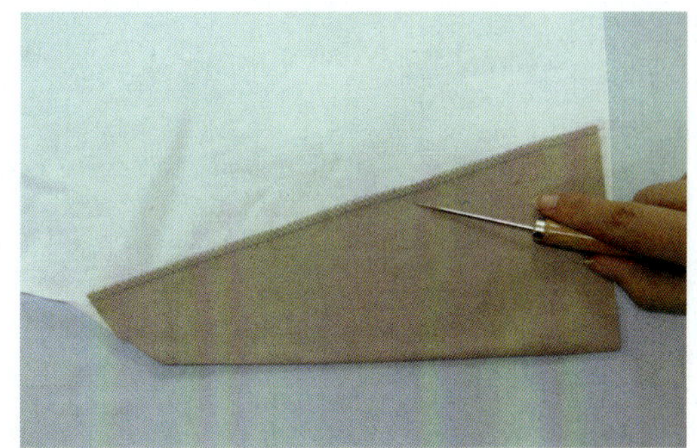

图 3—1—14　固定袋垫布

5. 兜袋底：将袋布沿袋布中线面面对折，袋底 0.5 cm 车缝至距袋布侧缝 1.5 cm 处（见图 3—1—15）。

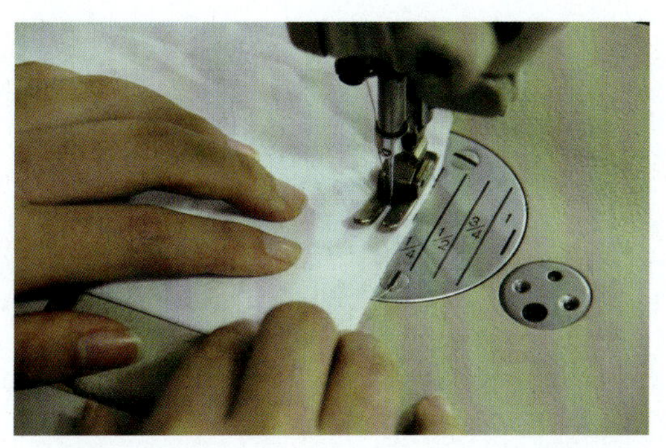

图 3—1—15　兜袋底

6. 袋底明线：将袋布翻正，袋底车缝 0.6 cm 明线一道至袋口处收为 0.1 cm，同时将袋布的袋口 1.5 cm 掀开不缝进（见图 3—1—16）。

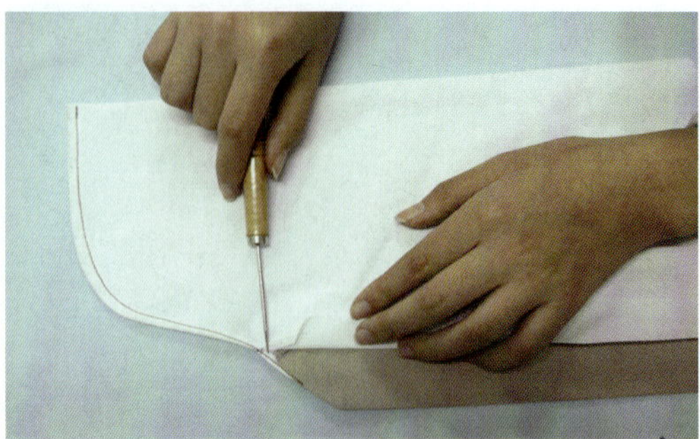

图 3—1—16　袋底明线

7. 装袋布：将袋布打开，摆放在大身袋口处，沿大身预先扣烫处 0.1 cm 固定（见图 3—1—17）。

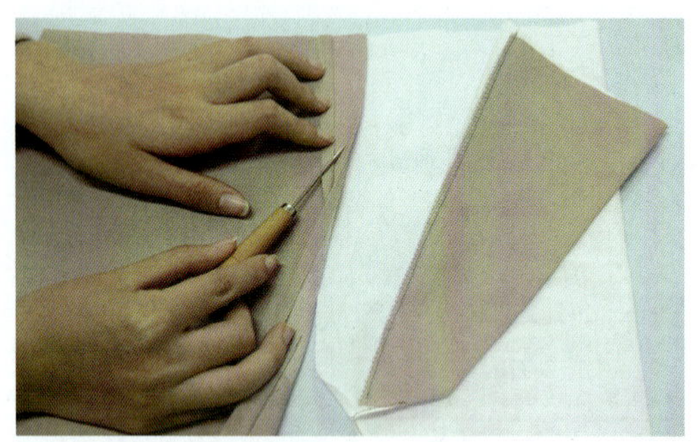
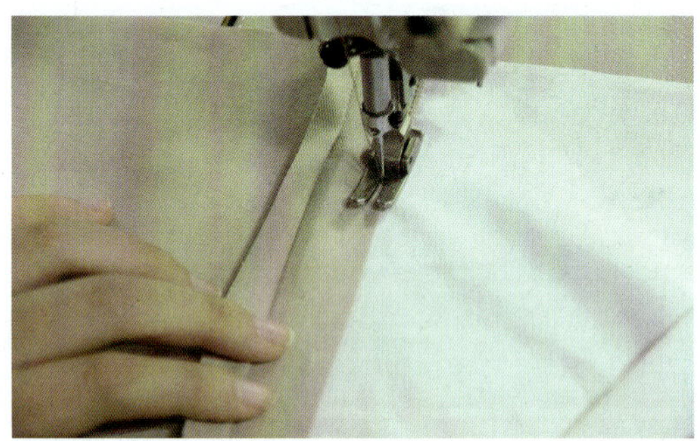

图 3—1—17　装袋布

8. 袋口明线：将大身摆平，沿袋口 0.6 cm 车缝 “L” 明线一道，缝线至袋口底端（见图 3—1—18）。

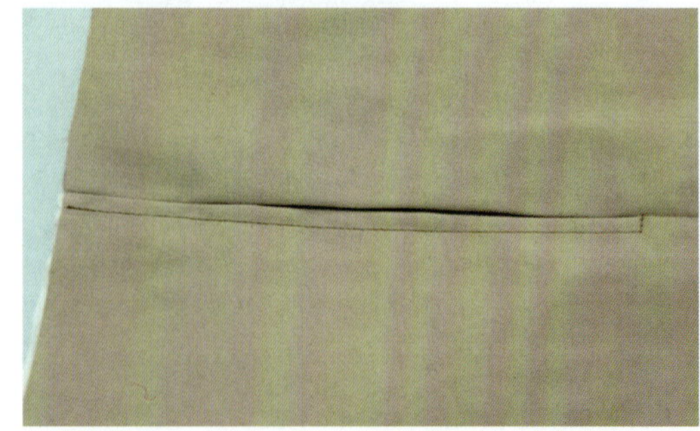

图 3—1—18　袋口明线

9. 拼侧缝：将含有袋垫布一侧的袋布与后大身侧缝对齐，按 1 cm 拼合侧缝（见图 3—1—19）。

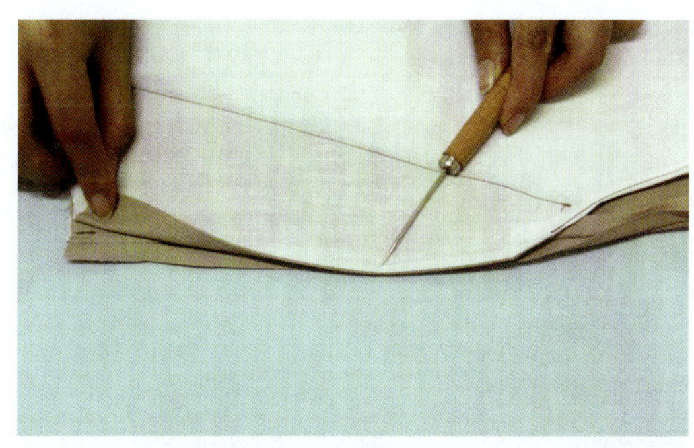

图 3—1—19　拼侧缝

10. 袋口封结：将袋口位 15.5 cm 两端来回车缝三道固定封结（见图 3—1—20）。

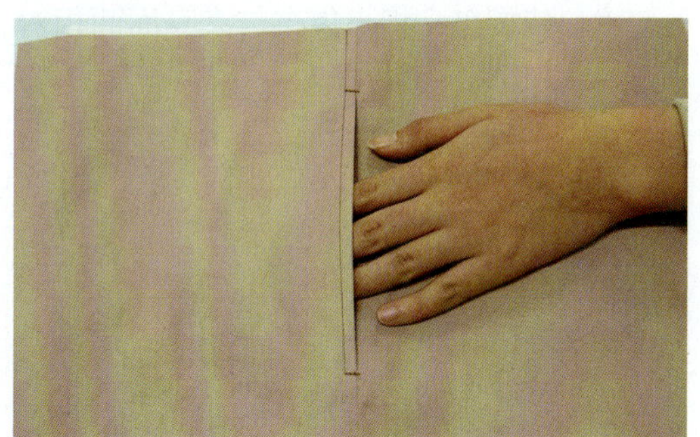

图 3—1—20　袋口封结

三、月亮袋缝制工艺

月亮袋由其袋口造型而得名，是牛仔裤特有的口袋袋型。月亮袋缝制材料见表 3—1—3。

表 3—1—3　月亮袋缝制材料表

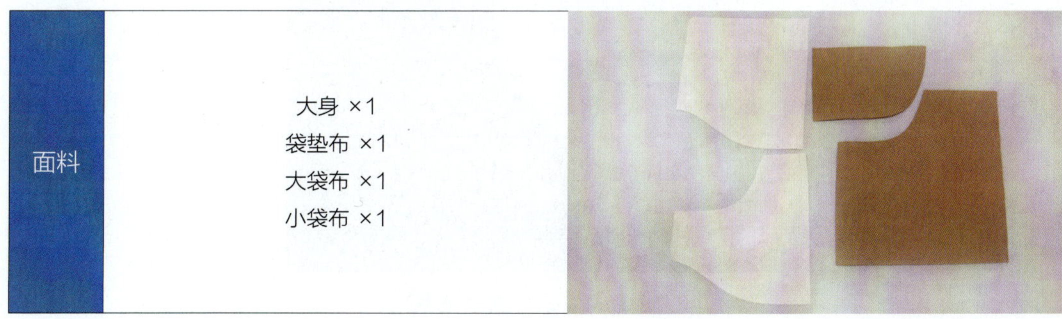

面料	大身 ×1 袋垫布 ×1 大袋布 ×1 小袋布 ×1

具体缝制工艺如下：

1. 装袋垫布：将袋垫布与大袋布对齐，沿弯弧处 0.5 cm 车缝固定在大袋布上（见图 3—1—21）。

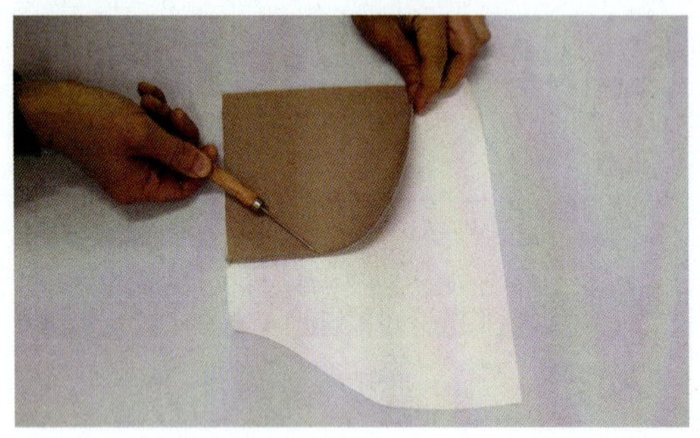

图 3—1—21　装袋垫布

2. 装袋布：将小袋布与大身面面相对，沿袋口 1 cm 拼缝（见图 3—1—22）。

图 3—1—22　装袋布

3. 袋口明线：将袋口弯弧处开几处剪口后翻正，在袋口车缝 0.6 cm 明线一道（见图 3—1—23）。

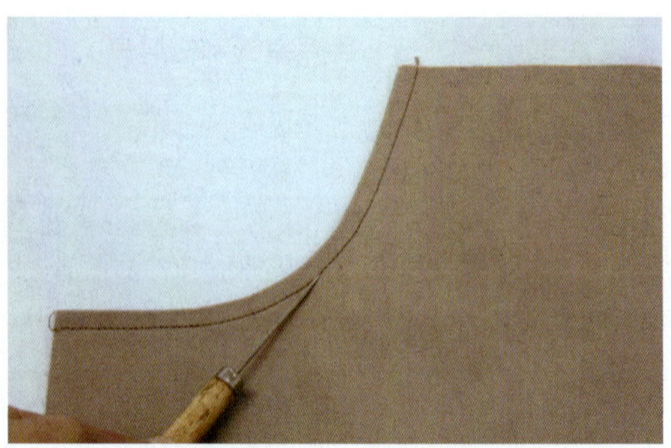

图 3—1—23　袋口明线

4. 拼袋布：将大、小袋布面面相对，1 cm 拼缝（见图 3—1—24）。

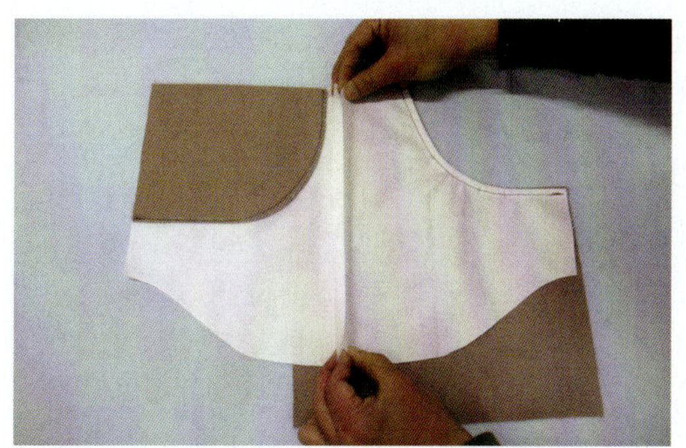
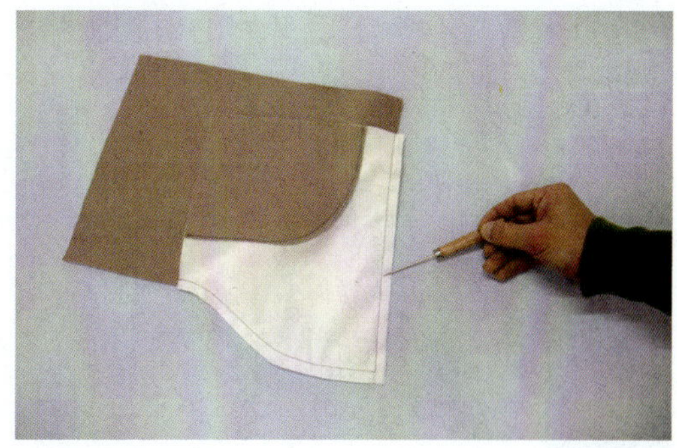

图 3—1—24　拼袋布

5. 兜袋底：将袋布翻正，袋底 0.6 cm 车缝明线一道（见图 3—1—25）。

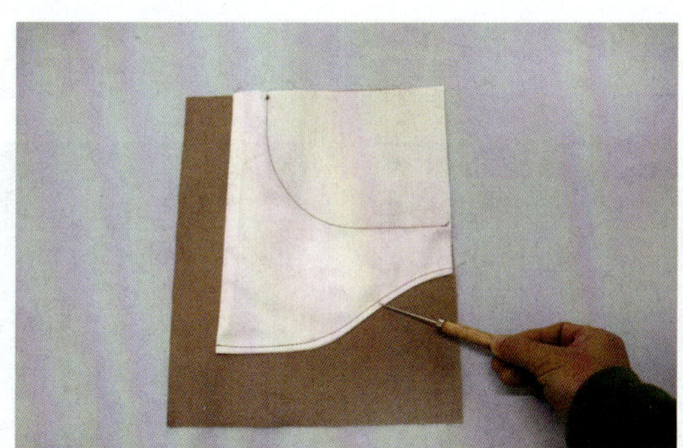

图 3—1—25　兜袋底

6. 固定袋口：沿袋口两侧 0.5 cm 车缝袋口处，使之与袋布固定（见图 3—1—26）。

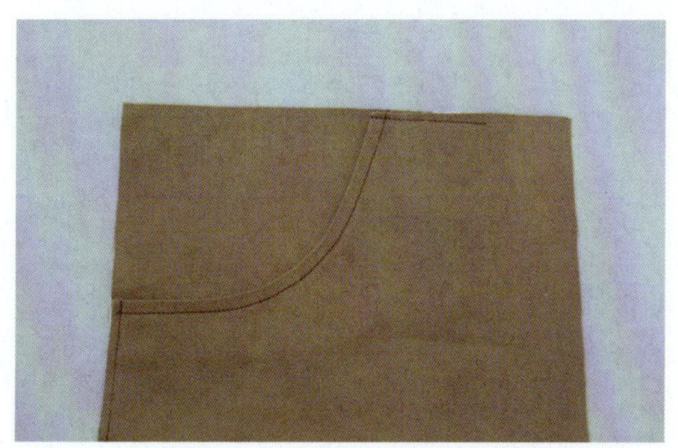
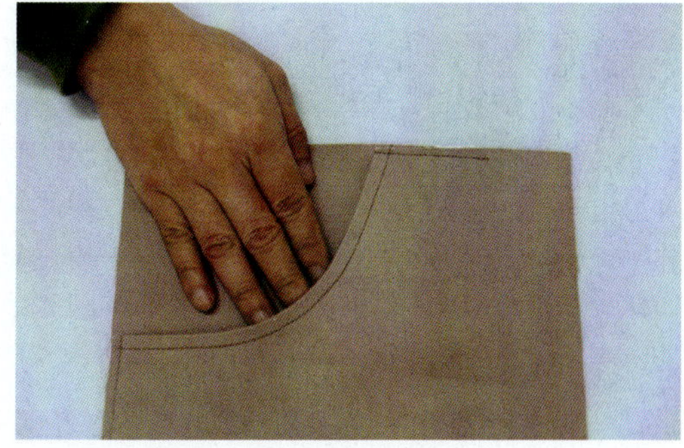

图 3—1—26　固定袋口

四、单嵌线袋缝制工艺

单嵌线袋是裤子后裤片的口袋袋型，整个袋口由一根嵌线嵌入。单嵌线袋缝制材料见表 3—1—4。

表 3—1—4　单嵌线袋缝制材料表

面料	大身 ×1　嵌线 ×1 袋垫布 ×1　口袋布 ×2
辅料	无纺衬若干

具体缝制工艺如下：

1. 粘衬：将袋口位反面粘衬，嵌线反面粘衬（见图 3—1—27）。

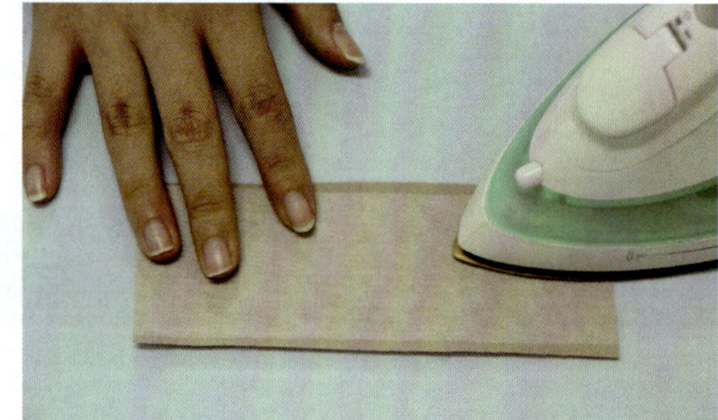

图 3—1—27　粘衬

2. 烫嵌线：将嵌线翻折，两端相距 1 cm，并将一端向上折光 0.5 cm，袋垫布向反面折光 1 cm（见图 3—1—28）。

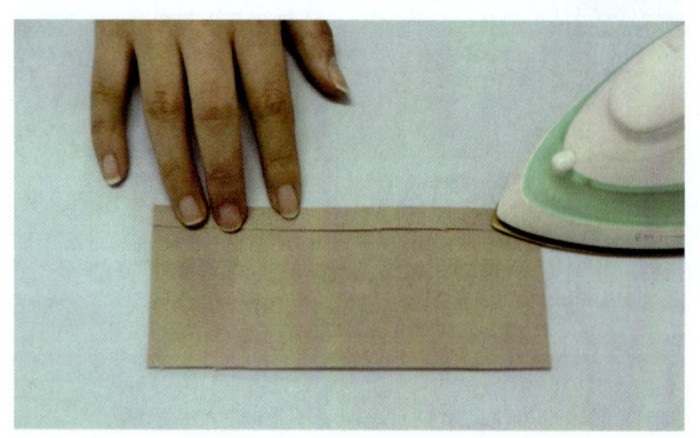

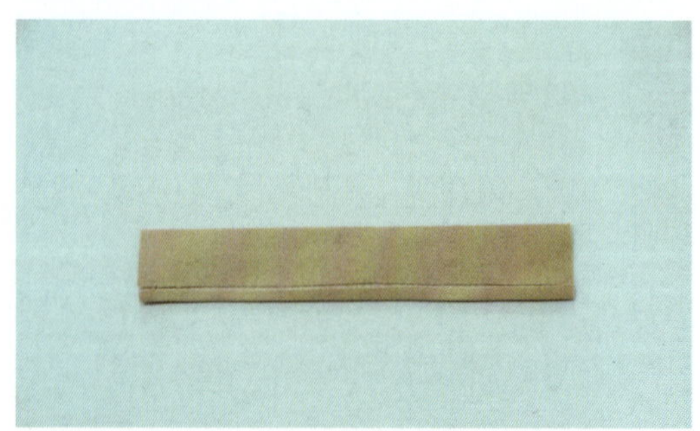

图 3—1—28　烫嵌线

3. 做标记：划出单嵌线袋袋口位 13 cm × 1 cm，嵌线、袋垫布反面划出袋口大小标记（见图 3—1—29）。

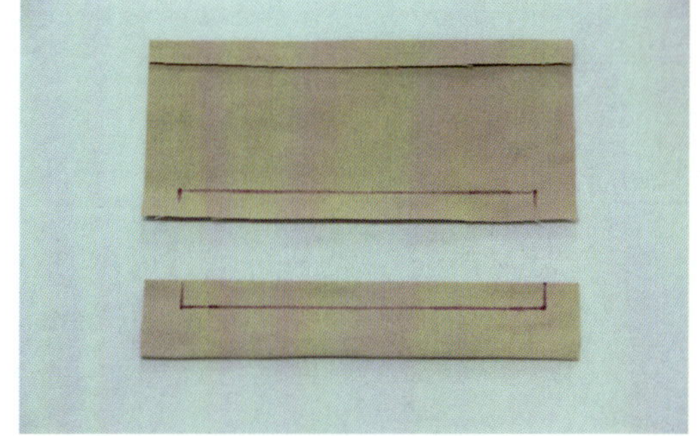

图 3—1—29 做标记

4. 装嵌线、袋垫布：将一层袋布置于大身下方，上口与大身对齐，沿袋位标记分别将嵌线、袋垫布与大身面面相对，按标记线缝合，袋口上端缝袋垫布，袋口下端缝嵌线（见图 3—1—30）。

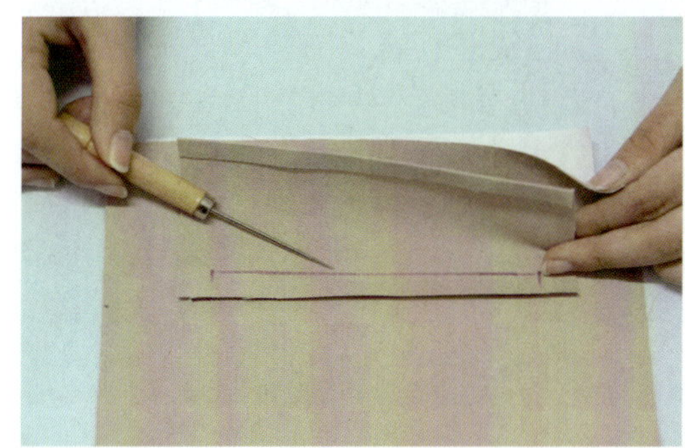

图 3—1—30 装嵌线、袋垫布

5. 袋口开剪：开剪袋口时，确认嵌线与袋垫布两条缝线平行后开“Y”字形剪口，并将剪口三角与嵌线、袋垫布封口固定（见图 3—1—31）。

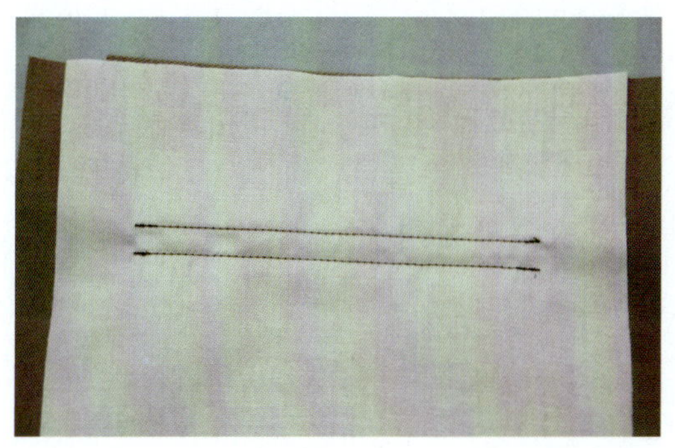

图 3—1—31 袋口开剪

6. 固定袋布：将两片袋布面面相对，两边 0.5 cm 车缝至袋口下 1 cm 处，翻正袋布，并将袋垫布下端、嵌线下端 0.1 cm 分别与袋布固定（见图 3—1—32）。

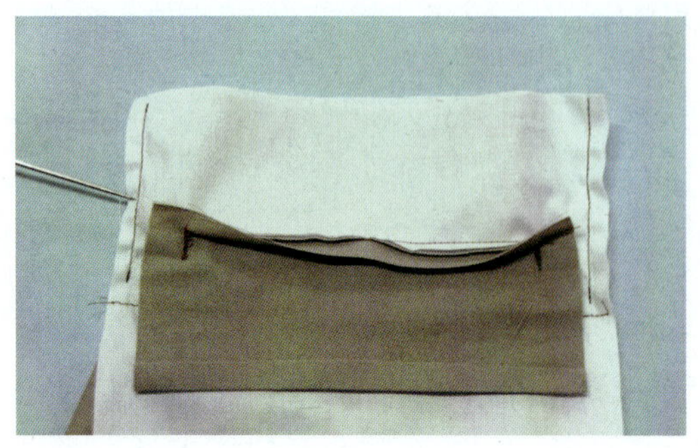

图 3—1—32　固定袋布

7. 兜袋底：将袋布再翻出，面面相对，接上端缝线，以 0.5 cm 兜缝袋底（见图 3—1—33）。

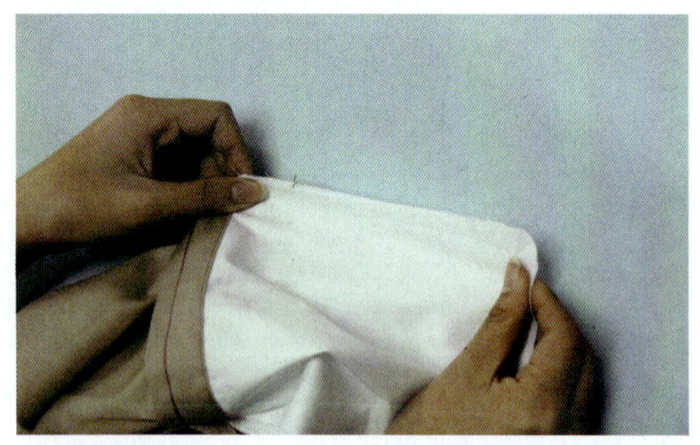

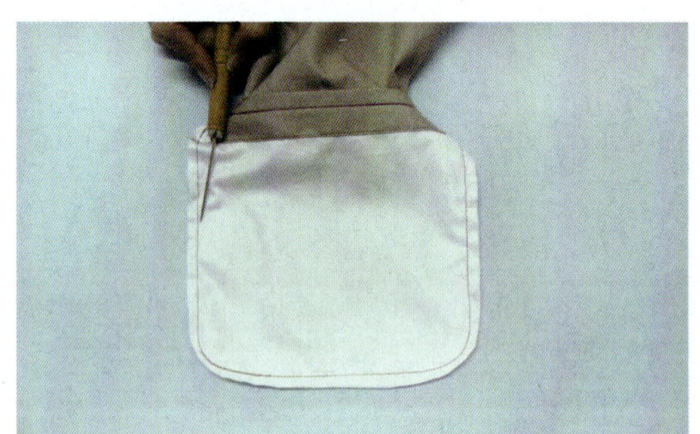

图 3—1—33　兜袋底

8. 袋底明线、门字形封口：将袋布翻正，沿袋布缉 0.6 cm 明线一道，将大身掀开，沿袋口上口处门字形封口（见图 3—1—34）。

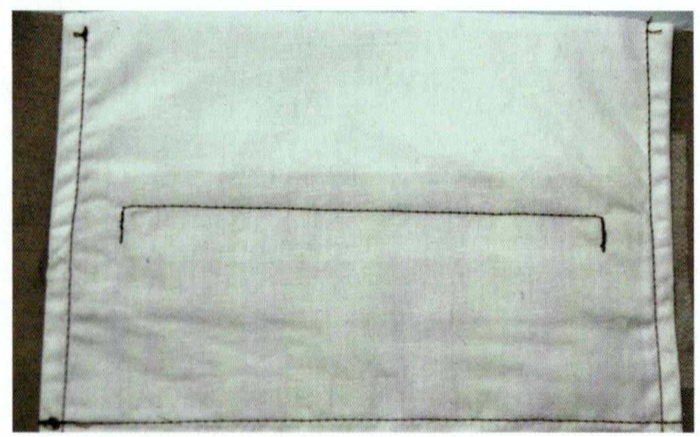

图 3—1—34　袋底明线、门字形封口

9. 单嵌线袋缝制完成：袋角方正，嵌线宽窄一致（见图 3—1—35）。

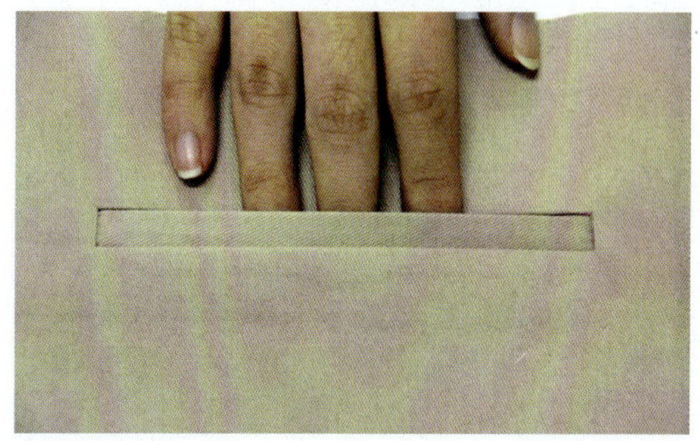

图 3—1—35　单嵌线袋缝制完成图

五、双嵌线袋缝制工艺

双嵌线袋与单嵌线袋同是裤子后裤片重要的口袋袋型，其做法与单嵌线袋几乎相同，只是袋口由两根嵌线构成。双嵌线袋缝制材料见表 3—1—5。

表 3—1—5　双嵌线袋缝制材料表

面料	大身 ×1 嵌线 ×2 袋布 ×2 袋垫布 ×1	
辅料	无纺衬若干	

具体缝制工艺如下：

1. 粘衬：将大身袋位反面粘衬，嵌线反面粘衬（见图 3—1—36）。

图 3—1—36　粘衬

2. 烫嵌线：将上嵌线对折，下嵌线毛边相距 1 cm，一端 0.5 cm 折光（见图 3—1—37）。

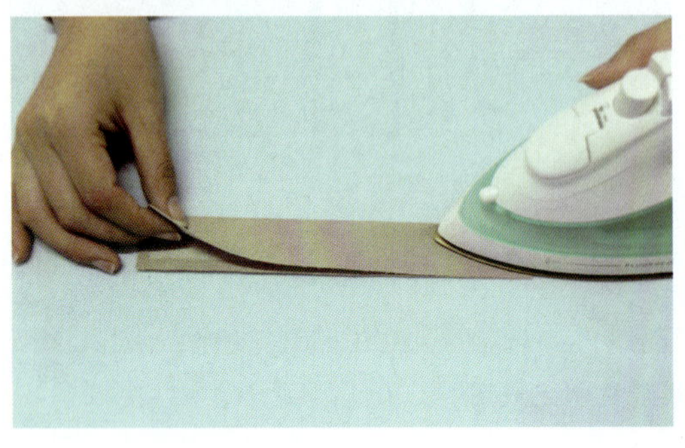
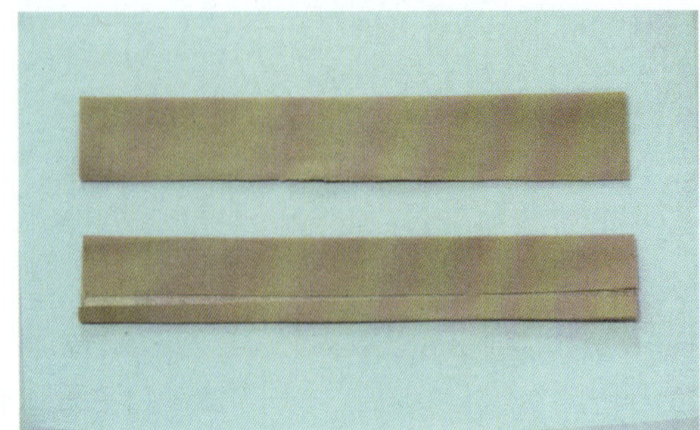

图 3—1—37　烫嵌线

3. 做标记：在大身划出长 13 cm、宽 0.8 cm 袋口，同时嵌线折口处各划出长 13 cm、宽 0.4 cm 的缝线标记（见图 3—1—38）。

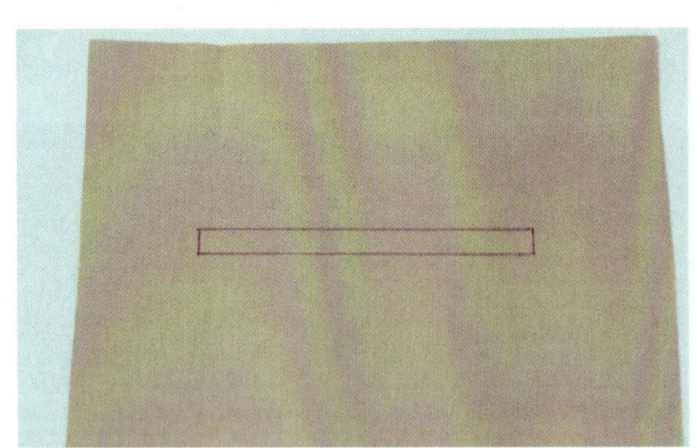
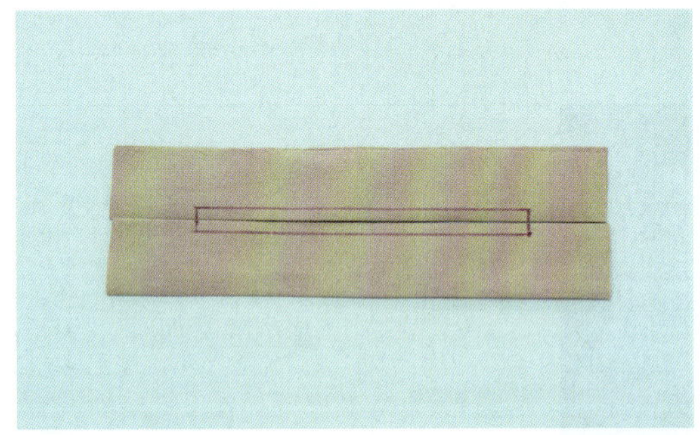

图 3—1—38　做标记

4. 钉嵌线：袋布置于底层，上口与大身对齐，按划线标记将上、下嵌线分别钉缝在袋口位上，注意上、下嵌线连折口向外（见图 3—1—39）。

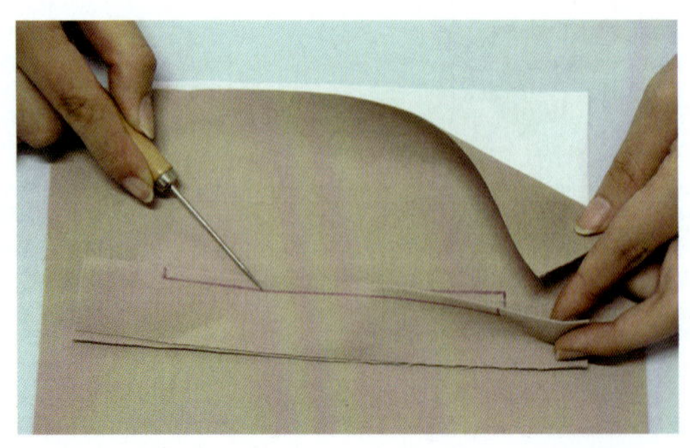

图 3—1—39　钉嵌线

5. 袋口开剪：检查确认嵌线缝线宽度为 0.8 cm 后，袋口开"Y"字形剪口（见图 3—1—40）。注意袋角开剪处距离嵌线回针 1 根布丝，袋角不能剪毛。

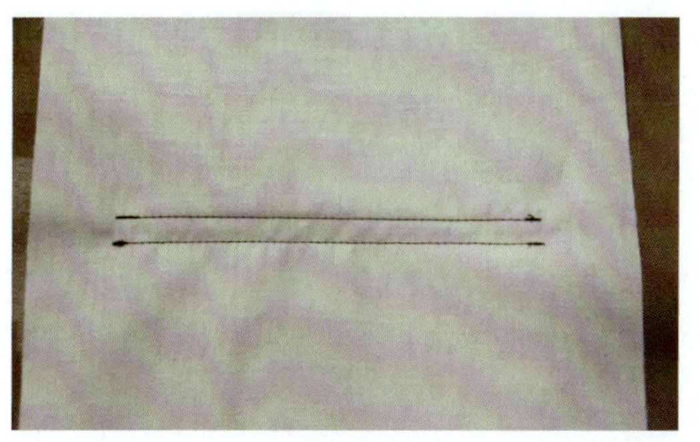

图 3—1—40　袋口开剪

6. 封三角：将嵌线翻正、拉平，开剪三角与嵌线沿开剪车缝固定（见图 3—1—41）。

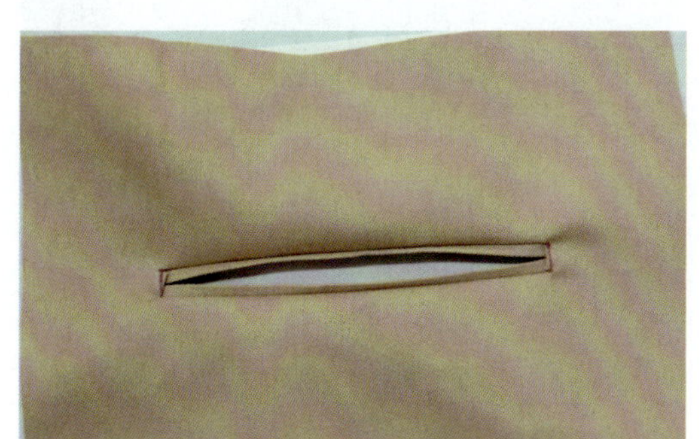
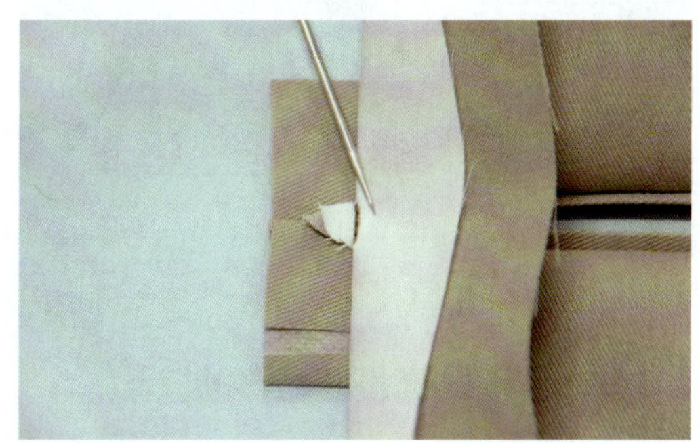

图 3—1—41　封三角

7. 下嵌线底封口：将下嵌线 0.1 cm 与袋布固定（见图 3—1—42）。

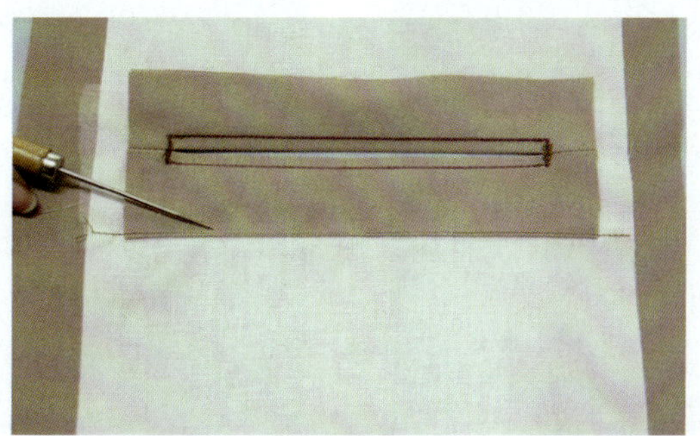

图 3—1—42　下嵌线底封口

8. 装袋垫布：将袋垫布下口向反面折烫 1 cm，并按袋口位将袋垫布 0.1 cm 缝在另一层袋布上（见图 3—1—43）。

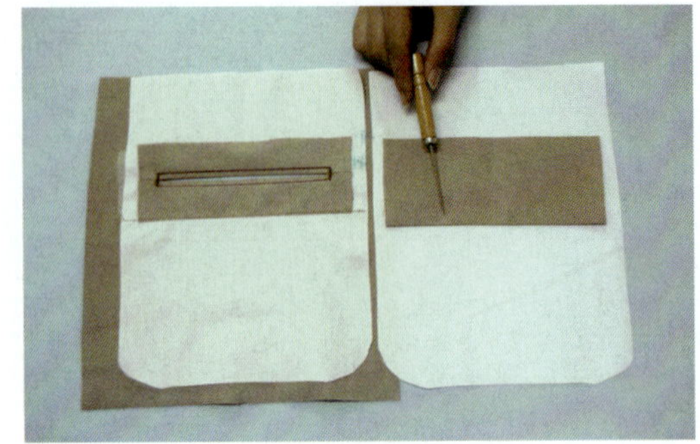

图 3—1—43　装袋垫布

9. 兜袋布：将袋布面面相对，0.5 cm 兜缝，并将袋布翻正（见图 3—1—44）。

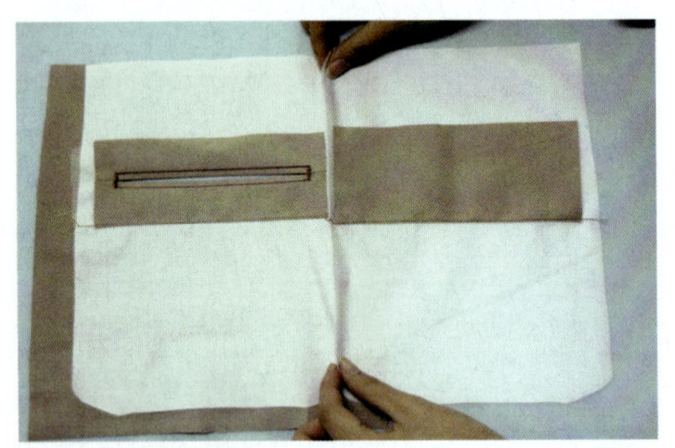
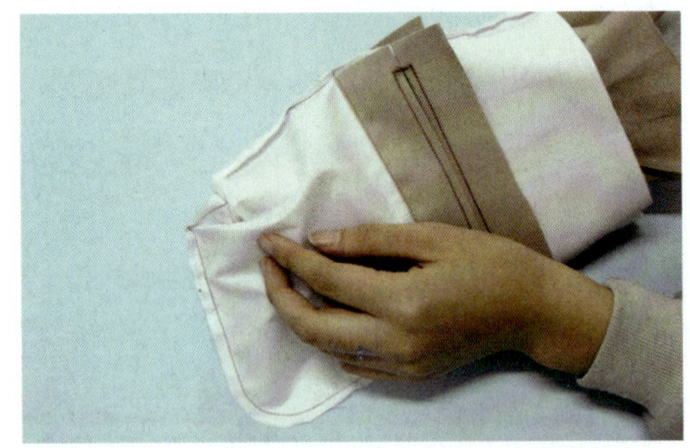

图 3—1—44　兜袋布

10. 袋底明线：将袋角翻圆后，沿袋底 0.6 cm 缉明线一道（见图 3—1—45）。

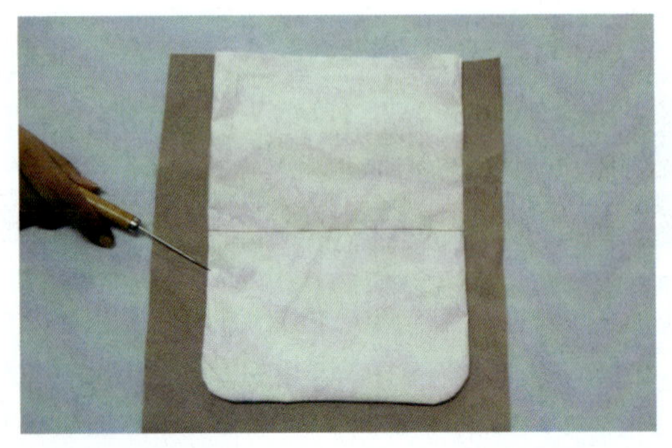
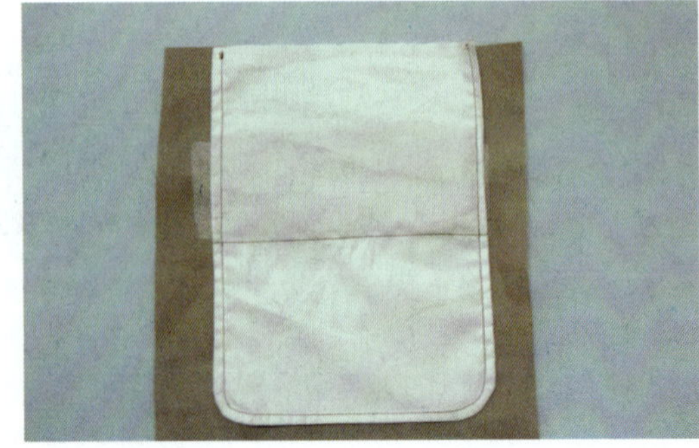

图 3—1—45　袋底明线

11. 门字形封口：将大身掀开，沿袋口上沿门字形封口（见图 3—1—46）。

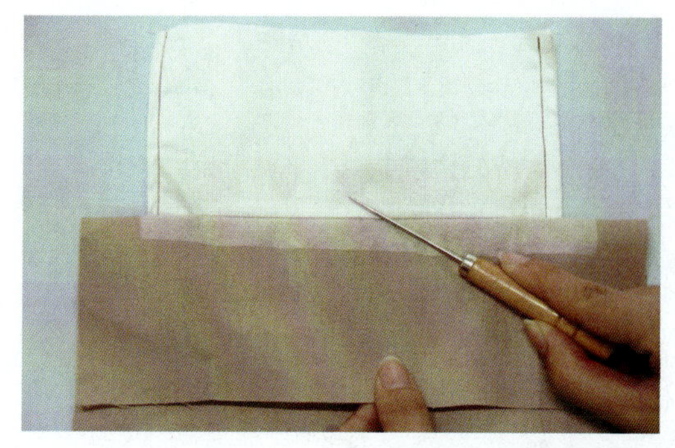
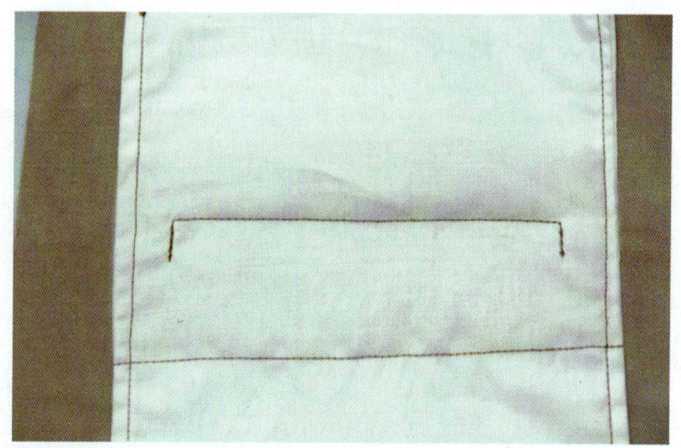

图 3—1—46　门字形封口

12. 双嵌线袋缝制完成：袋角方正，嵌线宽窄一致（见图 3—1—47）。

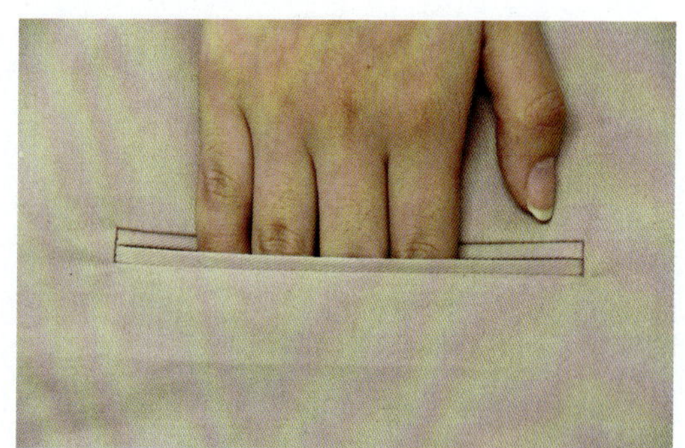

图 3—1—47　双嵌线袋缝制完成图

六、西裤门、里襟缝制工艺

西裤门、里襟的制作难点主要是拉链的安装缝制工艺，同时要保证门、里襟平整、无扭曲。西裤门、里襟缝制材料见表 3—1—6。

表 3—1—6　西裤门、里襟缝制材料表

面料	大身门襟侧 ×1　大身里襟侧 ×1 门襟 ×1　里襟 ×1
辅料	无纺衬若干　拉链 ×1

具体缝制工艺如下：

1. 粘衬：将门、里襟反面粘衬（见图 3—1—48）。

图 3—1—48　粘衬

2. 拼下裆：将大身面面相对，沿下裆 1 cm 车缝至拉链对位处（见图 3—1—49）。

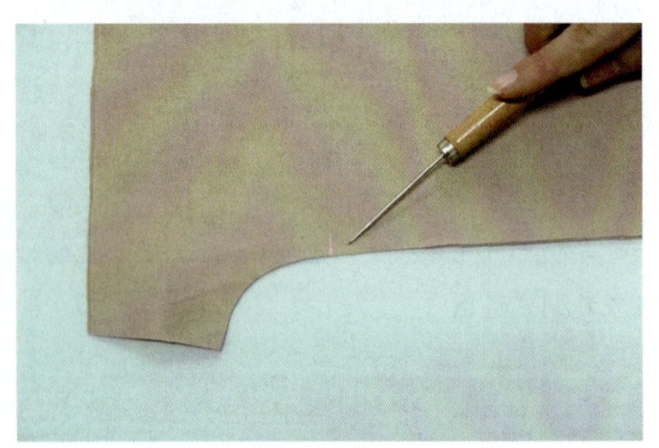
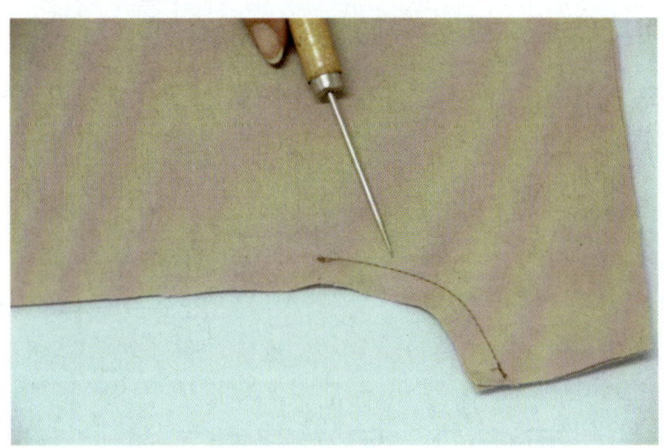

图 3—1—49　拼下裆

3. 装门襟：将门襟与大身面面相对，1 cm 拼缝在大身门襟侧（见图 3—1—50）。

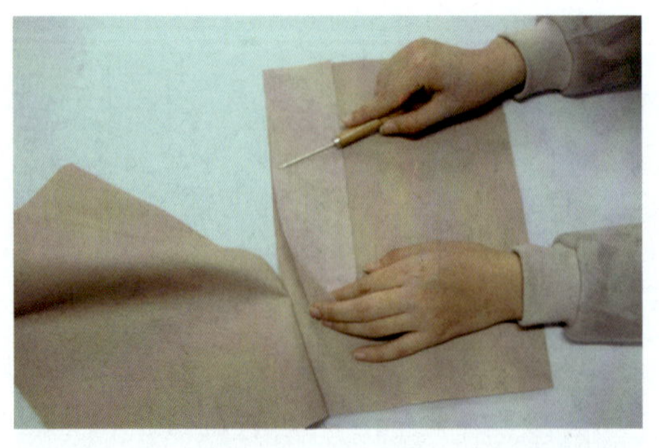

图 3—1—50　装门襟

4. 门襟明线：将缝份倒门襟，并在门襟上车缝 0.1 cm 明线一道，防止翻正门襟后反吐止口（见图 3—1—51）。

图 3—1—51　门襟明线

5. 做里襟：将里襟沿中线面面相对，底端 1 cm 固定后翻正里襟（见图 3—1—52）。

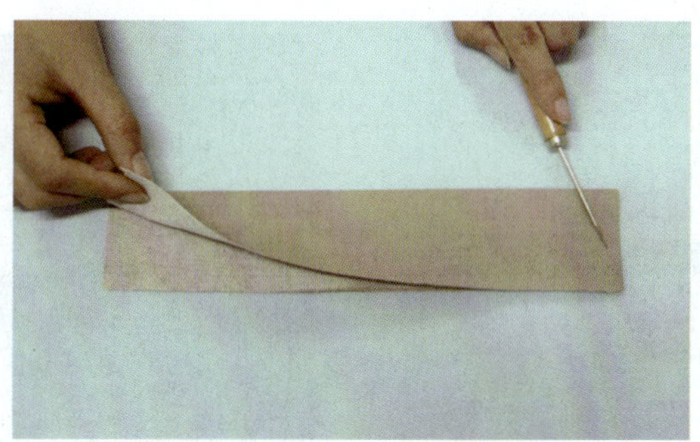

图 3—1—52　做里襟

6. 缝里襟侧拉链：将里襟下口 1 cm 缝好后翻正里襟，并将拉链空开里襟 0.4 cm 固定在里襟上（见图 3—1—53）。

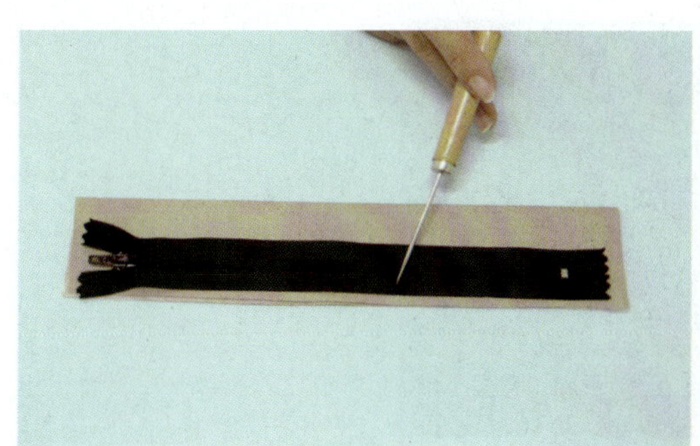
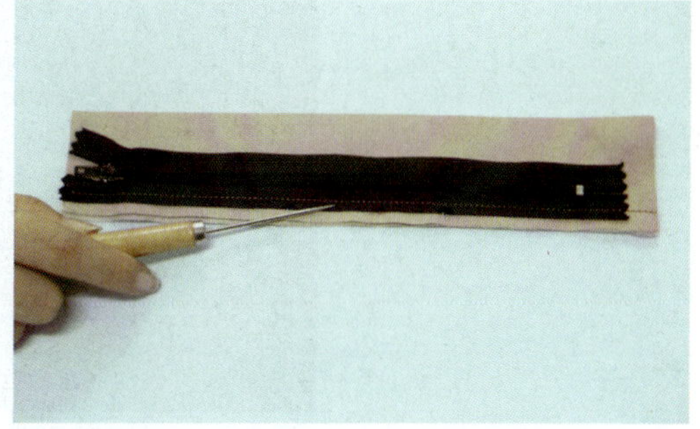

图 3—1—53　缝里襟侧拉链

7. 装里襟：大身里襟侧向反面折烫 1 cm 后，盖在里襟上，0.1 cm 压缝，将里襟装在大身上（见图 3—1—54）。

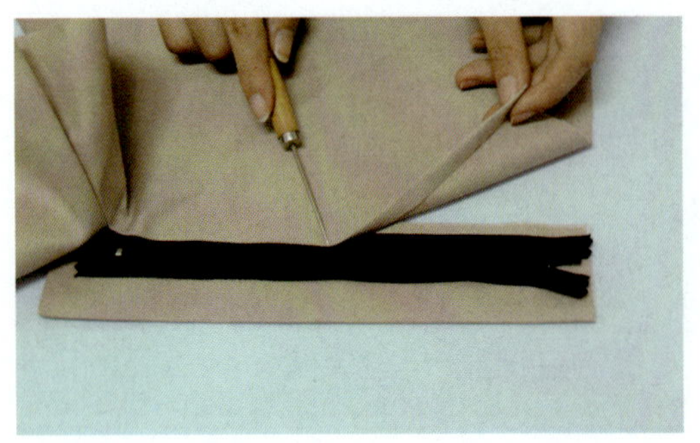
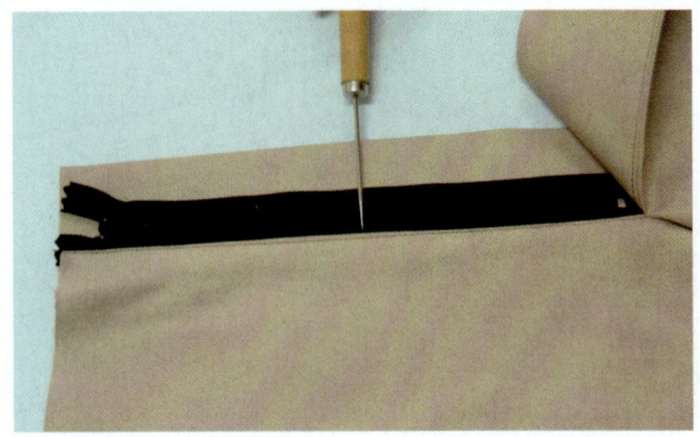

图 3—1—54　装里襟

8. 门襟装拉链：将门襟盖在里襟上摆平，拿起拉链门襟侧，将拉链固定在门襟上（见图 3—1—55）。

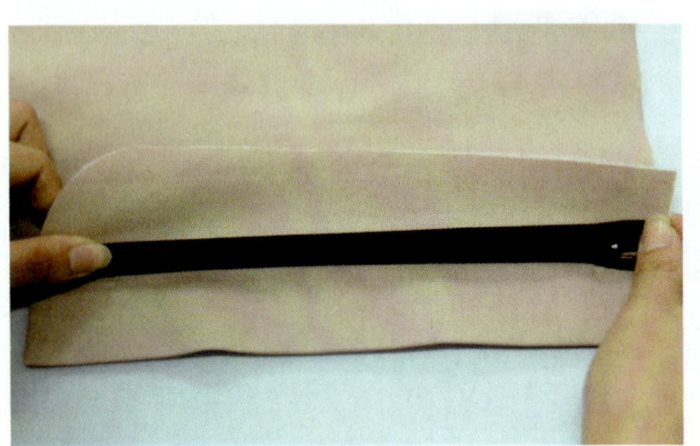
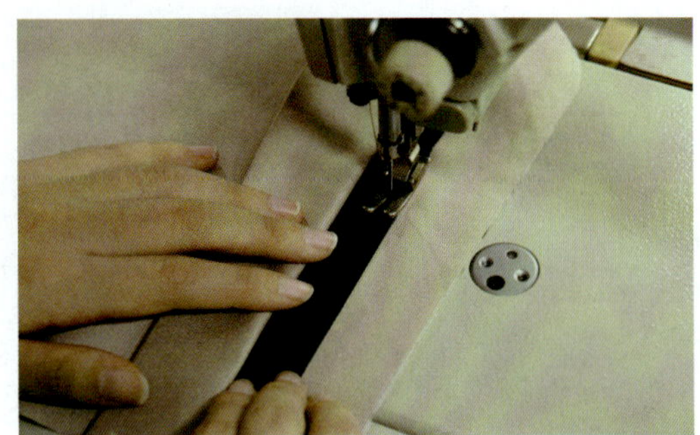

图 3—1—55　门襟装拉链

9. 门襟装饰线：划出门襟装饰线（装饰线弯弧圆顺，宽 3.2 cm），按线车缝，将门襟同时封口（见图 3—1—56）。缝纫时要将里襟掀开缝住，不能扭曲。

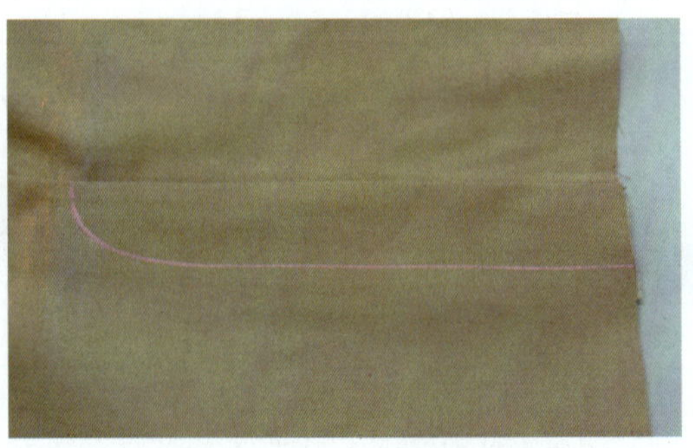

图 3—1—56　门襟装饰线

10. 门、里襟缝制完成：明线美观，明线缝制时不能缝到里襟（见图 3—1—57）。

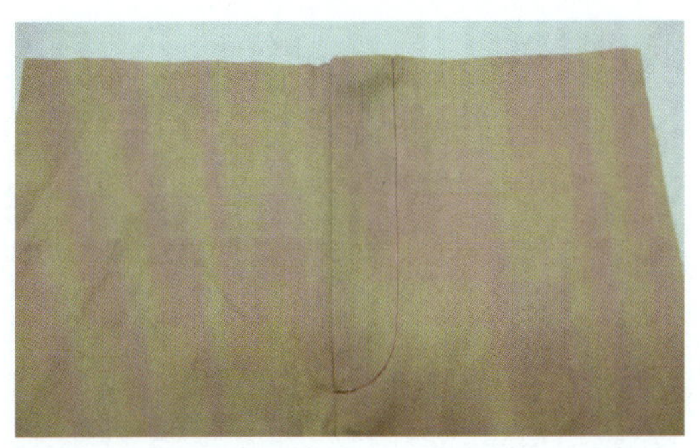
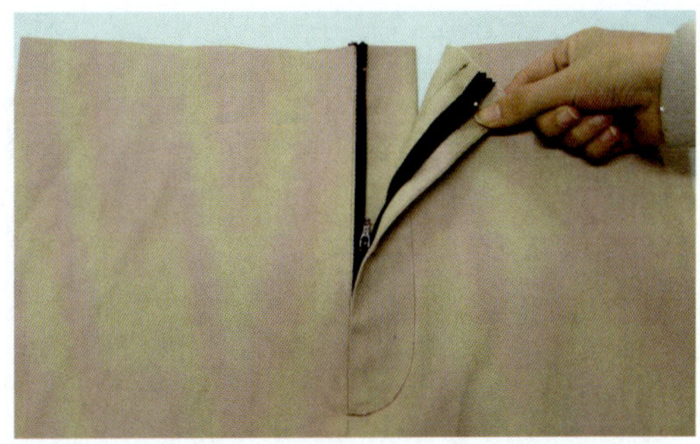

图 3—1—57　门、里襟缝制完成图

七、休闲裤门、里襟缝制工艺

休闲裤门、里襟的制作与西裤门、里襟的制作不同。休闲裤一般缝制金属拉链，其制作方法较西裤门、里襟的制作方法要简单一些。休闲裤门、里襟缝制材料见表 3—1—7。

表 3—1—7　休闲裤门、里襟缝制材料表

面料	大身门襟侧 ×1　大身里襟侧 ×1 门襟 ×1　里襟 ×1
辅料	无纺衬若干　拉链 ×1

具体缝制工艺如下：

1. 粘衬：将门、里襟反面粘衬（见图 3—1—58）。

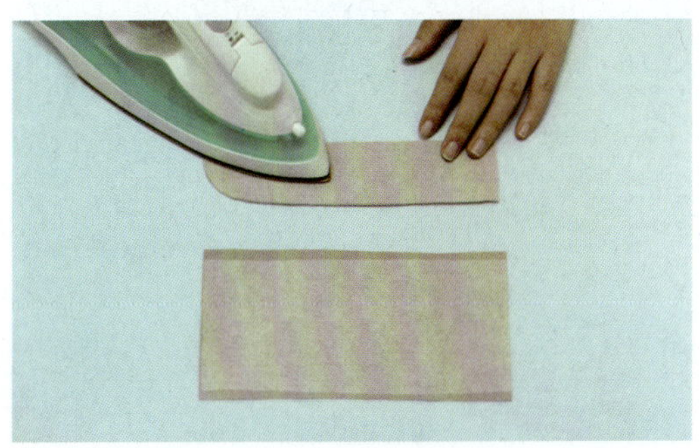

图 3—1—58　粘衬

2. 拼裆缝：将大身裆缝 1 cm 拼缝至距装拉链位置 3 cm 处（见图 3—1—59）。

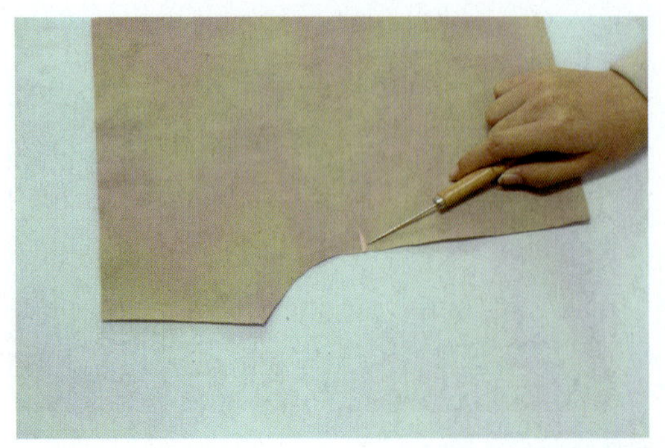
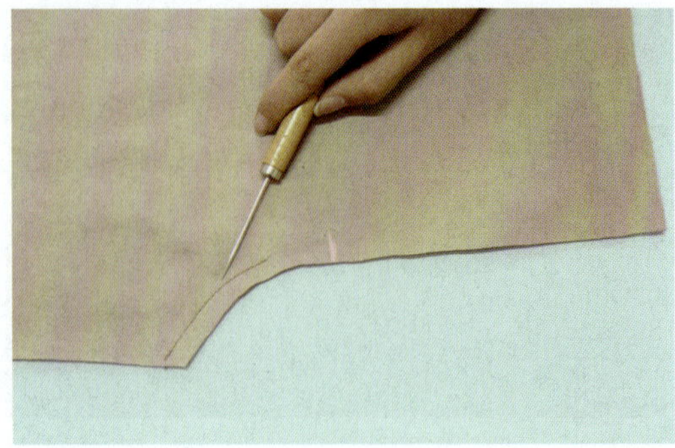

图 3—1—59　拼裆缝

3. 装门襟：将门襟与门襟侧裤片大身面面相对，1 cm 拼缝（见图 3—1—60）。

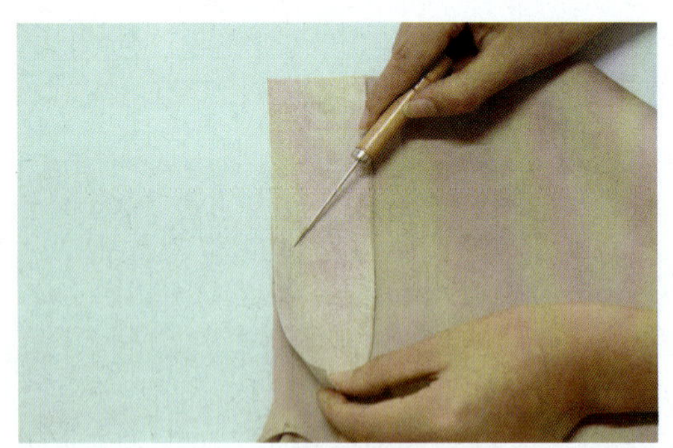
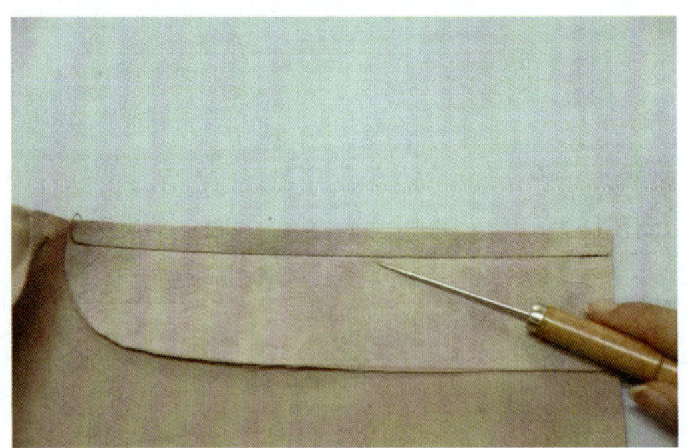

图 3—1—60　装门襟

4. 门襟止口明线：将门襟止口翻正，翻成并口，0.1 cm 清止口（见图 3—1—61）。

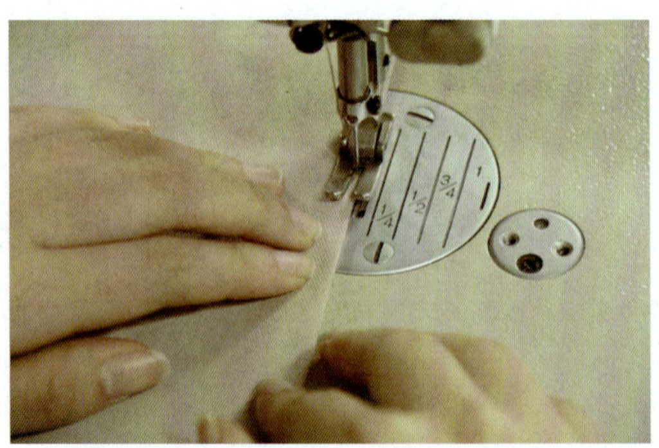

图 3—1—61　门襟止口明线

5. 门襟装拉链：将拉链与门襟面面相对，边缘对齐，沿拉链牙齿将拉链固定在门襟上（见图 3—1—62）。

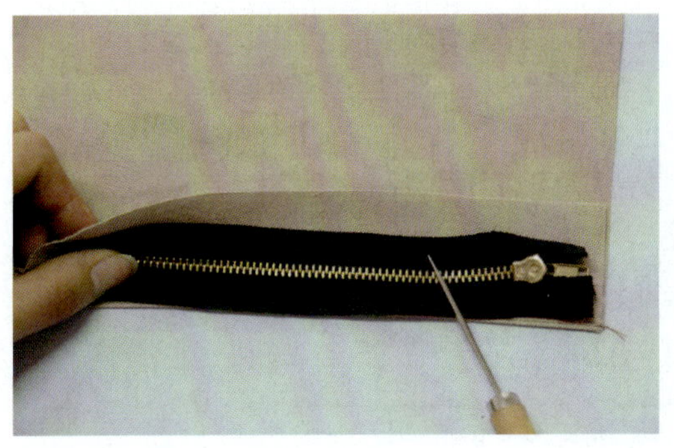

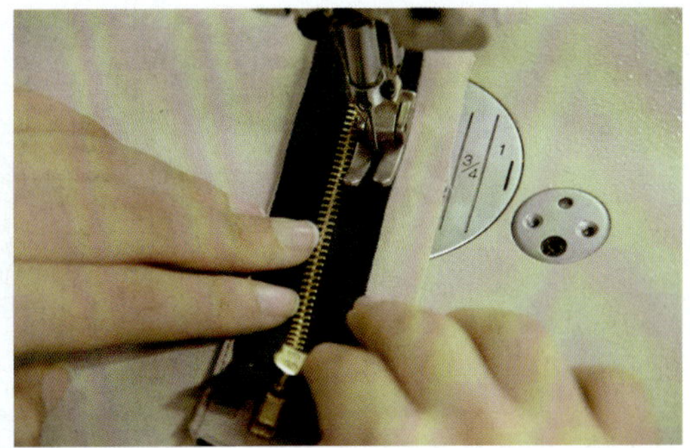

图 3—1—62 门襟装拉链

6. 门襟装饰明线：大身门襟处划出门襟装饰明线，底端应超出拉链铁头 1 cm，之后将拉链里襟侧底端向上折起，按划线车缝 0.1 cm + 0.6 cm 双明线（见图 3—1—63）。

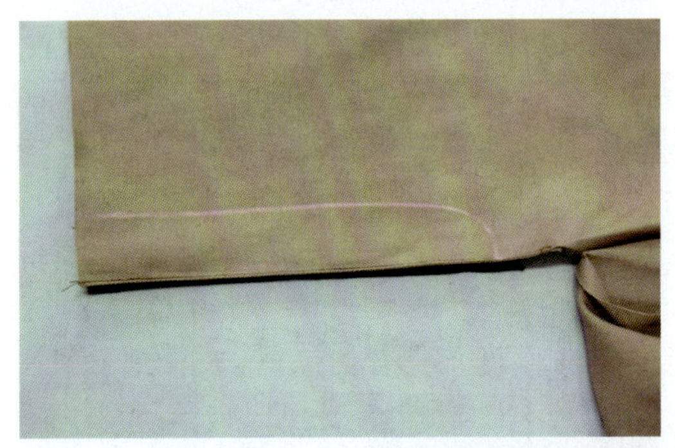

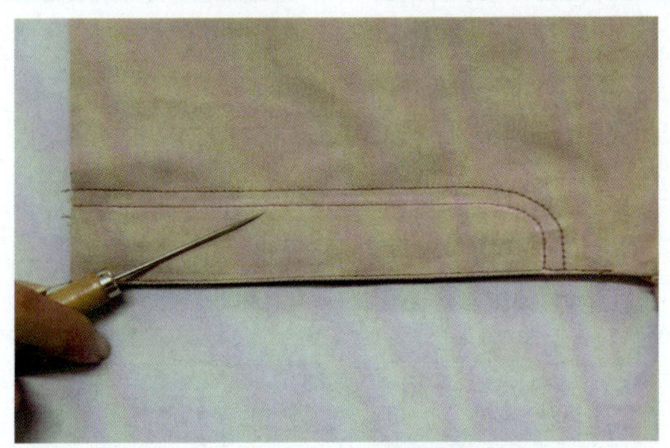

图 3—1—63 门襟装饰明线

7. 做里襟：将里襟沿中线面面对折，底端 1 cm 封口，将里襟翻正（见图 3—1—64）。

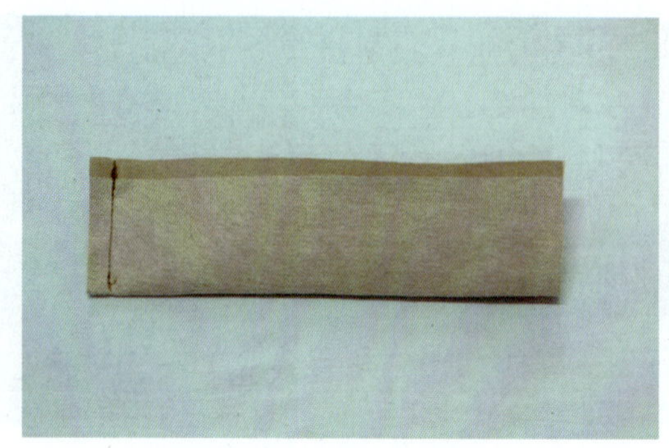

图 3—1—64 做里襟

8. 装里襟：将大身里襟侧向反面折光 1 cm，里襟、拉链、大身三层相叠，0.1 cm 压缝至拉链铁头下 0.5 cm 处，回针固定，将里襟装上（见图 3—1—65）。

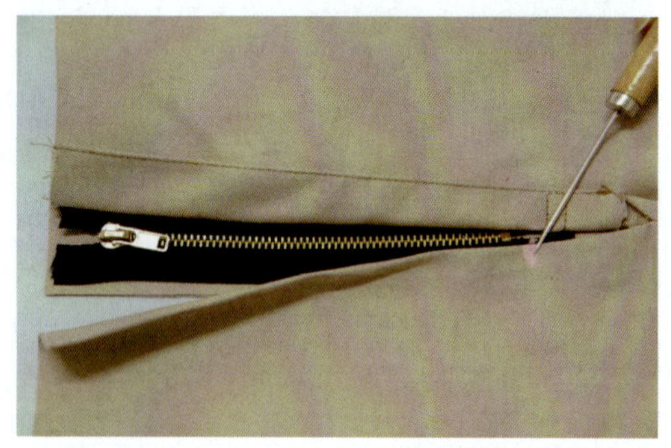

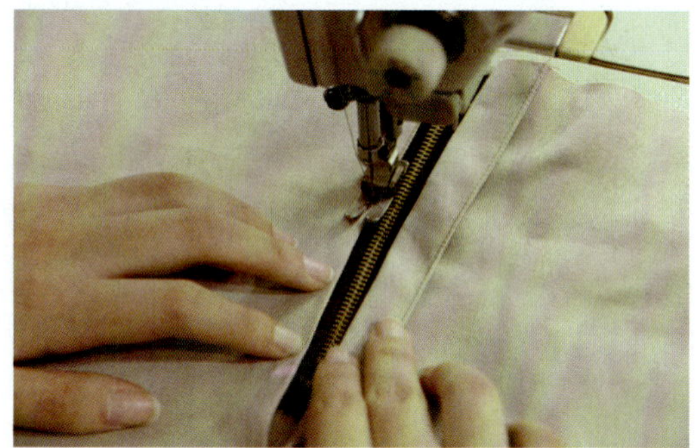

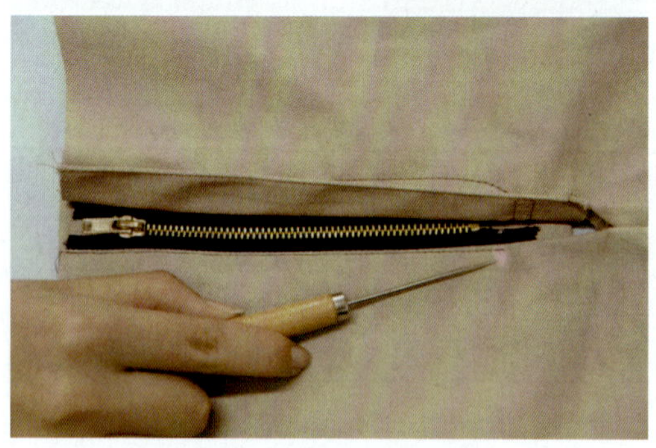

图 3—1—65 装里襟

9. 里襟开剪：将里襟侧在回针处开剪，翻正（见图 3—1—66）。

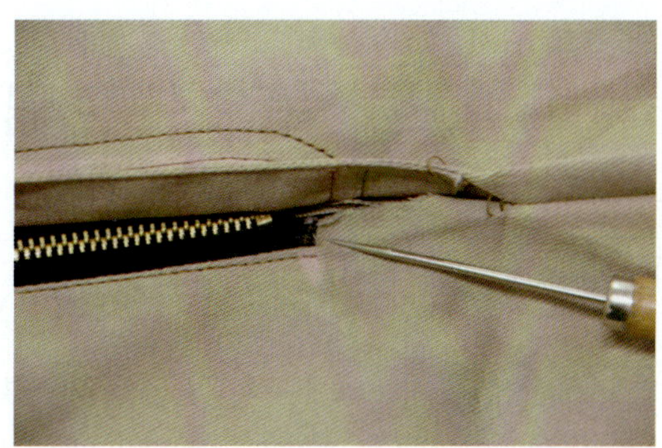

图 3—1—66　里襟开剪

10. 压裆缝明线：将裆缝从下端沿裤片缉 0.1 cm + 0.6 cm 双明线，顶端缝至拉链铁头上 1 cm 处（见图 3—1—67）。

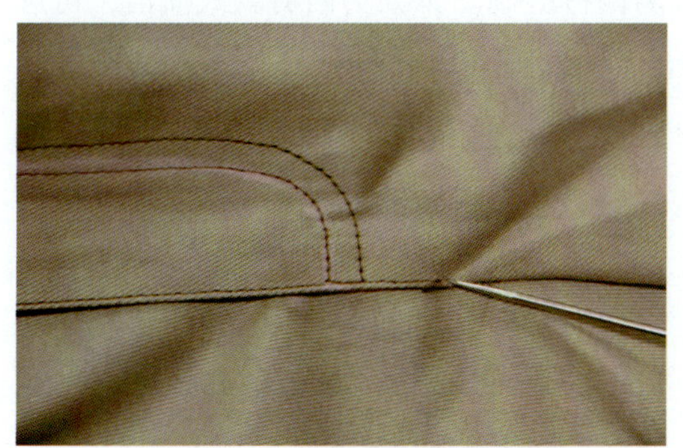

图 3—1—67　压裆缝明线

11. 门、里襟缝制完成：门、里襟装拉链平服，明线宽窄一致（见图 3—1—68）。

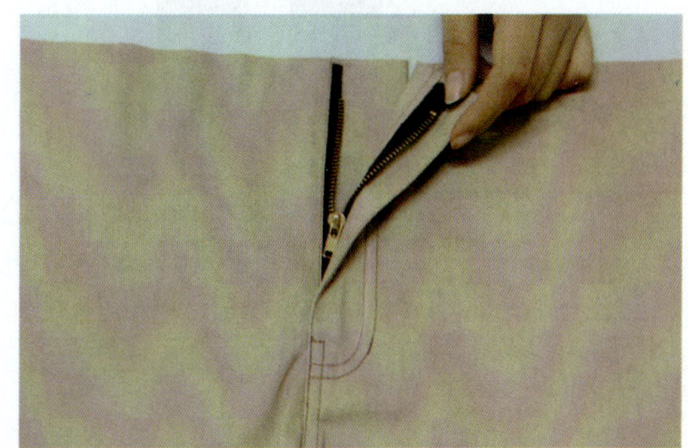

图 3—1—68　门、里襟缝制完成图

第二节　男西裤缝制工艺

男西裤（见图 3—2—1）主要指与西装上衣配套穿着的裤子，是各类裤子中最基本、最经典的款式。由于西裤主要在办公室及社交场合穿着，所以其工艺设计严谨，款式庄重，裁剪时放松量适中，强调平和稳重。西裤在要求穿着舒适自然的前提下，在造型上比较注意与形体的协调。我国现代西裤在生产工艺及造型上基本已国际化和规范化。

下面根据男西裤服装样衣工艺通知单（见表 3—2—1）的要求，依据款式图，采用 170/74A（M）号规格绘制裁剪结构图，并在结构图基础上进行放缝并制作出裁剪样板，在合适的面料上进行排料、裁剪及制作，完成男西裤缝制。本款男西裤款式简洁，可选用面料种类较多，多用全毛料、混纺毛料、涤纶面料来制作。

图 3—2—1　男西裤

表 3—2—1　男西裤服装样衣工艺通知单

品牌：XXX 纸样编号：XXXXXX	款号：XXXXXX 下单日期：XXXX.XX.XX	名称：男西裤 完成日期：XXXX.XX.XX
款式图：		

系列规格表（5•4）　单位：cm

部位		规格 165/70A S	170/74A M	175/78A L	档差	公差
1	裤长	97	100	103	3	±1
2	腰围	62	76	70	4	±1
3	臀围	88	92	96	4	±1
4	脚口	43.2	44	44.8	0.8	±0.5

款式概述：

前裤片腰口处左右各 2 个反褶裥，斜插袋，斜插袋袋口 0.4 cm 装饰嵌线，后裤片双嵌线挖袋，左右各收 2 个省，串带袢 6 根，装里襟底布，装 4 件扣，1 只纽扣

面料：哔叽
成分：涤 70%，羊毛 30%
组织：斜纹组织
幅宽：144 cm

辅料：

无纺粘合衬、树脂腰衬隐形拉链、配色线、商标、洗水唛

工艺要求：

1. 省道：前后省道位置正确，省长位置正确，倒向对称，省尖处平顺
2. 褶裥：4 个反褶裥，左右各 2 个
3. 斜插袋：袋口大 15.5 cm，袋口 0.4 cm 嵌线装饰，距裤腰 2 cm，袋口底各套结一个
4. 后挖袋：袋口大 13.5 cm，口袋宽 0.8 cm，袋口方正，嵌线宽窄一致，平整
5. 串带袢：6 根串带袢，第一褶裥处各 1 根，距后中 3 cm 各 1 根，两者中点各 1 根
6. 门、里襟：门襟明线 3.2 cm 宽，上口手工暗缲缝，里襟装底布，底布过裆缝 2 cm
7. 脚口：手工缲三角针，针距 0.5 cm
8. 缉线：各部位 1 cm 拼缝，缝线顺直，无跳针、断线现象
9. 整烫：各部位熨烫到位，平服，无亮光、水花、污迹，底边平直无起浪现象
10. 针迹：缝线 14 针 /3 cm

工艺编制：　　　　工艺审核：　　　　审核日期：

一、规格尺寸（见表 3—2—2）

表 3—2—2　男西裤 M 号规格表　　　　单位：cm

号型	部位	裤长	腰围	臀围	脚口
170/74A	规格	100	76	92	44

二、裁片配置

1. 主要裁片名称

前裤片、后裤片、裤腰面、门襟、里襟、串带袢、里襟托布、嵌线、袋垫、袋布。

2. 裁片图（见图 3—2—2）

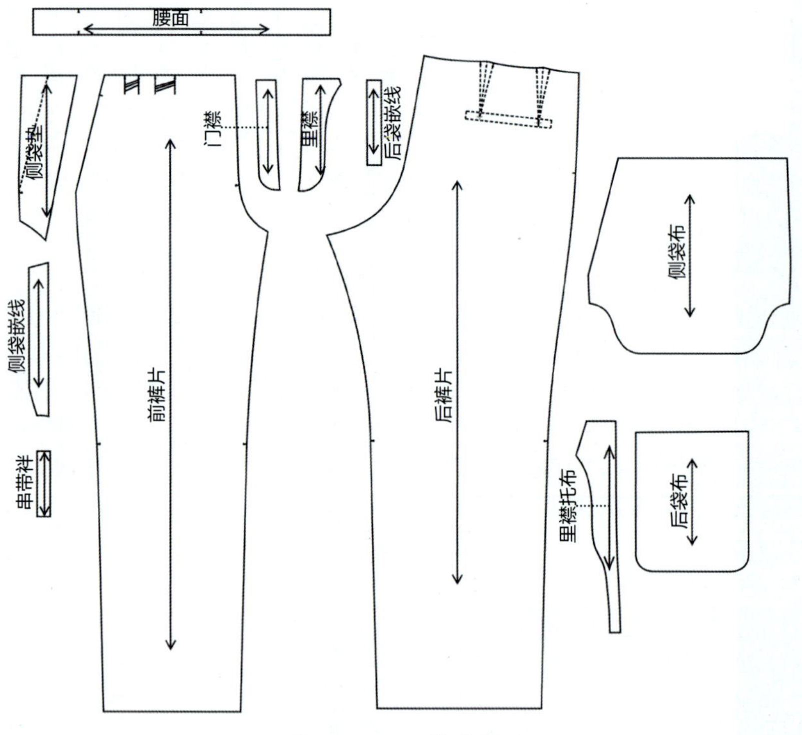

图 3—2—2　裁片图

3. 放缝图（见图 3—2—3）

（1）裤片脚口放缝 3 cm，其余各边放缝 1 cm。

（2）距离省尖 1 cm 处绘制钻眼标记，省根处绘制刀眼标记。

（3）褶裥、拉链止点处、斜插袋开口位绘制刀眼符号。

（4）前侧袋袋布侧缝边缘处放缝 1.5 cm，其余放缝 1 cm。

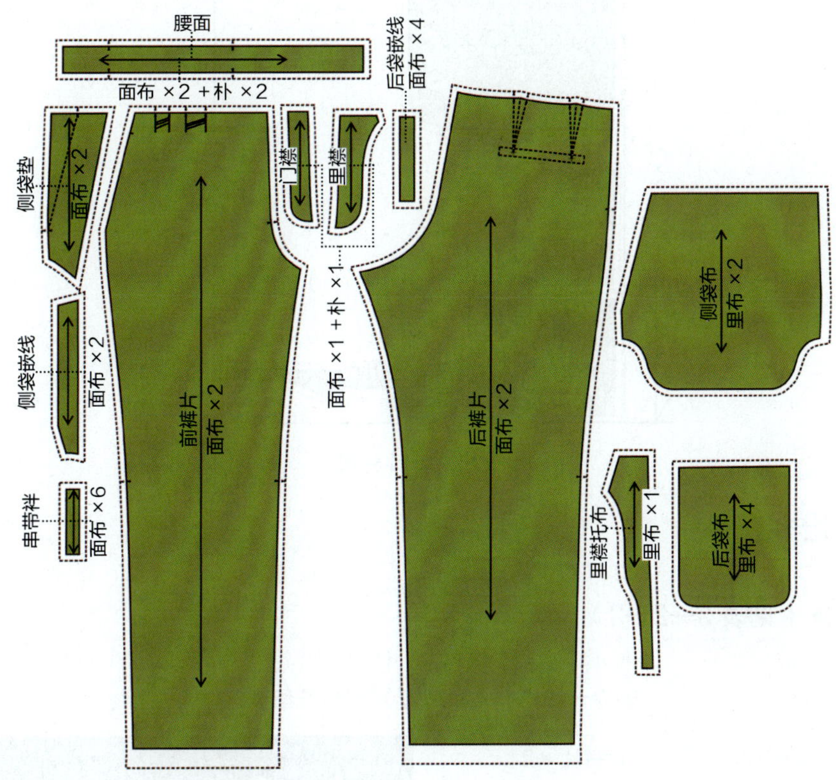

图 3—2—3　放缝图

4. 排料图（见图 3—2—4）

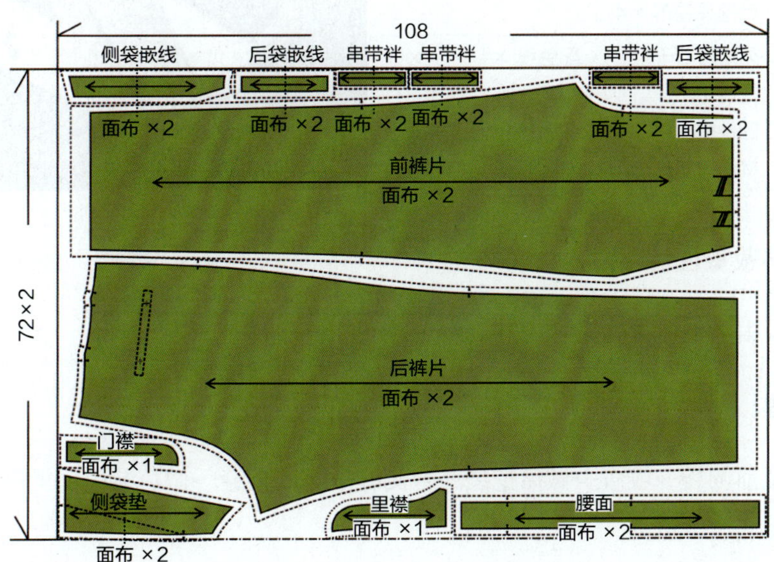

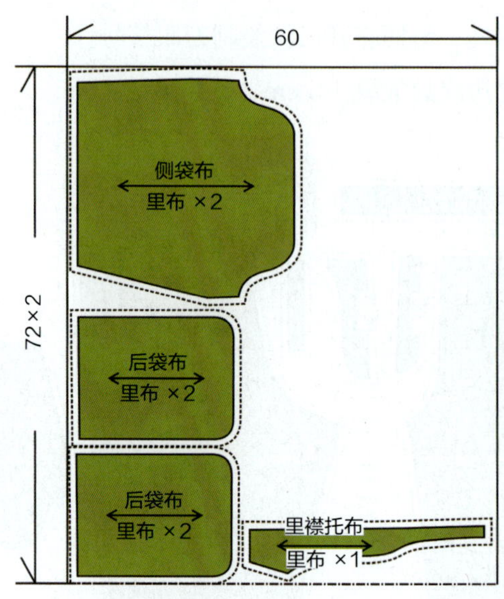

图 3—2—4　排料图

三、生产准备

1. 材料准备（见表 3—2—3）

表 3—2—3　男西裤所需材料准备表

面料	前裤片 ×2	后裤片 ×2
	裤腰 ×1	门襟 ×1
	里襟 ×1	斜插袋袋垫 ×1
	斜插袋嵌线 ×1	后挖袋嵌线 ×2
	后挖袋袋垫 ×2	斜插袋袋布 ×2
	后挖袋袋布 ×4	
辅料	无纺衬若干	配色线 ×1
	拉链 ×1	纽扣 ×1
	四件扣 ×1	腰里衬 ×1
	裤腰树脂衬 ×1	

2. 面、辅料裁剪注意事项

详见一步裙面、辅料裁剪注意事项。

3. 工艺流程

锁边→做前侧袋→收省→做后挖袋→合侧缝→合内裆缝→做、装门、里襟→绱拉链→做、绱腰→缲底边→整烫。

四、产品制作

1. 锁边：将前、后裤片，门、里襟，袋垫布锁边（见图 3—2—5）。

图 3—2—5　锁边

2. 前侧袋袋布缝嵌线：将嵌线里侧折光后 0.1 cm 固定在前侧袋袋口处（见图 3—2—6）。

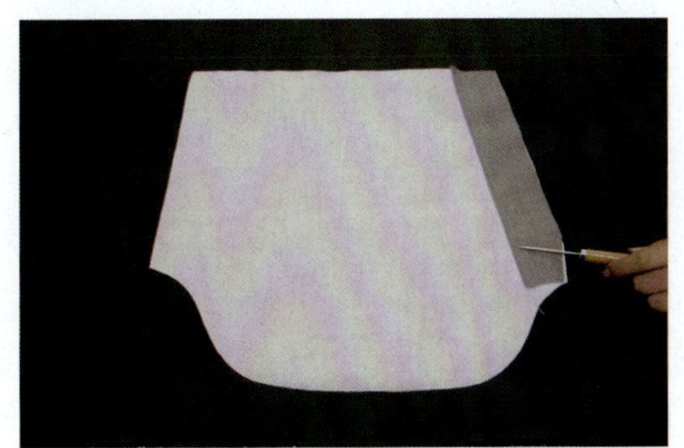

图 3—2—6　前侧袋袋布缝嵌线

3. 前侧袋缝袋垫布：将袋垫布与袋布空开 0.8 cm，前端 0.5 cm 固定在袋布上（见图 3—2—7）。

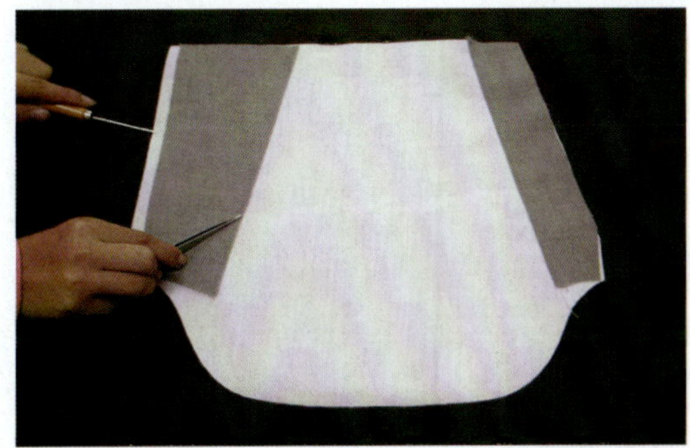

图 3—2—7　前侧袋缝袋垫布

4. 装前侧袋袋布：前裤片侧袋口反面粘 1.5 cm 无纺衬后，将袋布 1 cm 拼缝在前裤片上（见图 3—2—8）。

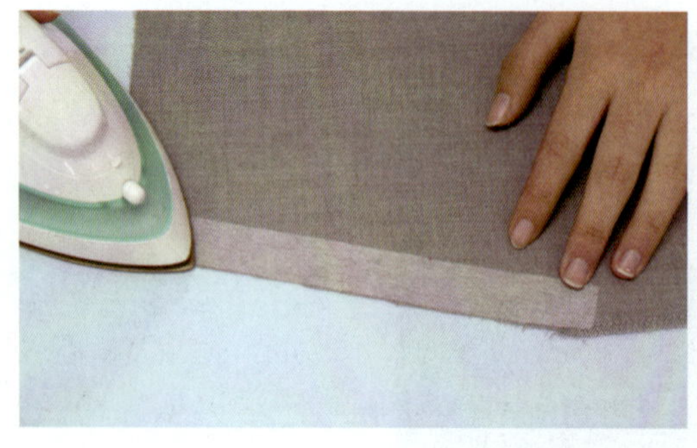
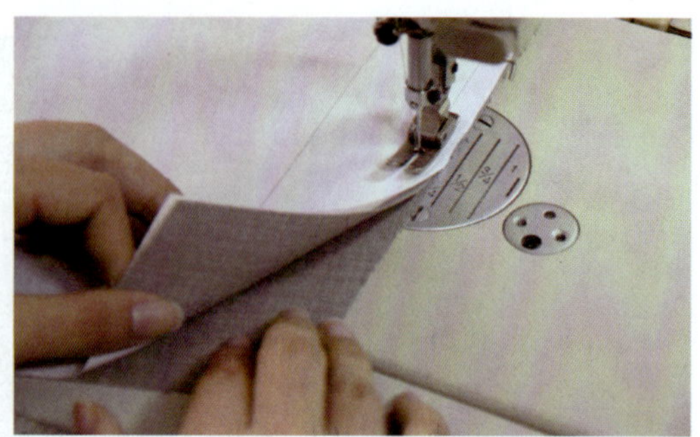

图 3—2—8　装前侧袋袋布

5. 固定前侧袋嵌线：将前侧袋袋口向反面折烫出 0.4 cm 嵌线牙，并沿袋口 0.1 cm 将嵌线固定，做出前侧袋袋口嵌线装饰牙（见图 3—2—9）。

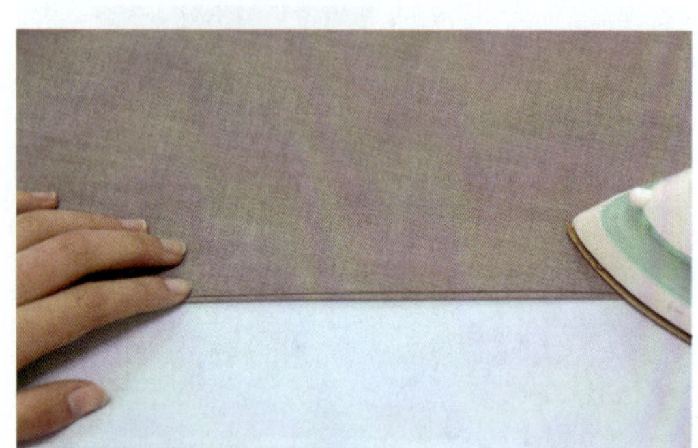

图 3—2—9　固定前侧袋嵌线

6. 兜前侧袋袋底：将前侧袋袋底 0.5 cm 缝合至距离袋口 1.5 cm 处，翻正袋布，袋底缉 0.6 cm 明线至袋口 1.5 cm 处转成 0.1 cm 折光袋布（见图 3—2—10）。

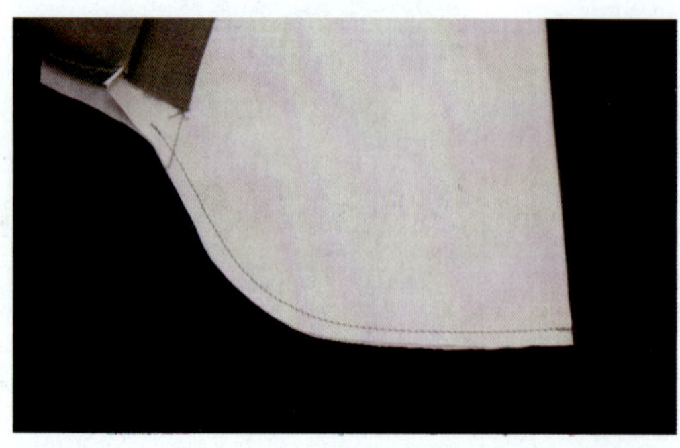
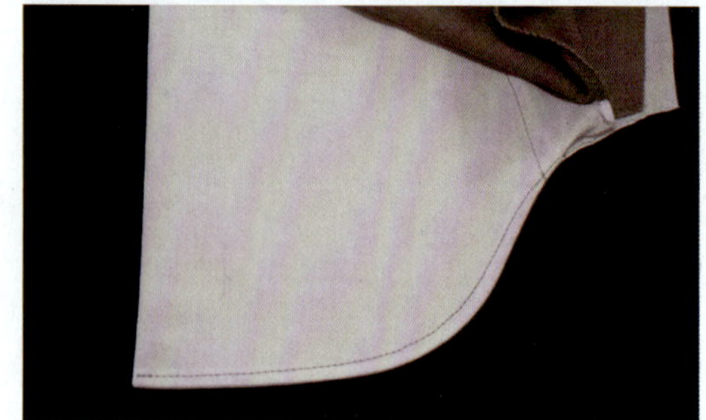

图 3—2—10　兜前侧袋袋底

7. 固定前裤片褶裥：将前裤片腰口处按刀眼标记折出反褶裥，0.5 cm 固定一道线，把褶裥与袋口上端固定（见图 3—2—11）

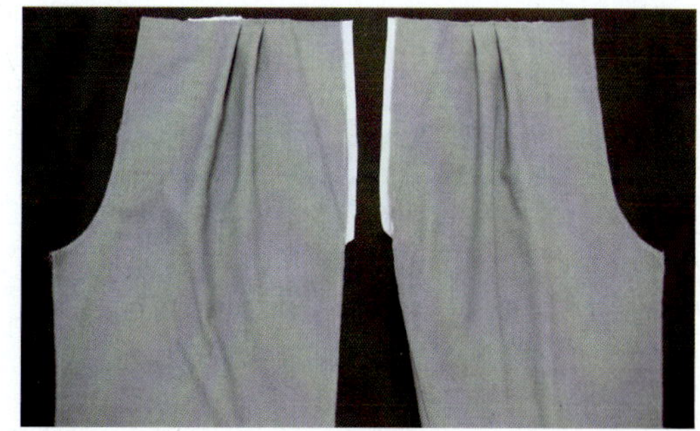

图 3—2—11　固定前裤片褶裥

8. 后挖袋粘衬：在后裤片挖袋位粘衬，挖袋嵌线粘衬（见图 3—2—12）。

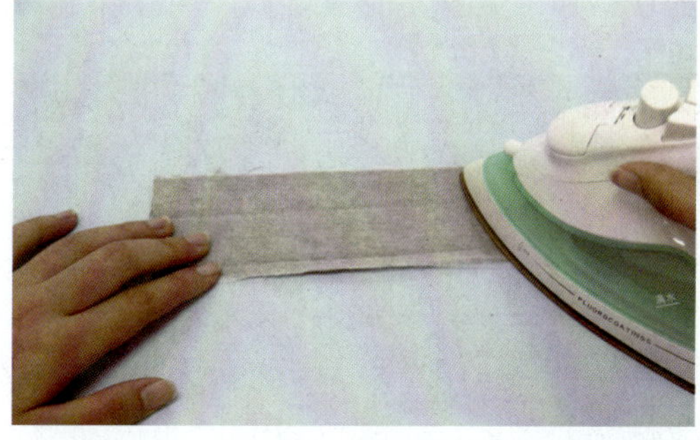

图 3—2—12　后挖袋粘衬

9. 扣烫嵌线：将挖袋上嵌线对折扣烫，下嵌线一段向上扣烫 0.5 cm，使其两边折光（见图 3—2—13）。

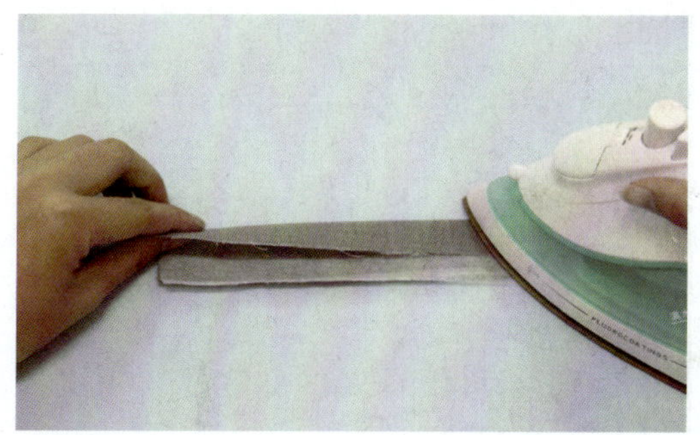
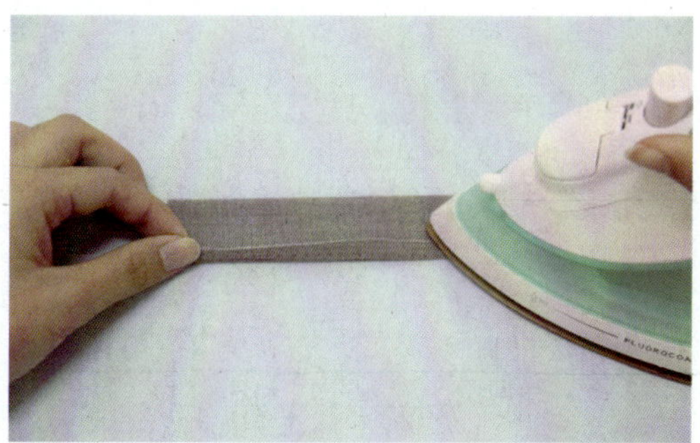

图 3—2—13　扣烫嵌线

10. 划后裤片省道、定嵌线宽度：将后裤片划出省道，同时在折光处划出 0.4 cm 挖袋嵌线宽度（见图 3—2—14）。

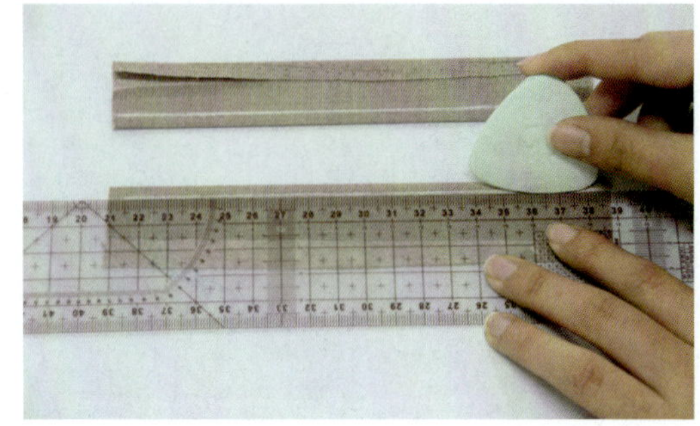

图 3—2—14　划后裤片省道、定嵌线宽度

11. 收省、定袋位：将后裤片省道按照划线位缝合，烫平后在正面以两省尖位为中线，上下各 0.4 cm 划出后挖袋宽度，按省尖外 2 cm 划出后挖袋长度，即后挖袋长 13.5 cm、宽 0.8 cm（见图 3—2—15）。

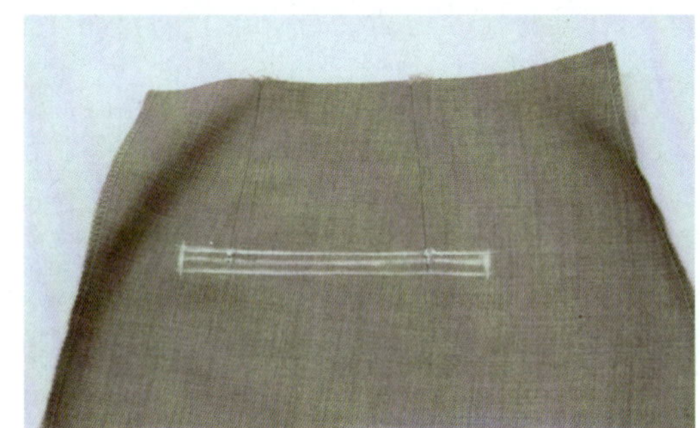

图 3—2—15　收省、定袋位

12. 钉后袋嵌线：将后挖袋袋布置于后裤片下方，按后挖袋位将上下嵌线分别钉缝在挖袋位上，缝线要顺直，两缝线之间宽度 0.8 cm（见图 3—2—16）。

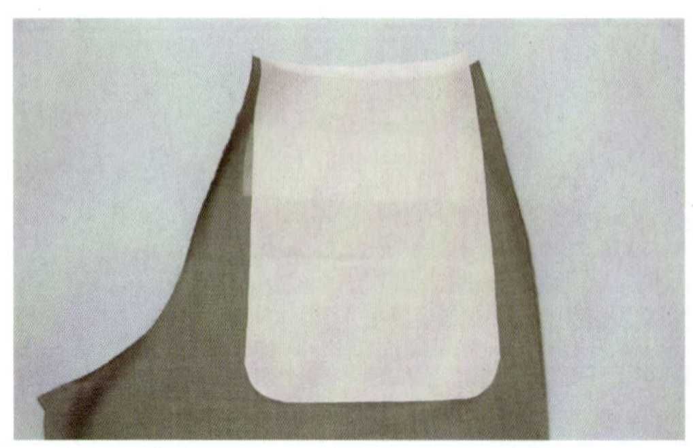
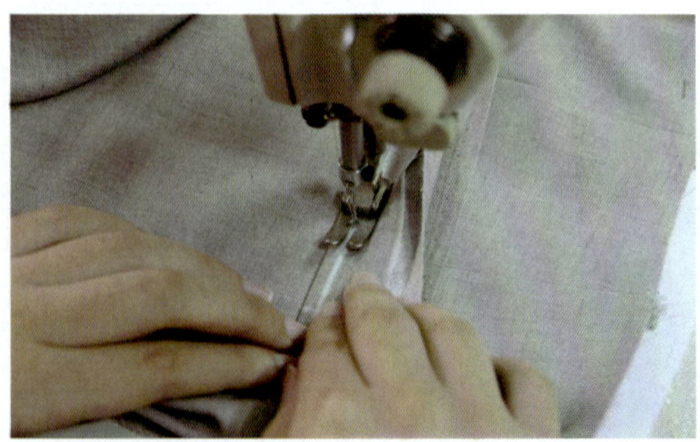

图 3—2—16　钉后袋嵌线

13. 开剪口：将后挖袋按中线开剪，距离袋口两端 1 cm 处剪“Y”字形剪口，注意袋口两端不能剪毛（见图 3—2—17）。

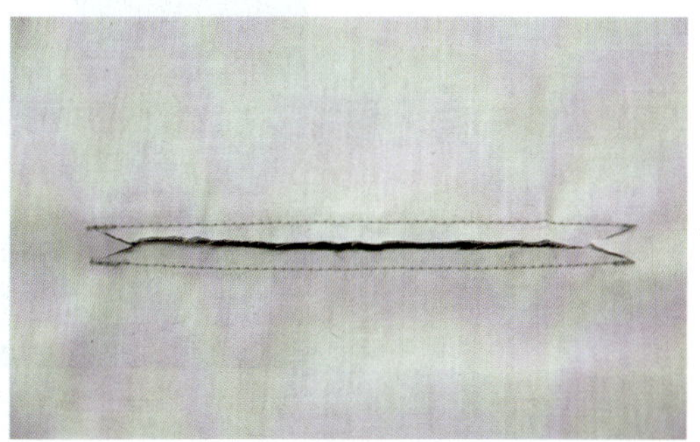

图 3—2—17　开剪口

14. 封开剪三角：将嵌线翻正拉平，之后把“Y”字形剪口处形成的三角与嵌线沿开剪角处来回三道缝线固定（见图 3—2—18）。

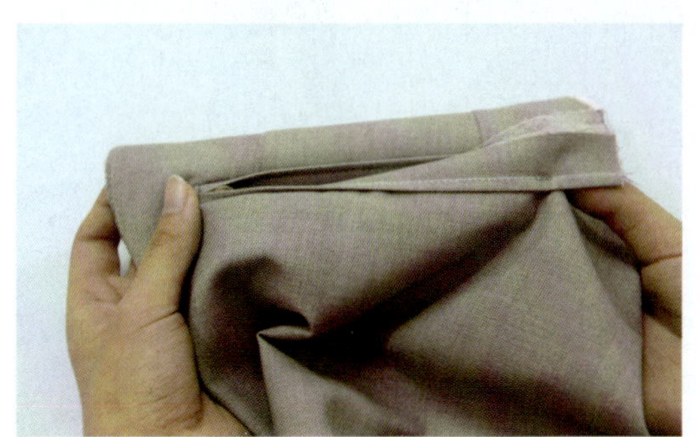
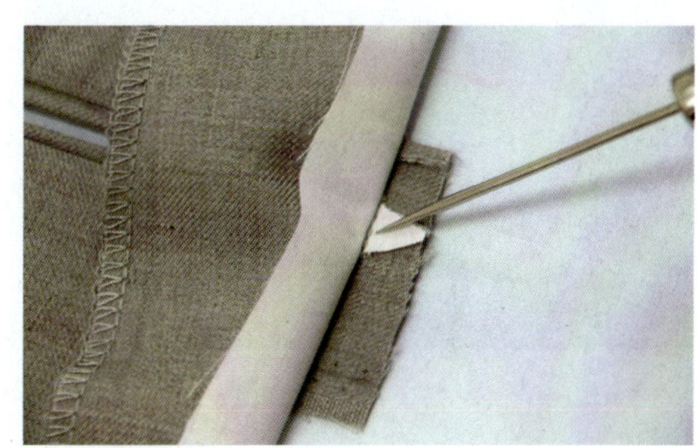

图 3—2—18　封开剪三角

15. 固定下嵌线口：将下嵌线口 0.1 cm 与袋布缝合固定（见图 3—2—19）。

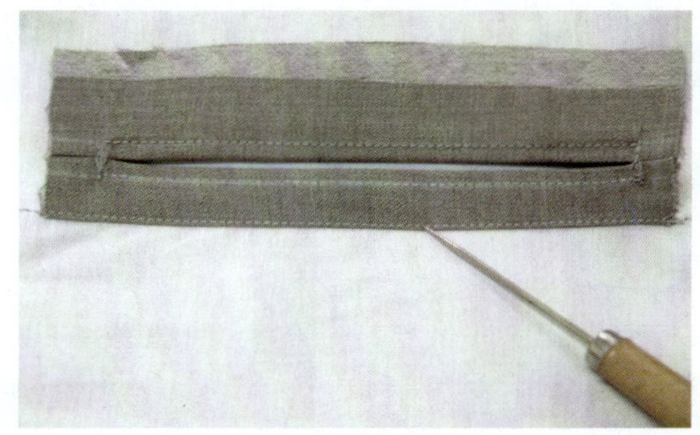

图 3—2—19　固定下嵌线口

16. 固定后袋垫：将后挖袋袋垫按袋口位固定在后袋布上（见图 3—2—20）。

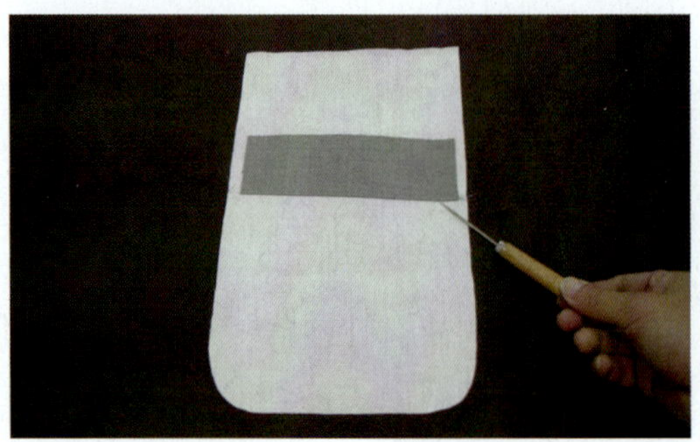

图 3—2—20 固定后袋垫

17. 兜缝后袋布：将两块后袋布正面相对，0.6 cm 拼合（见图 3—2—21）。

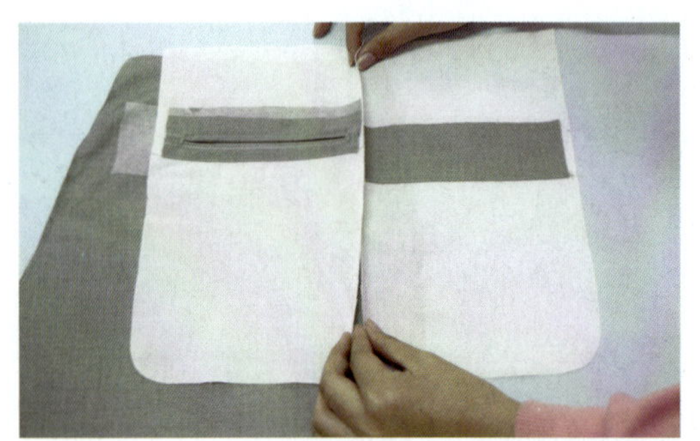

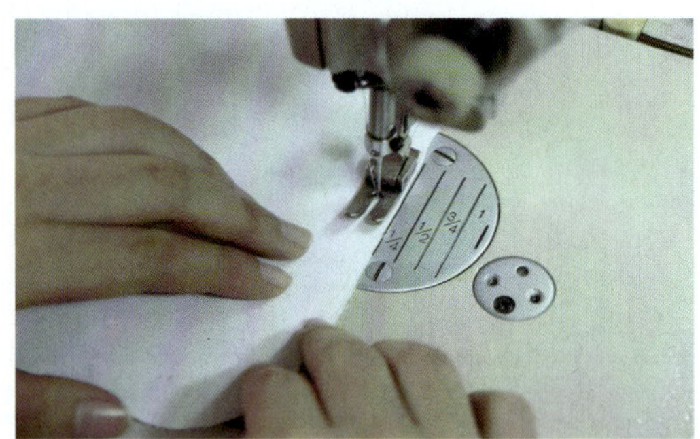

图 3—2—21 兜缝后袋布

18. 后挖袋袋布明线：后挖袋袋角修圆后将袋布翻正，缉 0.6 cm 明线固定袋布（见图 3—2—22）。

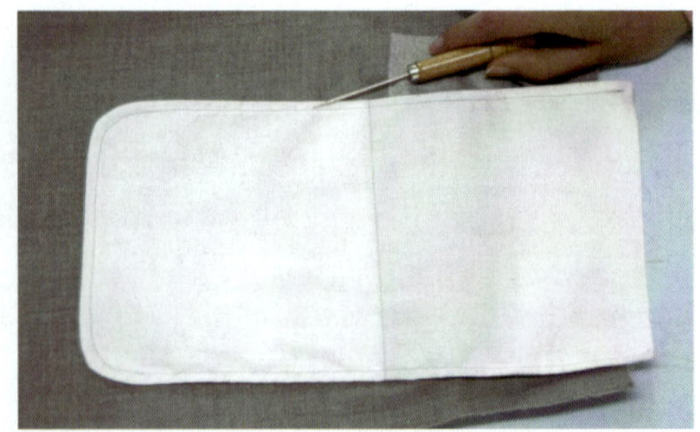

图 3—2—22 后挖袋袋布明线

19. 后挖袋门字形封口：将裤片大身掀开，在挖袋上袋口处做门字形封口（见图 3—2—23）。

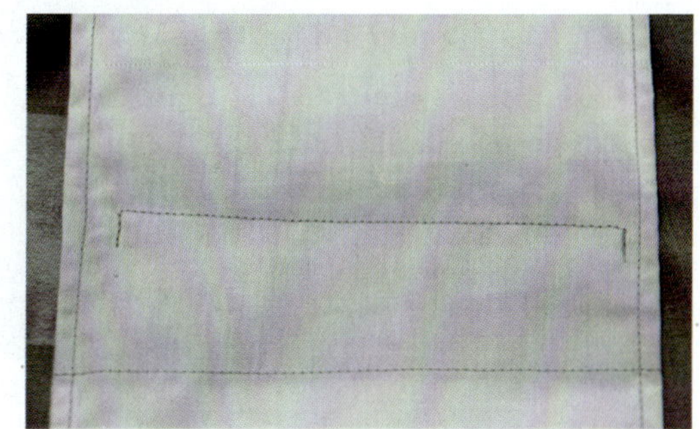

图 3—2—23　后挖袋门字形封口

20. 后双嵌线挖袋缝制完成：双嵌线袋嵌线总宽 0.8 cm，两嵌线宽窄一致，袋角方正无毛漏（见图 3—2—24）。

图 3—2—24　后双嵌线挖袋缝制完成图

21. 合侧缝：将前后裤片面面相对，1 cm 缝合侧缝（见图 3—2—25）。

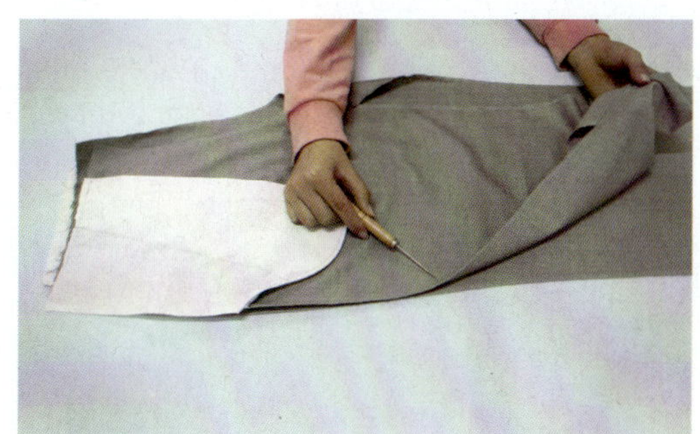
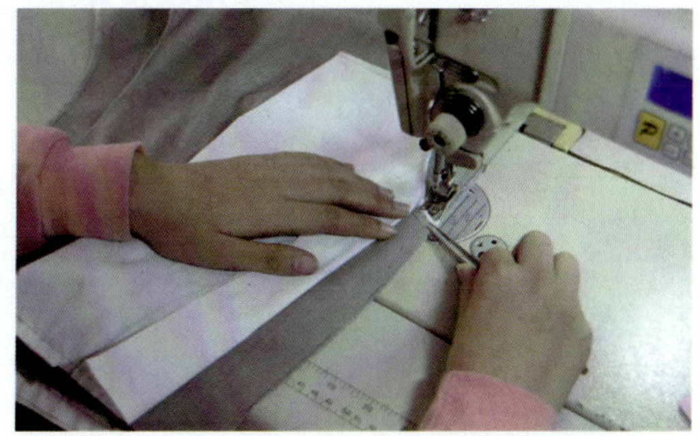

图 3—2—25　合侧缝

22. 分烫侧缝：将侧缝分烫开（见图 3—2—26）。

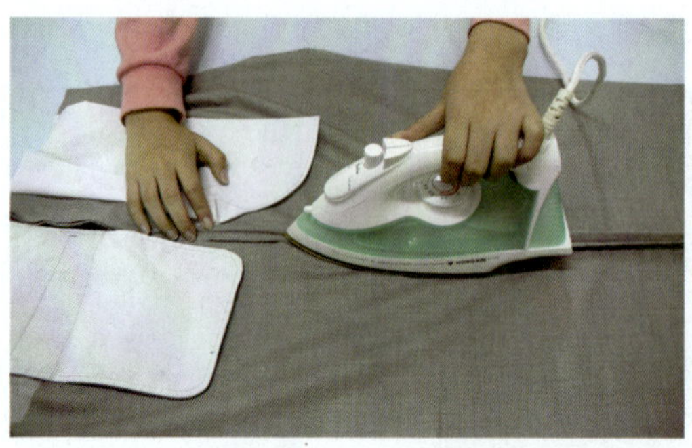

图 3—2—26　分烫侧缝

23. 合前侧袋袋布：将前侧袋向反面折光，与后片缝份 0.1 cm 拼合固定（见图 3—2—27）。

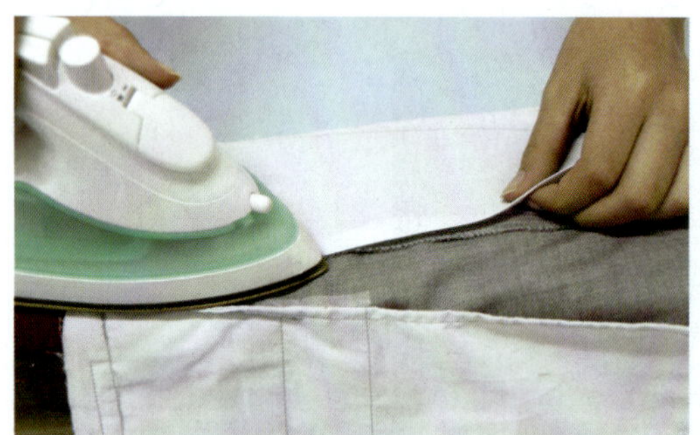

图 3—2—27　合前侧袋袋布

24. 合内裆缝：将裤片面面相对，1 cm 拼合内裆缝（见图 3—2—28）。

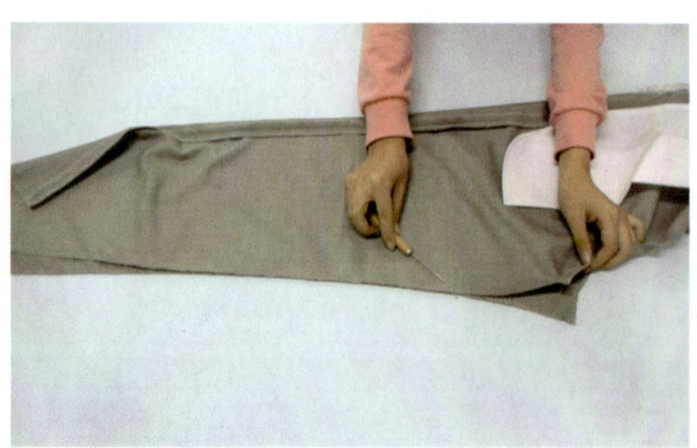

图 3—2—28　合内裆缝

25. 烫挺缝线：将内裆缝分烫后烫出裤片前后挺缝线（见图 3—2—29）。

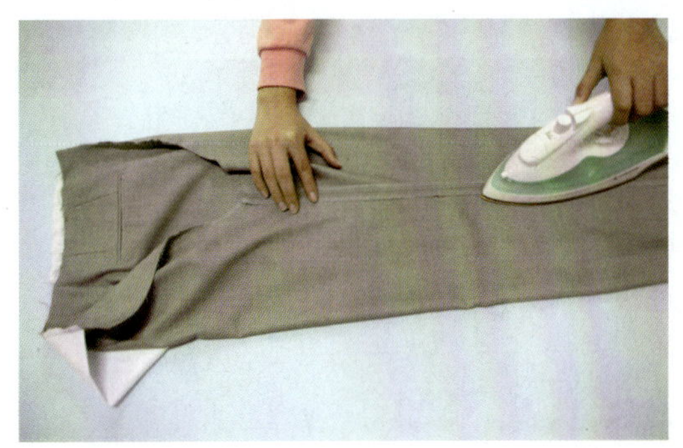

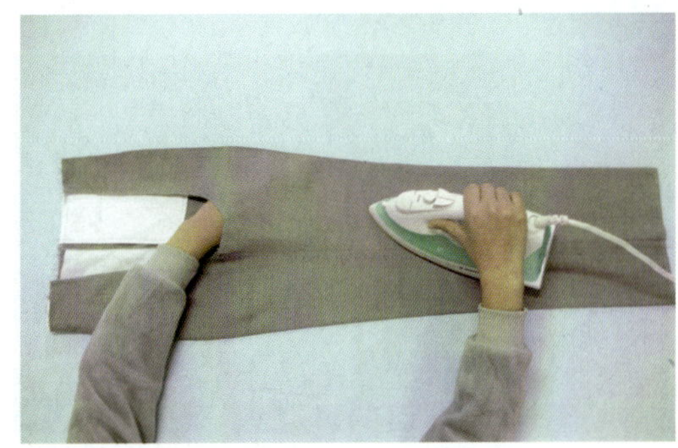

图 3—2—29　烫挺缝线

26. 裤片缝制完成（见图 3—2—30）。

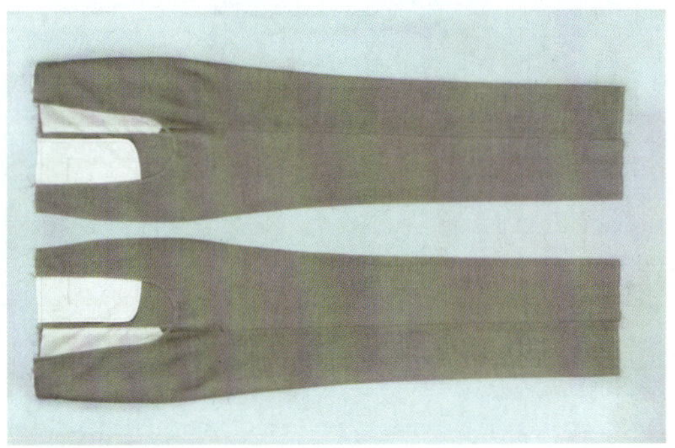

图 3—2—30　裤片缝制完成图

27. 合裆缝：将左右裤片面面相对，1 cm 拼合裆缝至前裆拉链止点（见图 3—2—31）。

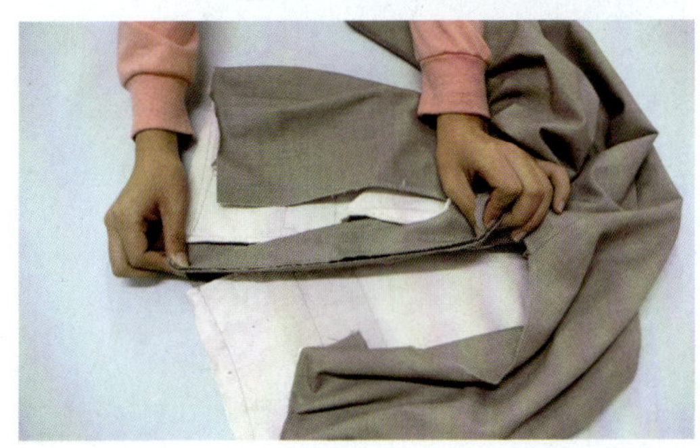

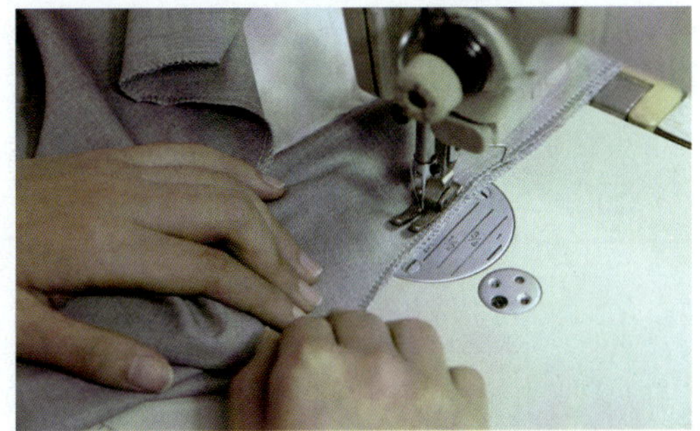

图 3—2—31　合裆缝

28. 裆缝分压缝：裆底十字缝对准后将裆缝做分压缝，0.1 cm 加固（见图 3—2—32）。

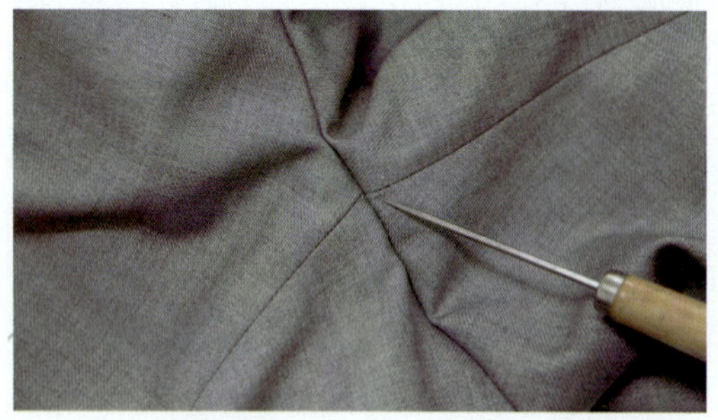
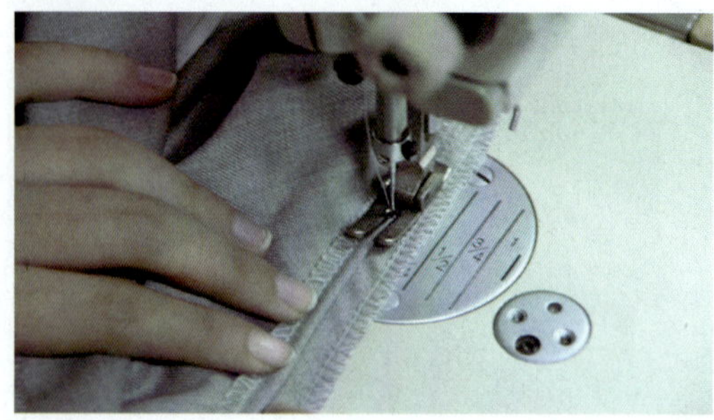

图 3—2—32 裆缝分压缝

29. 门、里襟粘衬：将门、里襟反面粘衬（见图 3—2—33）。

图 3—2—33 门、里襟粘衬

30. 做里襟：将里襟与底布面面相对，沿外弧侧 1 cm 拼合（见图 3—2—34）。

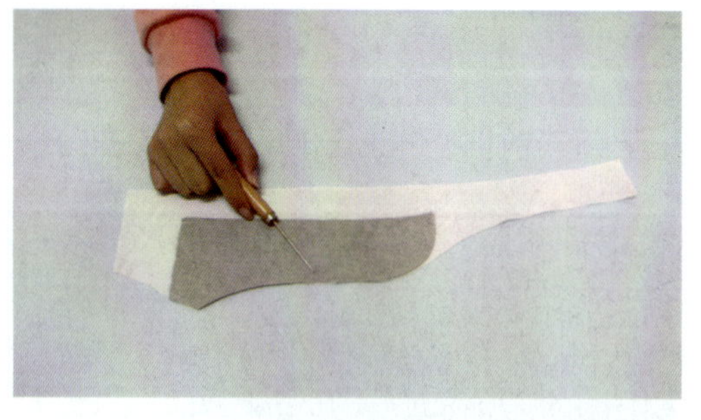
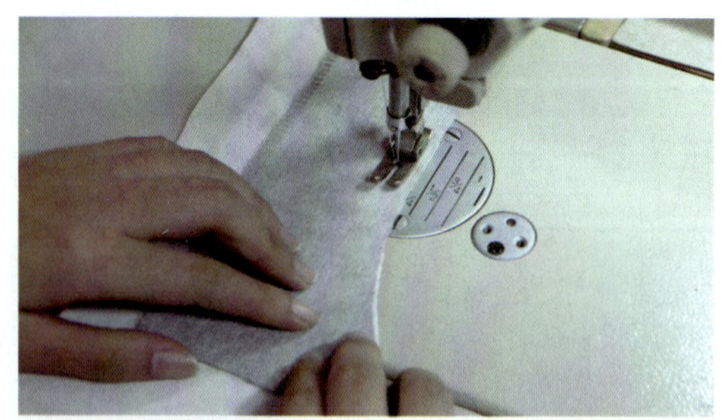

图 3—2—34 做里襟

31. 扣烫里襟：将里襟修剪成缝份 0.3 cm，转弯处做 3 个剪口，并翻正扣烫出里外匀（见图 3—2—35）。

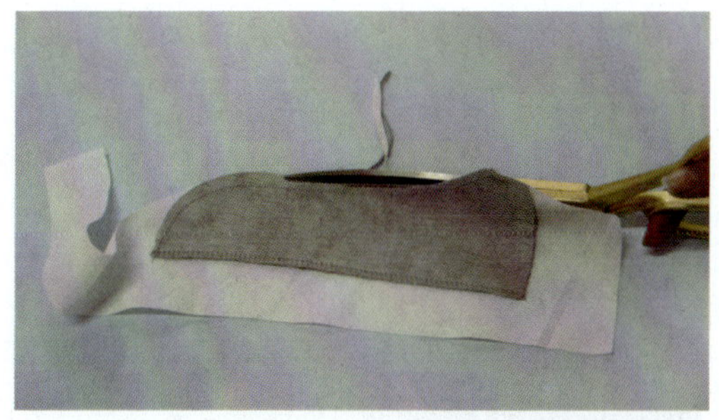

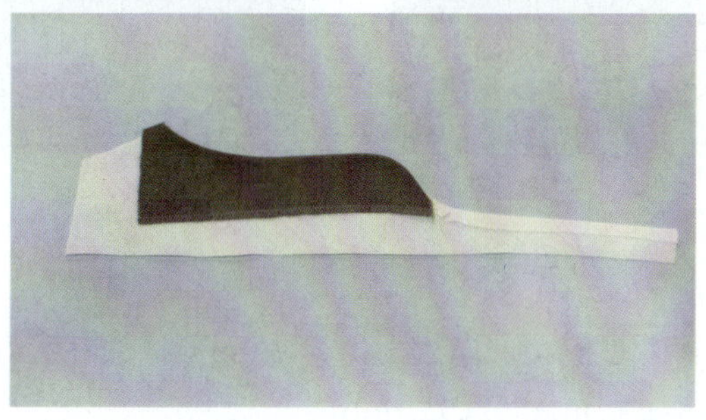

图 3—2—35　扣烫里襟

32. 烫里襟底布：将里襟底布按里襟止口向反面折烫至底端（见图 3—2—36）。

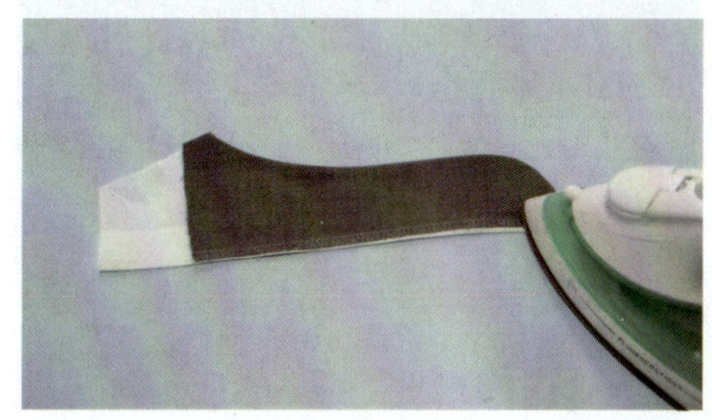
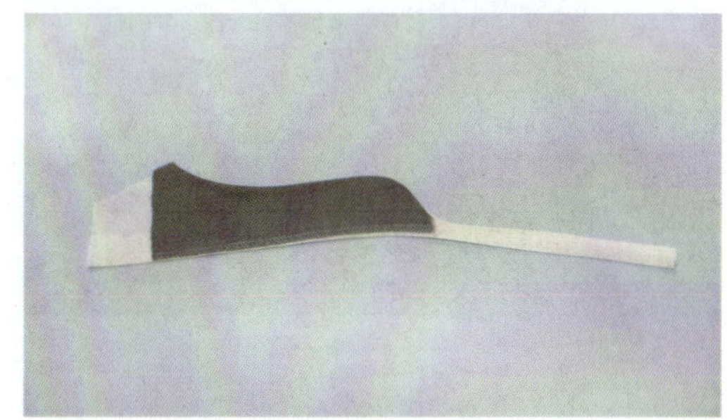

图 3—2—36　烫里襟底布

33. 绱拉链与里襟：将拉链距里襟止口侧 0.4 cm 摆放，空开拉链牙齿 0.5 cm 将拉链与里襟固定，里襟底布不能缝到（见图 3—2—37）。

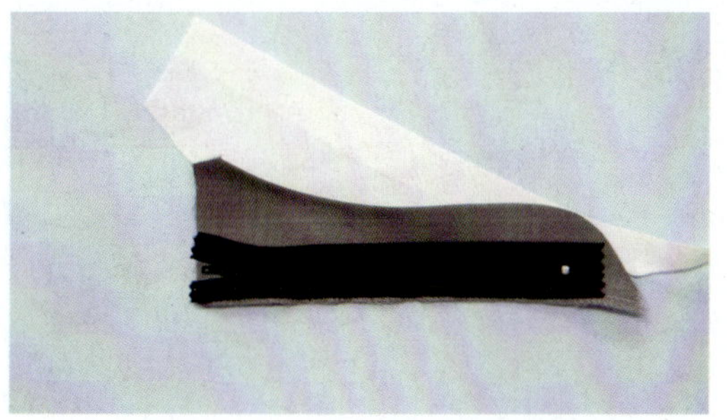

图 3—2—37　绱拉链与里襟

34. 绱门襟：将粘好衬的门襟与左前裤片 1 cm 拼合，缝份倒向门襟，在门襟上压 0.1 cm 明线一道（见图 3—2—38）。

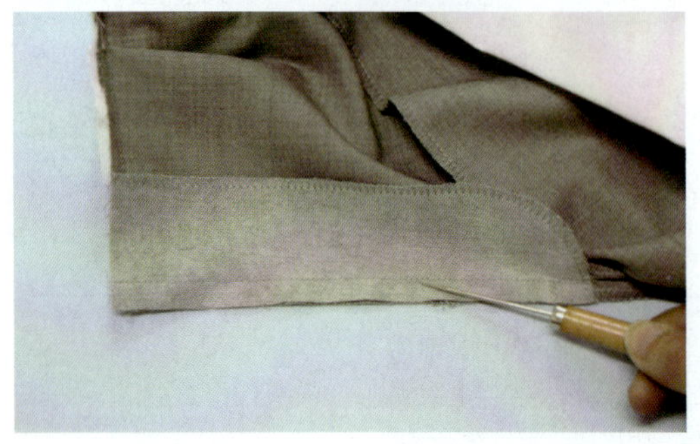

图 3—2—38　装门襟

35. 绱里襟：将右裤片里襟止口向反面折光 1 cm，摆放在装好拉链的里襟上，0.1 cm 压缝，将裤片与里襟缝合上（见图 3—2—39）。

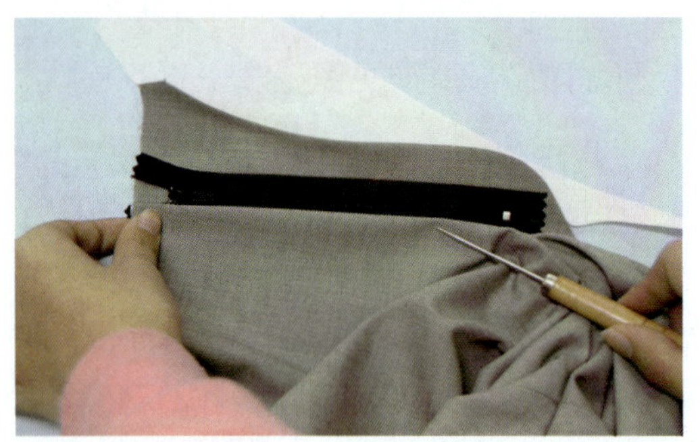

图 3—2—39　装里襟

36. 绱拉链与门襟：将拉链正面与门襟面面相对，0.6 cm 拼合，完成门、里襟与拉链的装配（见图 3—2—40）。

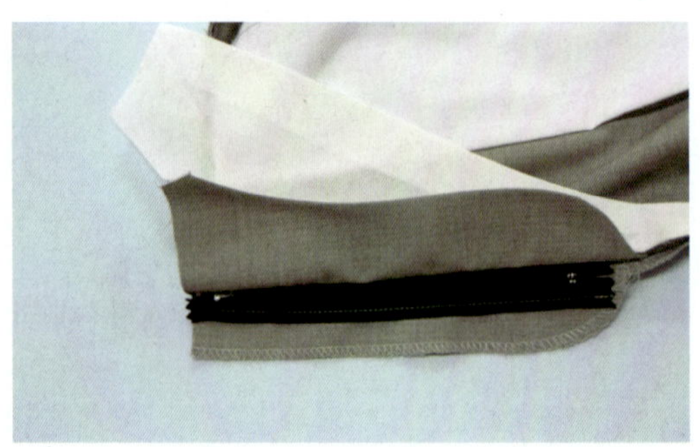

图 3—2—40　固定拉链与门襟

37. 腰面粘衬：腰面后中 1 cm 拼合后，将整个腰面粘一层无纺衬，再粘一层 4 cm 宽树脂硬衬，沿树脂衬上、下端各预留 1 cm、1.5 cm 缝份，并将腰面沿树脂衬扣烫（见图 3—2—41）。

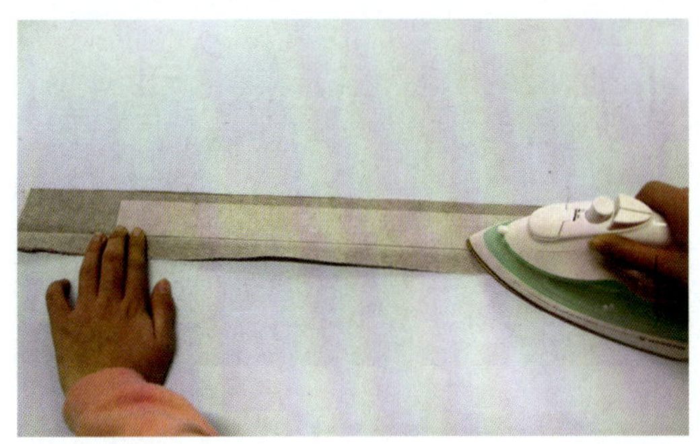

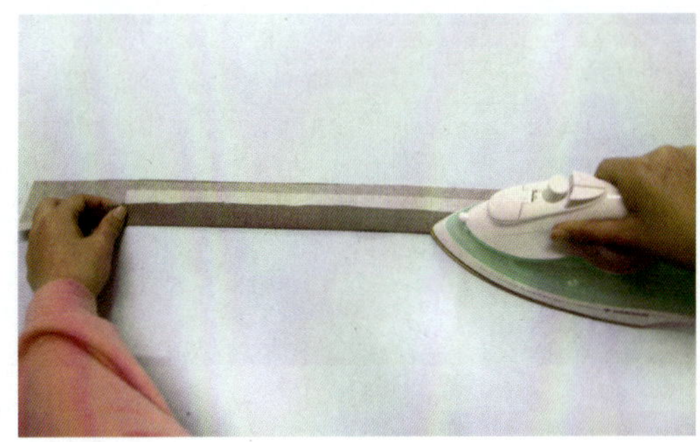

图 3—2—41　烫挺缝线

38. 绱腰里：在腰里距腰面上口 0.5 cm 压缝 0.15 cm 明线一道，将其与腰面拼合（见图 3—2—42）。

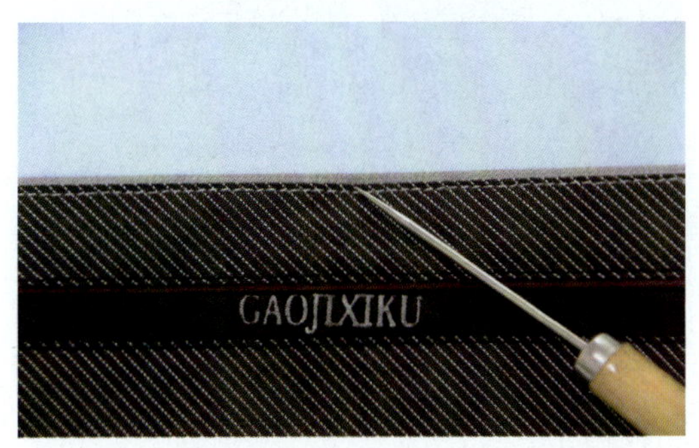

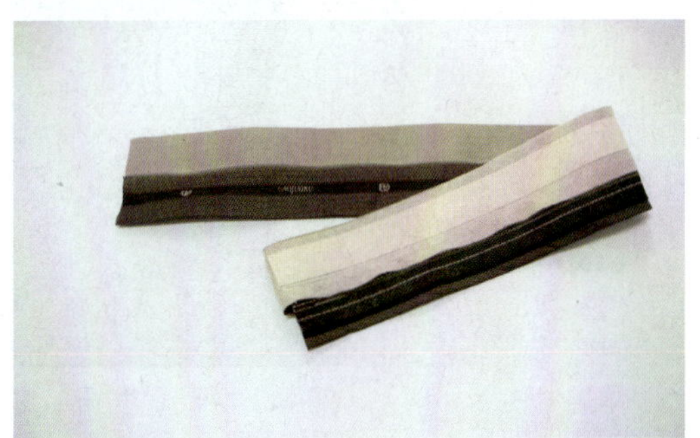

图 3—2—42　绱腰里

39. 做串带袢：做出 6 根串带袢，串带袢长 10 cm、宽 1 cm（见图 3—2—43）。

图 3—2—43　做串带袢

40. 装串带袢：将 6 根串带袢钉缝在裤片上，位置分别为前裤片第一个褶裥处各 1 根，距后中 3 cm 处各 1 根、第一个串带袢与后中串带袢中点处各 1 根（见图 3—2—44）。

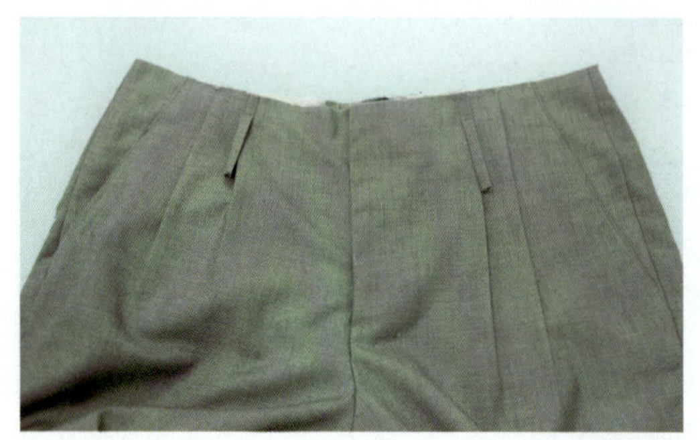

图 3—2—44 装串带袢

41. 绱腰：将腰面与裤片 1 cm 拼合（见图 3—2—45）。

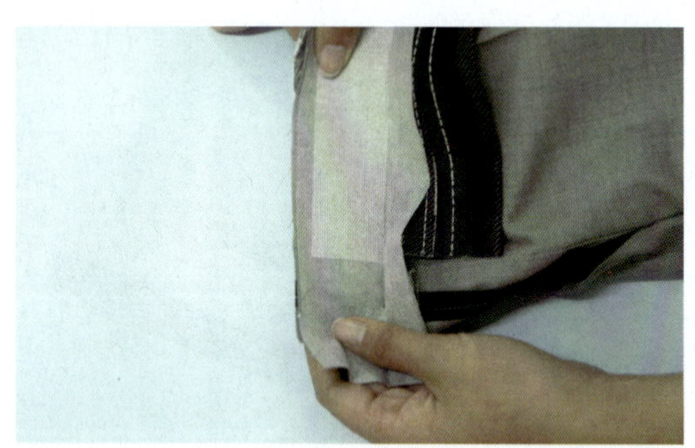

图 3—2—45 绱腰

42. 绱腰缝制完成（见图 3—2—46）。

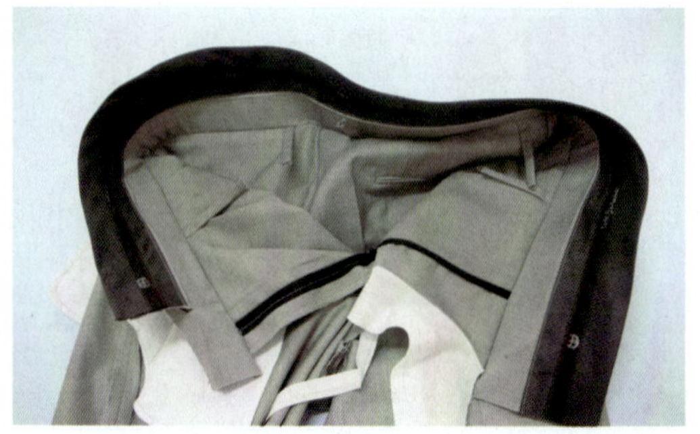

图 3—2—46 绱腰缝制完成图

43. 封腰头门襟侧：将门襟沿止口翻折，并沿腰头止口 0.1 cm 处车缝封口，之后翻正门襟（见图 3—2—47）。

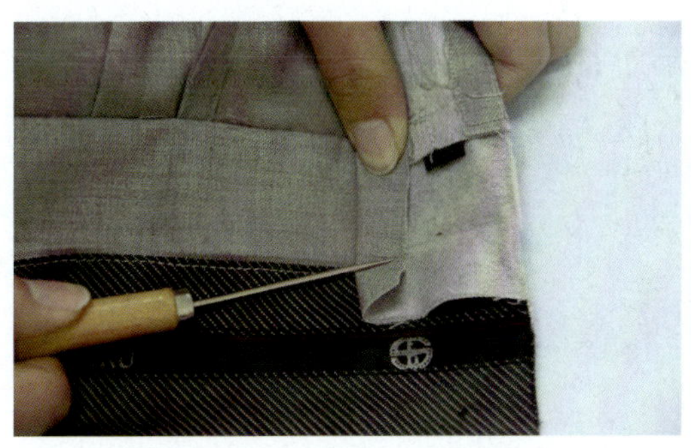

图 3—2—47　封腰头门襟侧

44. 封腰头里襟侧：将里襟底布放平，沿腰口止口 0.1 cm 车缝，后折转缝制里襟拐角处，将腰头里襟侧缝合，并修剪多余缝份后翻正里襟（见图 3—2—48）。

图 3—2—48　封腰头里襟侧

45. 完成封口的门、里襟腰头缝制（见图 3—2—49）。

图 3—2—49　完成封口的门、里襟腰头缝制

46. 安装四件扣：距门襟止口 1 cm、腰头宽度居中处安装四件扣挂钩，裤子里襟腰头对应位安装四件扣固定钩（见图 3—2—50）。

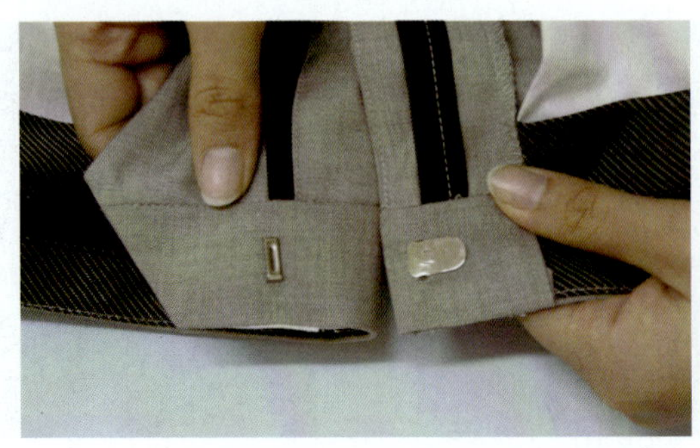

图 3—2—50　安装四件扣

47. 腰头漏落缝：将腰里下口翻折，沿绱腰线做漏落缝，将腰面、腰里拼合（见图 3—2—51）。

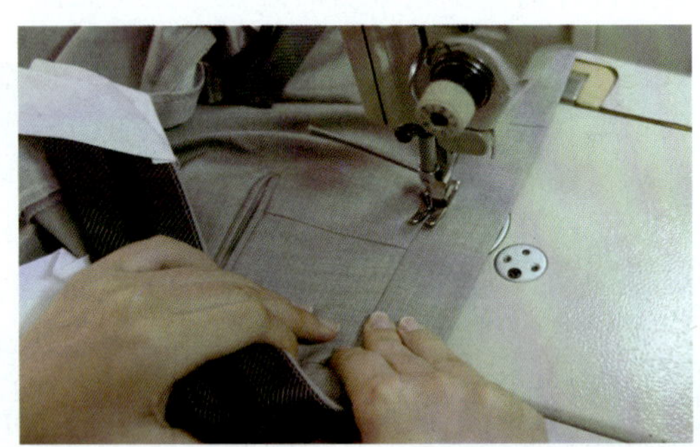

图 3—2—51　腰头漏落缝

48. 固定串带袢：将串带袢上口翻折后空开腰口 0.3 cm，来回三道缝线固定（见图 3—2—52）。

图 3—2—52　固定串带袢

49. 缉门襟明线：划出门襟 3.2 cm 装饰明线，按线车缝明线一道，将门襟封口（见图 3—2—53）。注意门襟不能缝扭，同时里襟不能缝到。

图 3—2—53 缉门襟明线

50. 固定里襟底布：将烫好的里襟底布下端过裆缝 2 cm 后折光，与裆缝缝份 0.1 cm 固定（见图 3—2—54）。

图 3—2—54 固定里襟底布

51. 门、里襟手缝针：将门、里襟上口空余处用配色线和手工暗缲针固定（见图 3—2—55）。

图 3—2—55 门、里襟手缝针

52. 缲脚口三角针：将脚口折光 3 cm，以 1 cm 针距手工缲缝三角针（见图 3—2—56）。

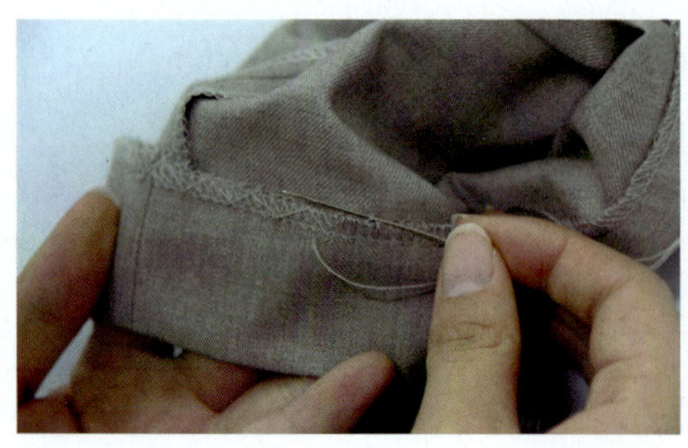

图 3—2—56　缲脚口三角针

53. 套结：将门襟底端圆弧明线起针处、斜插袋袋口处套结加固（见图 3—2—57）。

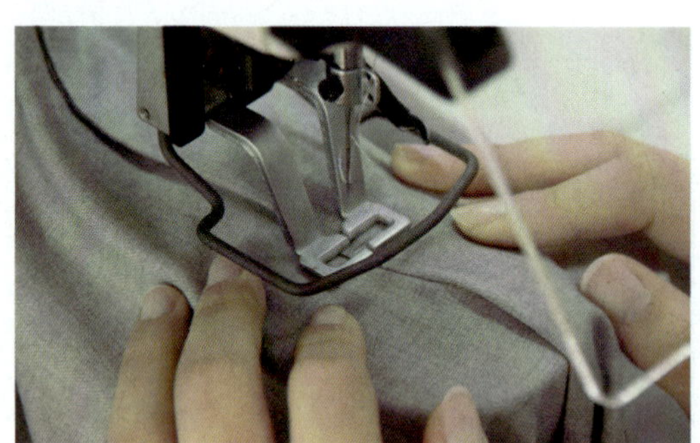

图 3—2—57　套结

54. 锁眼、钉扣：将里襟锁眼，门襟对位处在腰里上钉一粒纽扣（见图 3—2—58）。

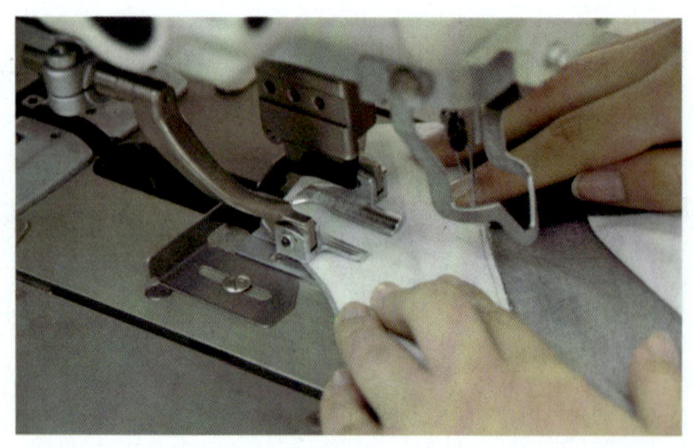
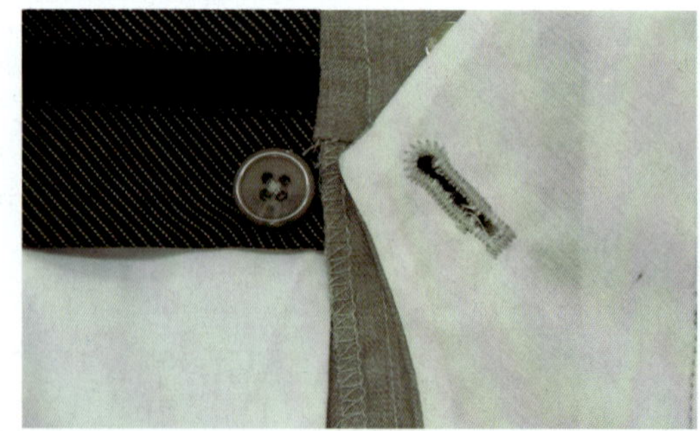

图 3—2—58　锁眼、钉扣

55. 整烫：将做好的裤子挺缝线摆正，进行整烫（见图 3—2—59）。

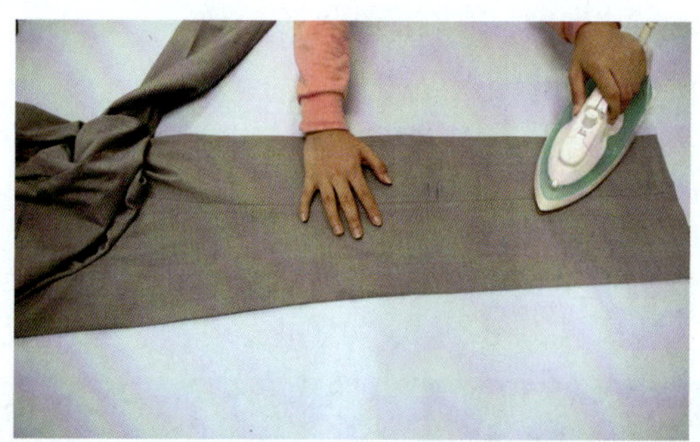

图 3—2—59　整烫

男西裤成品如图 3—2—60 所示。

图 3—2—60　男西裤成品图

操作提示

◆腰头衬是指市场上出售的专用腰头树脂硬衬，腰头衬的用量要随腰围的变化适当增减，一般 1 ～ 1.2 m 即可。

◆腰里分自制腰里和专用腰里两种。自制腰里用涤棉斜料裁制（可用口袋布），适合单件制作。现在工厂大批量生产一般采用专用腰里，美观且舒适。

◆绱腰与绱拉链是男西裤制作的重点之一。要求拉链缝制平服，左右高低一致，松紧

有度，绱腰平服不起涟。

◆斜插袋袋口平服，尺寸准确，左右嵌线宽度一致。

◆后挖袋袋角方正，上下嵌线宽窄一致。

◆里襟里布用涤棉斜料裁制（可用口袋布）。

◆市场上出售的西裤专用四件扣由钩两件和袢两件共同组成（见图 3—2—61）。

◆产品要求整洁，无线头，无极光。

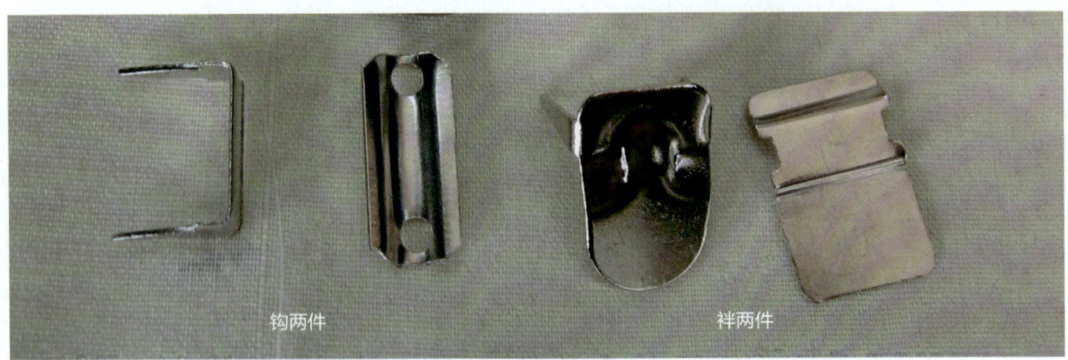

图 3—2—61　四件扣

五、学习评价

序号	项目	质量要求	分值	自评	小组互评	教师评价	小计
1	规格	各部位规格尺寸不超极限标准	10				
2	前片	前裤片侧袋左右对称，缉线顺直，无不良皱褶，无极光、烫黄	10				
3	后片	后裤片挖袋方正，无毛漏，左右对称，高低一致	10				
4	门、里襟	门、里襟平服，不起涟，高低一致	10				
5	绱腰	绱腰平整，不起涟，漏落缝绱腰	10				
合计							

第三节　休闲裤缝制工艺

休闲裤主要是指以西裤为模板，在面料、板型方面比西裤随意、舒适，穿起来比较休闲，颜色更加丰富多彩的裤子（见图 3—3—1）。广义的休闲裤包含了一切非正式商务、政务、公务场合穿着的裤子。休闲裤多采用棉、麻或棉麻混纺的天然纤维面料制作。

男士休闲裤裤型不像女士裤型那么丰富，但也有着自己的变化。一般来说，男士休闲裤有三种类型：第一种是多褶型休闲裤，即在腰部前面设计有数个褶，裤型几乎适合所有穿着者；第二种是单褶型休闲裤，即在腰部前面左右对称地各设计一个褶，裤型较为流畅；第三种是无褶型休闲裤，即腰部没有任何褶，看上去颇为平整，裤型会显得腿部修长。

近年来，“商务休闲裤”的概念较流行。所谓商务休闲裤，即与客户、重要客人等共同出席娱乐、运动、餐饮等场合时穿着的裤子。商务休闲裤可以营造出轻松、愉快的氛围，为正式的商务活动架起一座情感桥梁；但其本质还是“公务”性，所以在选择商务休闲裤时，也不能太过于随便，要体现出对客人的尊重。

下面根据休闲裤的服装样衣生产通知单（见表 3—3—1）的要求，依据款式图，采用 170/74A（M）号规格绘制裁剪结构图，并在结构图基础上进行正确放缝制作出裁剪样板，且样板中各种制作符号齐全完整，学会选择合适的面料进行排料、裁剪及制作，完成休闲裤缝制。本款休闲裤结合了牛仔裤的特点。

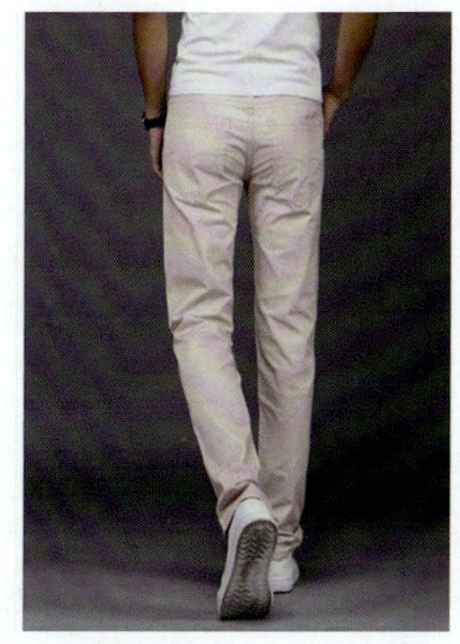

图 3—3—1　休闲裤

表 3—3—1　休闲裤服装样衣工艺通知单

品牌：XXX 纸样编号：XXXXXX	款号：XXXXXX 下单日期：XXXX.XX.XX	名称：休闲裤 完成日期：XXXX.XX.XX
款式图：		
款式概述： 前裤片月亮侧袋，右侧袋里一个硬币袋，后裤片育克分割，育克下两个贴袋，脚口卷边，直腰型，腰头钉纽扣，5 根串带袢，裤型为锥型		
面料：纱卡 成分：涤 70%，羊毛 30% 组织：斜纹组织 幅宽：144 cm	辅料： 无纺粘合衬、铜拉链、纽扣、配色线、商标、洗水唛	

系列规格表（5·4）　单位：cm

部位		165/70A S	170/74A M	175/78A L	档差	公差
1	裤长	101	104	107	3	±1
2	腰围	72	76	80	4	±1
3	臀围	88	92	96	4	±1
4	脚口	35.2	36	36.8	0.8	±0.5

工艺要求：

1. 前裤片：前腰口侧缝处做月亮侧袋，右袋口内含一硬币袋，袋口 0.1 cm + 0.6 cm 双明线
2. 后裤片：后裤片做育克分割，压 0.1 cm + 0.6 cm 双明线，两个贴袋
3. 绱腰：绱腰平整，无起涟，腰头锁眼钉扣，5 根串带袢
4. 脚口：脚口卷边缝 2 cm
5. 门、里襟：门、里襟缝纫双线，装铜拉链
6. 缉线：顺直，无跳针、断线现象
7. 商标：位置端正，号型钉在商标下沿
8. 整烫：各部位熨烫到位，平服，无亮光、水花、污迹，底边平直无起浪现象
9. 针迹：明线 14 针 /3 cm

工艺编制：　　　　工艺审核：　　　　审核日期：

一、规格尺寸（见表 3—3—2）

表 3—3—2 休闲裤 M 号规格表 单位：cm

号型	部位	裤长	腰围	臀围	脚口
170/74A	规格	104	76	92	36

二、裁片配置

1. 主要裁片名称

前裤片、后裤片、腰面里、前袋袋垫、硬币袋、门襟、里襟、后贴袋、后育克、串带袢。

2. 裁片图（见图 3—3—2）

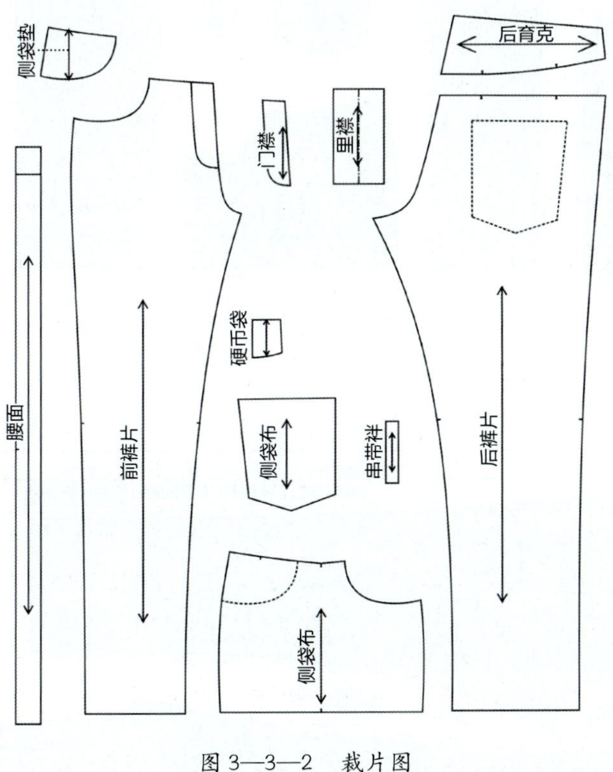

图 3—3—2 裁片图

3. 放缝图（见图 3—3—3）

（1）裤片底边放缝 3 cm，其余各边放缝 1 cm。

（2）侧袋袋垫布袋口放缝 3 cm，硬币袋袋口放缝 2 cm，后贴袋袋口放缝 3 cm，其

余边放缝 1 cm。

（3）后裤片裤贴袋绘制钻眼。

（4）侧缝、内裆缝、拉链止点处绘制刀眼符号。

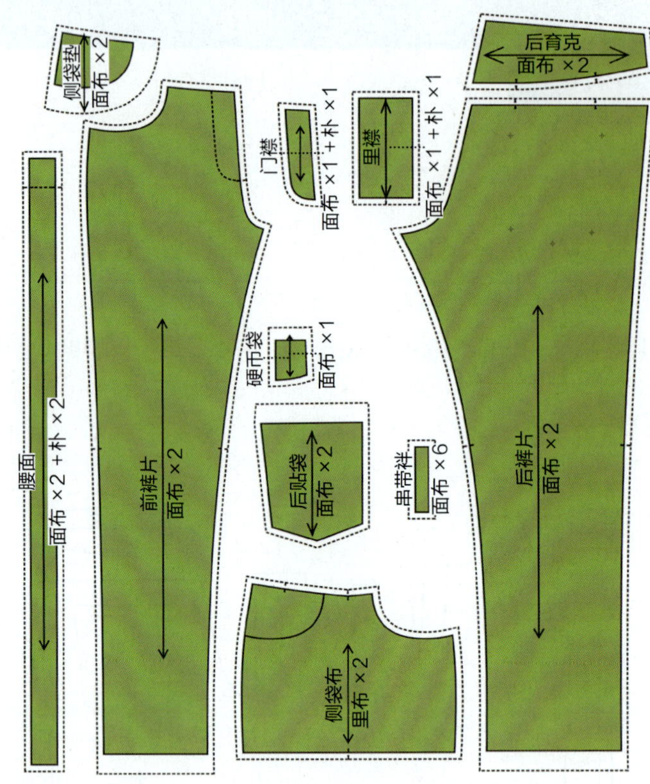

图 3—3—3　放缝图

4. 排料图（见图 3—3—4）

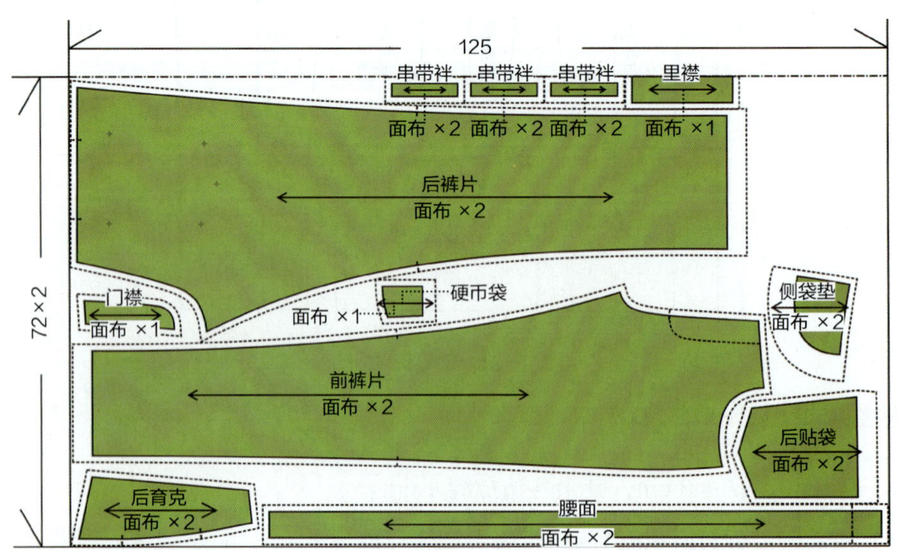

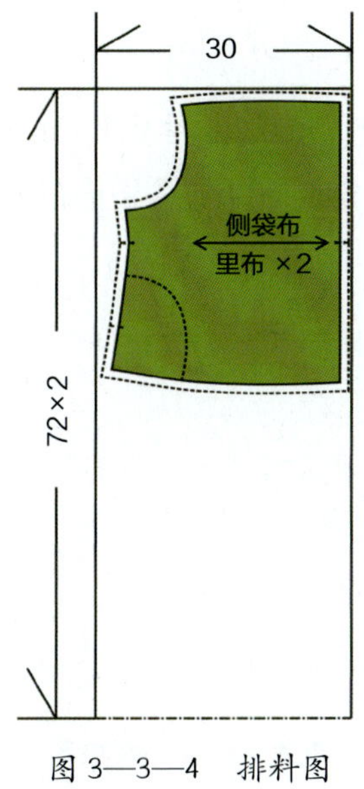

图 3—3—4　排料图

三、生产准备

1. 材料准备（见表 3—3—3）

表 3—3—3　休闲裤所需材料准备表

面料	前裤片 ×2	后裤片 ×2
	后育克 ×2	裤腰面 ×1
	裤腰里 ×1	门襟 ×1
	里襟 ×1	后贴袋 ×2
	前袋垫 ×2	硬币袋 ×1
	串带袢 ×6	
辅料	无纺衬若干	配色线 ×1
	金属拉链 ×1	纽扣 ×1

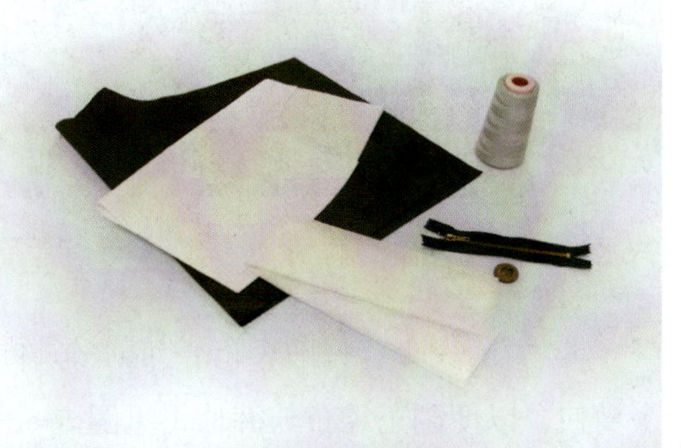

2. 面、辅料裁剪注意事项

详见一步裙面、辅料裁剪注意事项。

3. 工艺流程

做、装月亮袋→拼后育克→做、装贴袋→合后裆缝→做、装门、里襟→合内裆缝→合侧缝→做、绱腰→卷脚口→锁眼、钉扣→整烫。

四、产品制作

1. 硬币袋：将硬币袋袋口 1 cm 卷边后 0.1 cm 车缝一道，并将硬币袋两边折光 1 cm，按 0.1 cm 缝线将硬币袋固定在右片前袋袋垫布上（见图 3—3—5）。

图 3—3—5 硬币袋

2. 前袋垫锁边：将前袋垫底锁边，硬币袋一并锁边固定（见图 3—3—6）。

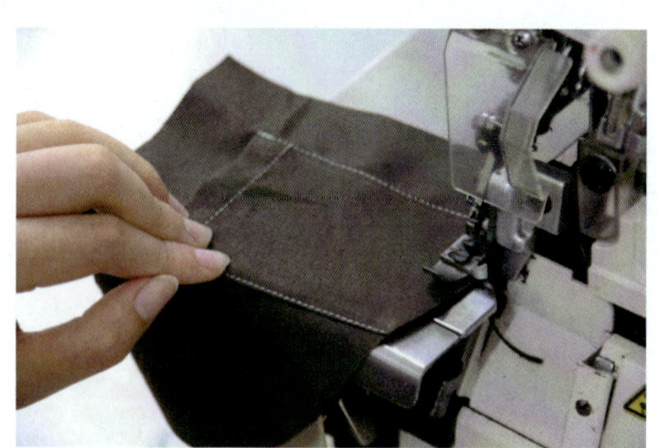

图 3—3—6 前袋垫锁边

3. 装前袋布：将前袋布袋与前裤片面面相对，袋口按 1 cm 拼缝，在袋口弯弧处开几个剪口，以便翻正袋布与裤片（见图 3—3—7）。

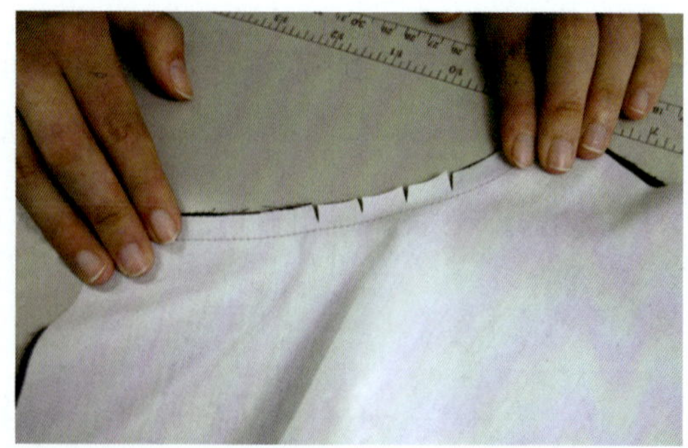

图 3—3—7 装前袋布

4. 月亮袋袋口双明线：将袋布翻正后，在前裤片袋口处车缝 0.1 cm + 0.6 cm 双明线（见图 3—3—8）。

图 3—3—8 月亮袋袋口双明线

5. 装月亮袋袋垫布：将裤片袋布摆平，在袋布侧缝 0.5 cm 处将袋垫布沿锁边线车缝在袋布上（见图 3—3—9）。

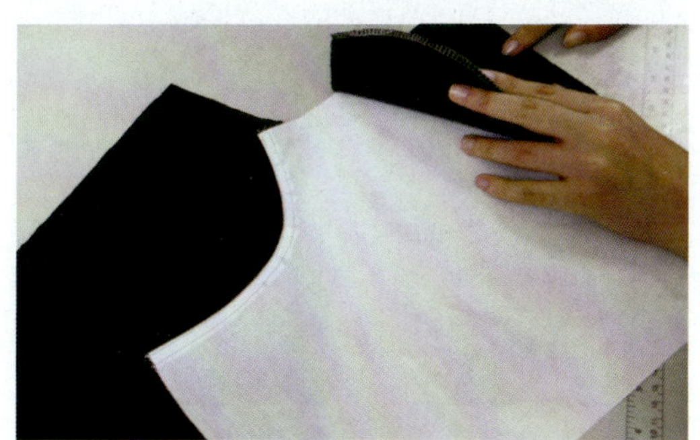

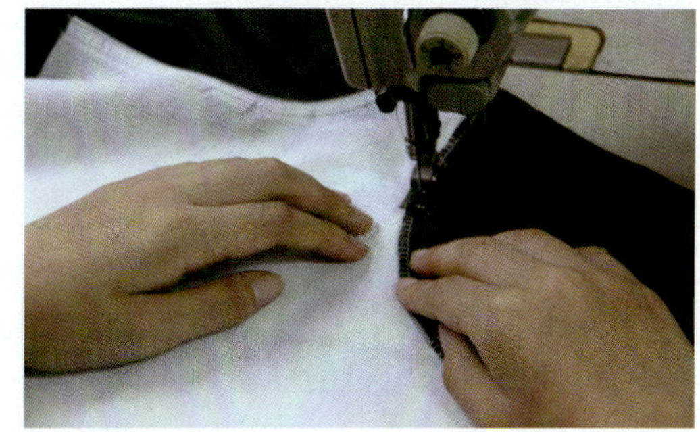

图 3—3—9 装月亮袋袋垫布

6. 兜月亮袋袋底：将月亮袋袋布面面相对，0.5 cm 兜缝袋底，并翻正袋底车 0.6 cm 明线（见图 3—3—10）。

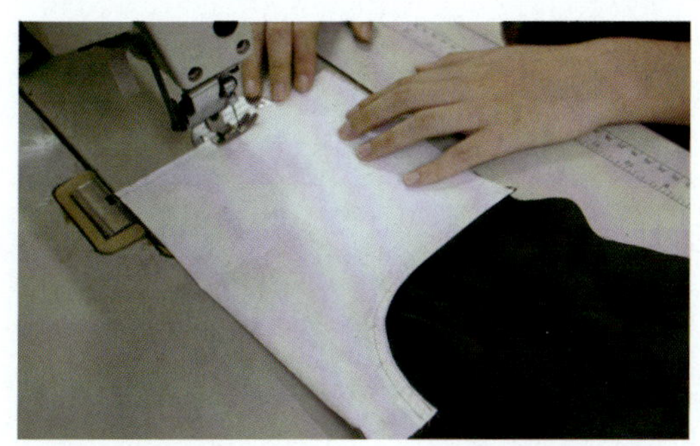

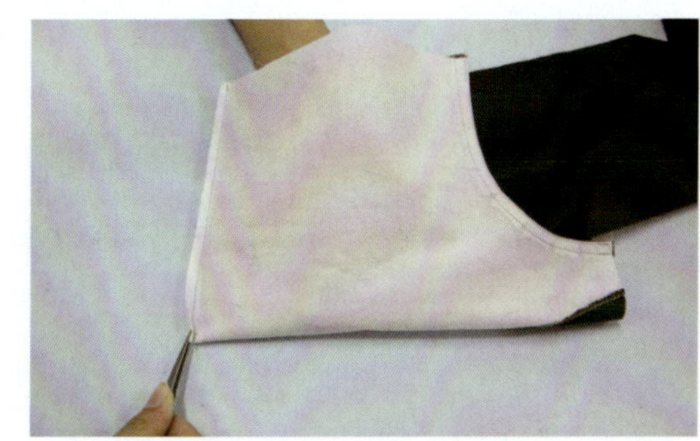

图 3—3—10 兜月亮袋袋底

7. 固定月亮袋袋口：按裤片袋口位将前裤片侧缝、腰口与袋垫布 0.5 cm 固定一道（见图 3—3—11）。

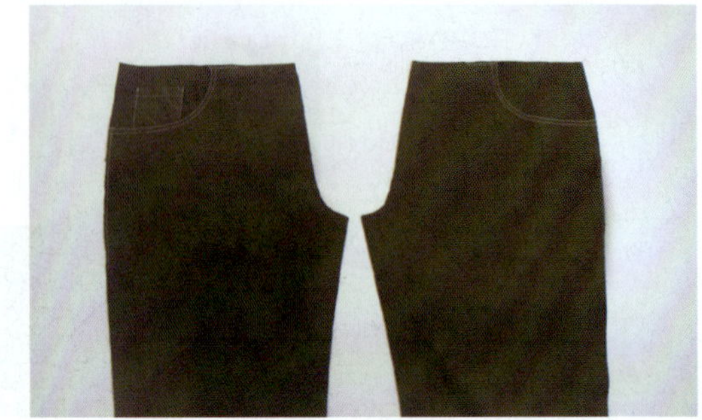

图 3—3—11　固定月亮袋袋口

8. 拼育克：后育克与后裤片面面相对，1 cm 车缝固定，并锁边（见图 3—3—12）。

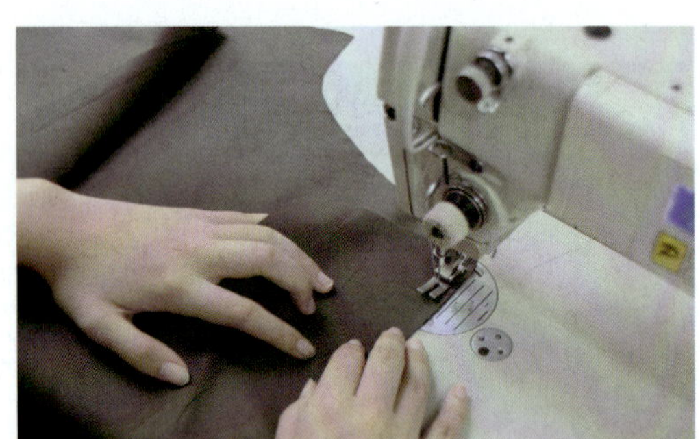

图 3—3—12　拼育克

9. 定后贴袋袋位：将育克缝份倒向裤片，在裤片上车缝 0.1 cm + 0.6 cm 双明线，并划出后贴袋袋位（见图 3—3—13）。

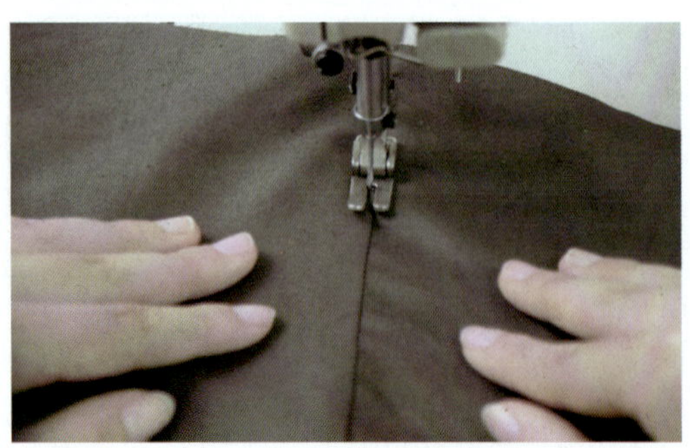
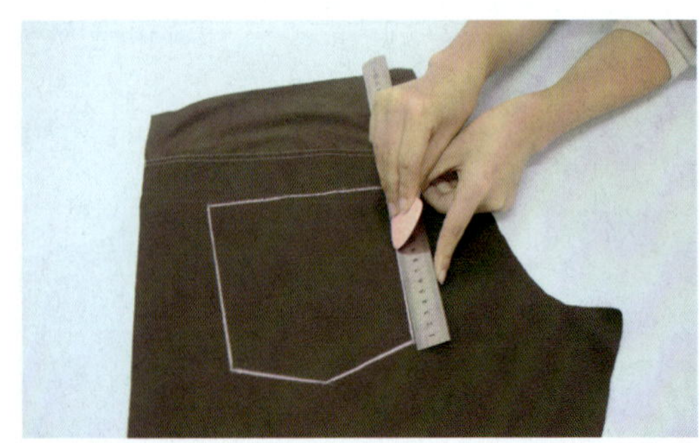

图 3—3—13　定后贴袋袋位

10. 后贴袋装饰线：在后贴袋上划出装饰明线，并按线缝出装饰明线（见图 3—3—14）。

图 3—3—14 后贴袋装饰线

11. 后贴袋袋口：将缝好明线的贴袋按净样板扣烫，袋口 2 cm 车缝明线一道（见图 3—3—15）。

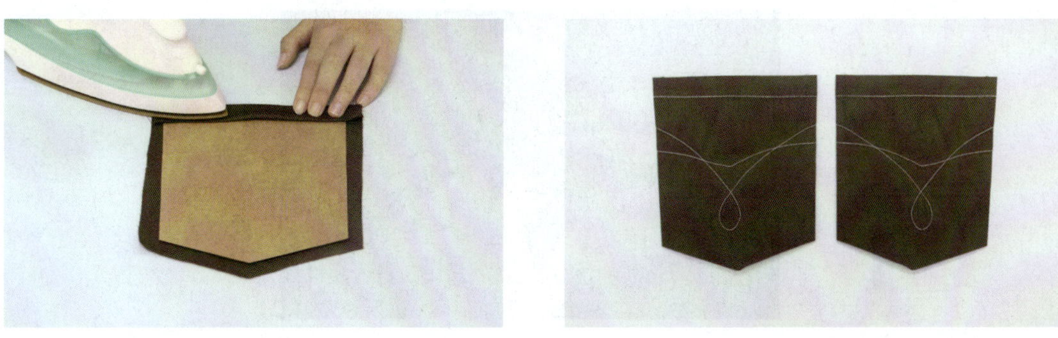

图 3—3—15 后贴袋袋口

12. 贴后袋：将贴袋按袋位摆放，以 0.1 cm + 0.6 cm 双明线固定贴袋（见图 3—3—16）。注意袋口要留有 0.3 cm 松量，不能过于平整，以防穿着时后臀部出现袋口紧绷的现象（见图 3—3—16）。

图 3—3—16 装贴袋

13. 合后裆缝：将后裤片面面相对，1 cm 缝合后锁边（见图 3—3—17）。

图 3—3—17　合后裆缝

14. 后裆缝明线：将后裆缝缝份倒向左裤片，在左裤片上车缝 0.1 cm + 0.6 cm 双明线（见图 3—3—18）。

图 3—3—18　后裆缝明线

15. 前裆缝锁边：将前裤片裆缝锁边，左裤片裆缝锁边至门襟中点处即可（见图 3—3—19）。

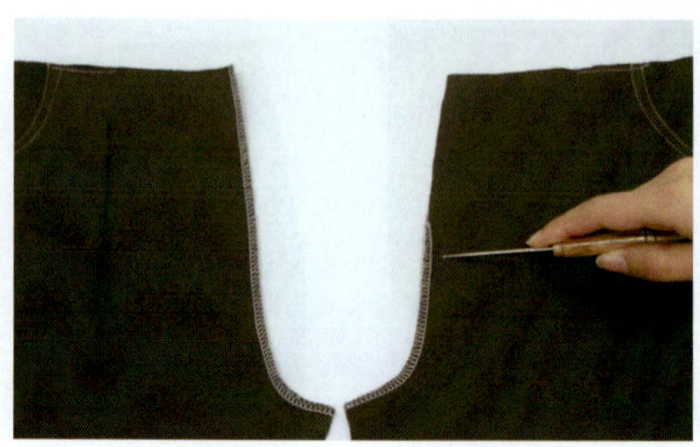

图 3—3—19　前裆缝锁边

16. 门、里襟粘衬：将门、里襟反面粘衬（见图 3—3—20）。

图 3—3—20　门、里襟粘衬

17. 做里襟：将里襟面面对折，1 cm 车缝后翻正，并将毛边处锁边（见图 3—3—21）。

图 3—3—21　做里襟

18. 装门襟：将门襟与前裤片面面相对，1 cm 拼缝（见图 3—3—22）。

图 3—3—22　装门襟

19. 门襟止口明线：将门襟翻正后，在门襟止口处车缝 0.1 cm 明线一道至拉链终点处（见图 3—3—23）。

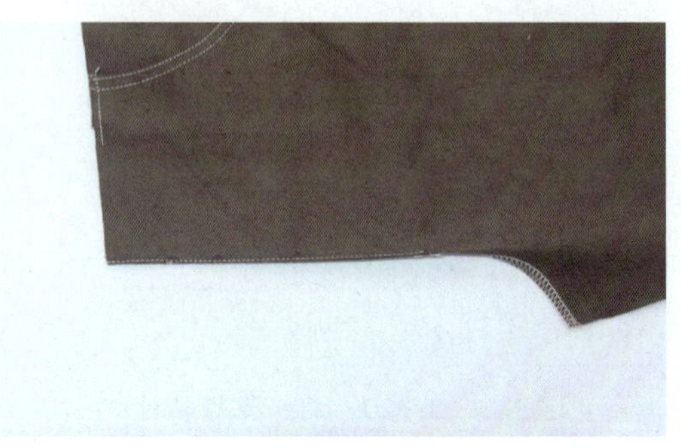

图 3—3—23　门襟止口明线

20. 装拉链：将拉链与门襟面面相对，边缘对齐后，将拉链固定在门襟上（见图 3—3—24）。

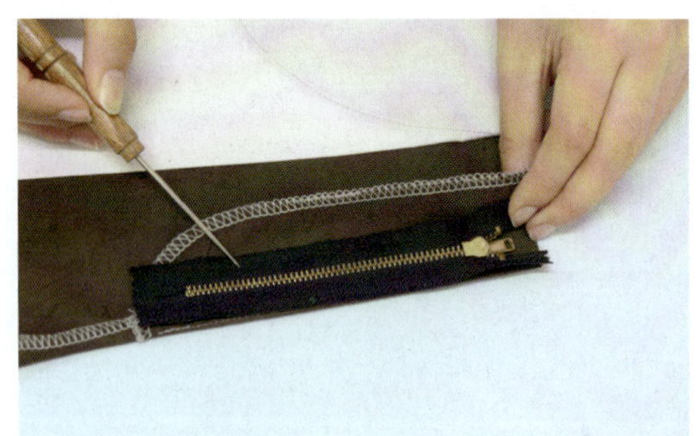

图 3—3—24　装拉链

21. 门襟装饰线：用净样板划出门襟封口装饰线，长至拉链铁头下 1 cm 处，将拉链下端靠近门襟止口侧向上折起，车缝 0.1 cm + 0.6 cm 装饰双明线（见图 3—3—25）。

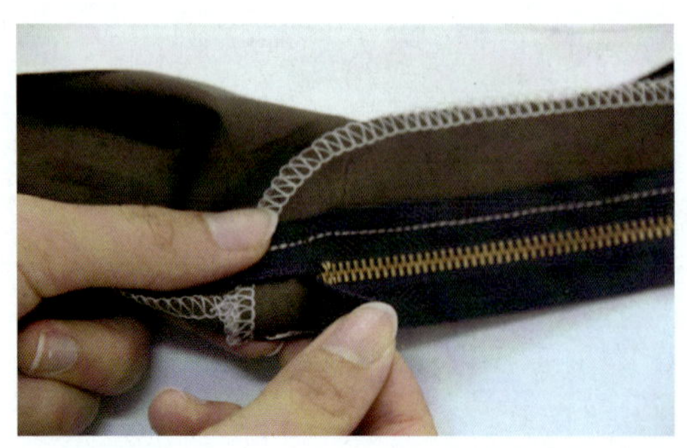

图 3—3—25　门襟装饰线

22. 装里襟侧拉链：将里襟置于拉链下方，右裤片止口折进 1 cm 后置于拉链上方，0.1 cm 压缝右裤片止口至拉链铁头下 0.5 cm 处，注意里襟要缝进 1 cm（见图 3—3—26）。

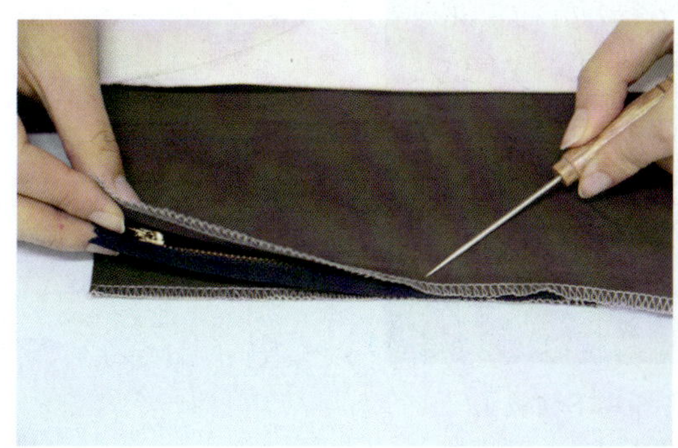
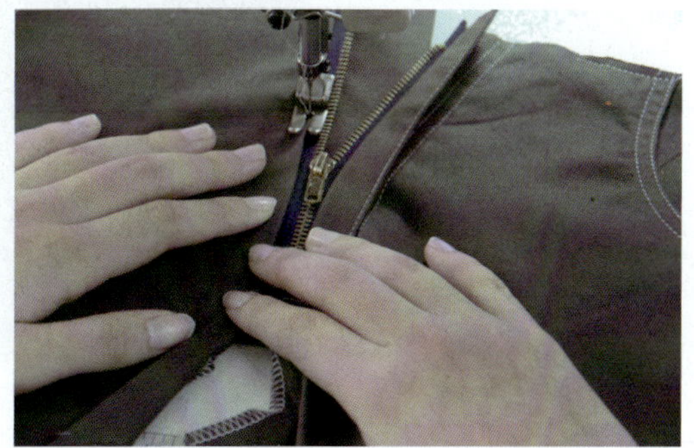
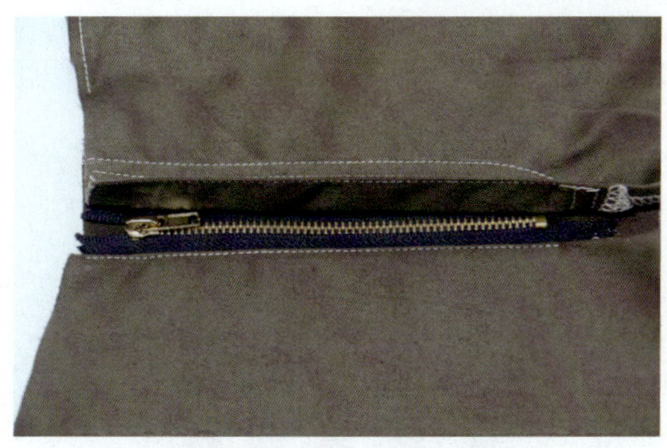

图 3—3—26　装里襟侧拉链

23. 里襟侧开剪：将缝线止点处开剪 0.8 cm，并将缝份翻正摆平（见图 3—3—27）。

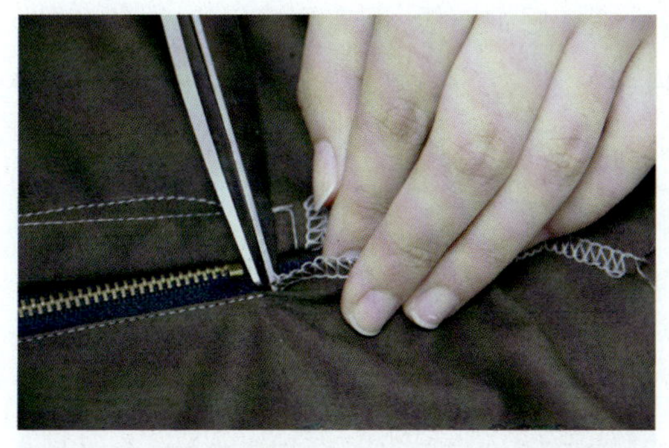
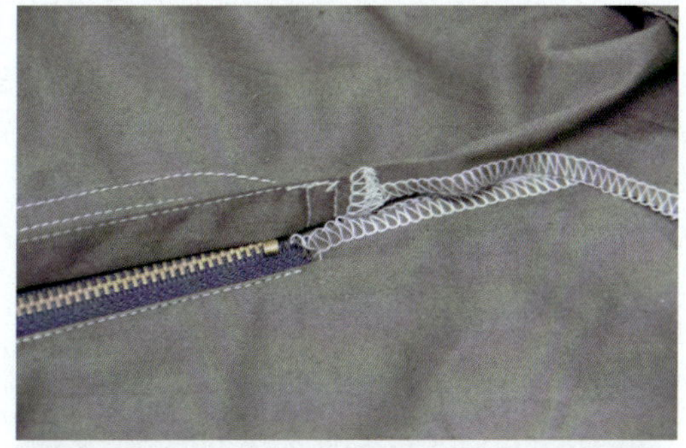

图 3—3—27　里襟侧开剪

24. 合前裤片下裆缝：将左裤片下裆缝折光 1 cm 后与右裤片下裆缝相对，压缝 0.1 cm + 0.6 cm 双明线（见图 3—3—28）。

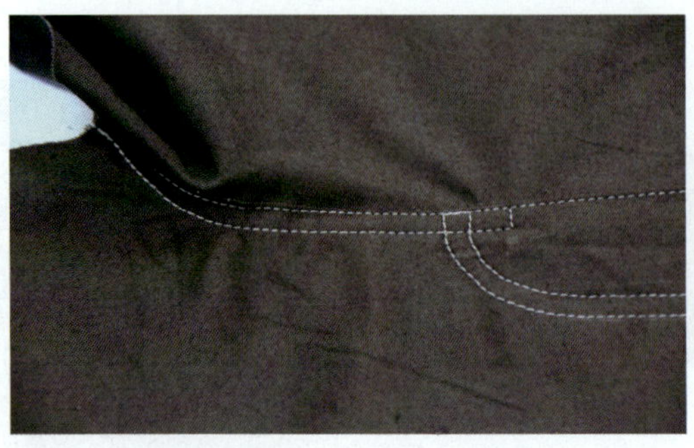

图 3—3—28 合前裤片下裆缝

25. 做串带袢：做出 5 根长 10 cm、宽 1 cm 的串带袢（见图 3—3—29）。

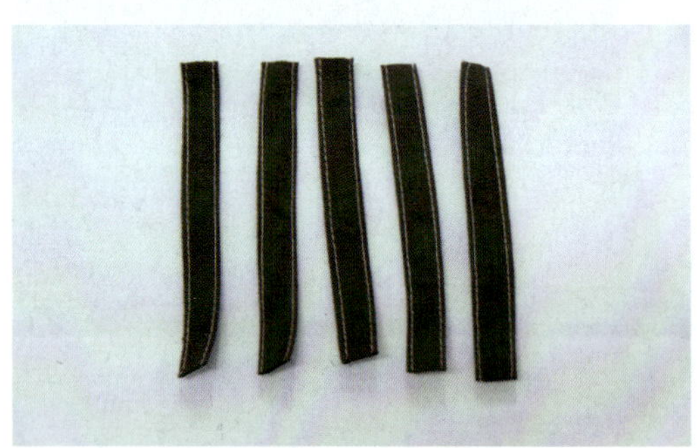

图 3—3—29 做串带袢

26. 钉串带袢：串带袢前裤片月亮袋袋口处各一根，后中一根，距离侧缝 3 cm 处各一根，钉缝在前后裤片腰口处，缝位 2 cm（见图 3—3—30）。

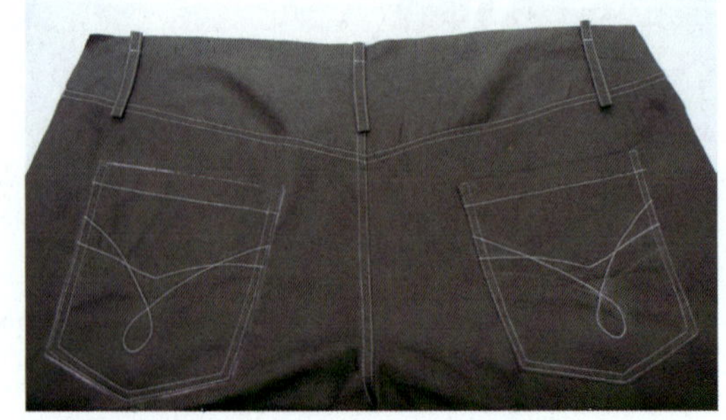

图 3—3—30 钉串带袢

27. 合内裆缝：将前后裤片面面相对，1 cm 拼缝内裆缝，拼缝时注意前后裆缝要对准（见图 3—3—31）。

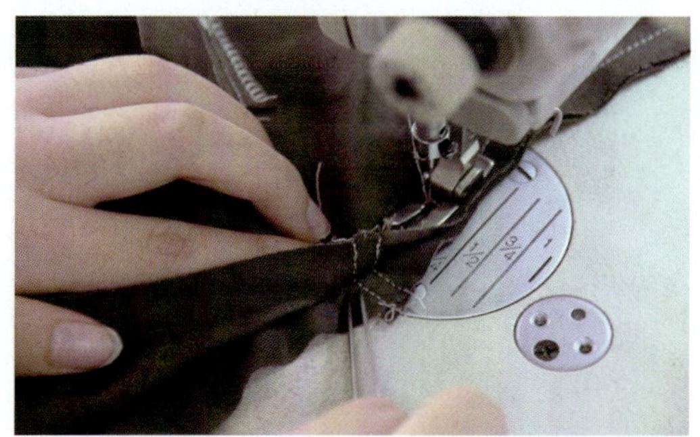
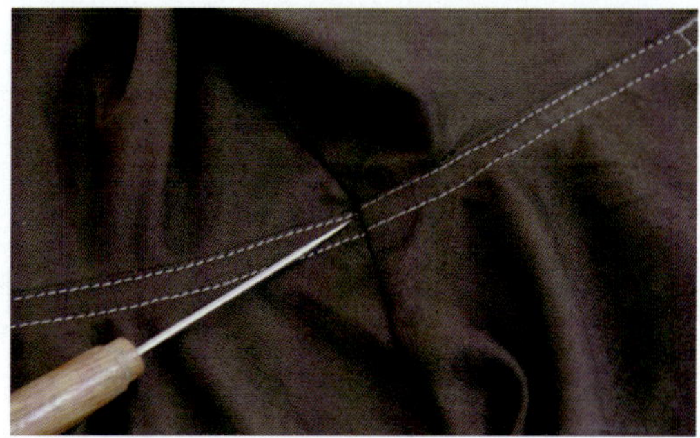

图 3—3—31　合内裆缝

28. 内裆缝加固缝：将内裆缝锁边，缝份倒向前裤片，在前裤片上车缝 0.1 cm 明线加固（见图 3—3—32）。

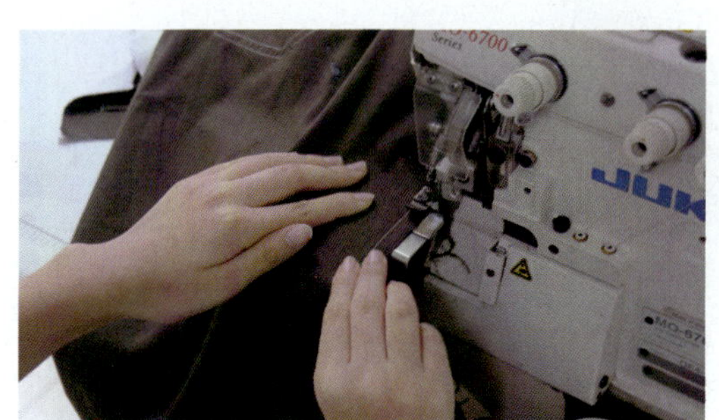

图 3—3—32　内裆缝加固缝

29. 合侧缝：将前后裤片面面相对，1 cm 拼缝侧缝，并锁边（见图 3—3—33）。

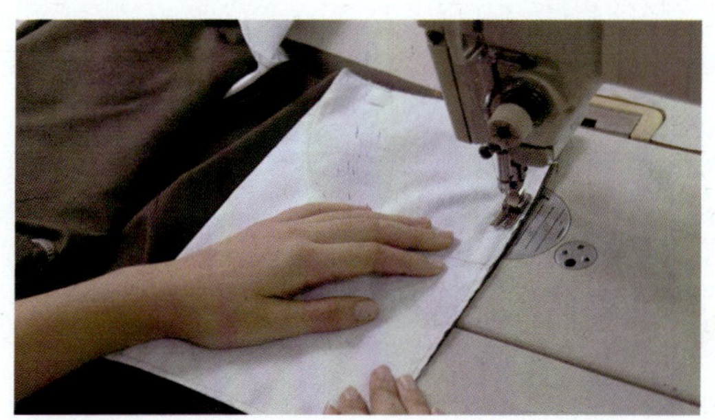

图 3—3—33　合侧缝

30. 侧缝加固缝：将侧缝缝份倒向后裤片，并在后裤片上车缝 0.1 cm 加固，缝至月亮袋袋口下 10 cm 处即可（见图 3—3—34）。

图 3—3—34　侧缝加固缝

31. 腰面、腰里粘衬：将腰面、腰里粘衬（见图 3—3—35）。

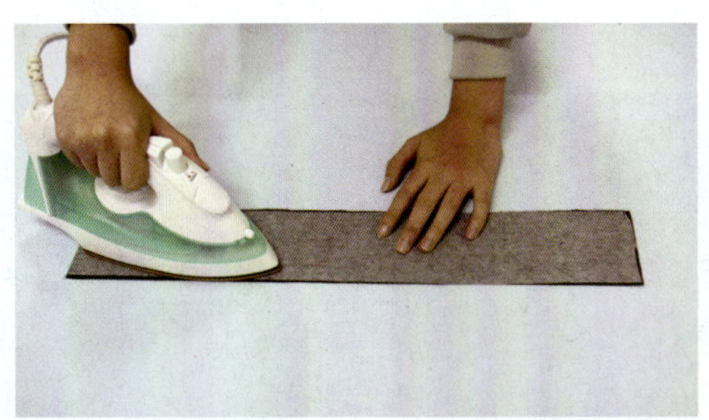

图 3—3—35　腰面、腰里粘衬

32. 做腰：将腰面、腰里上口 1 cm 拼合后，腰面下口扣烫进 1 cm，里襟侧预留 1 cm 缝份（见图 3—3—36）。

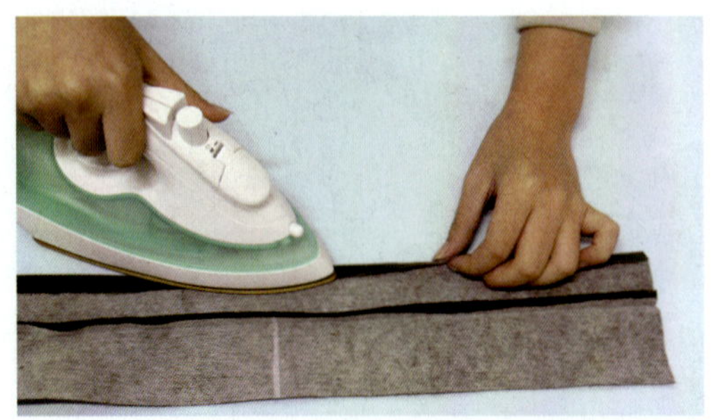

图 3—3—36　做腰

33. 绱腰：将拉链闭合后，在门襟腰口处做出绱腰标记，将腰里与裤片腰口 1 cm 缝合，腰里与裤片正反相对（见图 3—3—37）。

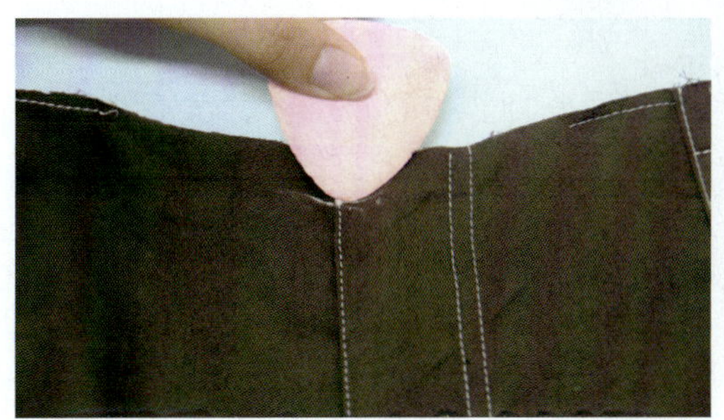
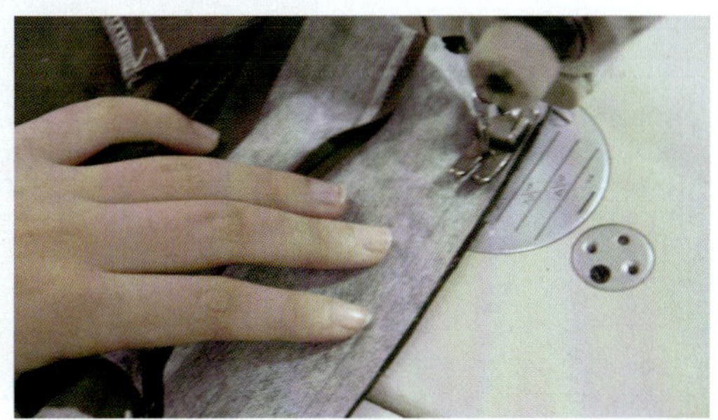

图 3—3—37　绱腰

34. 合腰面：将腰头沿腰口折线翻折后，1 cm 将腰头前端闭合，翻正腰头后，从第一根串带袢处起针 0.1 cm 合腰面（见图 3—3—38）。

图 3—3—38　合腰面

35. 固定串带袢：将串带袢按照腰头尺寸加放出 0.3 cm 松量后，0.1 cm 来回三道缝线固定串带袢（见图 3—3—39）。

图 3—3—39　固定串带袢

36. 脚口卷边：脚口卷边 2 cm（见图 3—3—40）。

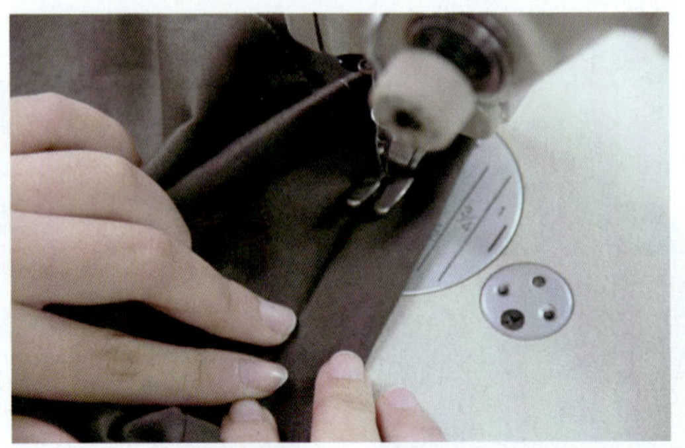

图 3—3—40 脚口卷边

37. 锁眼、钉扣：在门襟居中位置锁眼，对应位置里襟钉扣（见图 3—3—41）。

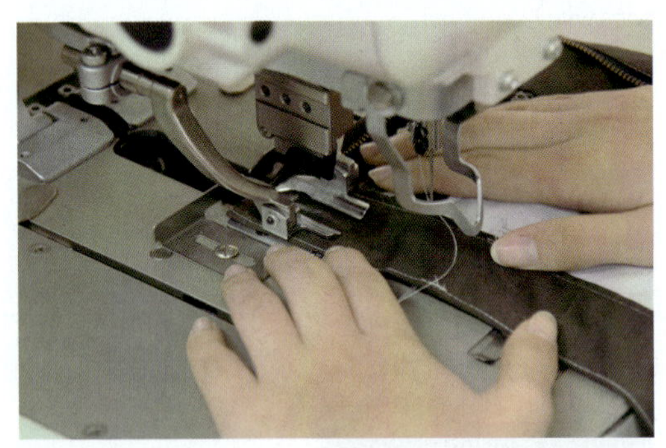

图 3—3—41 锁眼、钉扣

38. 套结：在门襟下端封口处，门襟装饰明线处，袋口、侧缝加固缝处，打套结加固（见图 3—3—42）。

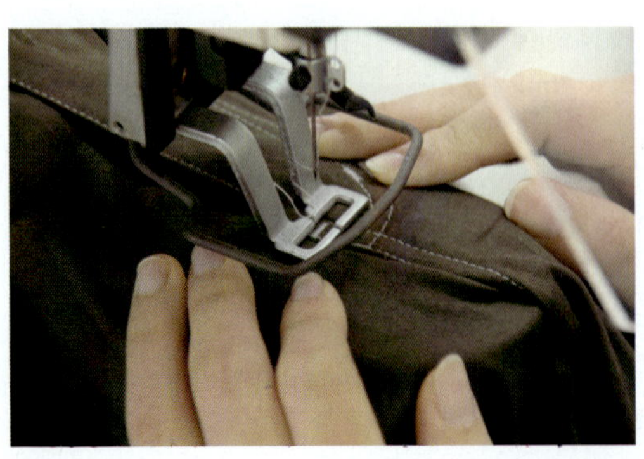

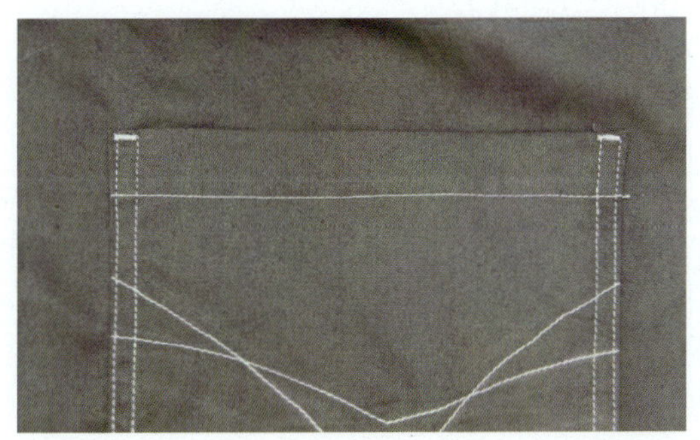

图 3—3—42　套结

39. 整烫：将做好的裤子进行整烫，注意不能烫黄、烫焦、烫出极光（见图 3—3—43）。

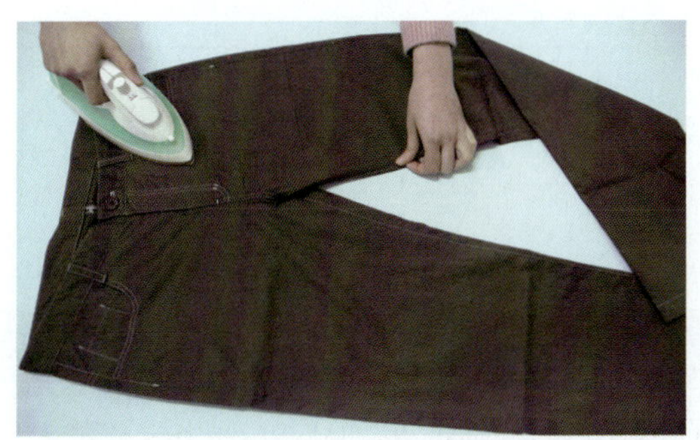

图 3—3—43　整烫

休闲裤成品如图 3—3—44 所示。

图 3—3—44　休闲裤成品图

操作提示

◆拉链是休闲裤制作的重点之一。要求拉链缝制平服，门、里襟绱腰高低一致，松紧有度。

◆绱腰平服，无起涟。

◆月亮袋左右形状对称，袋口、腰袢、前门襟必须打套结或打铆钉增加牢固性。

◆产品要求整洁，无线头，无极光。

◆休闲裤可以进行产品后处理，但首先要对面料的缩率和色牢度进行测试，根据测试结果进行产品后整理，这样才能达到所需要的效果。

五、学习评价

序号	项目	质量要求	分值	自评	小组互评	教师评价	小计
1	规格	各部位规格尺寸不超极限标准	10				
2	前裤片	裤片缉线顺直，无不良皱褶，无极光、烫黄；月亮袋左右对称，硬币袋袋位准确	10				
3	后裤片	育克缝制平整，贴袋平整，袋口松量适当	10				
4	门、里襟	门、里襟平服，不起涟	10				
5	绱腰	绱腰平整，不起涟	10				
合计							

第四节　男西裤工艺质量标准

一、男西裤成品规格测量方法与极限偏差（见表 3—4—1）

表 3—4—1　男西裤成品规格测量方法与极限偏差范围　　单位：cm

序号	部位	测量方法	极限偏差范围
1	裤长	裤子叠好、摊平，由腰上口沿侧缝垂直量至脚口	±1.5
2	内裆长	裤子叠好、摊平，由裆底沿内裆缝量至脚口	±1
3	腰围	将裤钩或纽扣扣好，沿腰宽中间横量（周围计算）	±1
4	臀围	将裤子摊平，前身在上，由侧缝至下口处横量（周围计算）	±2
5	脚口	将脚口平铺，沿脚口横量（周围计算）	±0.5

1. 裤长测量（见图 3—4—1）

图 3—4—1　裤长测量

2. 内裆长测量（见图 3—4—2）

图 3—4—2　内裆长测量

3. 腰围测量（见图 3—4—3）

图 3—4—3　腰围测量

4. 臀围测量（见图 3—4—4）

图 3—4—4　臀围测量

5. 脚口测量（见图 3—4—5）

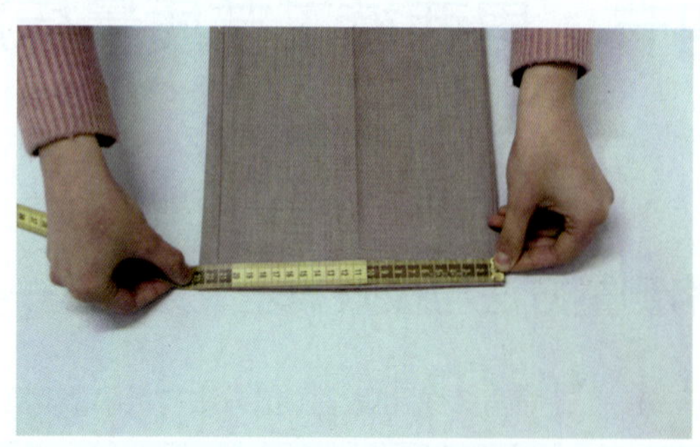

图 3—4—5 脚口测量

二、男西裤外观质量标准（见表 3—4—2）

表 3—4—2 男西裤外观质量标准

序号	部位	外观质量标准
1	腰头	面、里、衬松紧适宜、平服，缝道顺直
2	门、里襟	面、里、衬平服，松紧适宜，明线顺直，门襟不短于里襟，长短互差不大于 0.3 cm
3	前、后裆	圆顺、平服，上裆缝十字缝平整、无错位
4	串带袢	长短、宽窄一致，位置准确、对称，前后互差不大于 0.6 cm，高低互差不大于 0.3 cm，缝合牢固
5	裤袋	袋位高低、前后、斜度大小一致，互差不大于 0.5 cm，袋口顺直平服，无毛漏，袋布平服
6	裤腿	两裤腿长短、肥瘦一致，互差不大于 0.4 cm
7	裤脚口	两裤脚口大小一致，互差不大于 0.4 cm，且平服
8	线迹	明线针距密度每 3 cm 为 14 ~ 17 针；手工针每 3 cm 不少于 7 针，三角针每 3 cm 不少于 4 针
9	商标号型	商标位置端正，号型标志清晰，号型钉在商标下沿
10	整熨	各部位熨烫到位，平服，无亮光、水花、污渍，裤线顺直，臀部圆顺，裤脚口平直

三、男西裤质量评分细则（见表 3—4—3）

表 3—4—3 男西裤质量评分细则

项目	序号	质量标准要求	轻缺陷	扣分	重缺陷	扣分	严重缺陷	扣分
规格 12	1	裤长规格正确，不超偏差 ±1.5 cm	超 50%内		超 50% ~ 100%内		超 100%以上	
	2	腰围规格正确，不超偏差 ±1.0 cm	超 50%内		超 50% ~ 100%内		超 100%以上	

续表

项目	序号	质量标准要求	轻缺陷	扣分	重缺陷	扣分	严重缺陷	扣分
规格12	3	臀围规格正确，不超偏差±2.0 cm	超50%内		超50%～100%内		超100%以上	
	4	脚口规格正确，不超偏差±0.5 cm	超50%内		超50%～100%内		超100%以上	
腰头21	5	腰头顺直方正，两头或圆顺	轻不直、方		重不直、方		严重不直、方	
	6	腰面、里、衬平服，松紧适宜	轻皱		重皱		严重起皱	
	7	腰头左右对称，宽窄一致	互差＞0.2 cm		互差＞0.3 cm		互差＞0.4 cm	
	8	腰头部位平整，无探头	轻探出		重探出		严重探出	
	9	腰头正面缉线顺直，无跳针	＞0.1 cm		＞0.2 cm，2处跳针		＞0.3 cm，上下坑	
	10	腰面止口不反吐	吐出0.1 cm		吐出0.2 cm		严重吐出	
	11	腰面拼接位置正确	偏差0.2 cm		偏差＞0.2 cm		＞0.5 cm	
串带8	12	腰头装串带宽窄一致	各＞0.1 cm		各＞0.2 cm		＞0.3 cm	
	13	串带长短一致	＞0.1 cm		＞0.3 cm		严重长短	
	14	腰头装串带顺直	弯斜1个		2个		多个	
	15	串带封结牢固	1处		2处		多处	
门、里襟14	16	门、里襟平服	轻皱		重皱		严重皱	
	17	门、里襟长短一致	互差＞0.2 cm		互差＞0.4 cm		互差＞0.6 cm	
	18	门、里襟不反吐止口	轻反吐		重反吐		严重反吐	
	19	门、里襟缝结牢固、平整	轻不牢固		重不牢固		未封	
	20	门、里襟缉线顺直	轻弯曲		重弯曲		严重弯曲	
	21	门、里襟拉链平整，位置正确	轻弯斜		重弯斜			

续表

项目	序号	质量标准要求	轻缺陷	扣分	重缺陷	扣分	严重缺陷	扣分
裥省5	22	褶裥左右对称，倒向一致			不一致，反向		左右互差 > 0.5 cm	
	23	省缝左右对称，长短一致	轻不对称		前后 0.5 cm，长短 > 0.5 cm			
	24	省缝顺直、平整	轻微		重不平服			
褶裥6	25	裥平服，倒向一致，左右对称	互差 > 0.3 cm		互差 > 0.5 cm			
	26	后省顺直平服，左右对称	轻弯起泡		互差 > 0.5 cm			
	27	褶裥顺直，无豁开、反翘	不顺反翘		重吊起			
缝子10	28	侧缝顺直平服	轻弯，吊		重弯，吊			
	29	底边圆顺、平服	轻皱		重起涟，皱			
	30	底边平整、宽窄一致	互差 > 0.2 cm		互差 > 0.4 cm			
口袋14	31	袋口嵌线宽窄一致，袋口无毛漏	轻微		不一致			
	32	面与里松紧一致			轻不一致		一处	
	33	袋位正确，平服顺直	轻微		重皱，裂			
	34	袋口封结清晰、牢固	不牢固		重不牢固		漏封一处	
	35	袋布平整，不吊起	轻吊		重吊			
整洁牢固10	36	整件产品无跳针、浮线、粉印	有 1 处		有 2 处		有 3 处	
	37	整件产品无明暗线头	有		明 3 根或暗 4 根		多根	
	38	各部位无轻微毛、脱、漏	< 0.5 cm		> 0.5 cm，< 1 cm			
	39	针码符合要求：3 cm > 12 针			少于 12 针			
	40	手工花绷符合要求：3 cm > 5 针	< 5 针		过疏			
100		合计扣分						

注：出现下列情况扣分标准

1. 凡各部位有开线、脱线，长度＞1 cm，扣 3 ~ 5 分，部位是________。

2. 严重污渍，面积在 2 cm 以上，扣 4 ~ 8 分，部位是________。

3. 凡出现丢工、缺件、错序，各扣 4 ~ 8 分，部位是________。

4. 凡出现事故性质量问题，如烫黄、变质、破损，各扣 4 ~ 15 分，部位是________。

5. 粘合衬严重起泡、脱胶、渗胶，扣 3 ~ 5 分，部位是________。

6. 本标准质量总分为 100 分，时间分为 20 分。总成绩 = 质量分 80% + 时间分。

7. 表中项目轻缺陷扣 1 分，重缺陷扣 2 分，严重缺陷扣 3 分，每栏扣分不超过该项目总分数。

知识拓展

◆裤装是下装重要的组成部分，常见到的裤装按照结构一般可分为三大类，即锥型裤、直筒裤和喇叭裤（见图 3—4—6）。无论是哪种裤型，其制作方法大致一样，且都是由裤腰、口袋、门里襟、前后裤片、串带袢构成。

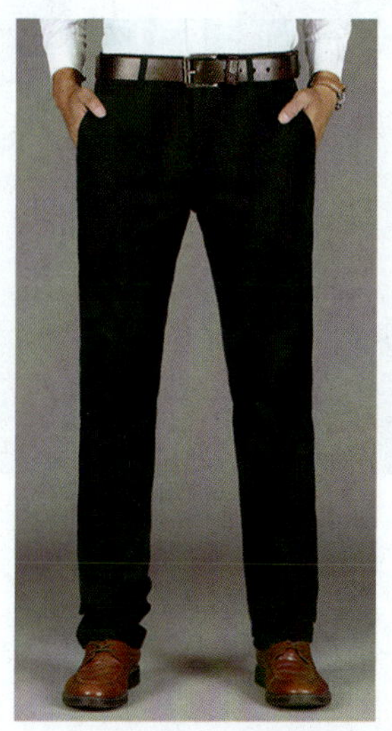
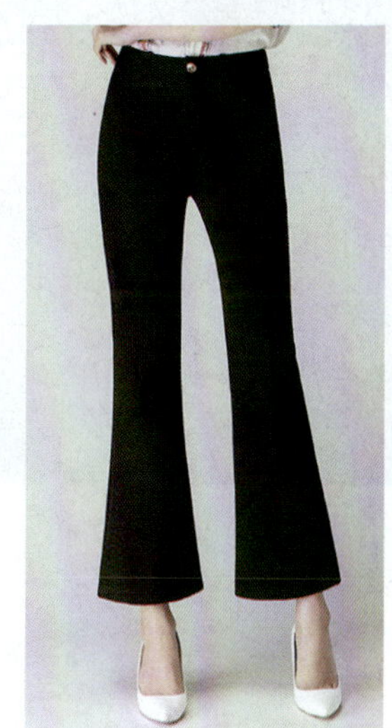

图 3—4—6　锥型裤、直筒裤、喇叭裤

◆口袋在裤装中有着举足轻重的作用，它既要实用，又要美观。常见的口袋袋型有贴袋、挖袋和插袋。我们可以通过设计口袋来点缀裤装（见图 3—4—7）。

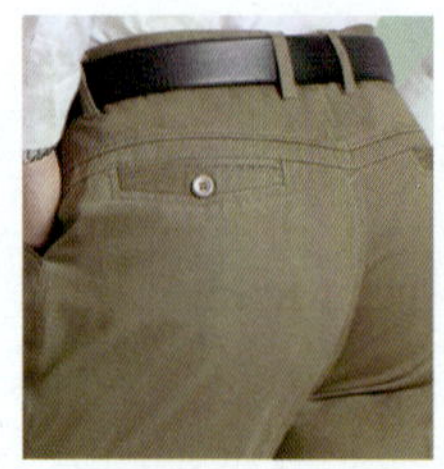
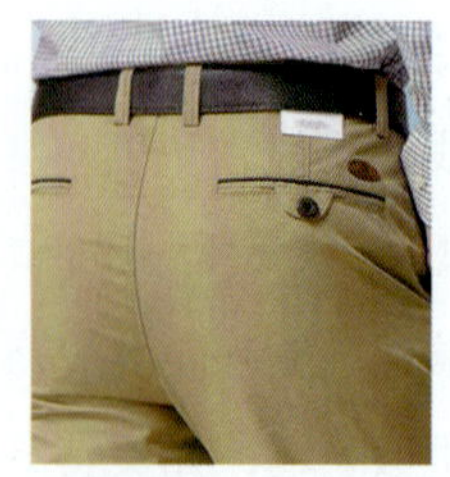
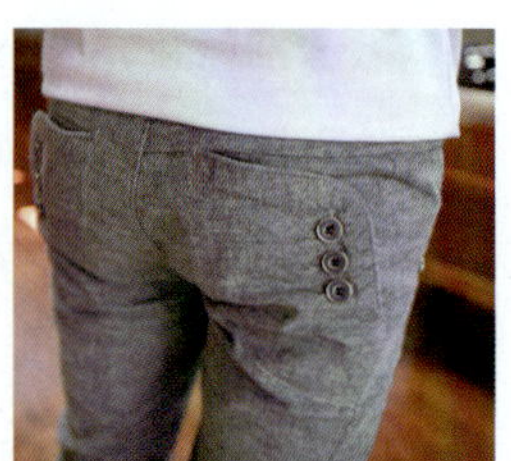

图 3—4—7　口袋类型

◆服装工厂在生产过程中，裤装常会用到一些特种设备来进行缝制，如缲边机、埋夹机、套结机、裤袢机等（见图 3—4—8）。

a）

b）

c）

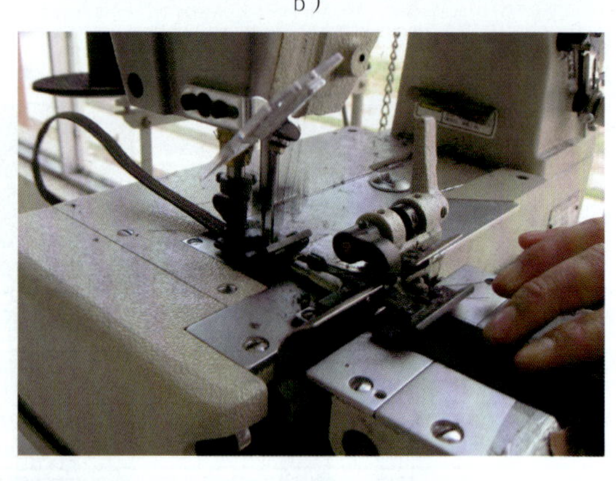

d）

图 3—4—8　特种设备

a）缲边机　b）埋夹机　c）套结机　d）裤袢机

思考与练习

结合所学裤装工艺，为自己设计一款裤子，写出工艺制作单并完成裤子制作。

第四章
衬衫缝制工艺

衬衫是服装的主要品种之一，是一种有领、有袖、前开襟，并且袖口有扣的上衣。男衬衫的款式相对程式化，而女衬衫则给衬衫这个服装品类增添了一道亮丽的色彩，使得衬衫不那么单调。女衬衫的款式繁杂多变，设计点较多，装饰性较强，如领、肩、袖、门襟都是女衬衫可以进行设计的部件。

衬衫常采用精梳全棉、真丝、涤棉等面料，面料以轻、薄、软、爽、挺、透气性好为佳。衬衫面料除了原料的优劣外，纱支是决定面料档次的重要因素。纱支即纱线的粗细程度，纱支越高，纱线越细，工艺越复杂，价格也就越贵。高档衬衫一般采用 120 ~ 180 支的面料，更高端的衬衫甚至使用高达 200 ~ 300 支的面料。

衬衫常见的部件有贴袋、袖衩、领等，这些零部件工艺在整件衬衫工艺中有重要的作用。男衬衫的领、袖衩尤为重要，不仅工艺要求比较高，而且是不同风格衬衫的标识。本章重点讲述衬衫贴袋、男衬衫翻立领、两用领、男衬衫宝剑头袖衩、女衬衫袖衩等部件的缝制工艺，及男、女衬衫缝制工艺。

学习目标

1. 能够读懂工艺单，可以根据工艺单要求对衬衫裁片进行正确的裁剪配伍、工艺制作。
2. 能够按照衬衫款式图进行款式分析，会编排衬衫缝制工艺流程。
3. 能够分析同类衬衫的工艺流程，会编写工艺单。
4. 能够对衬衫品质的好坏进行评价，培养对衬衫的品控能力。

第一节　衬衫部件缝制工艺

衬衫的零部件重点在领、袖衩上，只要掌握了领、袖衩的缝制工艺，对衬衫的缝制学习就成功了一半。本节学习男、女衬衫领和袖衩的缝制工艺。

一、女衬衫领缝制工艺

女衬衫领采用两用领的形式，其缝制材料见表4—1—1。

表4—1—1　女衬衫领缝制材料表

面料	前片大身 ×2 后片大身 ×1 领子 ×2
辅料	无纺衬若干

具体缝制工艺如下：

1. 合肩缝：将前、后衣片肩缝来去缝拼合（见图4—1—1）。

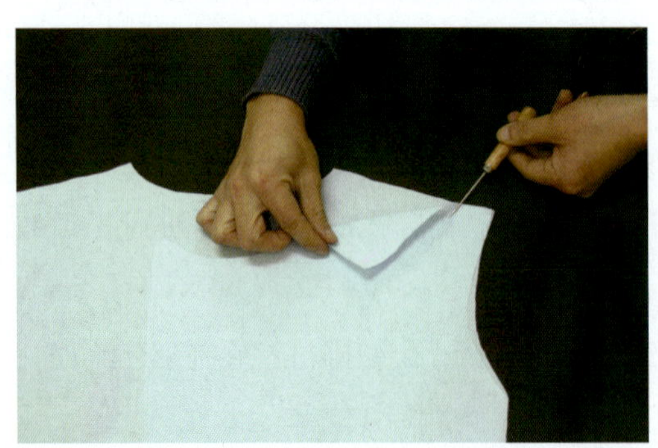
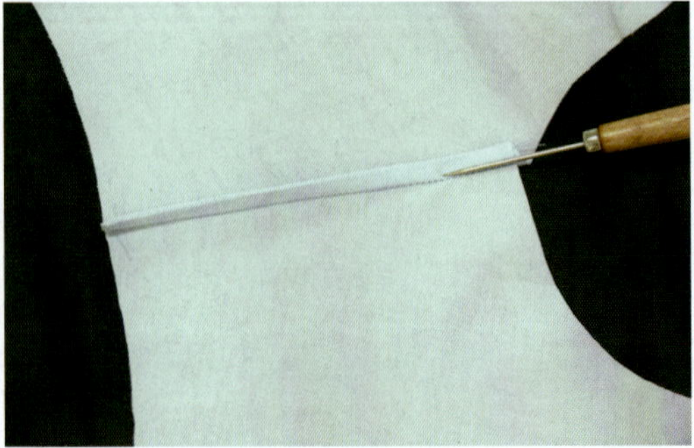

图4—1—1　合肩缝

2. 门、里襟挂面止口：将门、里襟挂面止口 0.5 cm 折光，后 0.1 cm 车缉固定（见图 4—1—2）。

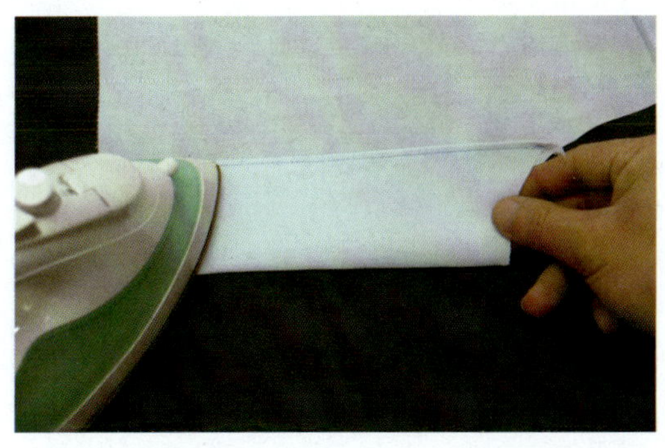

图 4—1—2　门、里襟挂面止口

3. 领面粘衬：将领面粘衬并划出净样，做出装领三眼刀标记，并将领面、领底面面相对（见图 4—1—3）。

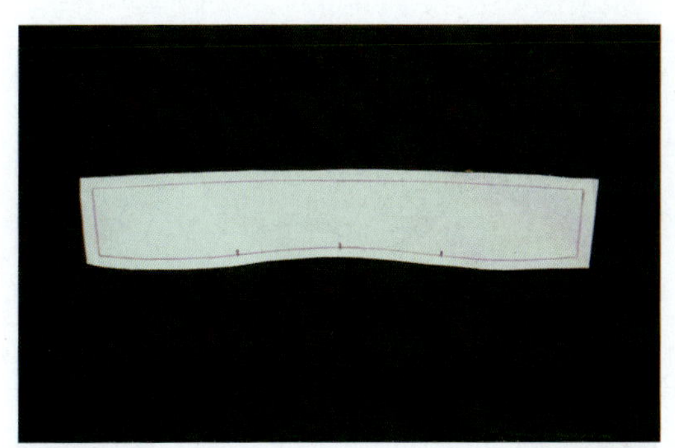
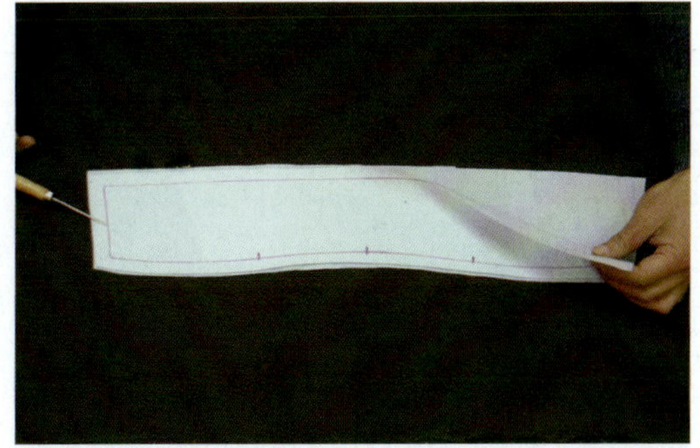

图 4—1—3　领面粘衬

4. 拼领：领里在下，领面在上，沿净样线车缝至领角处将领面推起，做出领角窝势，注意左右领角窝势大小一致（见图 4—1—4）。

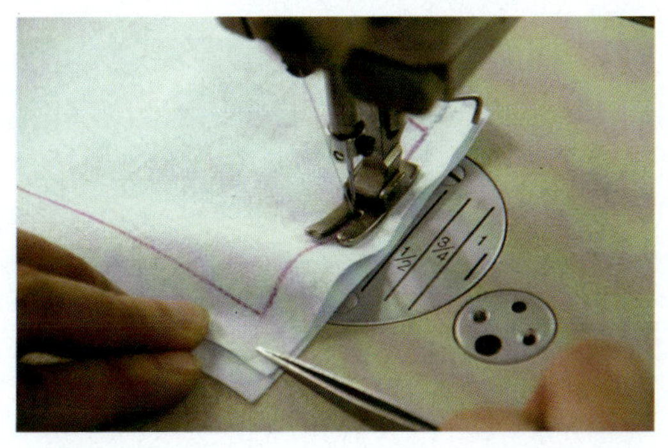
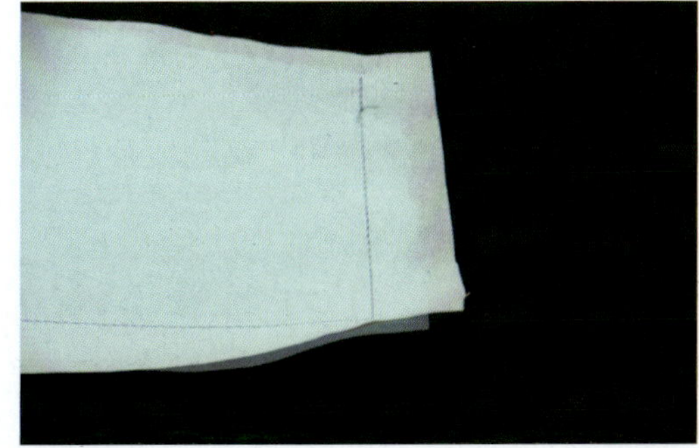

图 4—1—4 拼领

5. 翻领：将领子缝份修剪成 0.5 cm 宽，领角处缝份修剪为 0.3 cm 宽，翻正领子，烫出里外匀，领角窝势自然、左右对称（见图 4—1—5）。

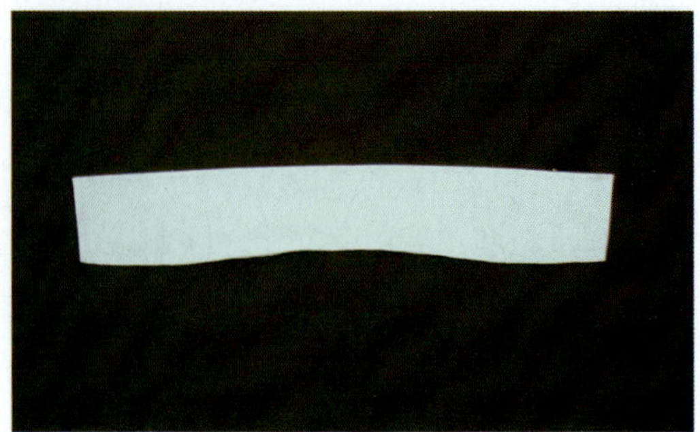

图 4—1—5　翻领

6. 装领标记：将左右领角修成长短一致，领底与领圈相对，做出装领三眼刀对位标记（见图 4—1—6）。

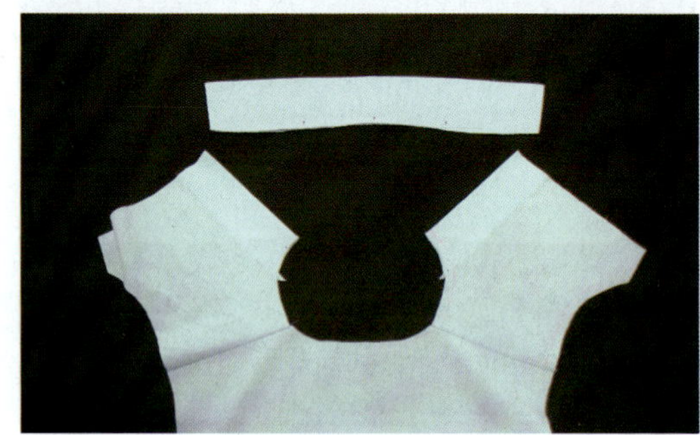

图 4—1—6　装领标记

7. 装领点对位：将做好的领子放在衣身装领点处，领底与衣身相对，衣身沿门襟止口翻折（见图 4—1—7）。

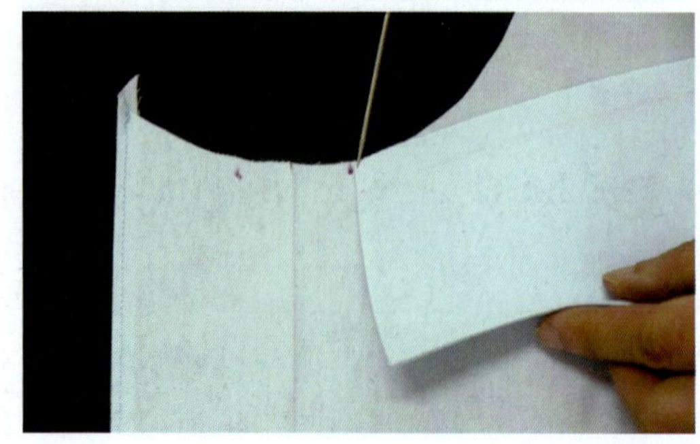

图 4—1—7　装领点对位

8. 装领：领圈 1 cm 拼缝至距挂面止口 1 cm 处回针加固，并在回针处开剪（见图 4—1—8）。注意剪刀斜剪，同时开剪不能剪毛。

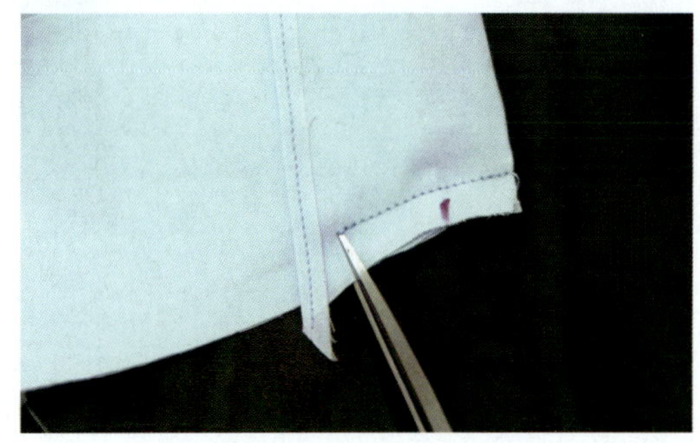

图 4—1—8　装领

9. 装领底：将领面掀开，领底与衣身领圈对准，接住开剪回针处起针，1 cm 车缉将领底与衣身拼缝固定，起止点回针加固，同时装领三眼刀对准（见图 4—1—9）。

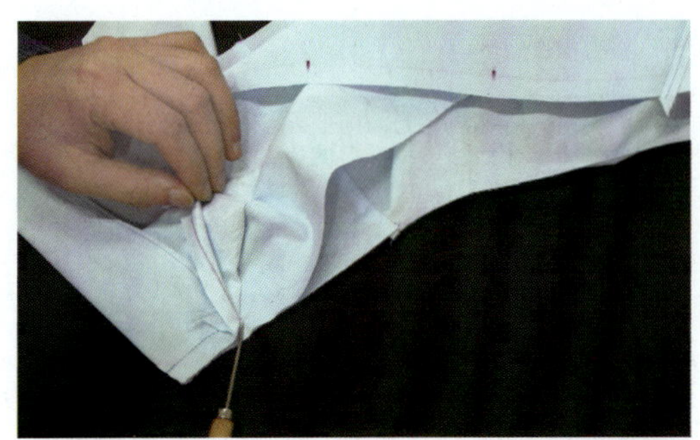
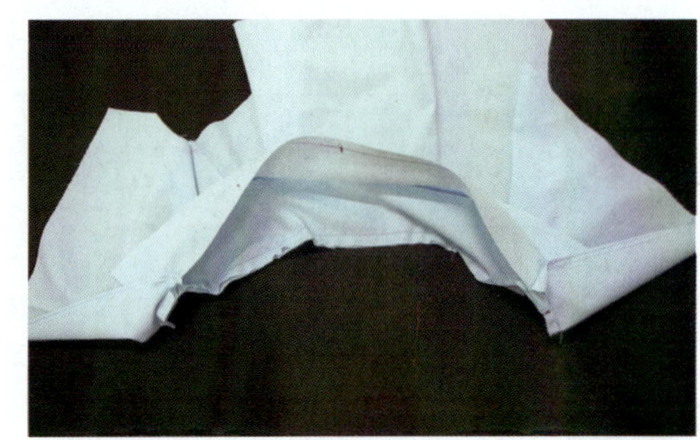

图 4—1—9　装领底

10. 翻正领面：将领面翻正，沿领子净样向反面折光，同时将挂面处开剪缝份夹进领子中间，并将领面摆平，同时注意挂面留出 0.1 cm 松量，不能拉得过紧（见图 4—1—10）。

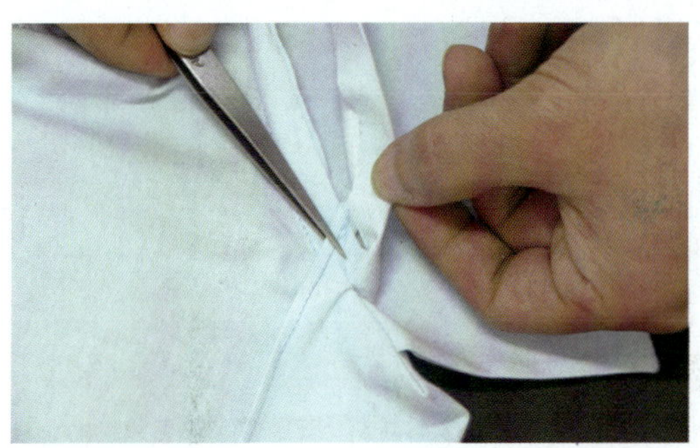

图 4—1—10　翻正领面

11. 合领面：将领面盖住领底缝线，领面止口压缝 0.1 cm（见图 4—1—11）。

图 4—1—11　合领面缝制完成图

二、女衬衫袖衩缝制工艺

女衬衫袖衩一般采用一字型袖衩，即袖衩条为一根，袖衩的长短根据款式不同而定。女衬衫袖衩缝制材料见表 4—1—2。

表 4—1—2　女衬衫袖衩缝制材料表

面料	袖片大身 ×1 袖克夫 ×1 袖衩条 ×1	
辅料	无纺衬若干	

具体缝制工艺如下：

1. 袖衩位开剪：将袖片大身开衩位定位并开剪，开衩长度 9.5 cm，其中包含装袖克夫 1 cm 缝份（见图 4—1—12）。

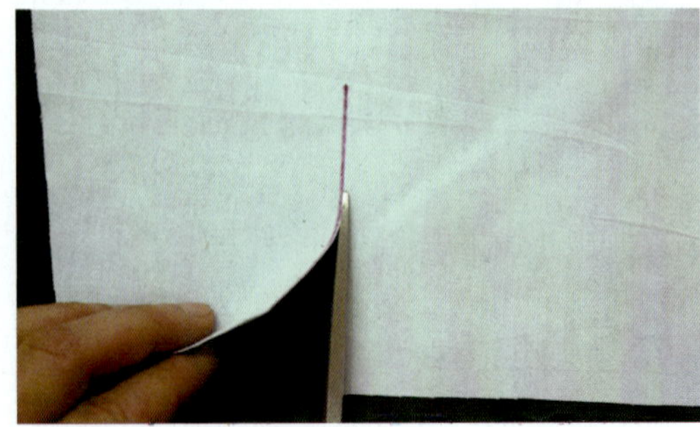

图 4—1—12　袖衩位开剪

2. 烫袖衩条：将袖衩条三折后烫成 1 cm 宽（见图 4—1—13）。

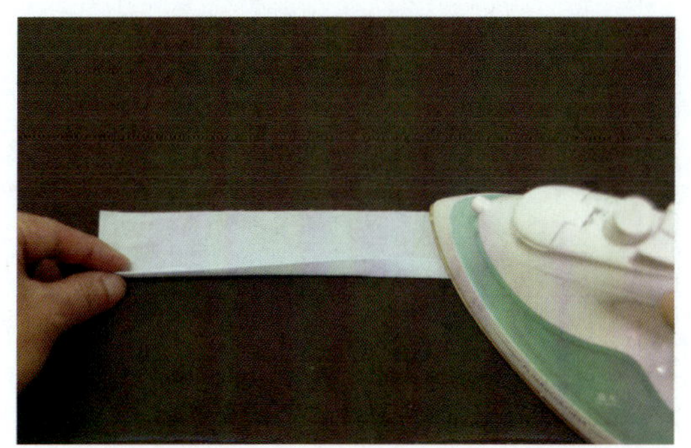

图 4—1—13　烫袖衩条

3. 装袖衩条：将袖片开衩位拉开，止口塞进袖衩条 0.4 cm 后，车缉 0.1 cm 将袖衩条闷缝在开衩位上（见图 4—1—14）。注意袖片大身开衩位缝制要平整，不能有褶皱、漏洞出现，同时闷缝过程手势要快、要准。

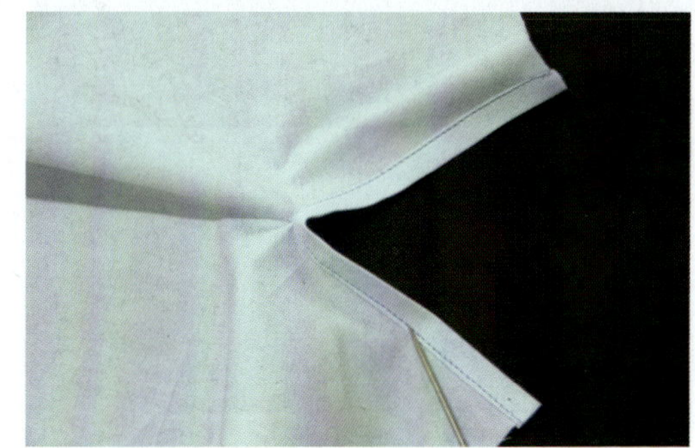

图 4—1—14　装袖衩条

4. 合袖底缝：袖衩条正面相对，在折口处 45° 角加固缝三道，并将袖片大身面面相对，1 cm 拼合（见图 4—1—15）。

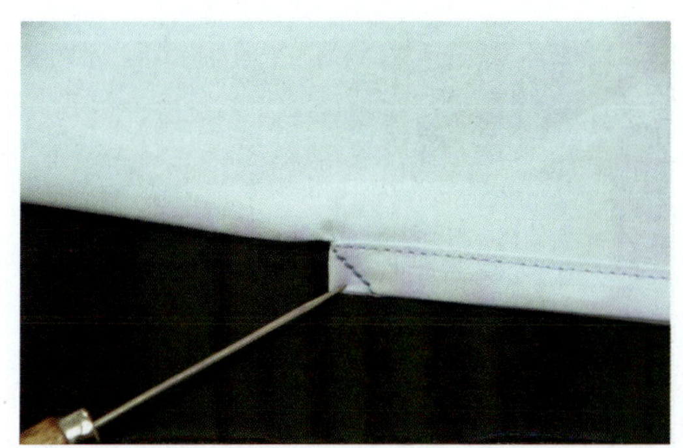
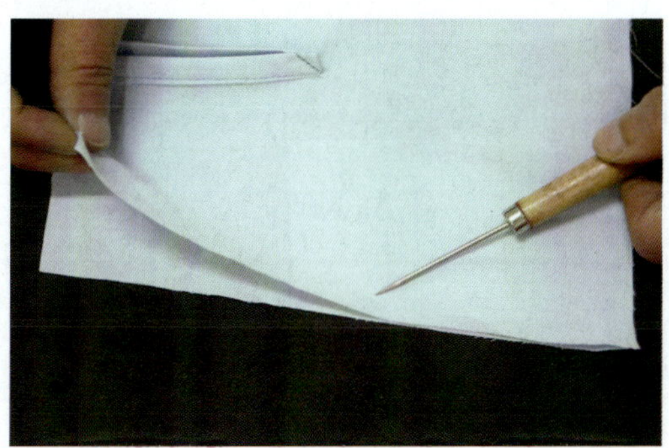

图 4—1—15　合袖底缝

5. 袖克夫粘衬：袖克夫粘无纺衬，并将一端 1 cm 扣烫（见图 4—1—16）。

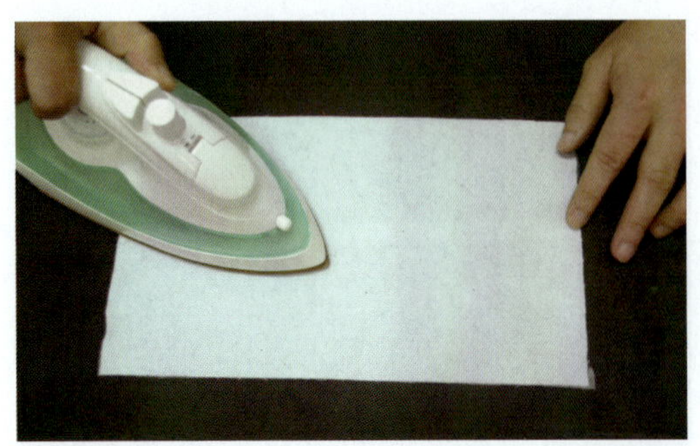
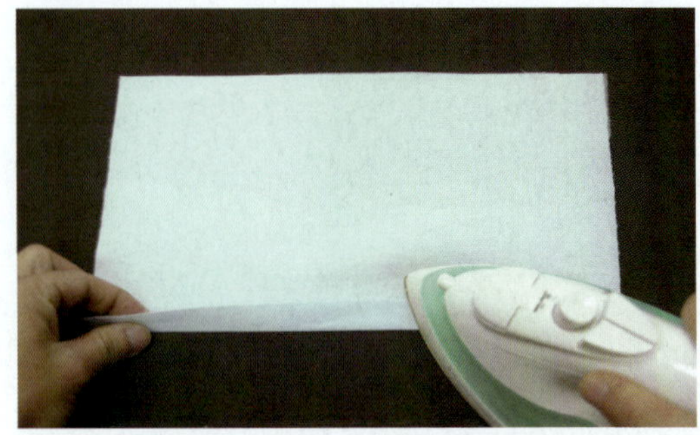

图 4—1—16　袖克夫粘衬

6. 烫袖克夫：将袖克夫烫成 5 cm 宽，另一端预留 1 cm 缝份，并将袖克夫沿袖克夫止口翻折，1 cm 预留缝份沿扣烫止口翻折（见图 4—1—17）。

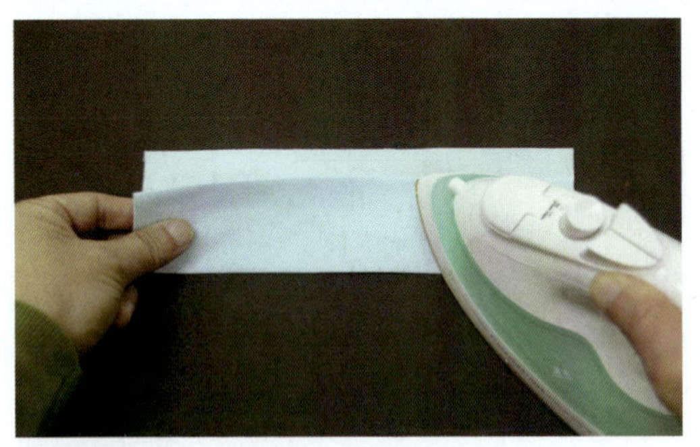
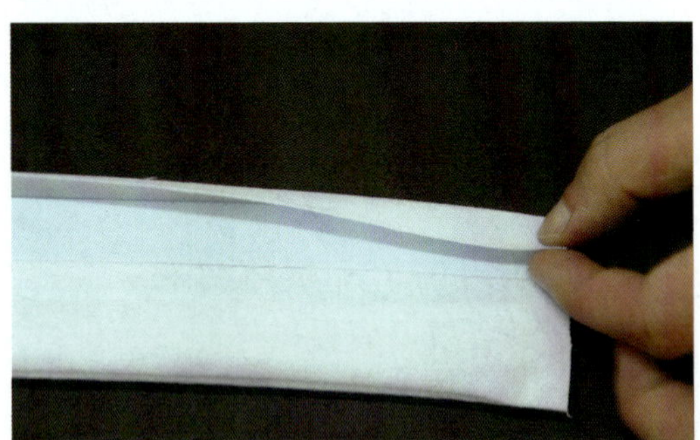

图 4—1—17　烫袖克夫

7. 袖克夫两端封口：将袖克夫两端 1 cm 拼缝，缝份修成 0.4 cm，翻正后将袖克夫烫平整，做好的袖克夫长 22 cm、宽 5 cm，并且袖克夫角要方正（见图 4—1—18）。

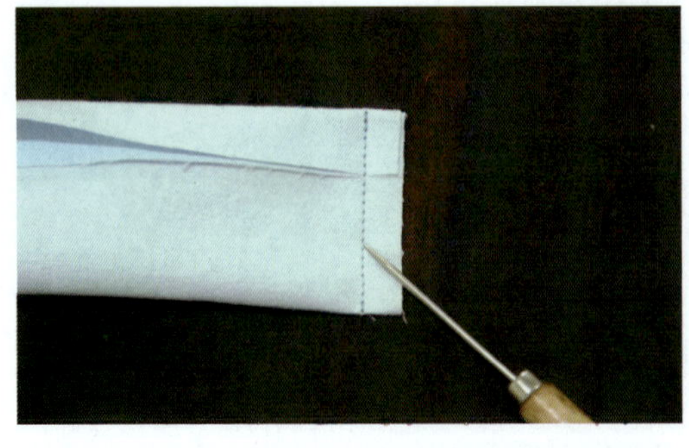
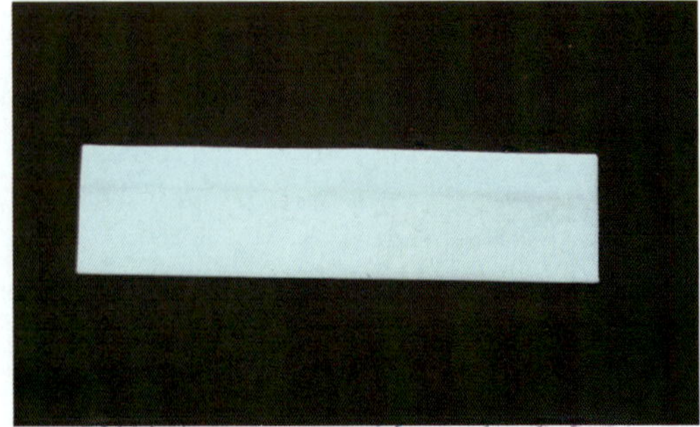

图 4—1—18　袖克夫两端封口

8. 袖口褶裥：将袖衩门襟向反面折光，同时距袖衩门襟 2 cm 折出 2 个褶裥，褶裥倒向开衩位，2 褶裥间距 1 cm，0.5 cm 车缝一道固定（见图 4—1—19）。

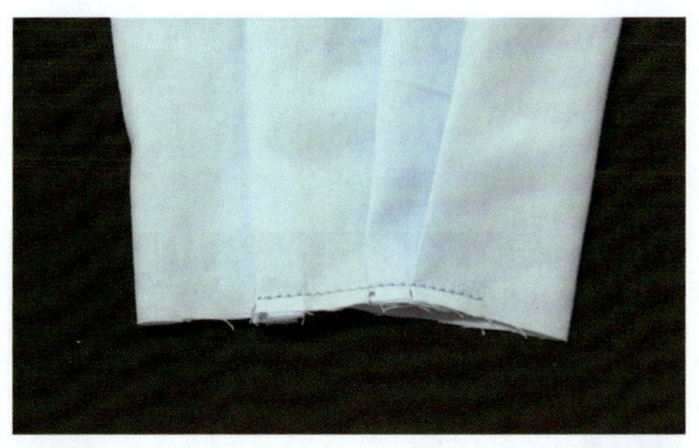
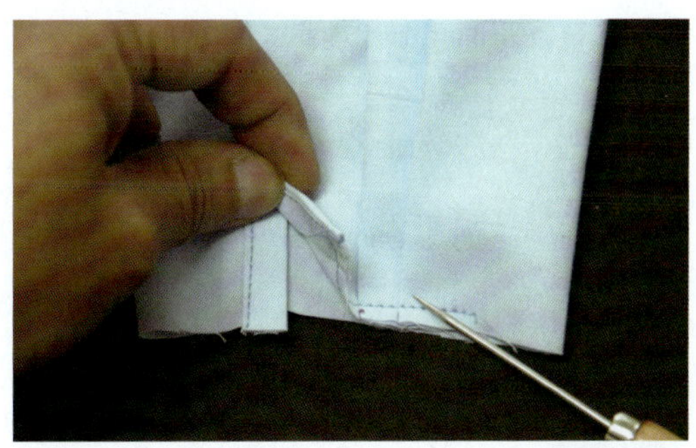

图 4—1—19　袖口褶裥

9. 装袖头：划出袖衩门、里襟 1 cm 对位点，袖片大身翻到反面，袖克夫面朝上并将袖衩门、里襟按对位点塞进袖克夫之后 0.1 cm 闷缝（见图 4—1—20）。袖衩成品长 8.5 cm，袖衩门、里襟长度一致，袖头平整，无起涟。

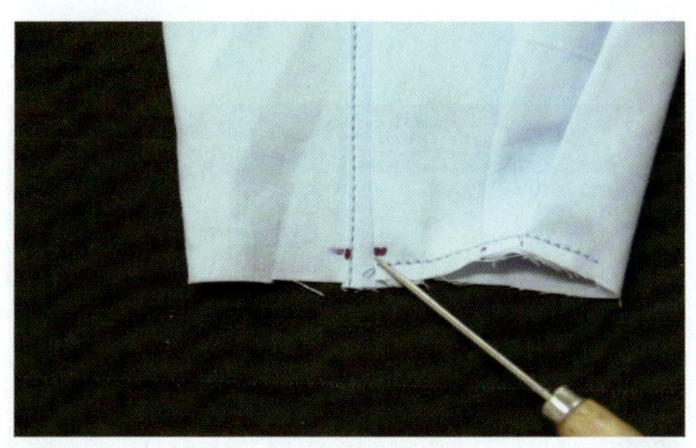
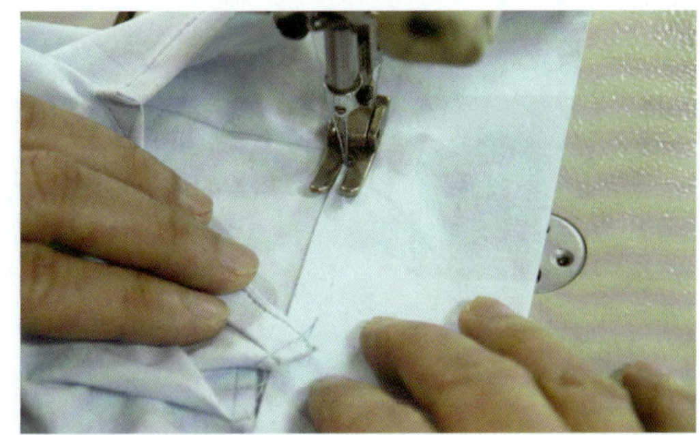

图 4—1—20　装袖头

10. 女衬衫袖衩缝制完成（见图 4—1—21）。

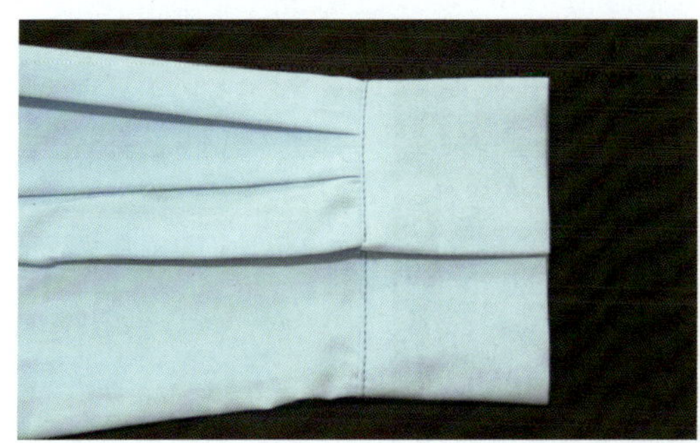
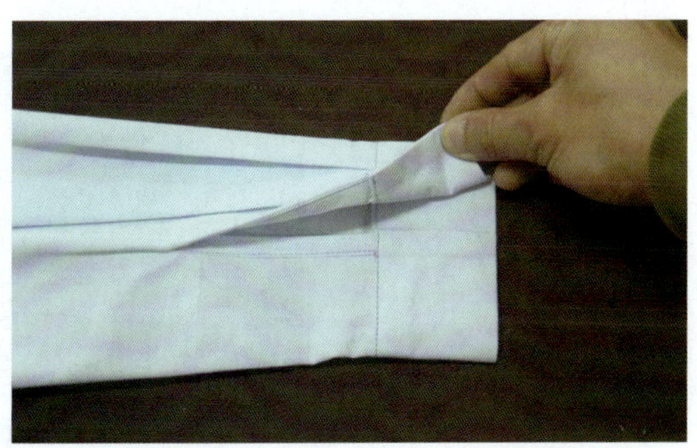

图 4—1—21　女衬衫袖衩缝制完成图

三、贴袋缝制工艺

贴袋是衬衫的一个部件，不同的衬衫款式，贴袋的形式不同，如袋盖贴袋、立体贴袋等，袋形也可以有变化，如方形、袋底尖形等。但不同的贴袋，其缝制方法基本相同。贴袋缝制材料见表 4—1—3。

表 4—1—3　贴袋缝制材料表

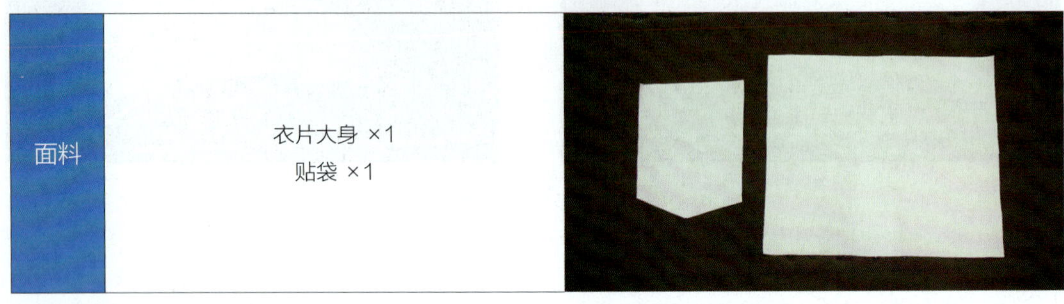

面料	衣片大身 ×1 贴袋 ×1	

具体缝制工艺如下：

1. 烫袋口：将贴袋口向反面两折 3 cm 宽，扣烫，0.1 cm 车缝一道明线（见图 4—1—22）。

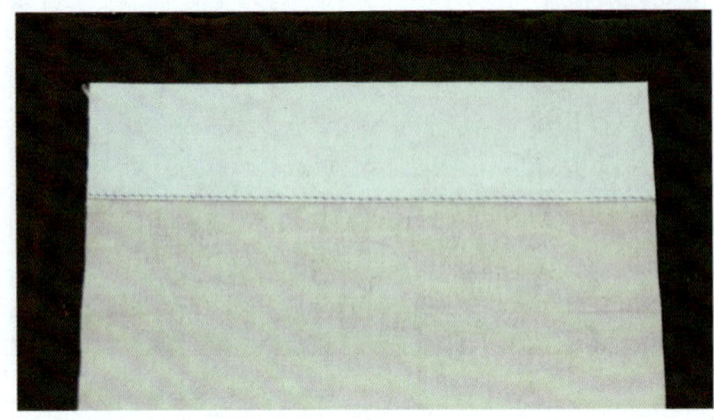

图 4—1—22　烫袋口

2. 扣烫贴袋：将贴袋按照净样板向反面进行扣烫，要烫煞、烫挺（见图 4—1—23）。

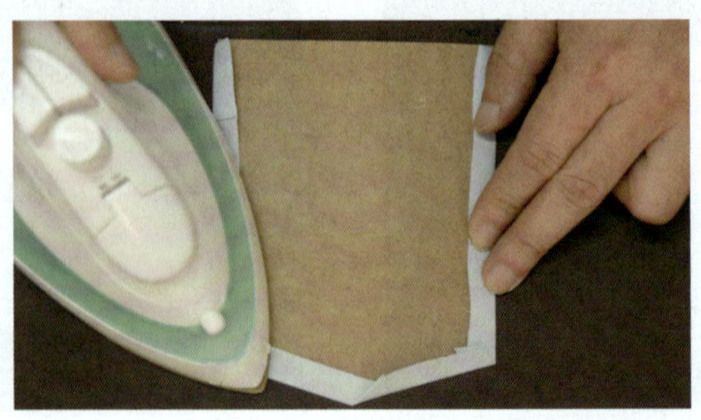

图 4—1—23　扣烫贴袋

3. 装贴袋：将烫好的贴袋以 0.1 cm 贴缝在衣片大身袋位处，在袋口第一道明线处车缝三角状，0.6 cm 封袋口（见图 4—1—24）。注意贴袋口略留出 0.2 cm 松量，防止穿着时袋口紧绷出现褶皱。

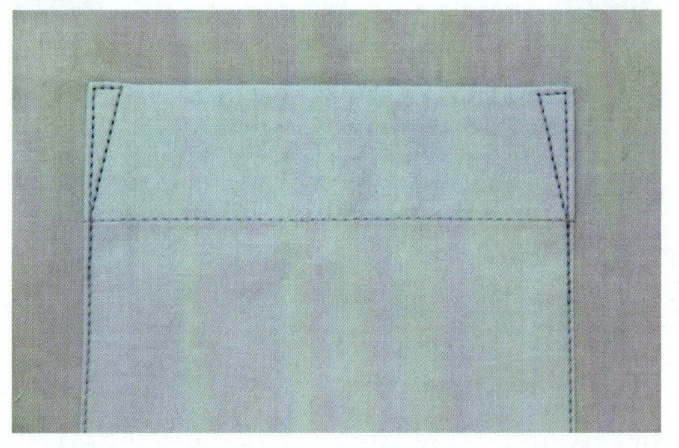

图 4—1—24 装贴袋

四、男衬衫领缝制工艺

作为男衬衫重要的零部件之一，男衬衫领是上下硬领，即企领，是男衬衫的零号部位，缝制要求苛刻，要做到平服不起涟，粘衬无起泡，领角窝势自然，左右对称，无断线、跳线。男衬衫领缝制材料见表 4—1—4。

表 4—1—4 男衬衫领缝制材料表

面料	前衣片大身 ×2 上领 ×2	过肩 ×2 下领 ×2
辅料	上领面树脂衬 ×1	下领面树脂衬 ×1

具体缝制工艺如下：

1. 烫门、里襟止口：将前衣片门、里襟沿止口向反面折烫（见图 4—1—25）。

图 4—1—25　烫门、里襟止口

2. 拼肩缝：过肩面面相对，将前衣片夹在过肩中间，1 cm 拼合，翻正过肩，并在过肩上 0.1 cm 加固缝一道明线（见图 4—1—26）。

图 4—1—26　拼肩缝

3. 划装领点标记：在衣片门、里襟止口领圈处划出 1 cm 装领点标记（见图 4—1—27）。

图 4—1—27　划装领点标记

4. 划领衬净样：上领衬取正斜料，下领衬取直料，划出上、下领净样，上领衬下口留出 0.6 cm（见图 4—1—28）。

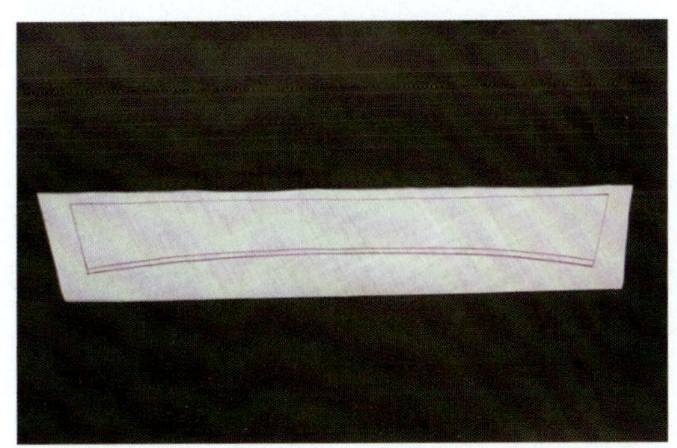
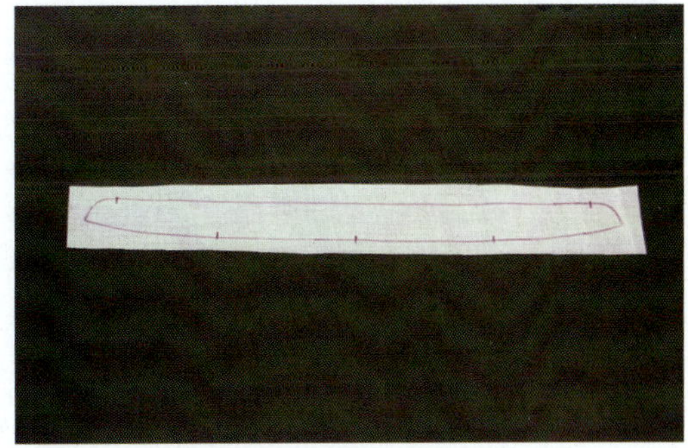

图 4—1—28　划领衬净样

5. 上、下领粘衬：将上、下领衬沿净样剪出，分别粘在上、下领面处，注意粘衬时要压烫，面料不能起泡（见图 4—1—29）。

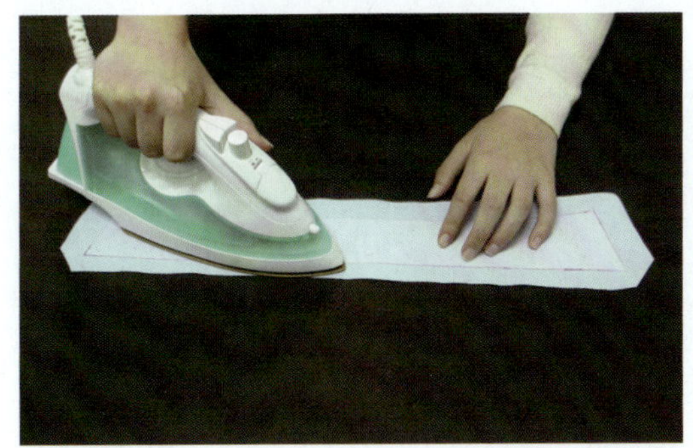
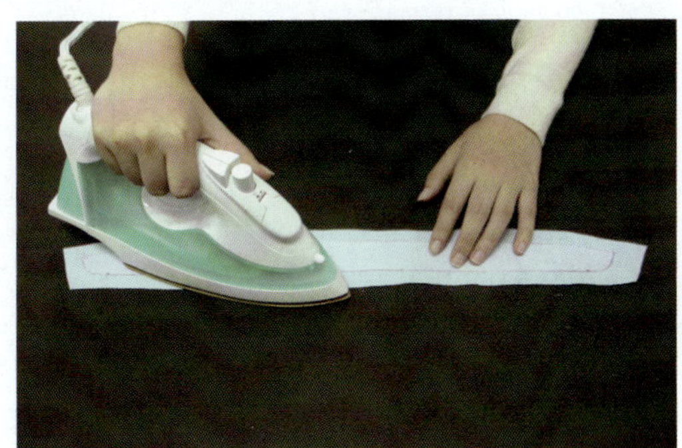

图 4—1—29　上、下领粘衬

6. 下领底明线：将下领底沿粘衬扣烫，正面朝上沿下领底止口车缝 0.7 cm 明线一道（见图 4—1—30）。

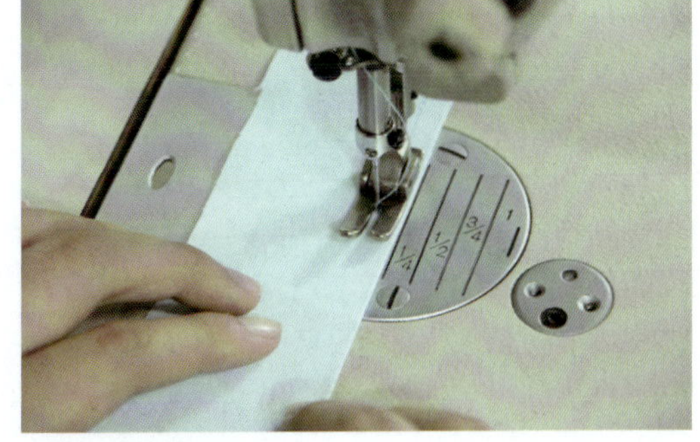

图 4—1—30　下领底明线

7. 合上领：将上领的面、底正面相对，上领面在上，沿领衬空开 0.1 cm 缝合，在领角 1/2 处推出领角窝势，左右窝势一致，起落针回针加固（见图 4—1—31）。

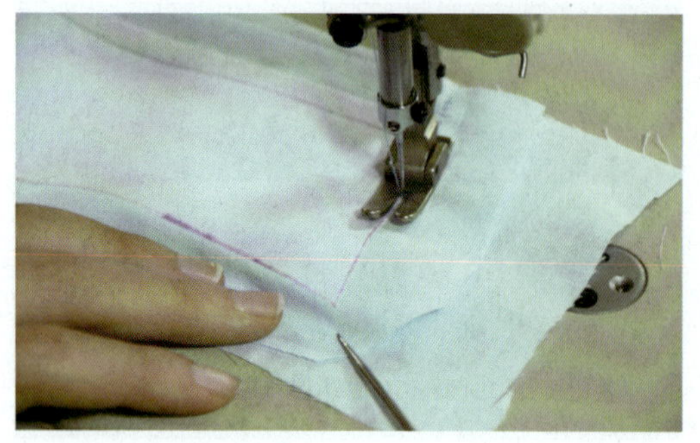

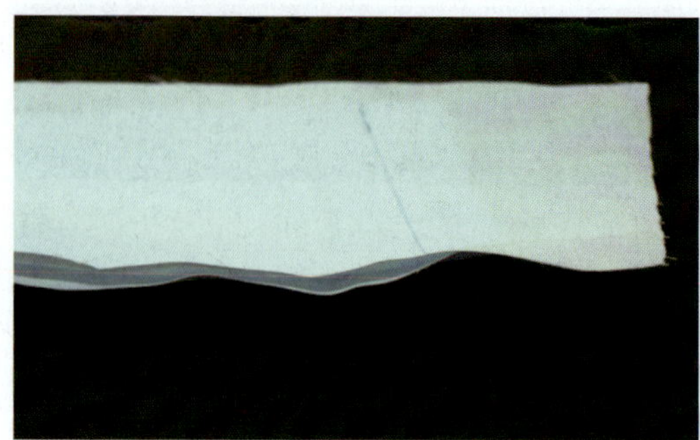

图 4—1—31　合上领

8. 翻上领：将上领缝份修剪成 0.4 cm，领角处修剪成 0.2 cm，后将上领翻正（见图 4—1—32）。

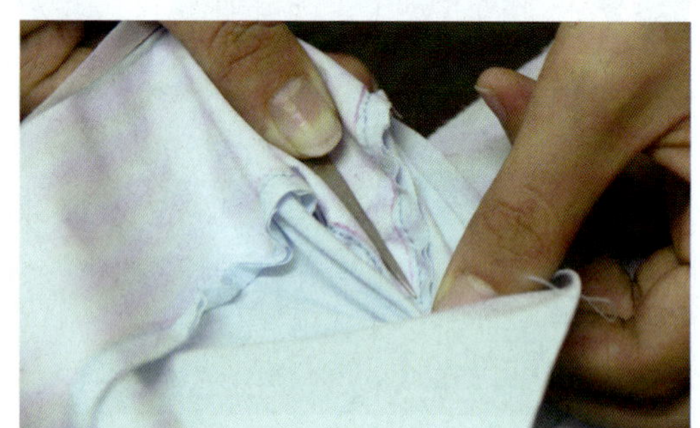

图 4—1—32　翻上领

9. 烫上领：上领领角翻尖后，将止口烫成并口（见图 4—1—33）。

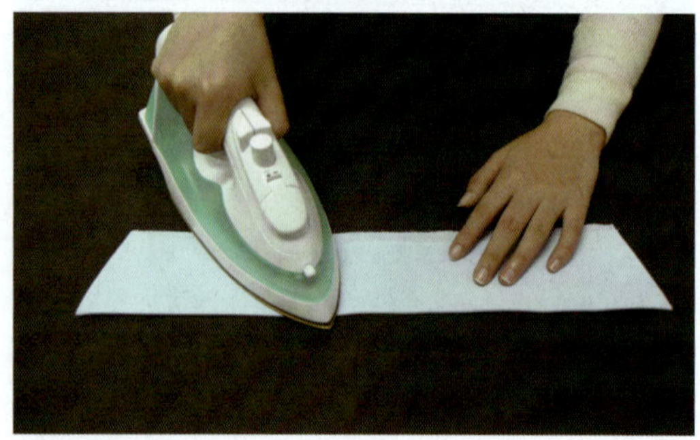

图 4—1—33　烫上领

10. 上领明线：将上领面朝上，沿上领止口车缝 0.6 cm 明线一道，上领下口沿上领衬修剪（见图 4—1—34）。

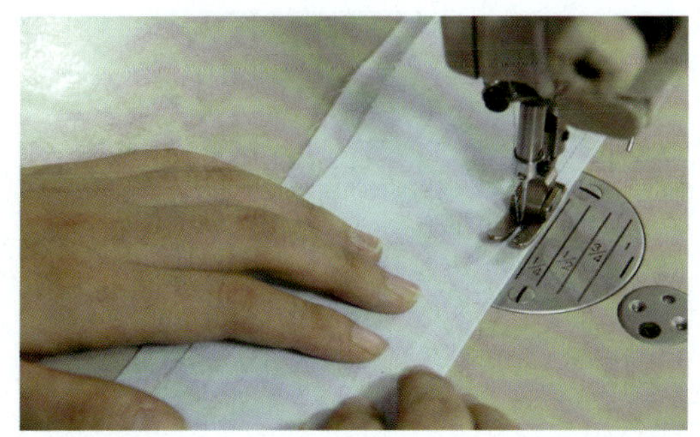
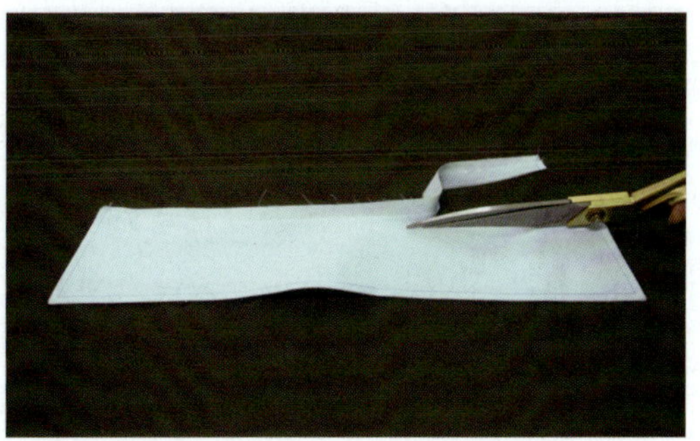

图 4—1—34　上领明线

11. 上领缝制完成：修剪过的上领，领角大小一致，窝势对称（见图 4—1—35）。

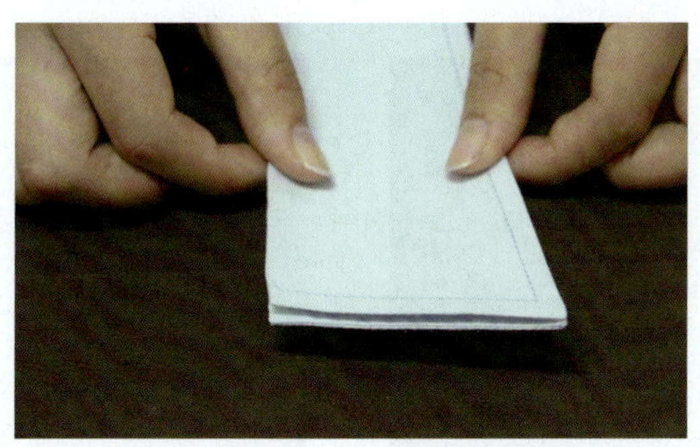

图 4—1—35　上领缝制完成图

12. 上、下领对位标记：将下领上口修剪成 0.6 cm，并划出上、下领拼合标记，即领中与装上领点（见图 4—1—36）。

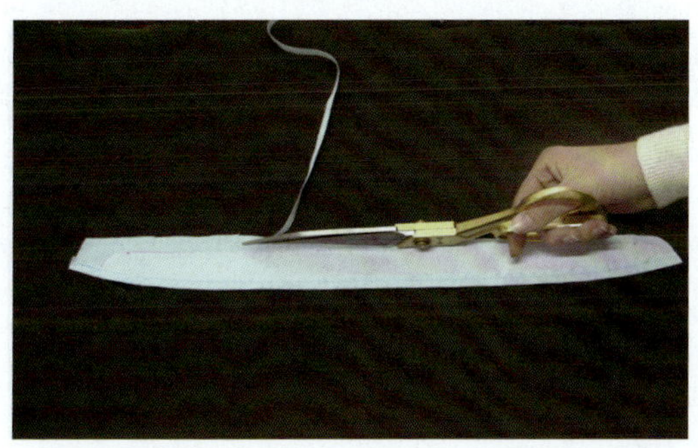
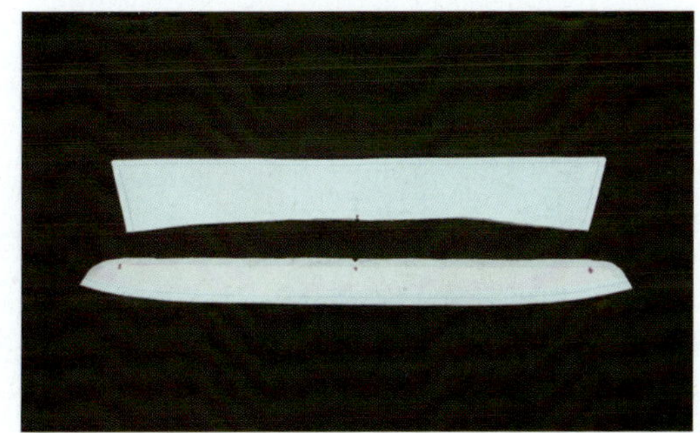

图 4—1—36　上、下领对位标记

13. 拼上、下领：将上领放在下领面与下领底中间，缝份重合，上领面与下领面相对，沿下领净样衬 0.1 cm 拼合上、下领，对位点要对准（见图 4—1—37）。

图 4—1—37　拼上、下领

14. 下领明线：将下领翻正，距离上领 2 cm 处起针，以 0.1 cm 固定一道明线，下领面、底不能起涟，并将下领底修剪成 0.6 cm 缝份（见图 4—1—38）。

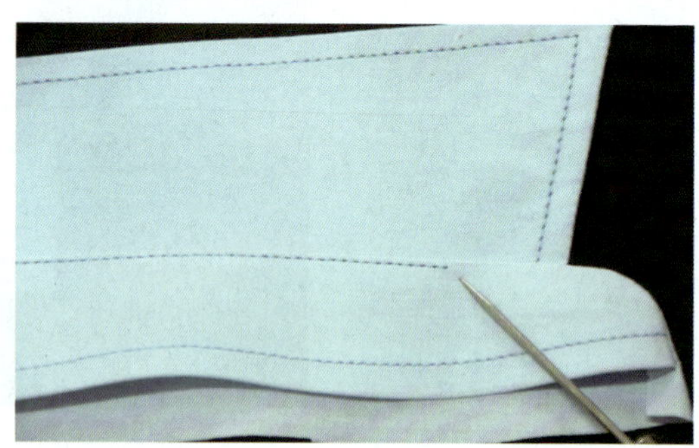

图 4—1—38　下领明线

15. 装领对位标记：两领角大小一致后，在下领划出装领三眼刀标记，即：左、右肩颈点，后领中（见图 4—1—39）。

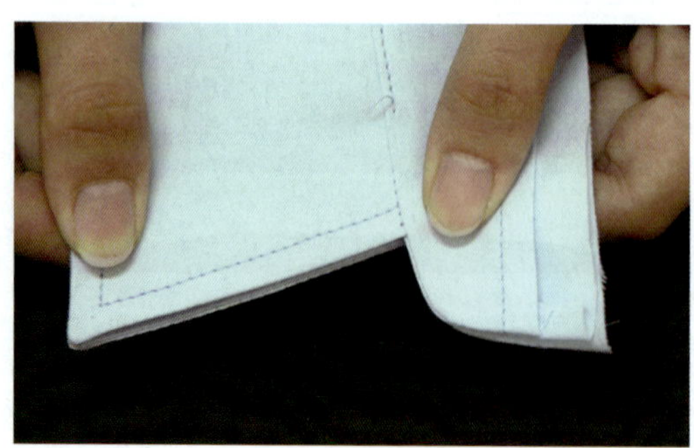
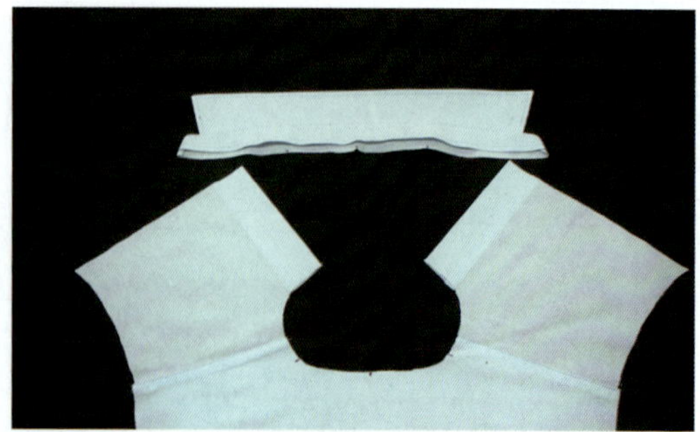

图 4—1—39　装领对位标记

16. 装领：将下领以 0.6 cm 缝份拼缝在衣身上，装领三眼刀对准（见图 4—1—40）。

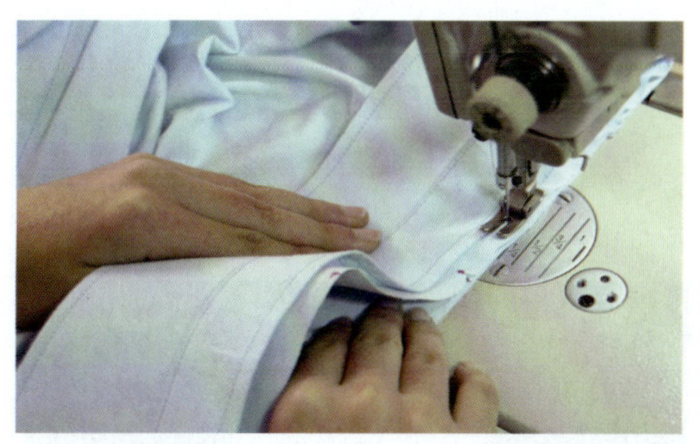

图 4—1—40 装领

17. 合下领：将下领面下口盖住缝线，过下领上口明线 1 cm 处起针，以 0.1 cm 上坑圈缝一周明线，将下领口缝合（见图 4—1—41）。

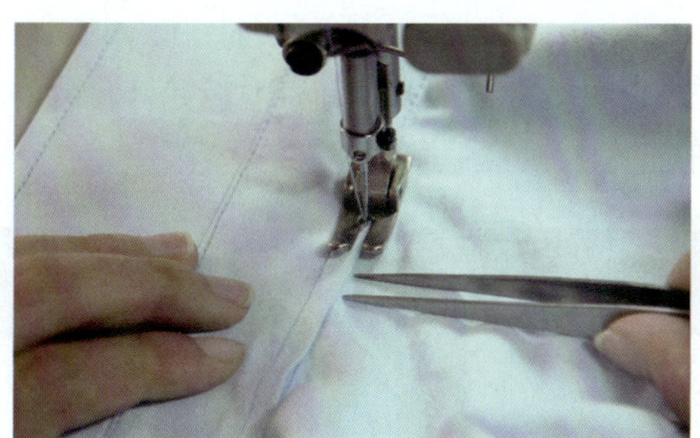

图 4—1—41 合下领

18. 男衬衫领缝制完成（见图 4—1—42）。

图 4—1—42 男衬衫领缝制完成图

五、男衬衫宝剑头袖衩缝制工艺

男衬衫宝剑头袖衩是根据袖衩门襟的形状命名的，其制作方法与女衬衫一字袖衩缝制工艺有很大区别，它的袖衩面料分为门、里襟。宝剑头袖衩是男衬衫缝制工艺的重点之一，袖衩要求平服无毛漏、长短一致、缉线顺直美观。男衬衫宝剑头袖衩缝制材料见表 4—1—5。

表 4—1—5 男衬衫宝剑头袖衩缝制材料表

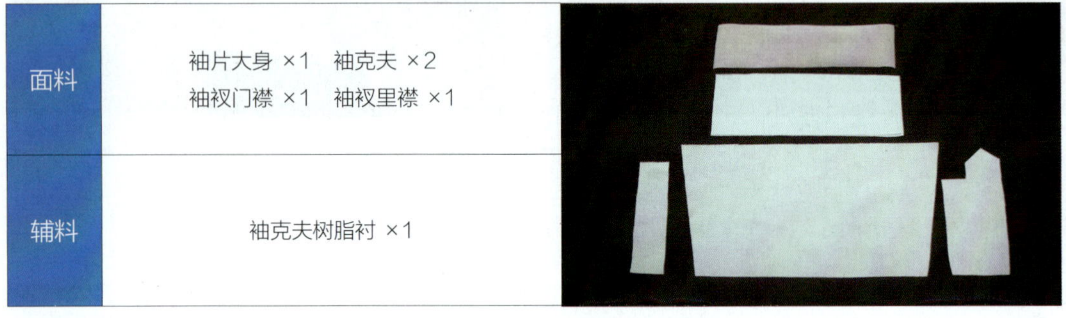

面料	袖片大身 ×1 袖克夫 ×2 袖衩门襟 ×1 袖衩里襟 ×1	
辅料	袖克夫树脂衬 ×1	

具体缝制工艺如下：

1. 袖克夫粘衬：将袖克夫树脂粘衬划出净样后按净样修剪，并粘在袖克夫面反面，注意粘衬时不能起泡变形（见图 4—1—43）。

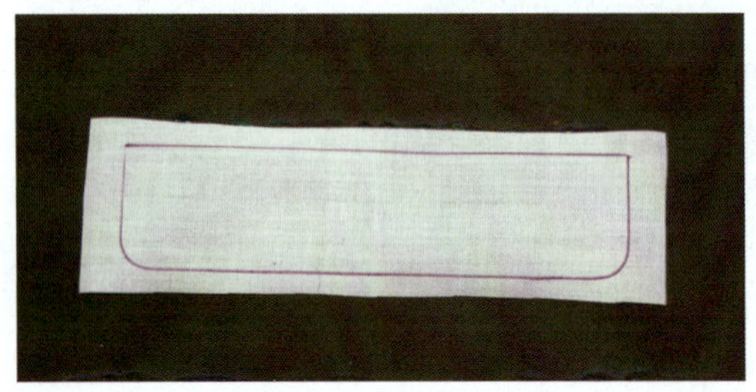

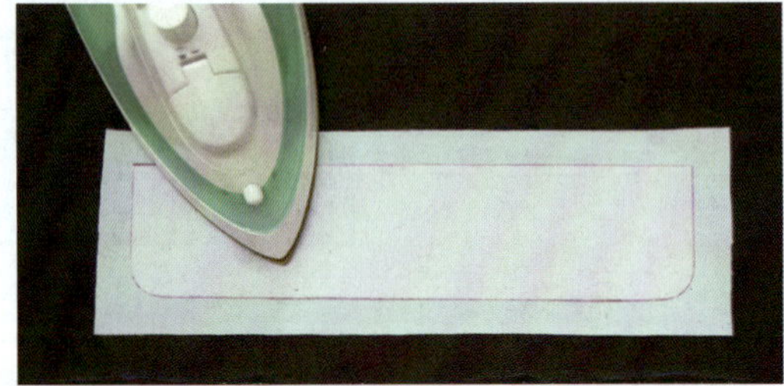

图 4—1—43 袖克夫粘衬

2. 袖克夫面虚止口：将袖克夫袖口缝处按净样粘衬扣烫，并在正面车缝 0.9 cm 虚止口一道（见图 4—1—44）。

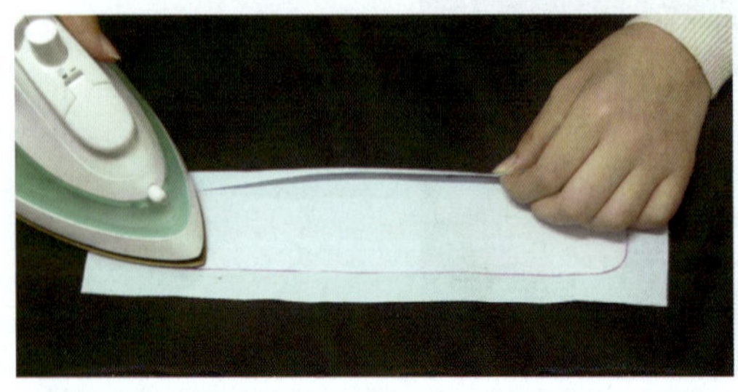

图 4—1—44 袖克夫面虚止口

3. 做袖克夫：将袖克夫面、底正面相对，袖克夫底沿袖口缝处向袖克夫面翻折，沿袖克夫净样衬空开 0.1 cm 拼合，同时在袖克夫圆角处推出袖克夫窝势，注意窝势不要过大（见图 4—1—45）。

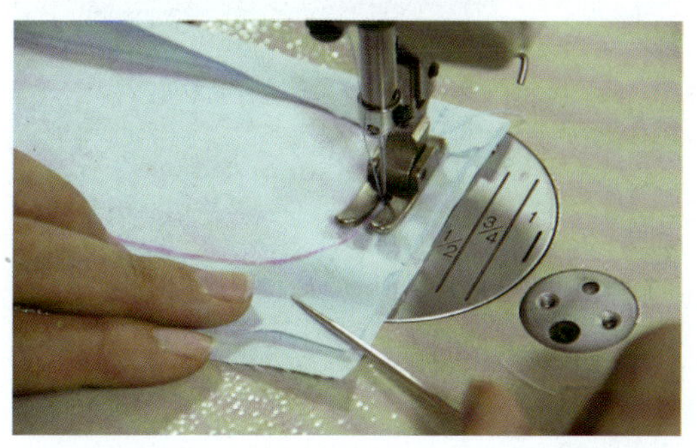

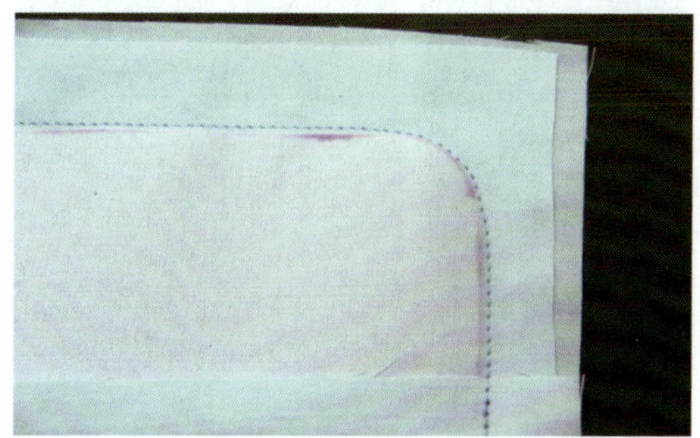

图 4—1—45　做袖克夫

4. 修剪缝份：将袖克夫缝份修剪成 0.6 cm，圆角处缝份修剪成 0.3 cm，注意袖克夫两侧圆角窝势一致（见图 4—1—46）。

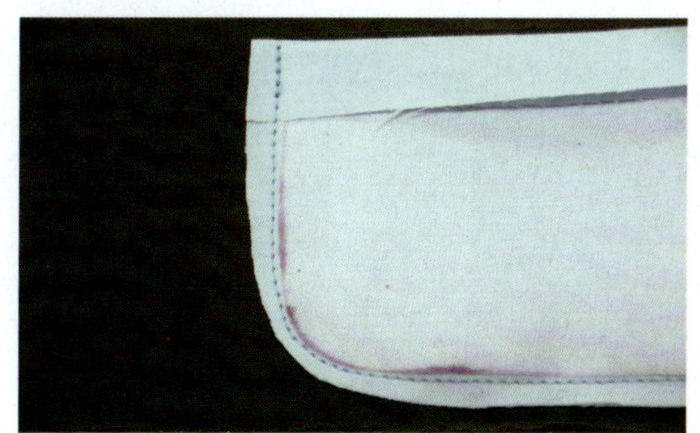

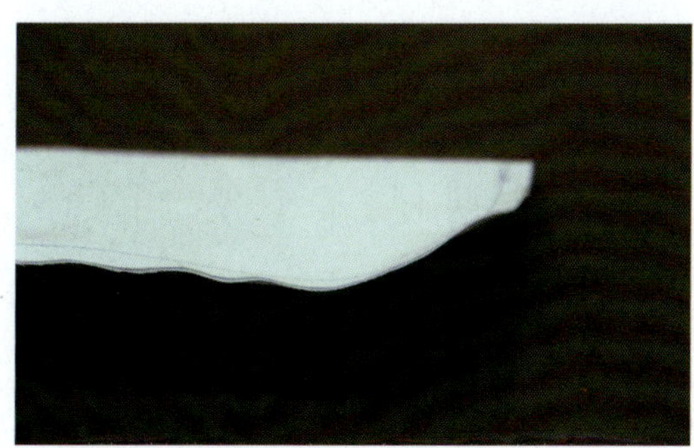

图 4—1—46　修剪缝份

5. 袖克夫明线：将袖克夫以并口形式从虚止口处沿止口车缝 0.6 cm 明线一道，起落针要回针加固，注意不能有断线、浮线、跳线（见图 4—1—47）。

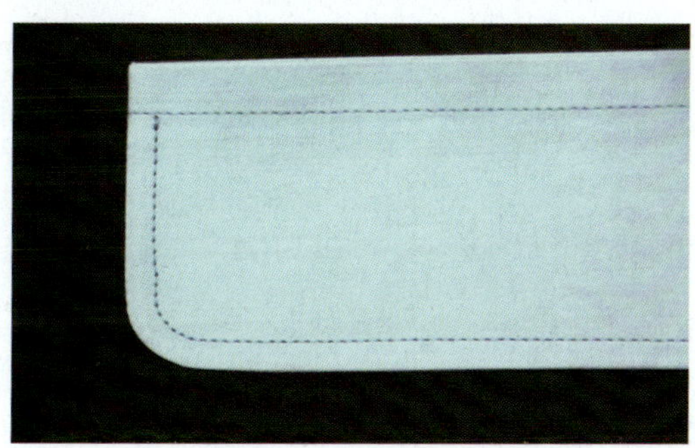

图 4—1—47　袖克夫明线

6. 烫袖衩门、里襟：将袖衩里襟三折后烫成 1 cm 宽的条子，袖衩门襟按净样板扣烫，注意门、里襟扣烫时要烫煞（见图 4—1—48）。

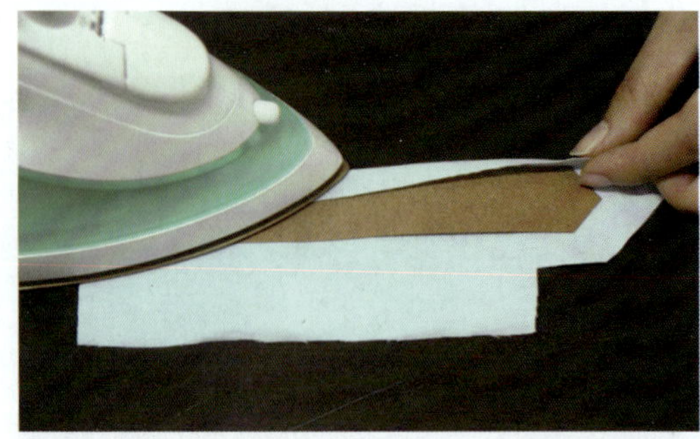

图 4—1—48　烫袖衩门、里襟

7. 袖衩门襟开剪：将袖衩门襟沿宝剑头顶量下 4 cm 做一横线标记，并在袖衩门襟缝份处斜向开剪，剪口距止口与横线标记的交点 0.2 cm，再将门襟里侧的缝份按剪口折光（见图 4—1—49）。

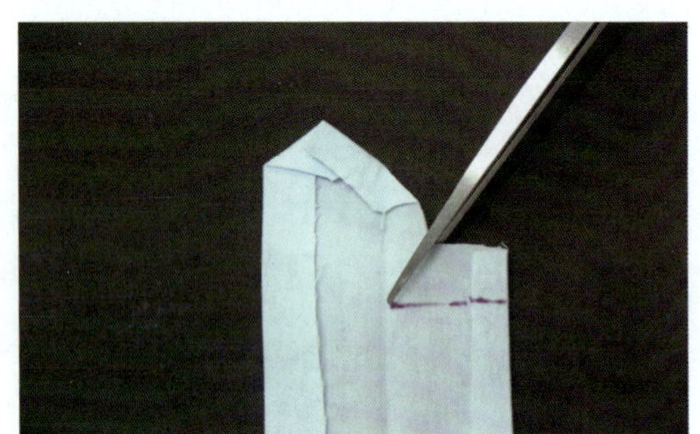
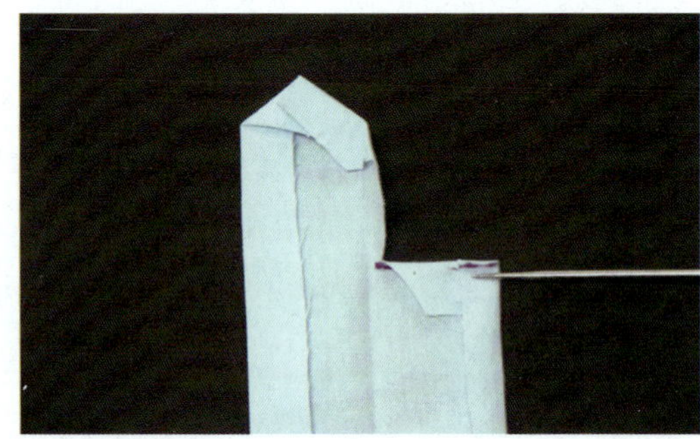

图 4—1—49　袖衩门襟开剪

8. 袖衩定位：在袖片大身袖口反面划出开衩位，高 13 cm，其中包含 1 cm 缝份（见图 4—1—50）。

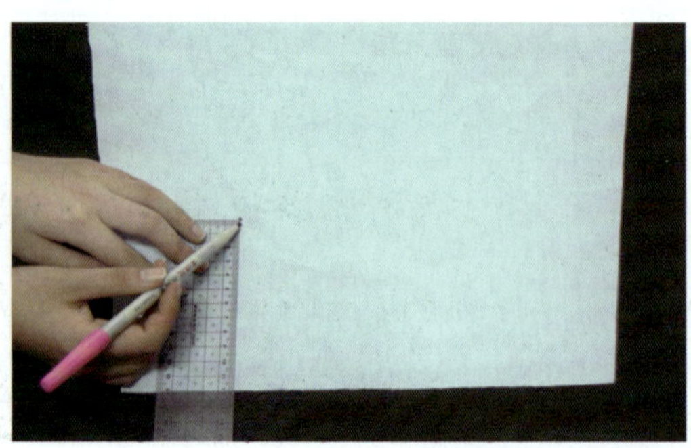

图 4—1—50　袖衩定位

9. 钉袖衩里襟：在袖衩里襟中心折线 1 cm 处点位，将袖衩里襟点位与袖衩 13 cm 位对准，同时袖衩里襟开口朝向袖片小的一侧，即袖片后侧方向（见图 4—1—51）。

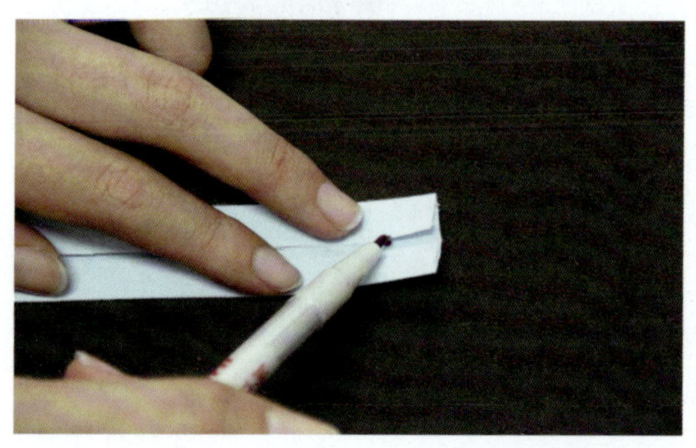
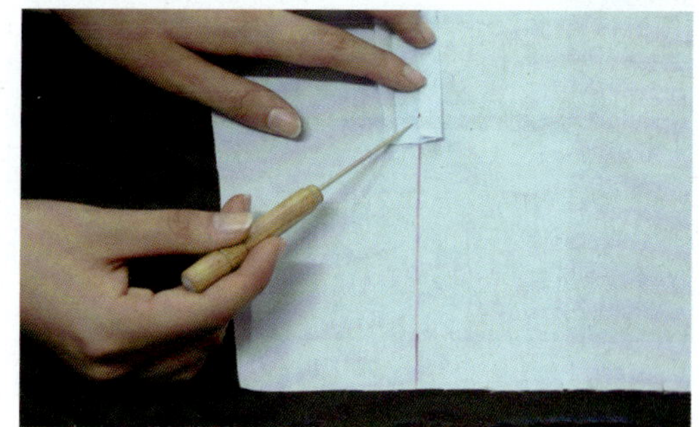

图 4—1—51　钉袖衩里襟

10. 袖衩开剪：将袖衩里襟打开后，在里襟两个折口中间车缝 1 cm 宽，注意车缝在袖片后侧，起落针回针固定，缝位准确，沿开衩位开剪至缝线处，不能剪漏（见图 4—1—52）。

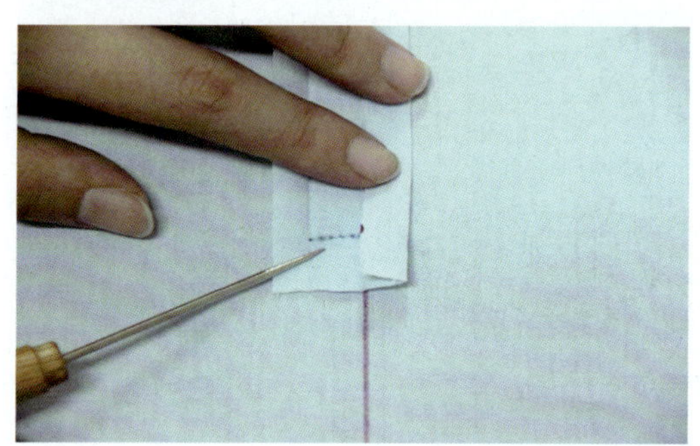
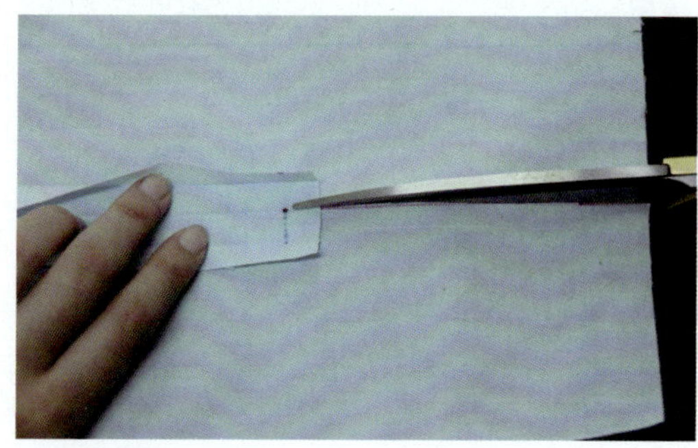

图 4—1—52　袖衩开剪

11. 翻正袖衩里襟：将袖衩里襟翻到面料正面（见图 4—1—53）。

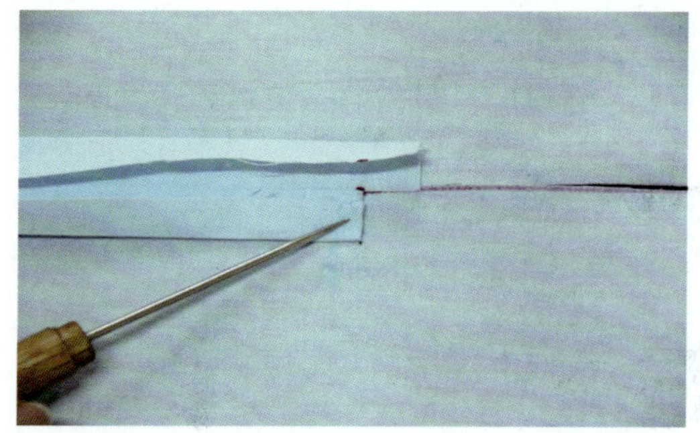
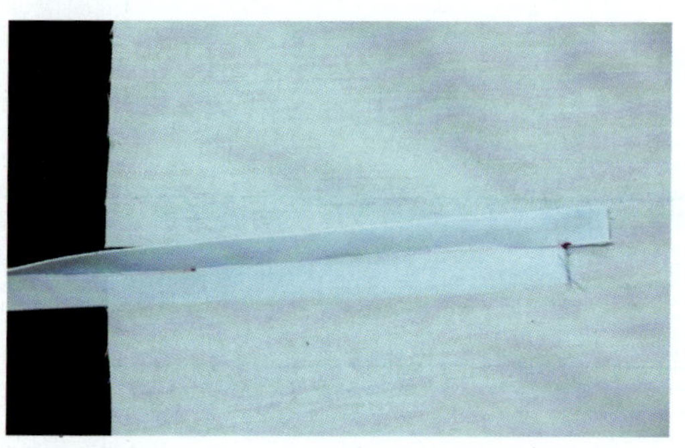

图 4—1—53　翻正袖衩里襟

12. 固定袖衩里襟：将袖衩里襟车缉 0.1 cm 缝线固定，注意底层不能有毛漏（见图 4—1—54）。

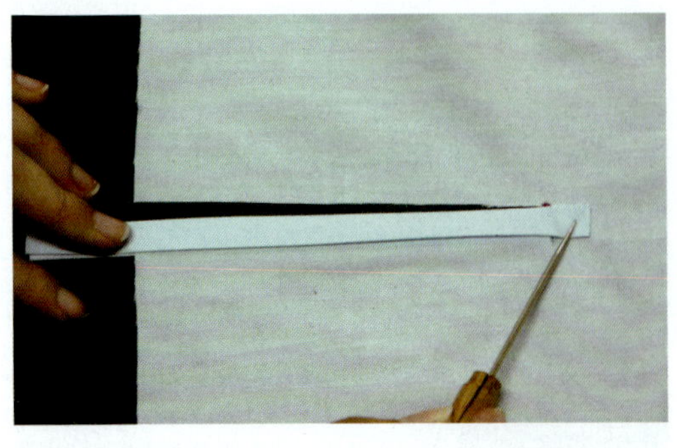

图 4—1—54　固定袖衩里襟

13. 袖衩门襟定位：将袖衩门襟底层折口中点与袖衩里襟中点相对，摆放在袖衩里襟上，将袖片门襟侧掀开盖在袖衩门襟底层上，注意摆放要准确，不能留有空隙（见图 4—1—55）。

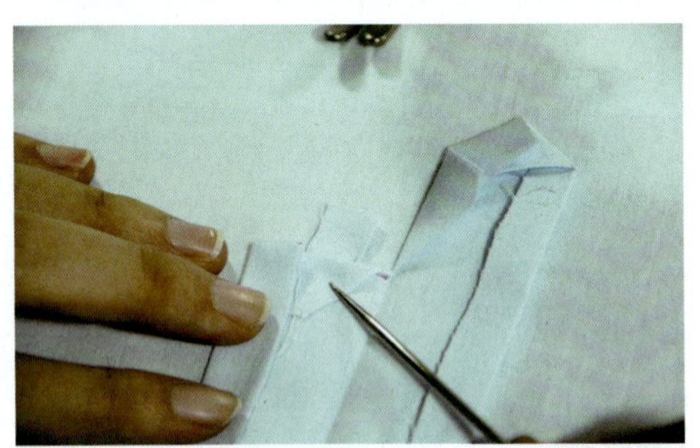
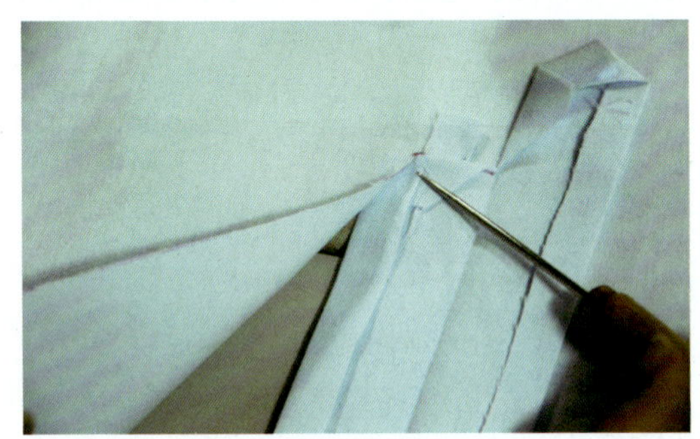

图 4—1—55　袖衩门襟定位

14. 钉缝袖衩门襟：将袖衩门襟翻正，在宝剑头袖衩门襟顶 4 cm 处来回三道封口后折转向袖衩门襟顶，并沿边 0.1 cm 车缉将袖衩门襟固定，缝线要顺直，无断线、浮线，袖衩门襟底层无毛漏（见图 4—1—56）。

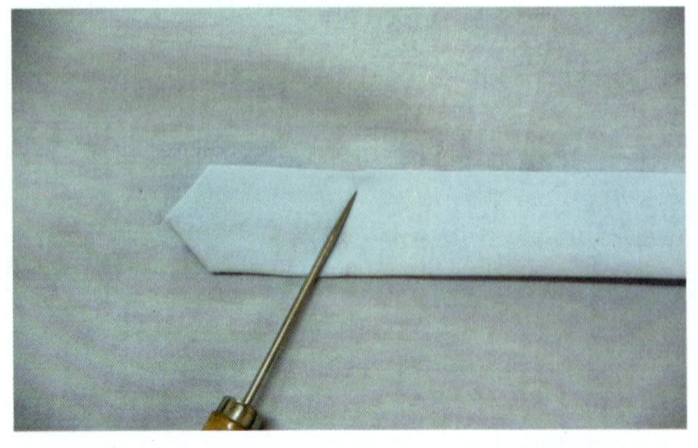

图 4—1—56　钉缝袖衩门襟

15. 袖衩门、里襟缝制完成：成品袖衩里襟居于门襟中间，开衩高度 13 cm（见图 4—1—57）。

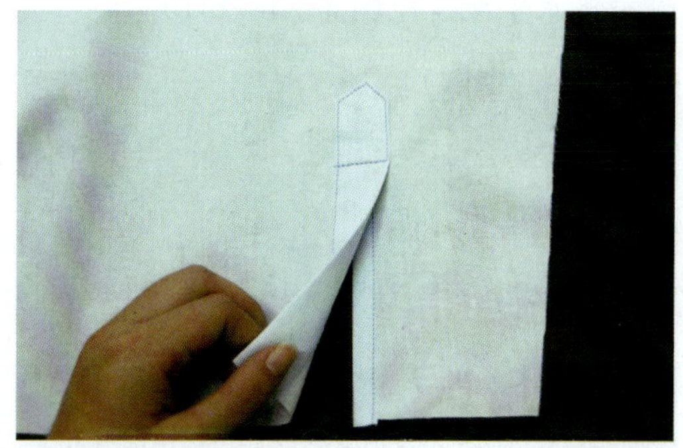

图 4—1—57　袖衩门、里襟缝制完成图

16. 拼袖底缝：将袖片前侧扣烫 0.3 cm 后，与后侧缝份对齐车缝 0.7 cm，并将缝份倒向袖衩侧 0.1 cm 封止口，即 0.1 cm ＋ 0.6 cm 扣压缝（见图 4—1—58）。

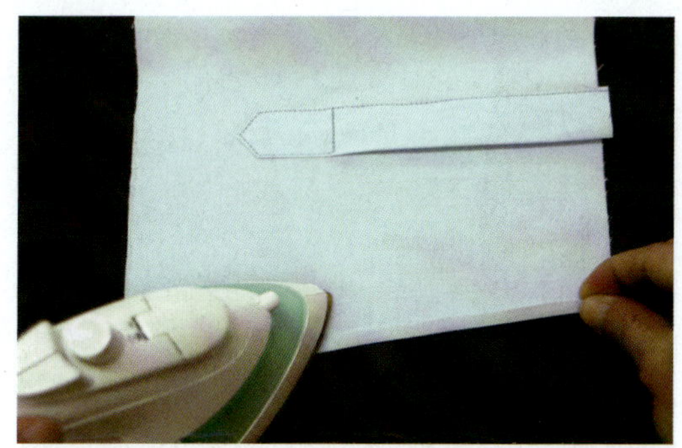
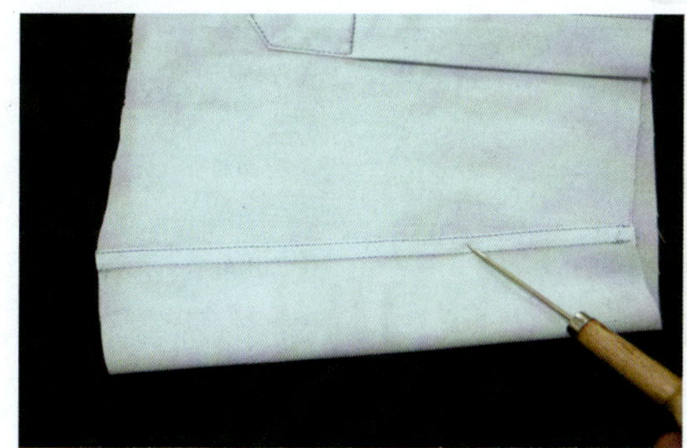

图 4—1—58　拼袖底缝

17. 做褶裥：距离袖衩门襟 2 cm 折出两个褶裥，褶裥倒向袖衩门襟，两褶裥间距 1 cm，之后 0.5 cm 固定一道线（见图 4—1—59）。

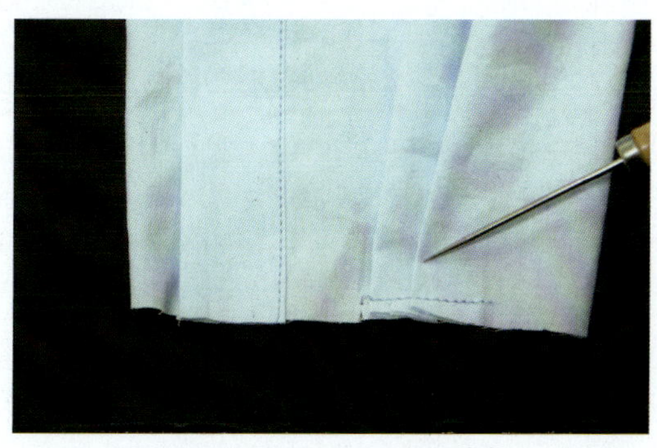

图 4—1—59　做褶裥

18. 装袖克夫：先将袖口缝 1 cm 处划出装袖克夫位，袖片翻到反面，袖克夫正面朝上，将袖片的袖口缝塞入袖克夫中，0.1 cm 闷缝，注意袖衩门、里襟高度要一致，成一条水平线（见图 4—1—60）。

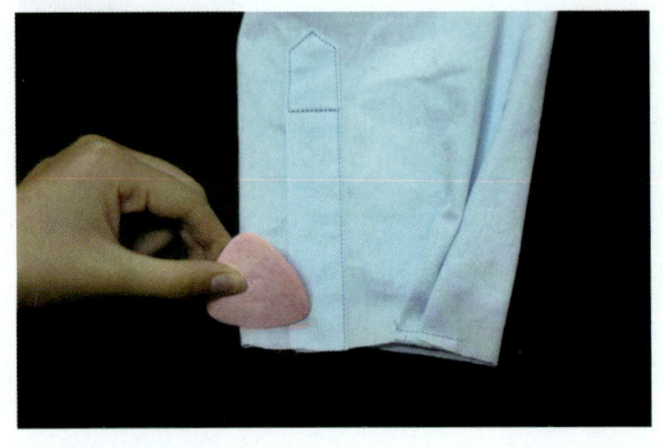

图 4—1—60 装袖克夫

19. 宝剑头袖衩缝制完成（见图 4—1—61）。

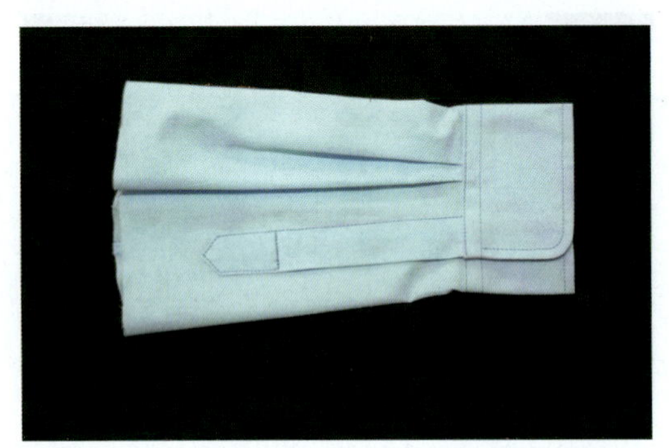

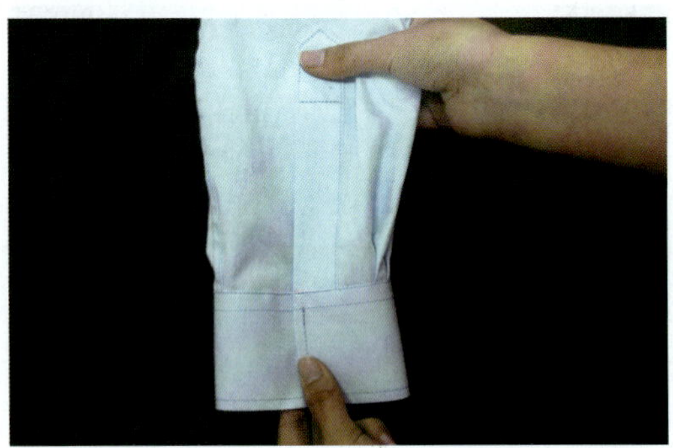

图 4—1—61 宝剑头袖衩缝制完成图

第二节 女衬衫缝制工艺

女衬衫因其款式变化多样、搭配简便而受到广大女性的喜爱。女衬衫现已脱离原本的“内衣”属性，逐步演变为一种单品，成为女性日常穿着的重要服装款式之一（见图 4—2—1）。女衬衫可随穿衣风格及着装场合的不同而变化，例如款式简单、有领、有袖、装饰少的衬衫适合白领女性，强调舒适性、款式简单、不刻意强调装饰的田园风格衬衫较适合少女等。

女衬衫适合的面料较广，从化学纤维到天然纤维都可以应用，一般选用质地轻薄、吸湿透气的面料制作，如丝绸、巴厘纱等。

接下来根据女衬衫服装样衣工艺通知单（见表 4—2—1）的要求，依据款式图，采用 M 号规格绘制裁剪结构图，并在结构图基础上进行放缝并制作出裁剪样板，在合适的面料上进行排料、裁剪及制作，完成女衬衫缝制。

图 4—2—1 女衬衫

表 4—2—1　女衬衫服装样衣工艺通知单

品牌：XXX 纸样编号：XXXXXX	款号：XXXXXX 下单日期：XXXX.XX.XX	名称：女衬衫 完成日期：XXXX.XX.XX

款式图：

系列规格表（5·4）　单位：cm

部位 \ 规格		155/80A	160/84A	165/88A	档差	公差
		S	M	L		
1	后中长	55	57	59	2	±1
2	胸围	90	94	98	4	±1
3	肩宽	37	38	39	1	不允许
4	袖长	61.5	63	64.5	1.5	±1
5	袖克夫长	21	22	23	1	±0.2

款式概述：

直腰身，飘带领，前衣片过肩处抽细裥，后身过肩分割，后中阴褶裥 1 个，门襟装 5 粒纽扣，直腰身，泡泡长袖，装袖克夫，左、右袖克夫处各 1 粒纽扣，一字袖衩

面料：巴厘纱
成分：棉 100%
组织：平纹组织
幅宽：144 cm

辅料：
粘合衬、纽扣、配色线、商标、洗水唛

工艺要求：

1. 前身：前衣片过肩处抽细褶裥，门襟 5 粒纽扣，锁平头扣眼
2. 后身：后衣片装过肩，压 0.1 cm 明线，后中阴褶裥 1 个
3. 袖子：平装泡泡袖，袖口开一字袖衩，高 8.5 cm，袖衩 1 cm 宽，装袖克夫，两只褶裥，袖克夫处 1 粒纽扣
4. 领子：飘带领，装领左右长短一致，三眼刀对准
5. 下摆：下摆 1 cm 卷边缝
6. 缉线：顺直，无跳针、断线现象
7. 商标：位置端正，号型标志清晰，号型钉在商标下沿
8. 整烫：各部位熨烫到位，平服，无亮光、水花、污迹，底边平直无起浪现象
9. 针迹：明线 12 针 /3 cm

工艺编制：　　　　工艺审核：　　　　审核日期：

一、规格尺寸（见表 4—2—2）

表 4—2—2 女衬衫 M 号规格表 单位：cm

号型	部位	后中长	胸围	肩宽	袖长	袖克夫长 / 宽
160/84A	规格	57	94	38	63	22/5

二、裁片配置

1. 主要裁片名称

前衣片、后衣片、过肩、领子、袖片、袖克夫、袖衩。

2. 裁片图（见图 4—2—2）

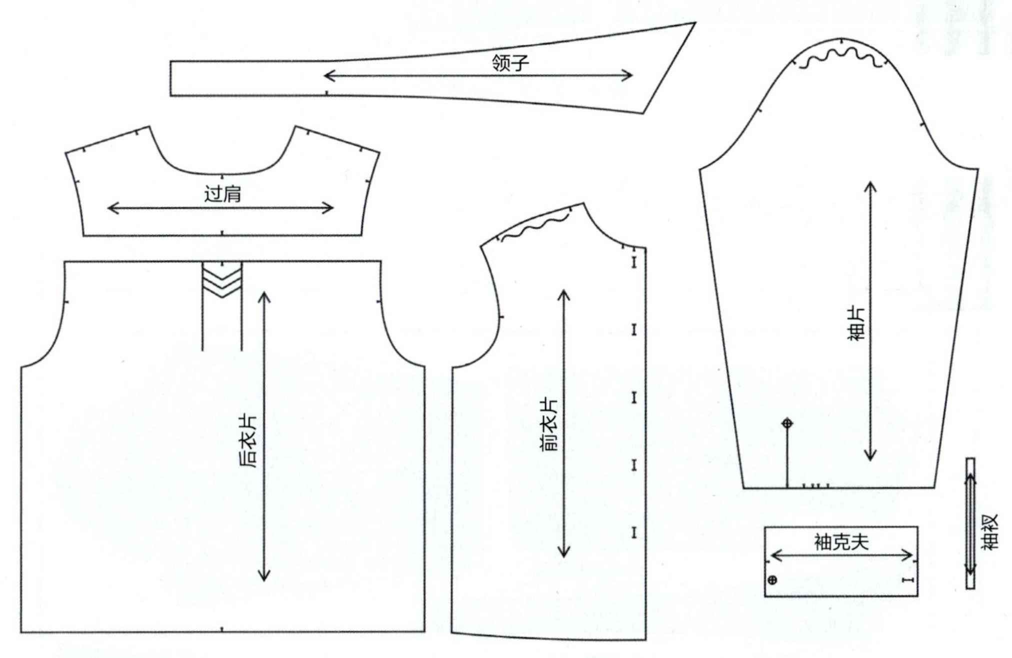

图 4—2—2 裁片图

3. 放缝图（见图 4—2—3）

（1）衣片底边放缝 1.5 cm，前衣片门襟放缝 5 cm，其余各边放缝 1 cm。

（2）袖山泡泡袖处与衣身袖窿做抽褶裥对位刀眼，袖衩 8.5 cm 处绘制钻眼标记，袖口处做褶裥刀眼。

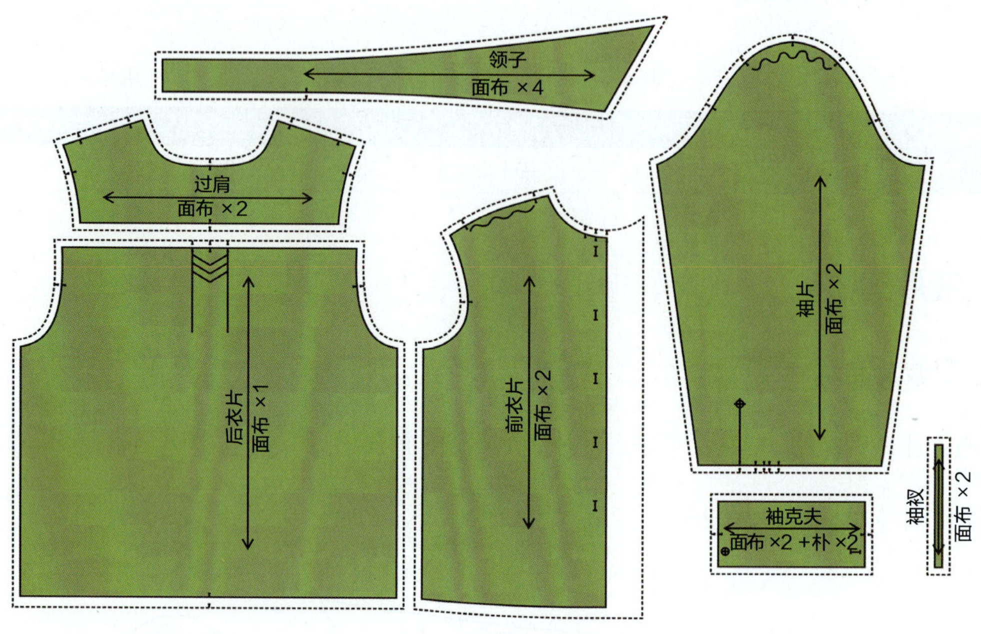

图 4—2—3　放缝图

4. 排料图（见图 4—2—4）

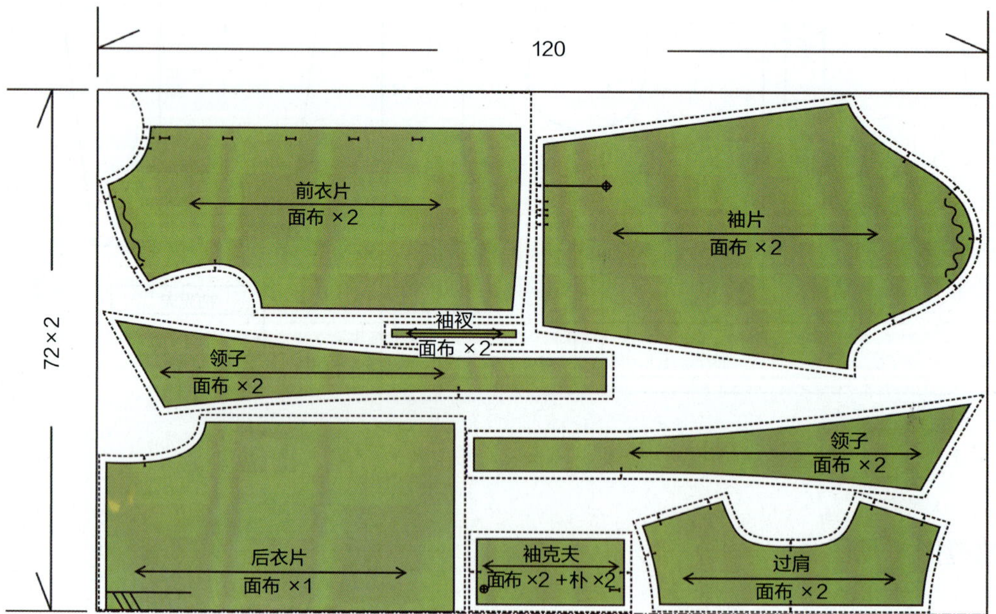

图 4—2—4　排料图

三、生产准备

1. 材料准备（表 4—2—3）

表 4—2—3　女衬衫所需材料准备表

面料	前衣片 ×2　后衣片 ×1 过肩 ×2　袖片 ×1 袖克夫 ×2　袖衩 ×2 领子 ×4
辅料	无纺衬若干　配色线 ×1 纽扣 ×7

2. 面、辅料裁剪注意事项

详见一步裙面、辅料裁剪注意事项。

3. 工艺流程

粘衬→拼过肩→装袖→合侧缝→做袖克夫→装袖克夫→做领→装领→卷底边→锁眼、钉扣→整烫。

四、产品制作

1. 衣片门、里襟粘衬：将前衣片门襟粘 8 cm 宽无纺衬，粘衬无起泡现象，并将门、里襟止口折进 0.5 cm 后车缝 0.1 cm 固定（见图 4—2—5）。

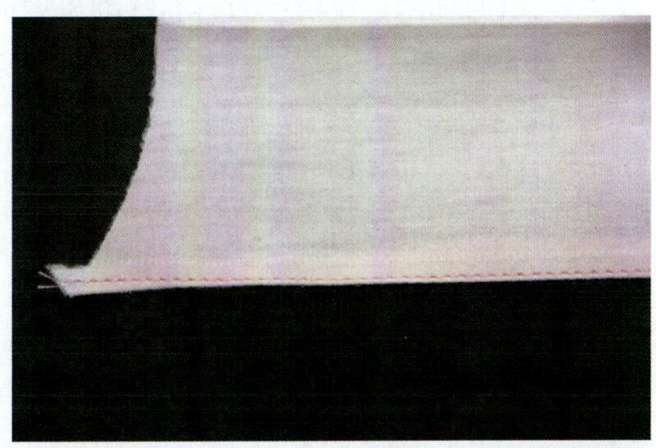

图 4—2—5　衣片门、里襟粘衬

2. 烫门、里襟：将前衣片门、里襟止口按照刀眼位折烫（见图 4—2—6）。

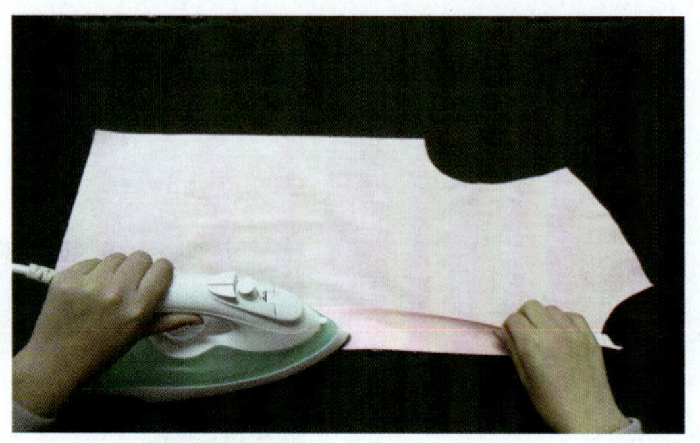

图 4—2—6 烫门、里襟

3. 拼过肩：将后衣片后中处，按照刀眼位对折后 0.5 cm 固定出阴褶裥，并将后衣片夹在过肩面、底中间，1 cm 车缝固定，注意过肩要正面相对（见图 4—2—7）。

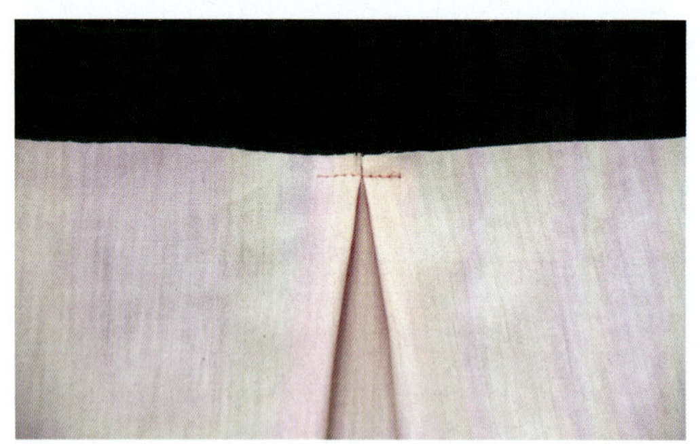

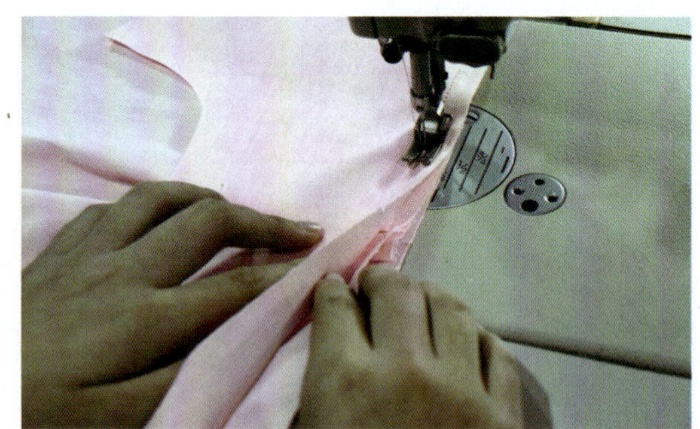

图 4—2—7 缝过肩

4. 过肩加固：将缝好的后衣片的过肩面、里倒向上端，在过肩上车缝 0.1 cm 加固（见图 4—2—8）。

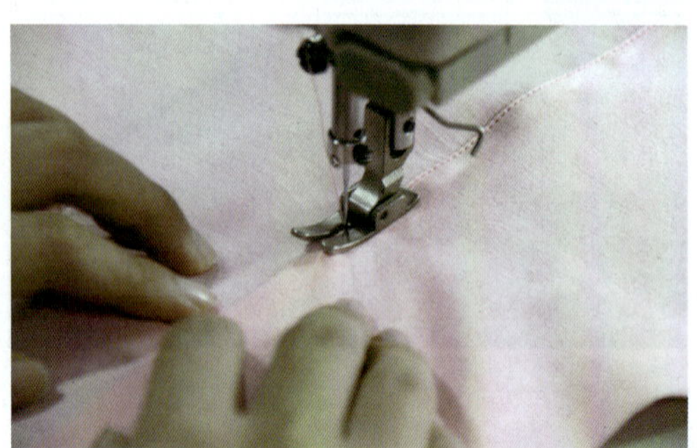

图 4—2—8 过肩加固

5. 拼肩缝：将过肩的面、里正面相对，把前衣片夹在过肩中间，此时注意前衣片正面与过肩面正面相对，同时前衣片与过肩的肩缝对齐，领圈、袖窿对准后，1 cm 拼缝，并将前衣片推出细褶裥（见图 4—2—9）。

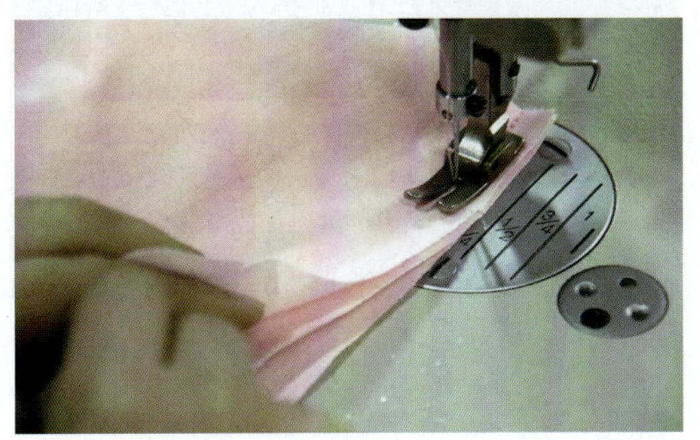
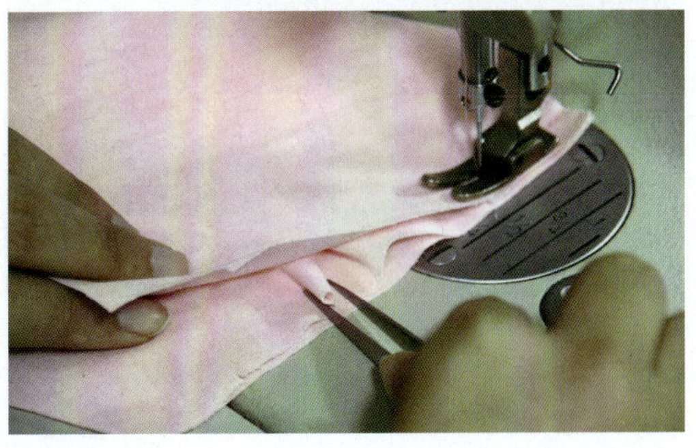

图 4—2—9　拼肩缝

6. 过肩加固：将前衣片从过肩中翻出，在过肩肩缝上 0.1 cm 明线加固（见图 4—2—10）。

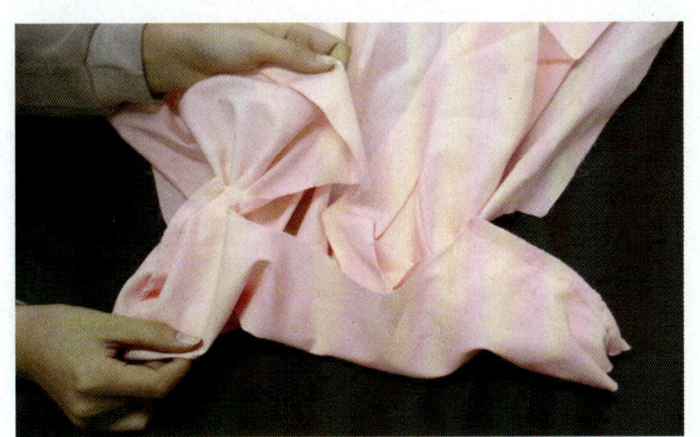

图 4—2—10　过肩加固

7. 开袖衩：将袖片按照开衩位开剪，开剪长 9.5 cm，其中包含 1 cm 装袖克夫缝份（见图 4—2—11）。

图 4—2—11　开袖衩

8. 烫袖衩：将袖衩条三折扣烫成 1 cm 宽的条子（见图 4—2—12）。

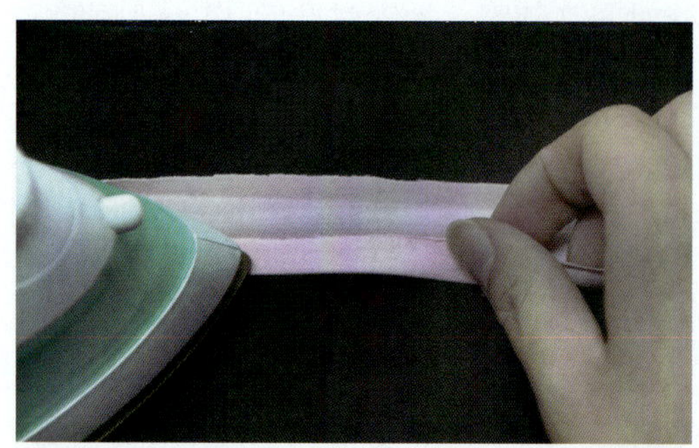

图 4—2—12　烫袖衩

9. 装袖衩条：袖片正面朝上，袖衩剪口处夹进袖衩条 0.3 cm，将袖衩条 0.1 cm 车缉固定在袖片袖衩位上，注意袖衩转角处袖片平服无褶皱（见图 4—2—13）。

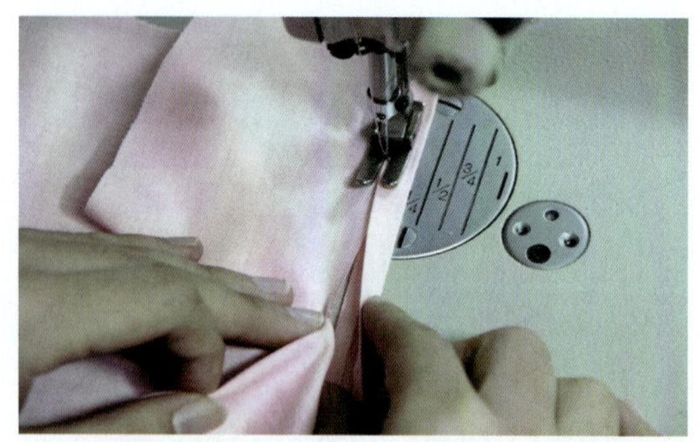
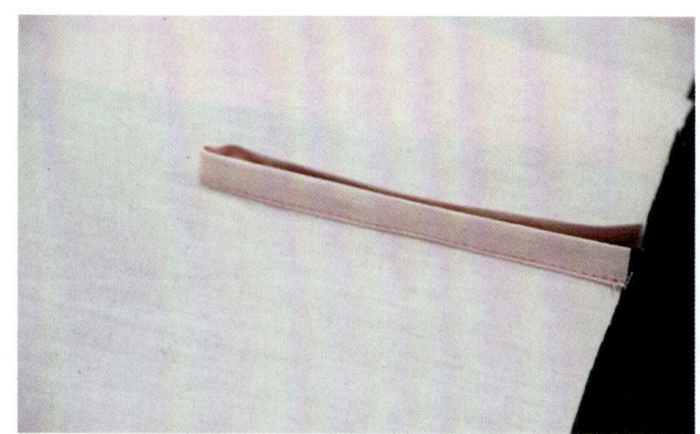

图 4—2—13　装袖衩条

10. 固定袖衩：袖衩条反面在折口处沿 45° 角方向来回固定三道缝线，袖衩门襟向反面折进，在袖口处 0.5 cm 车缉固定（见图 4—2—14）。

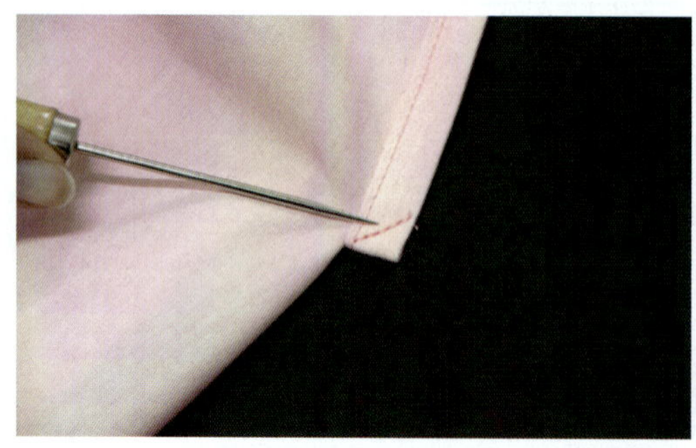
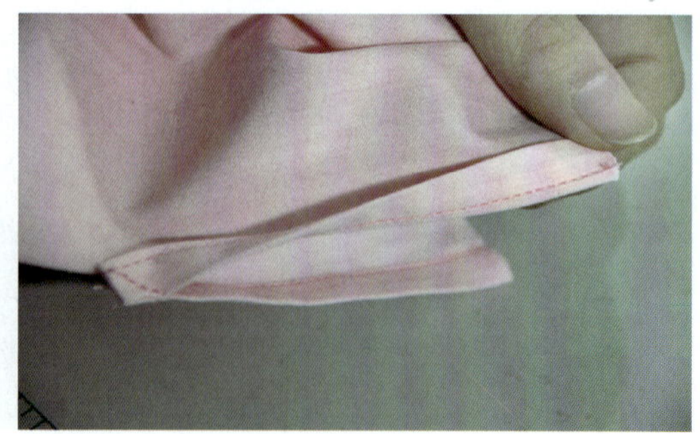

图 4—2—14　固定袖衩

11. 抽袖山：将缝纫机针距调至最大，沿袖山 0.5 cm 缝份，在泡泡褶裥的两个刀眼中间车缝一道线，注意两端要留出一端线，拉起一根线抽紧（见图 4—2—15）。

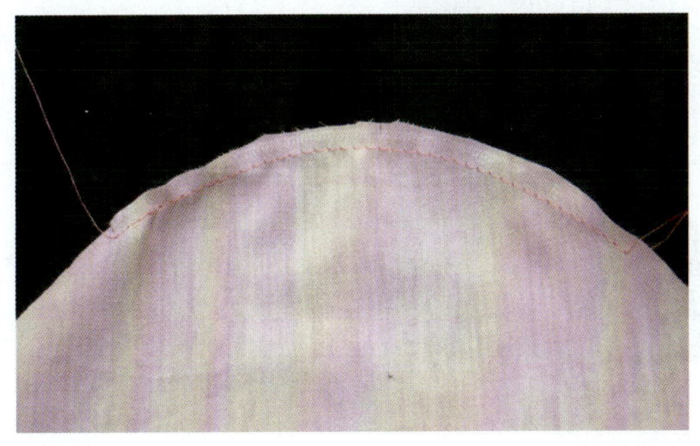
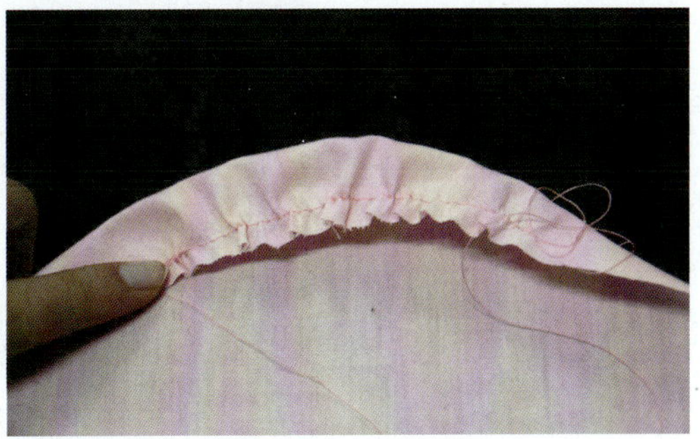

图 4—2—15　抽袖山

12. 装袖：衣片、袖片正面相对，袖窿前后对准，1 cm 平装车缝固定，并将袖窿锁边（见图 4—2—16）。注意袖片在上，衣身在下，装袖刀眼位对准，袖窿不能拉还口。

图 4—2—16　装袖

13. 合侧缝：将衣片前后正面相对，沿侧缝 1 cm 车缝，袖底十字缝对准（见图 4—2—17）。

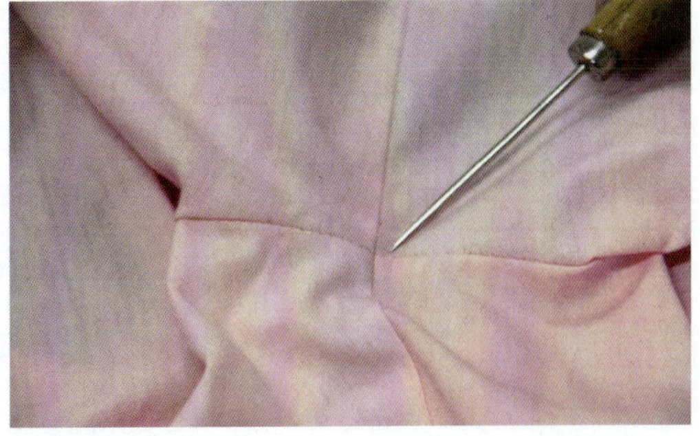

图 4—2—17　合侧缝

14. 侧缝锁边：将缝好的侧缝锁边（见图 4—2—18）。

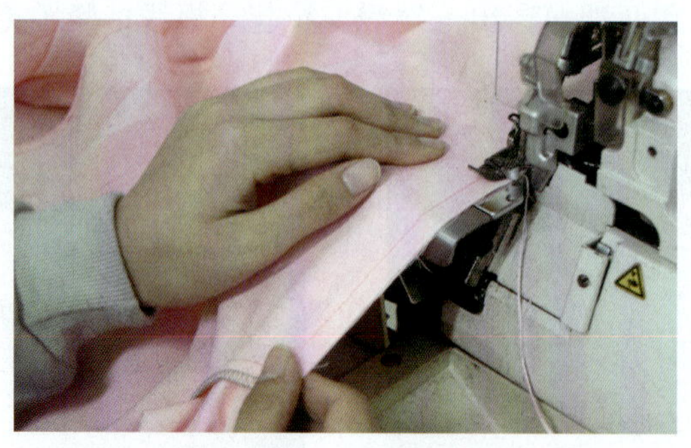

图 4—2—18　侧缝锁边

15. 袖克夫粘衬：将袖克夫反面粘衬，袖克夫面一侧扣烫 1 cm，袖头折烫成 5 cm 宽，袖克夫里预留 1 cm 缝份（见图 4—2—19）。

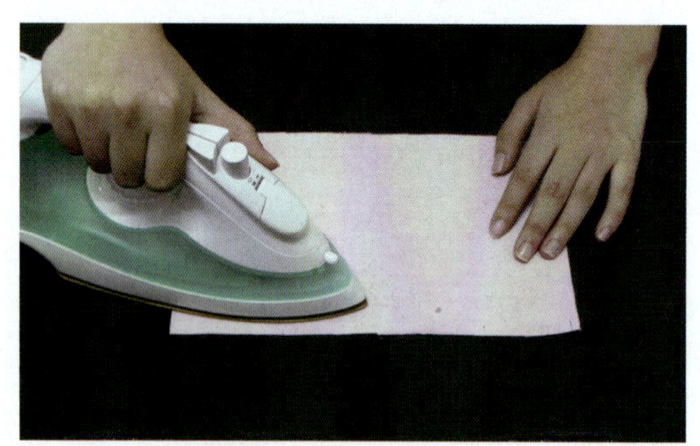
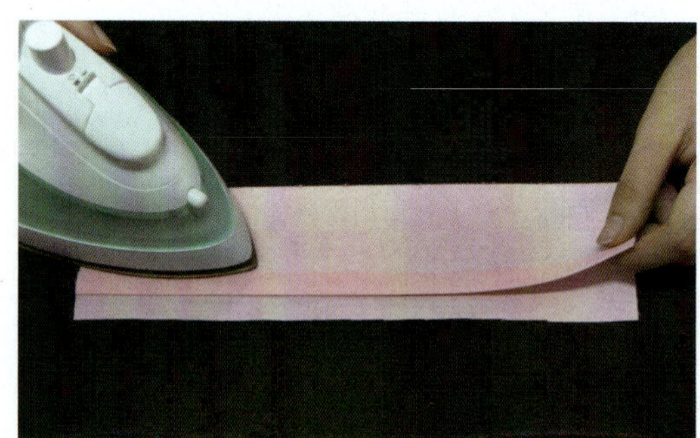

图 4—2—19　袖克夫粘衬

16. 做袖克夫：将袖克夫里缝份向袖克夫面折进，两侧 1 cm 车缝（见图 4—2—20）。

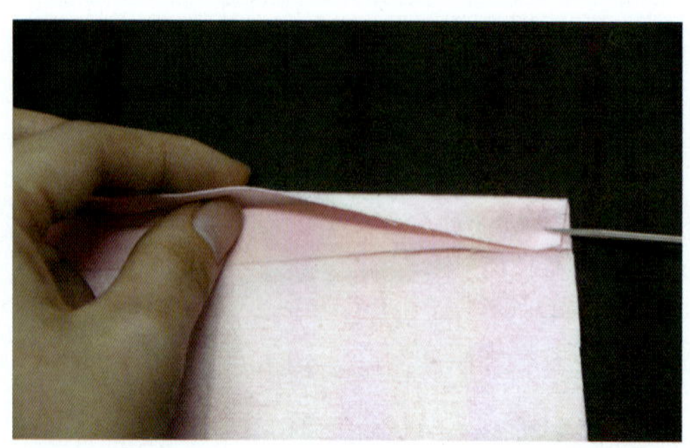

图 4—2—20　做袖克夫

17. 翻袖克夫：将袖克夫两侧缝份修剪成 0.6 cm 后翻正袖克夫，袖克夫要方正（见图 4—2—21）。

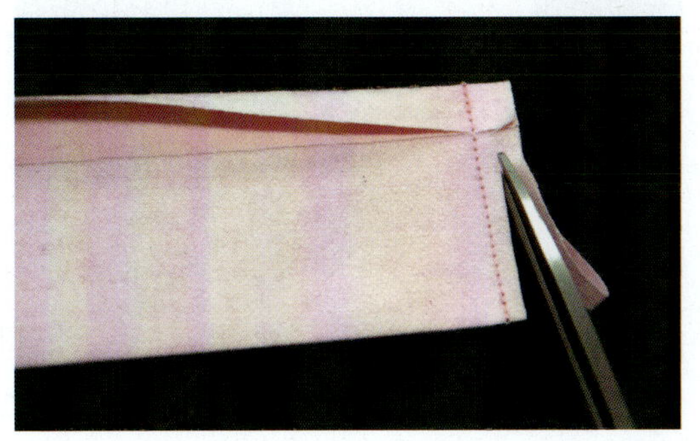

图 4—2—21　翻袖克夫

18. 袖口缝定位：将袖口缝褶裥按刀眼折出，倒向开衩位，袖口处 0.5 cm 固定一道缝线，并在门、里襟处划出装袖克夫对位标记（见图 4—2—22）。

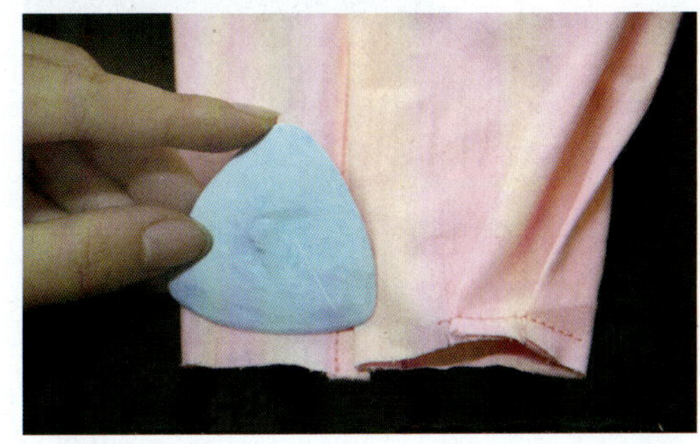

图 4—2—22　袖口缝定位

19. 装袖克夫：将袖子翻到反面后夹进袖克夫 1 cm，0.1 cm 闷缝（见图 4—2—23）。

图 4—2—23　装袖克夫

20. 合领中：将领面、领底后中 1 cm 拼缝，并分烫（见图 4—2—24）。

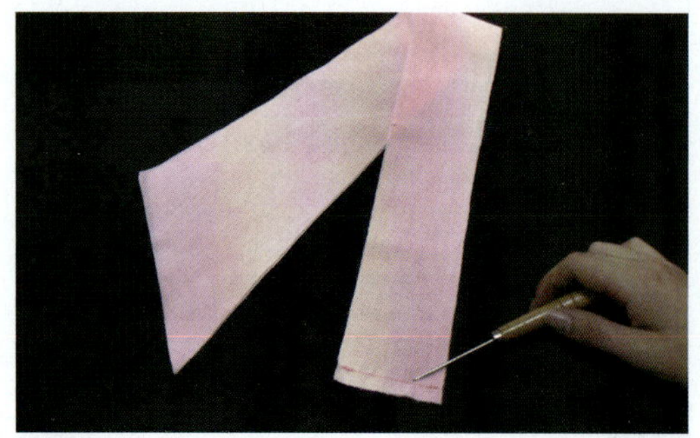
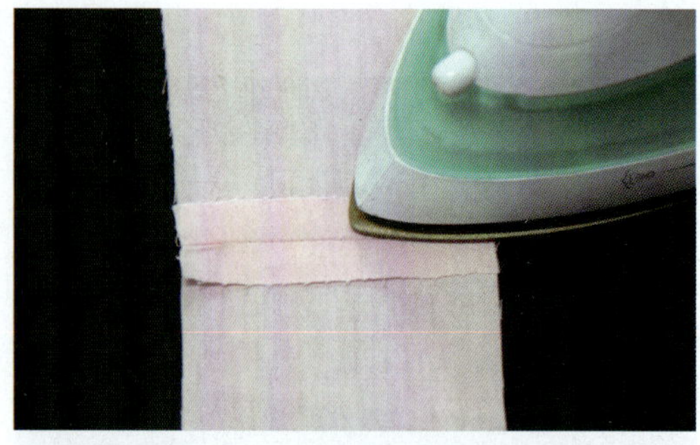

图 4—2—24 合领中

21. 做领：将领面领底面面相对，从一侧装领点起针至另一侧装领点，1 cm 四周拼缝，并将缝份修成 0.4 cm 后翻正（见图 4—2—25）。

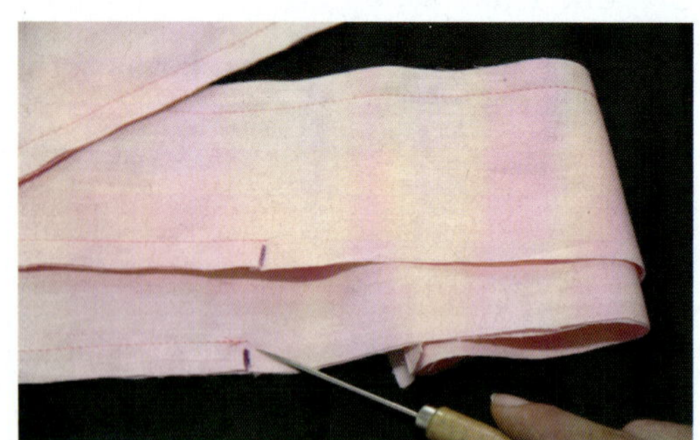
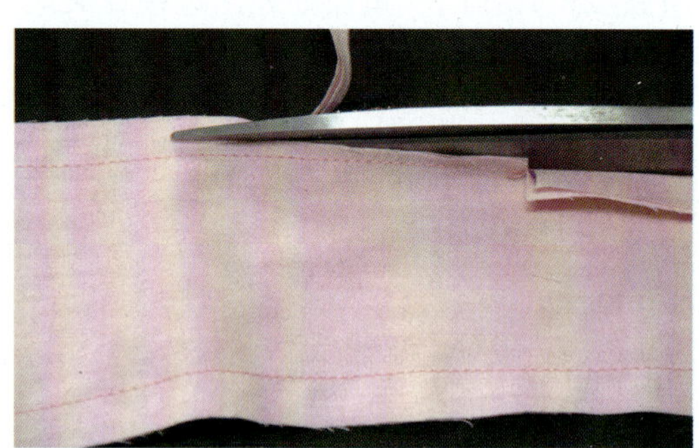

图 4—2—25 做领

22. 门襟上口封口：将衣身门、里襟挂面沿止口折向正面，1 cm 沿上口拼缝至装领点，并在装领点处开剪（注意不能剪毛），并翻正门、里襟止口（见图 4—2—26）。

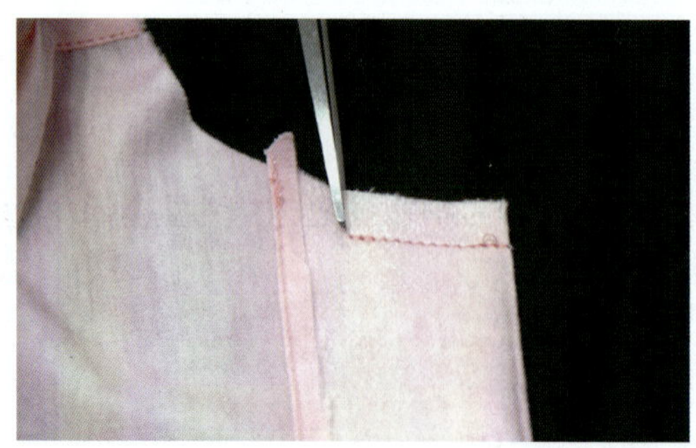
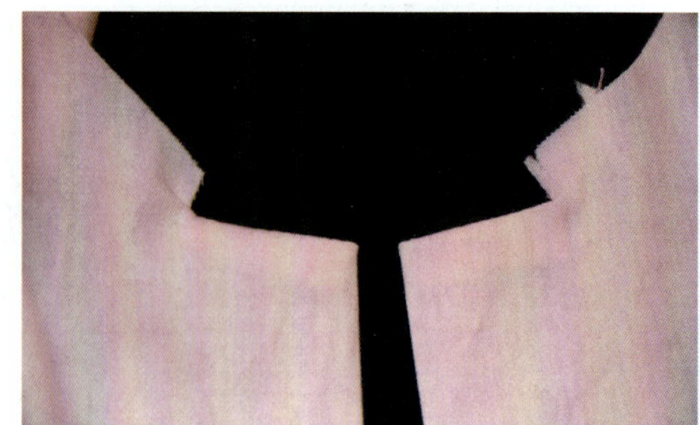

图 4—2—26 门襟上口封口

23. 装领点对位：将装领的三眼刀对位，即衣身后中对后领中，衣片肩颈点对领肩颈点（见图 4—2—27）。

图 4—2—27　装领点对位

24. 装领：将领里与衣身里面面相对，从装领点 1 cm 拼缝，三眼刀对准，将领面下口向反面 1 cm 折光，盖住装领里缝线，0.1 cm 上坑缝，将领面与领里合上（见图 4—2—28），要求缝线顺直，无浮线、跳线。

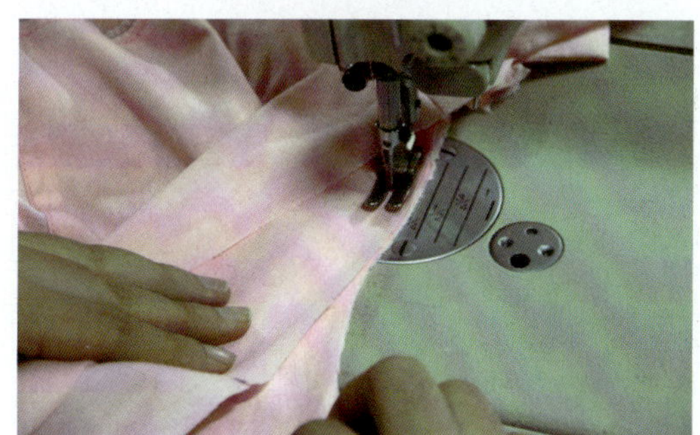

图 4—2—28　装领

25. 底边卷边缝：将衣片底边 1 cm 卷边缝，注意左右衣片门、里襟长短一致（见图 4—2—29）。

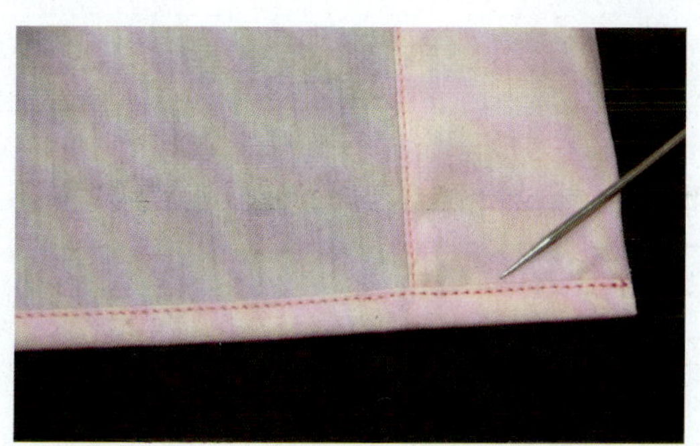

图 4—2—29　底边卷边缝

26. 锁眼、钉扣：将衣片、袖克夫门襟锁平头扣眼，衣片、袖克夫里襟钉纽扣（见图 4—2—30）。

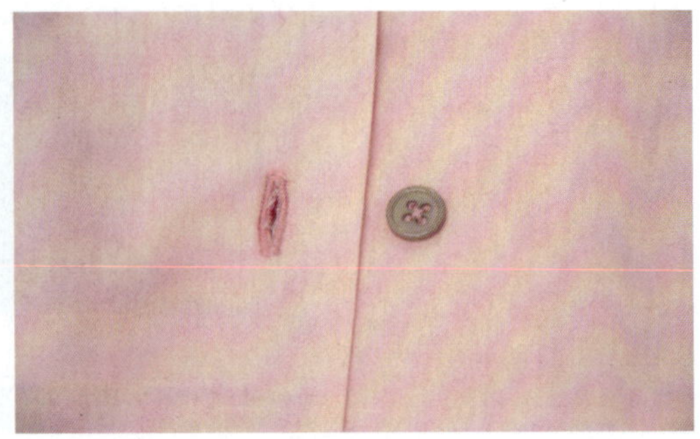

图 4—2—30　锁眼、钉扣

27. 整烫：将做好的衬衫进行全面整烫，注意控温，不能烫黄、烫焦（见图 4—2—31）。

图 4—2—31　整烫

女衬衫成品如图 4—2—32 所示。

图 4—2—32　女衬衫成品图

操作提示

◆领、袖是衬衫制作的重点之一。要求做到领、袖平整，袖克夫方正，领子无扭曲现象。

◆开衩处平整，无褶皱。

◆装袖刀眼位对准，前后不能装反。

◆门、里襟长短一致，锁眼、钉扣要准确。

◆产品要求整洁，无线头，无极光。

五、学习评价

序号	项目	质量要求	分值	自评	小组互评	教师评价	小计
1	规格	各部位规格尺寸不超极限标准	10				
2	衣身	衣身平整，无不良皱褶，无极光、烫黄	10				
3	袖子	左右袖子长短一致，开衩平整，泡袖左右对称，袖克夫平服、方正，不起扭，长短、宽窄一致	10				
4	领子	领子平整，左右长短一致，装领点对位对准	10				
5	整烫	熨烫平整，无烫黄、烫焦、水渍、污渍	10				
合计							

第三节　男衬衫缝制工艺

相对于女衬衫款式而言，男衬衫款式较稳定，硬领、直腰身、平下摆是最常见的男衬衫样式（见图 4—3—1）。男衬衫的款式设计一般都放在局部部位的变化以及合体程度的变化上，强调工艺制作与面料的舒适性。男衬衫有英式风格、法式风格、意式风格和美式风格之分，同时，根据不同的穿着场合及用途又可分为正装衬衫、休闲衬衫、家居衬衫及便装衬衫等。由于衬衫起源于欧洲，衬衫所用的扣子来自于法式衬衫的穿插式袖扣的启发，所以正装衬衫的款式基本都以法式衬衫为基础，具备美观的法式叠袖。

男衬衫的领子讲究且多变，领子样式按照翻领角所形成的造型分类，有小方领、中方领、短尖领、中尖领、长尖领等。男衬衫领的质量主要取决于领衬材质和加工工艺，要求平挺不起皱、领角不外翘、领子无工艺疵点。男衬衫衣身主要有直腰身、曲腰身、内翻门襟、外翻门襟、方下摆、圆下摆以及有背褶和无背褶等，袖子有长袖、短袖、单袖头、双袖头等。

接下来根据男衬衫服装样衣工艺通知单（见表 4—3—1）的要求，依据款式图，采用 M 号规格绘制裁剪结构图，并在结构图基础上进行放缝并制作出裁剪样板，在合适的面料上进行排料、裁剪及制作，完成男衬衫缝制。本款可作为男衬衫基础款，根据此款式可演变出多种风格衬衫款式。

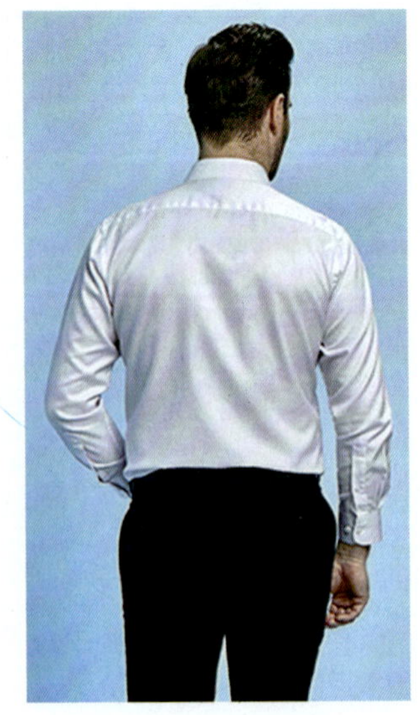

图 4—3—1　男衬衫

表 4—3—1　男衬衫服装样衣工艺通知单

品牌：XXX 纸样编号：XXXXXX	款号：XXXXXX 下单日期：XXXX.XX.XX	名称：男衬衫 完成日期：XXXX.XX.XX

款式图：

部位 \ 规格		165/84A S	170/88A M	175/92A L	档差	公差
系列规格表（5·4）						单位：cm
1	后中长	70	72	74	2	±1
2	胸围	102	106	110	4	±1
3	领围	39	40	41	1	±0.5
4	肩宽	44.8	46	47.2	1.2	不允许
5	袖长	62.5	64	65.5	1.5	±1
6	袖克夫长	25.5	26	26.5	0.5	±0.2
7	袖克夫宽	6	6	6	0	±0.1
8	袖衩高	12	12	12	0	±0.2

款式概述：

衬衫为直腰身，翻门襟，门襟6粒纽扣，左前胸一个贴袋，平装长袖，做宝剑头袖衩，圆头袖克夫，袖头处2个顺风裥，后衣片拼装过肩，领子为企领，底边卷边，袖子、侧缝扣压缝

面料：府绸
成分：棉 100%
组织：平纹组织
幅宽：144 cm

辅料：

无纺粘合衬、树脂粘合衬、纽扣、配色线、商标、洗水唛

工艺要求：

1. 前衣片：门襟贴门襟，明线 0.15 cm，左前胸一个贴袋，共计 6 粒纽扣
2. 后衣片：1 cm 拼缝过肩，压 0.1 cm 明线加固
3. 袖子：装袖头，做宝剑头袖衩，开衩 12 cm，2 个顺风裥
4. 领子：领子为企领，上领 0.6 cm 明线，下领 0.15 cm 圈缝明线，无断线、浮线，无起泡，领角大左右相等，窝势自然
5. 缉线：顺直，无跳针、断线现象
6. 商标：位置端正，商标钉于下领中心
7. 整烫：各部位熨烫到位，平服，无极光、水花、污渍
8. 针迹：明线 12 针 /3 cm

工艺编制：　　工艺审核：　　审核日期：

一、规格尺寸（见表 4—3—2）

表 4—3—2　男衬衫 M 号规格表　　　　单位：cm

号型	部位	后中长	胸围	领围	肩宽	袖长	袖克夫长 / 宽	袖衩高
170/88A	规格	72	106	40	46	64	26/6	12

二、裁片配置

1. 主要裁片名称

前衣片、后衣片、过肩、袖片、袖克夫、袖衩门襟、袖衩里襟、上领、下领、贴门襟。

2. 裁片图（见图 4—3—2）

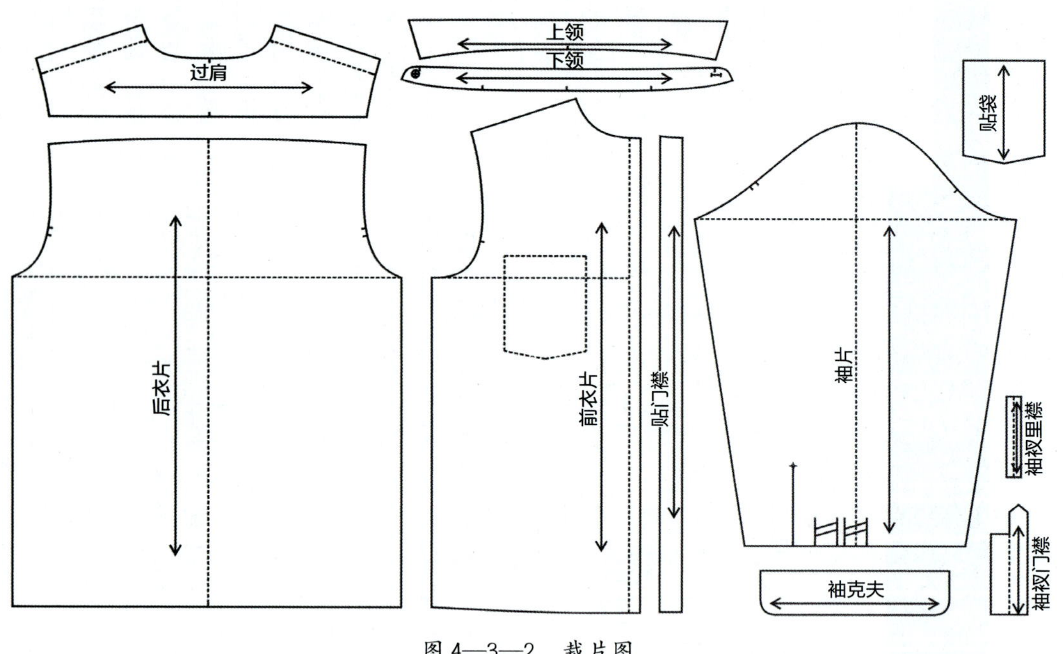

图 4—3—2　裁片图

3. 放缝图（见图 4—3—3）

（1）前衣片底边、里襟边放缝 3.5 cm，其余边放缝 1 cm。

（2）后衣片底边放缝 2 cm，其余边放缝 1 cm。

（3）贴袋上口放缝 6 cm，袖片、袖克夫、领子、袖衩门襟、袖衩里襟放缝 1 cm。

（4）前衣片贴袋、开衩位钻孔，装袖、装领对位处绘制刀眼标记。

（5）前衣片门襟处绘制锁眼标记。

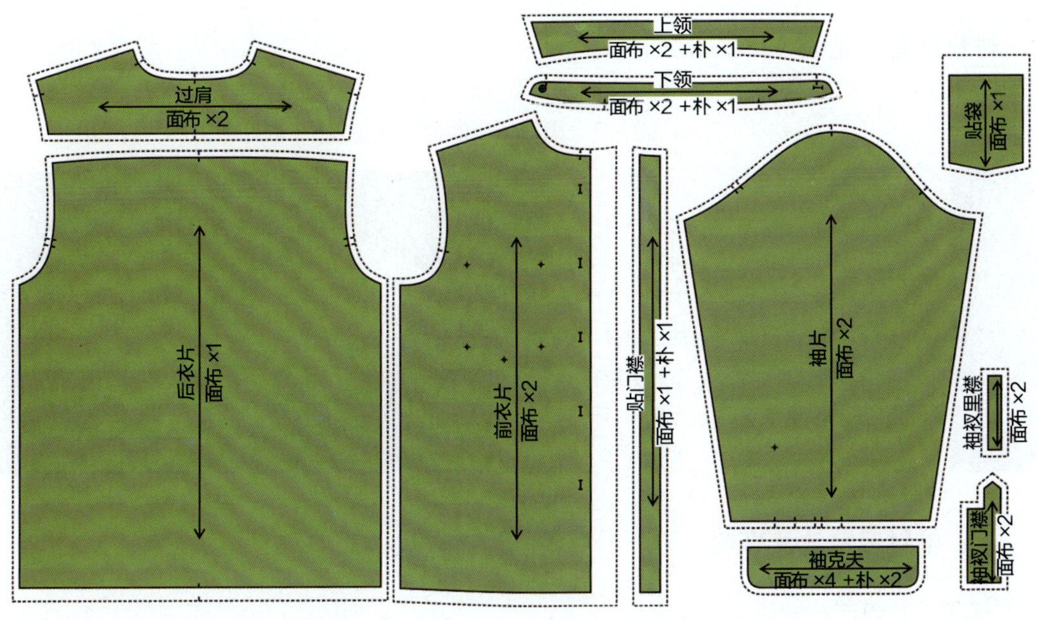

图 4—3—3 放缝图

4. 排料图（见图 4—3—4）

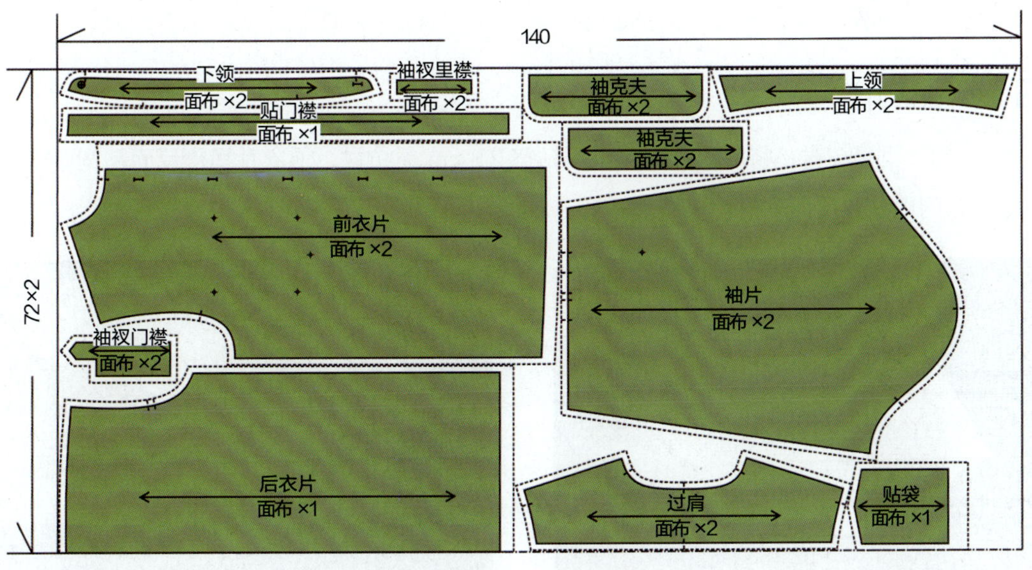

图 4—3—4 排料图

三、生产准备

1. 材料准备（见表 4—3—3）

表 4—3—3 男衬衫所需材料准备表

面料	前衣片 ×2 后衣片 ×1 袖片 ×2 上领 ×2 袖衩门襟 ×2	贴门襟 ×1 过肩 ×2 袖克夫 ×4 下领 ×2 袖衩里襟 ×2	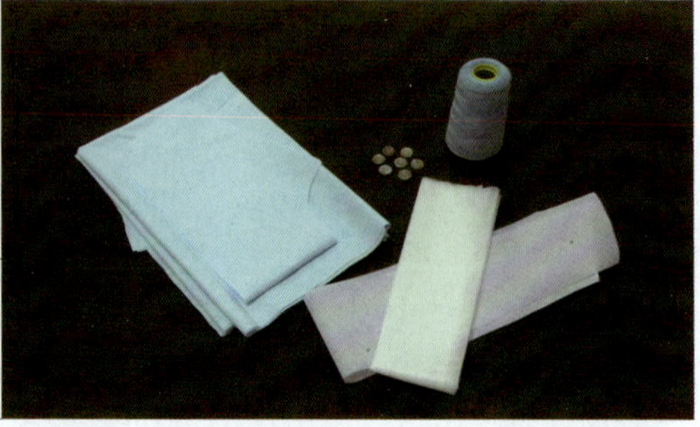
辅料	上领树脂衬 ×1 袖克夫树脂衬 ×2 纽扣 ×6	下领树脂衬 ×1 无纺衬若干 配色线 ×1	

2. 面、辅料裁剪注意事项

详见一步裙面、辅料裁剪注意事项。

3. 工艺流程

衣身门、里襟→钉贴袋→做袖衩门、里襟→装袖衩门、里襟→装袖→做、装袖克夫→做、装领→卷底边→锁眼、钉扣→整烫。

四、产品制作

1. 门、里襟粘衬：将前衣片门襟正面粘宽 2.8 cm 无纺衬，前衣片里襟反面粘宽 5.5 cm 无纺衬，门襟贴边反面粘衬（见图 4—3—5）。

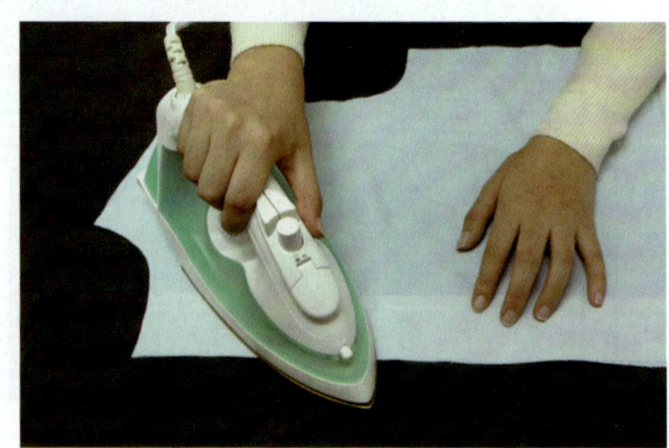

图 4—3—5 门、里襟粘衬

2. 贴袋定位：在左前衣片胸前划出贴袋位（见图 4—3—6）。

图 4—3—6　贴袋定位

3. 扣烫贴袋口：将贴袋袋口向反面两折 3 cm，要烫直、烫煞（见图 4—3—7）。

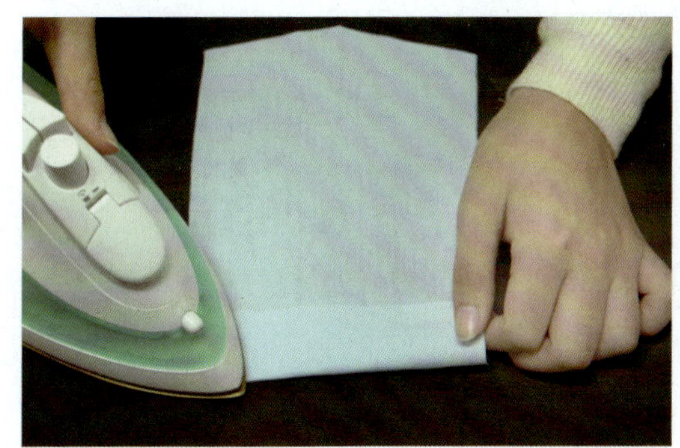

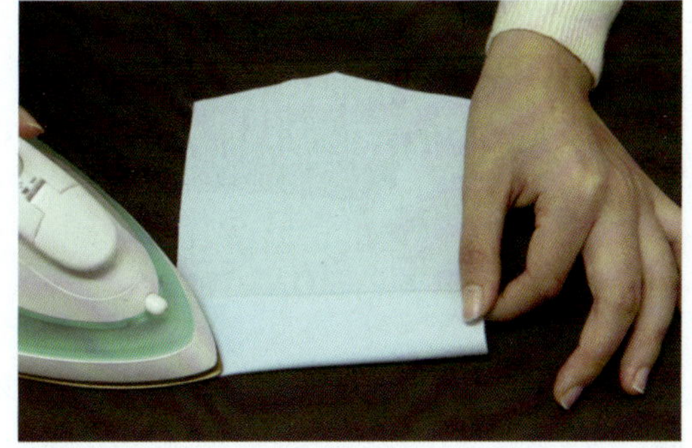

图 4—3—7　扣烫贴袋口

4. 扣烫贴袋：将卷边 3 cm 缉缝 0.1 cm 装饰明线，明线顺直，无跳线、浮线、断线，并用贴袋净样板扣烫出贴袋形状，要烫煞、烫挺（见图 4—3—8）。

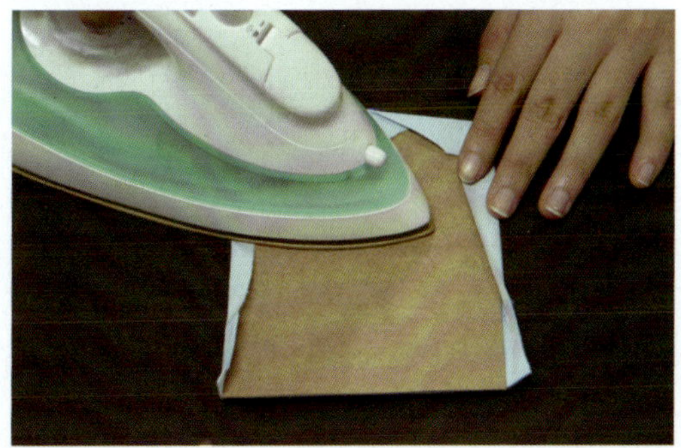

图 4—3—8　扣烫贴袋

5. 钉贴袋：将烫好的贴袋 0.1 cm 钉缝在左衣片胸袋位上，缝纫线迹如图 4—3—9 所示，袋口处宽 0.6 cm。要求缝线顺直，无跳线、浮线；袋口要留有 0.2 cm 松量，不能过紧，防止穿着时紧绷出现不良褶皱。

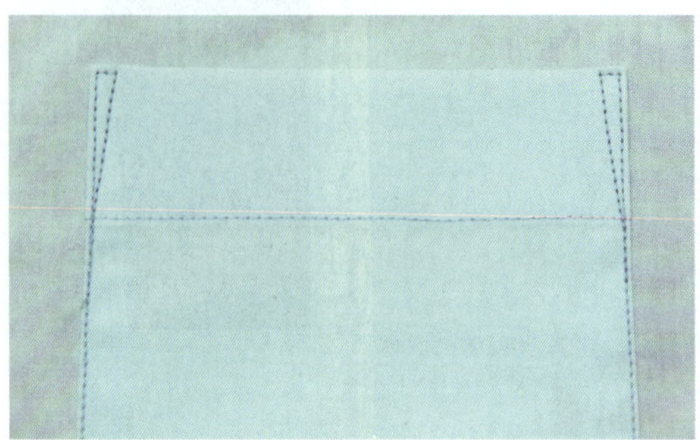

图 4—3—9　钉贴袋

6. 拼门襟：将贴门襟正面与左前衣片反面门襟 1 cm 拼缝（见图 4—3—10）。

图 4—3—10　拼门襟

7. 修整贴门襟止口：将拼缝贴门襟缝份修剪成 0.6 cm，并将贴门襟烫成 3 cm 宽（见图 4—3—11）。

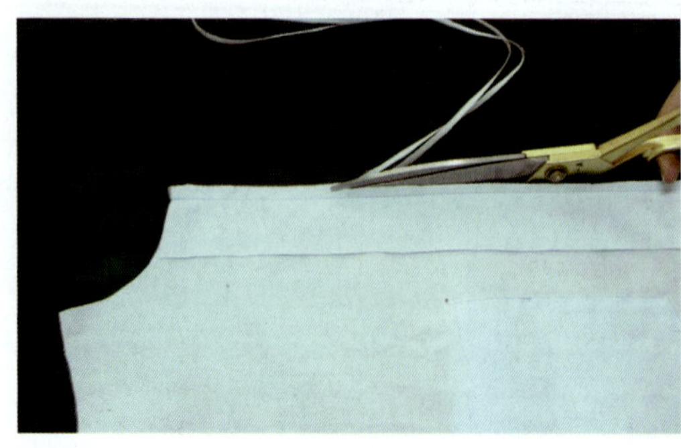
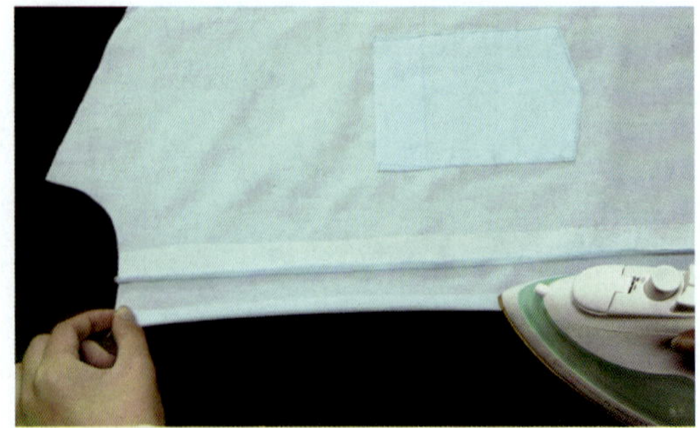

图 4—3—11　修整贴门襟止口

8. 清贴门襟止口：将贴门襟翻正，两边缉缝 0.15 cm 清止口（见图 4—3—12）。

图 4—3—12　清贴门襟止口

9. 缝里襟：将右前衣片里襟向反面卷边 2.8 cm，后 0.1 cm 缉缝清止口（见图 4—3—13）。

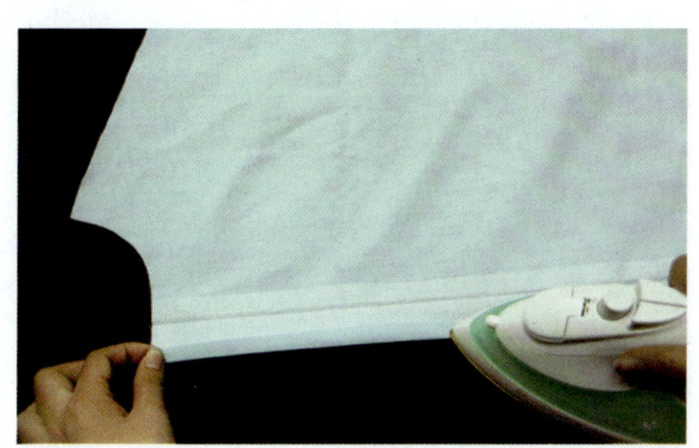

图 4—3—13　缝里襟

10. 拼过肩：将过肩面面相对，后衣片置于过肩中间，后衣片与过肩面正面相对，1 cm 夹缝后衣片，再将过肩底层掀开，缝份倒向过肩，在过肩上 0.1 cm 缉缝加固明线一道，起落针回针加固（见图 4—3—14）。

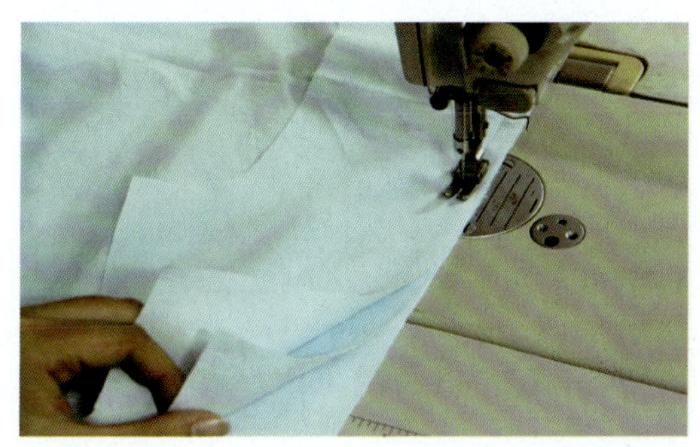
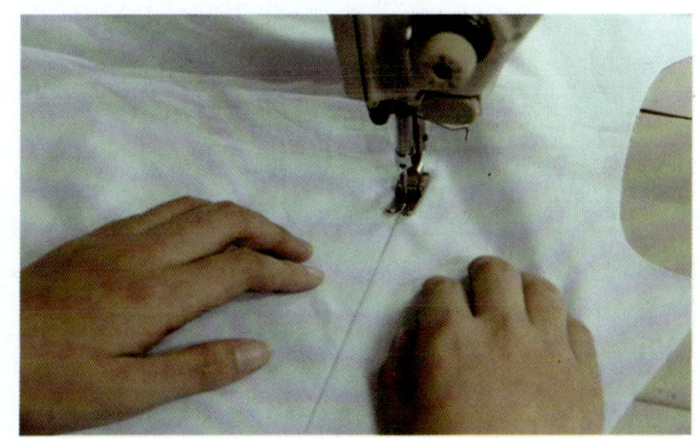

图 4—3—14　拼过肩

11. 拼肩缝：将过肩底层正面与前衣片反面相对，领圈对准，肩缝 1 cm 拼缝（见图 4—3—15）。

图 4—3—15　拼肩缝

12. 盖缝过肩面：将过肩面肩缝向反面折烫 0.7 cm 后盖住过肩底层肩缝，0.1 cm 盖缝过肩面，过肩底层为下坑缝（见图 4—3—16）。要求车线顺直，无跳线、浮线、断线。

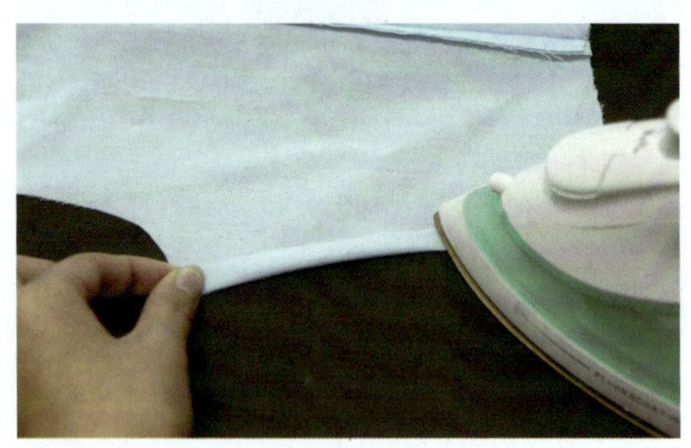
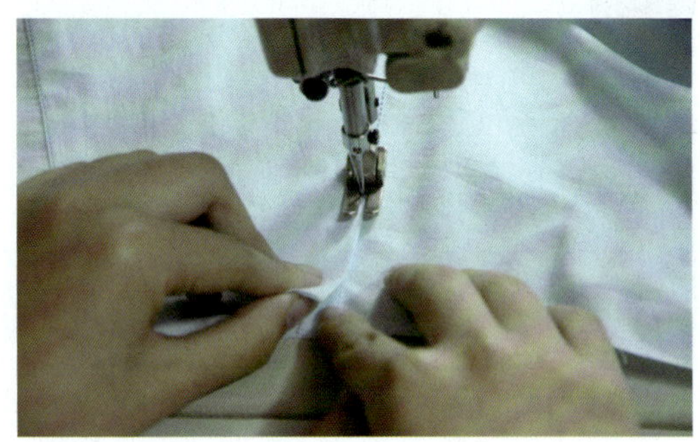

图 4—3—16　盖缝过肩面

13. 扣烫袖衩门襟：将袖衩门襟用净样板扣烫，最终尺寸为长 17 cm、宽 2.5 cm 的条子，注意左右为一对，不能烫成一顺（见图 4—3—17）。

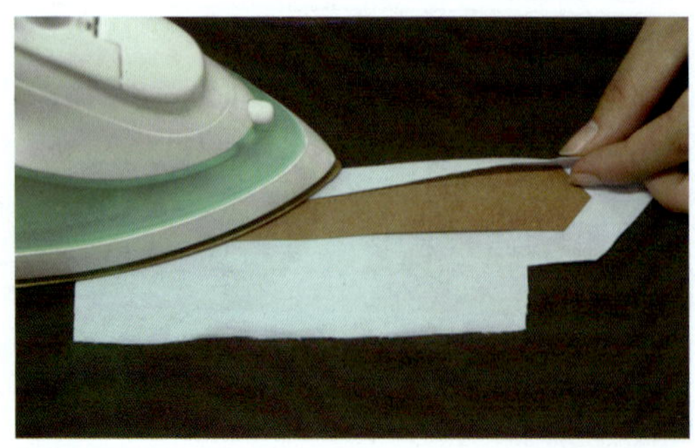
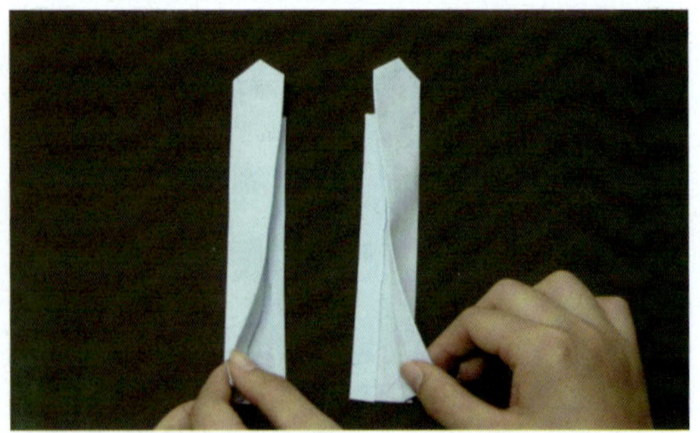

图 4—3—17　扣烫袖衩门襟

14. 袖衩门襟开剪：从袖衩门襟上端向下量 4 cm，在袖衩门襟底层一侧划出标记线，之后斜向开剪，剪口距标记线与袖衩门襟中折线的交点 0.2 cm，不能剪过头（见图 4—3—18）。

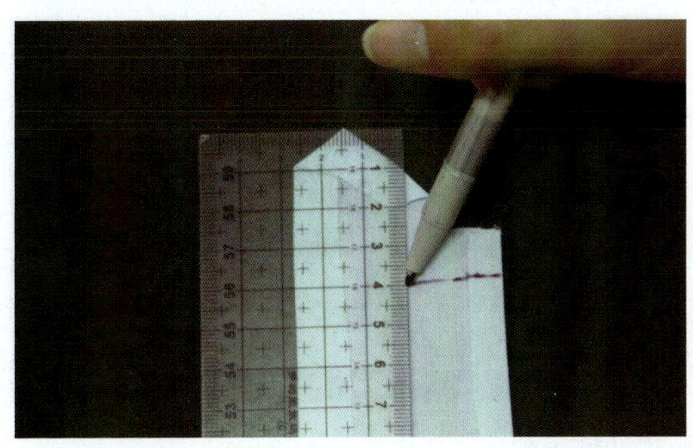
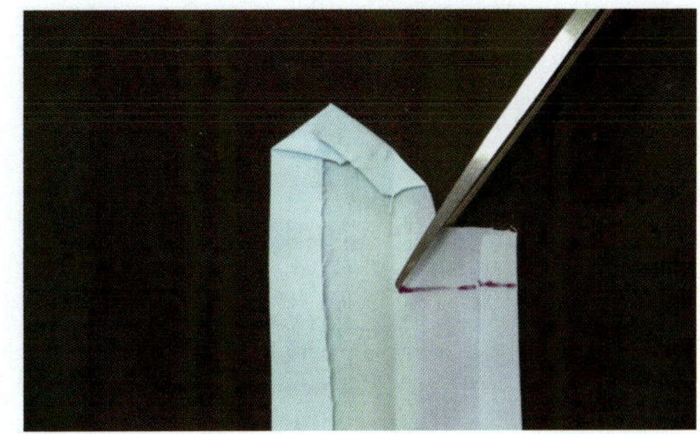

图 4—3—18　袖衩门襟开剪

15. 折袖衩门襟底层：将袖衩门襟底层折光，注意左右为一对，不能做成一顺（见图 4—3—19）。

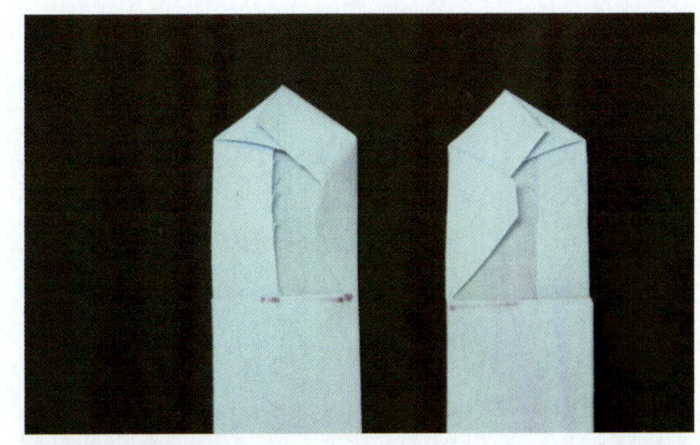

图 4—3—19　折袖衩门襟底层

16. 烫袖衩里襟：将袖衩里襟三折烫成宽 1 cm 的袖衩里襟条（见图 4—3—20）。

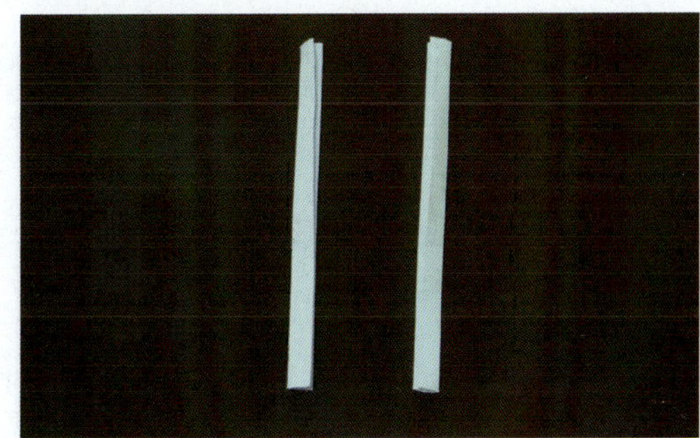

图 4—3—20　烫袖衩里襟

17. 钉袖衩里襟定位：袖衩里襟中心 1 cm 做标记，在袖片反面划出袖片开剪位，开剪位将袖片分为大片与小片，大片为袖衩门襟侧，小片为袖衩里襟侧（见图 4—3—21）。

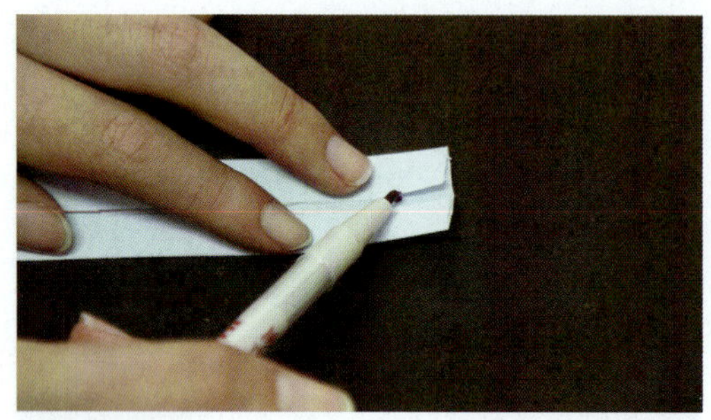

图 4—3—21　钉袖衩里襟定位

18. 钉袖衩里襟：将袖衩里襟标记点与开衩止点对准，并摆放在开衩位上，之后将袖衩里襟掀开，从开衩点缉缝袖衩里襟折缝处，缝线宽 1 cm，注意缝线要牢固（见图 4—3—22）。

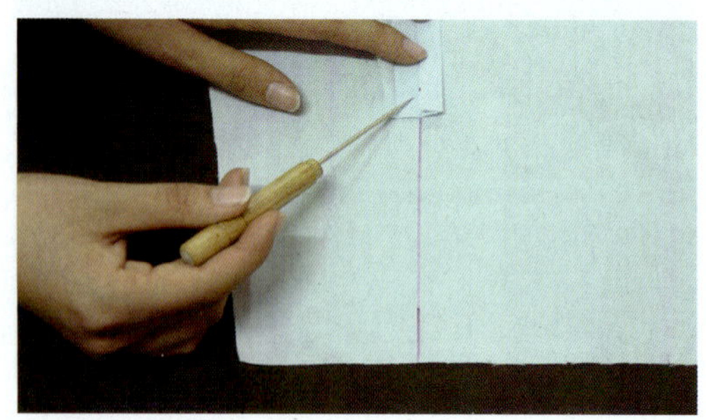
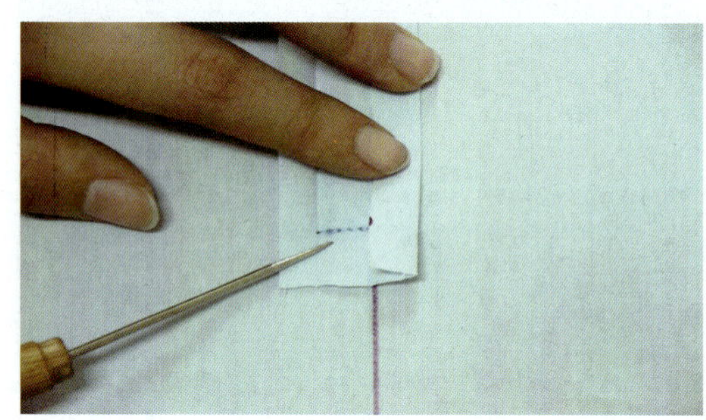

图 4—3—22　钉袖衩里襟

19. 袖衩开剪：将袖衩位开剪至缝线处，不能剪漏，并将袖衩里襟缝份折光（见图 4—3—23）。

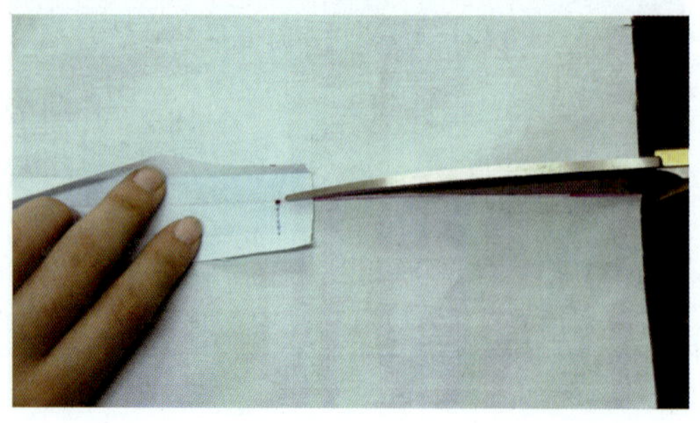
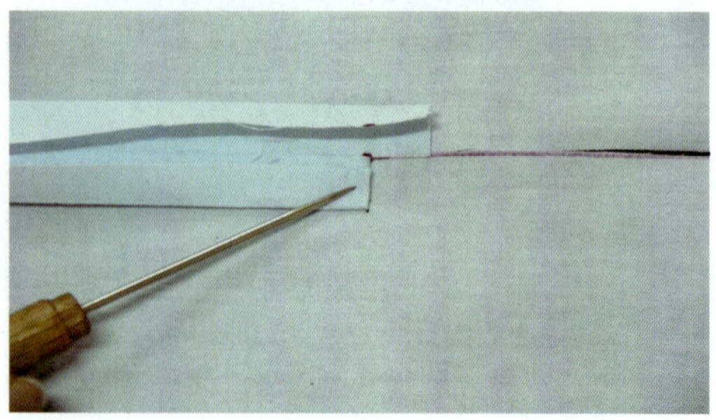

图 4—3—23　袖衩开剪

20. 固定袖衩里襟：袖衩里襟翻到面料正面，将袖片的里襟侧夹在袖衩里襟中，整理平整后，0.1 cm 夹缝袖片（见图 4—3—24）。注意线迹顺直，无跳线、浮线，下层无漏洞。

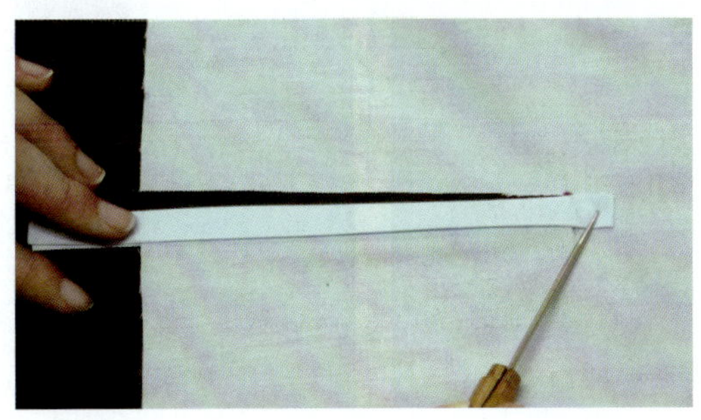
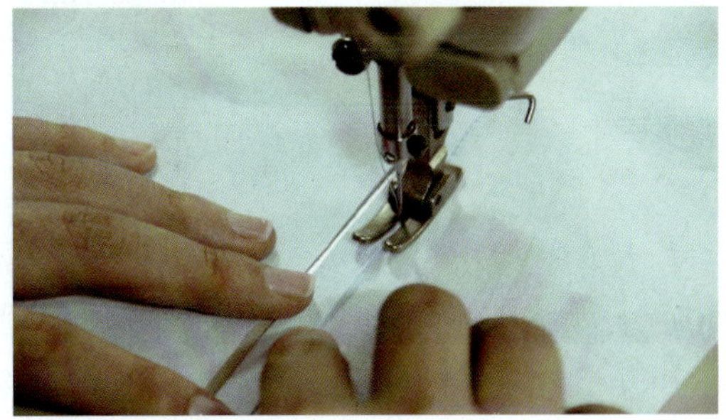

图 4—3—24　固定袖衩里襟

21. 袖衩门襟定位：袖衩门襟底层中点对准袖衩里襟中点，将袖衩门襟置于上层，抵住开剪口，再将袖片掀开，盖在袖衩门襟底层，要求袖衩门襟摆放要准确，开剪口位不能留有空隙（见图 4—3—25）。

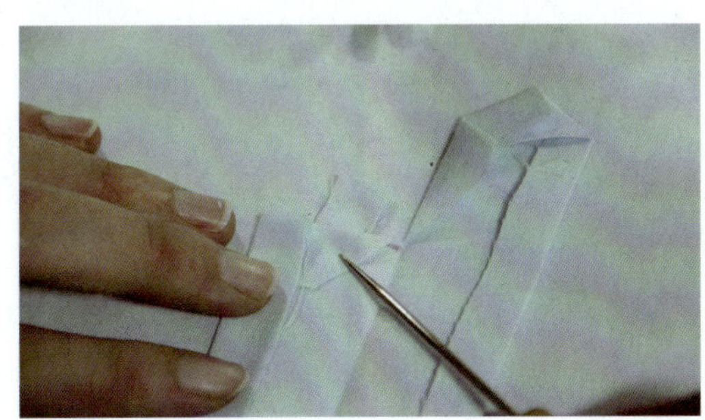
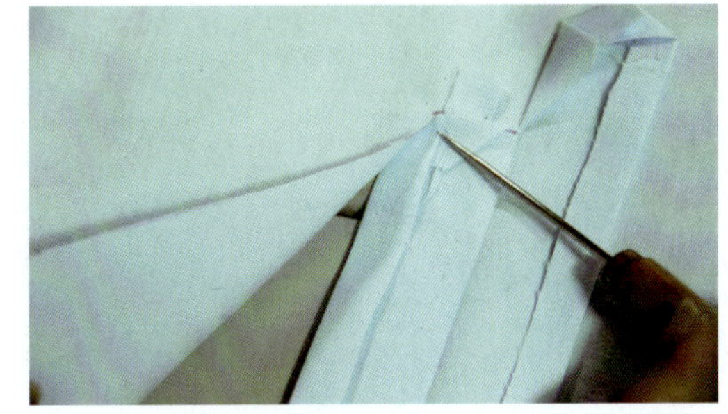

图 4—3—25　袖衩门襟定位

22. 固定袖衩门襟：将袖衩门襟翻正，包住袖片，由袖衩门襟顶 4 cm 处三道加固缝后圈缝 0.1 cm 固定袖衩门襟（见图 4—3—26）。要求缝线顺直，无跳线、浮线，袖衩底层无漏洞。

图 4—3—26　固定袖衩门襟

23. 袖衩门、里襟缝制完成：完成的袖衩里襟要居于袖衩门襟中心，缝线顺直，无浮线、跳线，不能有毛漏（见图 4—3—27）。

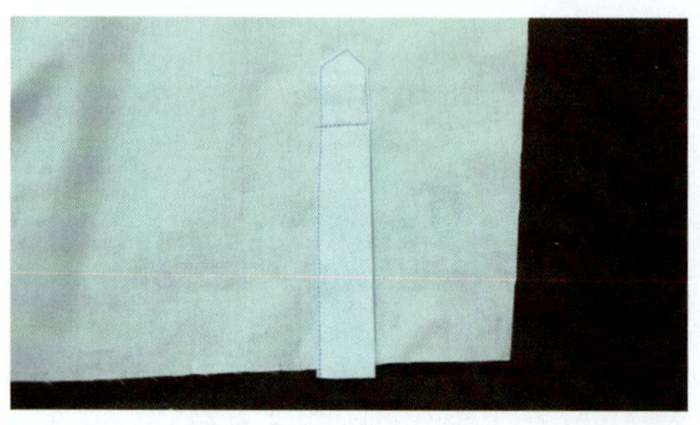
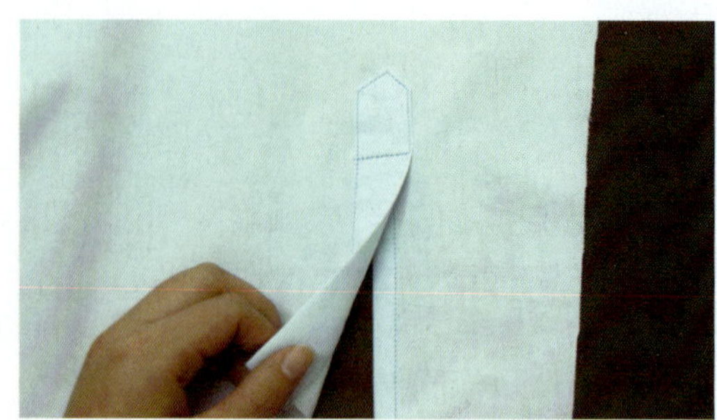

图 4—3—27　袖衩门、里襟缝制完成图

24. 装袖：将衣身袖窿向反面扣烫 0.3 cm，袖片在上，与衣身反面相对，袖窿与衣身袖窿相对，0.7 cm 拼缝（见图 4—3—28）。注意前后不能装错，装袖刀眼位要对准，刀眼标记不能过大，全程缝线无跳线、浮线、断线，缝线顺直。

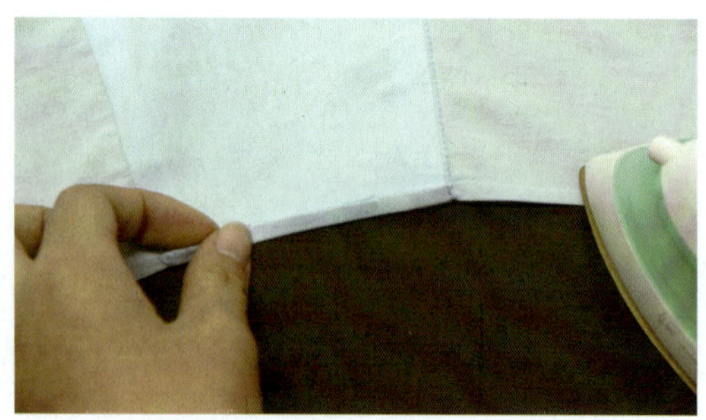
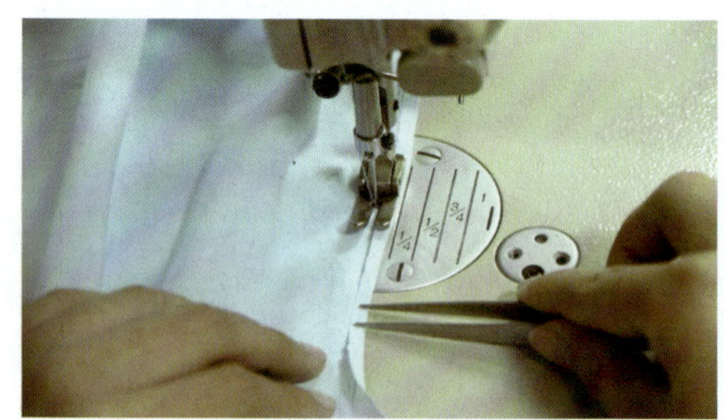

图 4—3—28　装袖

25. 固定袖窿止口：将袖窿缝份倒向袖片，0.1 cm 清袖窿止口，缝线要求无跳线、浮线、断线，缝线顺直，此方法即扣压缝（见图 4—3—29）。

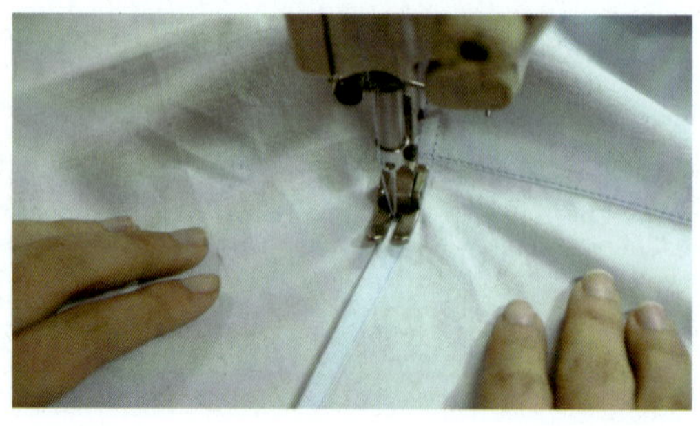
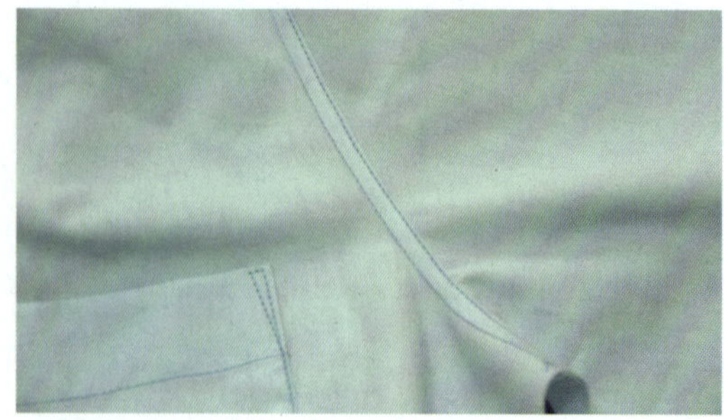

图 4—3—29　固定袖窿止口

26. 合侧缝：侧缝扣压缝，方法与装袖方法一致，前片包后片，车线顺直，袖底十字缝对准（见图 4—3—30）。

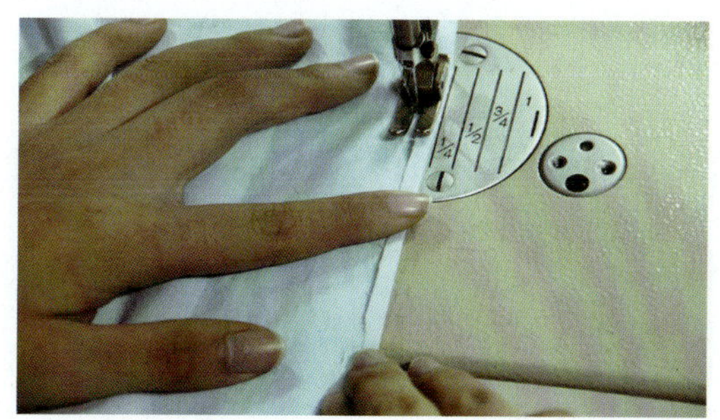

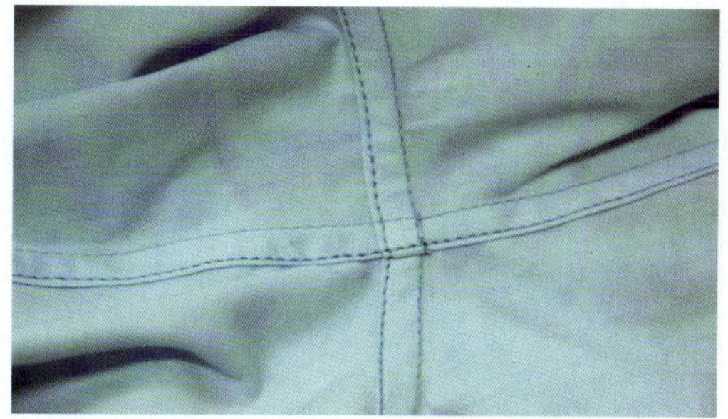

图 4—3—30　合侧缝

27. 袖口褶裥：袖衩门襟处按刀口位折出 2 个顺风裥并倒向袖衩门襟，2 个褶裥间距 1 cm，并在袖口处 0.5 cm 车缉固定，在袖衩门、里襟处做装袖标记，缝份 1 cm，开衩高 12 cm（见图 4—3—31）。

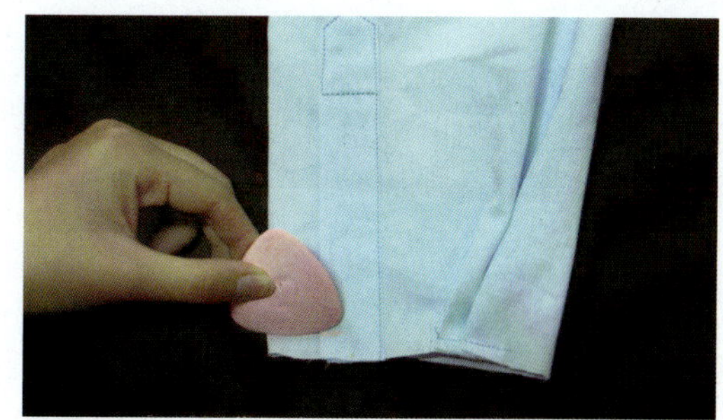

图 4—3—31　袖口褶裥

28. 袖克夫粘衬：将袖克夫树脂硬衬划出净样，长 26 cm，宽 6 cm，圆角；之后沿净样剪下，粘在袖克夫面布反面，粘衬要粘住，不能起泡、起皱（见图 4—3—32）。

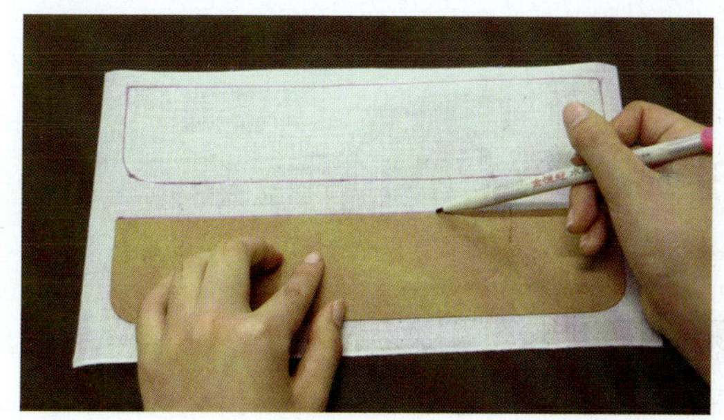

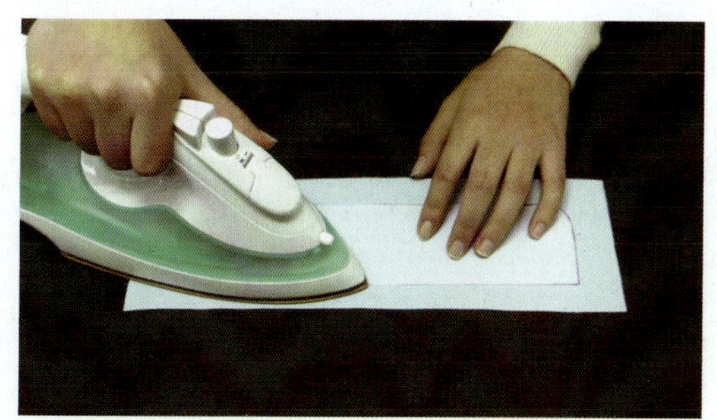

图 4—3—32　袖克夫粘衬

29. 袖克夫虚止口：将袖克夫面向反面沿净衬直边扣烫，并在面料正面缉缝 0.9 cm 虚止口一道（见图 4—3—33）。

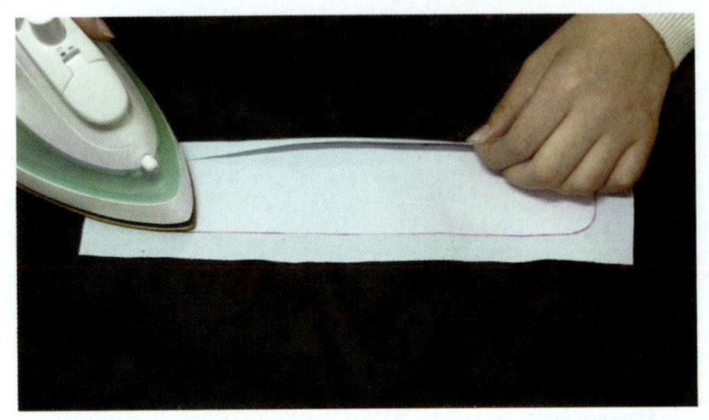

图 4—3—33　袖克夫虚止口

30. 合袖克夫：将袖克夫面底正面相对，袖克夫底沿袖克夫面上口翻折 1 cm，空开袖克夫净样衬 0.1 cm 拼合面底，同时在袖克夫圆角处将袖克夫面推出窝势，左右窝势一致（见图 4—3—34）。

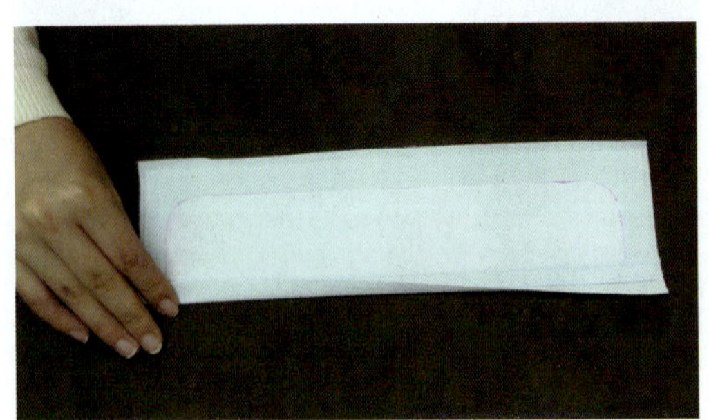

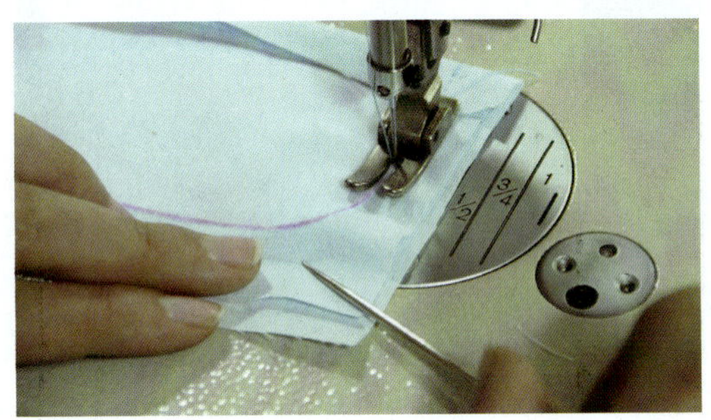

图 4—3—34　合袖克夫

31. 修剪袖克夫：将袖克夫缝份修剪成 0.6 cm，圆角处缝份修剪成 0.3 cm（见图 4—3—35）。

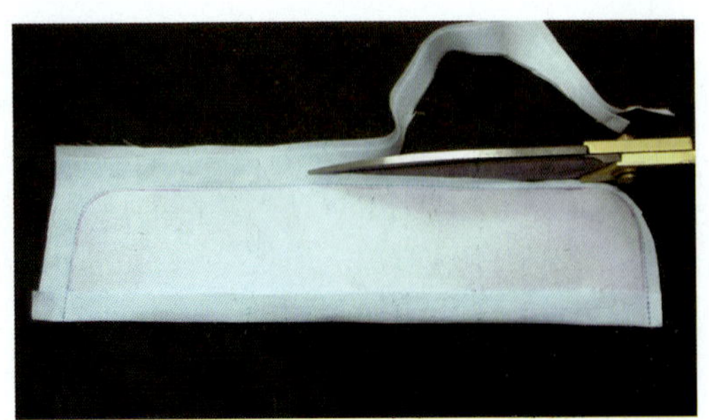

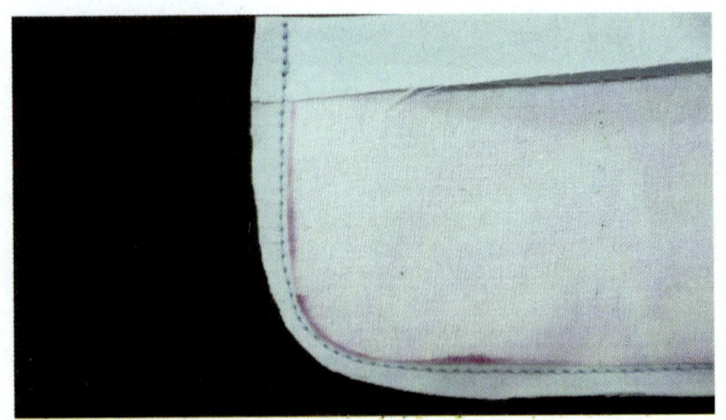

图 4—3—35　修剪袖克夫

32. 袖克夫明线：将袖克夫翻正，并将袖克夫止口以并口形式从虚止口处起针缉缝0.6 cm明线一道，起落针回针固定（见图4—3—36）。要求缝线顺直，无跳线、浮线、断线，袖克夫不能反吐。

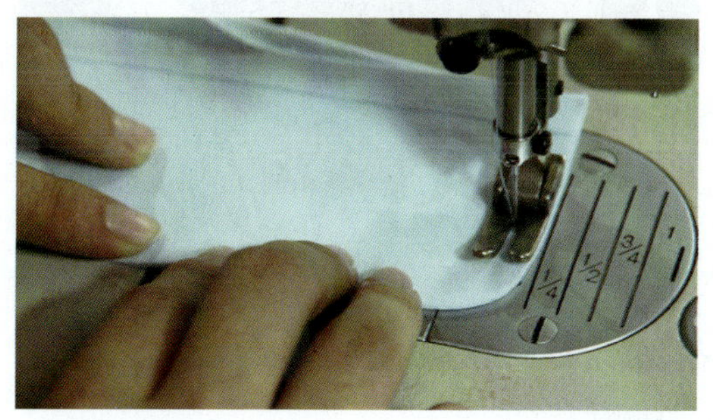
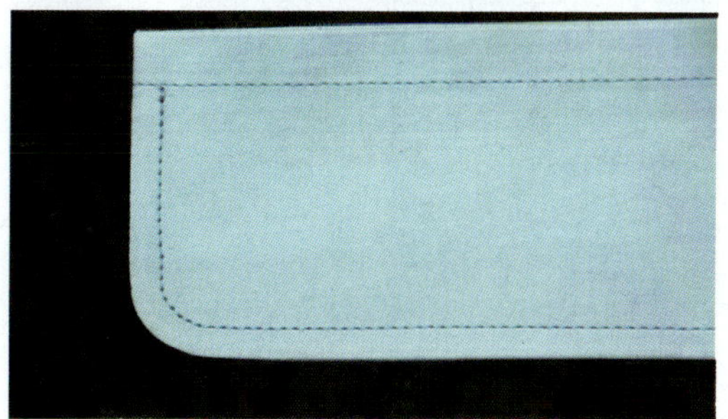

图4—3—36 袖克夫明线

33. 装袖克夫：袖子翻到反面，袖克夫面朝上，将袖口塞进袖克夫1 cm，注意袖衩门、里襟标记刚好放在袖克夫止口处，然后0.1 cm闷缝，将袖克夫装在袖子上，起落针回针加固（见图4—3—37）。要求缝线顺直，无跳线、浮线、断线，成品袖衩门、里襟开衩长度一致，装袖克夫止口呈一条直线。

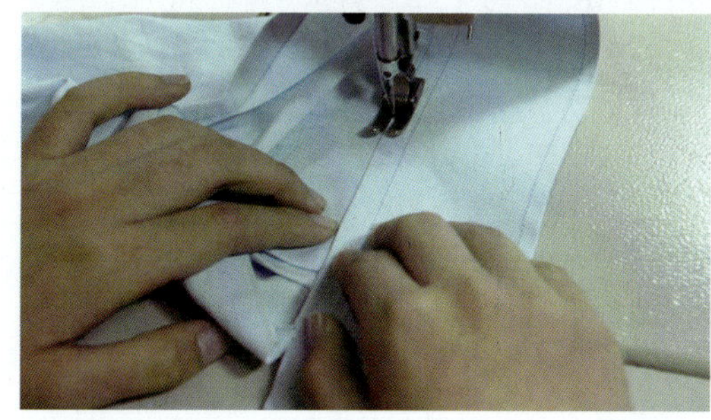
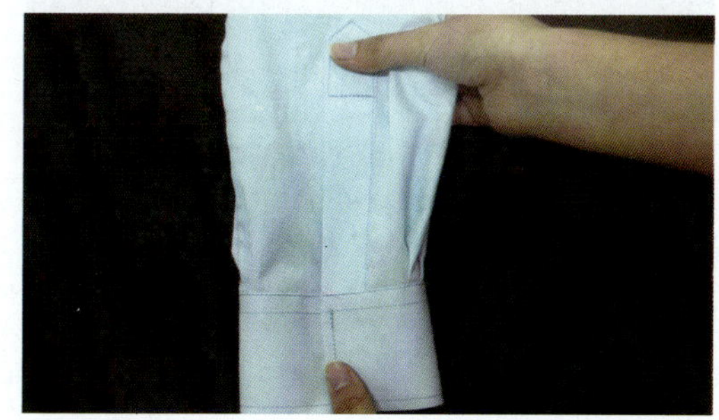

图4—3—37 装袖克夫

34. 做领衬：上领衬采用45°角正斜树脂衬，下领衬采用直丝树脂衬，用净样板分别画出上、下领净样，注意上领净样下口要预留出0.6 cm缝份成"三净一毛"，之后沿划线剪下（见图4—3—38）。

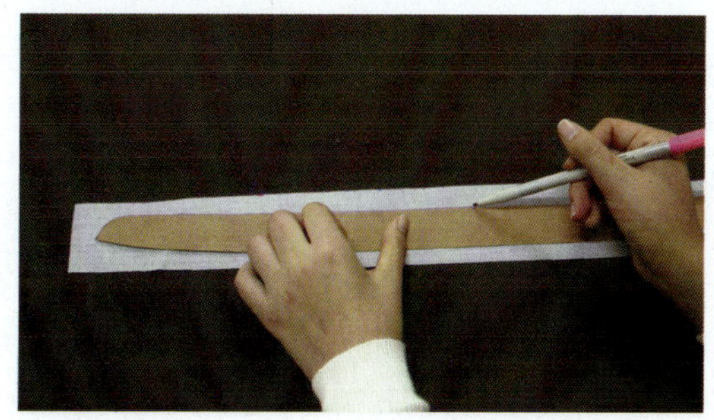

图4—3—38 做领衬

35. 粘领衬：将上、下领衬分别粘在上、下领面上，粘衬无起泡、起皱（见图 4—3—39）。

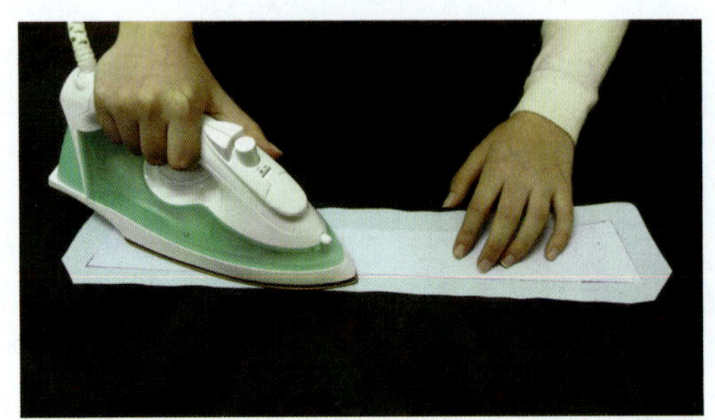

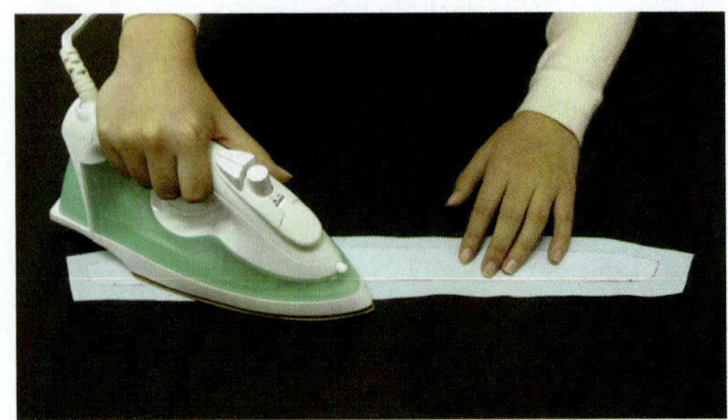

图 4—3—39 粘领衬

36. 下领虚止口：将下领面下口沿净样衬扣烫，在正面缉缝 0.7 cm 虚止口明线一道（见图 4—3—40）。

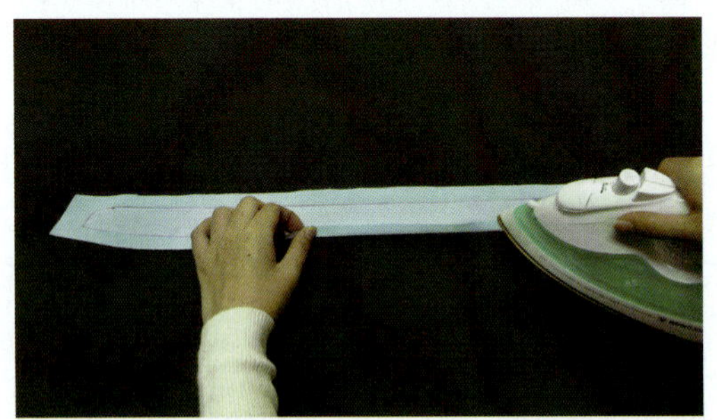

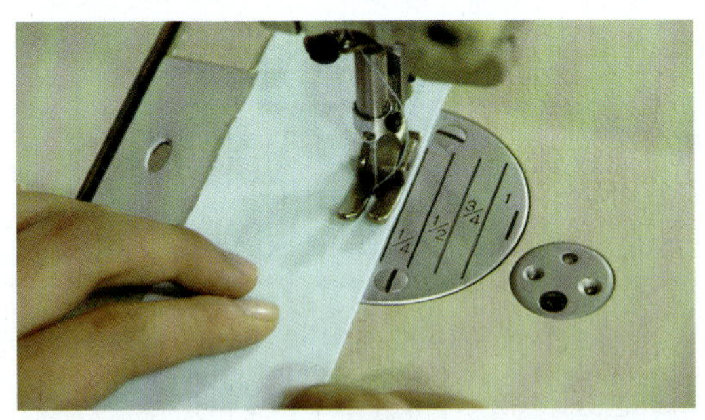

图 4—3—40 下领虚止口

37. 合上领：将上领面底正面相对，领面在上，空开净样衬 0.1 cm 拼合上领，缝至领角处，需将上领面推起一定的量，做出领角窝势（见图 4—3—41）。要做到左右领角窝势一致，缝线顺直，无跳线、浮线。

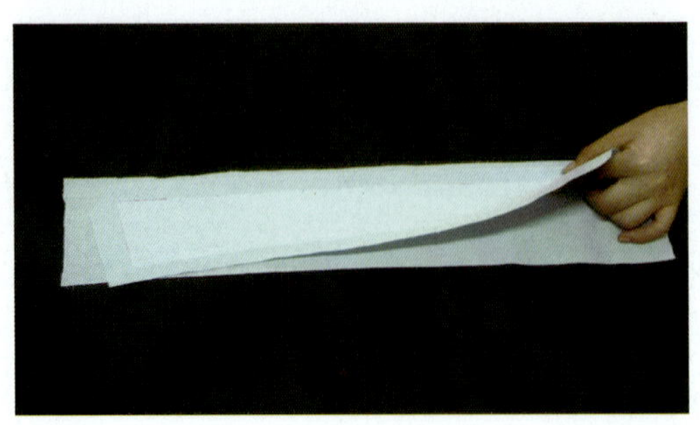

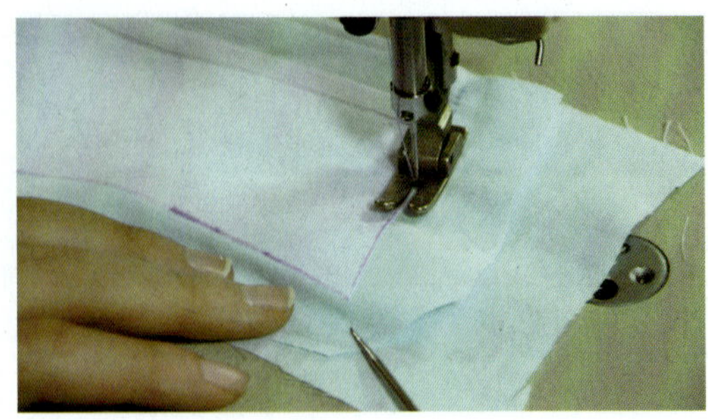

图 4—3—41 合上领

38. 修剪上领缝份：将上领缝份修剪成 0.5 cm，领角缝份修剪成 0.2 cm（见图 4—3—42）。

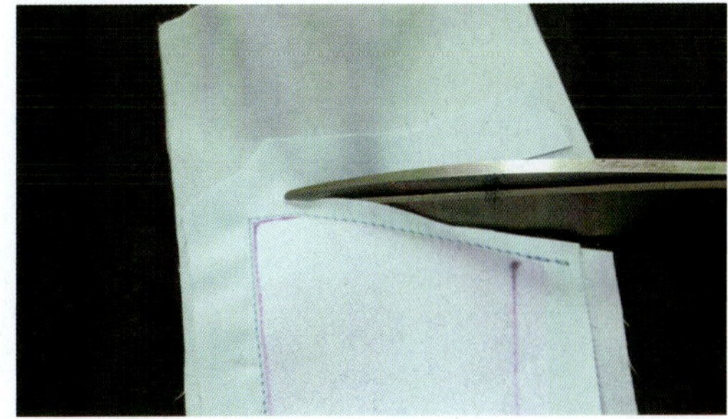

图 4—3—42　修剪上领缝份

39. 翻领角：利用工具将领角翻正（见图 4—3—43）。

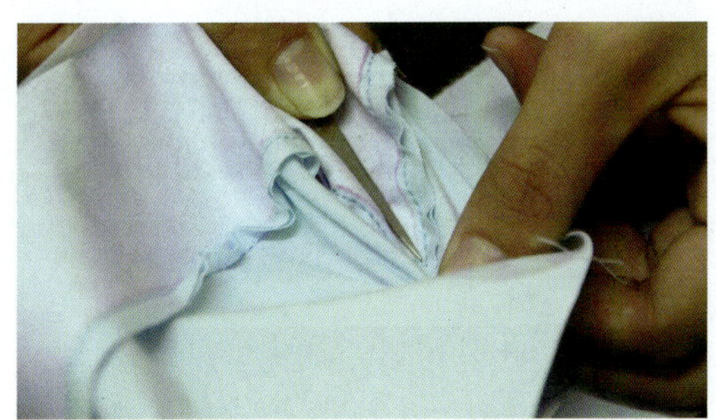

图 4—3—43　翻领角

40. 领外口明线：将上领外口熨烫成并口，沿领外口 0.6 cm 缉缝明线一道（见图 4—3—44）。要求缝线顺直，无跳线、浮线、断线。

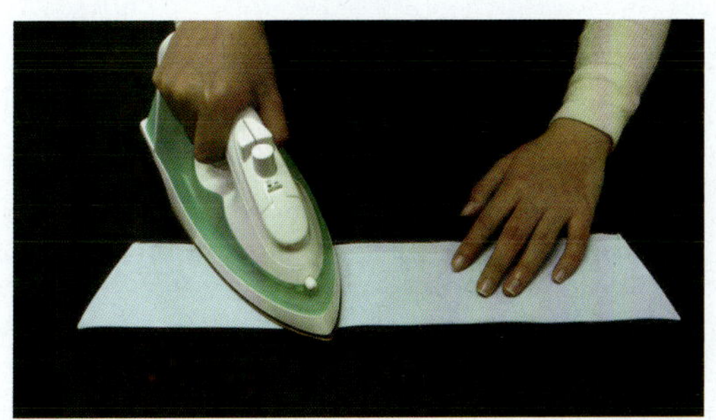
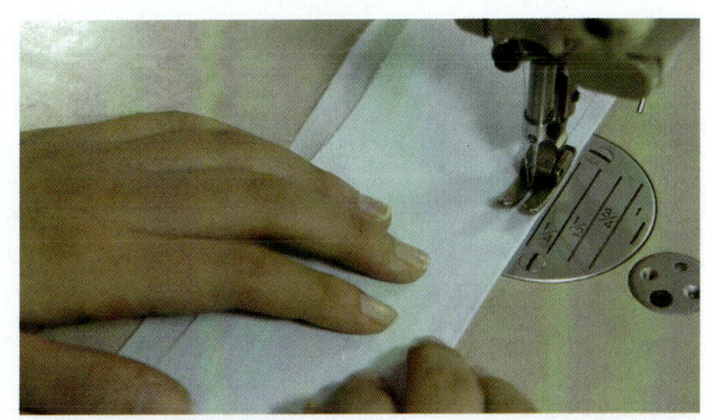

图 4—3—44　领外口明线

41. 修剪上领下口：将上领下口按树脂硬衬修剪，两个领角大要求长短一致（见图 4—3—45）。

图 4—3—45　修剪上领下口

42. 做上、下领标记：将下领上口缝份修剪成 0.6 cm，并做出拼合上领标记，即：左、右装上领点，后领中点（见图 4—3—46）。

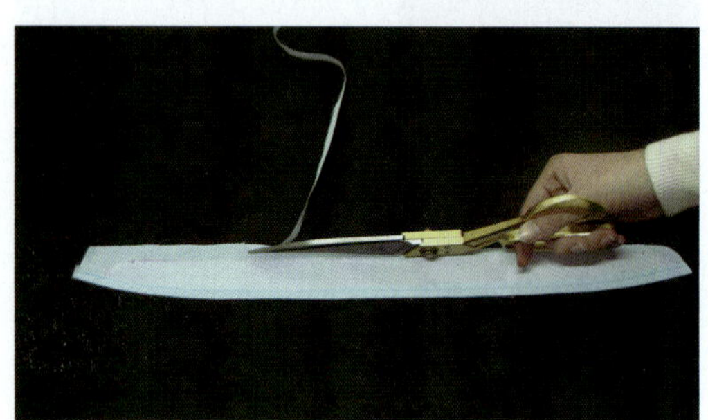
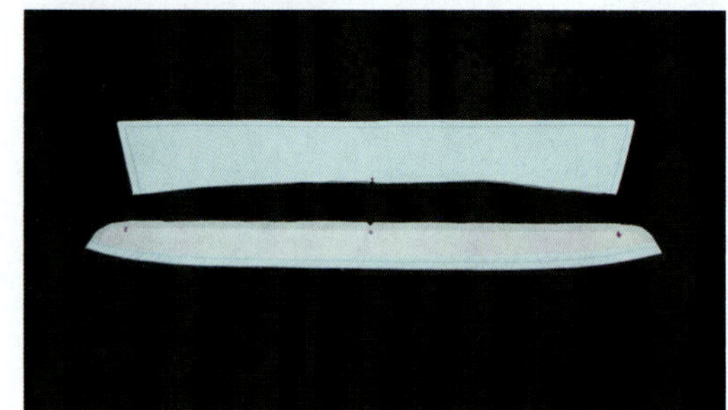

图 4—3—46　做上、下领标记

43. 合上、下领：上、下领面正面相对，缝份对齐，将下领底置于底层，空开下领净衬 0.1 cm，上、下领拼合（见图 4—3—47），要求缝线顺直，无跳线、浮线。

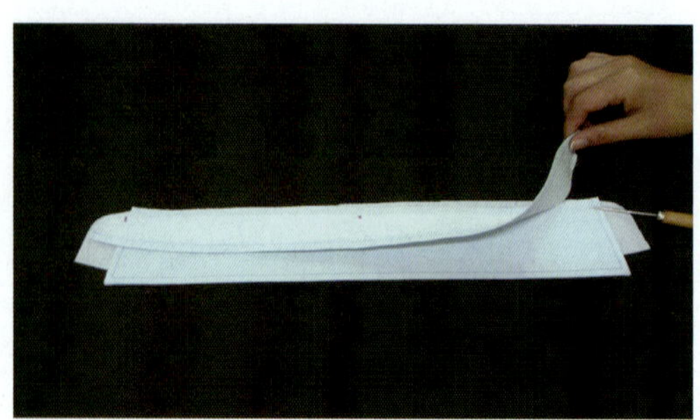

图 4—3—47　合上、下领

44. 完成领子缝制：做好的领子，领角大要等长，左右对称，窝势自然，下领头圆角左右对称（见图 4—3—48）。

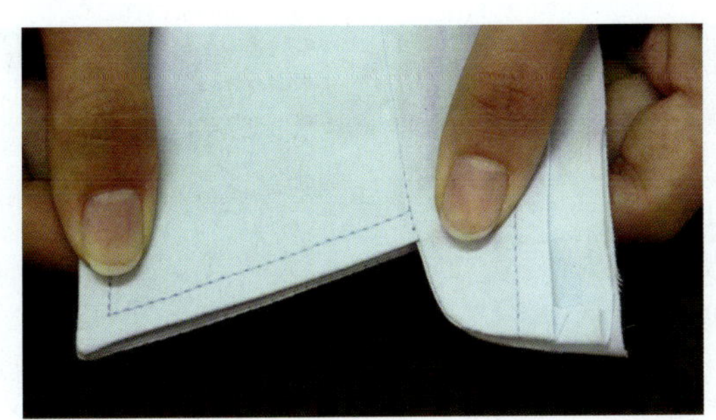

图 4—3—48　领子缝制完成图

45. 下领上口明线：将领子摆平，距离上领角 2 cm 起针在下领上口上缉缝 0.15 cm 明线一道，不要回针（见图 4—3—49）。要求缉线顺直，无跳线、浮线，下领底要拉平无多余量。

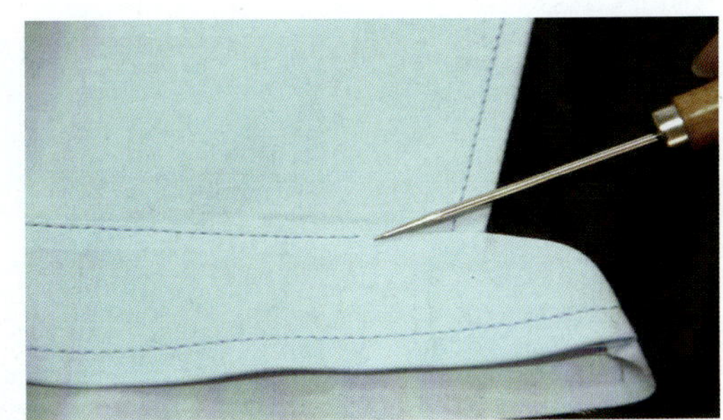

图 4—3—49　下领上口明线

46. 装领：在衣片门、里襟处划出装领标记，将领圈与下领缝份同时修剪成 0.6 cm，衣身在下，正面与下领底相对，领子置于上层，将领子以 0.6 cm 缝装在衣身上（见图 4—3—50）。要求缝线顺直，无跳线、浮线，门、里襟装领点对位准确。

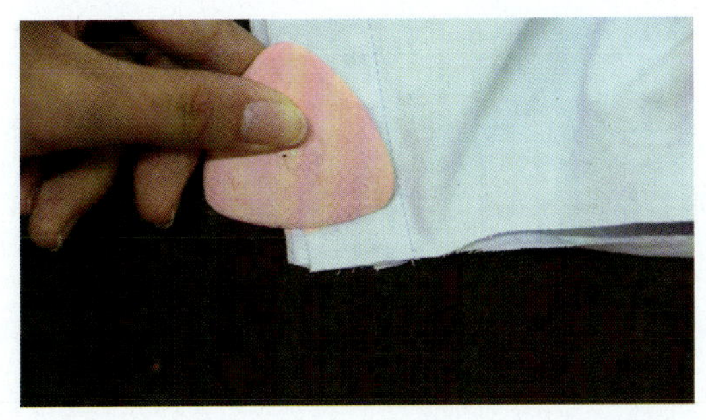

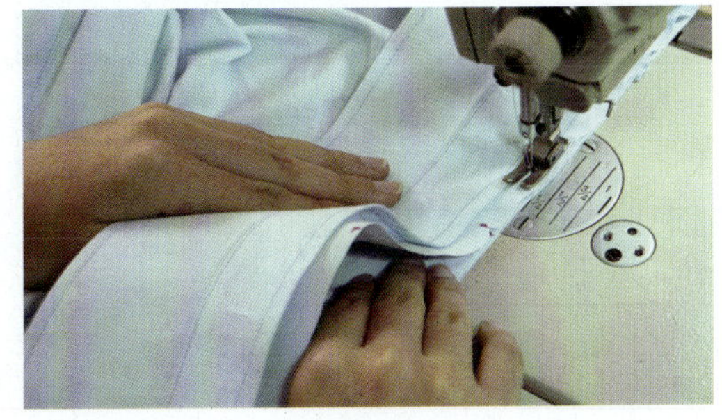

图 4—3—50　装领

47. 封下领止口：将装领缝份倒向领子，过下领上口明线 1 cm 起针，0.15 cm 圈缝下领面止口，下领面止口要盖住下领底装领线，无起涟（见图 4—3—51）。

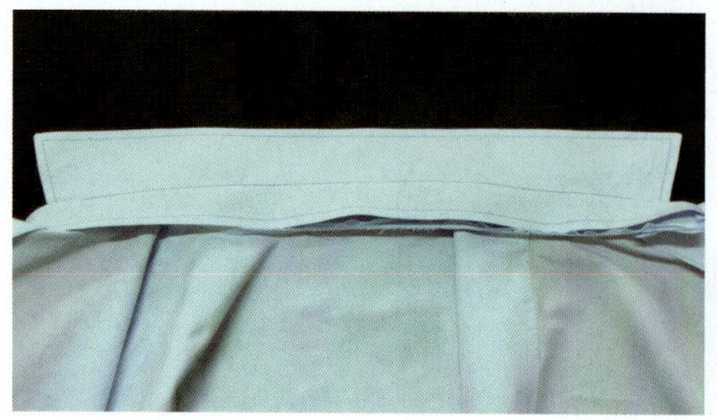
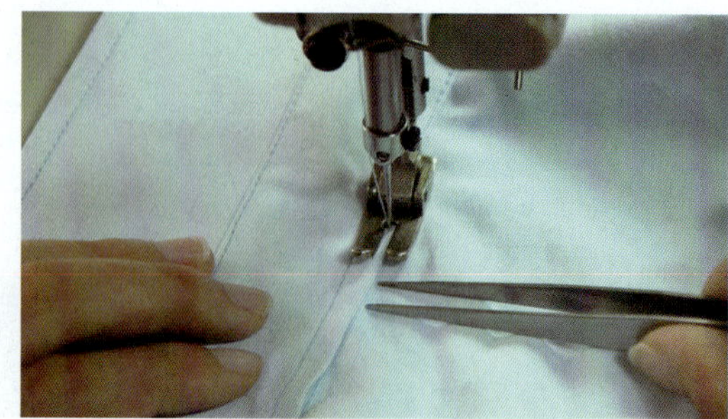

图 4—3—51　封下领止口

48. 卷底边：将底边卷边 1.5 cm，缝线顺直，卷边无起涟，衣身门、里襟长短一致（见图 4—3—52）。

图 4—3—52　卷底边

49. 锁眼、钉扣：按扣眼位锁平头扣眼，钉扣位钉扣（见图 4—3—53）。

图 4—3—53　锁眼、钉扣

50. 整烫：将做好的衬衫进行全面整烫，注意控温，不能烫黄、烫焦（见图 4—3—54）。

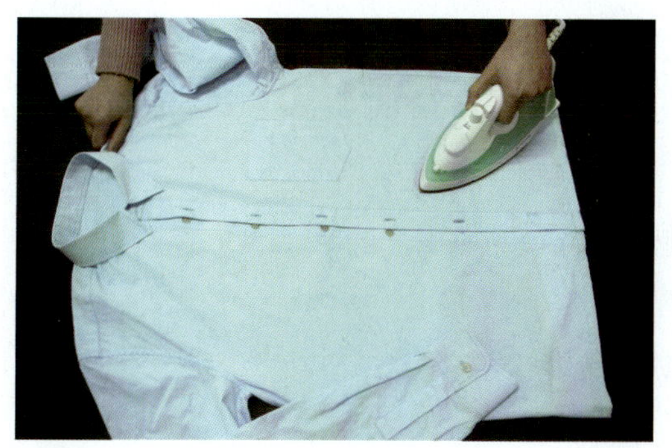

图 4—3—54 整烫

男衬衫成品如图 4—3—55 所示。

图 4—3—55 男衬衫成品图

操作提示

◆领、袖是男衬衫制作的重点之一，工艺也是要求最严苛的部位，要求缝制平服，窝势自然，缝线无跳线、浮线、断线。

◆袖子开衩左右高度一致，无毛漏，缉线顺直。

◆装袖、侧缝采用扣压缝，缉线顺直，宽窄一致。

◆产品要求整洁，无线头、极光、烫焦，纽扣钉缝松紧有度。

五、学习评价

序号	项目	质量要求	分值	自评	小组互评	教师评价	小计
1	规格	各部位规格尺寸不超极限标准	10				
2	衣身	衣身缉线顺直，无不良皱褶，门里襟长短一致，无极光、烫黄	10				
3	领子	左右领角大小一致，窝势自然，无断线、跳线、浮线，无烫黄、烫焦、极光	10				
4	袖子	袖子左右长短相等，袖衩位准确，褶裥倒向正确，袖克夫无断线、跳线、浮线，无烫黄、烫焦、极光	10				
5	整烫	整烫顺序正确，整件衬衫无烫黄、烫焦、极光	10				
合计							

第四节　男衬衫工艺质量标准

一、男衬衫成品规格测量方法与极限偏差（见表 4—4—1）

表 4—4—1　男衬衫成品规格测量方法与极限偏差　　单位：cm

序号	部位	测量方法	极限偏差范围	
			一般衬衫	棉衬衫
1	衫长	衬衫前后身底边拉齐，由领侧最高点垂直量至衣身底边	±1.0	±1.5
2	长袖长	由袖子最高点量至袖克夫边	±0.8	±1.2
3	短袖长	由袖子最高点量至袖口边	±0.6	—
4	胸围	纽扣扣好，前后身放平，袖底缝处横量（周围计算）	±2.0	±3.0
5	肩宽	由过肩两端、后领窝向下 2 ~ 2.5 横量	±0.8	±1.0
6	领大	领子摊平横量，立领量上口，其他领量下口	±0.6	±0.6
7	袖克夫宽	袖克夫放平，量取袖克夫宽	±0.1	±0.1
8	袖克夫大	袖克夫放平，量取袖克夫长	±0.2	±0.2

1. 衫长测量（见图 4—4—1）

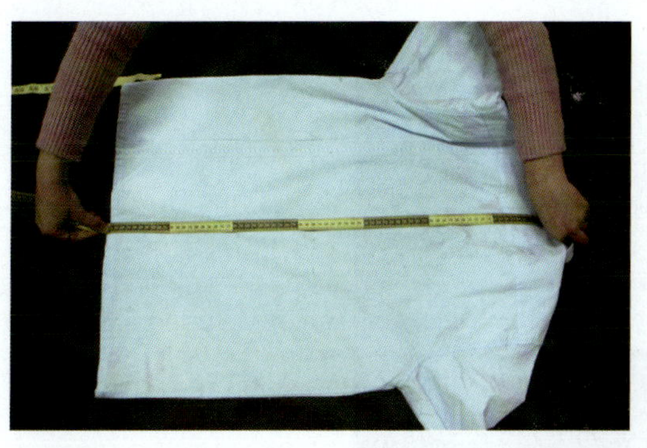

图 4—4—1　衫长测量

2. 袖长测量（见图 4—4—2）

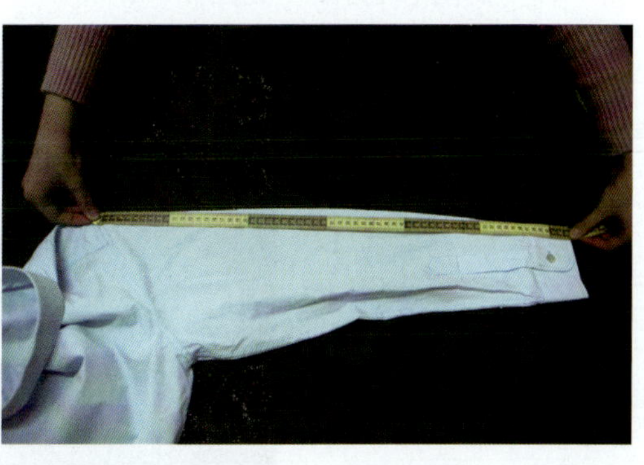

图 4—4—2　袖长测量

3. 胸围测量（见图 4—4—3）

图 4—4—3　胸围测量

4. 肩宽测量（见图 4—4—4）

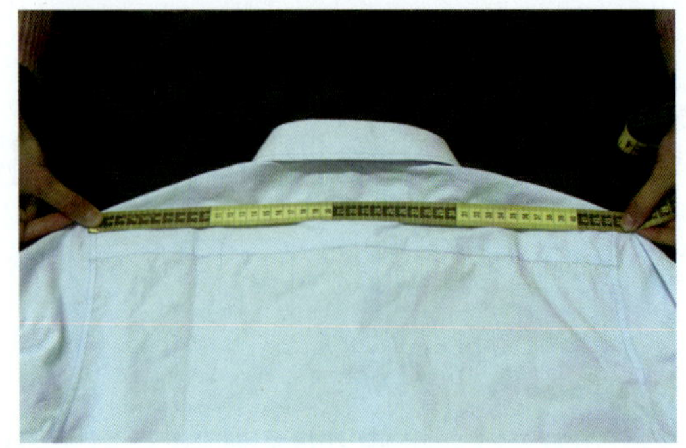

图 4—4—4　肩宽测量

5. 领大测量（见图 4—4—5）

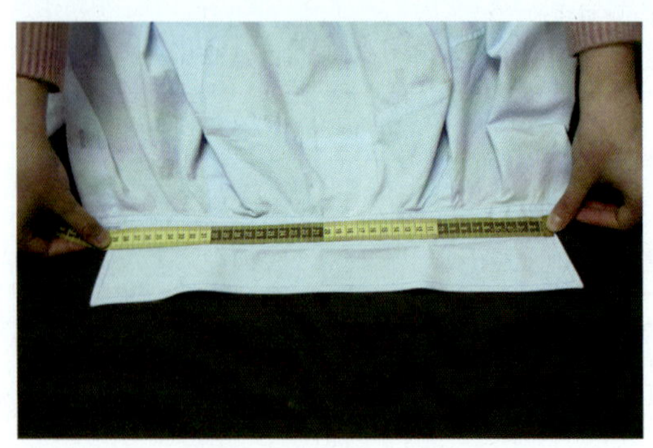

图 4—4—5　领大测量

6. 袖克夫宽测量（见图 4—4—6）

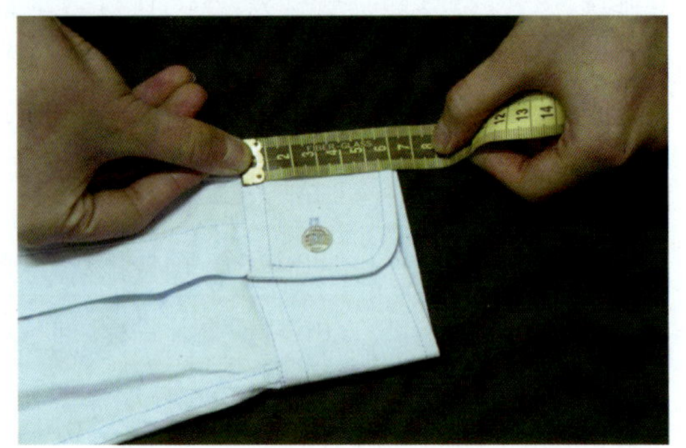

图 4—4—6　袖克夫宽测量

7. 袖克夫大测量（见图 4—4—7）

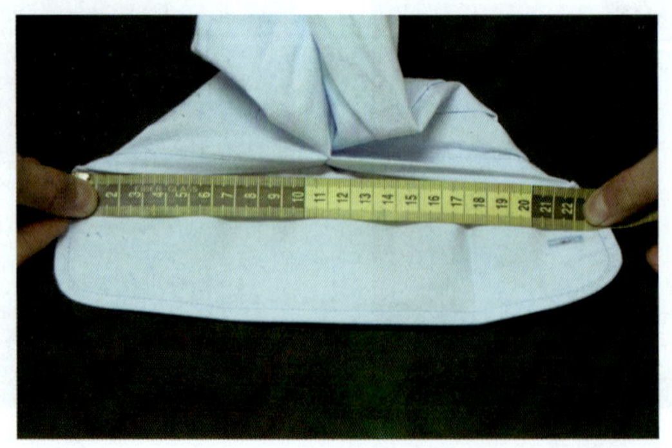

图 4—4—7　袖克夫大测量

二、男衬衫外观质量标准（见表 4—4—2）

表 4—4—2　男衬衫外观质量标准

序号	部位	外观质量标准
1	上领	领平挺，两角长短一致，互差不大于 0.2 cm，并有窝势；领面无皱、无泡、不反吐
2	下领	下领圆头左右对称，高低一致，装领门、里襟上口平直，无歪斜，明线接线顺直
3	胸袋	胸袋平服，袋位准确，缉线规范
4	肩	肩部平服，肩缝顺直
5	袖克夫	两袖克夫圆头对称，宽窄一致，止口明线顺直
6	袖衩	左右袖衩平服、无毛出，袖口褶裥均匀，宝剑头规范
7	袖	装袖圆顺，前后适宜，左右一致，袖山无皱、无褶
8	底边	卷边宽窄一致，门襟长短一致
9	后背	后背平服，左右裥位对称
10	止口	纽扣与扣眼高低对齐，止口平服，门、里襟上下宽窄一致
11	熨烫	各部位熨烫平服，无烫黄、水花、污迹，无线头，整洁、美观

三、男衬衫质量评分细则（见表 4—4—3）

表 4—4—3　男衬衫质量评分细则

项目	序号	质量标准要求	轻缺陷	扣分	重缺陷	扣分	严重缺陷	扣分
规格 20	1	衣长规格正确，不超偏差 ±1.0 cm	超 50%内		超 50%～100%内		超 100%以上	
	2	胸围规格正确，不超偏差 ±2.0 cm	超 50%内		超 50%～100%内		超 100%以上	
	3	肩宽规格正确，不超偏差 ±0.8 cm	超 50%内		超 50%～100%内		超 100%以上	
	4	袖长规格正确，不超偏差 ±0.8 cm	超 50%内		超 50%～100%内		超 100%以上	
	5	领大规格正确，不超偏差 ±0.6 cm	超 50%内		超 50%～100%内		超 100%以上	
领子 25	6	领面平服，松紧适宜，不起皱	轻起皱		重皱、反翘		严重起皱、反翘	
	7	领尖左右对称，长短一致	误差 0.1 cm		误差 0.2 cm		误差 0.3 cm 以上	

续表

项目	序号	质量标准要求	轻缺陷	扣分	重缺陷	扣分	严重缺陷	扣分
领子25	8	领尖圆顺、方正	轻不方圆		重不方圆		严重探出	
	9	绱领缉线顺直，无下坑	轻反吐，弯曲		重反吐，弯曲		严重反吐	
	10	上下领三夹缝缉线顺直	轻弯曲		重弯曲			
	11	绱领平服，无偏斜	偏斜 > 0.5 cm		偏斜 > 0.8 cm		偏斜 > 1.0 cm	
	12	下盘头无探头	探出 > 0.1 cm		探出 > 0.2 cm		探出 > 0.3 cm	
	13	下盘头圆顺，两盘头大小一致	轻不圆顺 > 0.1 cm		重不圆顺 > 0.2 cm		严重不圆顺	
	14	下领缉线顺直，正视下领不外露	轻外露		重外露			
门、里襟5	15	门、里襟平直，长短一致	互差 > 0.3 cm		互差 > 0.5 cm		互差 > 0.7 cm	
	16	门、里襟上下阔狭一致	互差 > 0.3 cm		互差 > 0.5 cm			
绱袖5	17	绱袖缉线顺直，阔狭一致	轻阔狭 ±0.1 cm		重阔狭 ±0.2 cm		严重阔狭 ±0.2 cm	
	18	绱袖圆顺，平服	轻不圆顺		重不圆顺		严重皱，不圆顺	
袖克夫11	19	两袖袖克夫圆顺，对称，方正	轻不圆方		重不圆方		严重不圆、不方正	
	20	袖克夫缉线顺直，无跳针	轻不顺直		重不顺直		> 1.0 cm	
	21	袖克夫无探出	一只袖长探出 0.1 cm		两只袖长探出或 > 0.2 cm		严重探出	
	22	虚止口顺直，左右对称	一只袖偏斜 < 0.2 cm		两只袖偏斜 > 0.2 cm		严重偏斜	
	23	袖克夫不反吐止口	一只袖长反吐		两只袖长反吐		严重反吐	
袖衩6	24	袖衩平服，长短一致	互差 > 0.2 cm		不对称 > 0.7 cm			
	25	袖衩无毛线，缉线顺直	轻弯曲		一只毛出		两只毛出	
	26	袖褶裥左右对称	互差 > 0.3 cm		互差 > 0.5 cm			

续表

项目	序号	质量标准要求	轻缺陷	扣分	重缺陷	扣分	严重缺陷	扣分
过肩 4	27	肩缝顺直平服，左右对称	轻不平服＞ 0.3 cm		重不平服＞ 0.5 cm			
	28	过肩缝褶裥位置正确，平服对称	互差＞ 0.3 cm		互差＞ 0.7 cm		严重皱	
贴袋 7	29	袋位正确，不歪斜	轻歪斜		重歪斜			
	30	袋位封口大小一致，形状正确	＞ 0.2 cm					
	31	袋止口缉线顺直，无跳针	宽窄＞ 0.1 cm		宽窄＞ 0.2 cm 或跳针			
	32	绱袋平服，方正	轻皱		重皱，不方正		严重起皱，不方正	
摆缝与底边 10	33	袖底缝、摆缝顺直，松紧适宜	轻起皱		重起皱		严重起皱	
	34	包缝缉线顺直，阔狭一致	互差＞ 0.1 cm		互差＞ 0.2 cm		互差＞ 0.3 cm	
	35	袖底十字裆对齐	＞ 0.3 cm		＞ 0.5 cm			
	36	折边宽窄一致，平服顺直	轻皱，阔狭		重皱＞ 0.3 cm		＞ 0.7 cm	
整洁牢固 7	37	领面有浮线、极光			有			
	38	针距 3 cm ＞ 12(明针)			＜ 12			
	39	无断线或轻微毛脱	＜ 0.5 cm		＞ 0.5 cm，＜ 1 cm			
	40	表面无污渍、线头	正面 1 根或反面 2 根		正面 2 根或反面 4 根			
100	合计扣分							

注：出现下列情况扣分标准

1. 凡各部位有开线、脱线，长度大于 1 cm 而小于 2 cm 一处扣 4 分，大于 2 cm 一处扣 8 分，部位是________。

2. 严重污渍，面积在 2 cm^2 以上，按面积大小扣分，一般扣 4 分，严重扣 8 分，部位是________。

3. 凡出现丢工、缺件、错序，按其部位轻重，一处扣 8 分，部位是________。

4. 凡出现事故性质量问题，如烫黄、变质、破损等，扣 20 分，部位是________。

5. 本标准质量总分为 100 分，时间分为 20 分。总成绩 = 质量分 ×80% + 时间分。

6. 表中项目轻缺陷扣 1 分，重缺陷扣 2 分，严重缺陷扣 3 分，每栏扣分不超过该项目总分数。

知识拓展

辅助缝纫设备

为了避免返修，衬衫在制作过程中可以采用模板来辅助缝纫，相应的部位可以制作相应的模板，比如贴袋模板、做领模板、做门里襟模板等（见图 4—4—8）。如今，各个企业陆续开始使用的全自动设备就是利用服装加工模板制作的，其大大降低了服装加工的人工成本，同时提升了产品的质量，如数控自动缝纫机（见图 4—4—9）。

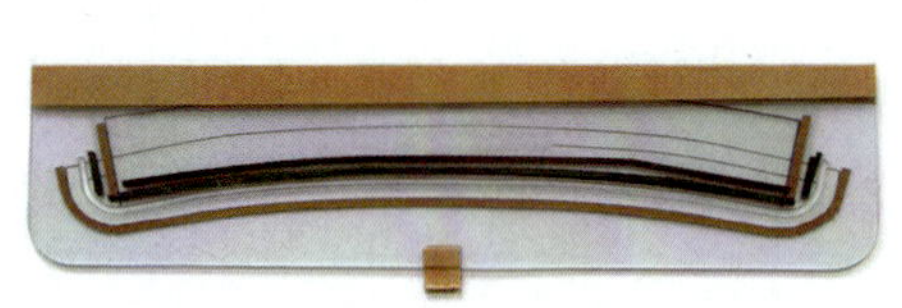

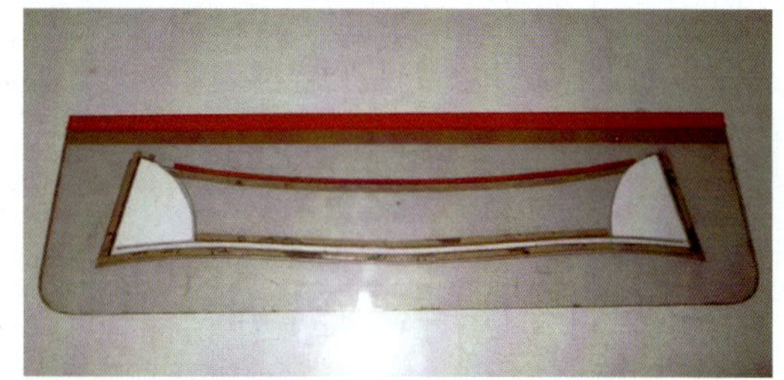

图 4—4—8　服装加工模板

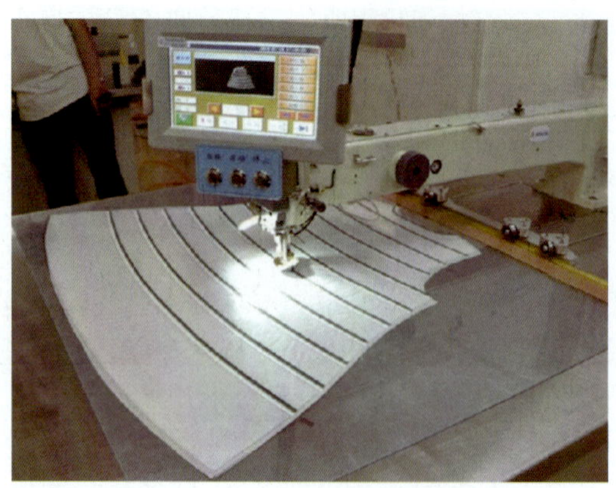

图 4—4—9　数控自动缝纫机

专用缝纫设备

衬衫的领、袖制作是衬衫缝制工艺的重点，衬衫绱袖多数都采用平装袖工艺，即先绱袖再拼合侧缝；与其对应的还有圆装袖工艺，即先拼合侧缝再绱袖。无论哪种方式，绱袖都要求缝线顺畅，缝份宽窄一致。为了提升产品质量、提高工作效率，衬衫绱袖在制作时可以使用埋夹机（见图 4—4—10），衬衫领子在制作时可以使用翻领机和压领机（见图 4—4—11）。

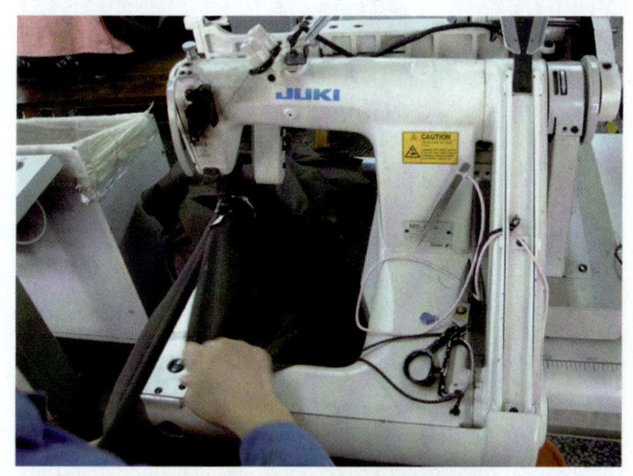

图 4—4—10　埋夹机

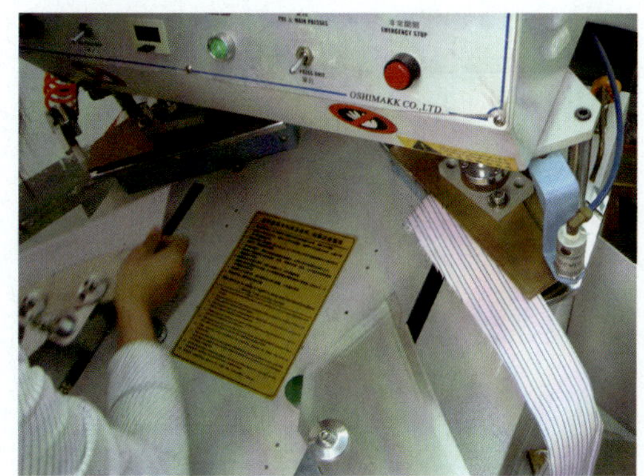

图 4—4—11　翻领机、压领机

思考与练习

结合所学衬衫工艺，根据如图 4—4—12 所示女衬衫款式制作一件衬衫，规格自定，并编制衬衫制作工艺单一份。

图 4—4—12　女衬衫款式图

第五章
上衣缝制工艺

上衣是穿在上身的服装的总称，一般由领、袖、衣身和袋四部分构成。常见的领型有两用领、立翻领、翻驳领、立领等，常见的袖型有插肩袖、一片袖、两片袖等，常见的衣身有合体型、宽松型、修身型等，常见的袋型有挖袋、插袋、贴袋等。

上衣按照服装品种可分为中山装、西装、学生装、夹克衫、两用衫、猎装、T恤衫、羽绒服、风衣等。根据不同款式风格及季节要求，上衣所选用的面料种类也较为多样。

本章主要讲述男士马甲、男士夹克衫、女西服和男西服四个款式上衣的缝制工艺，同时介绍缝制上衣常用部件的制作方法。

学习目标

1. 能够读懂工艺单，可以根据工艺单要求对男士马甲、男士夹克衫、女西服、男西服裁片进行正确的裁剪配伍、工艺制作。

2. 能够按照男士马甲、男士夹克衫、女西服、男西服款式图进行款式分析，会编排相应的缝制工艺流程。

3. 能够分析同类男士马甲、男士夹克衫、女西服、男西服的缝制工艺流程，会编写工艺单。

4. 能够对男士马甲、男士夹克衫、女西服、男西服品质的好坏进行评价，培养对上衣的品控能力。

第一节　上衣部件缝制工艺

由于上衣的款式变化多样，构成上衣的零部件也多种多样。本节主要讲述斜挖袋、夹克衫袖衩、夹克衫门襟拉链、手巾袋、里怀袋、西服大袋、袖衩等部件的缝制工艺。

一、斜挖袋缝制工艺

斜挖袋是上衣口袋的重要形式。斜挖袋缝制材料见表 5—1—1。

表 5—1—1　斜挖袋缝制材料表

类别	材料
面料	前片大身 ×1　挖袋嵌线 ×1 挖袋袋垫布 ×1　大、小袋布各 ×1
辅料	无纺衬若干

具体缝制工艺如下：

1. 划袋位：在衣片大身上划出斜挖袋袋位，长 16 cm 宽 2 cm，并在袋口位反面粘衬，要求粘衬平整、无起泡（见图 5—1—1）。

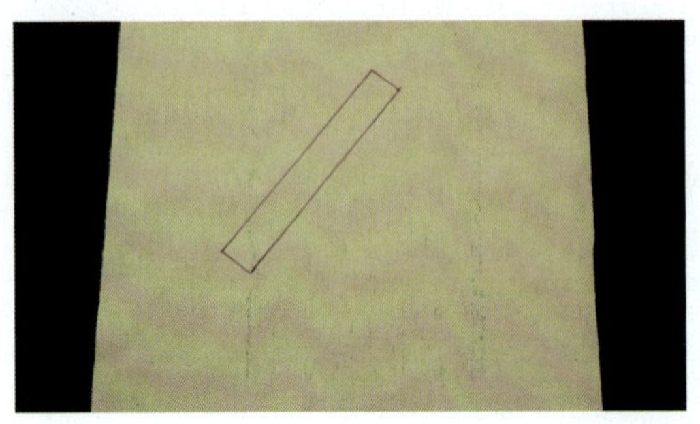

图 5—1—1　划袋位

2. 划嵌线：将挖袋嵌线反面粘衬，并将嵌线对折烫平，划出挖袋嵌线的长与宽（见图 5—1—2）。

图 5—1—2　划嵌线

3. 钉袋垫布：将袋垫布一侧向反面扣烫 0.5 cm，并将袋垫布置于大袋布上，0.1 cm 钉缝袋垫布折烫止口（见图 5—1—3）。

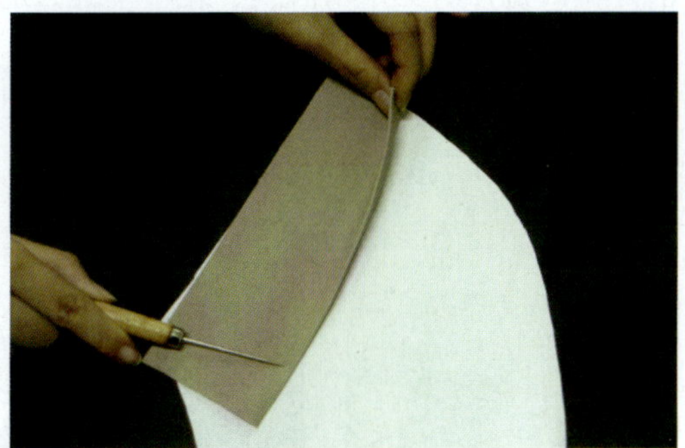

图 5—1—3　钉袋垫布

4. 钉袋布：在钉好袋垫布的大袋布上划出 1 cm，将大袋布钉缝在挖袋位上口，下口按照同样方法将嵌线与小袋布钉缝（见图 5—1—4）。要求缝线顺直，无跳线、浮线，起落针回针固定。

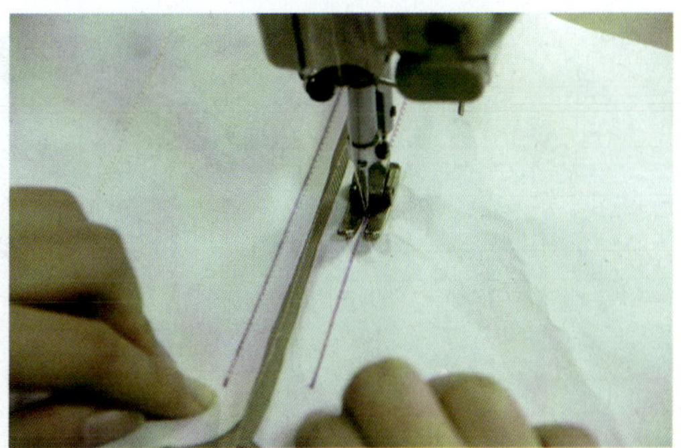

图 5—1—4　钉袋布

5. 袋口开剪：将钉好袋布、嵌线的袋子沿袋口开剪，袋口处剪“Y”字形剪口，剪口距离袋布缝线一根布丝，注意开剪不能剪毛、剪漏（见图 5—1—5）。

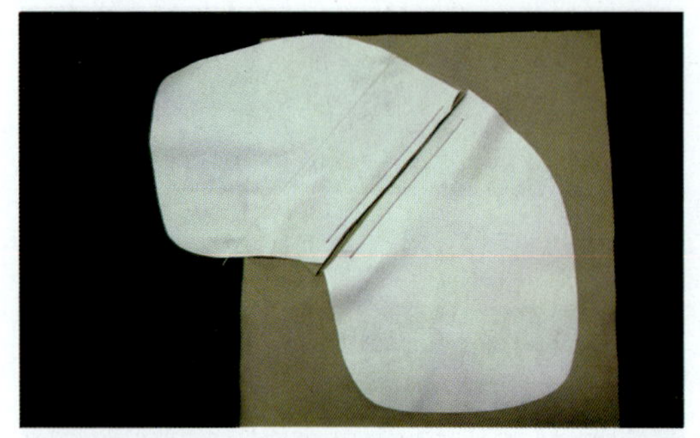

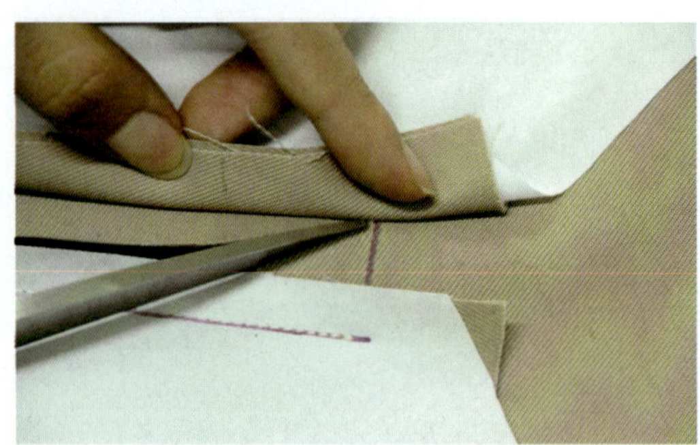

图 5—1—5 袋口开剪

6. 封开剪三角：将挖袋袋布翻到大身反面，并将袋布摆平，嵌线与开剪三角拉平，沿开剪口将开剪三角与嵌线、袋布车缝三道固定（见图 5—1—6）。

图 5—1—6 封开剪三角

7. 袋口前端明线：先将大小袋袋布向后侧拉开，在袋口前端缉缝 0.1 cm 装饰明线一道（见图 5—1—7）。要求缝线顺直，无跳线、浮线，不做回针。

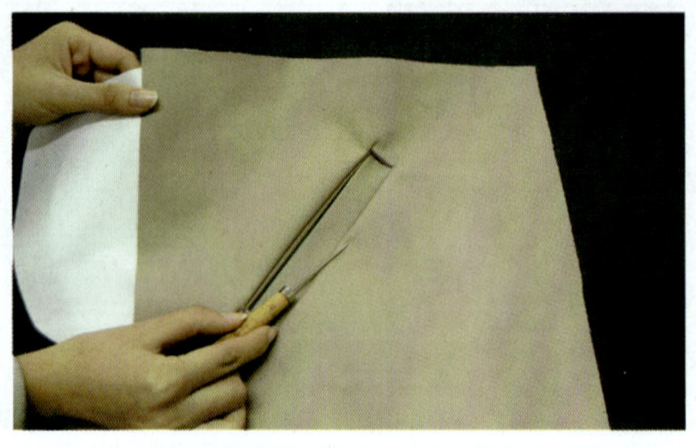

图 5—1—7 袋口前端明线

8. 袋口后端明线：将袋布摆平，接住袋口前沿，0.1 cm 圈缉袋口，做出袋口明线（见图 5—1—8）。要求缝线顺直，无跳线、浮线，缝线起落针要回针加固。

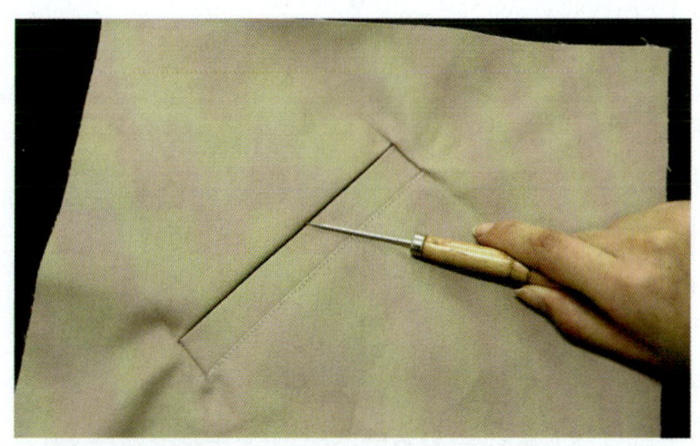

图 5—1—8　袋口后端明线

9. 合袋布：接封袋口三角线 1 cm 兜缉袋布，缉线均匀圆顺（见图 5—1—9）。

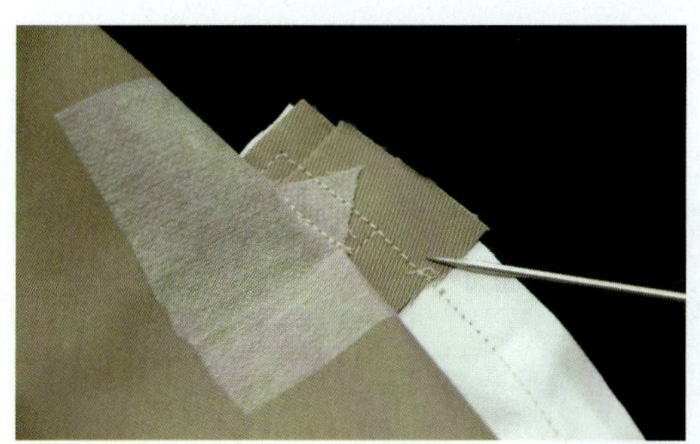
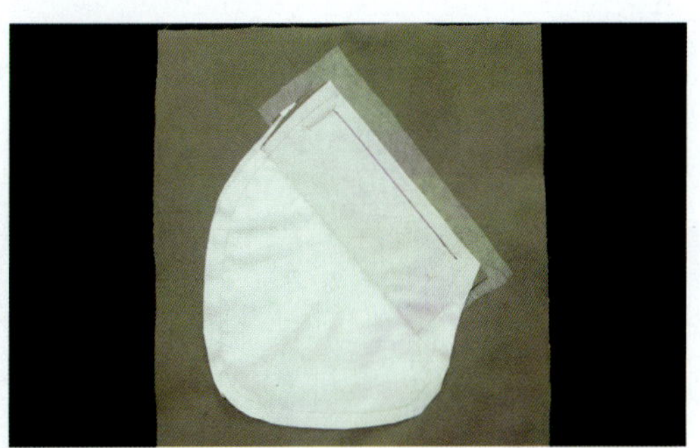

图 5—1—9　合袋布

10. 斜挖袋缝制完成：袋口方正，无毛漏，袋口明线顺直，无跳线、浮线（见图 5—1—10）。

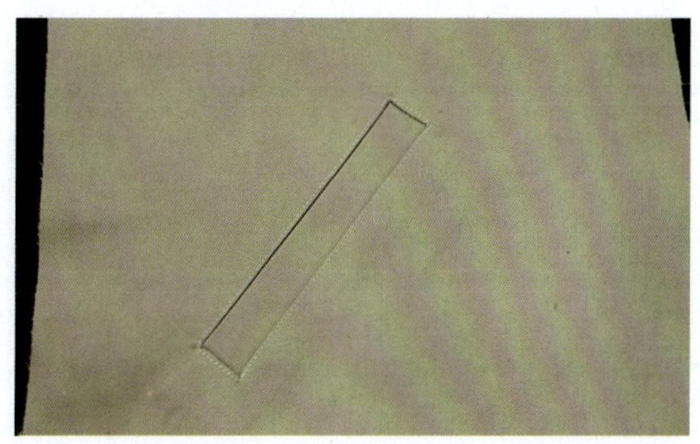
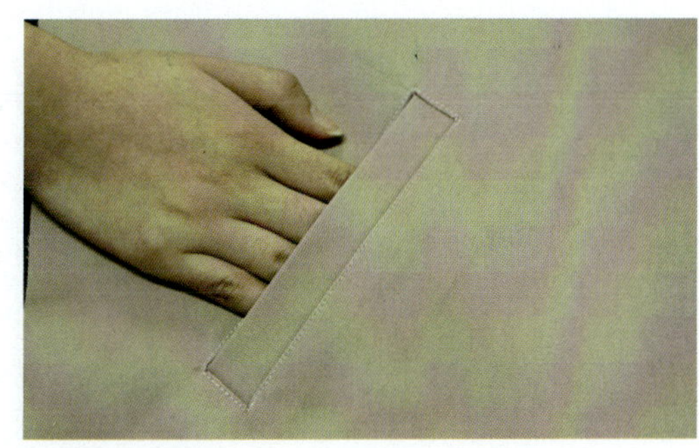

图 5—1—10　斜挖袋缝制完成图

二、夹克衫袖衩缝制工艺

夹克衫装袖克夫时一般采用有袖衩的形式，夹克衫袖衩是工装夹克衫收紧袖口的重要方法之一。夹克衫袖衩缝制材料见表 5—1—2。

表 5—1—2　夹克衫袖衩缝制材料表

面料	大袖片大身 ×1 小袖片大身 ×1 袖克夫 ×2
辅料	无纺衬若干

具体缝制工艺如下：

1. 拼后袖缝：将大小袖片后袖缝 1 cm 拼缝，在开衩位横向拼缝 0.6 cm（见图 5—1—11）。

图 5—1—11　拼后袖缝

2. 后袖缝明线：将后袖缝缝份倒向大袖片，并在大袖片上缉缝 0.6 cm 装饰明线一道，缝至袖衩处需将小袖片拉开不能缝到，并在开衩位横向车缝三道加固（见图 5—1—12）。

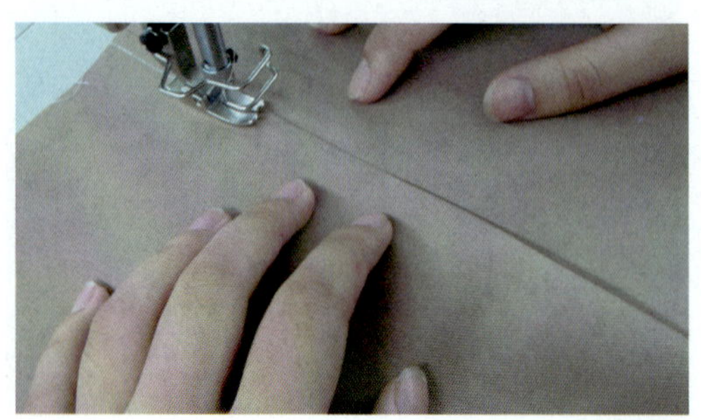

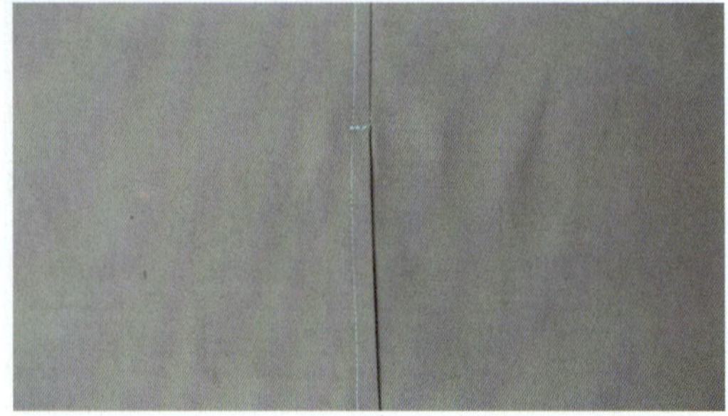

图 5—1—12　后袖缝明线

3. 拼前袖缝：将袖片前袖缝 1 cm 拼合，并分烫，再将里布后袖缝 1 cm 至开衩位，前袖缝 1 cm 拼缝，注意起落针回针固定（见图 5—1—13）。

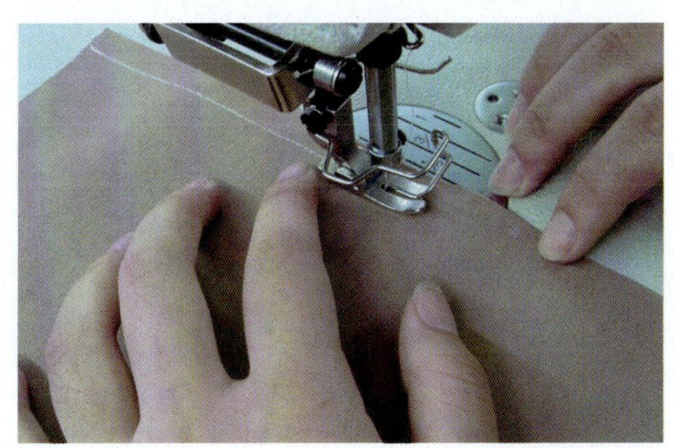

图 5—1—13　拼前袖缝

4. 合袖衩：先将小袖片面、里开衩位缝份向反面折光，0.1 cm 固定至开衩位顶点，再将大袖片开衩位面、里缝份对齐 1 cm 拼合（见图 5—1—14）。

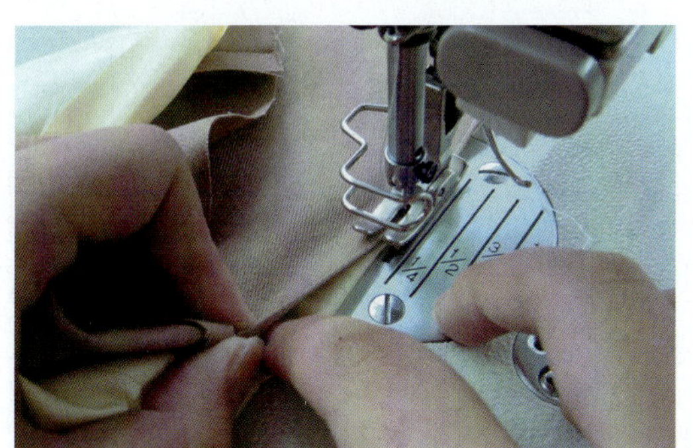

图 5—1—14　合袖衩

5. 袖克夫粘衬：将袖克夫粘无纺衬，并对袖克夫里一端 1 cm 扣烫（见图 5—1—15）。

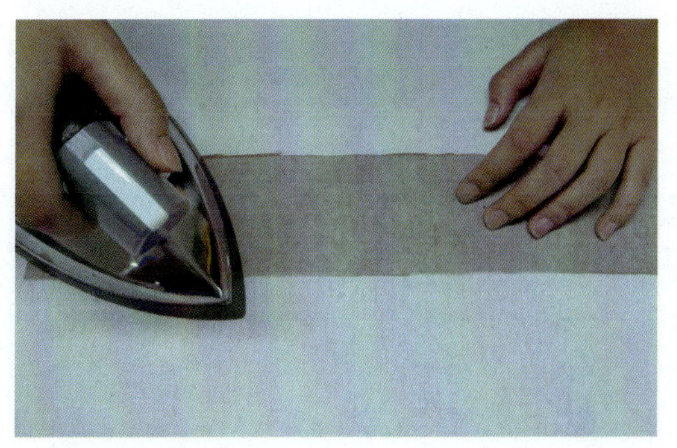
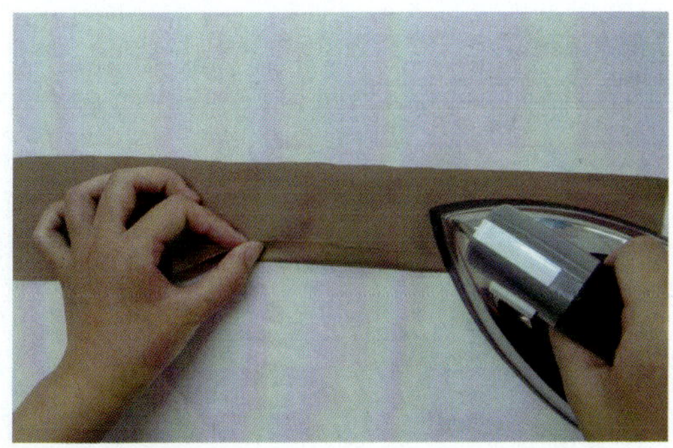

图 5—1—15　袖克夫粘衬

6. 做袖克夫：将袖克夫 1 cm 拼合，翻正烫平（见图 5—1—16）。

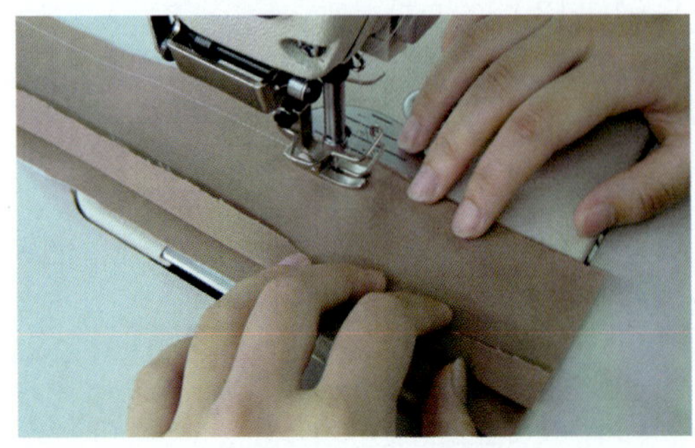
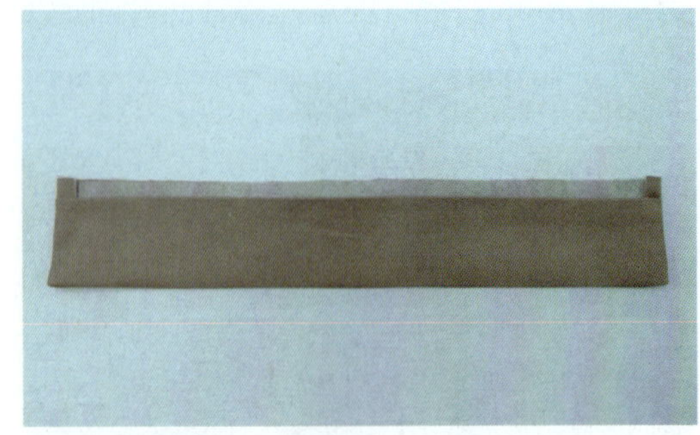

图 5—1—16　做袖克夫

7. 装袖克夫：在袖衩门、里襟划出 1 cm 装袖克夫位，将袖子翻到反面，袖克夫面与袖片面相对置于袖管中，然后将袖克夫 1 cm 拼缝在袖子上（见图 5—1—17）。要求袖衩门、里襟长度一致，缝线顺直，无跳线、浮线。

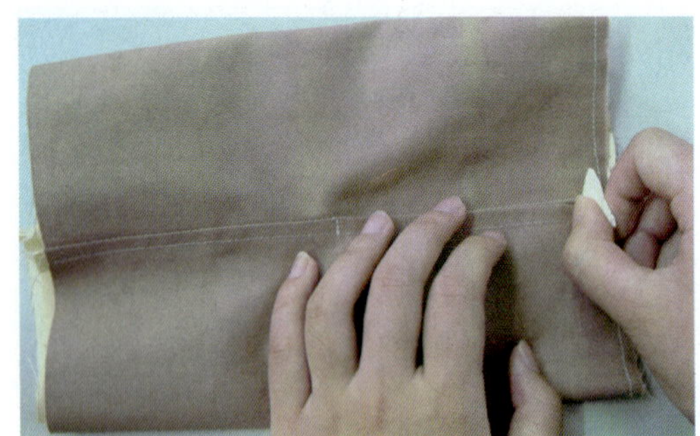
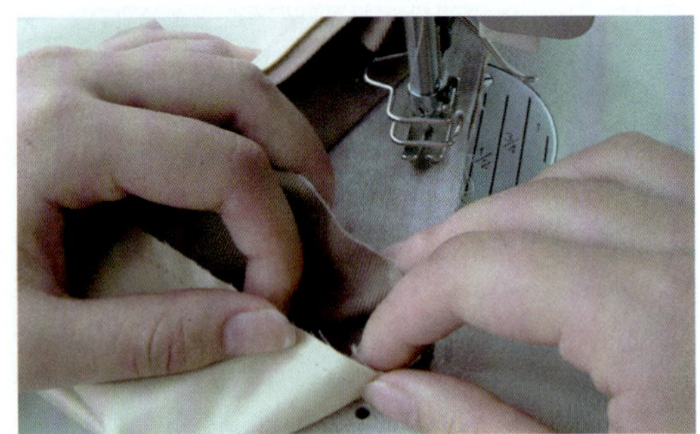

图 5—1—17　装袖克夫

8. 袖克夫封口：将袖克夫摆正，在袖口缝处 0.1 cm 缝袖克夫止口（见图 5—1—18）。要求缝线顺直，无跳线、浮线。

图 5—1—18　袖克夫封口

9. 夹克衫袖衩缝制完成（见图 5—1—19）。

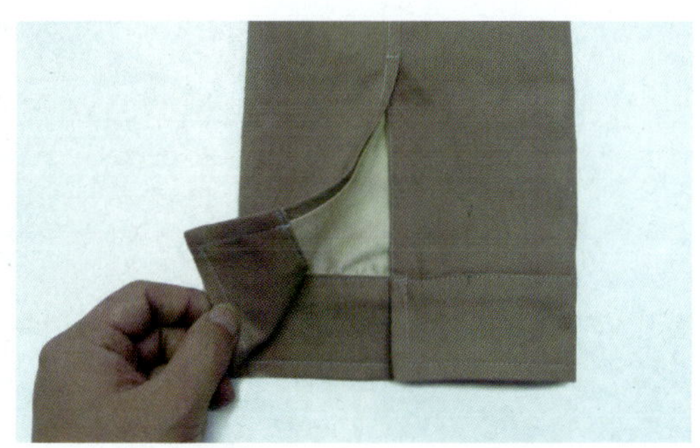

图 5—1—19　夹克衫袖衩缝制完成图

三、夹克衫门襟拉链缝制工艺

夹克衫一般在前中用拉链的形式进行门襟的闭合，这种形式使夹克衫的穿脱变得很方便。夹克衫门襟拉链缝制材料见表 5—1—3。

表 5—1—3　夹克衫门襟拉链缝制材料表

面料	衣片大身 ×2	
辅料	无纺衬若干 拉链 ×1	

具体缝制工艺如下：

1. 粘衬：将衣片门襟、挂面粘衬（见图 5—1—20）。

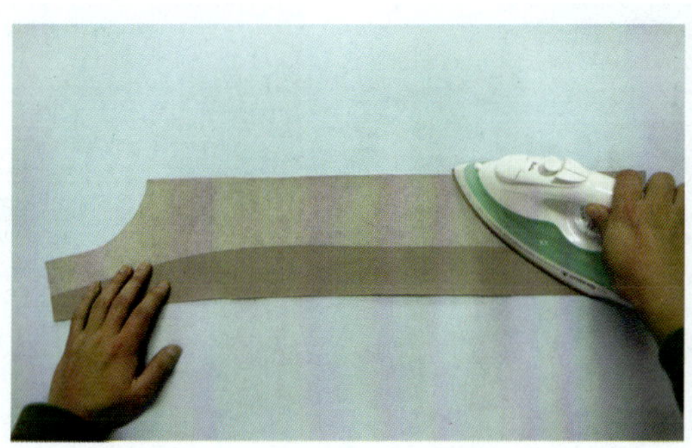

图 5—1—20　粘衬

2. 合底边：将挂面与衣片底边 1 cm 拼合（见图 5—1—21）。

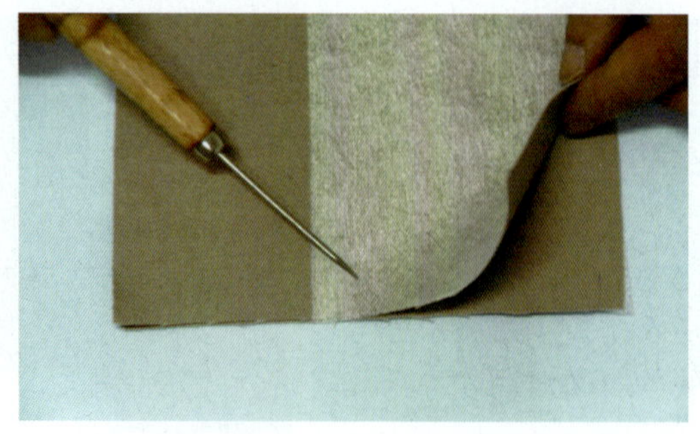

图 5—1—21　合底边

3. 划装拉链标记：在拉链与门襟上划出装拉链对位标记，并将拉链摆放在衣片门襟中间，挂面在上，衣身在下（见图 5—1—22）。

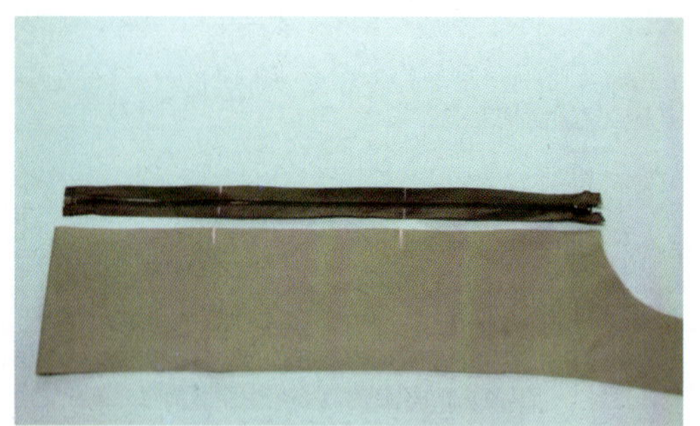

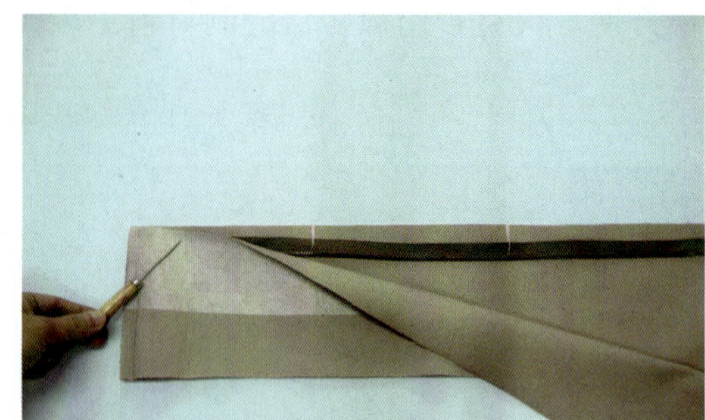

图 5—1—22　划装拉链标记

4. 装拉链：1 cm 拼装拉链与门襟，装拉链对位标记要对准，将衣身翻正，并在衣身上缝制 0.6 cm 明线一道，要求缝线顺直，无跳线、浮线，拉链平整无扭曲，左右门襟高低一致（见图 5—1—23）。

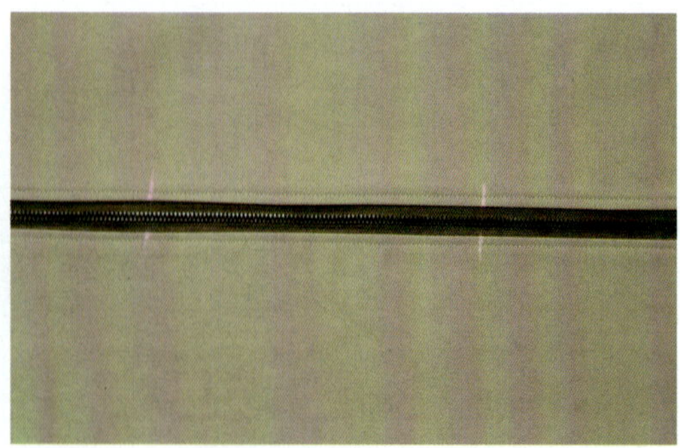

图 5—1—23　装拉链

5. 装拉链完成（见图 5—1—24）。

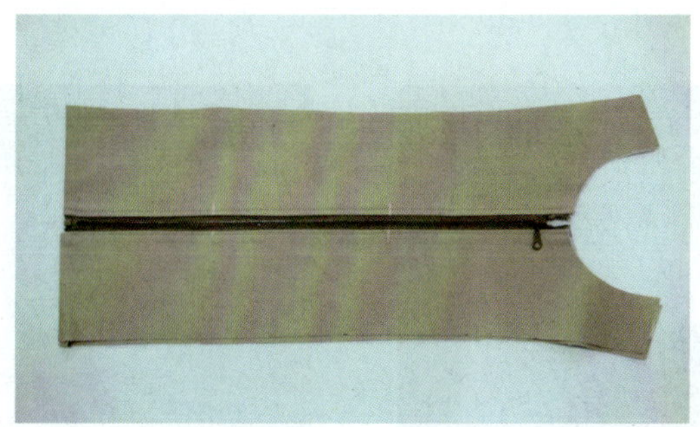

图 5—1—24　装拉链完成

四、手巾袋缝制工艺

手巾袋是男西服的标志性挖袋之一，主要用于放置手帕，其装饰性与实用性兼具。手巾袋缝制材料见表 5—1—4。

表 5—1—4　手巾袋缝制材料表

面料	前衣片大身 ×1 手巾袋袋爿 ×1 手巾袋袋布 ×1
辅料	手巾袋树脂衬 ×1 无纺衬若干

具体缝制工艺如下：

1. 划袋位、粘衬：大身面料正面划出手巾袋位，长 11 cm 宽 2.5 cm，右侧翘高 1 cm，并在袋口位下口向上 1 cm 划出袋口开剪位，在袋位反面粘衬（见图 5—1—25）。

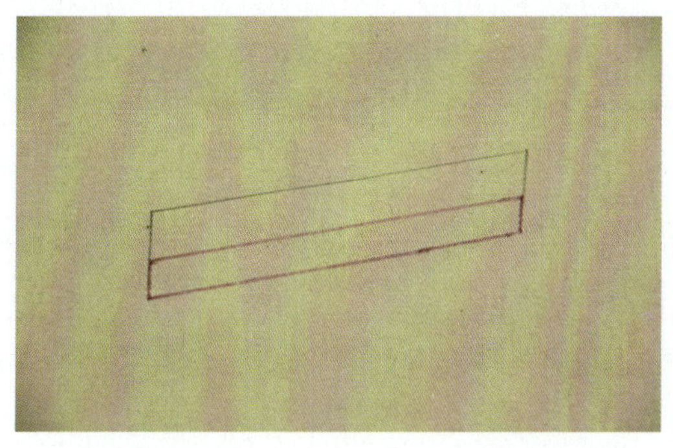

图 5—1—25　划袋位、粘衬

2. 手巾袋袋爿粘衬：将树脂衬修剪成手巾袋净样大小，粘在手巾袋袋爿反面（见图 5—1—26）。

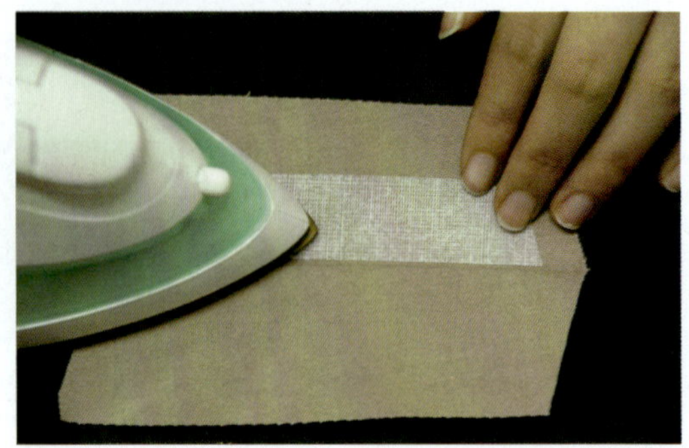

图 5—1—26　手巾袋袋爿粘衬

3. 烫手巾袋袋爿：将手巾袋袋爿按净样粘衬扣烫，要保证嵌线烫煞，再将手巾袋袋爿面缝份修剪成 1 cm（见图 5—1—27）。

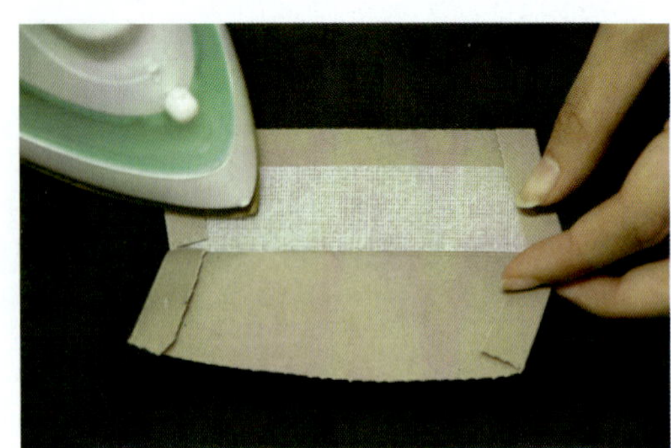
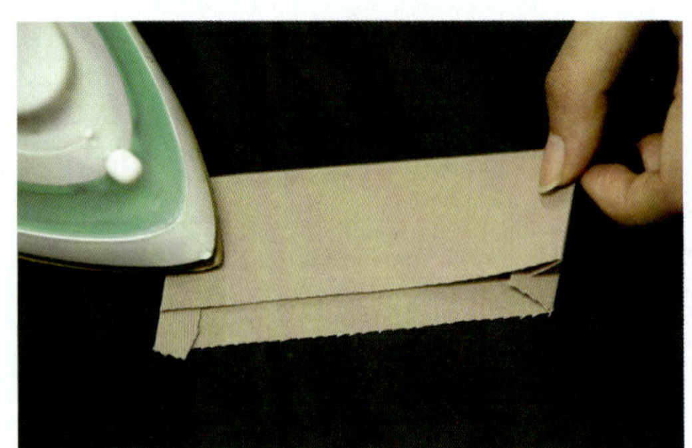

图 5—1—27　烫手巾袋袋爿

4. 钉手巾袋袋爿：将手巾袋袋爿面空开净样衬 0.1 cm 钉缝在手巾袋下口处（见图 5—1—28）。要求缝线顺直，无跳线、浮线，起落针回针加固。

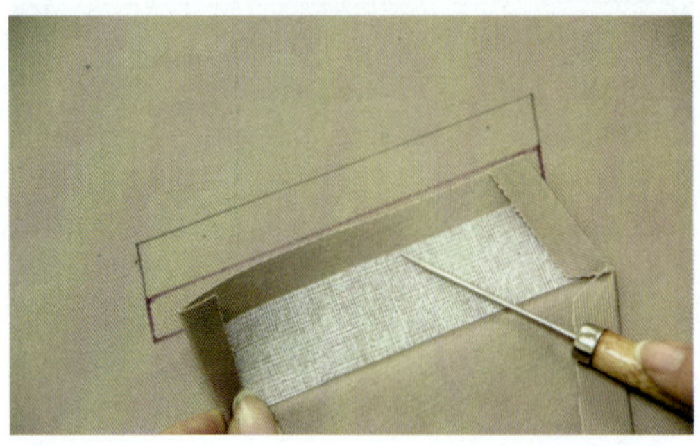

图 5—1—28　钉手巾袋袋爿

5. 钉袋布：将手巾袋袋布 1 cm 钉缝在手巾袋上口开剪处（见图 5—1—29）。要求缝线顺直，无跳线、浮线，起落针回针加固。

图 5—1—29　钉袋布

6. 袋口开剪：将手巾袋袋口开剪，袋口两端开“Y”字形剪口，剪口距嵌线、袋布缝线回针处 1 根布丝，不能剪毛、剪漏（见图 5—1—30）。

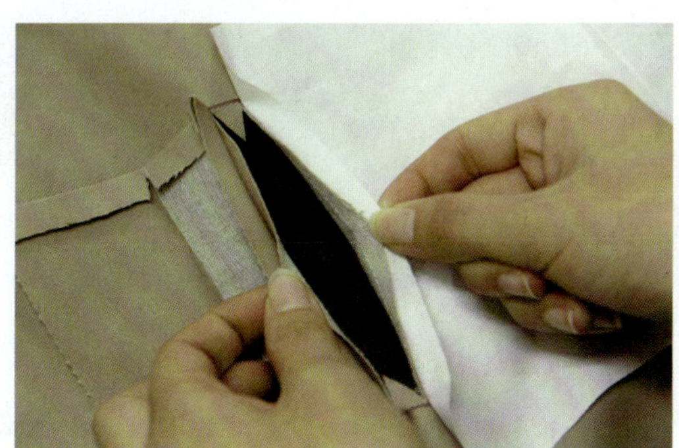

图 5—1—30　袋口开剪

7. 整理手巾袋袋爿：先将手巾袋袋爿处缝份分烫开，再将袋爿里层沿袋口塞进，翻正手巾袋袋爿（见图 5—1—31）。

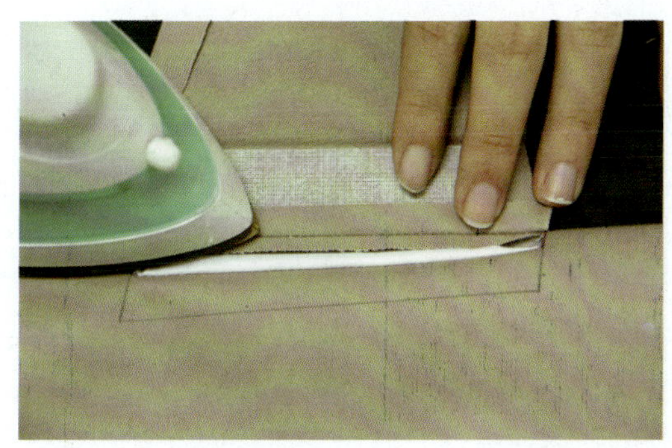
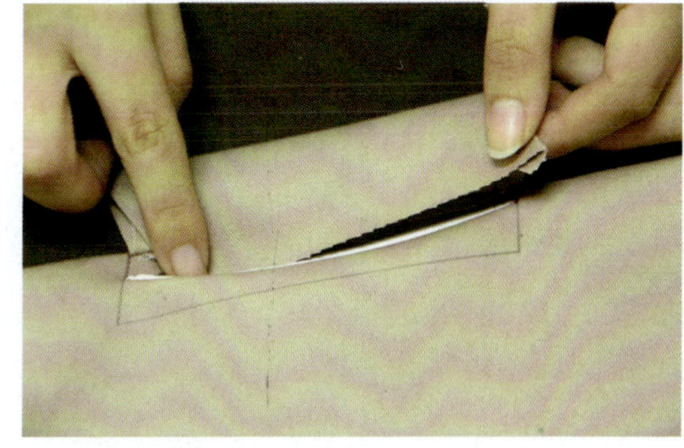

图 5—1—31　整理手巾袋袋爿

8. 固定手巾袋袋爿：将翻正后的袋爿摆平，袋布摆向上层，在袋爿面缝线处漏落缝，将手巾袋袋爿面里固定（见图 5—1—32）。

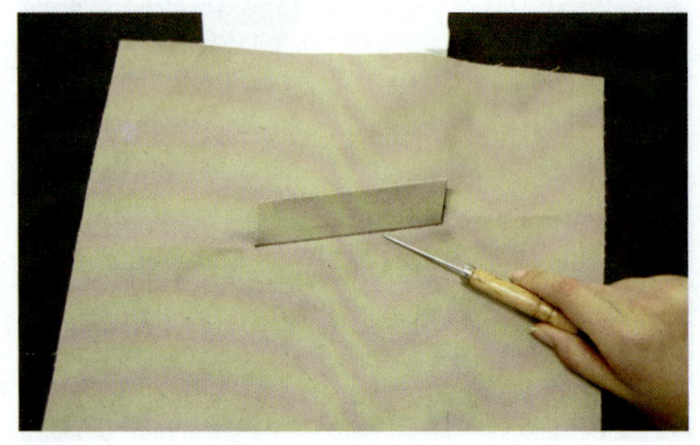

图 5—1—32　固定手巾袋袋爿

9. 整理袋布：将漏落缝的线迹用工具沿缝线刮一下，让缝线挂进缝线空隙内，之后将袋布下口与手巾袋袋爿里缝份相对（见图 5—1—33）。

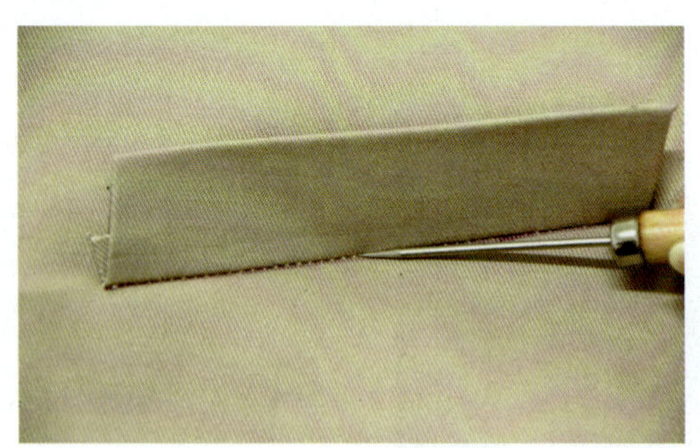
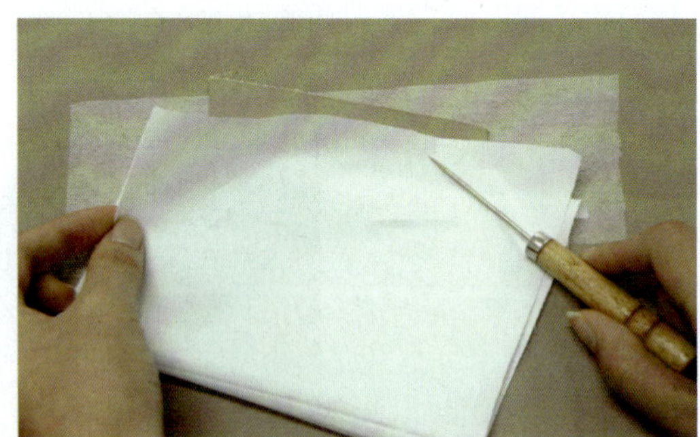

图 5—1—33　整理袋布

10. 缝袋布：将手巾袋袋布下口与袋爿里沿袋口固定，袋布摆平，两侧 1 cm 拼合（见图 5—1—34）。

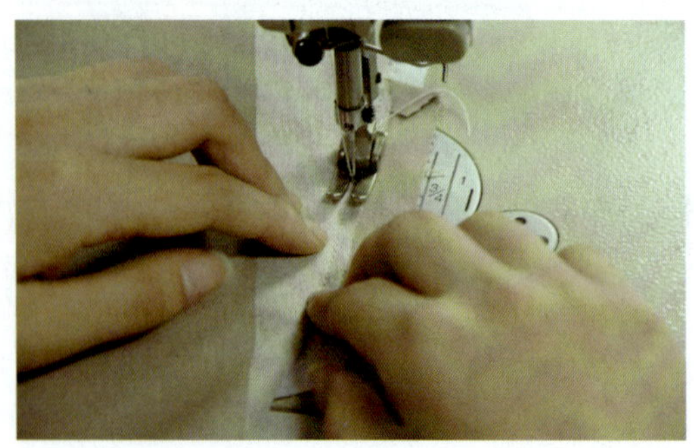

图 5—1—34　缝袋布

11. 手巾袋缝制完成：将手巾袋袋口开剪三角塞入袋爿两侧，两侧以 0.1 cm 缝线固定在面料大身上（见图 5—1—35）。

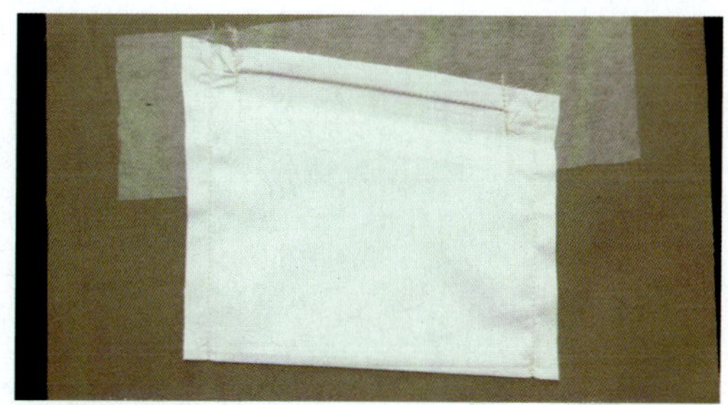

图 5—1—35　手巾袋缝制完成图

五、里怀袋缝制工艺

里怀袋是在上衣胸前里布上制作的挖袋，可以是双嵌线，也可以是单嵌线。现今定制西服中里怀袋经常制作成弧线形，并加以手工缝线装饰，增添了很多生趣。里怀袋缝制材料见表 5—1—5。

表 5—1—5　里怀袋缝制材料表

面料	大身 ×1　挖袋嵌线 ×1 袋布 ×2　袋口装饰 ×1	
辅料	无纺衬若干	

具体缝制工艺如下：

1. 粘衬：将里怀袋袋位反面及挖袋嵌线、袋口装饰布反面粘无纺衬（见图 5—1—36）。

图 5—1—36　粘衬

2. 钉嵌线：将挖袋嵌线反面划出袋口，长 13 cm 宽 0.8 cm，两端划成尖形，并将嵌线与大身布面面相对，按挖袋嵌线袋口钉缝（见图 5—1—37）。

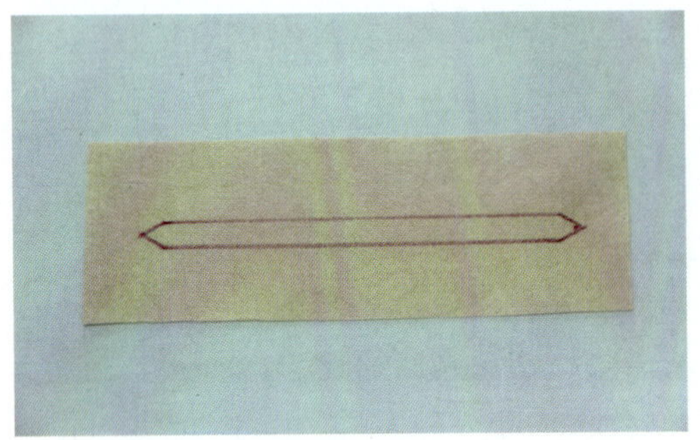
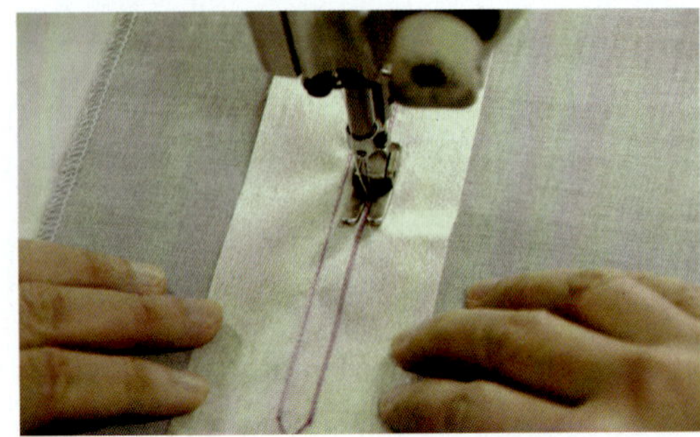
图 5—1—37　钉嵌线

3. 袋口开剪：袋口开剪后袋口尖角处不能剪断缝线，再将嵌线两端面料开剪（见图 5—1—38）。要求开剪要直，袋口缝线不能剪断。

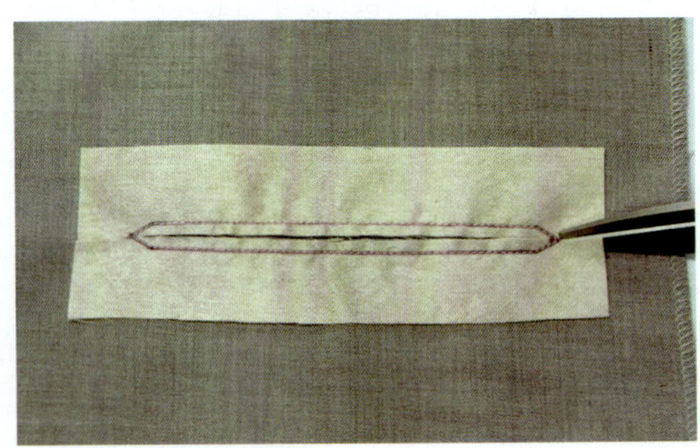
图 5—1—38　袋口开剪

4. 烫嵌线：将上下嵌线按缝线折烫，要烫煞，不能烫焦（见图 5—1—39）。

图 5—1—39　烫嵌线

5. 翻正嵌线：将烫好的嵌线上、下口缝份从袋口翻到反面，再将上、下嵌线整理成 0.4 cm 宽，要求嵌线宽窄一致（见图 5—1—40）。

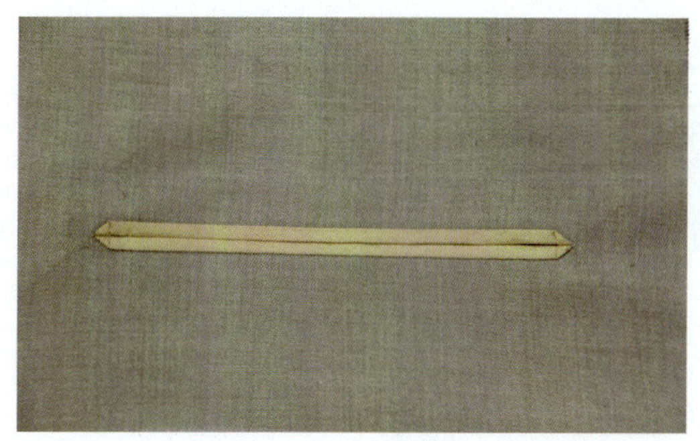

图 5—1—40　翻正嵌线

6. 钉下袋口袋布：将袋布缝份与下袋口嵌线对准后，沿下嵌线 0.1 cm 做下坑缝（见图 5—1—41）。

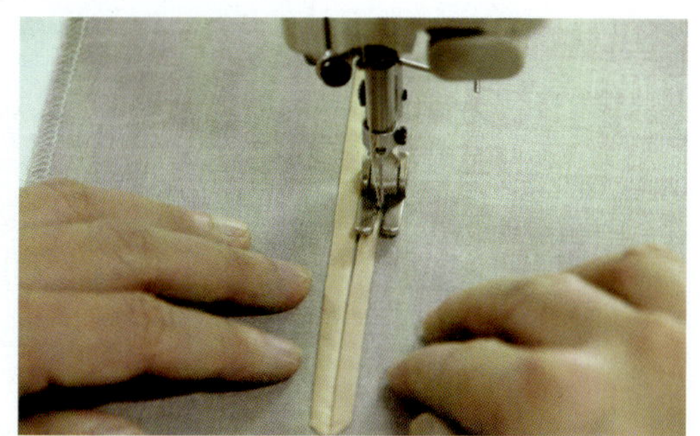

图 5—1—41　钉下袋口袋布

7. 摆正袋布：将钉好的袋布向下摆平（见图 5—1—42）。

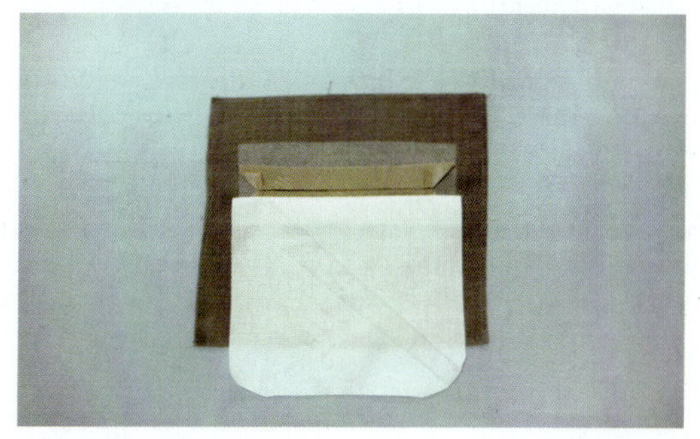
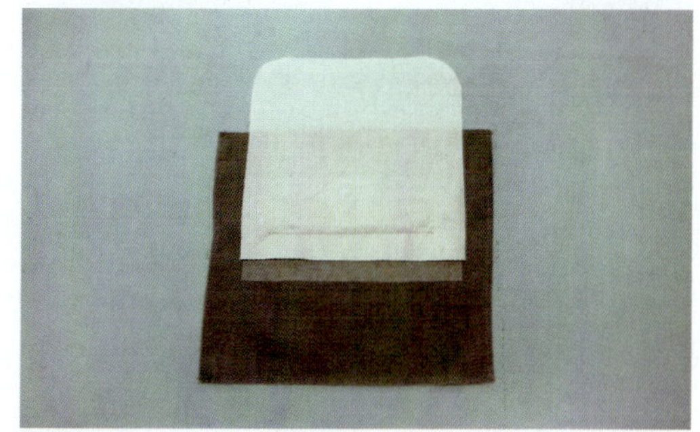

图 5—1—42　摆正袋布

8. 钉袋垫布：将袋垫布一侧折光，沿折口 0.1 cm 钉缝在另一块袋布上（见图 5—1—43）。

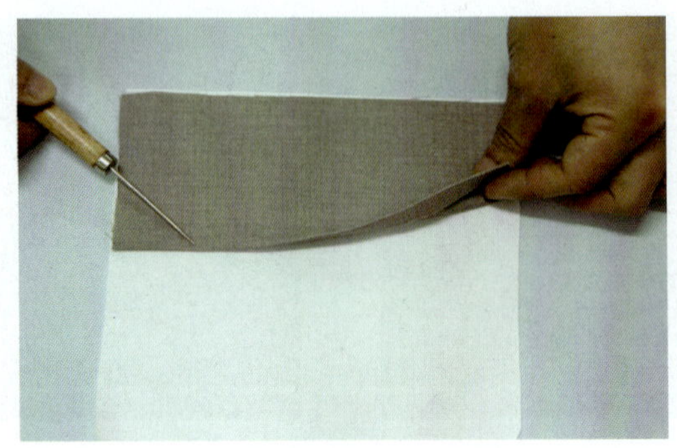

图 5—1—43　钉袋垫布

9. 烫三角巾：将袋口装饰布修剪成正方形后，对折成等腰三角形（见图 5—1—44）。

图 5—1—44　烫三角巾

10. 摆放袋布：将钉好袋垫布的一侧袋布摆放在袋口处，正面将三角巾塞入袋口 1.4 cm，居中摆放（见图 5—1—45）。

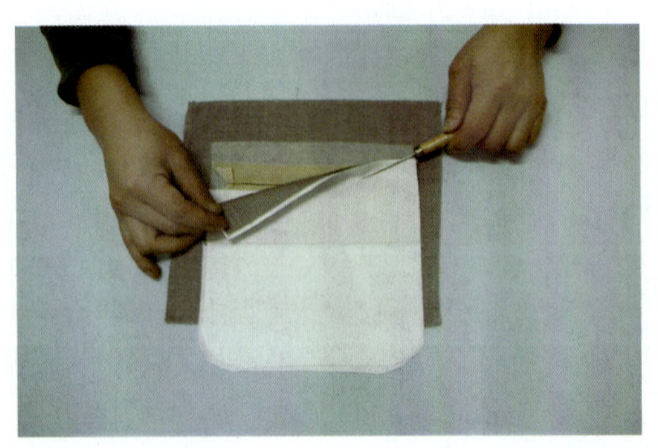
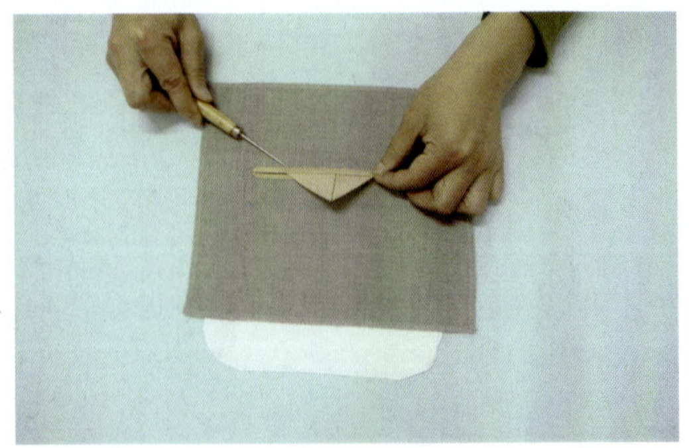

图 5—1—45　摆放袋布

11. 合上嵌线袋口：接下嵌线口缝线 0.1 cm 下坑缝，将上嵌线袋口缝合（见图 5—1—46）。

图 5—1—46　合上嵌线袋口

12. 合袋布：1 cm 兜缝袋布（见图 5—1—47）。

图 5—1—47　合袋布

13. 完成里怀袋缝制：将里怀袋整理平整后烫平，袋口上下嵌线要直、宽窄一致（见图 5—1—48）。

图 5—1—48　里怀袋缝制完成图

六、西服大袋缝制工艺

西服大袋是装袋盖的双嵌线挖袋，其制作方法同西裤的双嵌线挖袋，高档西服大袋所采用的制作方法与里怀袋相似，这样处理可以使西服衣身视觉上显得平整。西服大袋缝制材料见表 5—1—6。

表 5—1—6　西服大袋缝制材料表

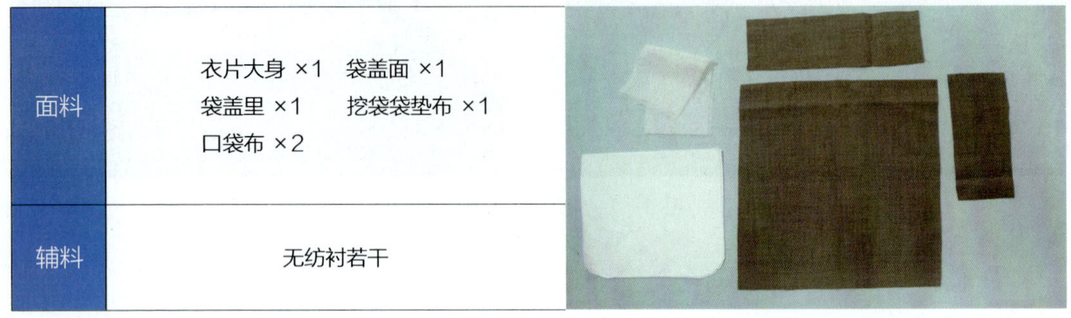

面料	衣片大身 ×1　袋盖面 ×1 袋盖里 ×1　挖袋袋垫布 ×1 口袋布 ×2
辅料	无纺衬若干

具体缝制工艺如下：

1. 定袋位、粘衬：划出长 14 cm、宽 0.8 cm 的袋口，并在袋口位反面粘衬，注意粘衬不能起泡（见图 5—1—49）。

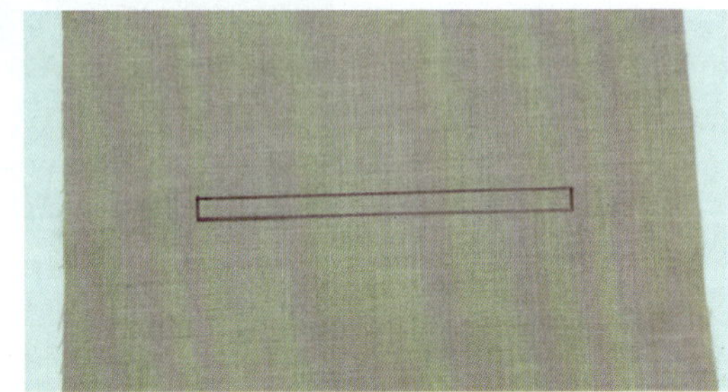

图 5—1—49　定袋位、粘衬

2. 嵌线、袋盖粘衬：在挖袋嵌线、袋盖反面粘衬，并划出袋口尺寸与袋盖净样（见图 5—1—50）。

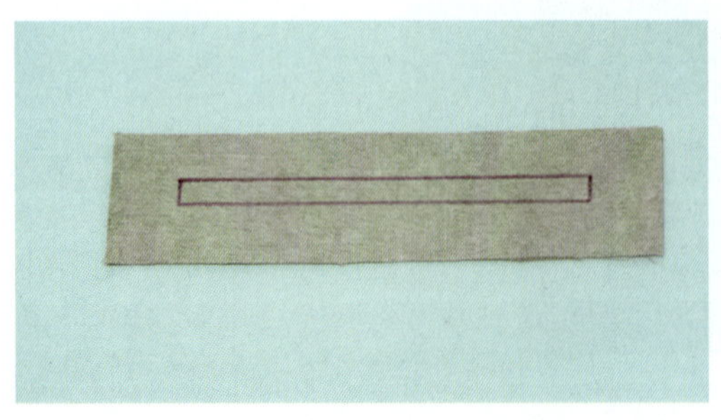
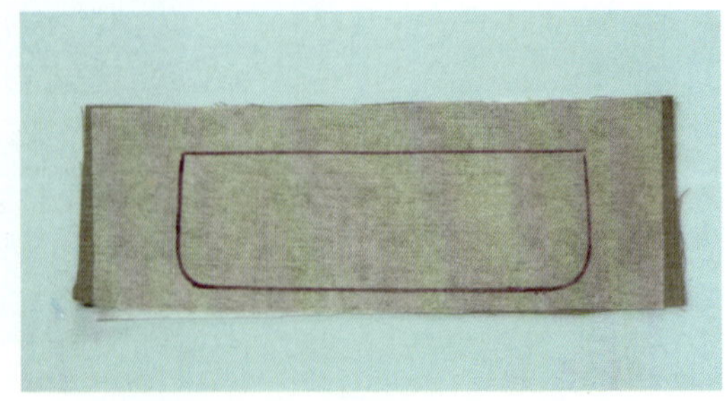

图 5—1—50　嵌线、袋盖粘衬

3. 做袋盖：将袋盖面里沿净样拼合，袋盖角要做出窝势，做法同衬衫袖克夫圆角（见图 5—1—51）。

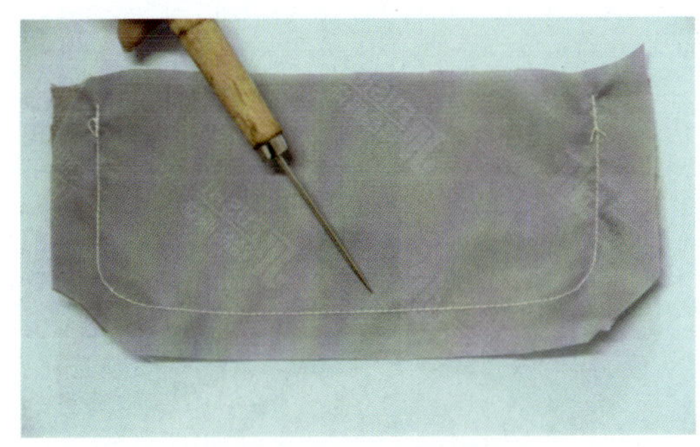

图 5—1—51　做袋盖

4. 烫袋盖：将袋盖缝份修剪成 0.6 cm，圆角处缝份修剪成 0.3 cm，并将袋盖翻正，烫出里外匀，划出袋盖宽度 5.5 cm 标记线（见图 5—1—52）。

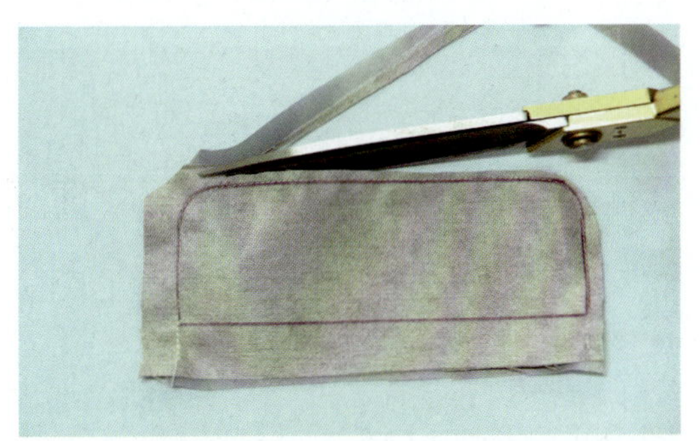

图 5—1—52　烫袋盖

5. 钉嵌线：将嵌线钉缝在大身上（见图 5—1—53）。要求缝线顺直，无跳线、浮线，起落针要回针固定。

图 5—1—53　钉嵌线

6. 袋口开剪：将袋口开剪，并将嵌线剪开，大身袋口处修剪成“Y”字形剪口（见图 5—1—54）。

图 5—1—54　袋口开剪

7. 翻烫嵌线：将嵌线缝份分烫，之后将嵌线缝份翻到反面，并将上下嵌线烫成 0.4 cm，要求上下嵌线宽窄一致，嵌线烫平、烫煞。将开剪三角与嵌线拼缝三道固定，要求袋角无毛漏（见图 5—1—55）。

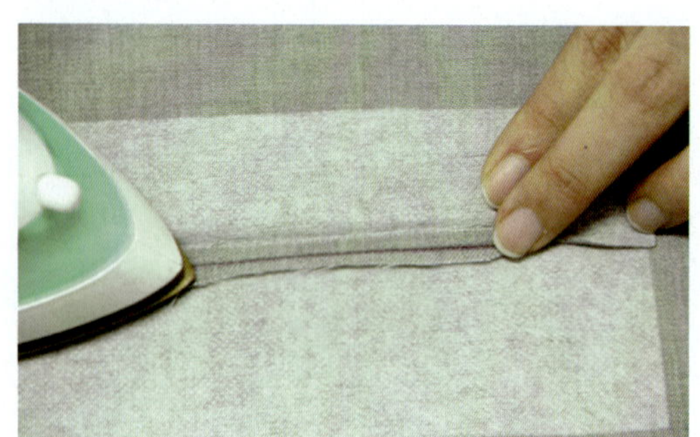

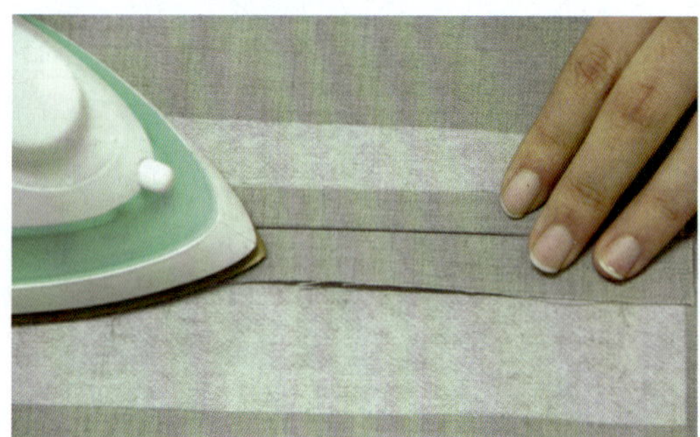

图 5—1—55　翻烫嵌线

8. 钉下袋口袋布：将袋布与下嵌线缝份相对，沿下嵌线做漏落缝将嵌线与袋布固定（见图 5—1—56），要求缝线顺直准确，无跳线、浮线。

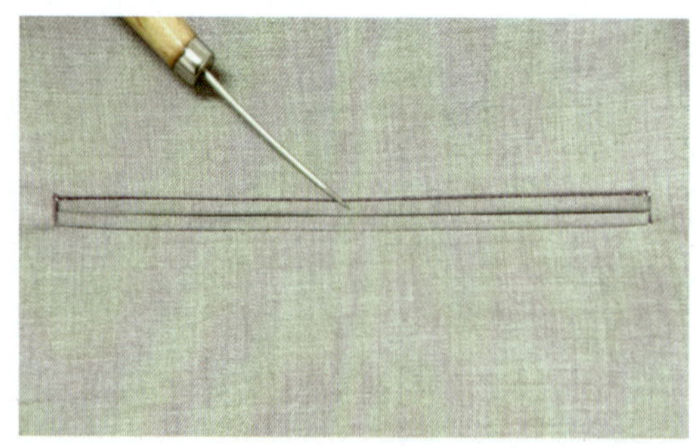

图 5—1—56　钉下袋口袋布

9. 钉袋垫布：将袋垫布下口折光 0.5 cm，沿折口 0.1 cm 固定在袋布上（见图 5—1—57）。

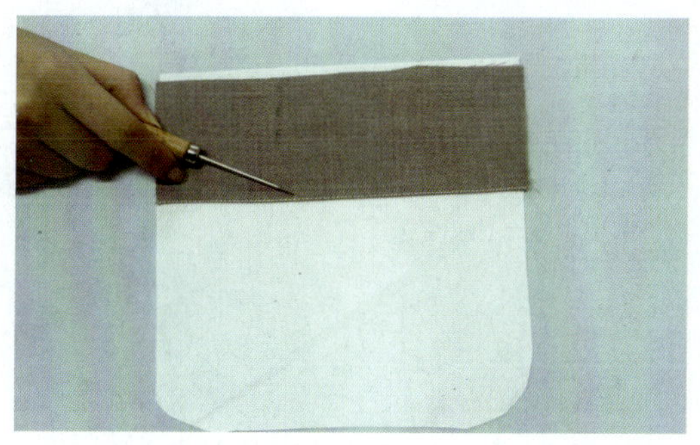

图 5—1—57　钉袋垫布

10. 钉袋布、袋盖：将钉好袋垫布的袋布置于袋口下，将袋盖塞进袋口，袋盖标记线处在袋口中心，沿上嵌线漏落缝将嵌线、袋盖、袋布固定，要求缝线顺直，无跳线、浮线，起落针回针固定（见图 5—1—58）。

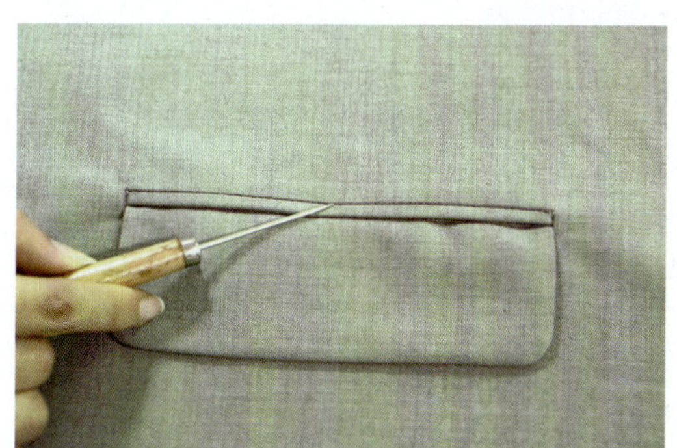

图 5—1—58　钉袋布、袋盖

11. 合袋布：将袋布 1 cm 缝合，并将袋布缝份修剪平整（见图 5—1—59）。

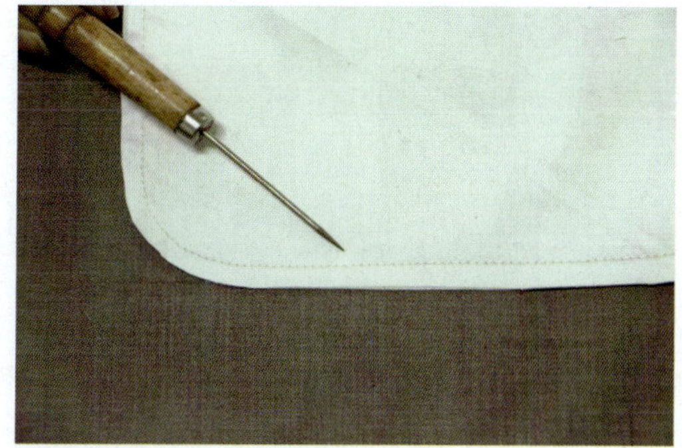

图 5—1—59　合袋布

12. 西服大袋缝制完成（见图 5—1—60）。

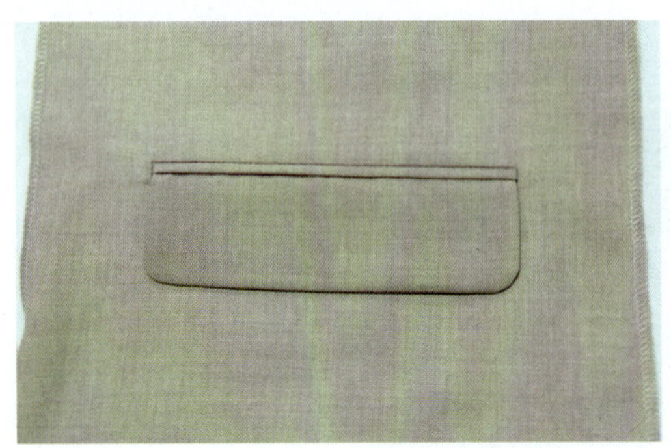

图 5—1—60　西服大袋缝制完成图

七、袖衩一缝制工艺

西服袖衩的常见工艺方法有两种：一种是袖口处活动、可开合，俗称活袖衩；另一种是袖口闭合固定，俗称假袖衩。袖衩一缝制材料见表 5—1—7。

表 5—1—7　袖衩一缝制材料表

面料	大袖片大身 ×1 小袖片大身 ×1
辅料	无纺衬若干

具体缝制工艺如下：

1. 袖衩粘衬：将大小袖片袖衩粘衬，并划出袖衩净样标记（见图 5—1—61）。

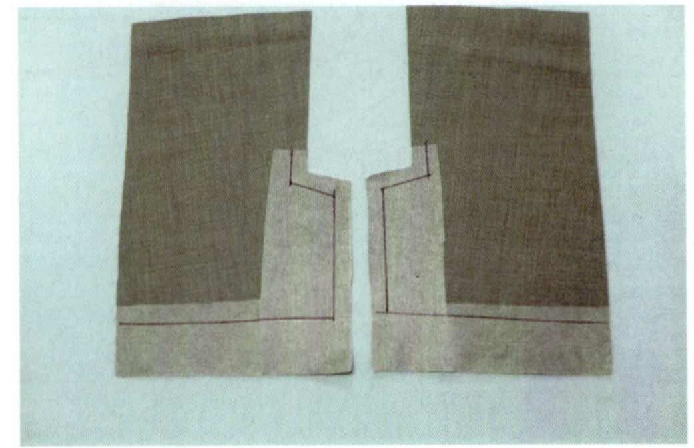

图 5—1—61　袖衩粘衬

2. 拼后袖缝：将大小袖片后袖缝 1 cm 拼合，在小袖衩转角处开剪（见图 5—1—62）。

图 5—1—62　拼后袖缝

3. 烫袖口：将后袖缝分烫，袖衩倒向大袖片折烫，同时大袖片烫出袖口，使袖衩与袖口形成“十”字印记（见图 5—1—63）。

图 5—1—63　烫袖口

4. 对折大袖片袖衩角：将大袖片袖衩沿“十”字标记对折（见图 5—1—64）。

图 5—1—64　对折大袖片袖衩角

5. 拼大袖片袖衩角：将折好的袖衩 45° 角拼缝至缝份 1 cm 处，起落针回针固定，要求缝线顺直，无跳线、浮线，并将缝份修剪成 0.4 cm（见图 5—1—65）。

图 5—1—65　拼大袖片袖衩角

6. 分烫缝份：将缝份分烫开（见图 5—1—66）。

图 5—1—66　分烫缝份

7. 翻正袖衩角：将袖衩翻正烫平（见图 5—1—67）。

图 5—1—67　翻正袖衩角

8. 拼大小袖衩：将大小袖衩 1 cm 拼合，小袖片袖口沿大袖片袖口折烫，使大小袖片袖衩高低一致（见图 5—1—68）。

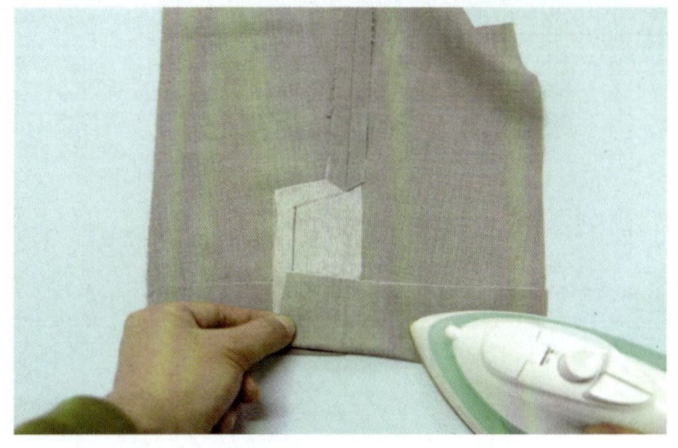

图 5—1—68　拼大小袖衩

9. 拼小袖片袖衩角缝份：将小袖片袖口向反面折返，1 cm 拼合，缝份处留有 1 cm 不缝合（见图 5—1—69）。

图 5—1—69　拼小袖片袖衩角缝份

10. 翻正小袖片袖衩：将小袖片袖衩翻正，袖口预留 1 cm 不缝合是为了与袖子里布拼合使用（见图 5—1—70）。

图 5—1—70　翻正小袖片袖衩

11. 袖衩一缝制完成（见图 5—1—71）。

图 5—1—71　袖衩一缝制完成图

八、袖衩二缝制工艺

袖衩二缝制材料见表 5—1—8。

表 5—1—8　袖衩二缝制材料表

面料	大袖片大身 ×1 小袖片大身 ×1
辅料	无纺衬若干

具体缝制工艺如下：

1. 袖衩粘衬：将袖衩反面粘衬，并划出袖衩净样（见图 5—1—72）。

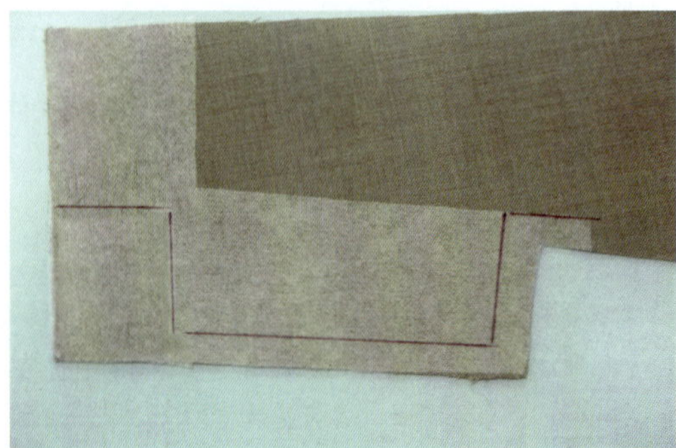

图 5—1—72　袖衩粘衬

2. 合后袖缝：将后袖缝 1 cm 缝合，袖衩位按照净样划线缝合，并在小袖片转角处开剪口（见图 5—1—73）。

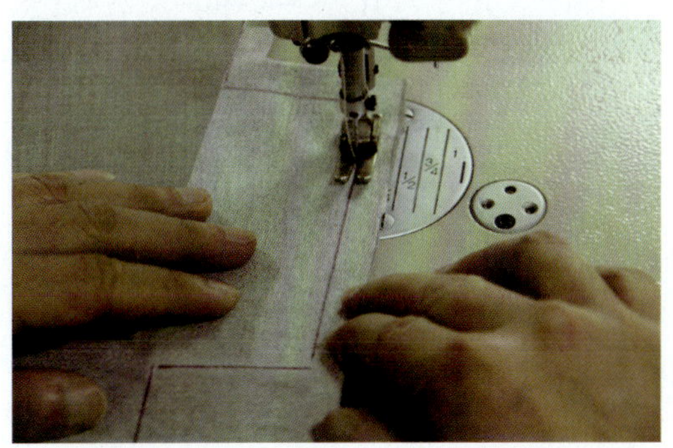

图 5—1—73　合后袖缝

3. 烫后袖缝：将后袖缝分烫开，袖衩倒向大袖片熨烫（见图 5—1—74）。

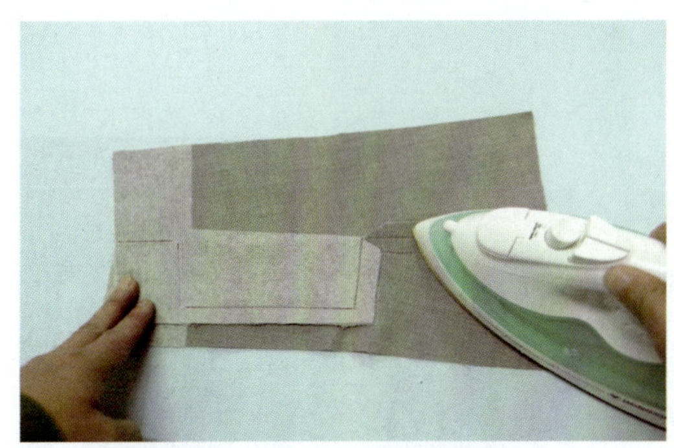

图 5—1—74　烫后袖缝

4. 烫袖口：将袖口缝份沿净样扣烫，要求袖口烫煞、烫平（见图 5—1—75）。

图 5—1—75　烫袖口

5. 袖衩二缝制完成（见图 5—1—76）。

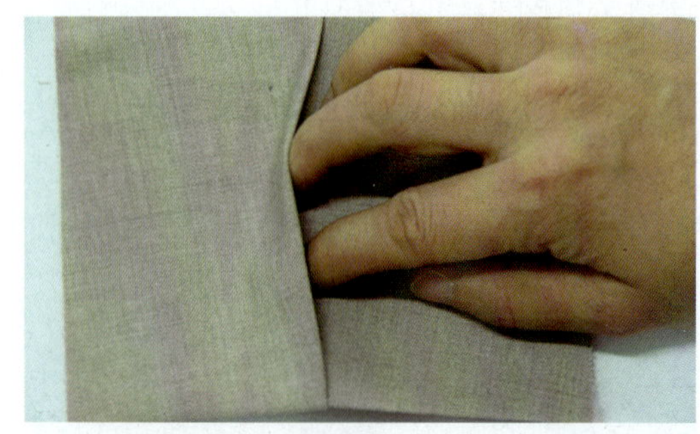

图 5—1—76　袖衩二缝制完成图

第二节　马甲缝制工艺

马甲是一种无领、无袖的上衣，一般作为男西服配套的内里背心穿着（见图 5—2—1）。马甲与西服搭配构成标准的西服着装三件套。西服三件套中，马甲前身面料应与西服相同，后背面料采用西服的甲里料，外形为“V”形领口，单排五粒扣，两开袋，侧缝开衩，后腰束腰带。

图 5—2—1　马甲

随着服饰的发展，当今的马甲可内穿也可外穿，而且款式也逐渐变得多样化。马甲可分为正装马甲和休闲马甲两大类。正装马甲配西服穿着，用以出席正式场合。正装马甲有以下三方面作用：首先，御寒；其次，控制裤子腰部、衬托上衣的线条；最后，可用来遮盖裤子的皮带，使西服三件套显得更加庄重。休闲马甲由于款式和所使用的面料不拘泥于单一样式与着装场合，所以深受男女老少的喜爱。

马甲适合的面料较广，化学纤维面料与天然纤维面料都可以使用，正装马甲以精纺毛料为佳。

接下来根据马甲服装样衣工艺通知单（见表 5—2—1）的要求，依据款式图，采用 M 号规格绘制裁剪结构图，并在结构图基础上进行放缝并制作出裁剪样板，在合适的面料上进行排料、裁剪及制作，完成马甲缝制。

表 5—2—1　马甲服装样衣工艺通知单

品牌：XXX 纸样编号：XXXXXX	款号：XXXXXX 下单日期：XXXX.XX.XX	名称：马甲 完成日期：XXXX.XX.XX
款式图：		

系列规格表（5·4）　单位：cm

部位	规格	165/84A S	170/88A M	175/92A L	档差	公差
1	后中长	49	51	53	2	±1
2	胸围	90	94	98	4	±1
3	肩宽	35	36	37	1	不允许

款式概述：

前后衣片收腰省，门襟 5 粒纽扣，前衣片两个单嵌线挖袋，侧缝底边开 5 cm 衩，无领，无袖，后衣片有腰袢，有夹里

面料：精纺毛料

成分：面料——羊毛 100%，涤纶 100%

里布——涤纶 100%

组织：斜纹组织

幅宽：144 cm

辅料：

粘合衬、纽扣、配色线、商标、洗水唛

工艺要求：

1. 前身：前衣片开 12 cm × 5 cm 单嵌线挖袋，收两个腰节省，面料为精纺毛料，门襟 5 粒纽扣，锁圆头扣眼
2. 后身：后衣片收两个腰节省，装腰袢，使用全涤面料
3. 侧缝：右片里布预留 10 cm 口子以便翻正衣服，底边侧缝开衩 5 cm
4. 夹里：后中拼合要有松量，拼缝平整
5. 缉线：顺直，无跳针、断线现象
6. 商标：位置端正，号型标志清晰，号型钉在商标下沿
7. 整烫：各部位熨烫到位，平服，无极光、水花、污迹，底边平直无起浪现象
8. 针迹：明线 14 针 /3 cm

工艺编制：　　　　工艺审核：　　　　审核日期：

一、规格尺寸（见表 5—2—2）

表 5—2—2　马甲 M 号规格表　　单位：cm

号型	部位	后中长	胸围	肩宽
170/88A	规格	51	94	36

二、裁片配置

1. 主要裁片名称

面布包含前衣片、后衣片、挂面、腰袢、挖袋嵌线、挖袋袋垫布、后领贴。

里布包含前后衣片里布、袋布。

2. 裁片图（见图 5—2—2）

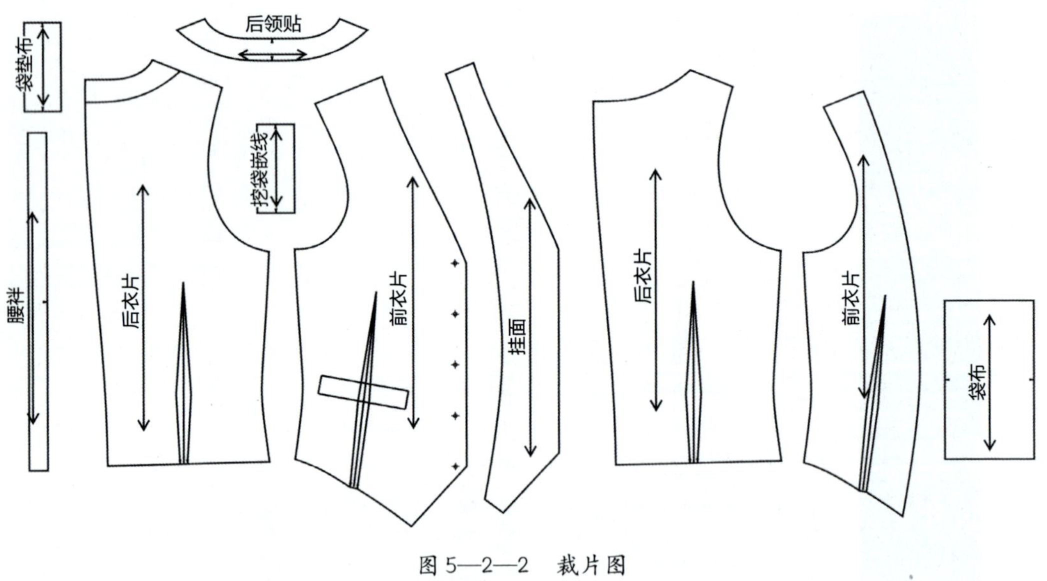

图 5—2—2　裁片图

3. 放缝图（见图 5—2—3）

（1）衣片面布放缝 1 cm，里布后中腰节上放缝 2 cm，其余各边放缝 1 cm。

（2）前、后衣片省尖与挖袋绘制钻眼标记，省根绘制刀眼符号，前衣片绘制纽扣位。

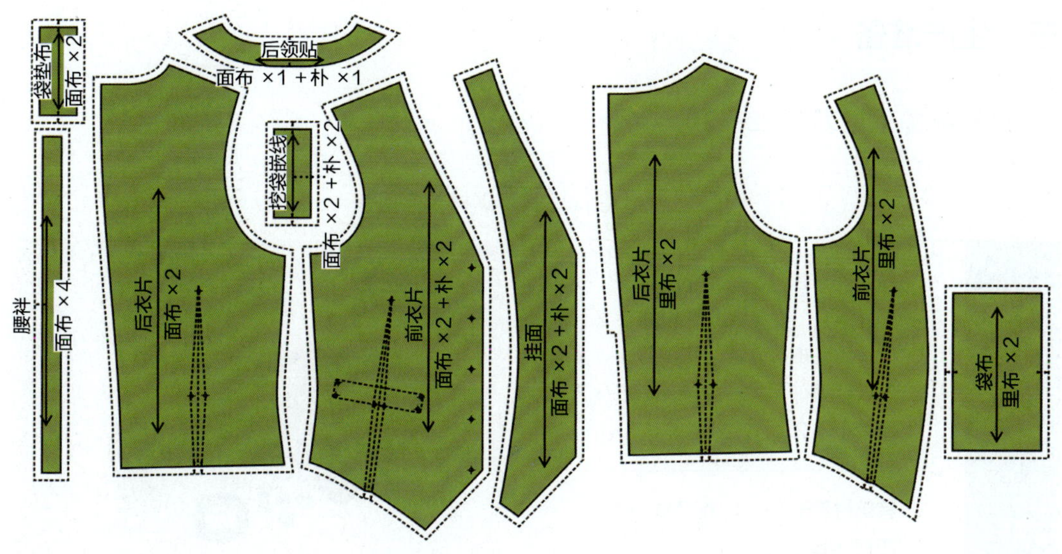

图 5—2—3　放缝图

4. 排料图（见图 5—2—4）

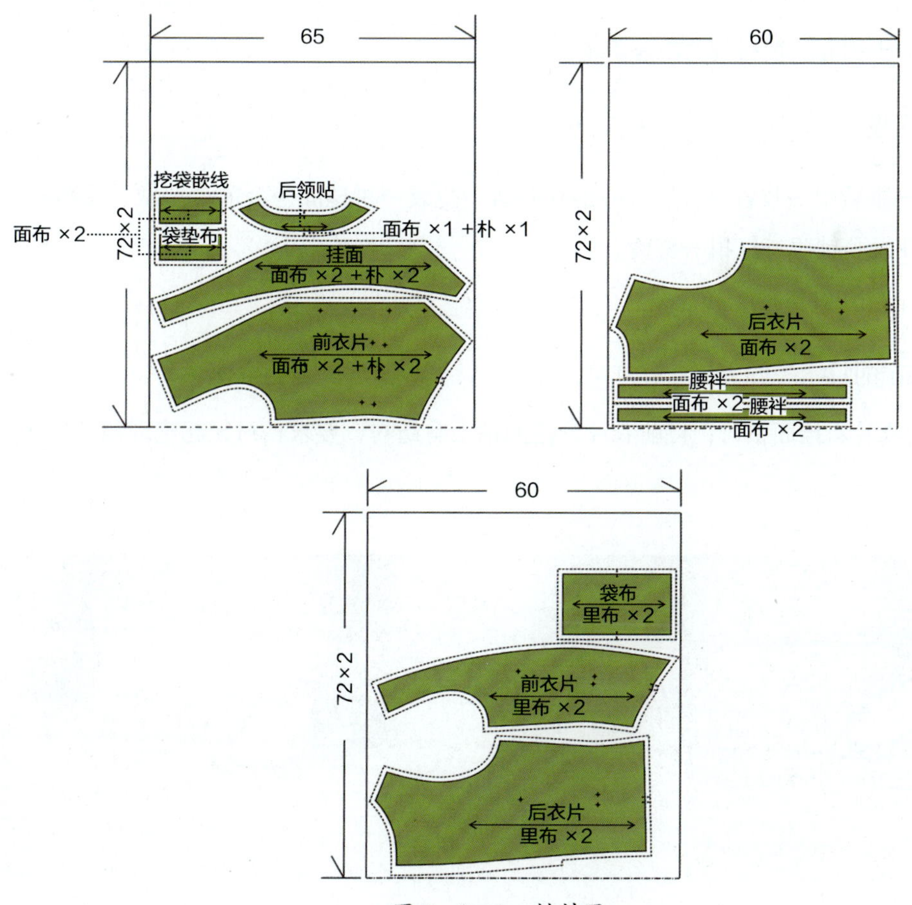

图 5—2—4　排料图

三、生产准备

1. 材料准备（见表 5—2—3）

表 5—2—3　马甲所需材料准备表

类别	材料	材料
面料	前衣片 ×2 挂面 ×2 挖袋袋垫布 ×2 前衣片里布 ×2 口袋布 ×2	后衣片 ×2 挖袋嵌线 ×2 后腰袢 ×4 后衣片里布 ×2
辅料	有纺衬若干 纽扣 ×5	配色线 ×1

2. 面、辅料裁剪注意事项

详见一步裙面、辅料裁剪注意事项。

3. 工艺流程

粘衬→拼后中→收省→合后片→前片收省→挖袋→拼挂面→合前片→做、装腰袢→合肩缝→合侧缝→锁眼、钉扣→整烫。

四、产品制作

1. 前衣片、挂面粘衬：将前衣片、挂面粘上有纺衬，要求粘衬无起泡现象（见图 5—2—5）。

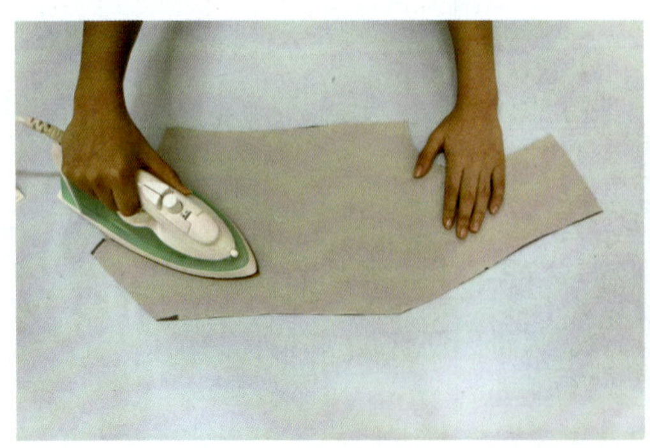

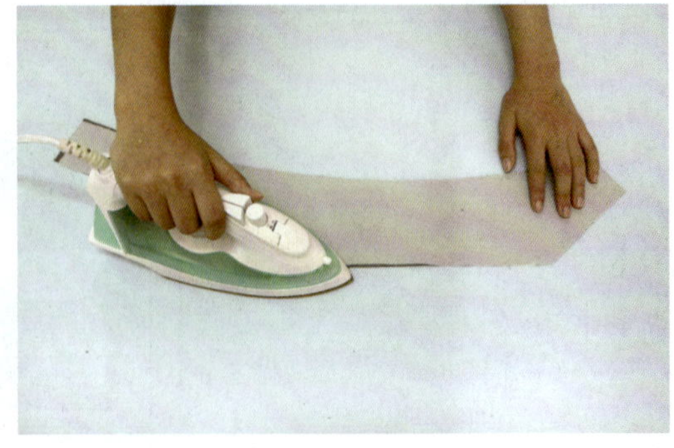

图 5—2—5　前衣片、挂面粘衬

2. 划省道：按省道位将后衣片面布、里布以及前衣片里布划出省道，并划出后衣片里布后中心线（见图 5—2—6）。

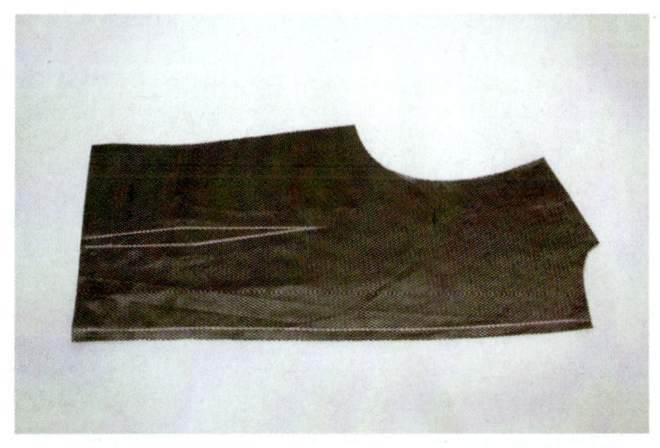

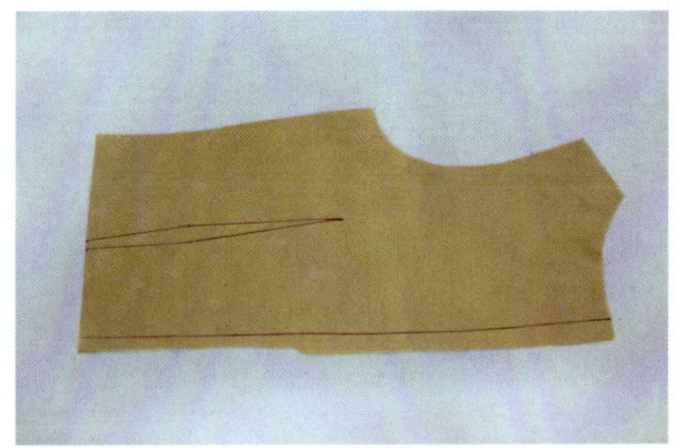

图 5—2—6　划省道

3. 面布合后中、收省：将后衣片面布后中 1 cm 拼缝，省道按划线缝合，并将后中分烫，省道倒向后中心熨烫，要烫煞（见图 5—2—7）。

图 5—2—7　面布合后中、收省

4. 里布合后中、收省：后衣片里布按 1 cm 拼合后中，按省道位拼省道缝好（见图 5—2—8）。

图 5—2—8　里布合后中、收省

5. 烫后中、省道：将后衣片省道倒向后中心倒烫，后中心上部按 2 cm 倒向右片熨烫，要烫煞（见图 5—2—9）。

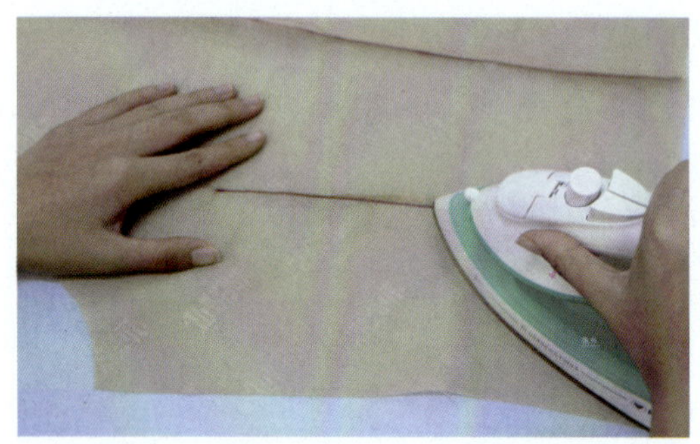
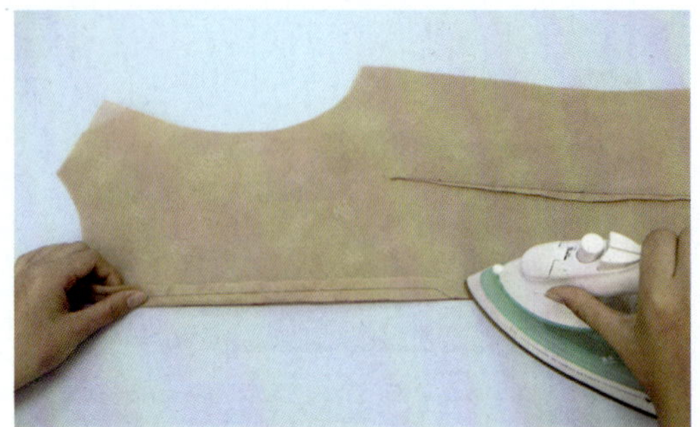

图 5—2—9　烫后中、省道

6. 拼后领贴边：将后领贴与后衣片里布 1 cm 拼缝，缝份倒向里布熨烫（见图 5—2—10）。熨烫时注意控温，里布不能烫焦。

图 5—2—10　拼后领贴边

7. 合后衣片底边：后衣片面里相叠，面面相对，里布在上，1 cm 拼合后衣片底边，之后将后衣片底边翻正，并烫出里外匀（见图 5—2—11）。

图 5—2—11　合后衣片底边

8. 修剪后袖窿：后衣片面里固定后，将里布袖窿修剪掉 0.2 cm（见图 5—2—12）。

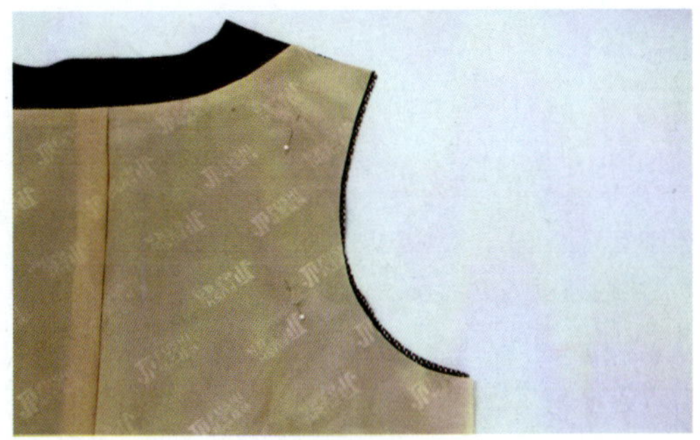

图 5—2—12　修剪后袖窿

9. 拼后袖窿、后领圈：将后衣片翻到反面，后衣片里布在上，将袖窿、领圈 1 cm 拼合（见图 5—2—13）。

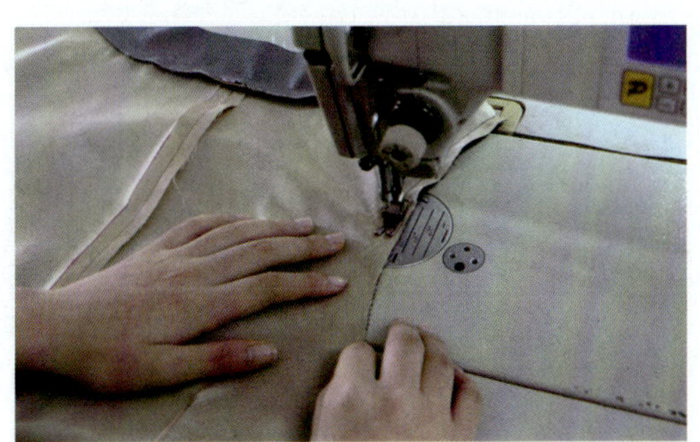

图 5—2—13　拼后袖窿、后领圈

10. 烫后袖窿、领圈：将后衣片袖窿、领圈修剪成 0.6 cm，并翻正后衣片，将袖窿与后领圈烫出里外匀，要烫煞、烫挺，注意控温（见图 5—2—14）。

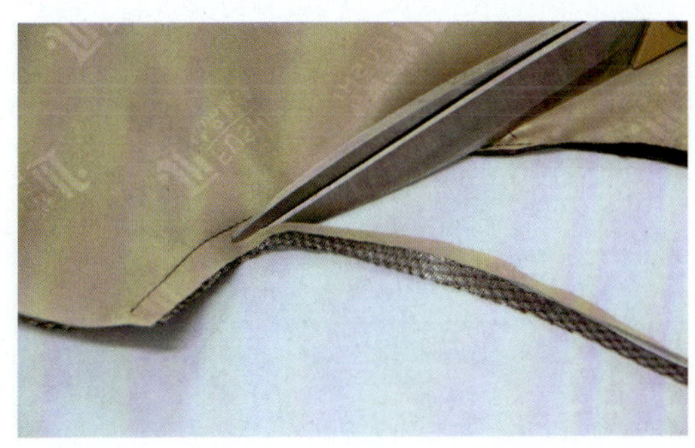
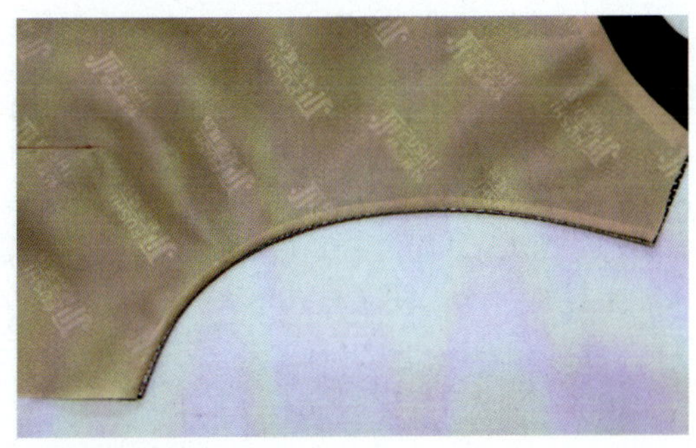

图 5—2—14　烫后袖窿、领圈

11. 缝前衣片里布省道：将前衣片里布省道按划线缝合（见图 5—2—15）。

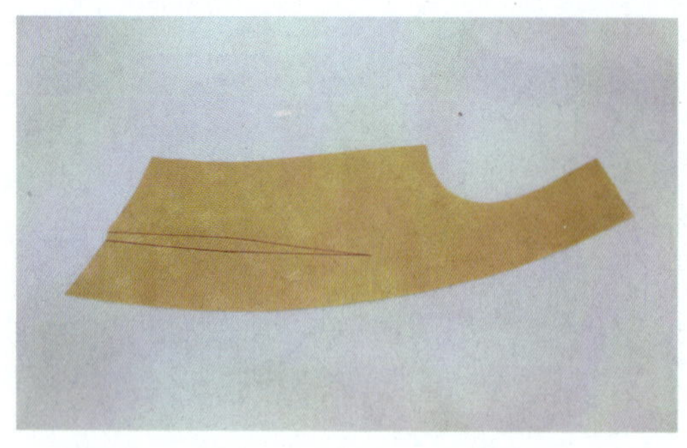

图 5—2—15 缝前衣片里布省道

12. 拼挂面：将前衣片里布与挂面正面相对，1 cm 拼合，并将缝份倒烫，省道倒向挂面熨烫（见图 5—2—16）。

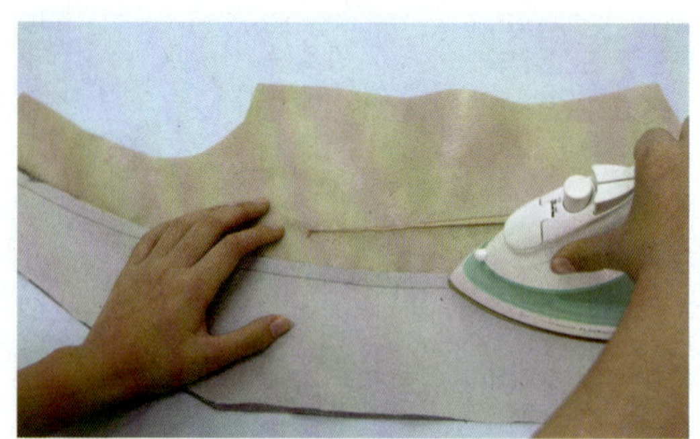

图 5—2—16 拼挂面

13. 前衣片收省：将前衣片反面划出省道位后收省，省尖处下方垫上一块本布以便熨烫省尖（见图 5—2—17）。

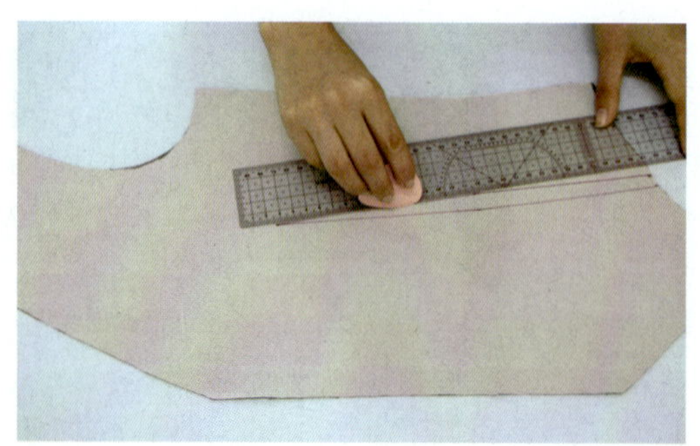

图 5—2—17 前衣片收省

14. 烫省道：省道沿中心位开剪，并在省尖处横向开剪口，将省道分烫开（见图 5—2—18）。

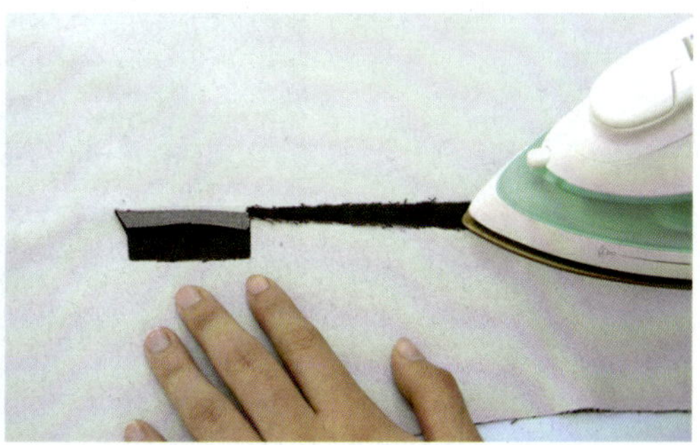

图 5—2—18　烫省道

15. 归前领口：将前衣片领口归拢熨烫，并沿领口净样粘上 1 cm 宽牵条，牵条要拉紧、粘牢（见图 5—2—19）。

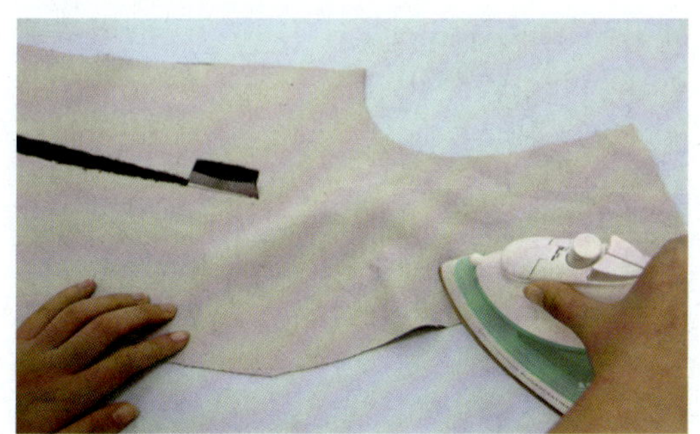
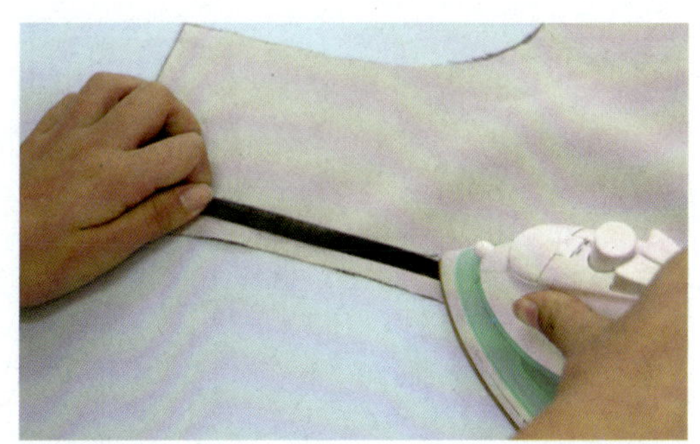

图 5—2—19　归前领口

16. 归前袖窿：将前衣片袖窿归拢熨烫，并在袖窿沿边粘上 1 cm 宽牵条，牵条要拉紧熨烫并粘牢（见图 5—2—20）。

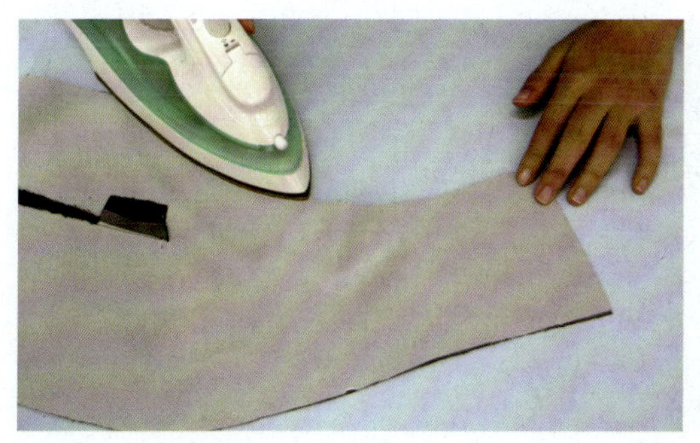
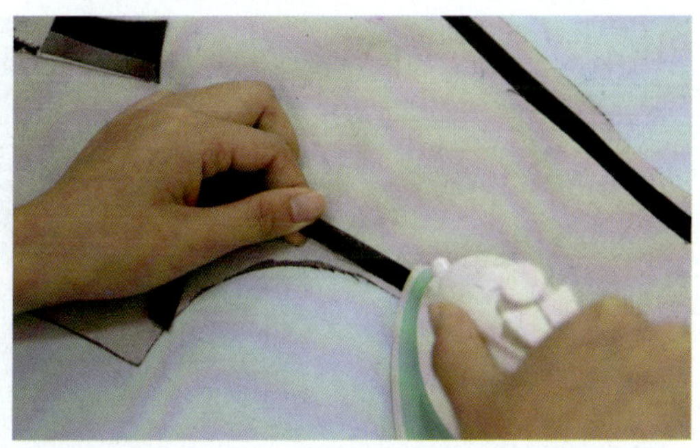

图 5—2—20　归前袖窿

17. 划袋位：在前衣片袋口位划出挖袋，长 12 cm 宽 2.5 cm，并在挖袋位反面粘上无纺衬（见图 5—2—21）。

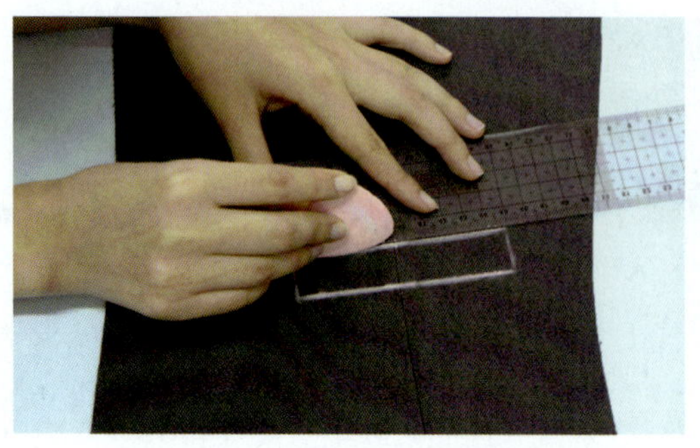

图 5—2—21 划袋位

18. 烫挖袋嵌线：将挖袋嵌线反面粘衬，并将嵌线对折熨烫，在折口处划出长 12 cm 宽 2.5 cm 袋嵌线标记（见图 5—2—22）。

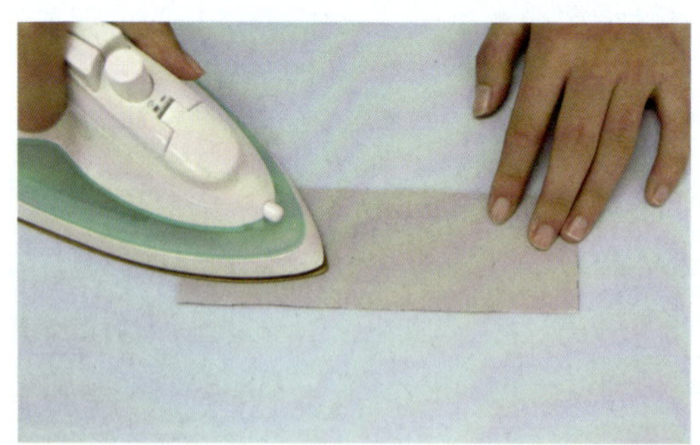

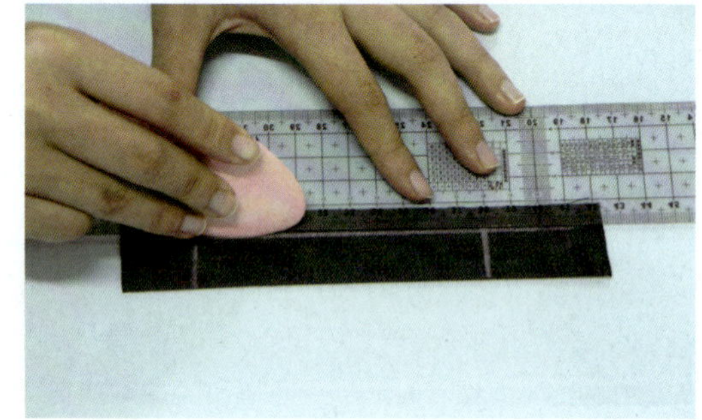

图 5—2—22 烫挖袋嵌线

19. 钉袋垫布：将袋垫布下口折光 0.5 cm，袋垫布上口与袋布上沿对齐，沿袋垫布折口 0.1 cm 钉袋垫布（见图 5—2—23）。

图 5—2—23 钉袋垫布

20. 钉袋布、嵌线：将钉好袋垫布的袋布钉缝在挖袋袋口上沿，嵌线、小袋布钉缝在挖袋下沿（见图 5—2—24）。要求钉缝线迹要等长，起落针回针加固。

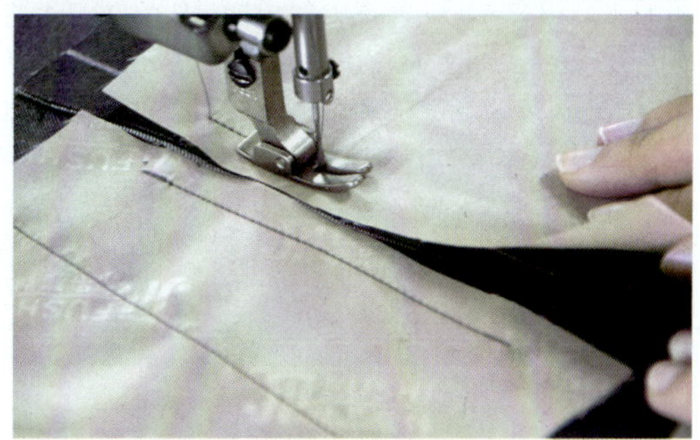

图 5—2—24　钉袋布、嵌线

21. 袋口开剪：将钉好袋布、嵌线的袋口开剪，袋口两端开“Y”字形剪口，“Y”字形剪口要距离钉缝嵌线、袋布线 1 根布丝（见图 5—2—25），注意不能剪毛、剪漏。

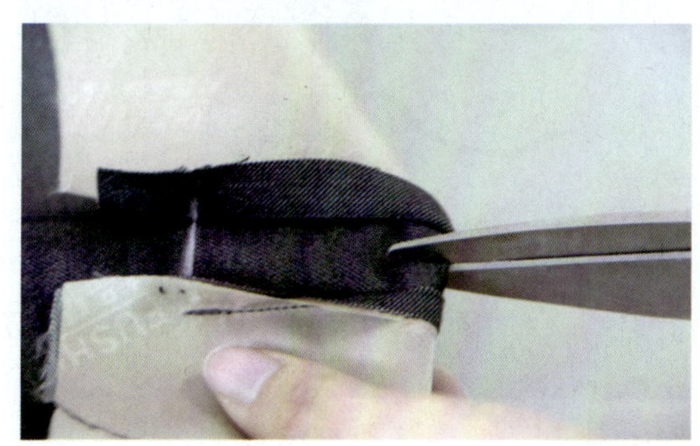

图 5—2—25　袋口开剪

22. 合袋布：将挖袋翻正，袋布摆平，开剪三角处车缝三道固定，同时将袋布 1 cm 拼合（见图 5—2—26）。

图 5—2—26　合袋布

23. 挖袋缝制完成：做好的挖袋袋角要方正，无毛漏，熨烫平整（见图 5—2—27）。

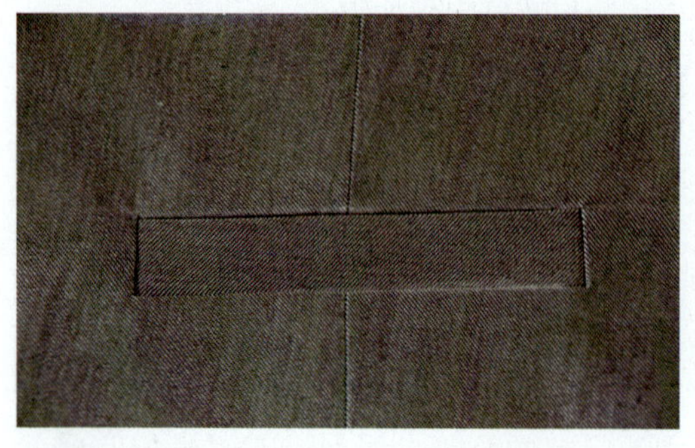

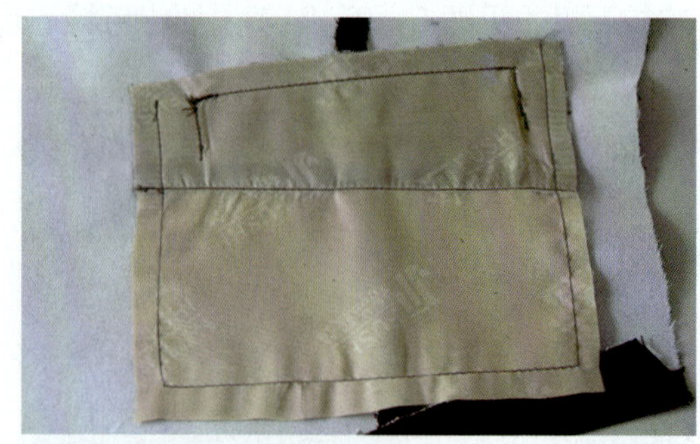

图 5—2—27　挖袋缝制完成图

24. 合门襟：将前衣片底边烫出马甲前衣片底边形状，并将前衣片面里正面相对，衣片在上，1 cm 拼合门襟止口与前衣片底边（见图 5—2—28）。

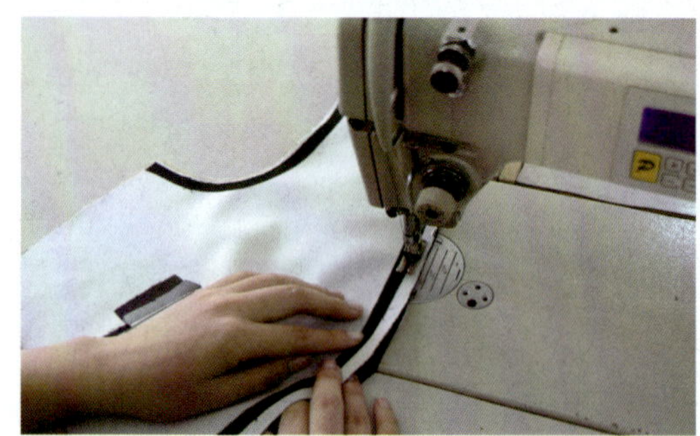

图 5—2—28　合门襟

25. 合前袖窿：将前衣片袖窿里布修剪掉 0.2 cm，里布袖窿与面布袖窿对齐，1 cm 拼合，并将缝份修剪成 0.6 cm（见图 5—2—29）。

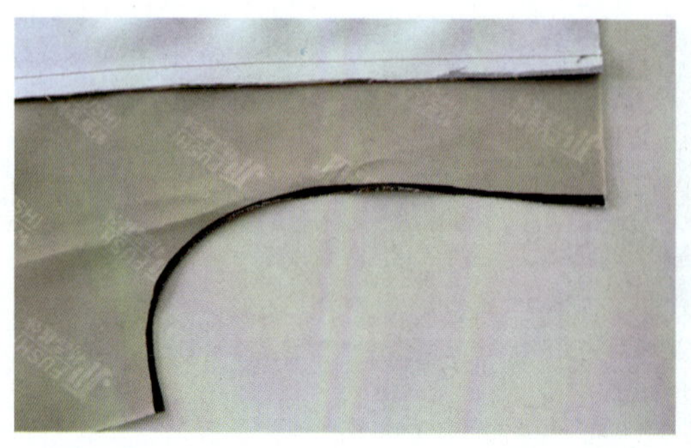

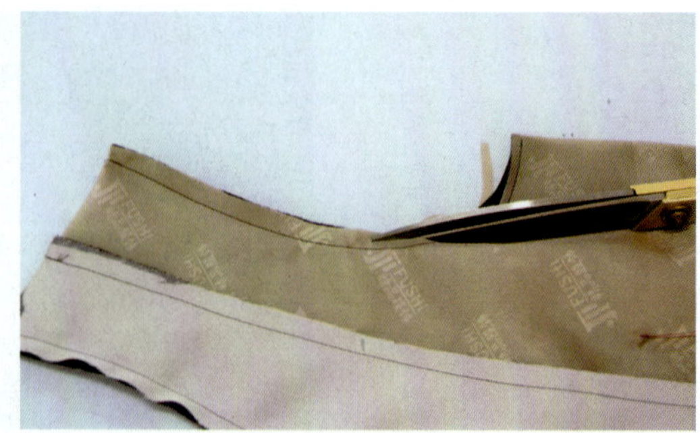

图 5—2—29　合前袖窿

26. 烫止口：将门襟挂面止口修剪成高低层，袖窿倒向里布熨烫，以便翻正前衣片后，门襟、袖窿烫出里外匀（见图 5—2—30）。

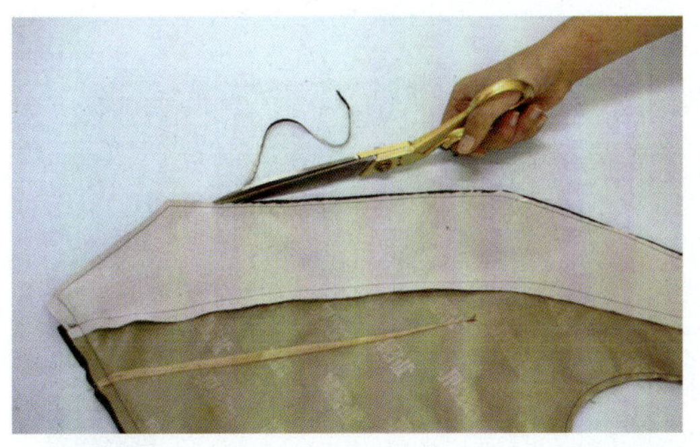

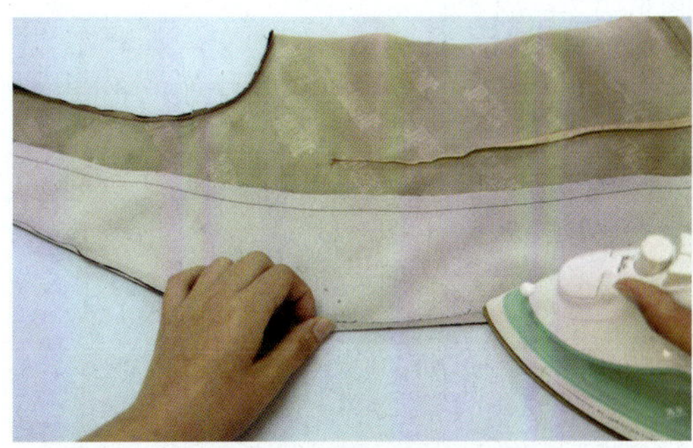

图 5—2—30 烫止口

27. 前衣片侧缝开衩：将前衣片按底边止口翻折，由底边向上缝 5 cm 后斜向开一剪口，并将前衣片翻正，注意门襟、袖窿烫出里外匀（见图 5—2—31）。

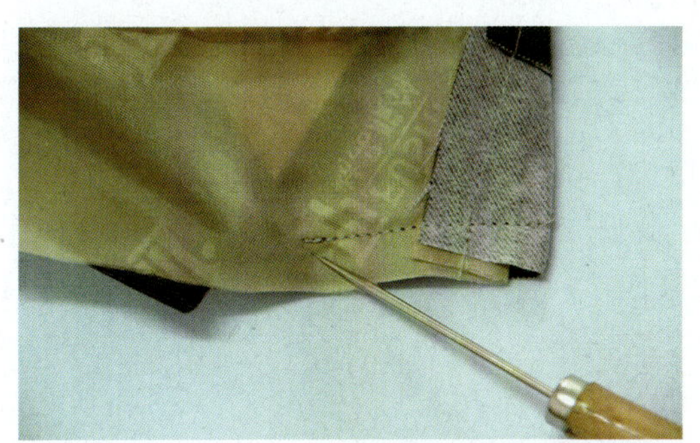

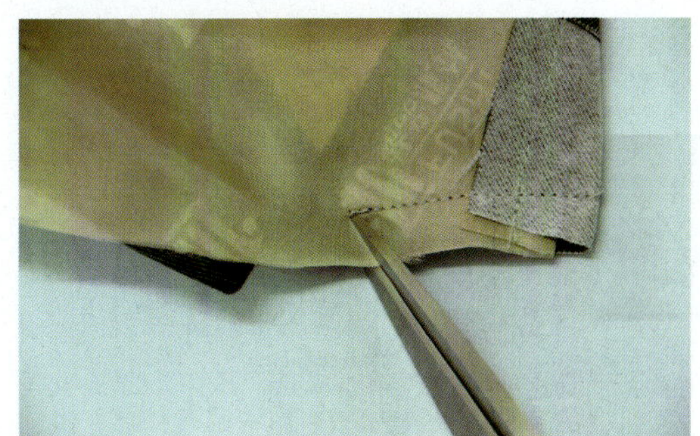

图 5—2—31 前衣片侧缝开衩

28. 做腰袢：将后腰袢 1 cm 拼合后，翻正，烫平（见图 5—2—32）。

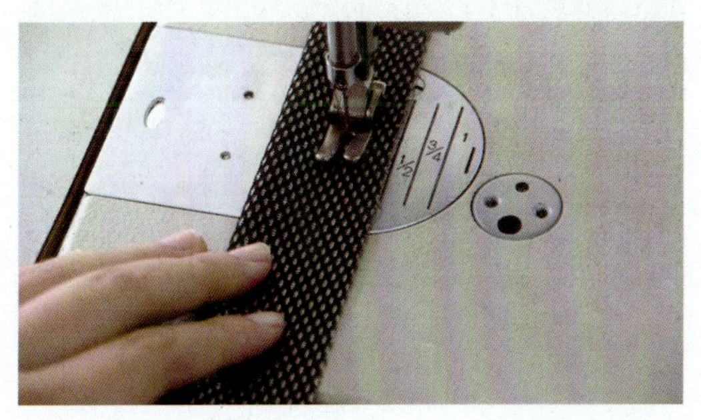

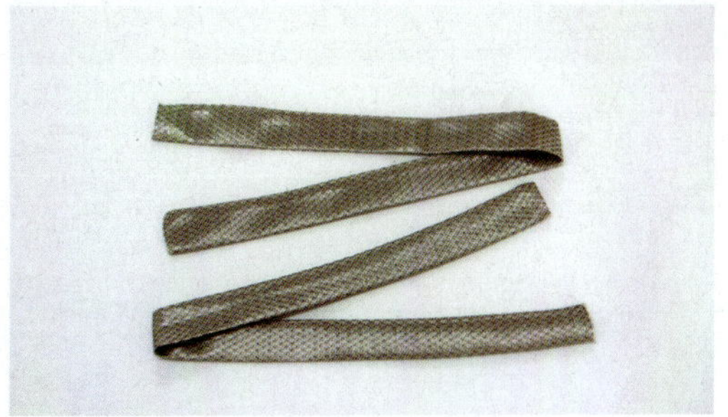

图 5—2—32 做腰袢

29. 钉缝腰袢：将翻正后的前衣片侧缝 0.5 cm 使面里固定，同时将腰袢钉缝在前衣片侧缝腰处，并将前衣片塞入后衣片侧缝处，将衣片面面相对，前后衣片肩缝对齐（见图 5—2—33）。

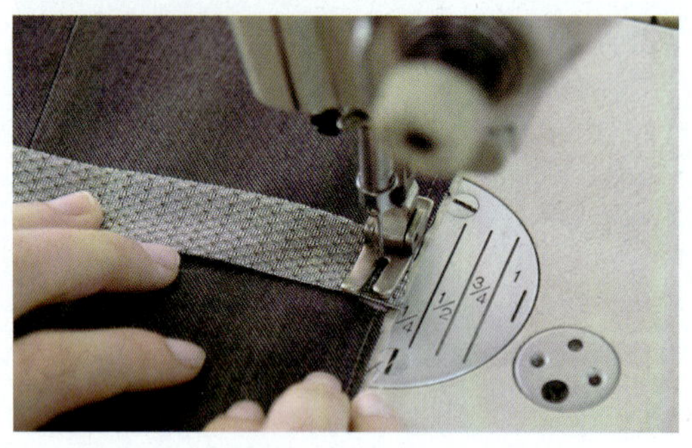

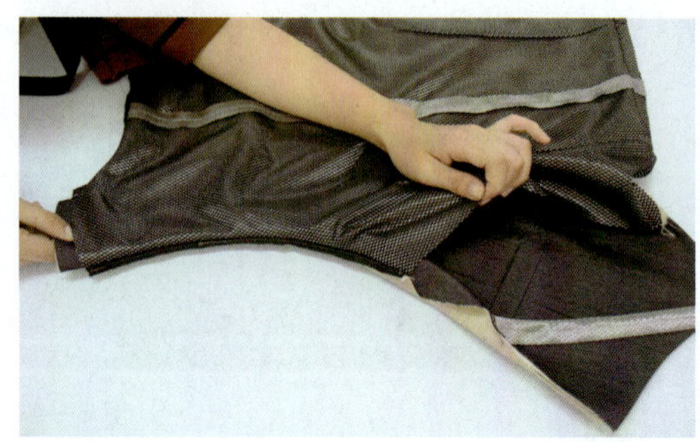

图 5—2—33 钉缝腰袢

30. 合肩缝、侧缝：1 cm 拼合肩缝、侧缝，注意在右侧缝里布处预留 10 cm 口子不缝合（见图 5—2—34）。

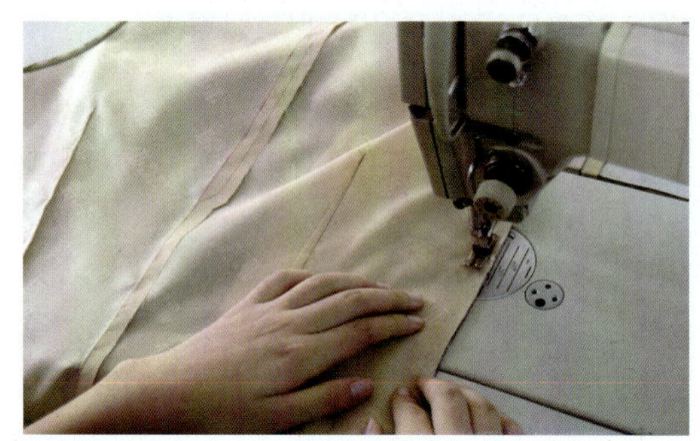

图 5—2—34 合肩缝、侧缝

31. 侧缝预留口：侧缝里布预留 10 cm 口子不缝合，以便翻正衣片（见图 5—2—35）。

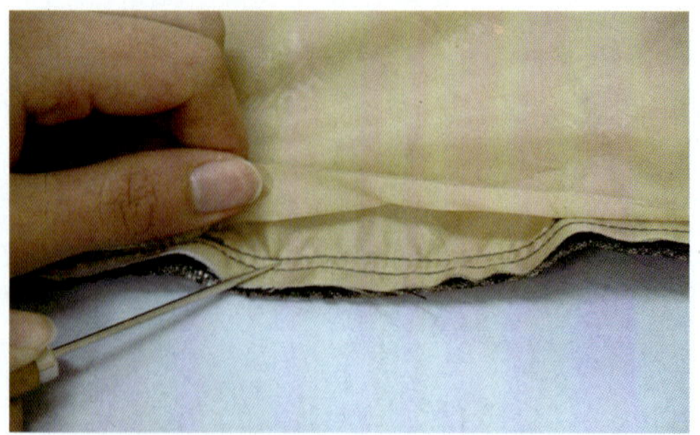

图 5—2—35 侧缝预留口

32. 翻正衣片：将马甲从里布侧缝预留口处翻正，烫平肩缝与侧缝，注意底边开衩前后高低要一致（见图 5—2—36）。

图 5—2—36　侧缝底边开衩高低要一致

33. 缲缝里布：将里布预留口用暗缲针缲缝（见图 5—2—37）。

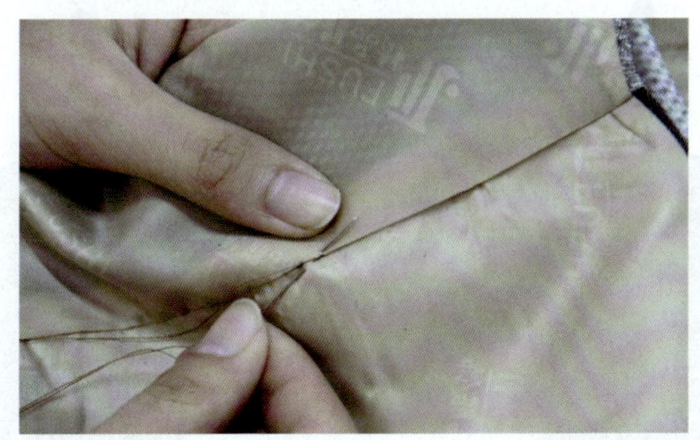

图 5—2—37　缲缝里布

34. 锁眼、钉扣：将衣片门襟锁圆头扣眼，衣片里襟钉纽扣（见图 5—2—38）。

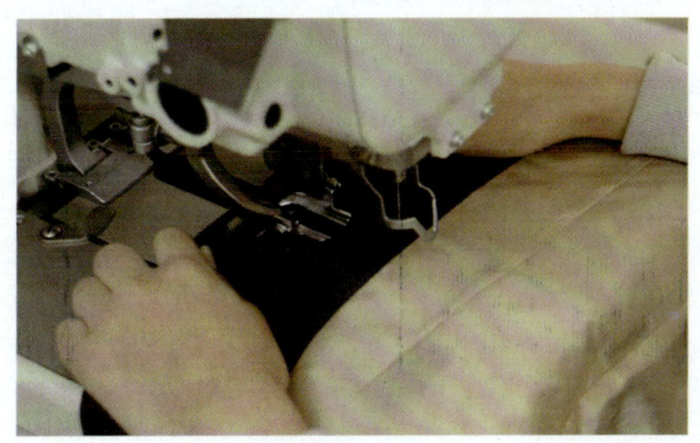

图 5—2—38　锁眼、钉扣

35. 整烫：将做好的马甲进行全面整烫，注意控温，不能烫黄、烫焦（见图 5—2—39）。

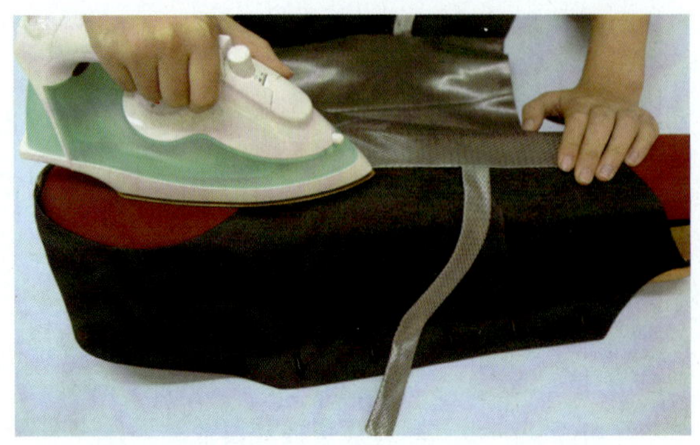

图 5—2—39 整烫

马甲成品如图 5—2—40 所示。

图 5—2—40 马甲成品图

操作提示

◆马甲的领圈在粘烫领口、袖窿时，要用直丝牵条布粘烫。注意粘烫时要略带紧牵条，防止领圈、袖窿还口。

◆前衣片、挂面、袋嵌线粘衬，粘合要均匀、牢固，注意温度、时间、压力。

◆挖袋要方正，无毛漏。

◆开衩处要平整，无褶皱。

◆产品要求整洁，无线头、无极光。

五、学习评价

序号	项目	质量要求	分值	自评	小组互评	教师评价	小计
1	规格	各部位规格尺寸不超极限标准	10				
2	衣身	衣身平整，无不良皱褶，无极光、烫黄	10				
3	挖袋	挖袋左右对称，方正，无毛漏	10				
4	拼缝	肩缝、侧缝长度一致，无不良褶皱，侧缝开衩前后高低一致	10				
5	整烫	熨烫平整，无烫黄、烫焦、水渍、污渍	10				
合计							

第三节　夹克衫缝制工艺

夹克衫款式为翻领，对襟，多用按扣（子母扣）或拉链，便于工作和活动，是一种男女均可穿着的短上衣的总称（见图 5—3—1）。夹克衫最早是指身长到腰、长袖、开身或套头的外衣，现如今这个名词泛指各种面料款式的、各种用途的短外衣和休闲外衣。夹克衫从使用功能上分类，大致可分为作为工作服的夹克、作为便装的夹克和作为礼服的夹克。现今，夹克衫作为一种流行时装，逐渐成为人们的日常服装。

夹克衫的设计理念是轻便、灵活、自然，其颜色、图案、面料可以是多种多样的。从整体形状上来看，大多数夹克衫属宽松型，上身蓬鼓，下摆、袖口紧束，属工装款型，多作为外衣，为男女共用的式样，局部设计灵活多变。夹克衫按照下摆款式可分为收腰夹克和散腰夹克，按照肩部接口款式可分为平接肩夹克和插接肩夹克，按照领子款式可分为翻领夹克和立领夹克，按照袖口款式可分为紧袖口夹克和散袖口夹克。

夹克衫适合的面料也较广，任何适合做服装的面料都可以应用。夹克衫选用面料时可根据季节与功能来选择合适的面料品种，但都要求透气性好。

接下来根据夹克衫服装样衣工艺通知单（见表 5—3—1）的要求，依据款式图，采用 M 号规格绘制裁剪结构图，并在结构图基础上进行放缝并制作出裁剪样板，在合适的面料上进行排料、裁剪及制作，完成夹克衫缝制。

图 5—3—1　夹克衫

表 5—3—1　夹克衫服装样衣工艺通知单

品牌：XXX　款号：XXXXXX　名称：夹克衫

纸样编号：XXXXXX　下单日期：XXXX.XX.XX　完成日期：XXXX.XX.XX

款式图：

系列规格表（5 · 4）　单位：cm

部位	规格	165/84A S	170/88A M	175/92A L	档差	公差
1	后中长	68	70	72	2	±1
2	胸围	106	110	114	4	±1
3	肩宽	43.8	45	46.2	1.2	不允许
4	袖长	56.5	58	59.5	1.5	±1
5	袖克夫长	29.2	30	30.8	0.8	±0.2
6	袖克夫宽	5	5	5	0	±0.2

款式概述：

两用领，前衣片做两个插袋，门襟装拉链，拼过肩，后衣片刀背分割，两片圆装长袖，做袖衩，装袖克夫，衣服下摆做登闩，袖口锁眼钉扣

面料：面——纱卡

里——舒美绸

成分：面——棉 100%

里——涤 100%

组织：斜纹组织

幅宽：144 cm

辅料：

粘合衬、纽扣、拉链、配色线、商标、洗水唛

工艺要求：

1. 前身：前衣片腰侧做分割，并装插袋，袋唇长方形，前身 0.1 cm + 0.6 cm 明线
2. 后身：后衣片刀背分割，装育克，做 0.1 cm + 0.6 cm 明线
3. 袖子：圆装两片袖，袖山 0.6 cm 装饰线，后袖缝车 0.1 cm + 0.6 cm 明线，做袖衩，装袖克夫，袖克夫锁圆眼，钉 1 粒纽扣
4. 领子：两用领，装领左右长短一致，窝势自然，领外口 0.6 cm 明线
5. 拉链：门襟拉链平整，左右门襟高度一致
6. 缉线：顺直，无跳针、断线、浮线现象
7. 商标：位置端正，号型标志清晰，号型钉在商标下沿
8. 整烫：各部位熨烫到位，平服，无亮光、水花、污迹，底边平直
9. 针迹：明线 14 针 /3 cm

工艺编制：　　　　工艺审核：　　　　审核日期：

一、规格尺寸（见表 5—3—2）

表 5—3—2　夹克衫 M 号规格表　　单位：cm

号型	部位	后中长	胸围	肩宽	袖长	袖克夫长 / 宽
170/88A	规格	70	110	45	58	30/5

二、裁片配置

1. 主要裁片名称

面布包含前衣片、前侧片、后衣片、过肩、后侧片、下摆登闩、两用领片、大袖片、小袖片、袖克夫、挂面、插袋袋唇、后领贴。

里布包含前衣片里布、后衣片里布、大袖片里布、小袖片里布、袋布。

2. 裁片图（见图 5—3—2）

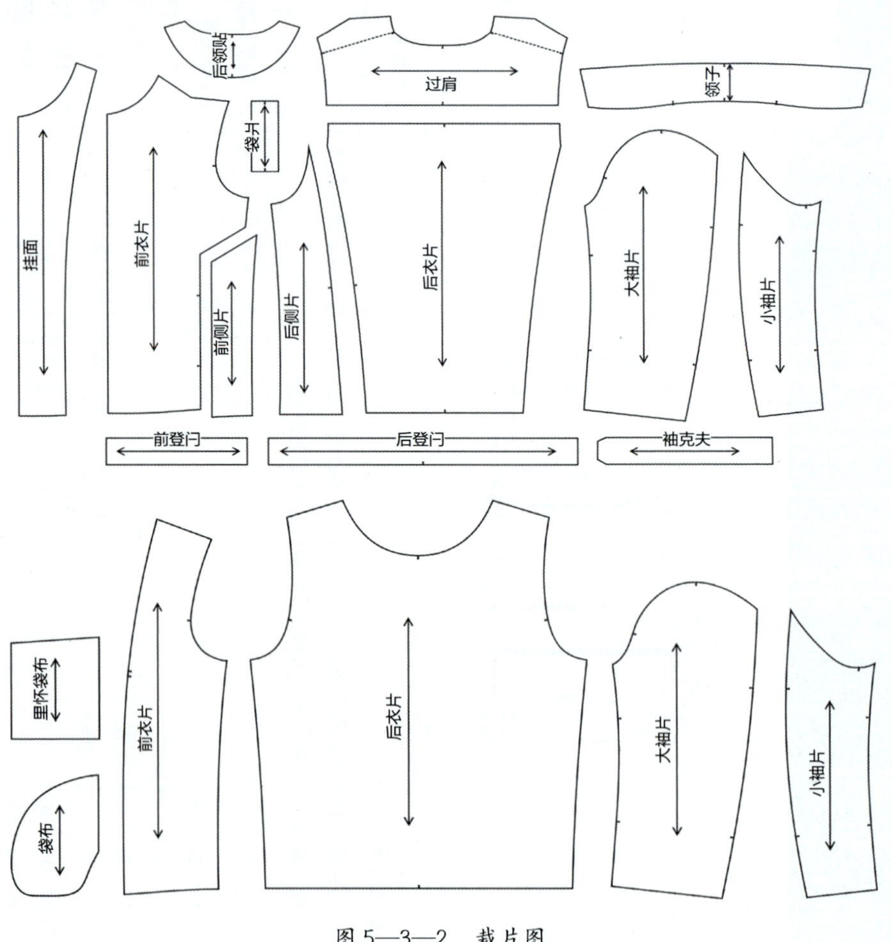

图 5—3—2　裁片图

3. 放缝图（见图 5—3—3）

（1）面布各边放缝 1 cm。

（2）里布袖山由袖窿底 2.5 cm 向袖山顶 1.5 cm 变化放缝，其余边放缝 1.3 cm。

（3）袖山与衣身袖窿做装袖对位刀眼，袖衩 10 cm 处绘制钻眼标记，领子绘制装领三眼刀刀眼标记。

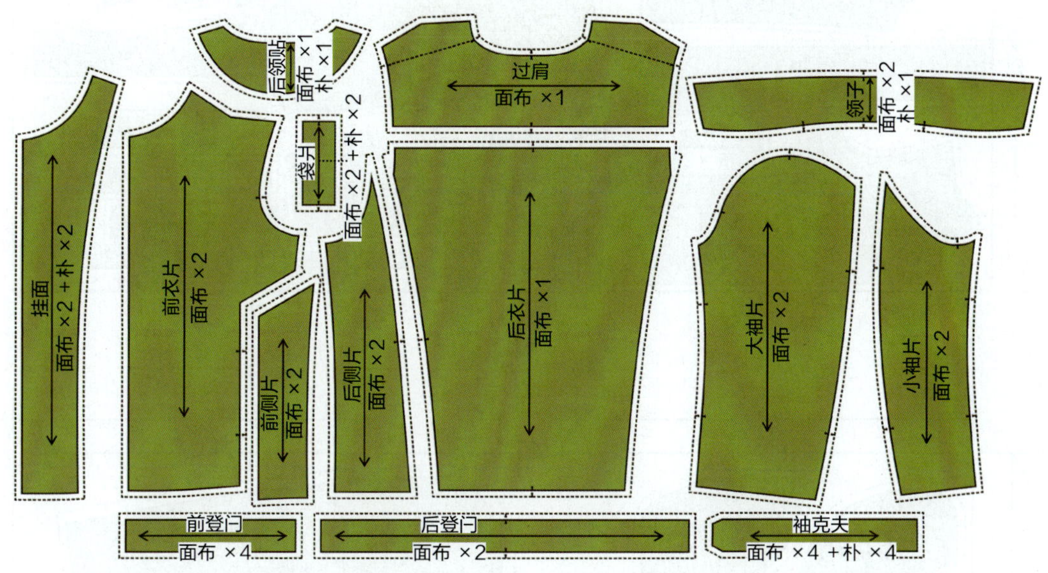

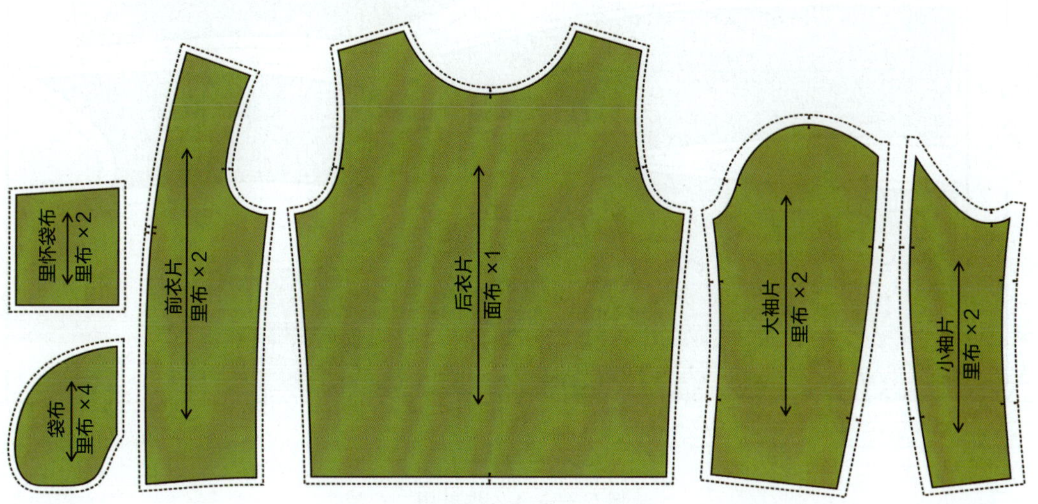

图 5—3—3　放缝图

4. 排料图（见图 5—3—4）

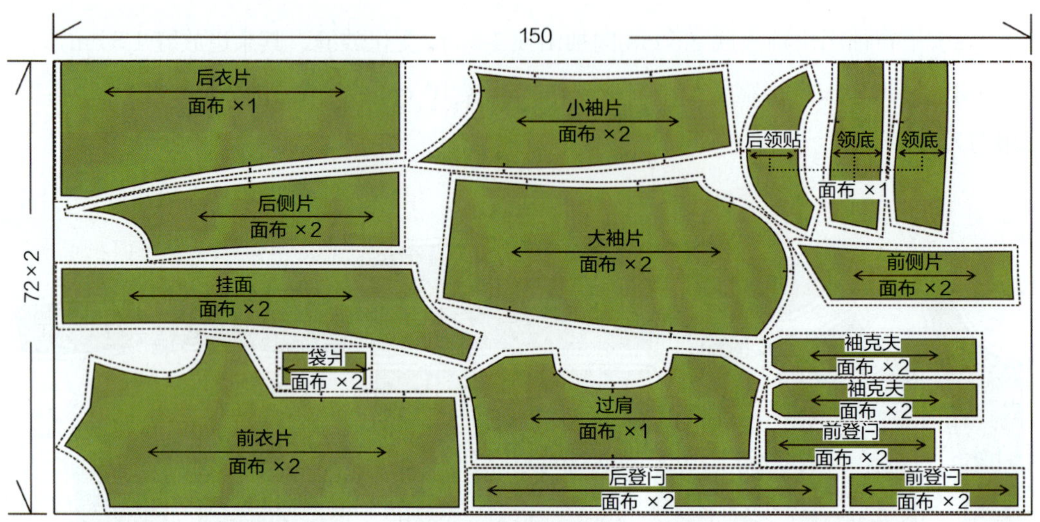

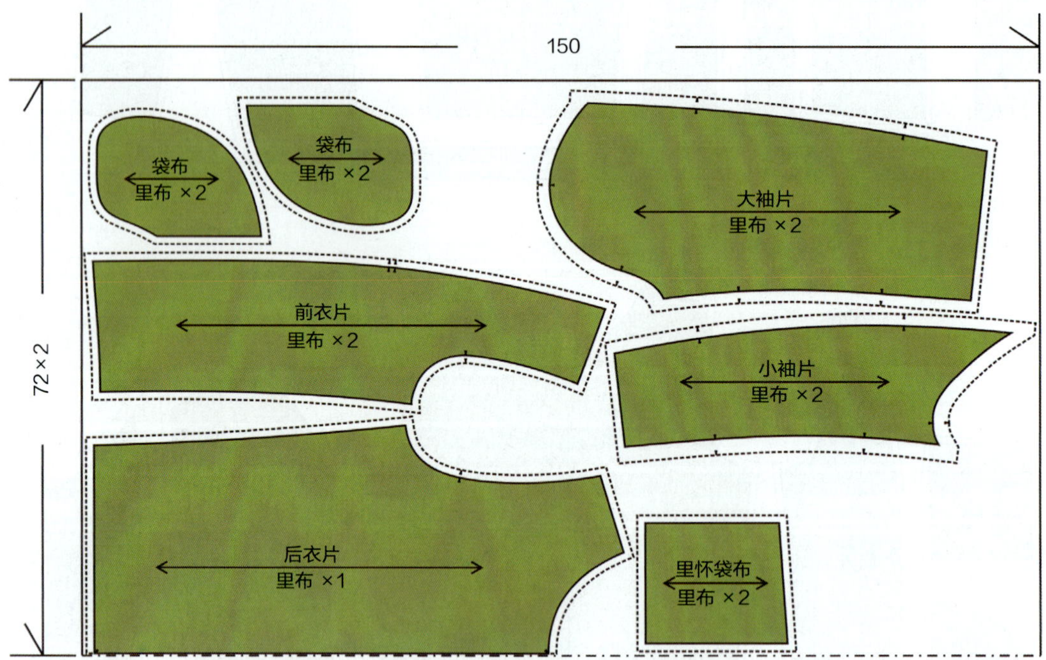

图 5—3—4 排料图

三、生产准备

1. 材料准备（见表5—3—3）

表5—3—3　夹克衫所需材料准备表

类别		
面料	前衣片 ×2	后衣片 ×1
	过肩 ×1	大袖片 ×2
	小袖片 ×2	袖克夫 ×4
	前登闩 ×4	后登闩 ×2
	大袖片里布 ×2	小袖片里布 ×2
	前衣片 ×2	后衣片 ×1
	插袋袋布 ×2	里怀袋布 ×2
辅料	无纺衬若干	配色线 ×1
	拉链 ×1	

2. 面、辅料裁剪注意事项

详见一步裙面、辅料裁剪注意事项。

3. 工艺流程

粘衬→拼前侧片→装袋→拼过肩→合侧缝→拼挂面、里布→做里怀袋→合里布肩缝→合里布侧缝→做、装领→装拉链→做、装袖→做袖衩→做、装袖克夫→锁眼、钉扣→整烫。

四、产品制作

1. 衣片袋口、门襟粘衬：将前衣片袋口、门襟粘无纺衬，要求粘衬无起泡现象（见图5—3—5）。

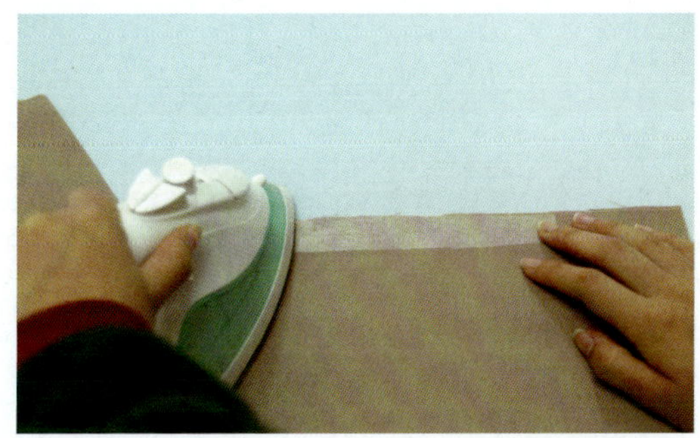
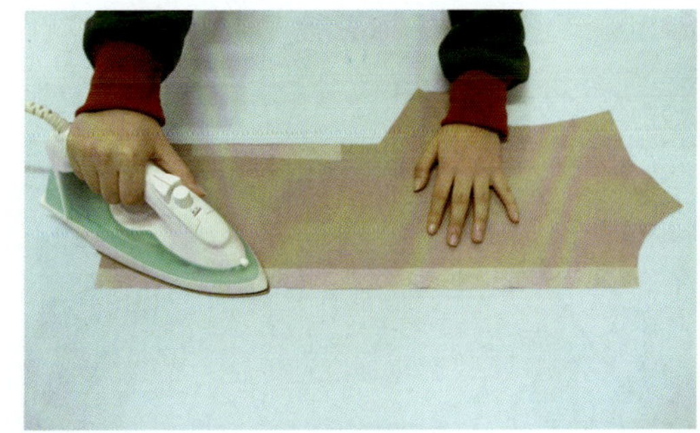

图5—3—5　衣片袋口、门襟粘衬

2. 合前片：将前侧片与前衣片 1 cm 拼合，袋口位留出（见图 5—3—6）。

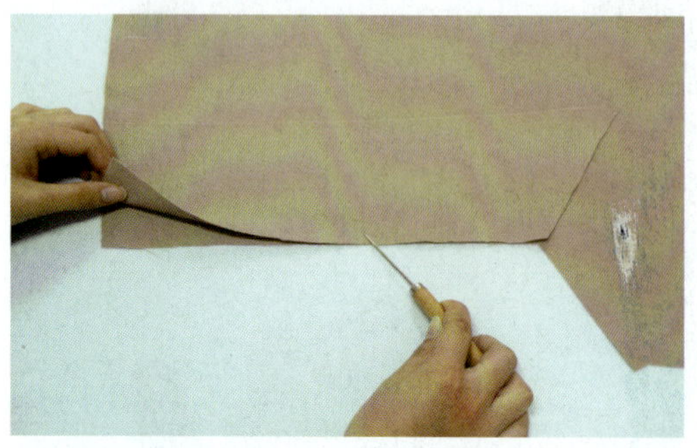

图 5—3—6 合前片

3. 装袋布：在前侧片袋口预留位 1 cm 拼缝袋布（见图 5—3—7），要求缝线顺直，无跳线、浮线。

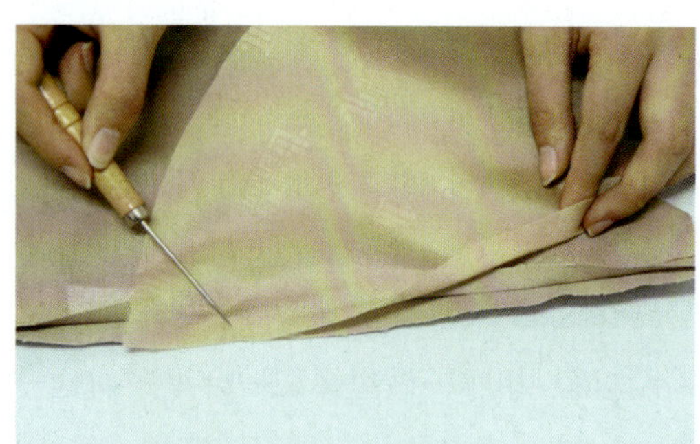
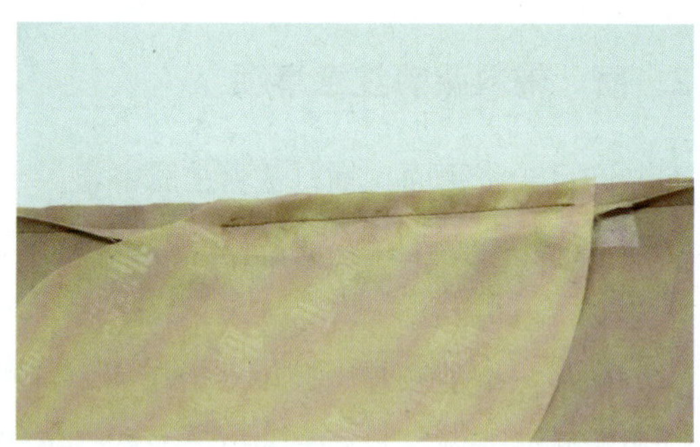

图 5—3—7 装袋布

4. 做插袋袋唇：将插袋袋唇粘衬，并将两端缝合，在袋唇缝出装饰明线（见图 5—3—8）。

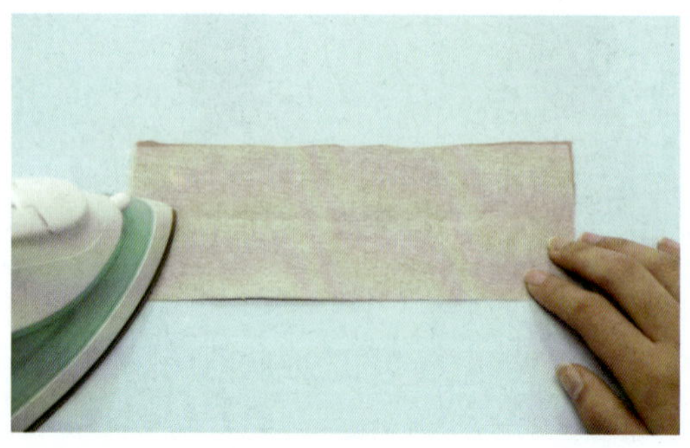
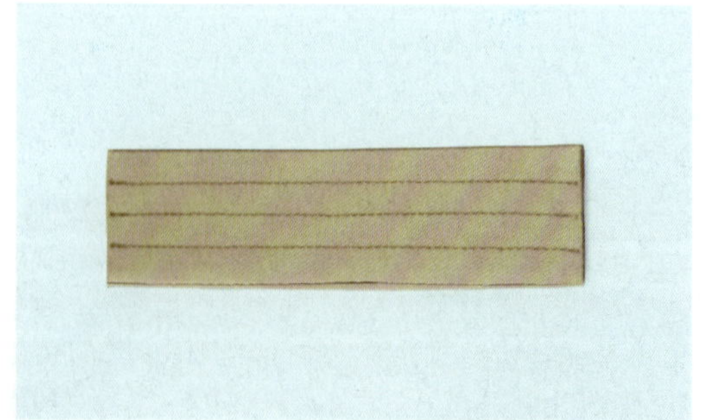

图 5—3—8 做插袋袋唇

5. 装袋唇：将插袋袋唇塞进前衣片袋口预留位，与袋布 1 cm 拼缝（见图 5—3—9）。

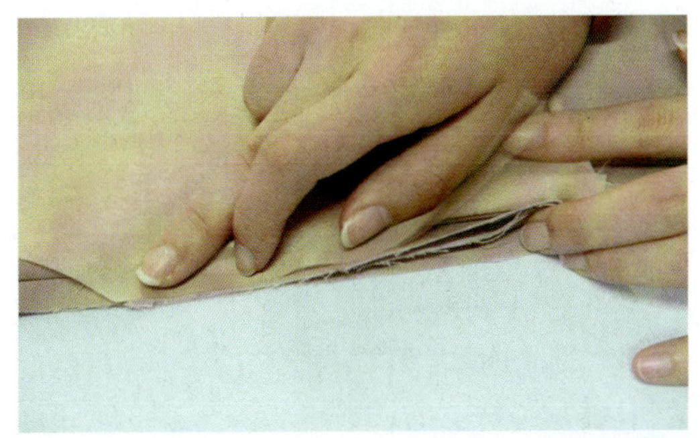
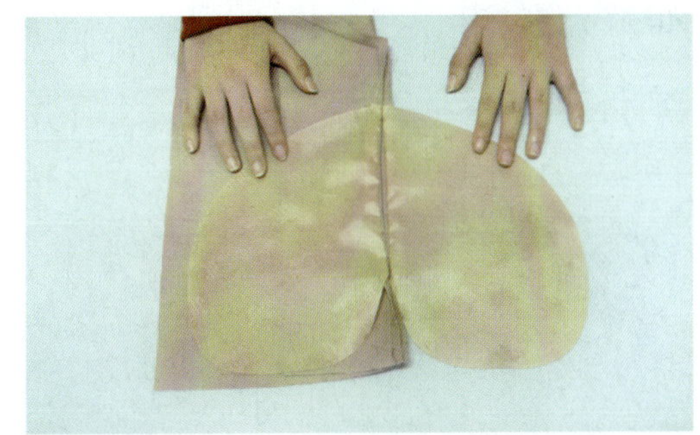

图 5—3—9　装袋唇

6. 前片分割明线：将袋布翻向侧片，缝份倒向前片，在前片上缝纫 0.1 cm + 0.6 cm 双明线（见图 5—3—10），要求缝线顺直，宽窄一致，无浮线、跳线。

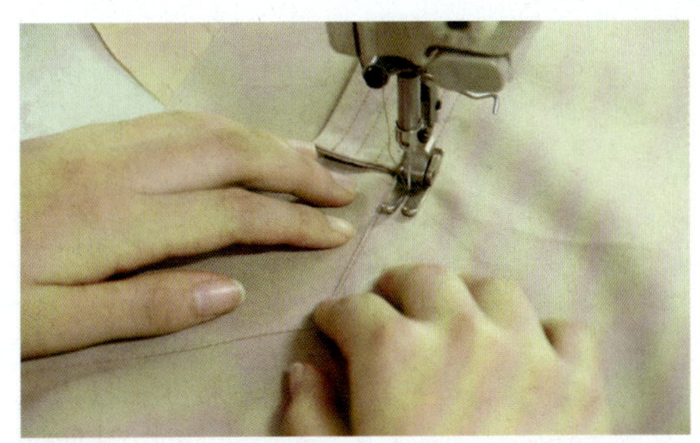

图 5—3—10　前片分割明线

7. 合袋布：将袋布 1 cm 圈缝后向前摆平，并在袋唇两端 0.1 cm 固定袋唇（见图 5—3—11）。

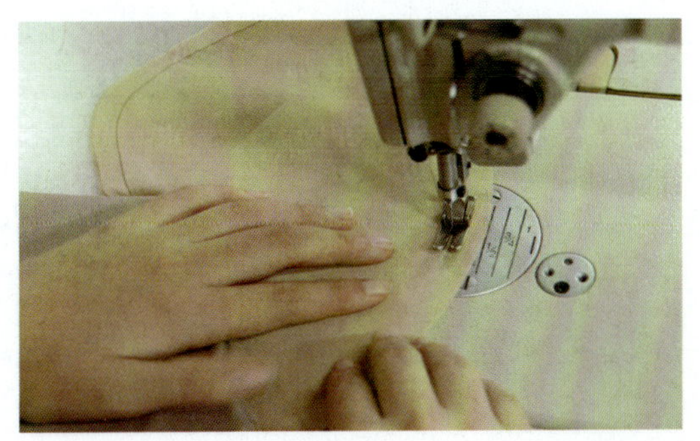

图 5—3—11　合袋布

8. 后衣片拼过肩：将过肩与后衣片 1 cm 拼合（见图 5—3—12）。要求缝线顺直，无跳线、浮线。

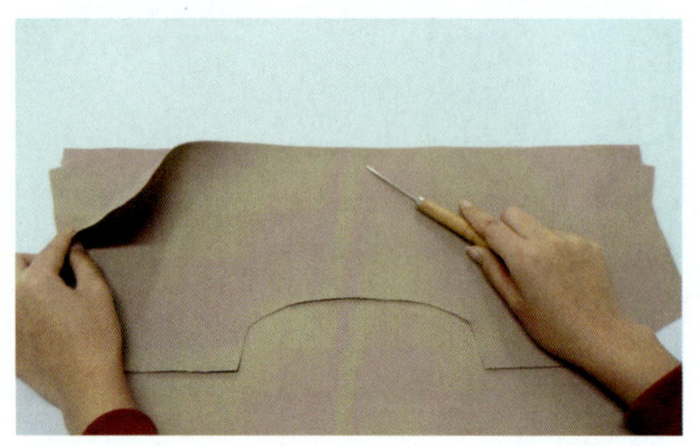
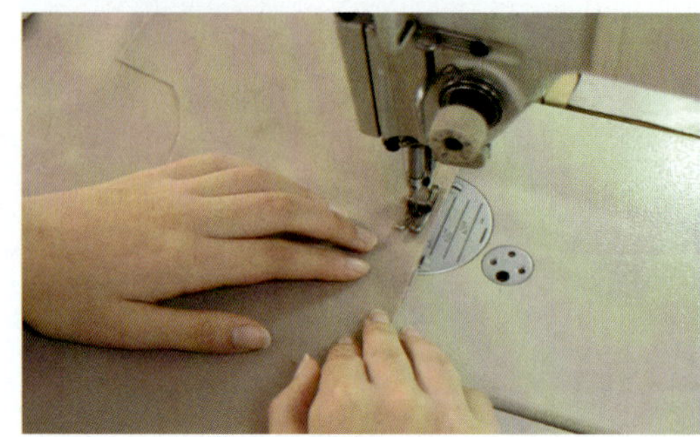

图 5—3—12 后衣片拼过肩

9. 过肩明线：将过肩缝份倒向过肩，之后在过肩上缝纫 0.1 cm + 0.6 cm 双明线（见图 5—3—13）。要求缝线顺直，宽窄一致，无跳线、浮线。

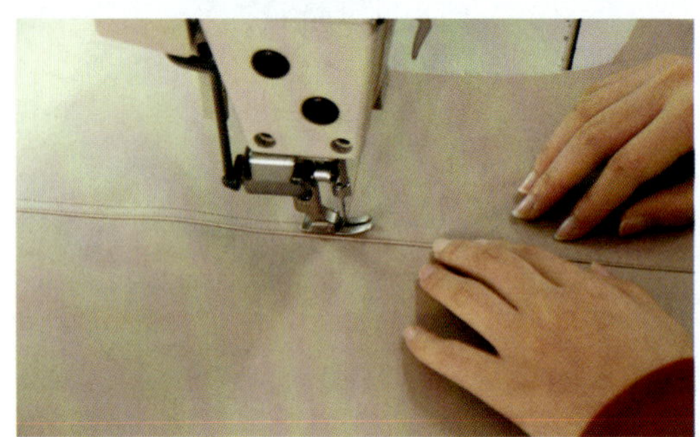

图 5—3—13 过肩明线

10. 拼后侧片：将后侧片与后衣片 1 cm 拼合（见图 5—3—14）。要求缝线顺直，无跳线、浮线。

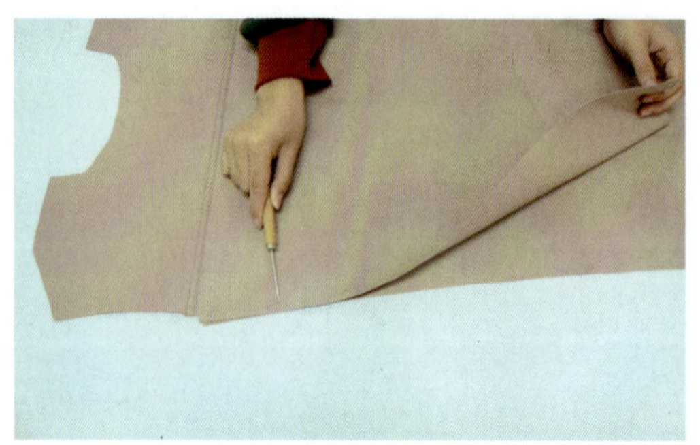
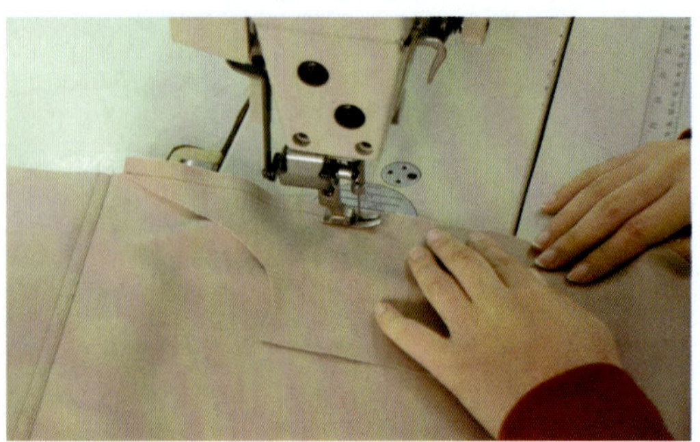

图 5—3—14 拼后侧片

11. 后侧明线：将后侧缝缝份倒向后中，在后衣片上压缝 0.1 cm + 0.6 cm 双明线（见图 5—3—15）。要求明线缝纫顺直，宽窄一致，无浮线、跳线。

图 5—3—15　后侧明线

12. 拼肩缝：将过肩与前衣片 1 cm 拼合（见图 5—3—16），要求拼缝线迹顺直，无跳线、浮线。

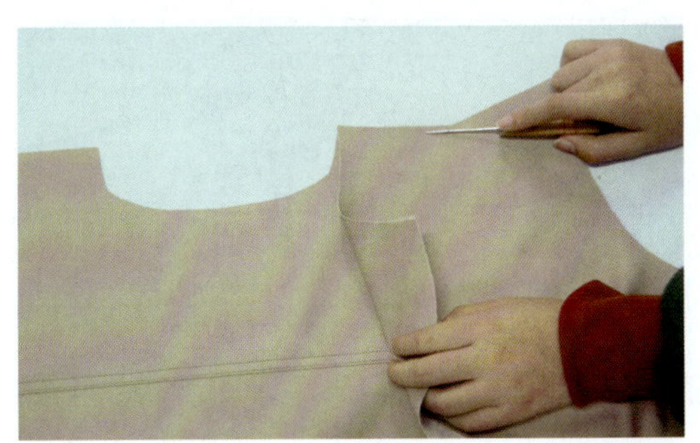
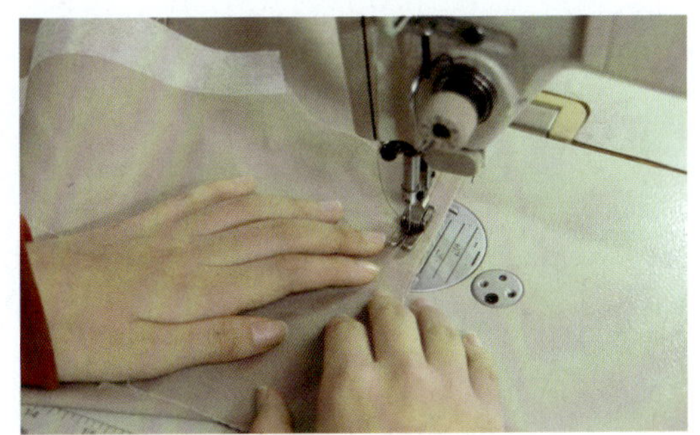

图 5—3—16　拼肩缝

13. 肩缝明线：将前肩缝缝份倒向过肩，在过肩上压缝 0.1 cm + 0.6 cm 双明线（见图 5—3—17），要求明线宽窄一致，无跳线、浮线。

图 5—3—17　肩缝明线

14. 合侧缝：将前、后衣片面面相对，1 cm 拼合侧缝，并分烫侧缝（见图 5—3—18），要求缝线顺直，无浮线、跳线。

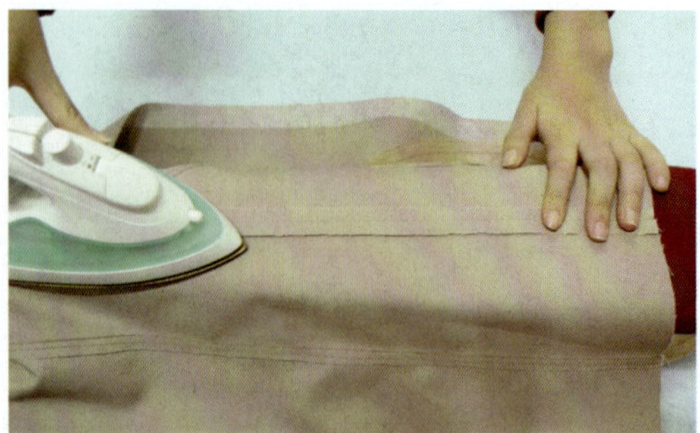

图 5—3—18 合侧缝

15. 装登闩：将前后登闩粘衬后拼成一整条，再与衣身下摆 1 cm 拼合，注意缝线顺直（见图 5—3—19）。

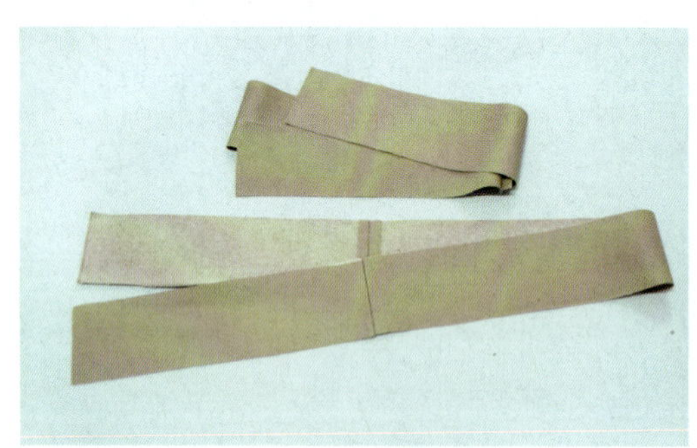

图 5—3—19 装登闩

16. 拼挂面：挂面粘衬，与前衣片里布 1 cm 拼合（见图 5—3—20），要求缝合线迹顺直，无跳线、浮线。

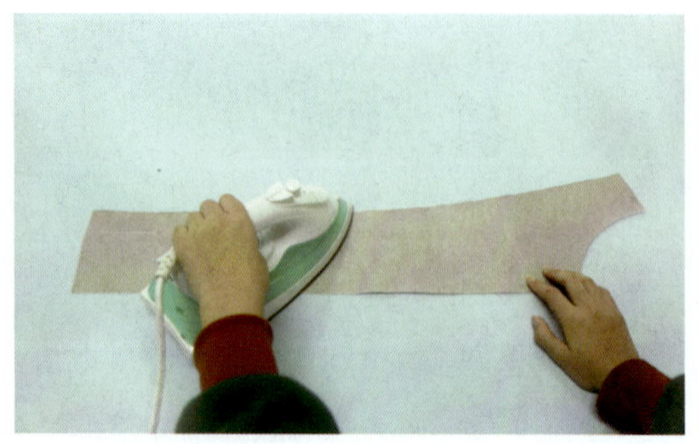

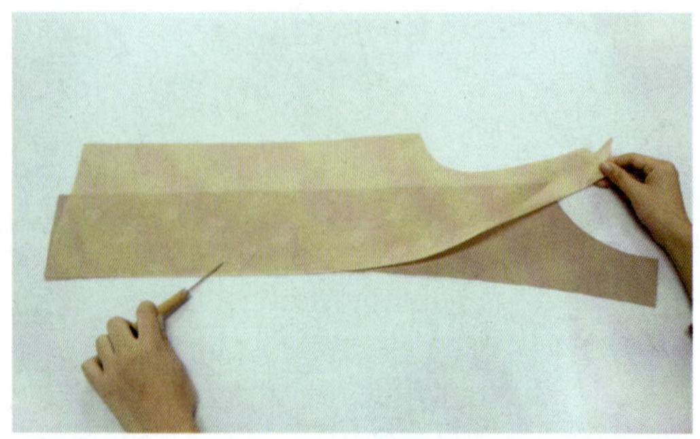

图 5—3—20 拼挂面

17. 定里怀袋袋位：距肩颈点 27 cm 划出里怀袋袋位，长 13.5 cm 宽 1 cm，并在袋位反面粘衬（见图 5—3—21）。

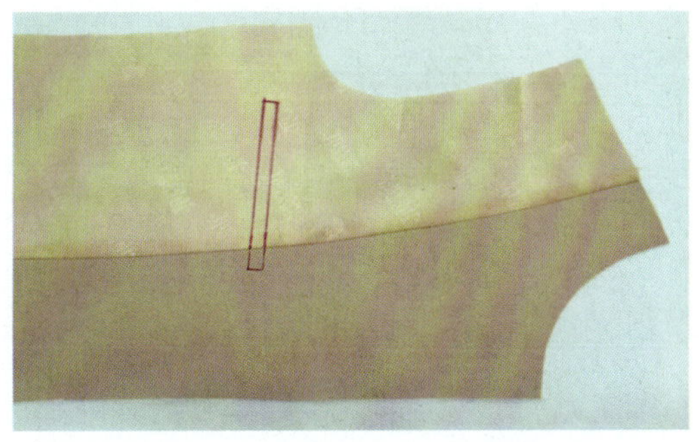
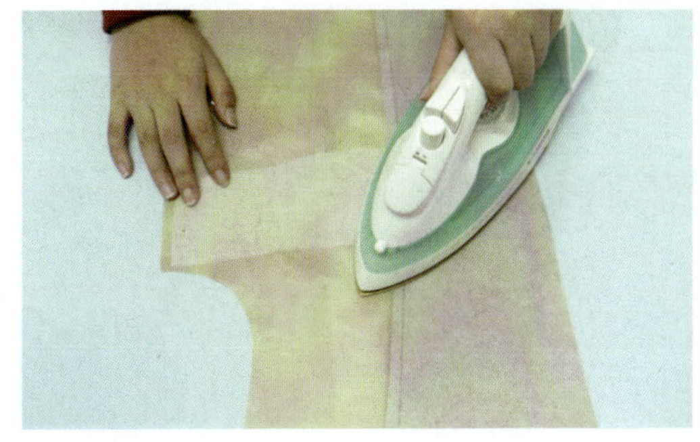

图 5—3—21　定里怀袋袋位

18. 烫里怀袋嵌线：将里怀袋嵌线粘衬，并对折熨烫（见图 5—3—22）。

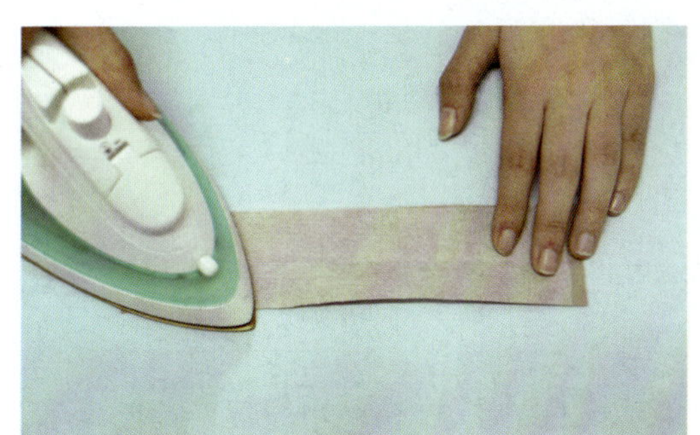
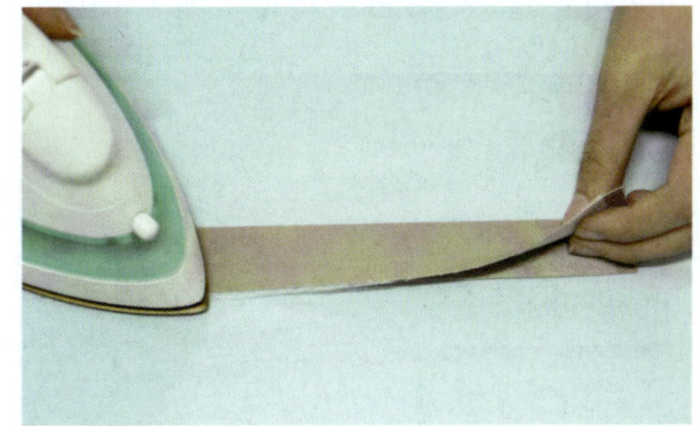

图 5—3—22　烫里怀袋嵌线

19. 钉嵌线、袋布：将里怀袋嵌线划出袋口标记，沿线钉缝在里怀袋下口处，注意嵌线折口朝下摆放，里怀袋上口钉缝口袋布（见图 5—3—23），要求缝线顺直，起落针回针固定，无跳线、浮线。

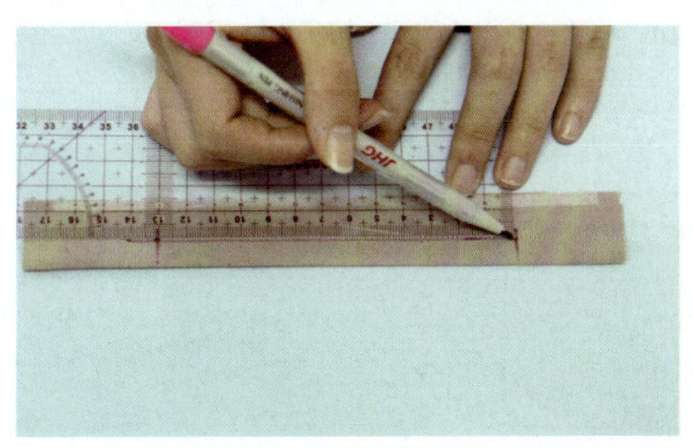

图 5—3—23　钉嵌线、袋布

20. 袋口开剪：将里怀袋袋口开剪，袋角开“Y”字形剪口，剪口不能剪毛、剪漏，并将袋布翻到里布反面，嵌线翻正（见图 5—3—24）。

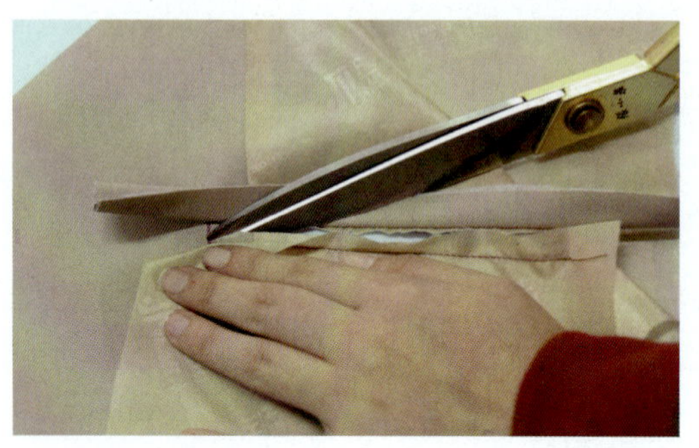
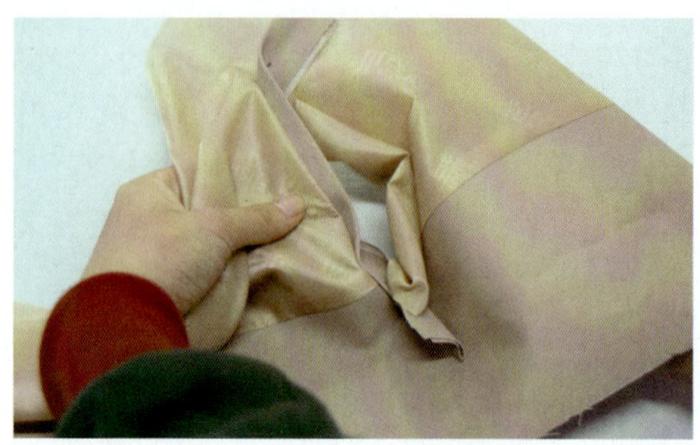

图 5—3—24 袋口开剪

21. 封开剪三角：袋布与嵌线 1 cm 拼合，袋口摆平，嵌线带紧，将开剪三角拉开后来回三道车缝在嵌线与袋布上（见图 5—3—25）。

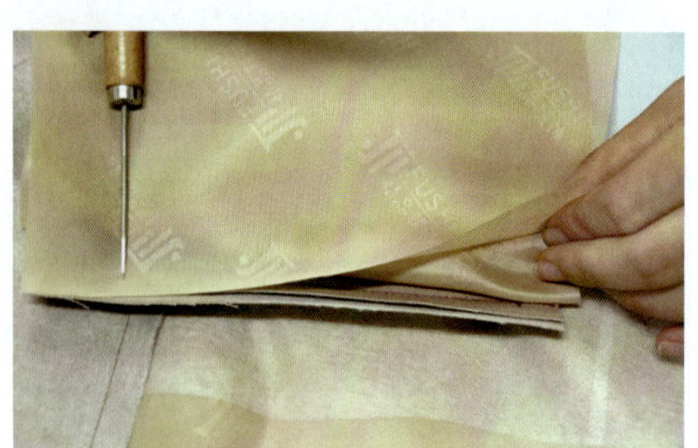
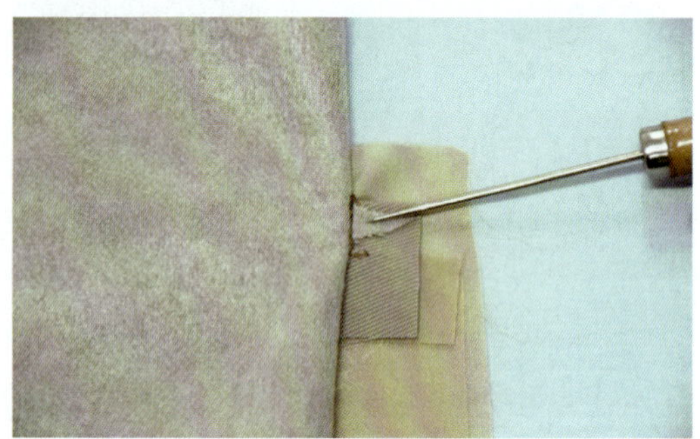

图 5—3—25 封开剪三角

22. 合袋布：将袋布两侧 1 cm 拼合，做好的里怀袋袋角方正无毛漏，嵌线宽窄一致（见图 5—3—26）。

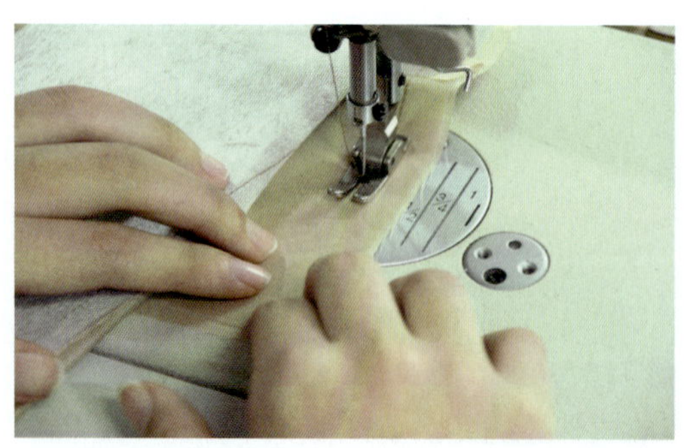

图 5—3—26 合袋布

23. 拼里布肩缝：将后领贴粘衬，与后衣片里布 1 cm 拼合，并将前后衣片里布肩缝 1 cm 拼合，缝份倒向后衣片熨烫（见图 5—3—27）。

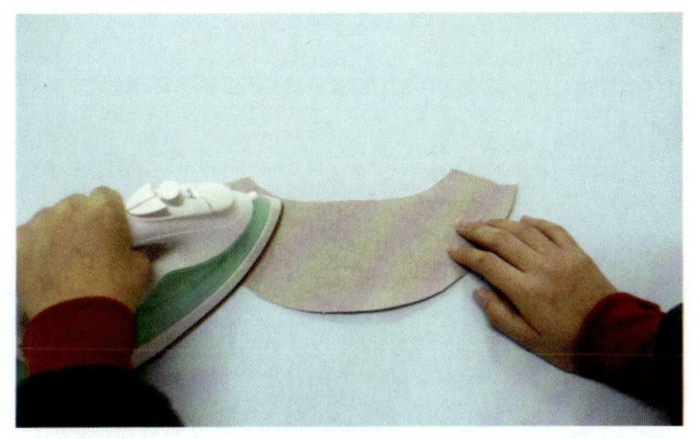
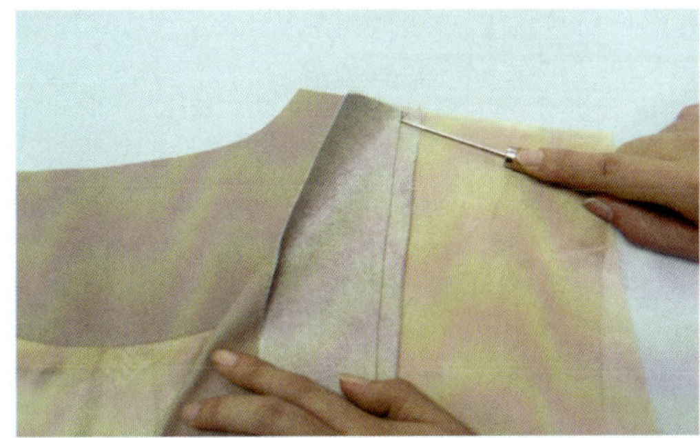

图 5—3—27　拼里布肩缝

24. 合侧缝：将前后衣片里布侧缝 1 cm 拼合（见图 5—3—28）。

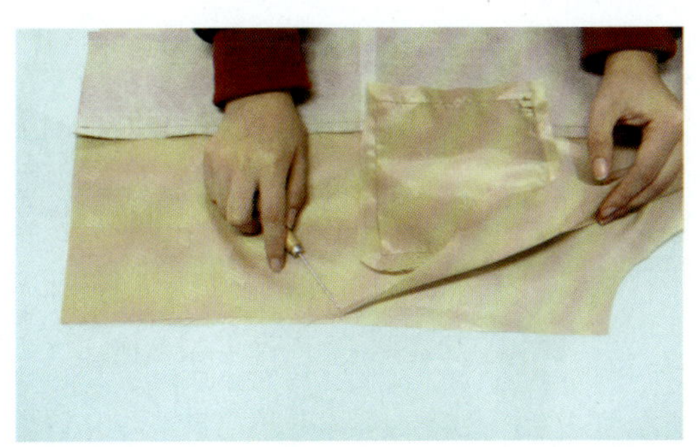
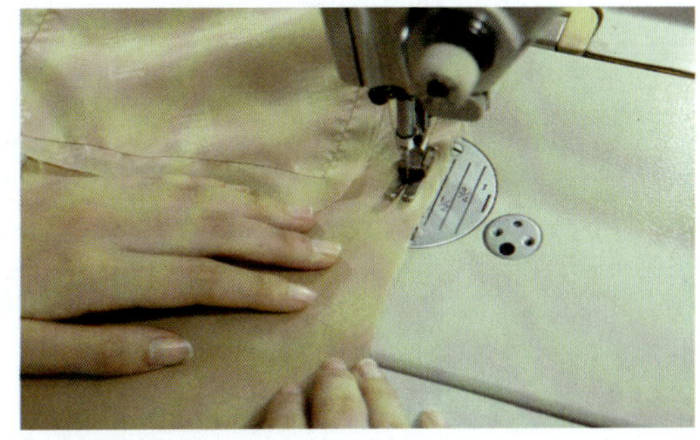

图 5—3—28　合侧缝

25. 装里布登闩：将侧缝向后片倒烫，并烫出 0.3 cm 座缝，里布底边与登闩 1 cm 拼合（见图 5—3—29）。

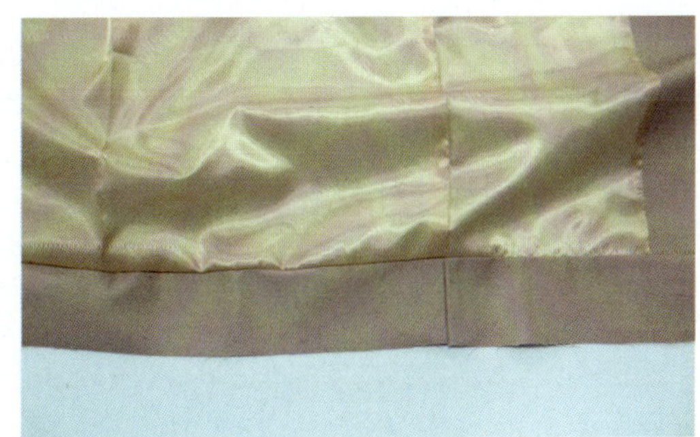

图 5—3—29　装里布登闩

26. 领子划净样：将领子粘衬，并用净样板在领面反面划出领子净样（见图 5—3—30）。

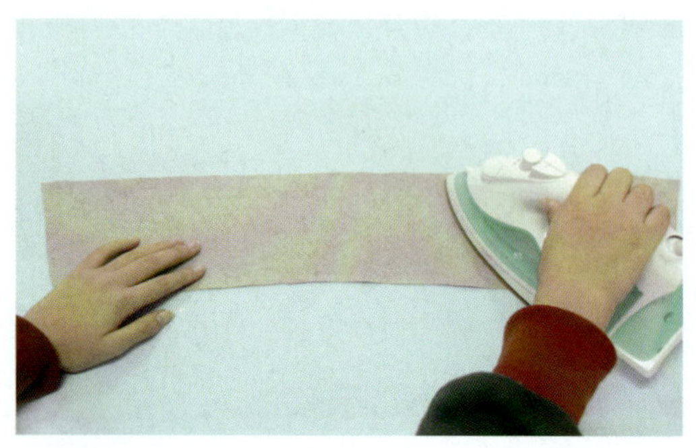
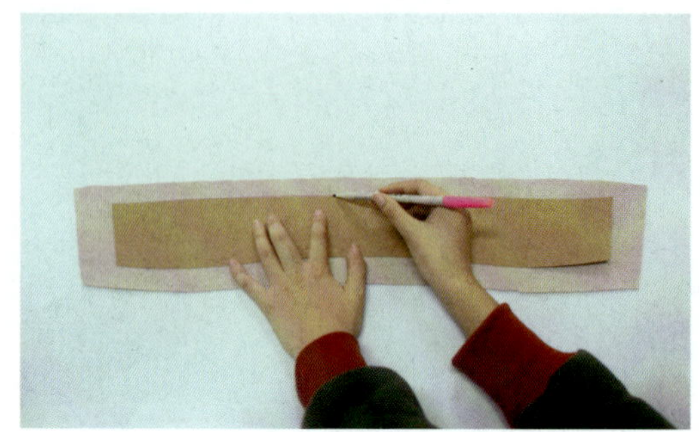

图 5—3—30　领子划净样

27. 拼领子：将领面、领底面面相对，按净样拼合，领面拼合时做出领角窝势，并将缝份修剪成 0.6 cm（见图 5—3—31）。

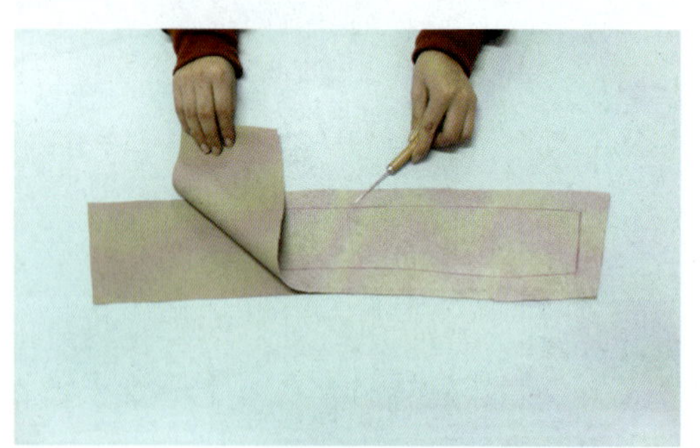
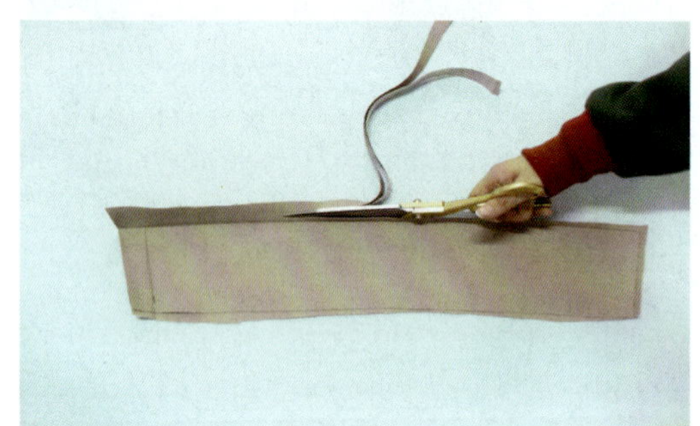

图 5—3—31　拼领子

28. 领面明线：将领子烫出里外匀后，沿领外口缝 0.6 cm 明线（见图 5—3—32），要求缉线顺直，无跳线、浮线。

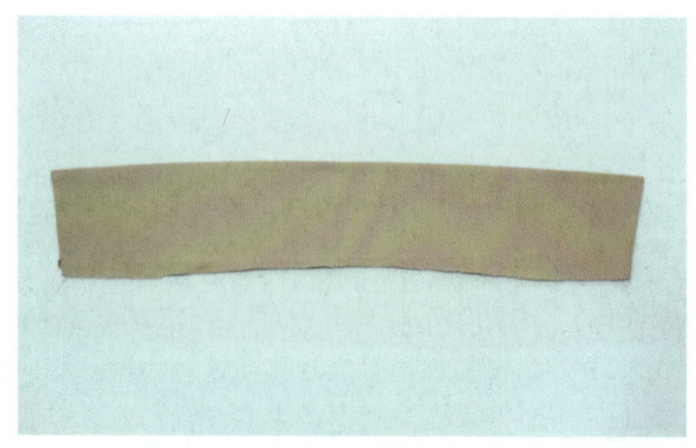

图 5—3—32　领面明线

29. 拉链定位：为了门襟平服，装拉链之前先将拉链与面料的门襟每隔 15 ~ 20 cm 划出缝制标记（见图 5—3—33）。

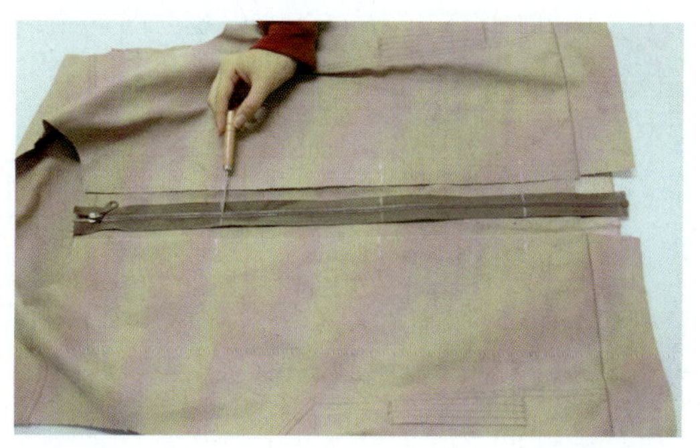
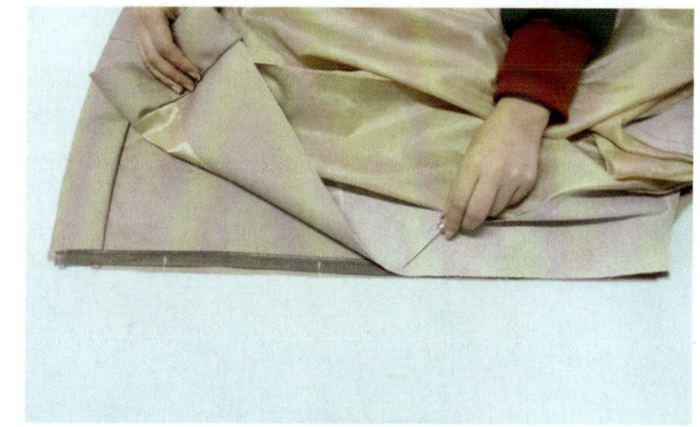

图 5—3—33　拉链定位

30. 装领：将领子下口修剪成 1 cm 缝份，划出装领三眼刀标记，即左、右肩颈点和后领中点。将领子夹于衣身面布与衣身里布中间，下领口与衣身领圈对齐，1 cm 拼合领圈（见图 5—3—34），要求缝线顺畅，无跳线、浮线。

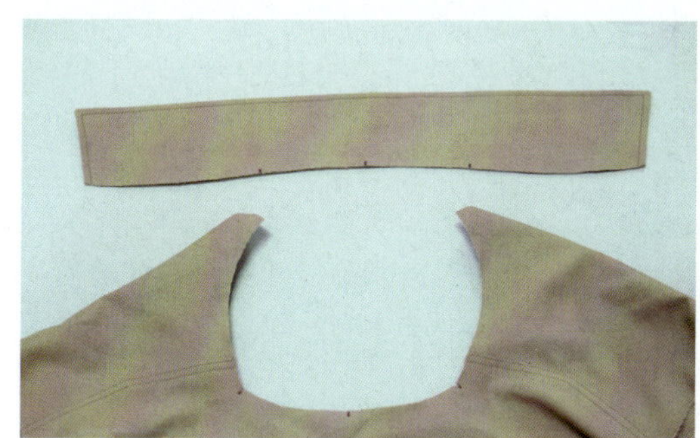
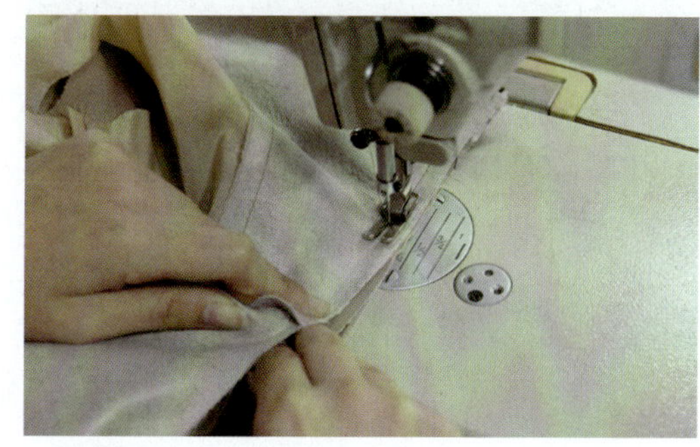

图 5—3—34　装领

31. 装拉链：将拉链夹于衣片与挂面之间，1 cm 拼合，将拉链夹缝，由领圈起针至底边，之后折转，将衣片底边面、里 1 cm 拼合，并将领圈开几个斜向剪口（见图 5—3—35）。

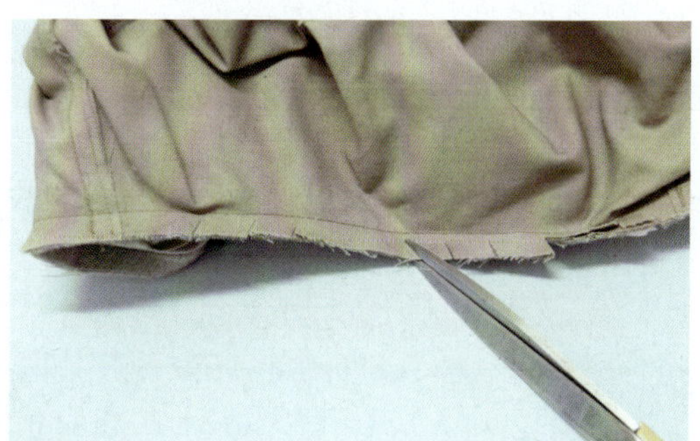

图 5—3—35　装拉链

32. 门襟、底边明线：将衣身翻正，在左、右门襟及底边车缝 0.6 cm 明线一道（见图 5—3—36），要求明线顺直，无跳线、浮线。

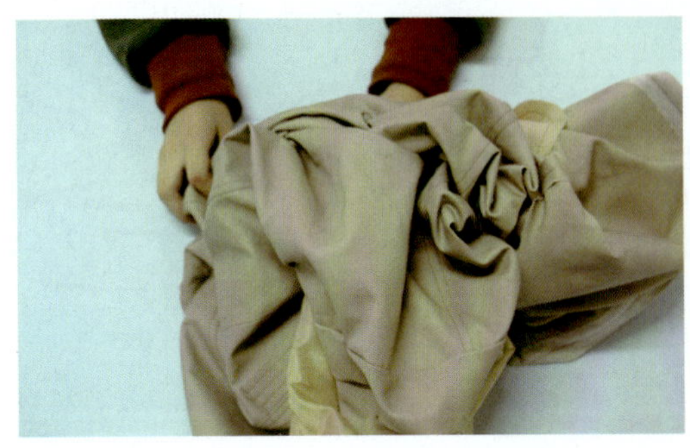

图 5—3—36　门襟、底边明线

33. 袖子粘衬：将袖衩、袖克夫粘衬，要求粘衬无起泡（见图 5—3—37）。

图 5—3—37　袖子粘衬

34. 拼后袖缝：将大小袖片后袖缝 1 cm 拼合至开衩位折转 0.6 cm，回针固定（见图 5—3—38），要求缝线顺直，无跳线、浮线。

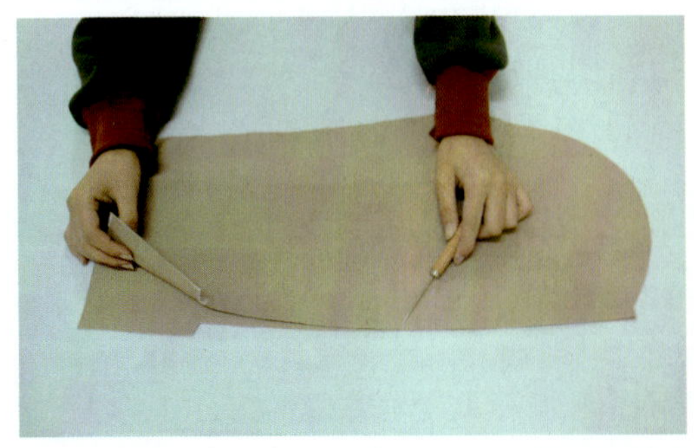
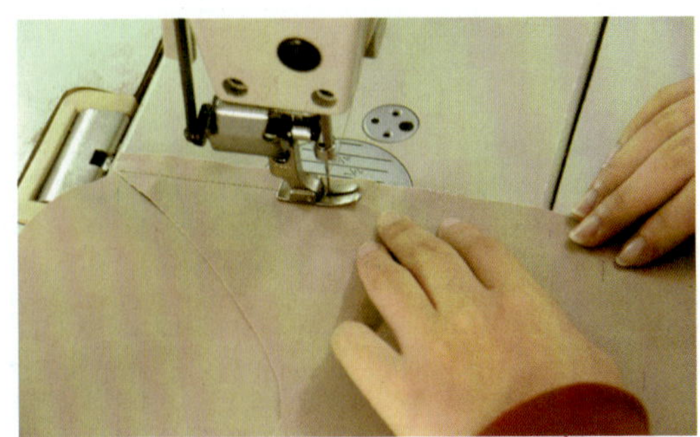

图 5—3—38　拼后袖缝

35. 袖衩明线：将小袖片袖衩拉开，在大袖片袖衩处车缝 0.1 cm + 0.6 cm 双明线至开衩位（见图 5—3—39）。要求缝线顺直，宽窄一致，缝线无跳线、浮线。

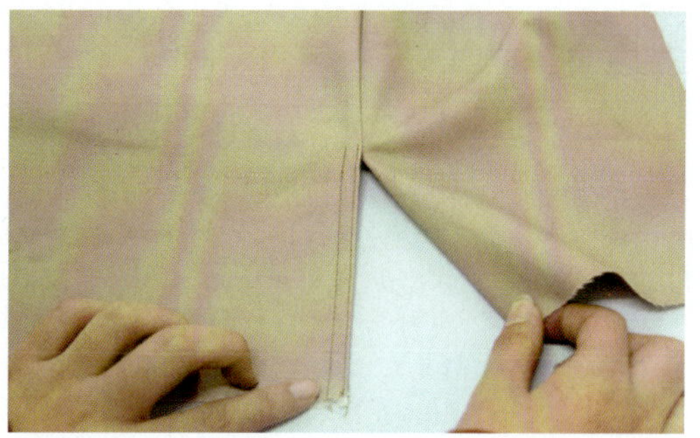

图 5—3—39　袖衩明线

36. 后袖缝明线：将后袖缝倒向大袖片，在后袖缝上压缝 0.1 cm + 0.6 cm 双明线至开衩位（见图 5—3—40）。要求缝线顺直，宽窄一致，无跳线、浮线。

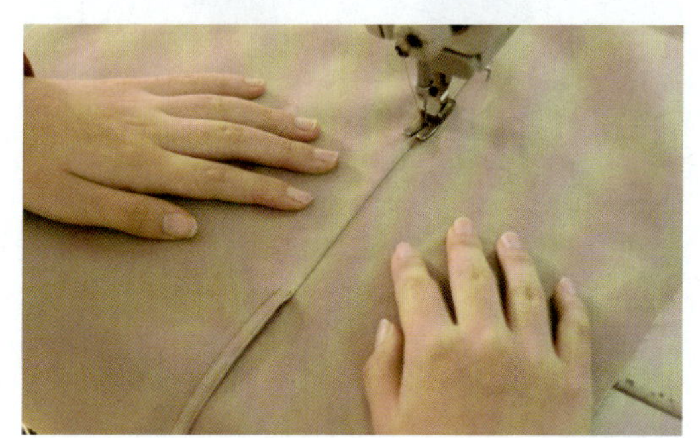

图 5—3—40　后袖缝明线

37. 袖衩封口：在袖衩顶点处缝三道线固定（见图 5—3—41）。

图 5—3—41　袖衩封口

38. 拼袖里布后缝：将袖片里布后缝 1 cm 拼合至开衩位，起落针回针加固（见图 5—3—42）。

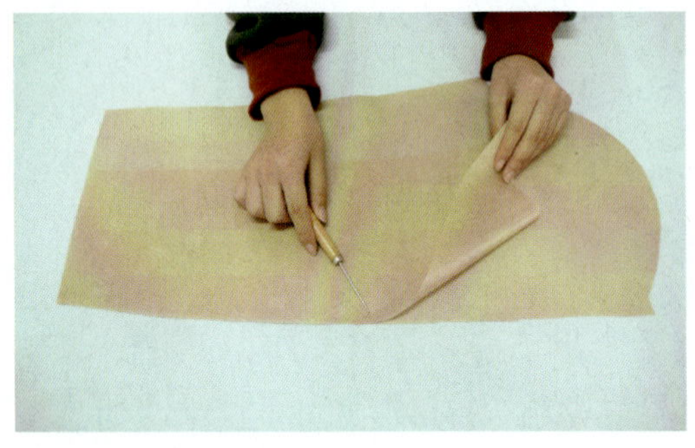
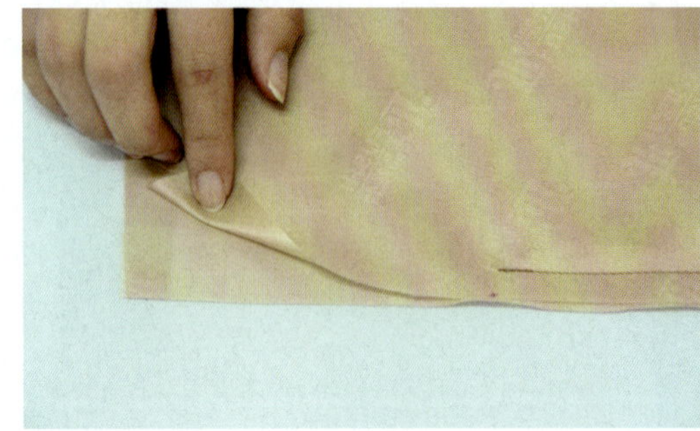

图 5—3—42　拼袖里布后缝

39. 拼前袖缝：将袖面、袖里的前袖缝 1 cm 拼合（见图 5—3—43），要求缝线顺直，无跳线、浮线。

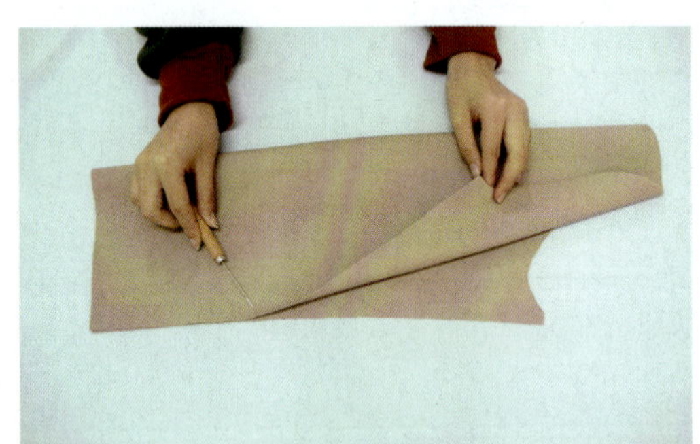
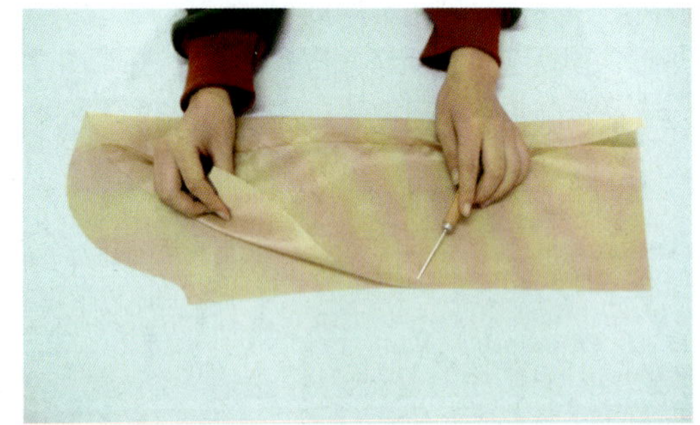

图 5—3—43　拼前袖缝

40. 烫袖缝：将袖面布前袖缝分烫，袖里布缝份倒向大袖片扣烫 1.3 cm，烫出座势（见图 5—3—44）。

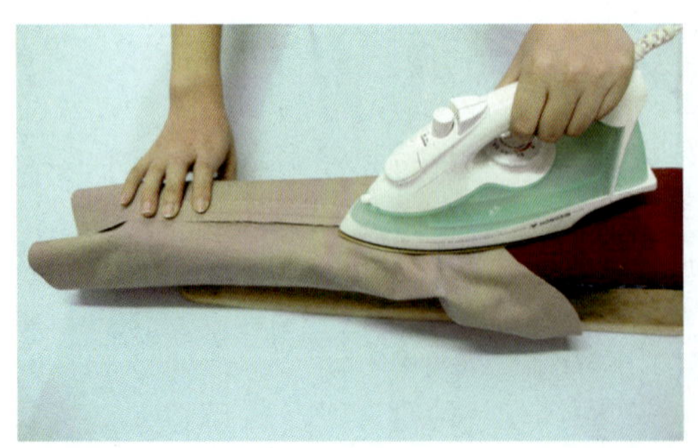
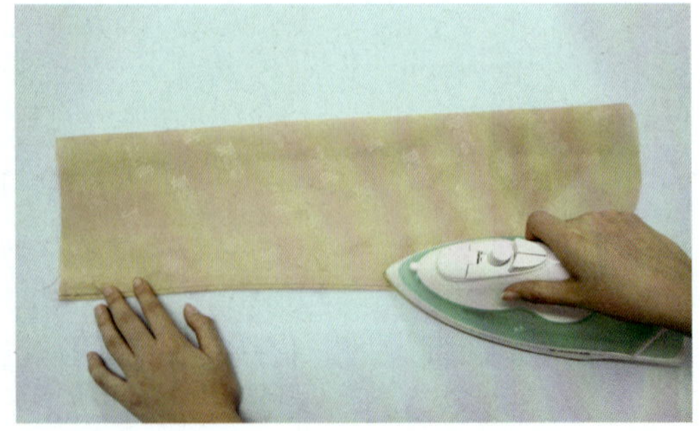

图 5—3—44　烫袖缝

41. 装袖子面布：将袖子的袖山与袖窿相对，袖片在上、衣身在下 1 cm 拼合（见图 5—3—45）。要求装袖刀眼要对准，缝线圆顺，无跳线、浮线。

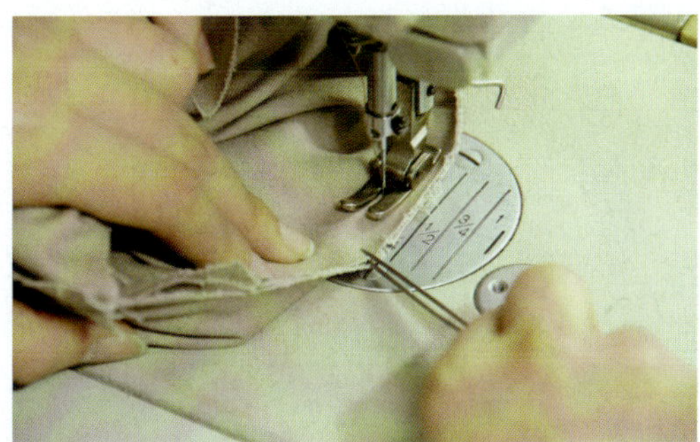

图 5—3—45　装袖子面布

42. 袖山明线：装袖缝份倒向衣身，在衣身袖山处车缝 0.6 cm 装饰明线（见图 5—3—46）。

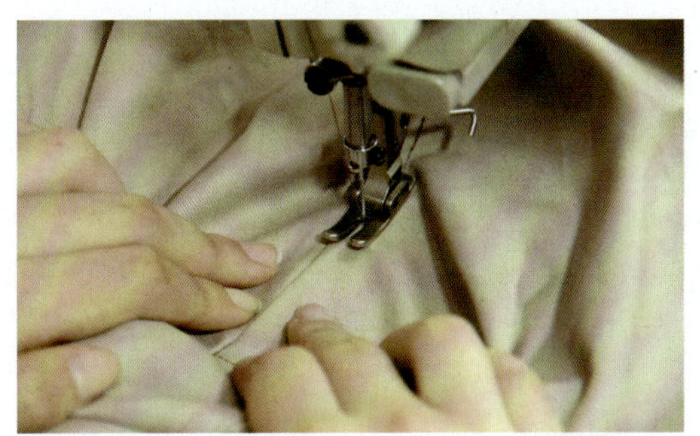
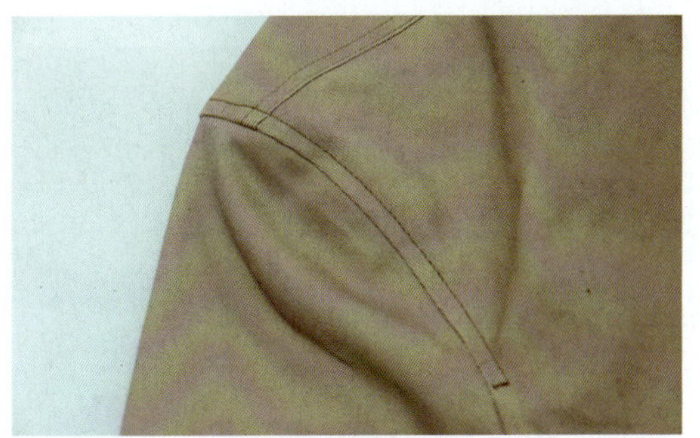

图 5—3—46　袖山明线

43. 装袖里布：将袖子里布 1 cm 拼缝在衣身里布袖窿处（见图 5—3—47）。

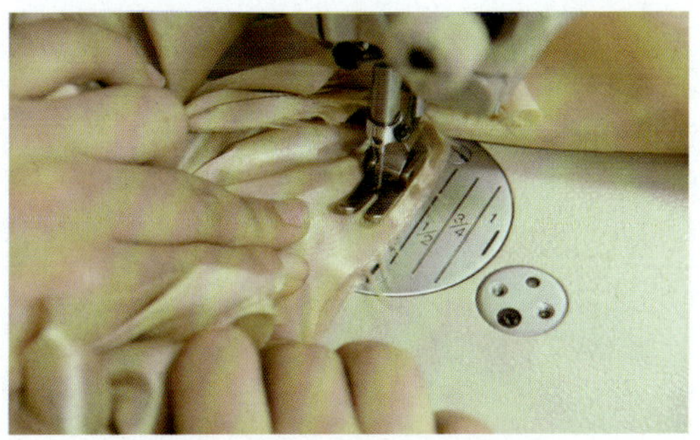

图 5—3—47　装袖里布

44. 合小袖片袖衩面、里布：小袖片开衩缝份折向反面，里布开衩缝份折向反面，将小袖片开衩面、里布 0.1 cm 拼合，起落针回针（见图 5—3—48），要求缝线顺直，无跳线、浮线。

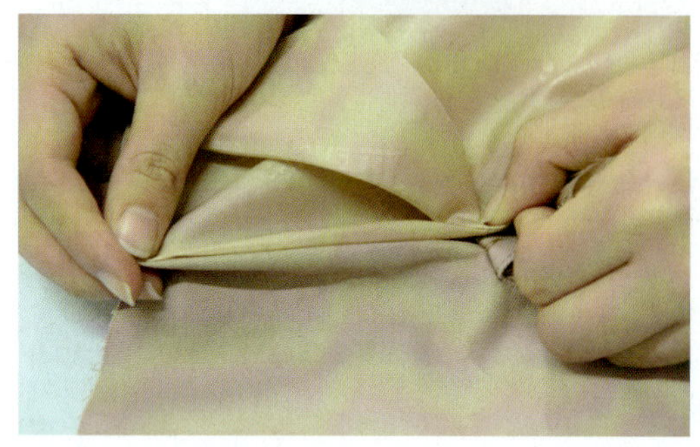
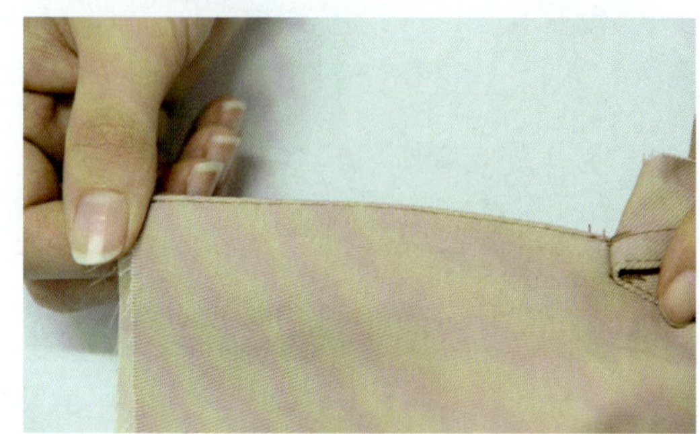

图 5—3—48　合小袖片袖衩面、里布

45. 合大袖片袖衩面、里布：将大袖片面、里开衩缝份 1 cm 拼合（见图 5—3—49），要求缝线顺直，无跳线、浮线。

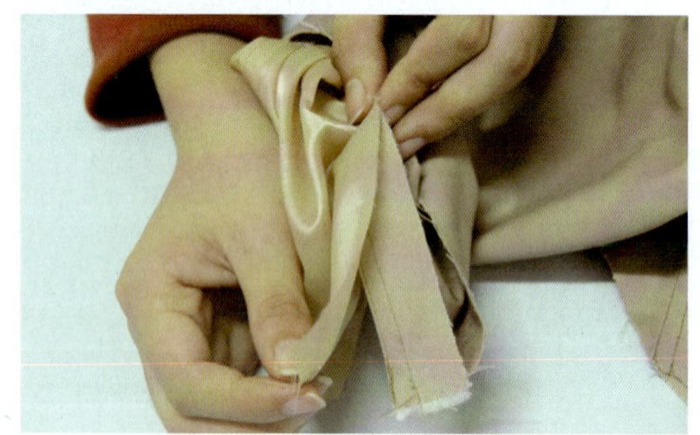
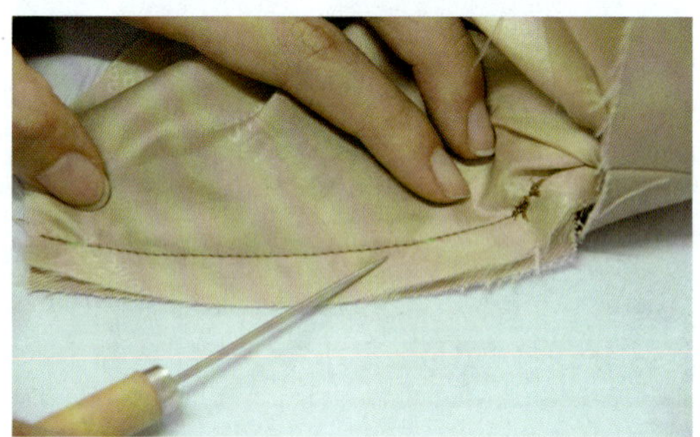

图 5—3—49　合大袖片袖衩面、里布

46. 袖衩缝制完成：将袖子翻正（见图 5—3—50）。

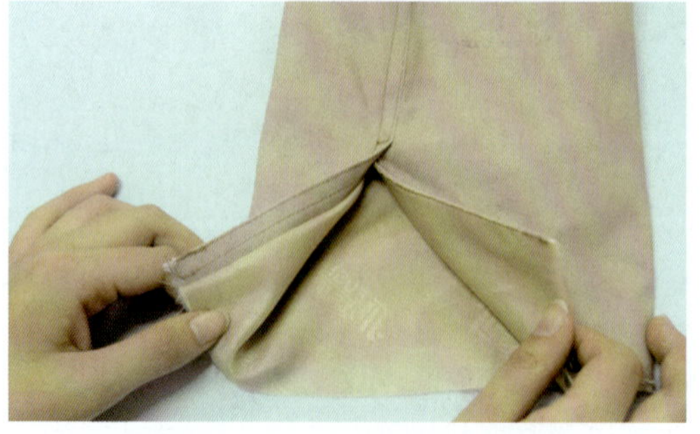

图 5—3—50　袖衩缝制完成图

47. 拼袖克夫：将袖克夫粘衬，并划出净样，袖克夫面一侧沿净样扣烫，再将袖克夫面、里按净样拼合（见图 5—3—51），要求缝线顺直，无跳线、浮线。

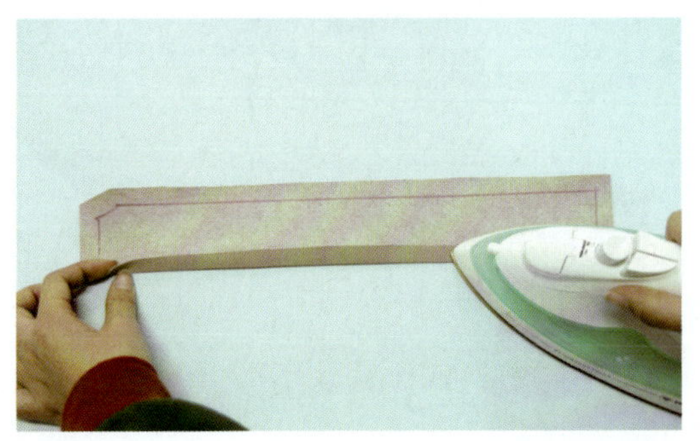
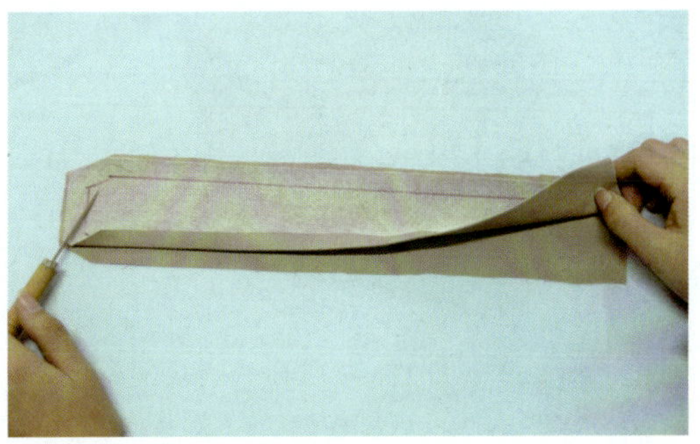

图 5—3—51　拼袖克夫

48. 袖衩定位：袖克夫翻正整烫，将拼缝缝份修剪成 1 cm，并在袖子的袖衩门里襟划出装袖克夫缝位标记（见图 5—3—52）。

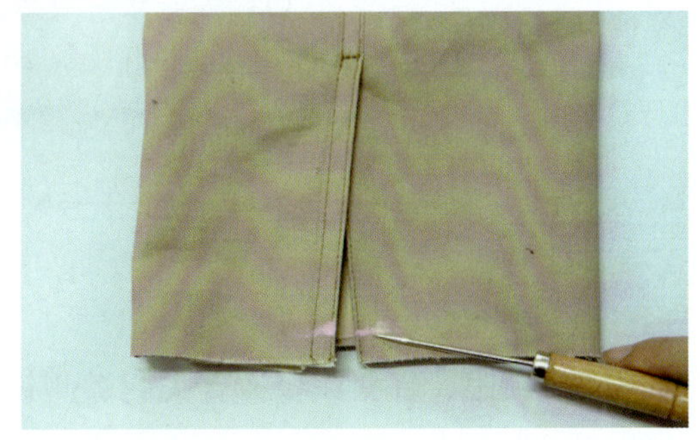

图 5—3—52　袖衩定位

49. 装袖克夫：将袖克夫按袖克夫面预先折烫边与袖子拼合（见图 5—3—53），要求门里襟高低一致，缝线顺直，无跳线、浮线。

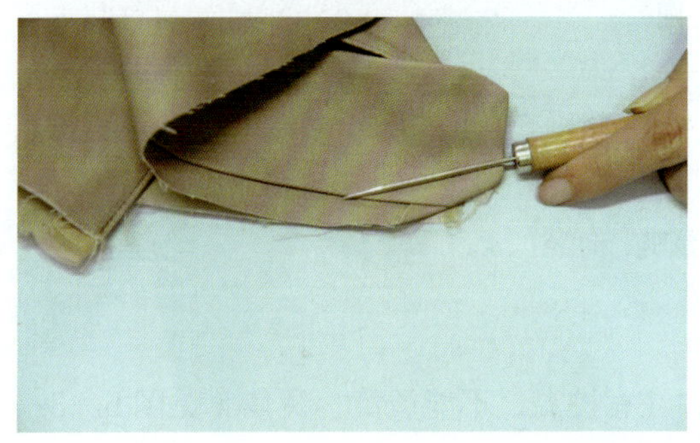

图 5—3—53　装袖克夫

50. 袖克夫、底边明线：将袖克夫与底边车缝 0.1 cm + 0.6 cm 双明线（见图 5—3—54），要求缉线顺直，宽窄一致，无跳线、浮线，袖克夫门里襟长短一致。

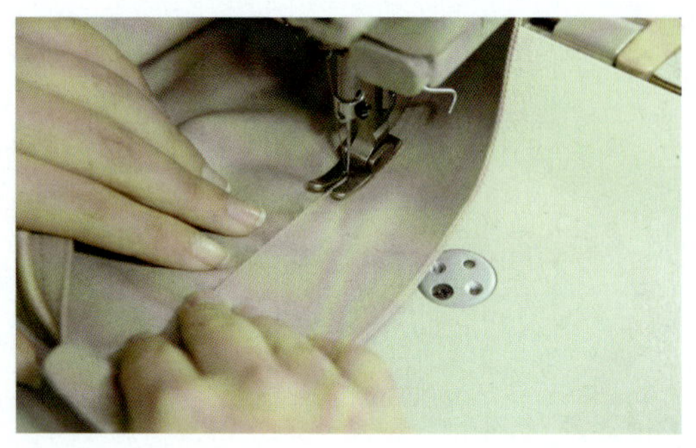
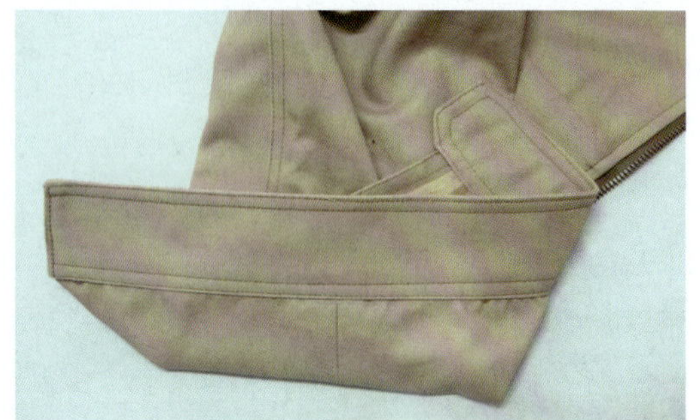
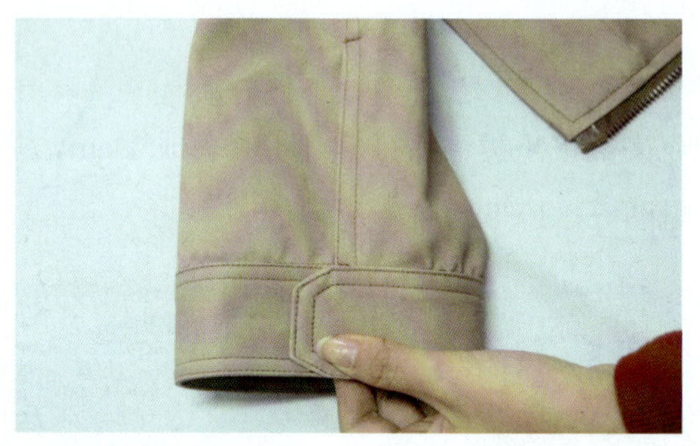

图 5—3—54　袖克夫、底边明线

51. 锁眼、钉扣：将袖克夫门襟侧锁圆头扣眼，袖克夫里襟钉纽扣（见图 5—3—55）。

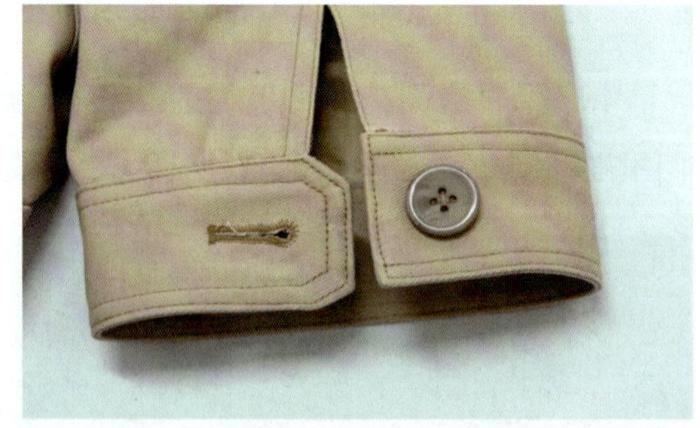

图 5—3—55　锁眼、钉扣

52. 整烫：将做好的夹克衫进行全面整烫，注意控温，不能烫黄、烫焦（见图 5—3—56）。

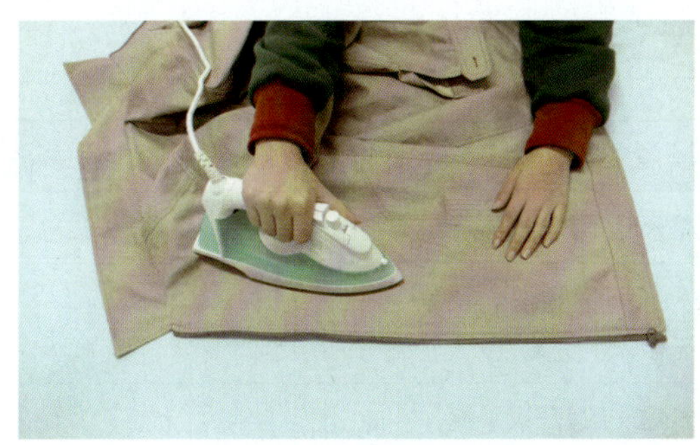

图 5—3—56　整烫

夹克衫成品如图 5—3—57 所示。

图 5—3—57　夹克衫成品图

操作提示

◆领、袖、拉链是夹克衫制作的重点之一，要做到领、袖、拉链平整，袖克夫方正，领子、拉链无扭曲现象。

◆夹克衫开衩门里襟要求高低一致，平整，无褶皱。

◆装袖刀眼位要对准，前后不能装反。

◆左右门襟长短要一致，拉链要平服。

◆产品要求整洁，无线头、无极光、无跳线、无浮线。

五、学习评价

序号	项目	质量要求	分值	自评	小组互评	教师评价	小计
1	规格	各部位规格尺寸不超极限标准	10				
2	衣身	衣身平整，无不良皱褶，袋唇左右对称，无极光、烫黄	10				
3	袖子	左右袖子长短一致，开衩平整，门里襟高低一致，袖克夫平服、方正，不起扭，长短、宽窄一致	10				
4	领子	领子平整，左右长短一致，装领点对位对准，领角窝势自然、对称	10				
5	拉链	拉链平整，左右门襟长度一致	10				
合计							

第四节　女西服缝制工艺

女西服通常是女性在较正式场合穿着的服装。女性西服套装比男性西服套装所使用的面料更轻柔，裁剪也较贴身，凸显女性身型。女西服以设计造型美观、线条简洁流畅、立体感强、适应性广泛等特点而越来越受人们青睐（见图5—4—1）。随着纺织工业的发展，行业人士对传统的西服制作工艺进行了改进和创新，新工艺可使女西服具有轻、薄、软、挺的特点。

图 5—4—1　女西服

女西服所使用的面料种类较多，一般选择织物平整、紧密、富有弹性的高档面料，如麦尔登、华达呢、啥味呢、派力司等。

下面根据女西服服装样衣工艺通知单（见表5—4—1）的要求，依据款式图，采用M号规格绘制裁剪结构图，并在结构图基础上进行放缝并制作出裁剪样板，在合适的面料上进行排料、裁剪及制作，完成女西服缝制。

表 5—4—1　女西服服装样衣工艺通知单

品牌：XXX 纸样编号：XXXXXX	款号：XXXXXX 下单日期：XXXX.XX.XX	名称：女西服 完成日期：XXXX.XX.XX

款式图：

系列规格表（5 · 4）　单位：cm

部位	规格	155/80A	160/84A	165/88A	档差	公差
		S	M	L		
1	后中长	50	52	54	2	±1
2	胸围	86	90	94	4	±1
3	肩宽	37	38	39	1	不允许
4	袖长	56.5	58	59.5	1.5	±1
5	袖口	25.2	26	26.8	0.8	±0.2

款式概述：

X 型腰身，前后衣身做刀背分割，做夹里，有袋盖挖袋，西服翻驳领，两片式圆装长袖，做假袖衩，门襟装 1 粒纽扣，袖衩钉 3 粒装饰纽扣

面料：面——哔叽
　　　里——舒美绸
成分：涤 100%
组织：斜纹组织
幅宽：144 cm

辅料：
粘合衬、纽扣、配色线、商标、洗水唛

工艺要求：

1. 前身：前衣片刀背分割，粘有纺衬，门襟、袖窿粘牵条，做有袋盖挖袋，圆下摆，门襟 1 粒纽扣，锁圆头扣眼
2. 后身：后衣片刀背分割，后身上、底边粘有纺衬，侧片袖窿粘有纺衬拉牵条
3. 袖子：两片式圆装长袖，袖口做假袖衩装 3 粒装饰纽扣，袖山吃势均匀，装袖棉条
4. 领子：西装翻驳领，分领装配，三眼刀对准
5. 里布：里布烫座势
6. 商标：商标钉于后身里布距领口 5 cm 处，三唛齐全
7. 整烫：各部位熨烫到位，平服，无亮光、水花、污迹，底边平直无起浪现象
8. 缉线：顺直，无跳针、断线、浮线现象，针距 14 针 /3 cm

工艺编制：　　　　工艺审核：　　　　审核日期：

一、规格尺寸（见表 5—4—2）

表 5—4—2　女西服 M 号规格表　　单位：cm

号型	部位	后中长	胸围	肩宽	袖长	袖口
160/84A	规格	52	90	38	58	26

二、裁片配置

1. 主要裁片名称

面布包含前衣片、后衣片、袖片、袋盖、领子。

里布包含前衣片里布、后衣片里布、袖片里布、袋布。

2. 裁片图（见图 5—4—2）

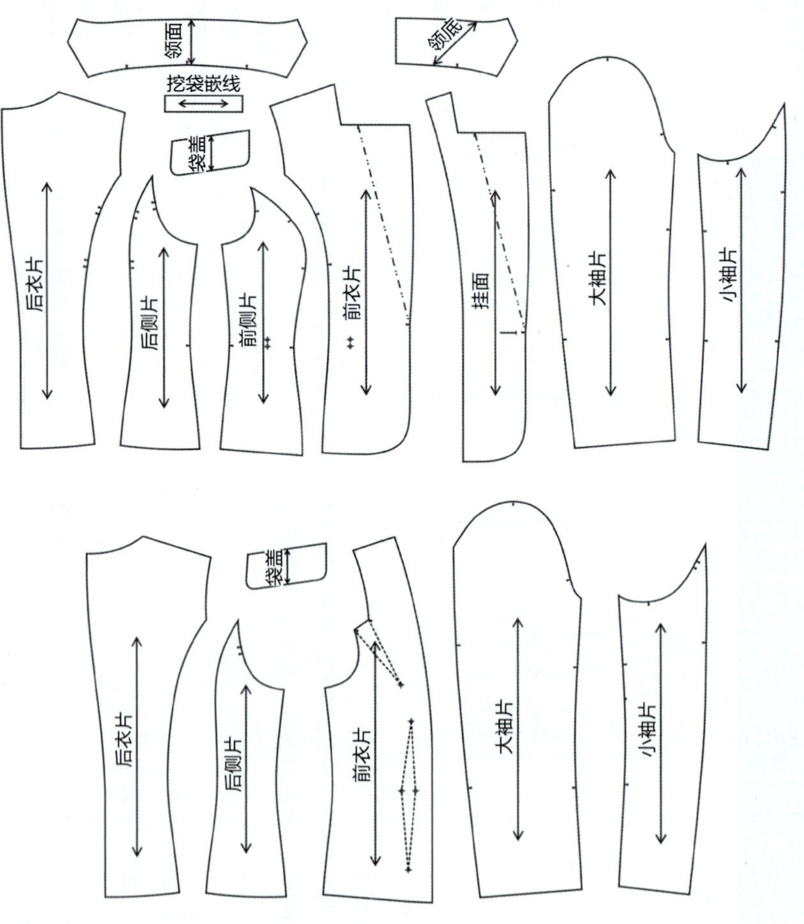

图 5—4—2　裁片图

3. 放缝图（见图 5—4—3）

（1）衣片底边放缝 4 cm，袖口放缝 3.5 cm，衣片面布其余各边放缝 1 cm。

（2）里布放缝 1.3 cm，里布袖山袖窿底 2.5 cm 至袖山顶 1.5 cm 放缝。

（3）衣身各部位拼缝需要做对位刀眼标记，省道、袋位做钻眼标记。

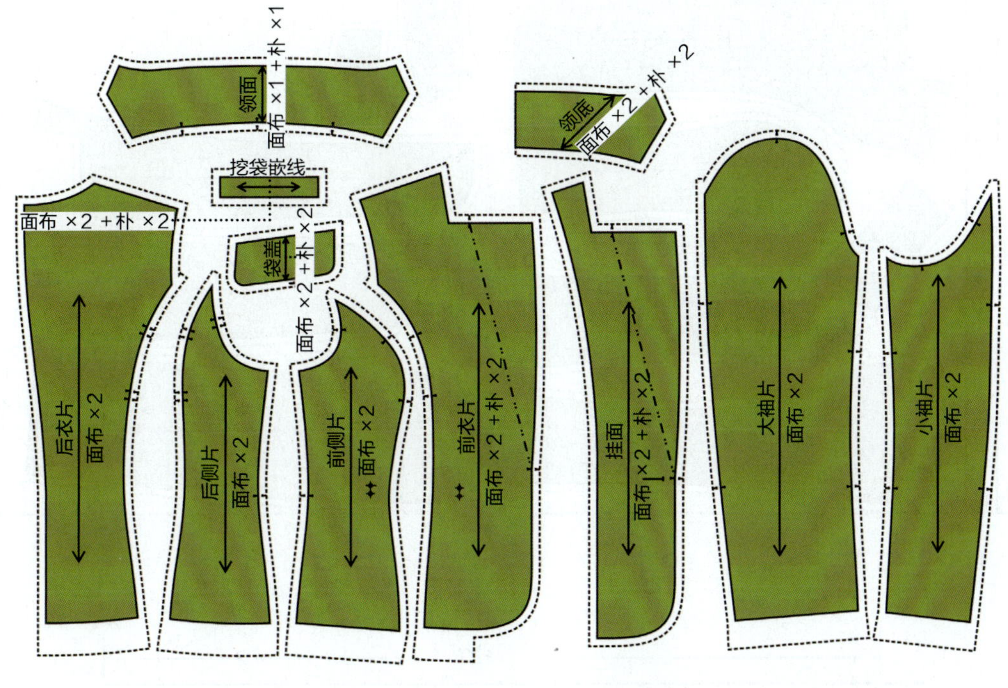

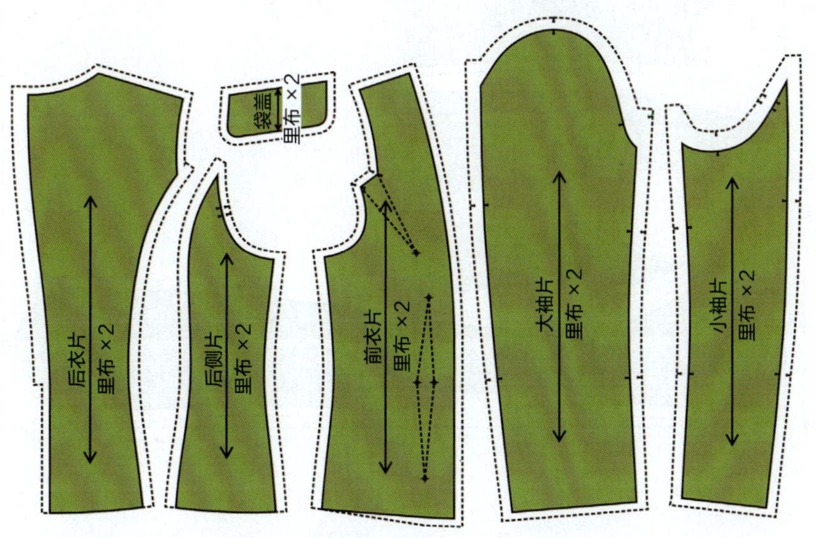

图 5—4—3　放缝图

4. 排料图（见图 5—4—4）

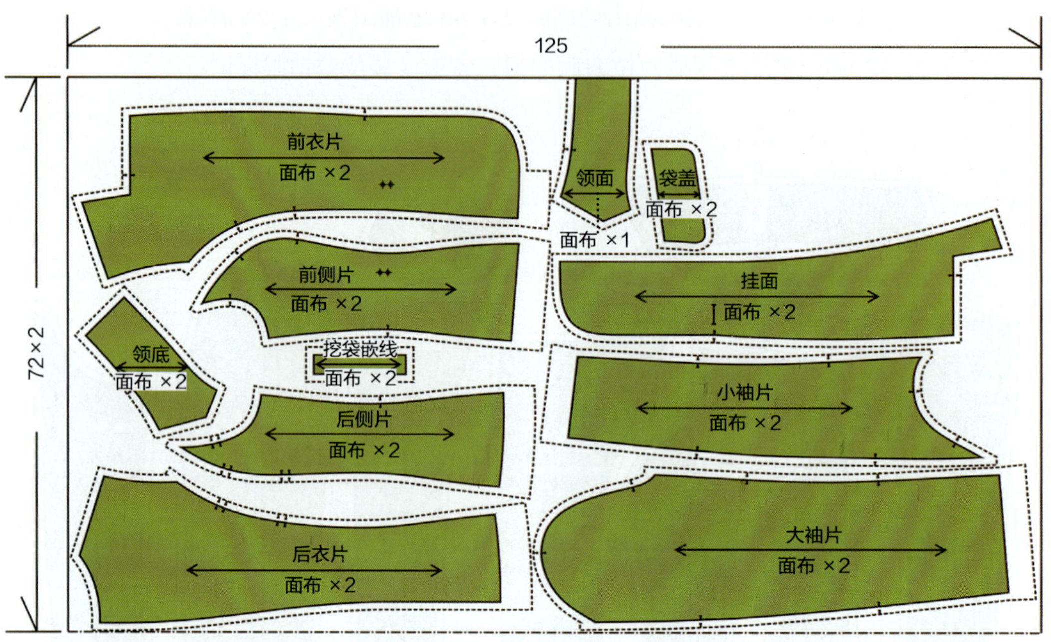

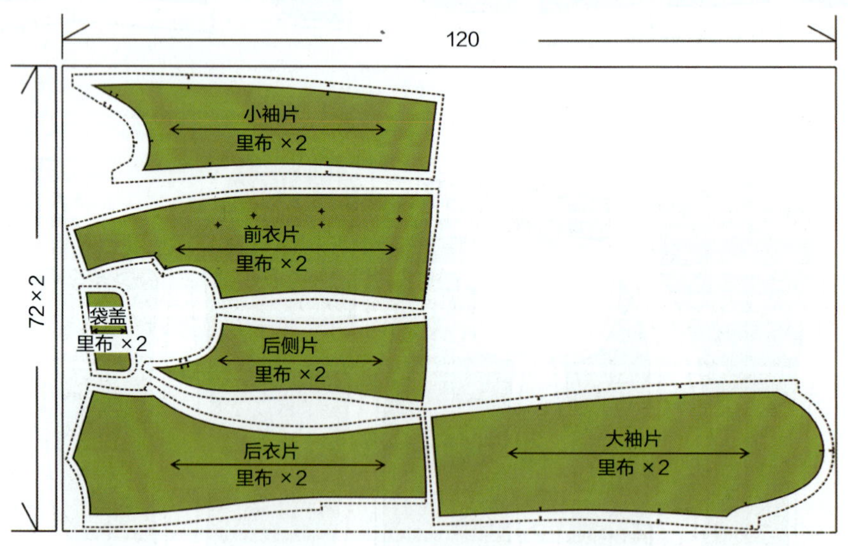

图 5—4—4　排料图

三、生产准备

1. 材料准备（见表 5—4—3）

表 5—4—3　女西服所需材料准备表

类别	材料	材料
面料	前衣片 ×2	前侧片 ×2
	后衣片 ×2	后侧片 ×2
	大袖片 ×2	小袖片 ×2
	领面 ×1	领底 ×2
	袋盖 ×4	嵌线 ×2
	袋布 ×2	前衣片里布 ×2
	前侧片里布 ×2	后衣片里布 ×2
	后侧片里布 ×2	大袖片里布 ×2
	小袖片里布 ×2	
辅料	有纺衬若干	配色线 ×1
	纽扣 ×7	牵条 ×1
	无纺衬若干	

2. 面、辅料裁剪注意事项

详见一步裙面、辅料裁剪注意事项。

3. 工艺流程

粘衬→拼前片→做挖袋→拼后中→做里布→拼挂面→合侧缝→合肩缝→做装领→做装袖→锁眼、钉扣→整烫。

四、产品制作

1. 衣片粘衬：将前衣片、前侧片、后衣片、后侧片粘衬，粘衬无起泡现象（见图 5—4—5）。

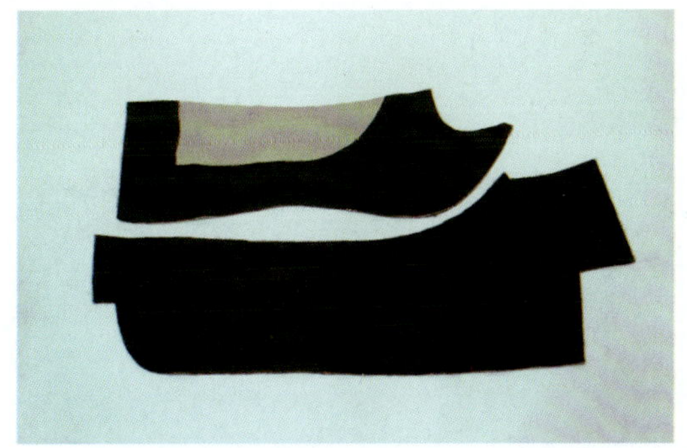
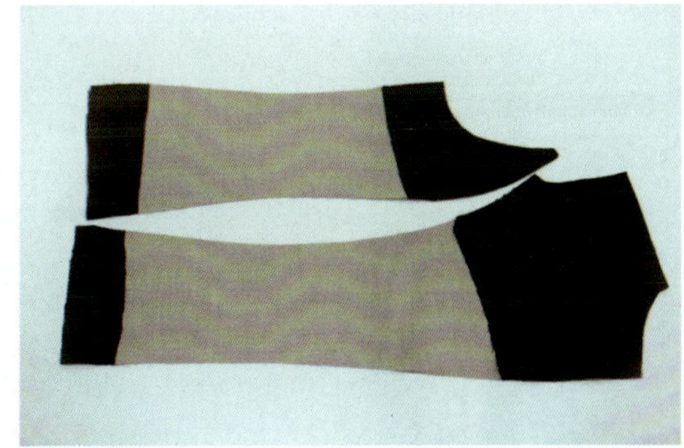

图 5—4—5　衣片粘衬

2. 拼前片：前衣片门襟止口与领口净样距翻驳线 1 cm 粘 1 cm 宽牵条，将前片在下，侧片在上，面面相对，1 cm 拼缝（见图 5—4—6），要求缝线松紧适度，无跳线、浮线。

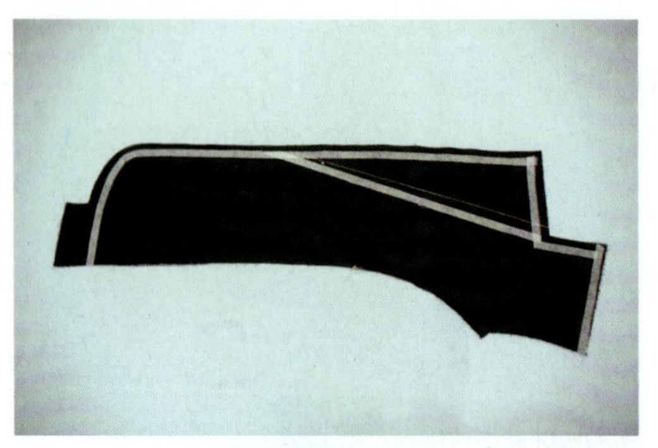
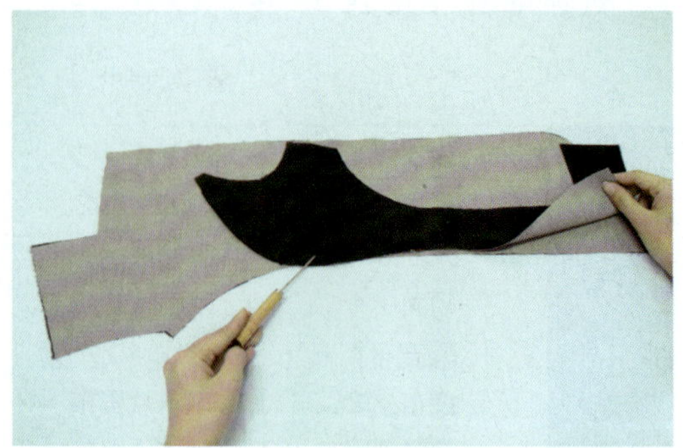

图 5—4—6 拼前片

3. 分烫前侧缝：将前侧缝胸前及腰节弯弧处开剪，并分烫（见图 5—4—7）。

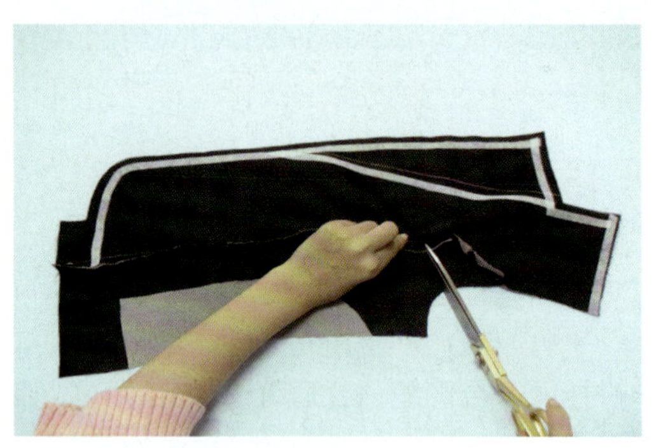
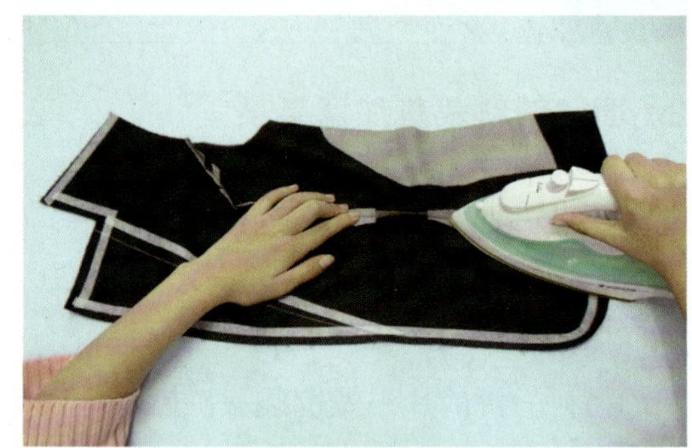

图 5—4—7 分烫前侧缝

4. 烫后中：将后衣片的后中缝进行归拔熨烫，后背处归拢，后腰节处拔开（见图 5—4—8）。

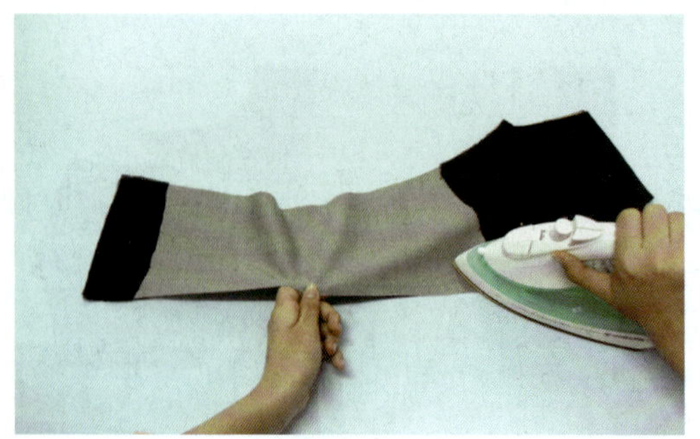
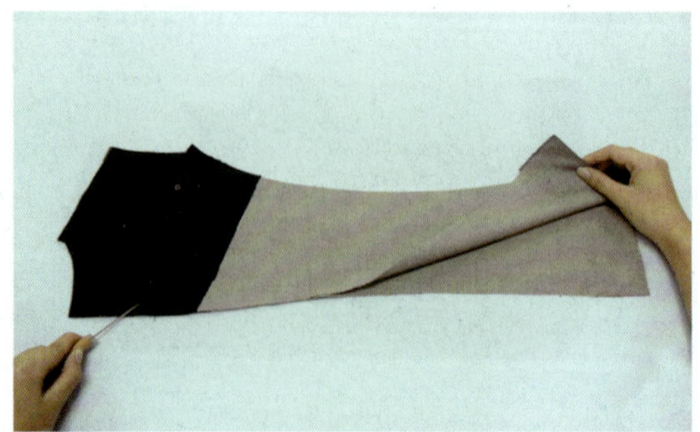

图 5—4—8 烫后中

5. 拼后中：将左右后衣片后中 1 cm 拼合并分烫（见图 5—4—9），要求拼缝线顺直，无跳线、浮线，后中要烫煞。

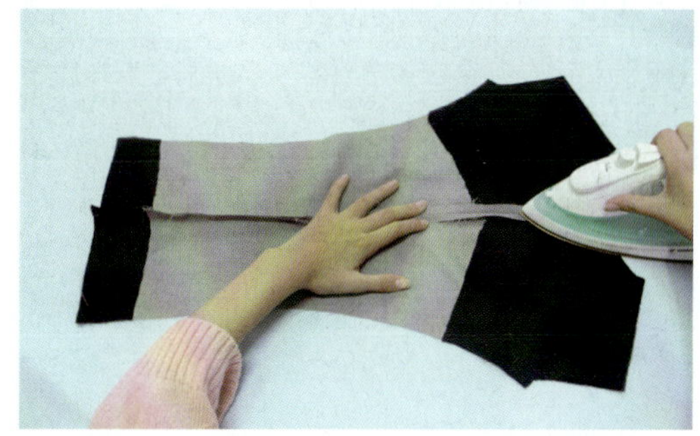

图 5—4—9　拼后中

6. 拼后侧缝：将后侧缝与后中片面面相对 1 cm 拼缝（见图 5—4—10），要求缝线松紧适宜，无跳线、浮线。

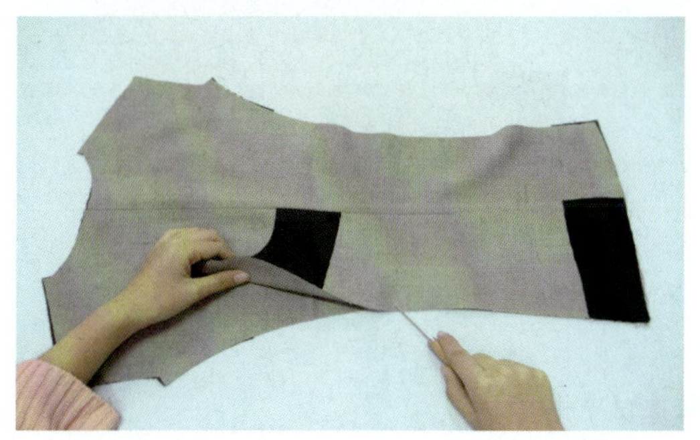
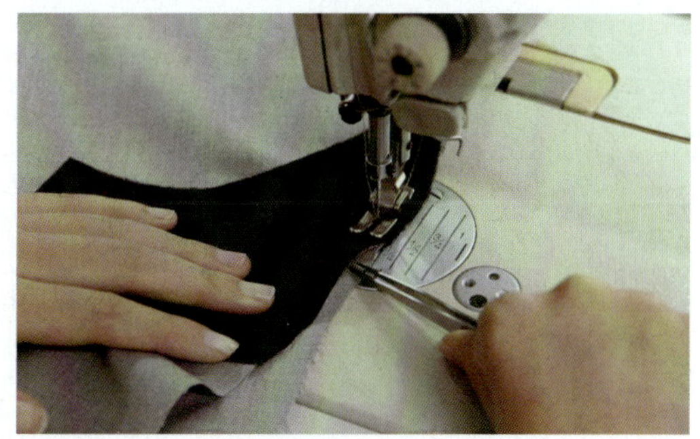

图 5—4—10　拼后侧缝

7. 分烫后侧缝：将后侧缝胸围及腰围处开几个剪口并分烫（见图 5—4—11），要求缝线要顺直，无跳线、浮线，后侧缝要烫煞。

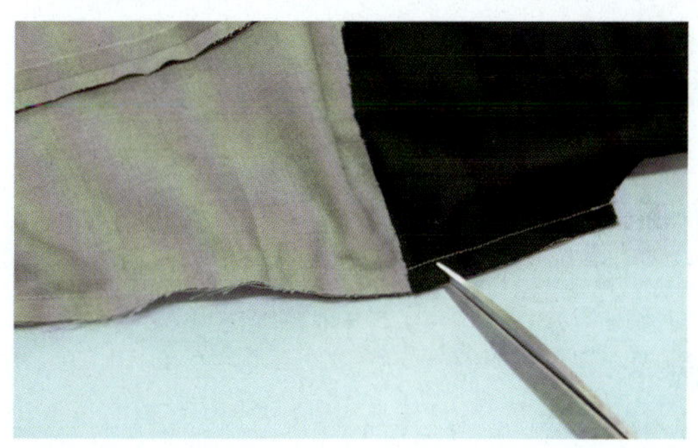
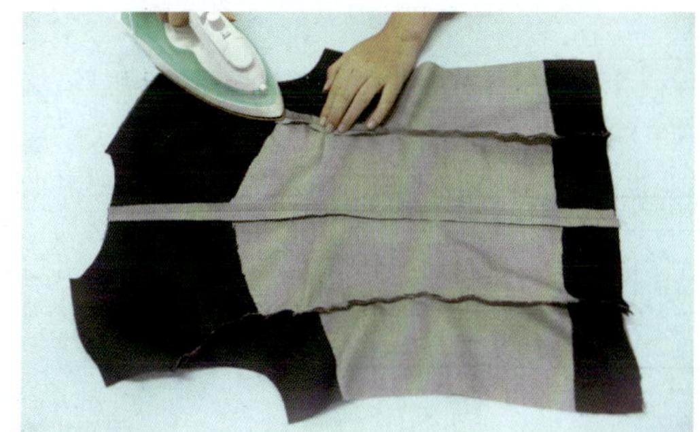

图 5—4—11　分烫后侧缝

8. 粘牵条：将前后袖窿粘 1 cm 宽牵条，粘牵条时要空开缝份 0.2 cm，袖窿凹点处要带紧牵条，牵条要粘牢（见图 5—4—12）。

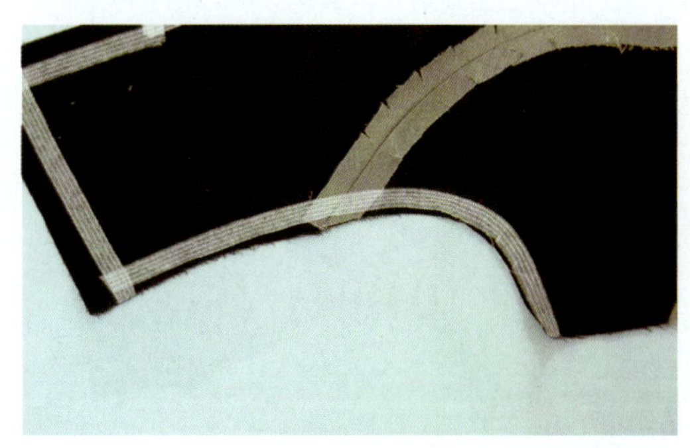

图 5—4—12　粘牵条

9. 袋盖划净样：将袋盖粘衬，并划出净样（见图 5—4—13），要求粘衬不起泡。

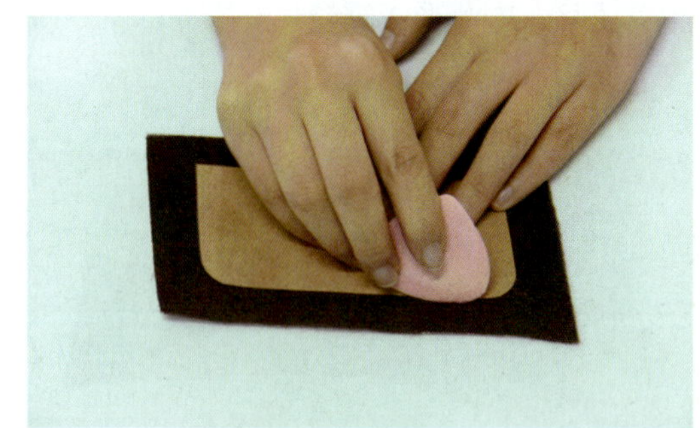

图 5—4—13　袋盖划净样

10. 做袋盖：袋盖面与袋盖里按净样拼缝，袋角做出窝势，将缝份修剪成 0.6 cm，圆角处缝份修剪成 0.3 cm（见图 5—4—14），要求缝线顺畅，无跳线、浮线。

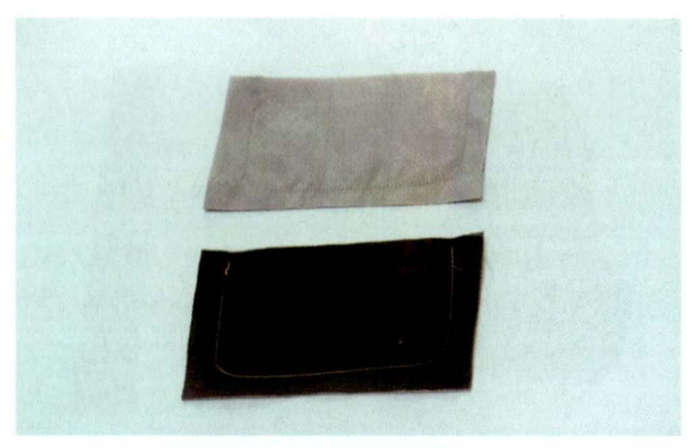
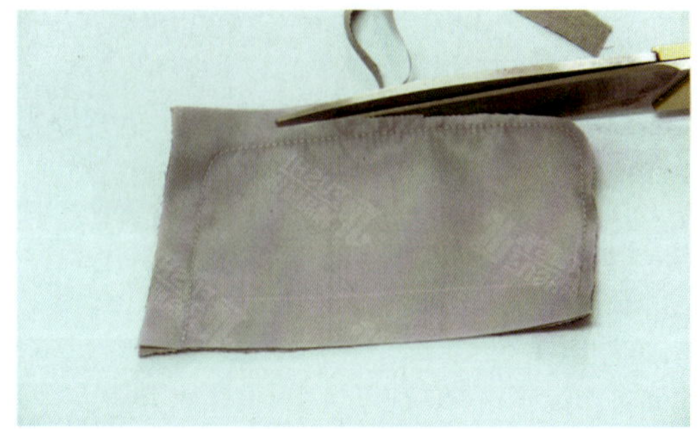

图 5—4—14　做袋盖

11. 熨烫袋盖：将袋盖翻正，并划出袋盖宽 5 cm 标记线（见图 5—4—15）。

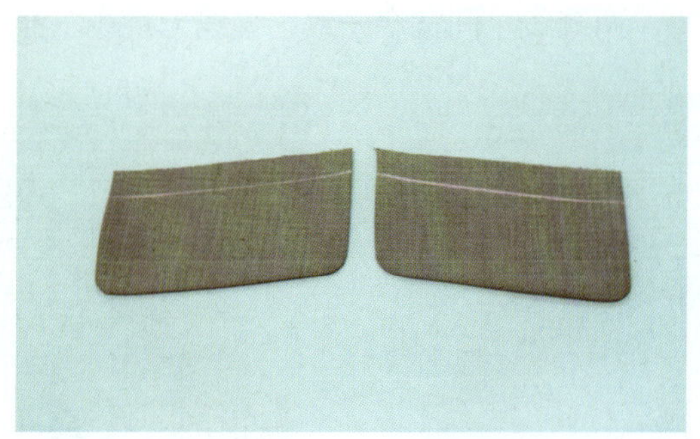

图 5—4—15　熨烫袋盖

12. 嵌线粘衬：将挖袋嵌线粘衬，并将嵌线对折烫平（见图 5—4—16）。

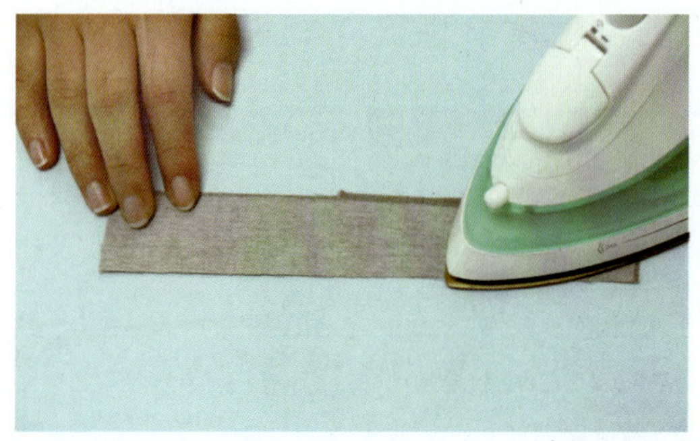

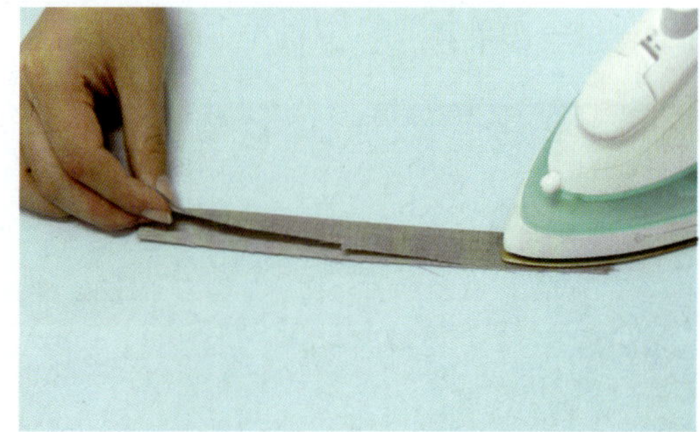

图 5—4—16　嵌线粘衬

13. 定位挖袋：在挖袋嵌线上划出宽 0.4 cm、长 13.5 cm 嵌线，同时在衣身上划出挖袋位（见图 5—4—17）。

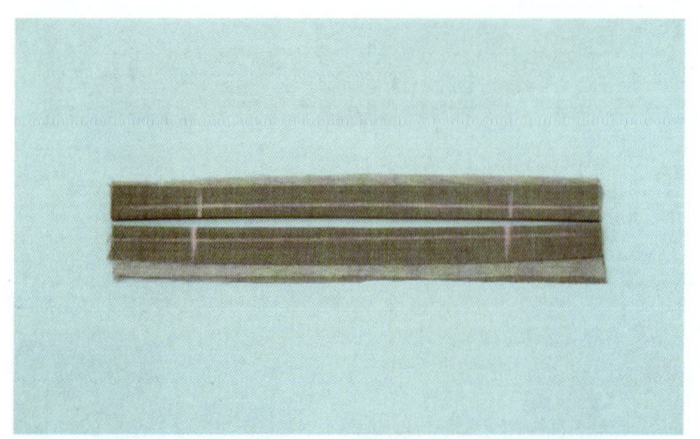

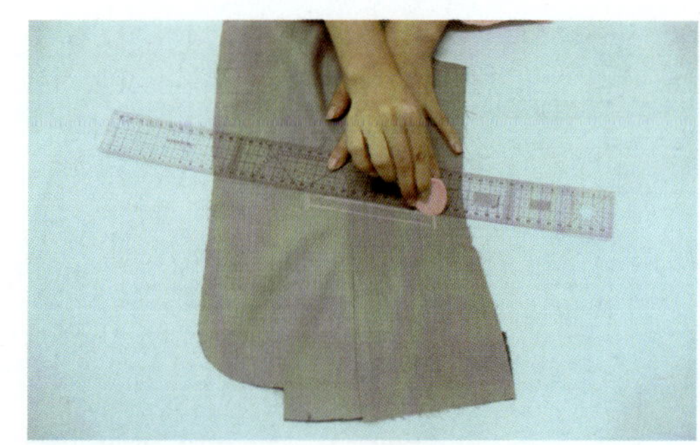

图 5—4—17　定位挖袋

14. 袋口开剪：将嵌线钉缝在袋口位后开剪，袋角开“Y”字形剪口（见图 5—4—18），要求嵌线缝线顺直，两缝线之间宽窄一致，缝线无跳线、浮线，起落针回针固定。

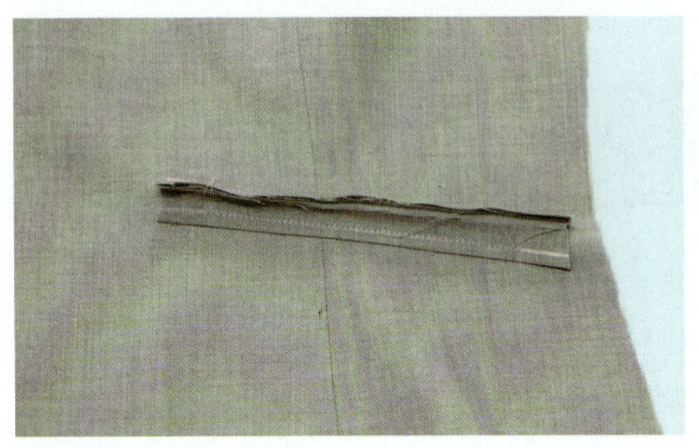

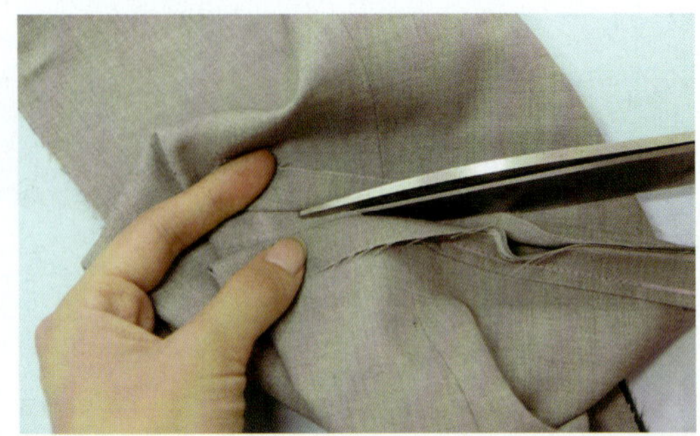

图 5—4—18 袋口开剪

15. 封三角：嵌线翻正，将嵌线拉平，再将开剪三角拉平，来回三道缝线封三角（见图 5—4—19）。

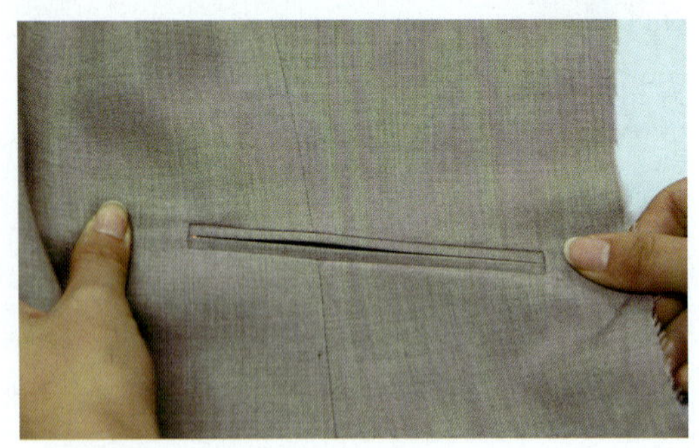

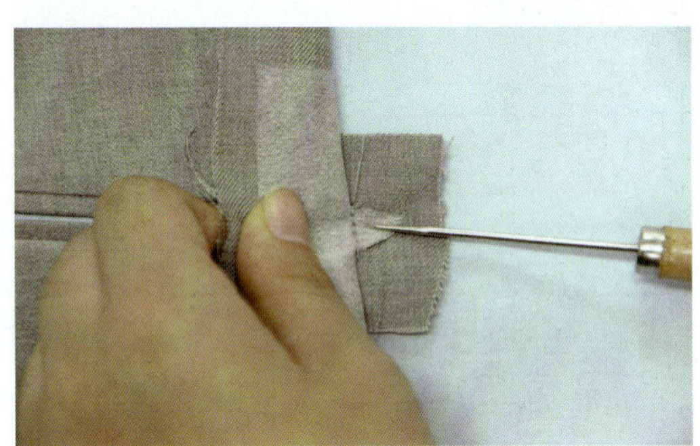

图 5—4—19 封三角

16. 缝袋布：先将嵌线下口 1 cm 拼缝袋布，后将袋盖塞入袋口后与另一块袋布一并拼缝在嵌线上口，要求缝线顺直，不跳线、浮线（见图 5—4—20）。

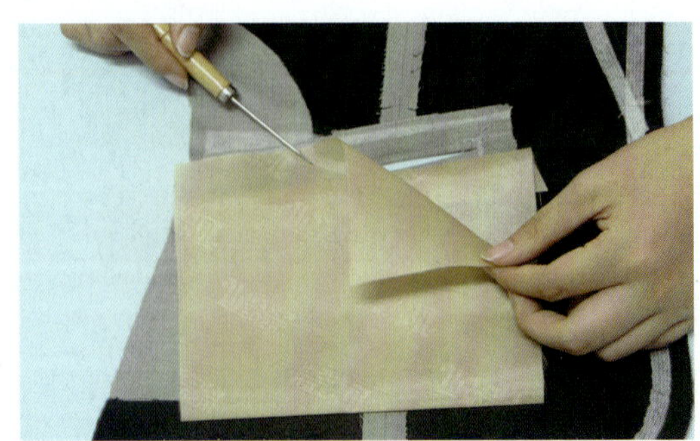

图 5—4—20 缝袋布

17. 兜缝袋布：将袋布四周 1 cm 拼缝（见图 5—4—21）。

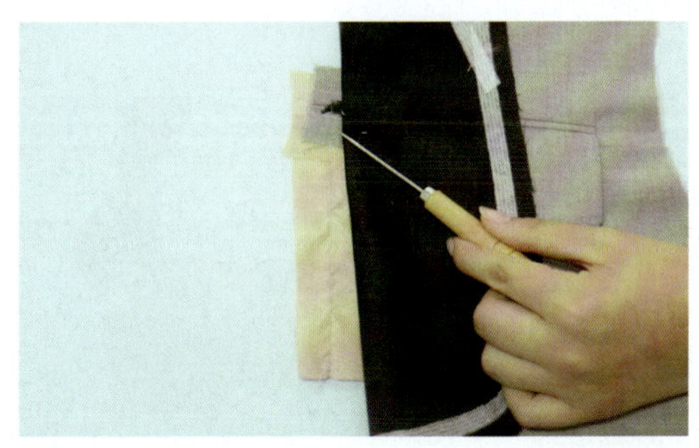
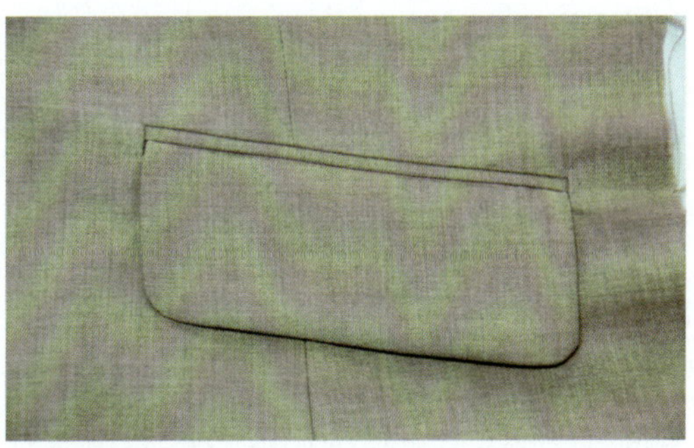

图 5—4—21　兜缝袋布

18. 缝里布省道：划出前片里布省道位，按划线车缝，起落针回针固定，要求缝线顺直，无跳线、浮线（见图 5—4—22）。

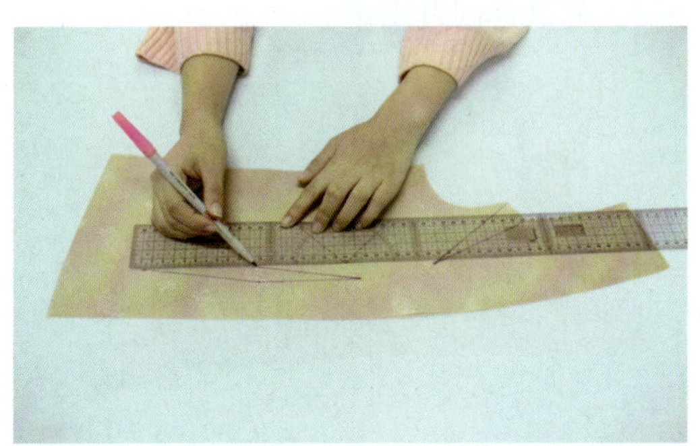
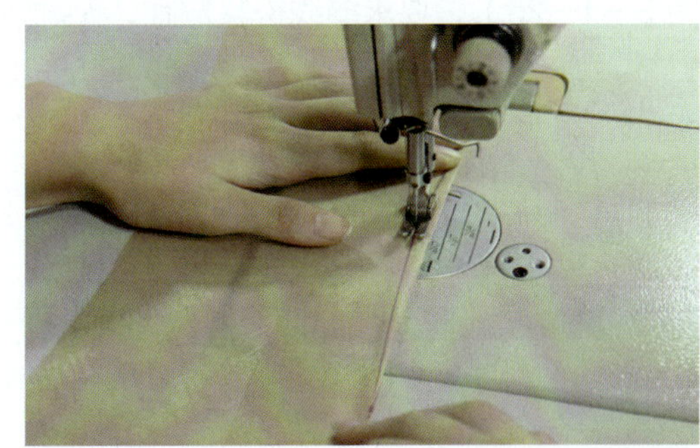

图 5—4—22　缝里布省道

19. 拼后衣片里布与后中：将里布与后中按 1 cm 拼缝，要求缝线顺直，无跳线、浮线，起落针回针固定（见图 5—4—23）。

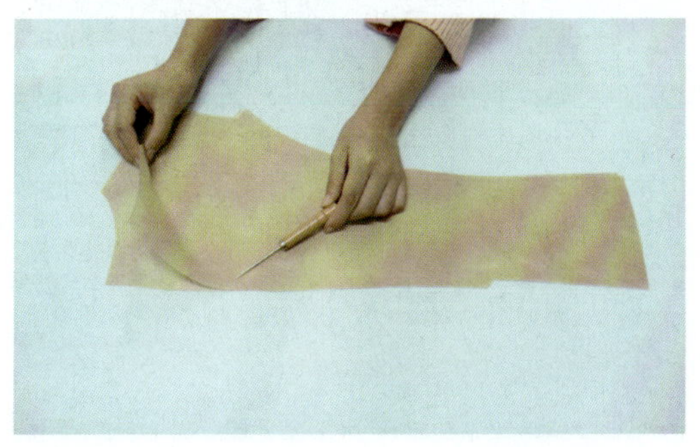
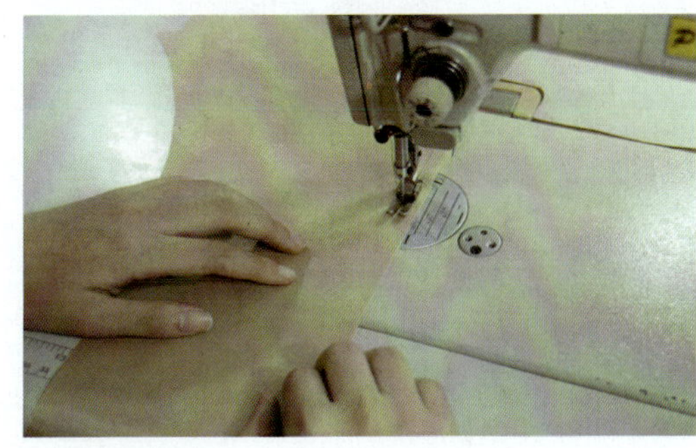

图 5—4—23　拼后衣片里布后中

20. 熨烫里布：将前片省道倒烫，后中缝份倒向左片熨烫，注意熨烫要烫煞（见图 5—4—24）。

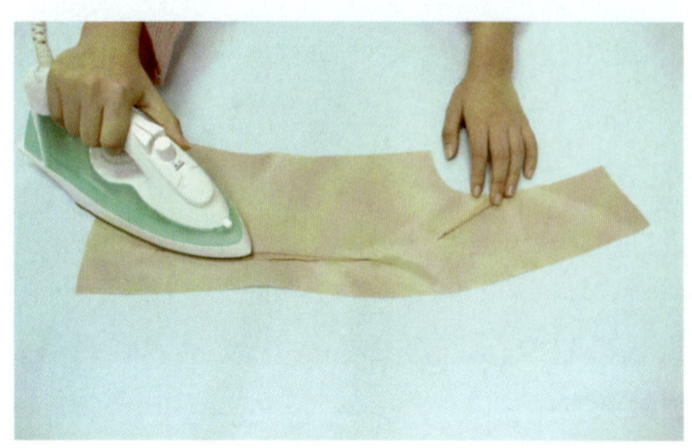
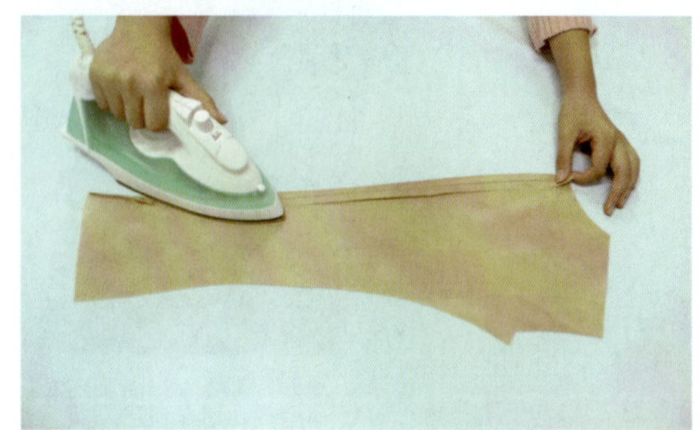

图 5—4—24 熨烫里布

21. 拼前片里布：将挂面粘衬，划出净样，再将缝份修剪成 1 cm，与里布 1 cm 拼缝（见图 5—4—25），要求缝线松紧适宜，无跳线、浮线，起落针回针固定。

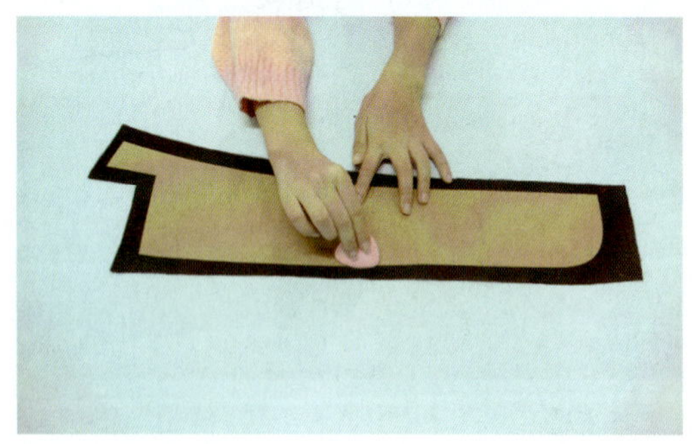
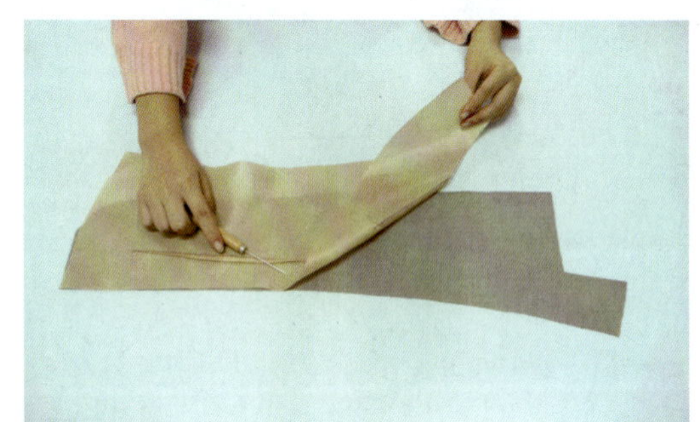

图 5—4—25 拼前片里布

22. 拼后侧片里布：将后侧片里布与后衣片里布 1 cm 拼合（见图 5—4—26）。

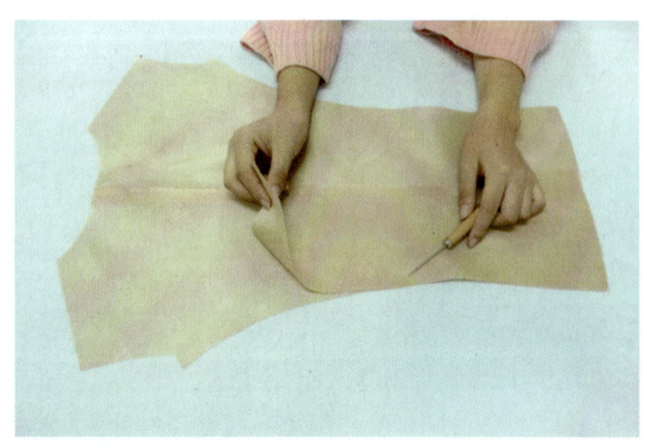
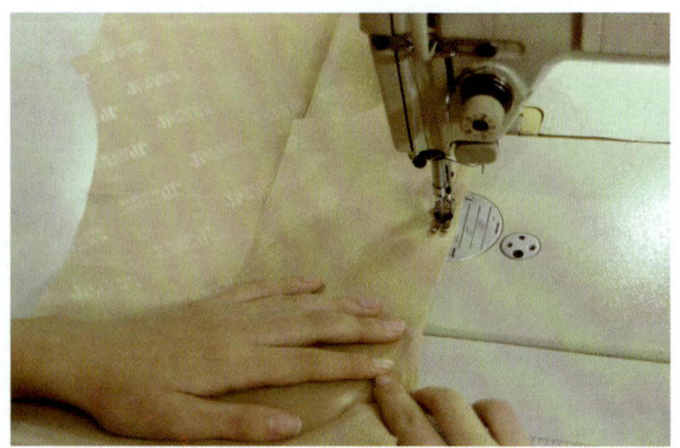

图 5—4—26 拼后侧片里布

23. 烫里布：将里布后侧缝向后中倒烫 1.3 cm，烫出座势，同时将前片挂面缝份烫平（见图 5—4—27）。

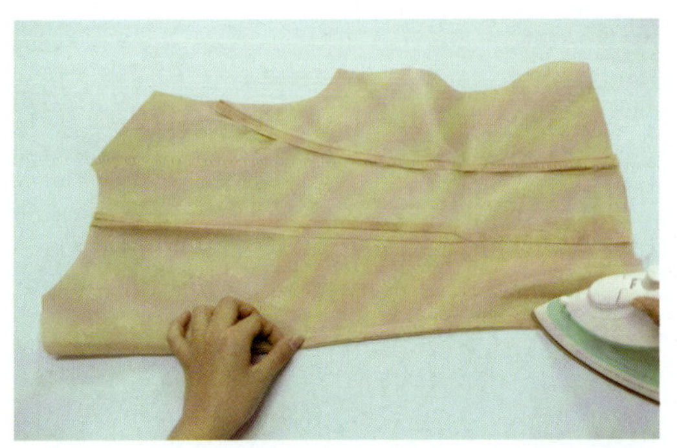
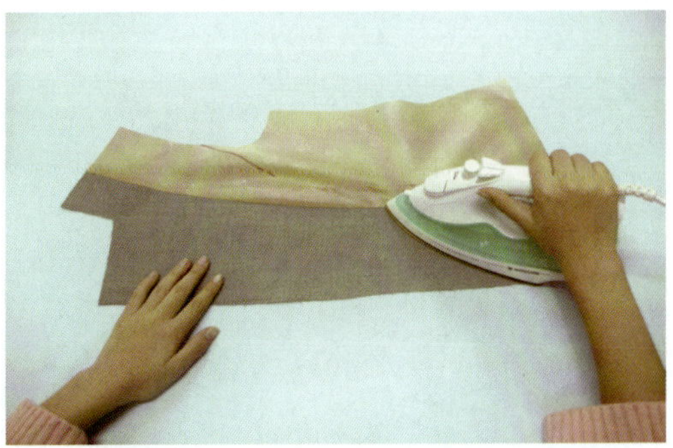

图 5—4—27　烫里布

24. 合挂面：将前衣片与挂面从装领点起至底边 1 cm 拼合，以翻驳点为中点，上段驳头部位将挂面吃进容量，下段衣身止口部位衣身吃进容量（见图 5—4—28）。

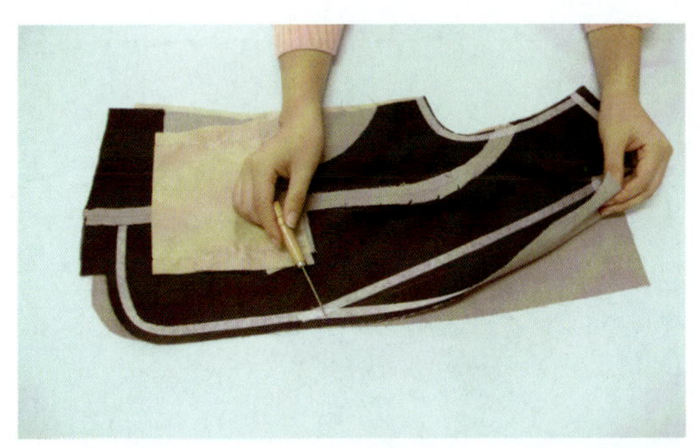
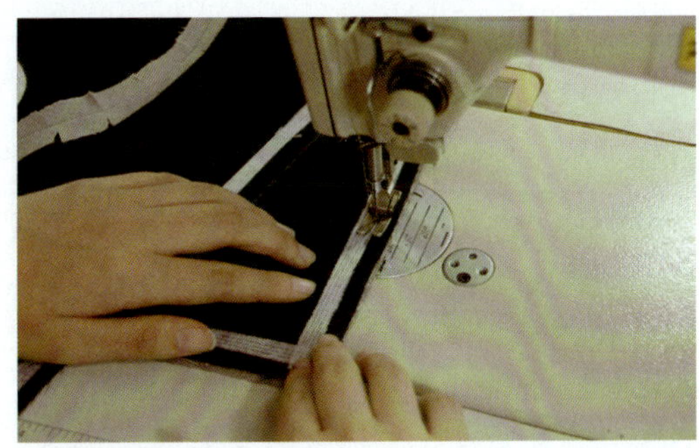

图 5—4—28　合挂面

25. 修剪止口：将门襟止口修剪成高低缝（见图 5—4—29）。

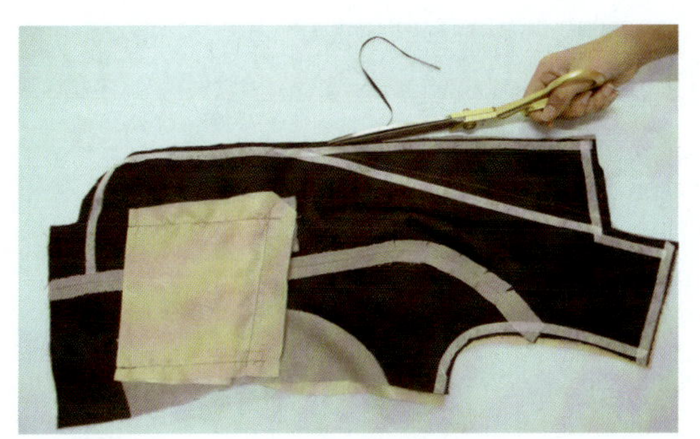

图 5—4—29　修剪止口

26. 熨烫前衣片：将前衣片翻正，熨烫门襟止口，将门襟止口烫出里外匀，以翻驳点为中心，驳头处挂面多出，衣身止口处大身多出，无误后修剪里布缝份（见图 5—4—30）。

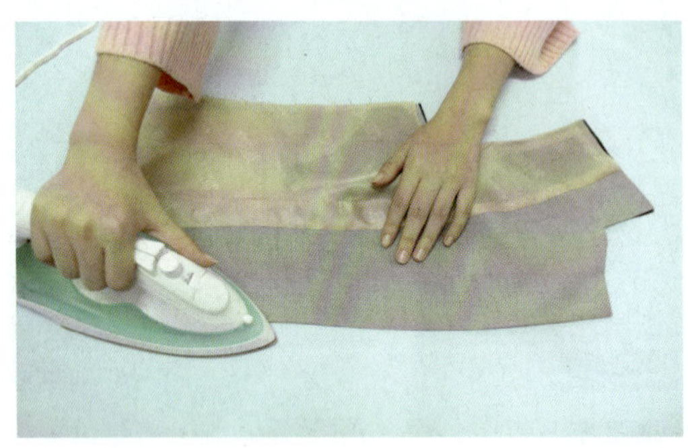

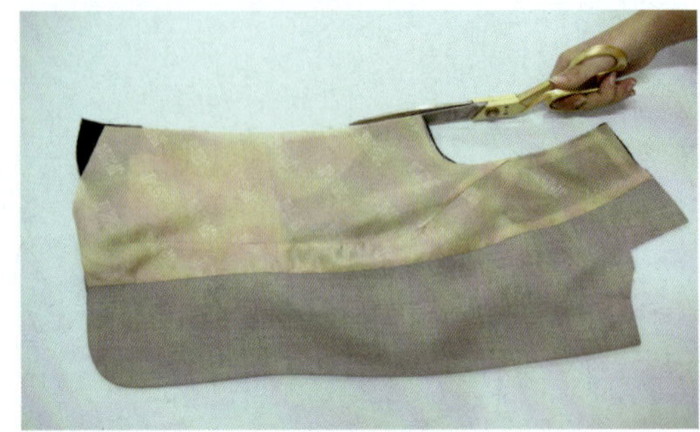

图 5—4—30　熨烫前衣片

27. 合侧缝：将前后衣片面面相对侧缝 1 cm 拼合（见图 5—4—31），要求缝线顺直，无跳线、浮线。

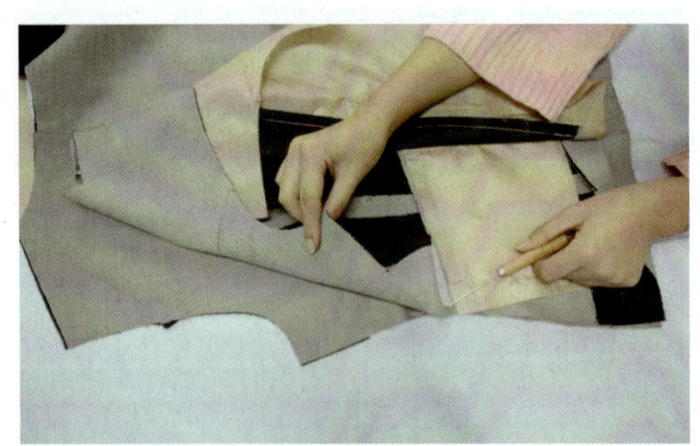

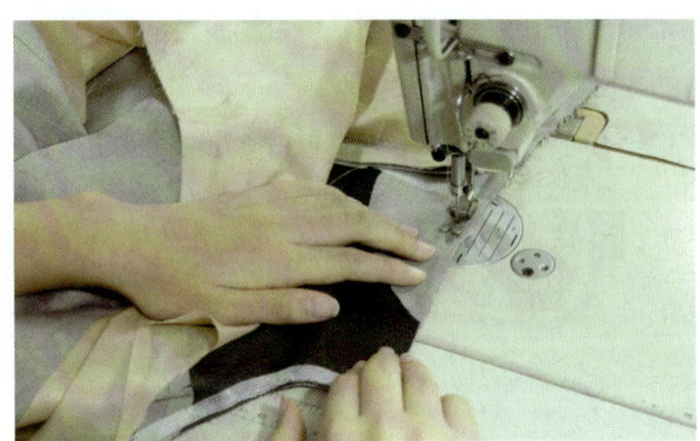

图 5—4—31　合侧缝

28. 合里布侧缝：将前后衣片里布面面相对侧缝 1 cm 缝合（见图 5—4—32）。

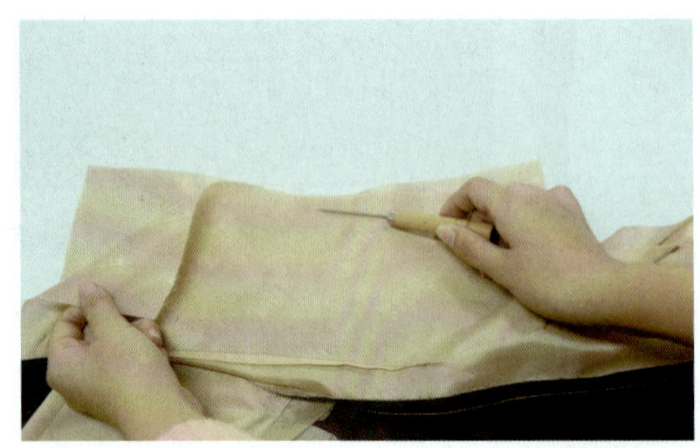

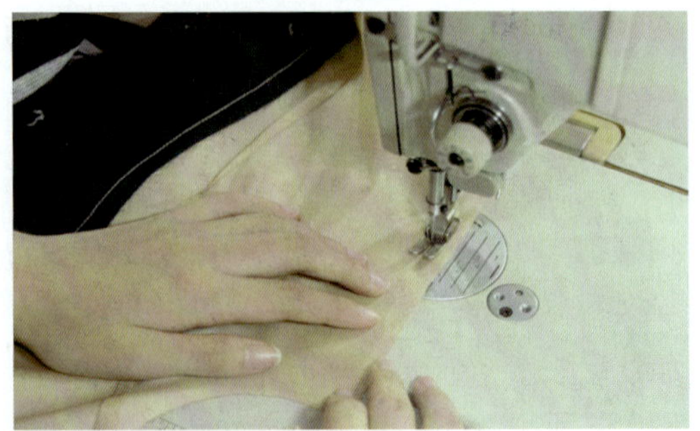

图 5—4—32　合里布侧缝

29. 烫侧缝：将衣身侧缝分烫，里布侧缝倒烫 1.3 cm，烫出座势，注意熨烫要烫平、烫煞（见图 5—4—33）。

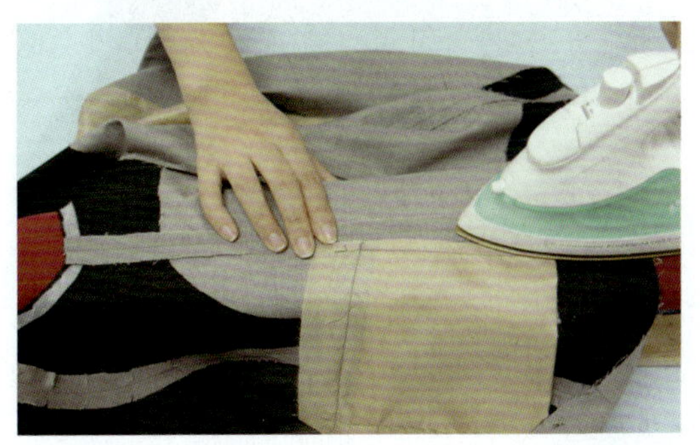
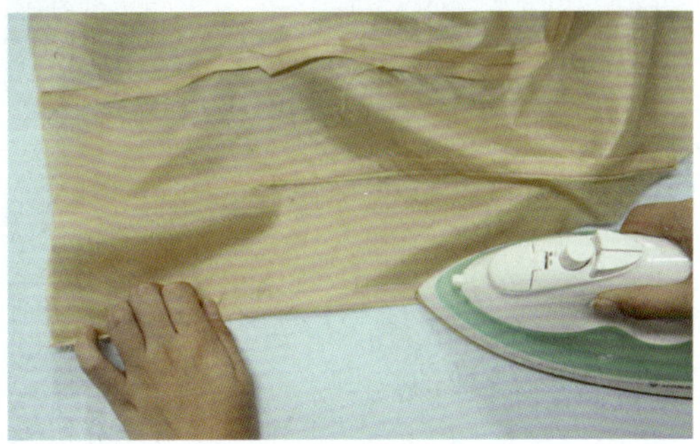

图 5—4—33　烫侧缝

30. 合肩缝：将前后衣片面料正面相对，1 cm 拼合后分烫（见图 5—4—34），要求缝线顺直，无跳线、浮线，熨烫平整，烫煞。

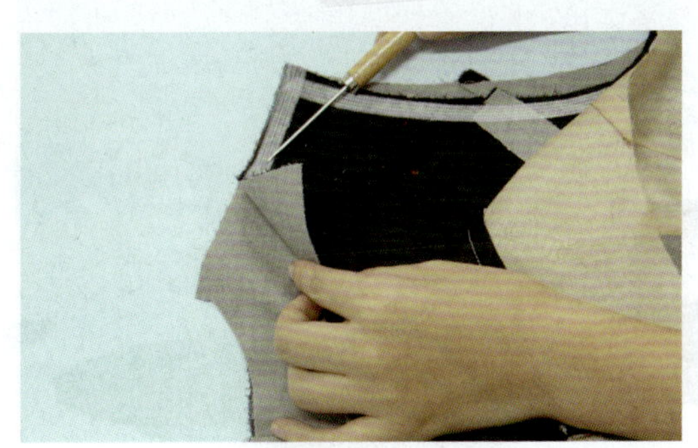
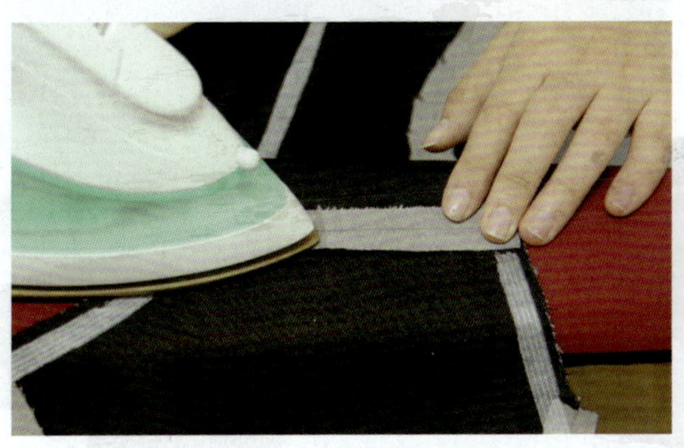

图 5—4—34　合肩缝

31. 合里布肩缝：将里布肩缝 1 cm 拼合，缝份倒向后片熨烫（见图 5—4—35）。

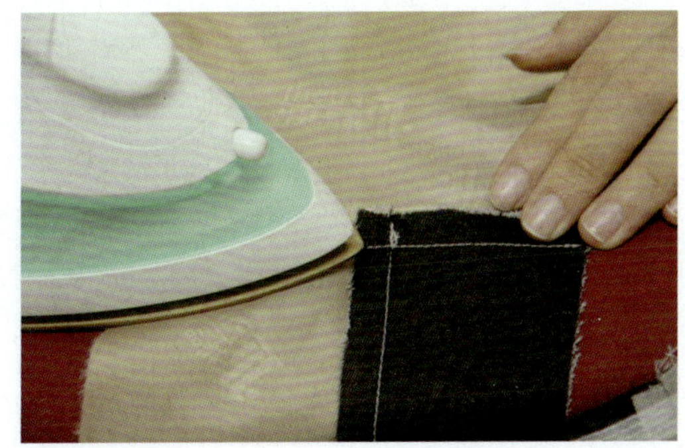

图 5—4—35　合里布肩缝

32. 烫底边：底边折烫 4 cm，将里布底边与面布底边对齐（见图 5—4—36）。

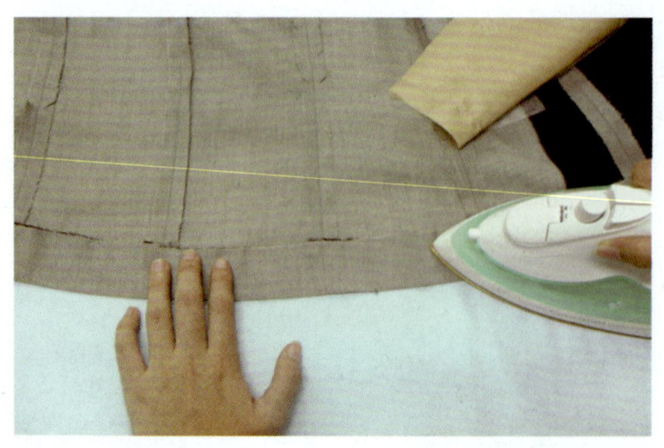
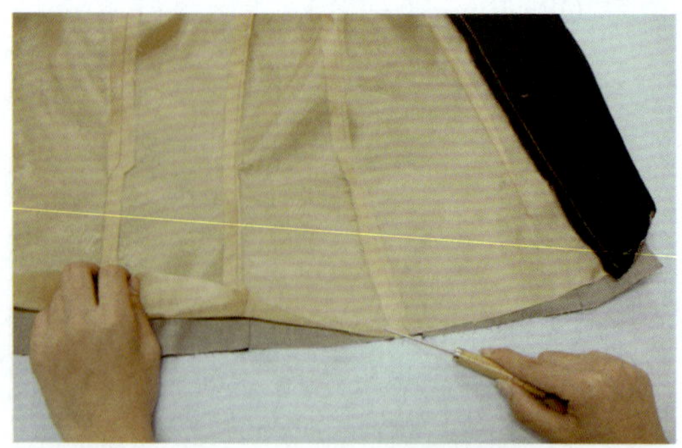

图 5—4—36 烫底边

33. 合底边：将底边 1 cm 拼合，里布上、面布下，要求缝线顺直，无跳线、浮线，之后手工三角针缲缝（见图 5—4—37）。

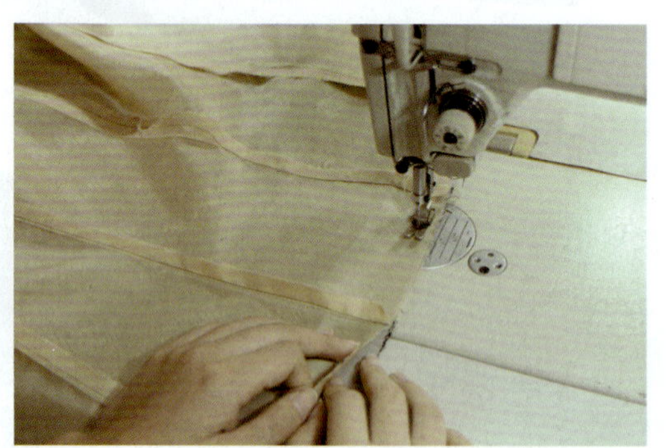

图 5—4—37 合底边

34. 烫底边：将衣身翻正，底边里布烫出座势（见图 5—4—38）。

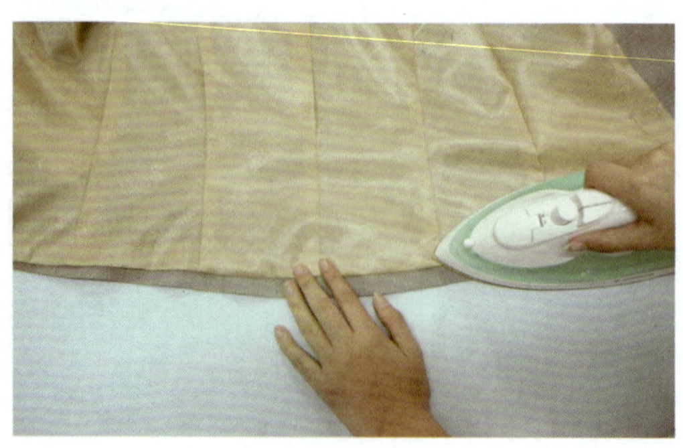
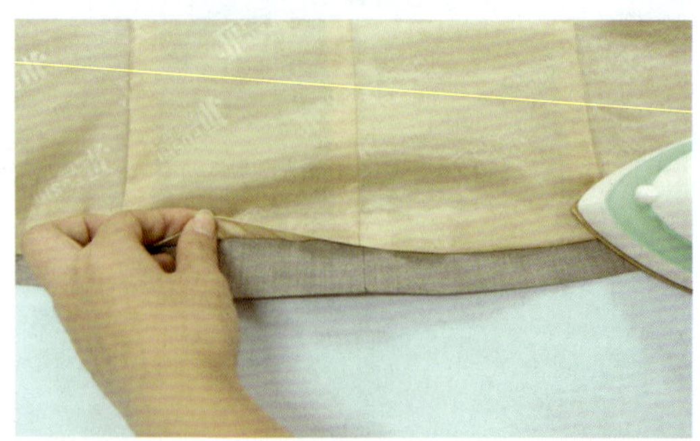

图 5—4—38 烫底边

35. 领子粘衬：将领面、领底粘衬，要求粘衬平整、无起泡（见图 5—4—39）。

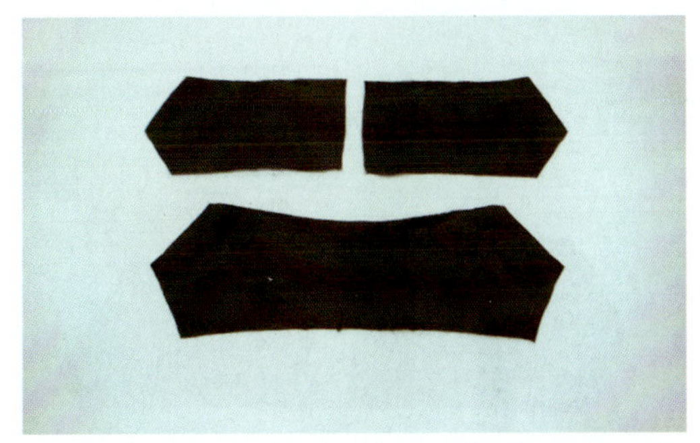
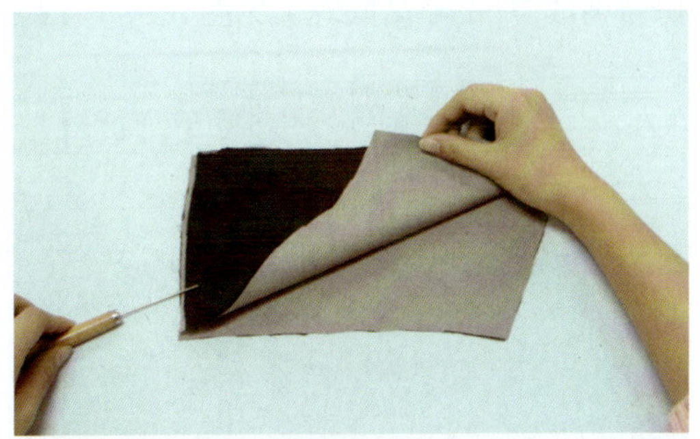

图 5—4—39　领子粘衬

36. 拼领底：将领底面面相对，1 cm 拼合后分烫（见图 5—4—40）。

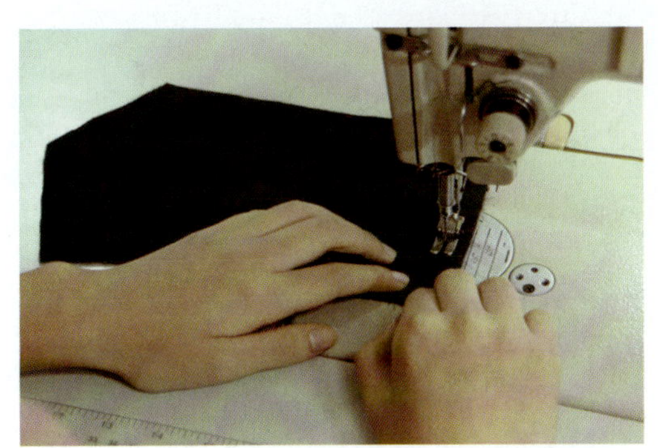
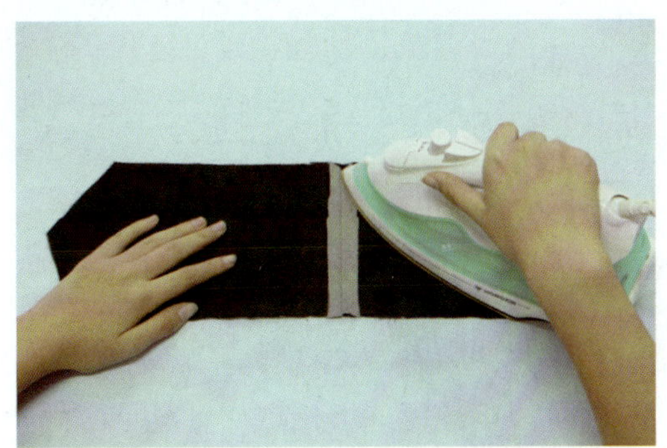

图 5—4—40　拼领底

37. 划领净样：在领底上划出领子净样（见图 5—4—41）。

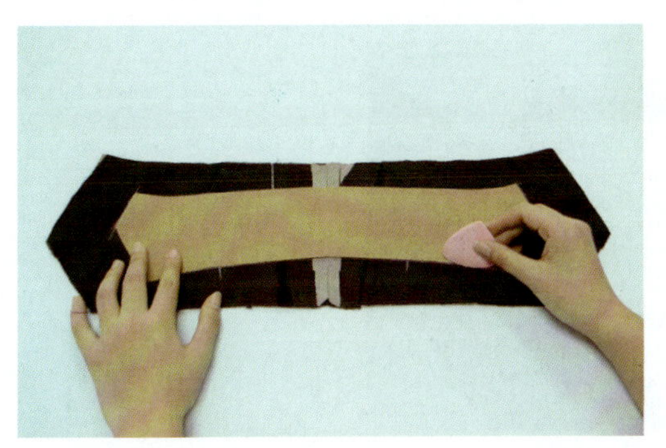
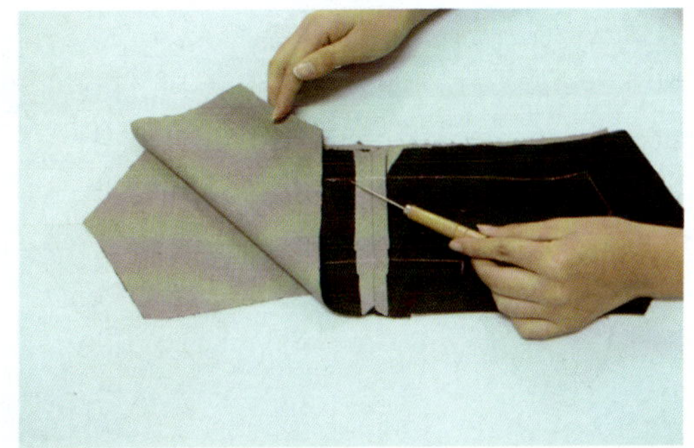

图 5—4—41　划领净样

38. 拼领子：领底在上，领面在下，面面相对，按净样拼合领子外领口，将外领口缝份修剪成 0.6 cm 高低缝（见图 5—4—42）。

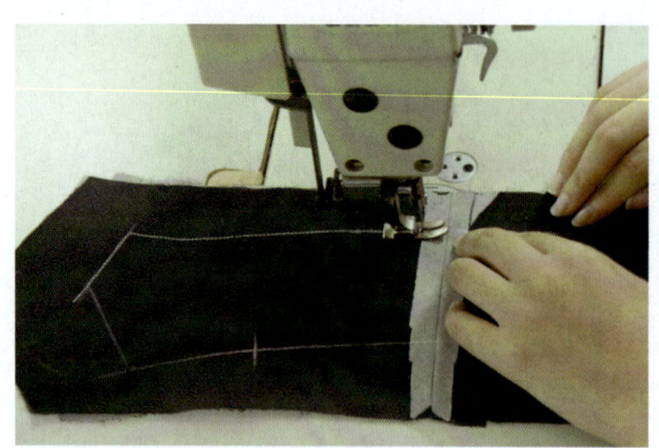
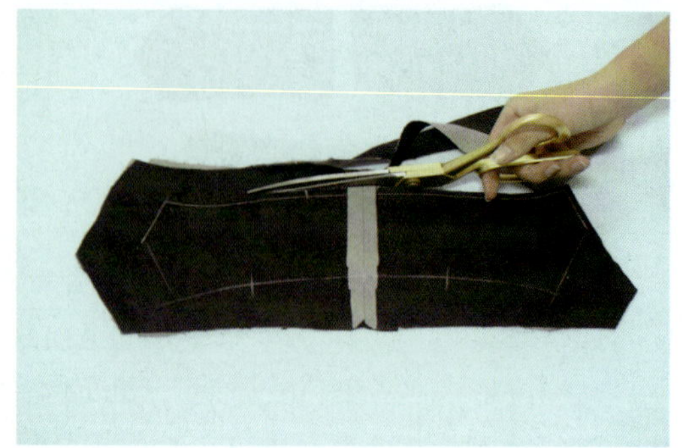

图 5—4—42　拼领子

39. 烫领子：领子翻正，将领底修剪成 1 cm 缝份，要求领子左右对称（见图 5—4—43）。

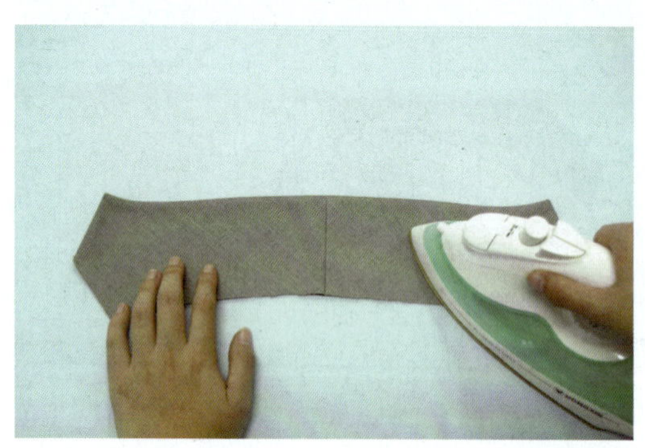
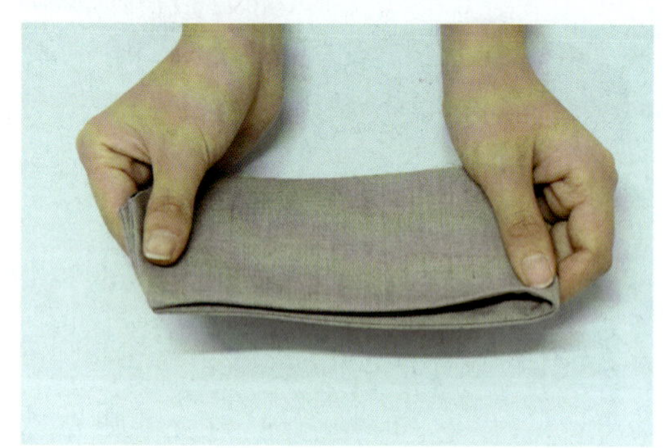

图 5—4—43　烫领子

40. 装领标记：划出装领三眼刀标记，即左、右肩颈点和后领中点（见图 5—4—44）。

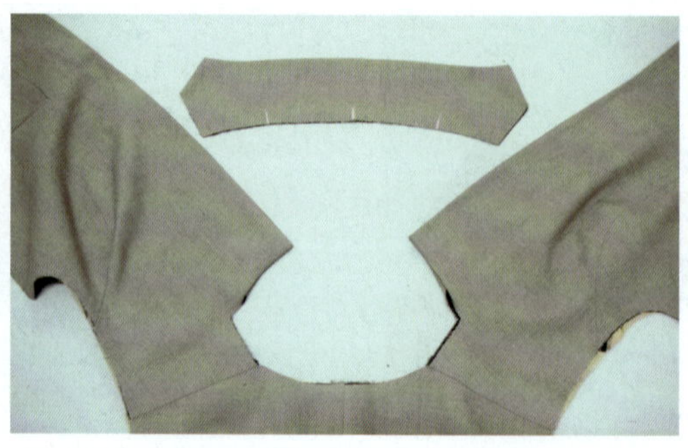

图 5—4—44　装领标记

41. 装领：将领面、领底分别与衣身面里布 1 cm 拼合，拼合时从衣身装领点起，在衣身领圈转角处开剪口（见图 5—4—45）。要求缝线顺直，无跳线、浮线，剪口不能剪毛剪漏，起落针回针固定。

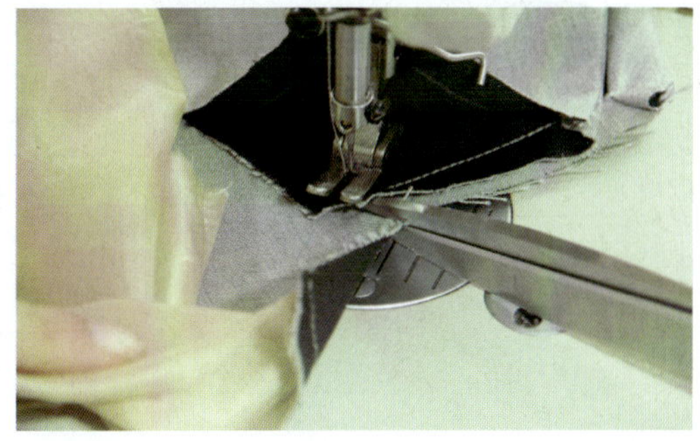

图 5—4—45　装领

42. 分烫领圈：将面、里领口开剪口，缝份分烫（见图 5—4—46）。

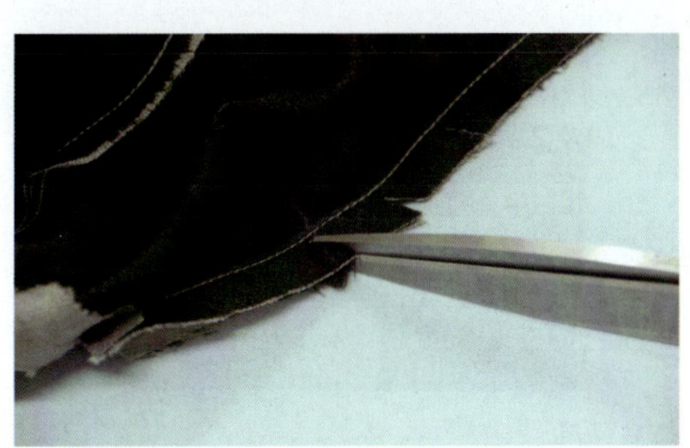

图 5—4—46　分烫领圈

43. 合领圈：将面里领圈用手缝针采用倒钩针针法缝合（见图 5—4—47）。

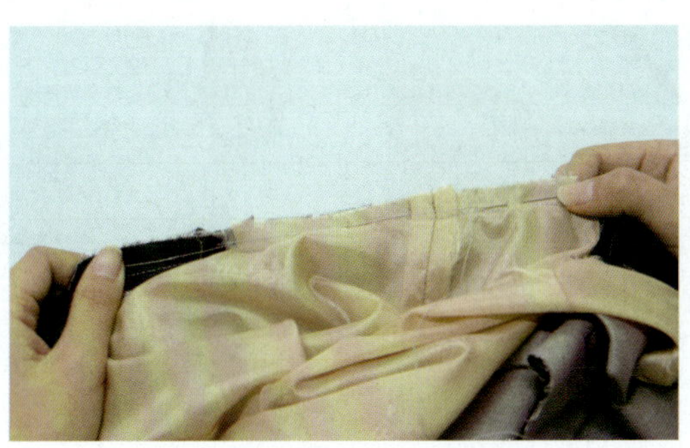

图 5—4—47　合领圈

44. 袖衩粘衬：将大小袖片袖衩处粘衬，要求粘衬无起泡（见图 5—4—48）。

图 5—4—48　袖衩粘衬

45. 拼后袖缝：将后袖缝按 1 cm 拼合，袖衩处沿袖衩净样拼合（见图 5—4—49），要求缝线顺直，无跳线、浮线，起落针回针固定。

图 5—4—49　拼后袖缝

46. 分烫后袖缝：在小袖片袖衩处开剪，并将后袖缝分烫，要烫平、烫煞（见图 5—4—50）。

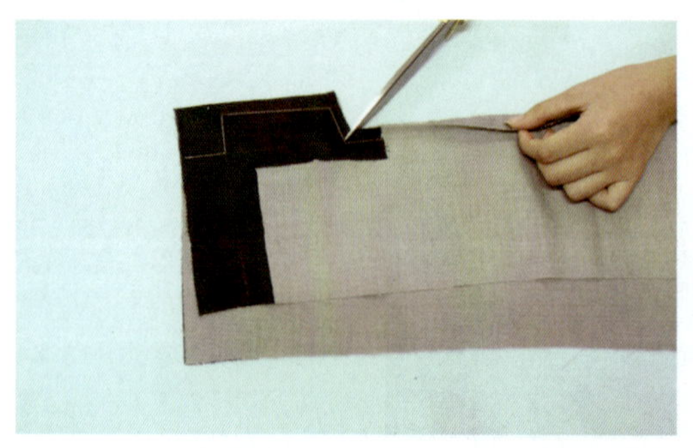
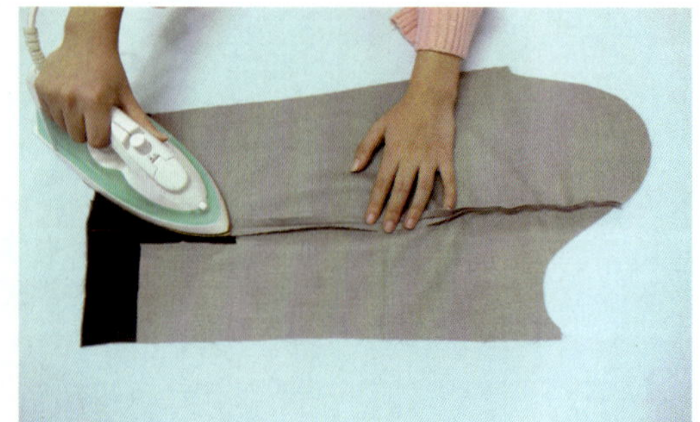

图 5—4—50　分烫后袖缝

47. 烫袖口：将袖衩袖口处缝份修剪成 1 cm，沿袖口折烫（见图 5—4—51）。

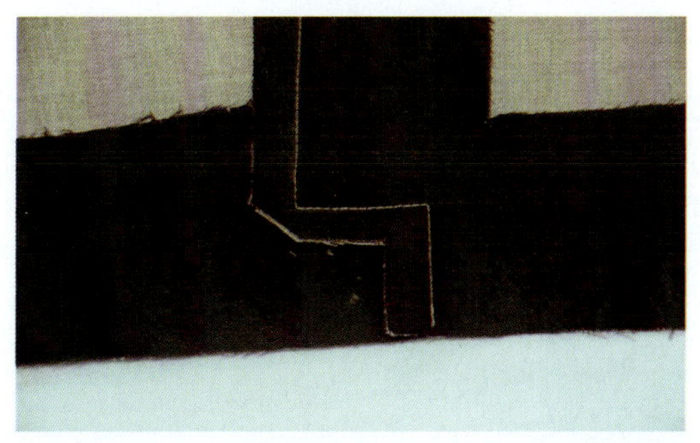

图 5—4—51　烫袖口

48. 拼前袖缝：将袖片前袖缝 1 cm 拼合（见图 5—4—52），要求缝线顺直，无跳线、浮线，起落针回针固定。

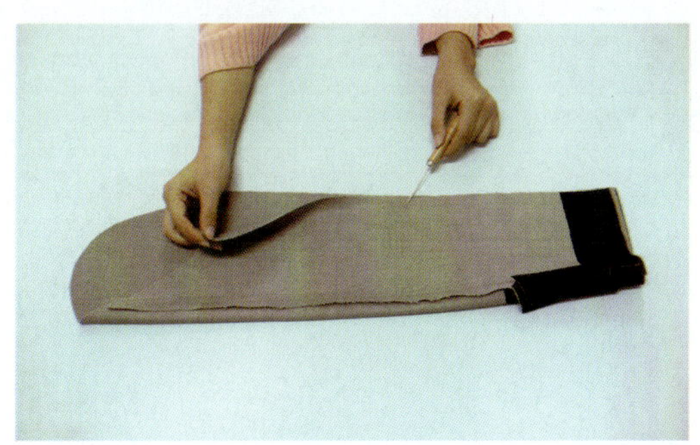

图 5—4—52　拼前袖缝

49. 分烫前袖缝：将前袖缝分烫（见图 5—4—53）。

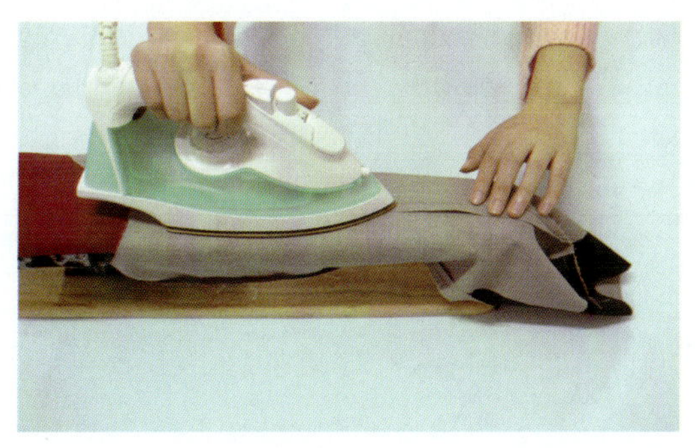

图 5—4—53　分烫前袖缝

50. 拼袖里布后袖缝：将袖里布后袖缝 1 cm 拼缝，起落针回针固定（见图 5—4—54）。

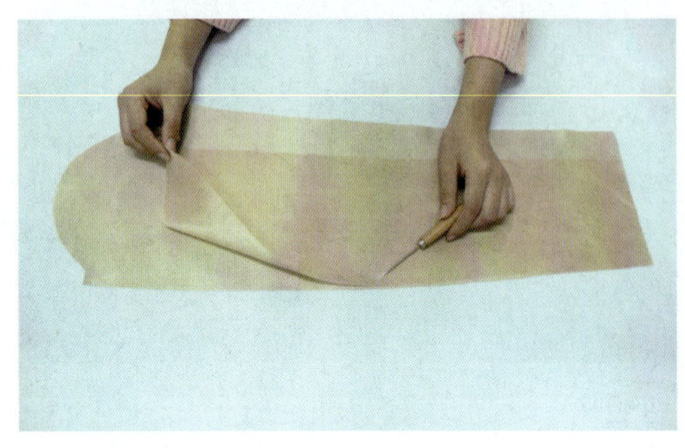
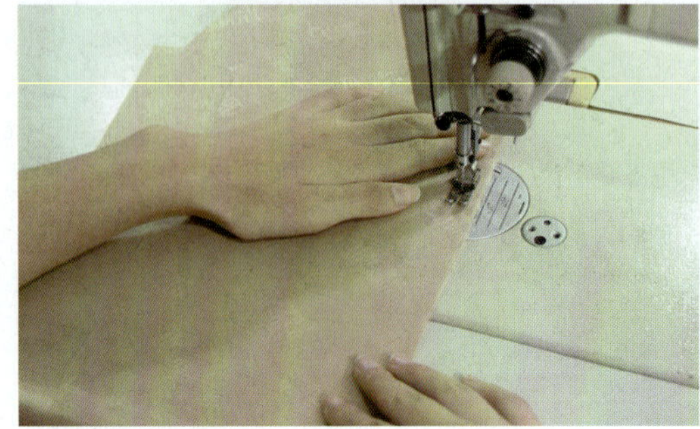

图 5—4—54 拼袖里布后袖缝

51. 拼袖里布前袖缝：将袖里布前袖缝 1 cm 拼缝，在右袖肘处空开 10 cm 不拼合，起落针回针固定（见图 5—4—55）。

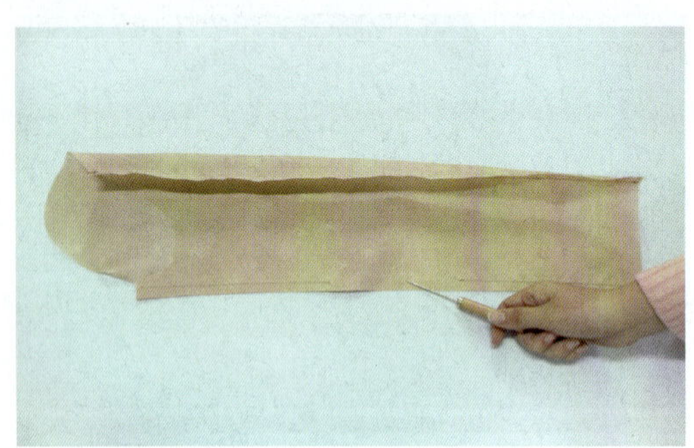
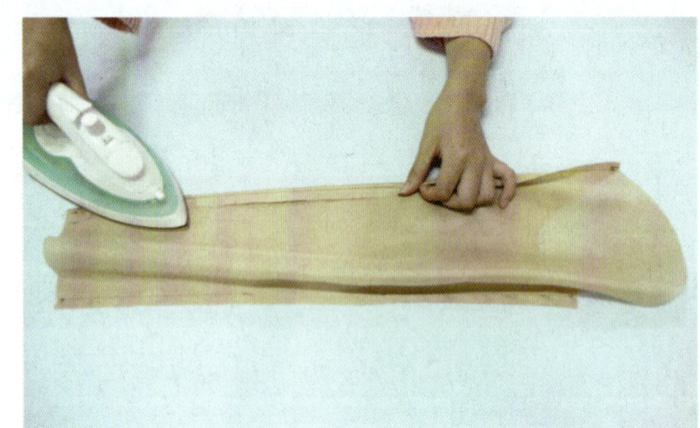

图 5—4—55 拼袖里布前袖缝

52. 袖子面、里对位：将相应的袖子面放进袖里布，面里正面相对，袖口对齐（见图 5—4—56）。

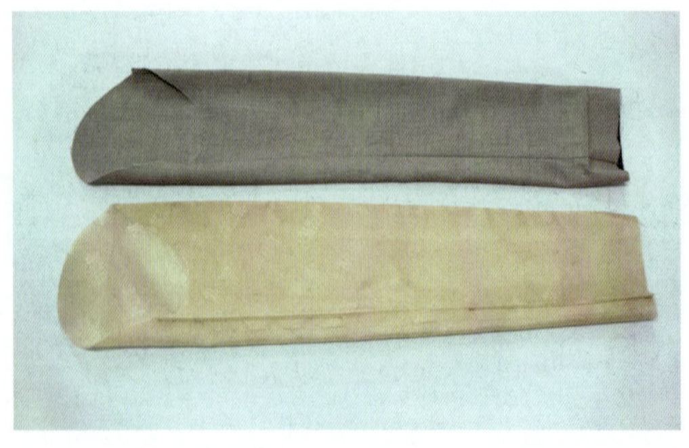
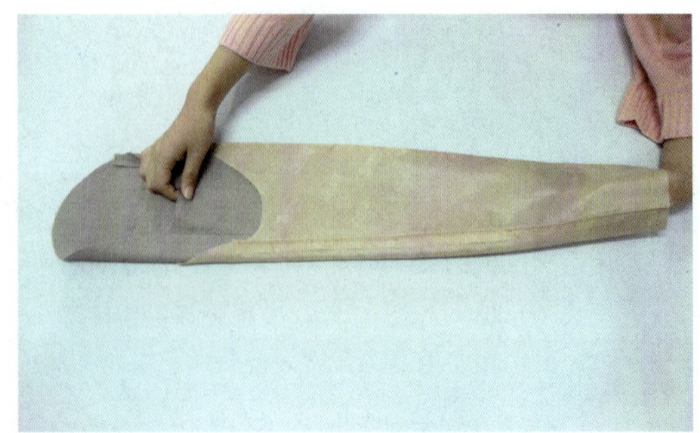

图 5—4—56 袖子面、里对位

53. 合袖口：袖口 1 cm 拼合，要求缝线顺直，无跳线、浮线（见图 5—4—57）。

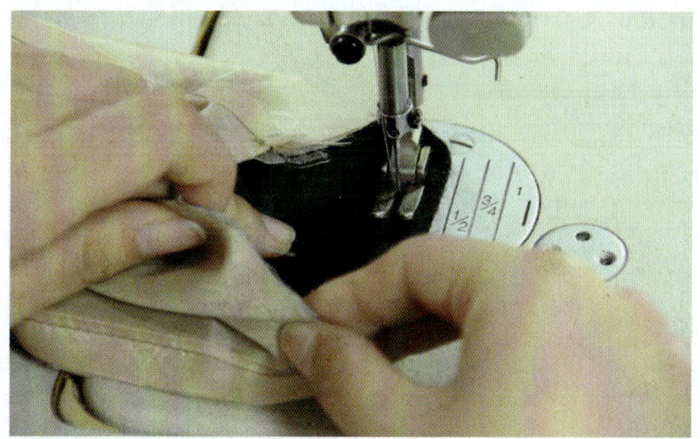

图 5—4—57　合袖口

54. 烫袖口：将袖口手工三角针缲缝，并翻正袖子，袖口里布烫出座势（见图 5—4—58）。

图 5—4—58　烫袖口

55. 抽袖山：将袖山距缝份 0.7 cm 处以 0.4 cm 针距手针抽袖山，收紧袖山，使袖山长度与袖窿长度相等（见图 5—4—59）。

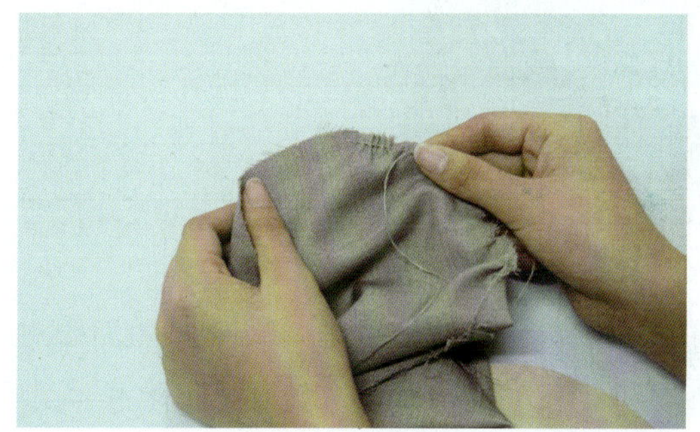
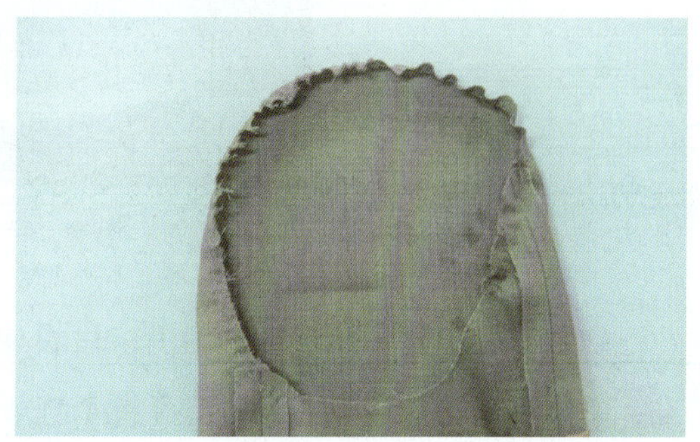

图 5—4—59　抽袖山

56. 装袖：将抽好袖山的袖子 1 cm 拼缝在袖窿上，装袖刀眼要对齐，缝线要圆顺，无跳线、浮线，装袖时袖子在上衣身在下（见图 5—4—60）。

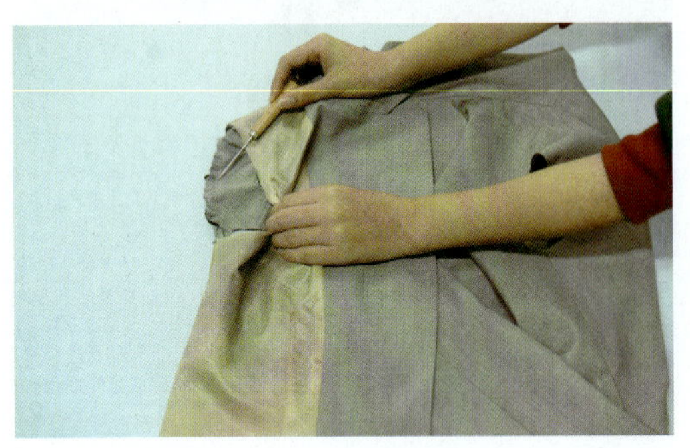

图 5—4—60　装袖

57. 装袖棉：手针将袖棉缝在袖山处，松紧适度（见图 5—4—61）。

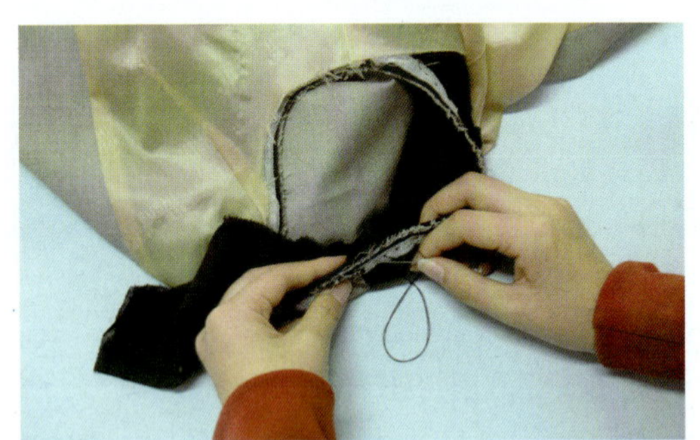

图 5—4—61　装袖棉

58. 装肩棉：将肩棉缝在衣身肩部（见图 5—4—62）。

图 5—4—62　装肩棉

59. 装袖里布：将里布抽袖山，与衣身里布面面相对，1 cm 装袖里布，装袖里刀眼对准，并将袖里布肩缝与衣身肩缝手针牵缝或用布条牵住，使面里服帖不散开（见图 5—4—63）。

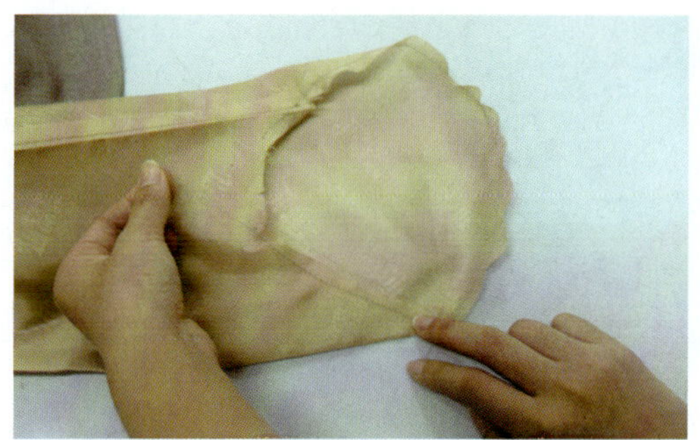
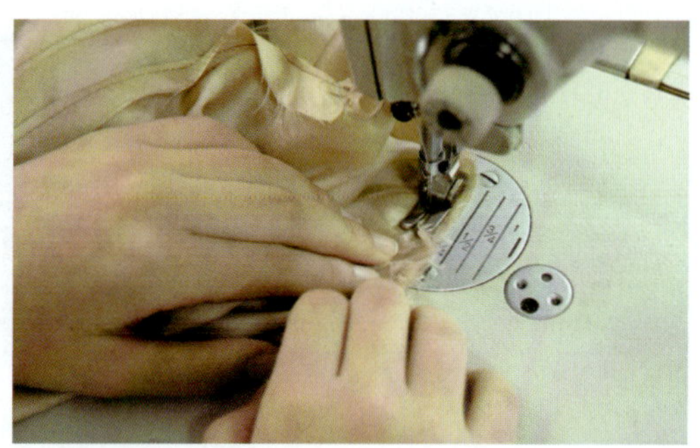

图 5—4—63 装袖里布

60. 袖底封口：将衣身从右袖前袖缝预留 10 cm 口处翻出，0.1 cm 明线缝合前袖缝预留口（见图 5—4—64）。

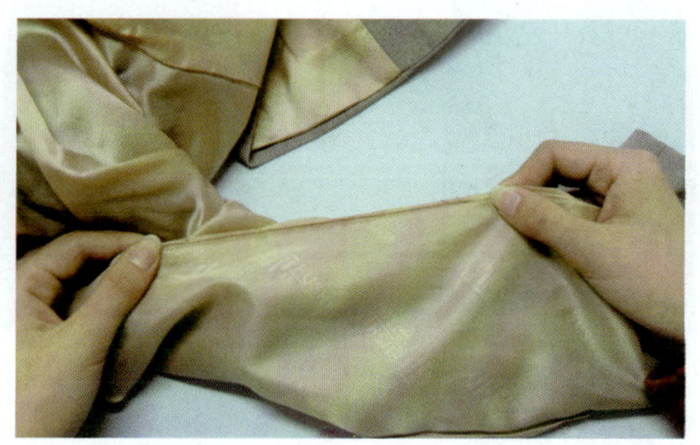

图 5—4—64 袖底封口

61. 锁眼、钉扣：将衣片、袖衩锁圆头扣眼，并钉纽扣（见图 5—4—65）。

图 5—4—65 锁眼、钉扣

62. 整烫：将做好的女西服进行全面整烫，注意控温，不能烫黄、烫焦（见图 5—4—66）。

图 5—4—66 整烫

女西服成品如图 5—4—67 所示。

图 5—4—67 女西服成品图

操作提示

◆粘衬的部位有前衣片、前侧片、后衣片、后侧片、袖衩、袋盖、嵌线，粘衬时要注意粘衬平整，无起泡现象。

◆本款女西服袖衩为假袖衩，假袖衩制作平整，锁眼钉扣平服。

◆衣身驳头处缝制时，驳角止口要吃进容量，否则成衣驳头不服帖。

◆西服领领底采用两块 45° 角斜丝制作，装领时从衣身驳头装领点起，采用分领装配，领底在装领点处躲进半针装配，这样领子可以保证平服，领角要有窝势，成衣可服帖。

◆袖子为两片袖，装袖服帖，袖山吃势均匀准确。

◆门、里襟长短一致，不外翘。

◆锁眼钉扣要准确。

◆产品要求整洁，无线头、无极光。

五、学习评价

序号	项目	质量要求	分值	自评	小组互评	教师评价	小计
1	规格	各部位规格尺寸不超极限标准	10				
2	衣身	衣身平整，无不良皱褶，挖袋左右对称，嵌线宽窄一致，底边不起吊，门襟止口顺直，不扭曲，无极光、烫黄	15				
3	袖子	左右袖子长短一致，袖衩平整，袖山吃势均匀，袖口钉缝松紧适度	10				
4	领子	领子平整，左右对称，驳头左右对称	10				
5	里布	里布有座势，松紧适度	5				
合计							

第五节　男西服缝制工艺

在中国，人们把有翻领和驳头、三个衣兜、衣长在臀围线以下的上衣称作“西服”（见图5—5—1）。西服在男性服装中一直占据重要地位，其主要特点是外观挺括、线条流畅、穿着舒适，若配上领带或领结，则更能使穿着者显得气质高雅、文质彬彬。

图 5—5—1　男西服

男西服所适用的面料较广，但一般要选择吸湿透气的面料，以全毛料为上品，常选用华达呢、哔叽、啥味呢等。

下面根据男西服服装样衣工艺通知单（见表5—5—1）的要求，依据款式图，采用M号规格绘制裁剪结构图，并在结构图基础上进行放缝并制作出裁剪样板，在合适的面料上进行排料、裁剪及制作，完成男西服缝制。

表 5—5—1　男西服服装样衣工艺通知单

品牌：XXX　纸样编号：XXXXXX
款号：XXXXXX　下单日期：XXXX.XX.XX
名称：男西服　完成日期：XXXX.XX.XX

款式图：

系列规格表（5 · 4）　单位：cm

部位	规格	165/84A	170/88A	175/92A	档差	公差
		S	M	L		
1	后中长	70	72	74	2	±1
2	胸围	102	106	110	4	±1
3	肩宽	44.8	46	47.2	1.2	不允许
4	袖长	58.5	60	61.5	1.5	±1
5	袖口	27	28	29	1	±0.2

款式概述：

X 型腰身，三开身，收腰省，翻驳领，前衣片左胸前一手巾袋，前身两个有袋盖挖袋，两片式圆装袖，做活袖衩，里怀袋一个，做夹里，门襟钉 3 粒纽扣，左右袖衩各钉 3 粒装饰扣，肩部装肩棉，袖窿处钉袖棉

面料：面——啥味呢
　　　里——舒美绸
成分：毛 100%，涤 100%
组织：斜纹组织
幅宽：144 cm

辅料：
有纺粘合衬、树脂衬、纽扣、配色线、商标、洗水唛

工艺要求：

1. 前身：前衣片袋位准确，手巾袋宽 2.5 cm 长 10.5 cm，大袋长 15 cm，袋盖宽 5.5 cm，门襟锁圆眼，钉 3 粒纽扣，收腰省，驳头贴身，止口不外翘，左右对称
2. 后身：后衣片刀背分割
3. 袖子：两片圆装袖，1 cm 装袖，袖口开活衩，高 10.5 cm，宽 2.5 cm，左右各钉 3 粒装饰扣，要做出袖子“三势”
4. 领子：领角左右对称，贴身不反翘，领底呢三角针固定，针距 0.4 cm，装领三眼刀对准
5. 商标：位置端正，号型标志清晰
6. 整烫：各部位熨烫到位，平服，无亮光、水花、污迹，底边平直无起浪现象
7. 针迹：明线 14 针 /3 cm，缝线顺直，无跳针、浮线、断线现象

工艺编制：　　　　工艺审核：　　　　审核日期：

一、规格尺寸（见表 5—5—2）

表 5—5—2 男西服 M 号规格表 单位：cm

号型	部位	后中长	胸围	肩宽	袖长	袖口
170/88A	规格	72	106	46	60	28

二、裁片配置

1. 主要裁片名称

面布包含前衣片、前侧片、后衣片、大袖片、小袖片、挂面、上领面、下领面、手巾袋袋爿、大袋盖面布、嵌线。

里布包含前衣片里布、前侧片里布、后衣片里布、大袖片里布、小袖片里布、大袋布、手巾袋袋布、里怀袋袋布、大袋盖里布。

2. 裁片图（见图 5—5—2）

3. 放缝图（见图 5—5—3）

（1）衣片底边放缝 4 cm，袖口放缝 3.5 cm，其余各边放缝 1 cm。

（2）里布侧缝处放缝 1.3 cm，后片里布后中放缝 2 cm 至腰节处转为 1.3 cm，底边与袖口边不放缝，袖山由袖窿底至袖山顶放缝 3 cm 至 1.5 cm，其余各部位放缝 1 cm。

（3）面料及里布的装袖位做刀眼符号，省道位及袋口位做钻孔符号。

4. 排料图（见图 5—5—4）

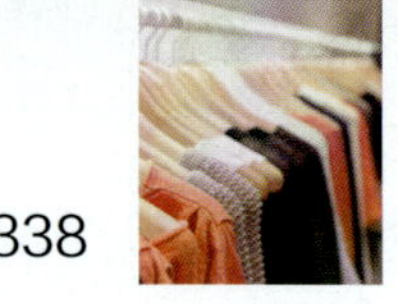

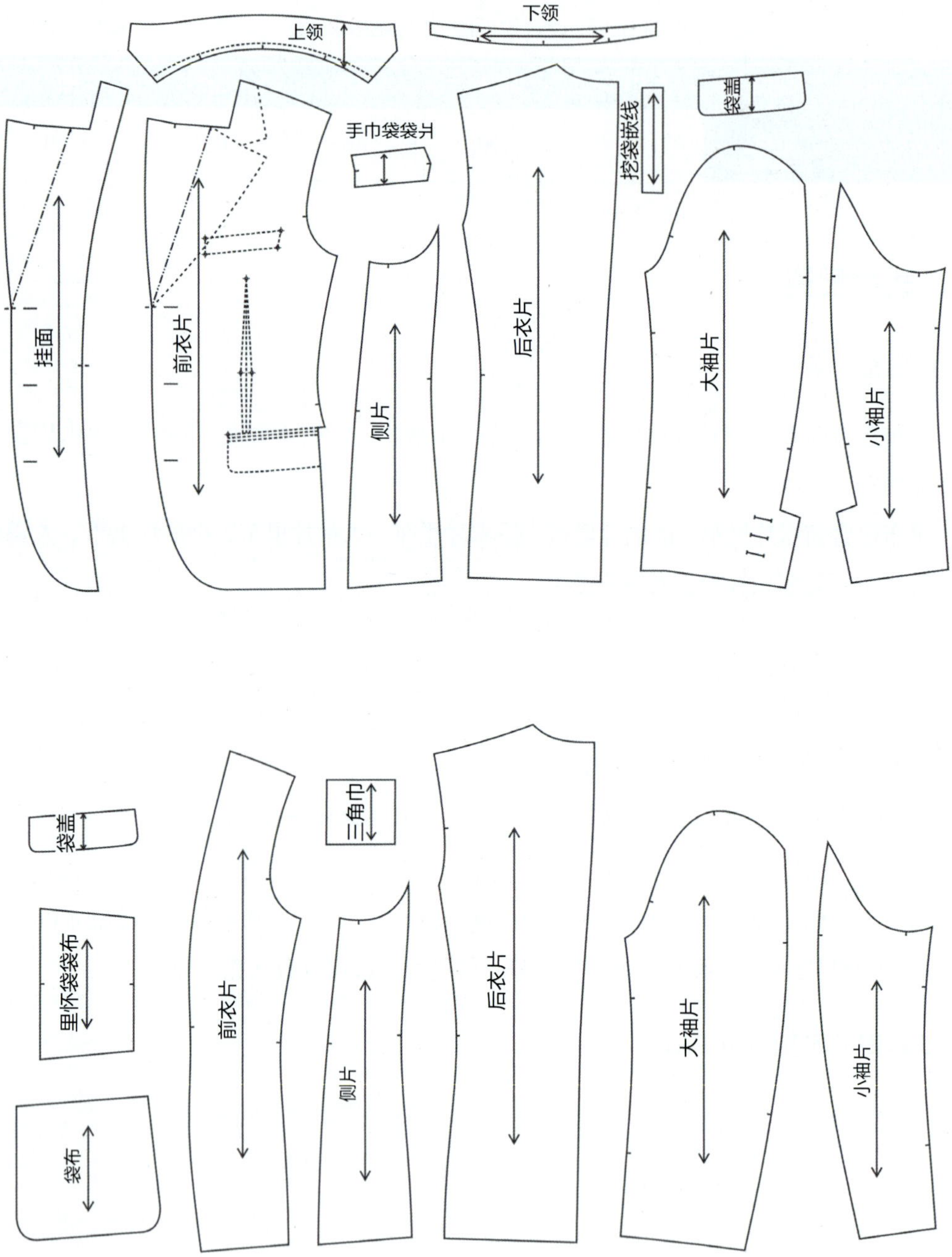
上领
下领
手巾袋袋片
挖袋嵌线
袋盖
挂面
前衣片
侧片
后衣片
大袖片
小袖片
袋盖
里怀袋袋布
袋布
前衣片
三角巾
侧片
后衣片
大袖片
小袖片

图 5—5—2　裁片图

上领
下领
面布 ×1 + 朴 ×1
面布 ×1
朴 ×1
手巾袋爿
挖袋嵌线
面布 ×2 + 朴 ×2
袋盖
面布 ×2
朴 ×2
挂面
面布 ×2 + 朴 ×2
前衣片
面布 ×2 + 朴 ×2
侧片
面布 ×2
后衣片
面布 ×2
大袖片
面布 ×2
小袖片
面布 ×2
袋盖
里布 ×2
里怀袋布
里布 ×1
袋布
里布 ×4
前衣片
里布 ×2
三角巾
里布 ×1
侧片
里布 ×2
后衣片
里布 ×1
大袖片
里布 ×2
小袖片
里布 ×2

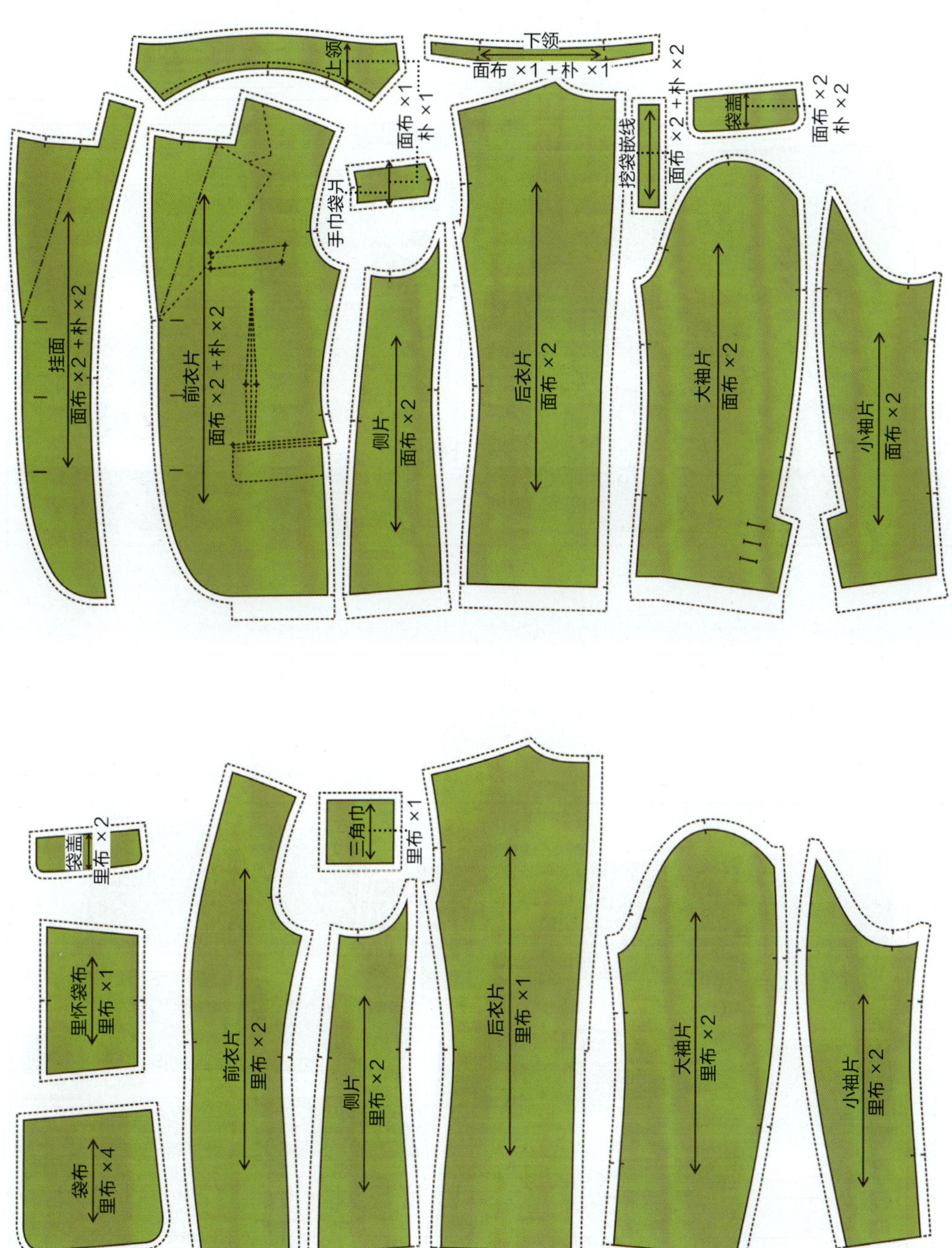

图 5—5—3　放缝图

150
72×2
后衣片
面布 ×2
挖袋嵌线
面布 ×2
下领
面布 ×1
手巾袋片
面布 ×1
小袖片
面布 ×2
袋盖
面布 ×2
侧片
面布 ×2
大袖片
面布 ×2
上领
面布 ×1
前衣片
面布 ×2
挂面
面布 ×2

135
72×2
后衣片
里布 ×1
袋盖
里布 ×2
袋布
里布 ×2
袋布
里布 ×2
小袖片
里布 ×2
里怀袋布
里布 ×1
侧片
里布 ×2
三角巾
里布 ×1
大袖片
里布 ×2
前衣片
里布 ×2

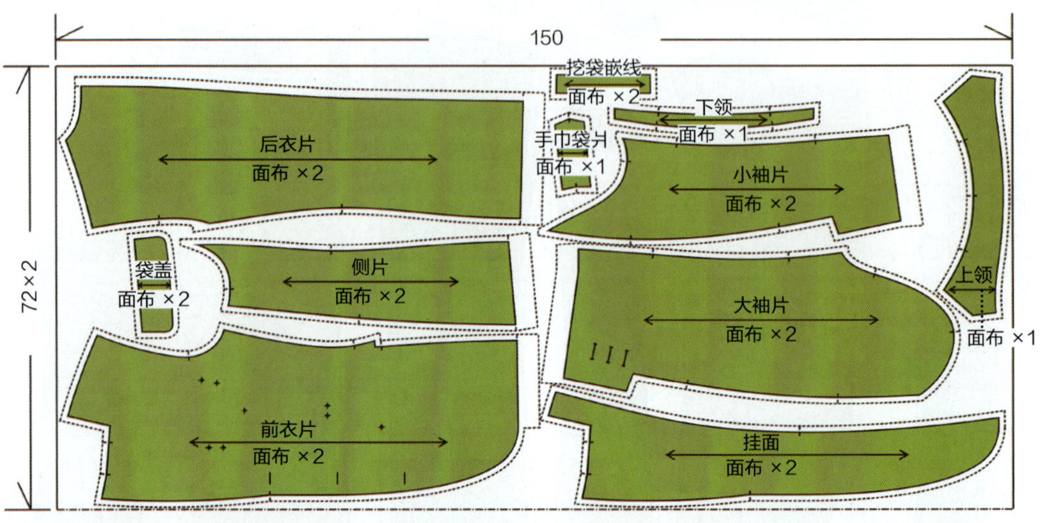

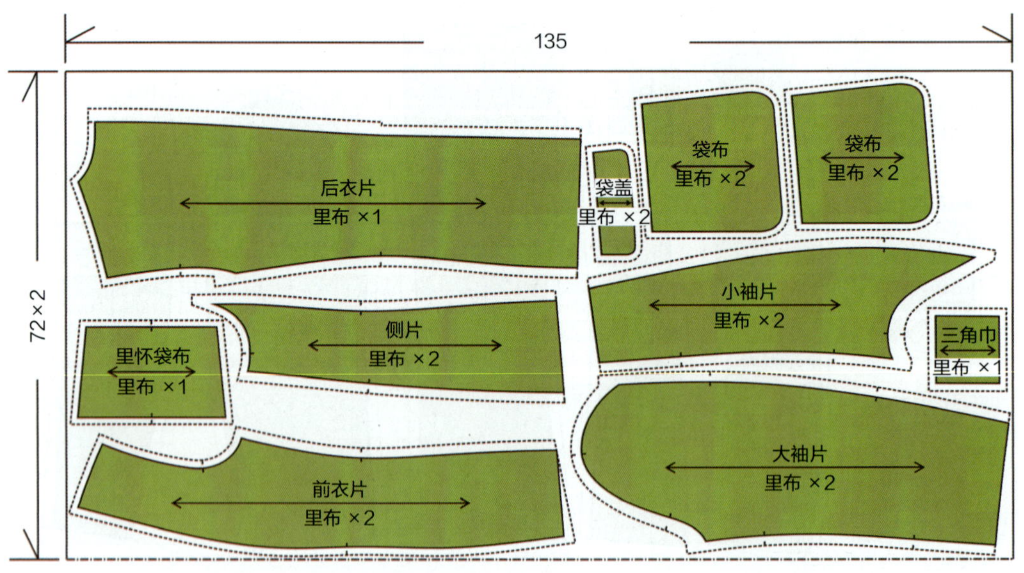

图 5—5—4　排料图

三、生产准备

1. 材料准备（见表 5—5—3）

表 5—5—3　男西服所需材料准备表

类别		
面料	前衣片 ×2	侧片 ×2
	后衣片 ×2	大袖片 ×2
	小袖片 ×2	领面 ×1
	挂面 ×2	袋盖 ×2
	大袋嵌线 ×2	里怀袋袋布 ×1
	袋布 ×4	里怀袋嵌线 ×1
	里怀袋装饰 ×1	前衣片里布 ×2
	侧片里布 ×2	后衣片里布 ×2
	大袖片里布 ×2	小袖片里布 ×2
辅料	有纺衬若干	无纺衬若干
	纽扣 ×9	牵条 ×1
	领底呢 ×1	配色线 ×1

2. 面、辅料裁剪注意事项

详见一步裙面、辅料裁剪注意事项。

3. 工艺流程

粘衬→打线钉→粘牵条→缝省道→做手巾袋→做大袋→拼挂面→做里怀袋→拼后片→拼后侧缝→合底边→合肩缝→做领→装领→做袖→装袖→锁眼、钉扣→整烫。

四、产品制作

1. 粘衬：将前衣片、侧片、后衣片、挂面、上下领面、袖衩位粘有纺衬，要求粘衬无起泡现象（见图 5—5—5）。

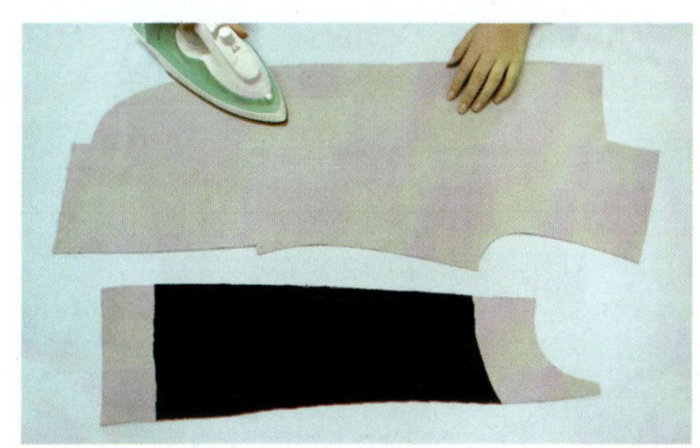

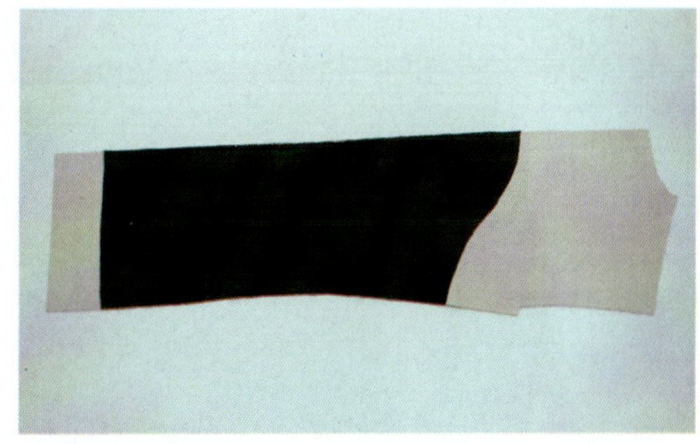

图 5—5—5　粘衬

2. 打线钉：将前衣片净样位、省道、扣位、口袋位及侧片与后衣片各部位净样位用棉线做线钉标记（见图 5—5—6）。

图 5—5—6 打线钉

3. 粘牵条：将前衣片门襟止口粘牵条，驳头止口上要带紧，驳口线处要带紧，后衣片袖窿、肩缝、领圈空开缝份 0.3 cm 粘牵条（见图 5—5—7）。

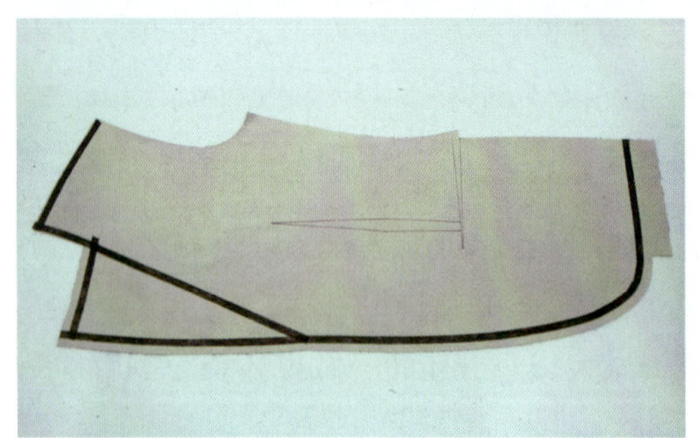

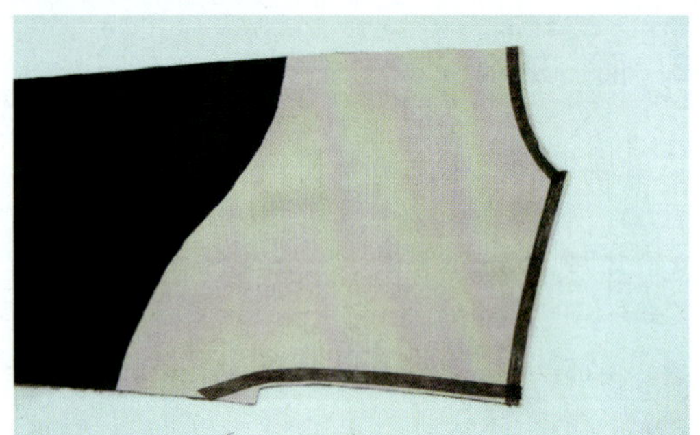

图 5—5—7 粘牵条

4. 大袋口开剪：将大袋口处肚省开剪至袋口端，并准备一条缉缝省道的垫布（见图 5—5—8）。

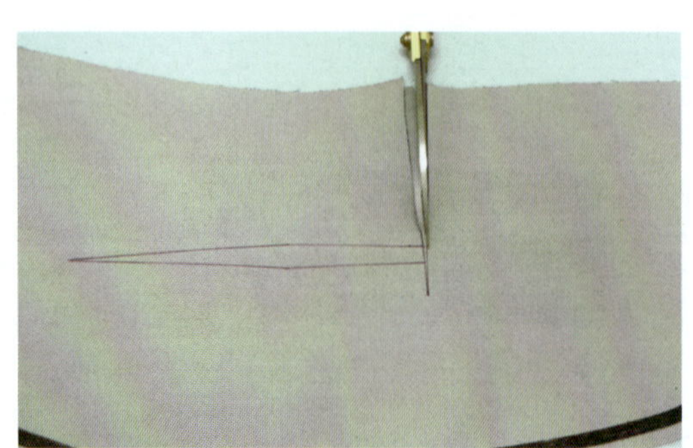

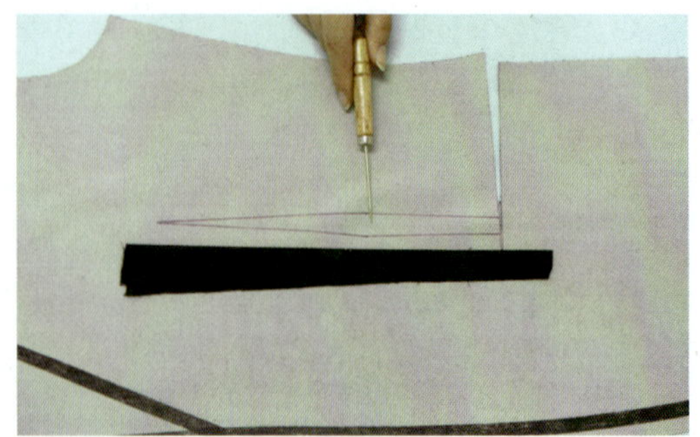

图 5—5—8 大袋口开剪

5. 缝腰省：在腰省下垫一条布，按省道线车缝，要求缉线顺直，无跳线、浮线；再将缝好的省道分烫开，要烫煞（见图 5—5—9）。

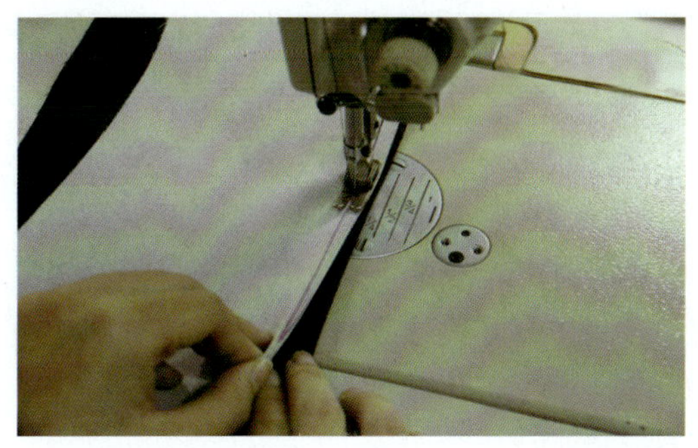
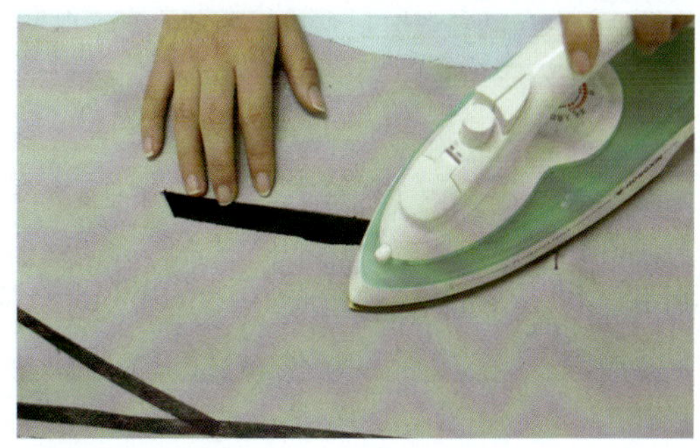

图 5—5—9　缝腰省

6. 拼前侧缝：将前衣片肚省对合，在反面粘无纺衬，将侧片与前片侧缝 1 cm 拼合，要求缝线顺直，无跳线、浮线（见图 5—5—10）。

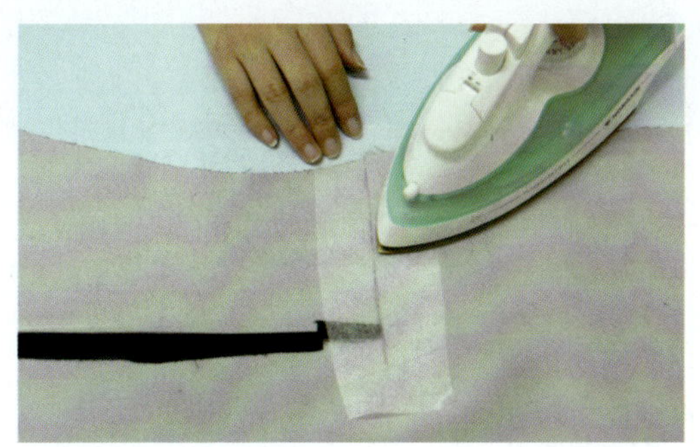
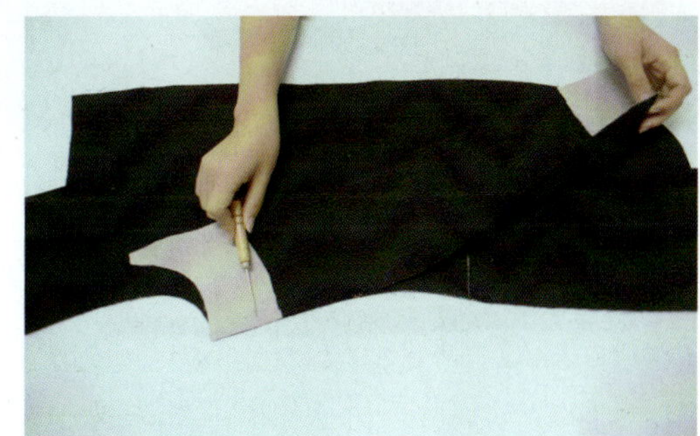

图 5—5—10　拼前侧缝

7. 袖窿粘牵条：将拼好的侧缝分烫开，在袖窿处粘牵条，注意在袖窿夹角处需将牵条拉紧（见图 5—5—11）。

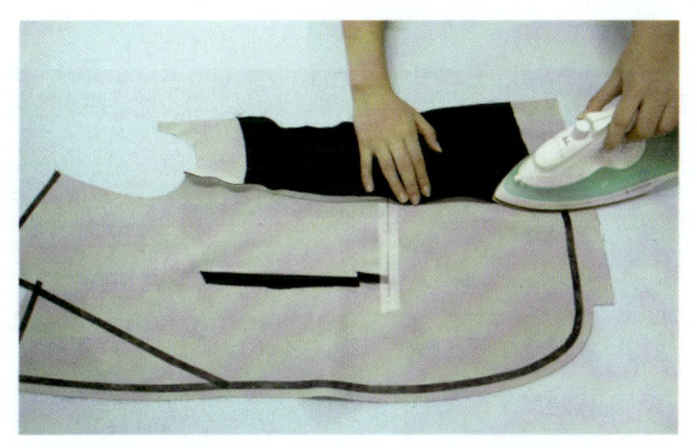
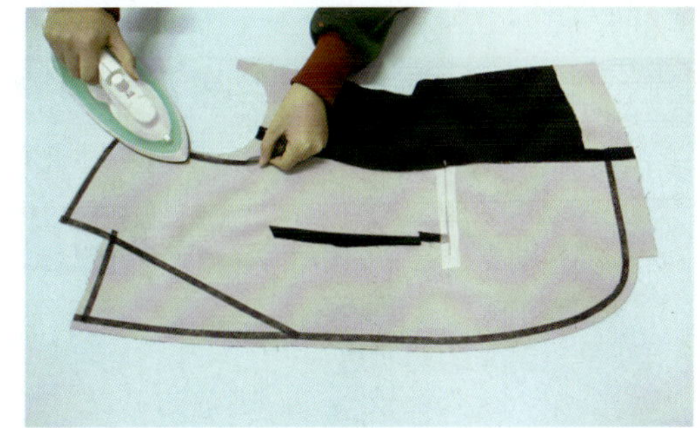

图 5—5—11　袖窿粘牵条

8. 定手巾袋袋位：在左衣片胸前划出手巾袋袋位，并将树脂衬修剪成手巾袋形状（见图 5—5—12）。

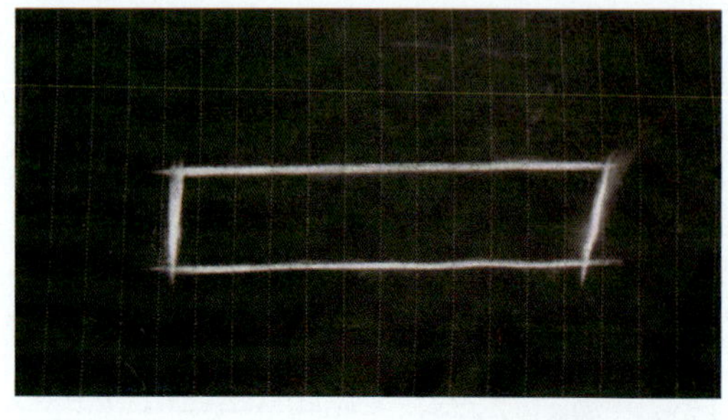
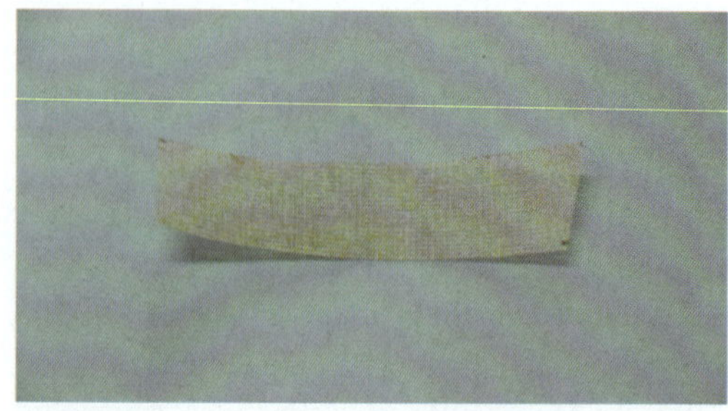

图 5—5—12 定手巾袋袋位

9. 手巾袋袋爿粘衬：手巾袋袋爿先粘一层薄衬后，再粘树脂衬，要求粘衬无起泡现象；再将手巾袋袋爿按照树脂衬扣烫，并将袋爿两侧缝份修剪成 1 cm，下口修剪成高低缝（见图 5—5—13）。

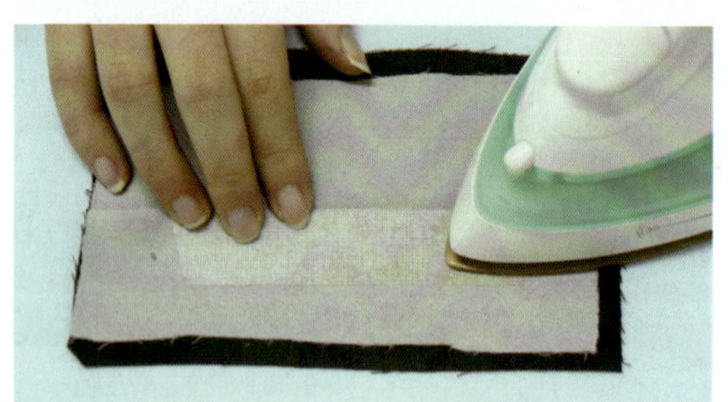
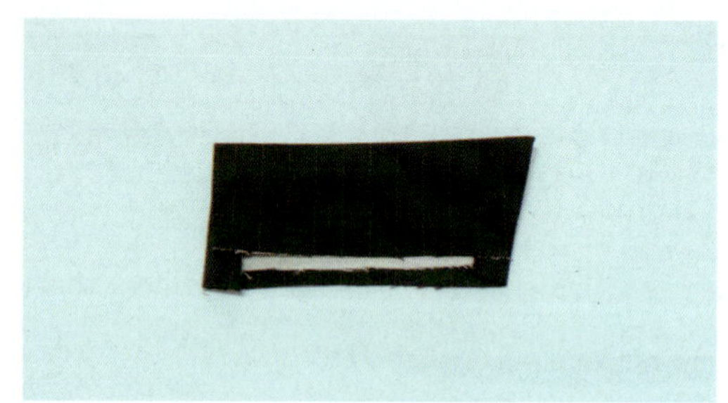

图 5—5—13 手巾袋袋爿粘衬

10. 钉手巾袋袋爿、袋布：将手巾袋袋爿面空开树脂衬下口 0.1 cm 钉缝在手巾袋袋位下口处，两端起落针回针固定，缝线顺直，无跳线、浮线，条格面料需要将手巾袋袋爿与左片大身对条格，再空开手巾袋下口 1 cm 将手巾袋袋布按手巾袋袋口位钉缝住(见图 5—5—14）。

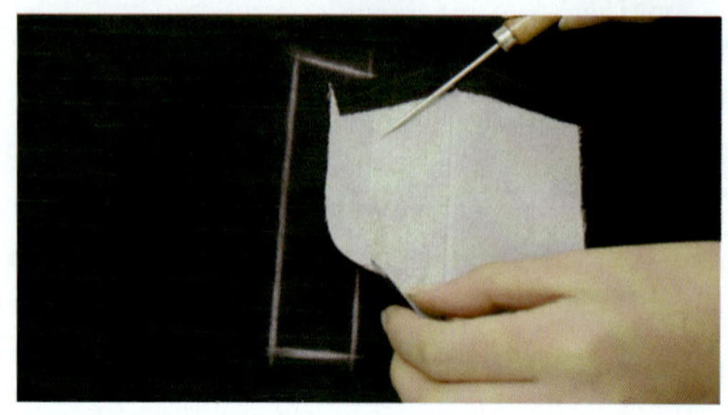

图 5—5—14 钉手巾袋袋爿、袋布

11. 袋口开剪：将钉好袋爿缝份倒向袋爿熨烫，沿袋口中心开剪，两端开“Y”字形剪口，剪口不能剪毛、剪漏，之后将手巾袋袋爿翻正（见图 5—5—15）。

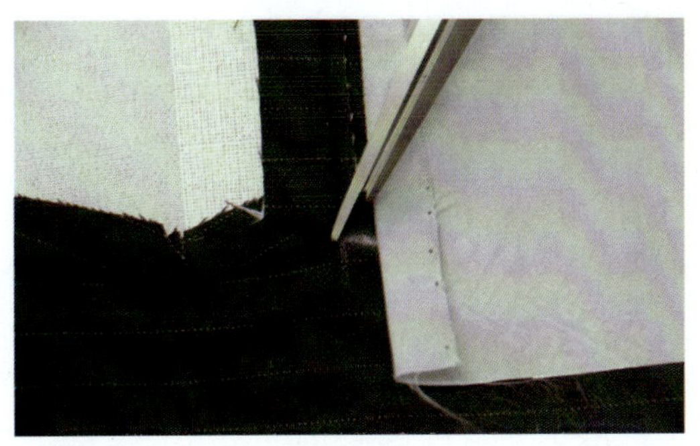

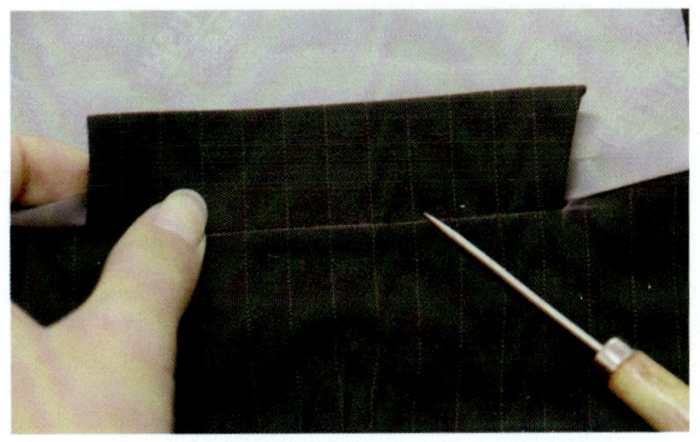

图 5—5—15　袋口开剪

12. 固定手巾袋袋爿：将翻正的手巾袋袋爿沿袋口做漏落缝，缝线要顺直，无跳线、浮线，之后将袋布从袋口翻到反面（见图 5—5—16）。

图 5—5—16　固定手巾袋袋爿

13. 合袋布：将翻到衣片反面的袋布另一侧与手巾袋袋爿下口对合后拼缝，并将手巾袋两侧缝合（见图 5—5—17）。

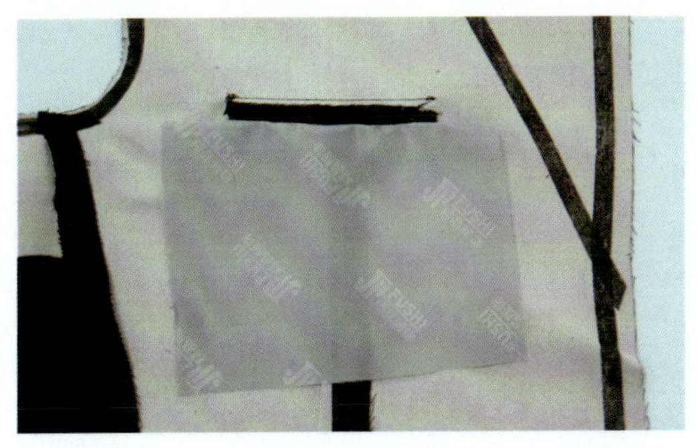

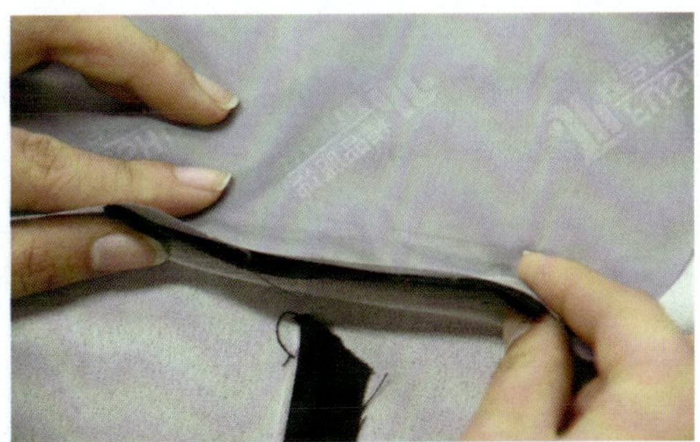

图 5—5—17　合袋布

14. 封手巾袋袋爿：将手巾袋袋爿摆正，袋口开剪三角塞进袋爿中间，沿袋爿两侧 0.1 cm 固定手巾袋袋爿（见图 5—5—18）。

图 5—5—18 封手巾袋袋爿

15. 划大袋袋位：将衣身肚省处大袋袋位划出，嵌线按口袋大划出，嵌线长 15 cm 宽 0.8 cm（见图 5—5—19）。

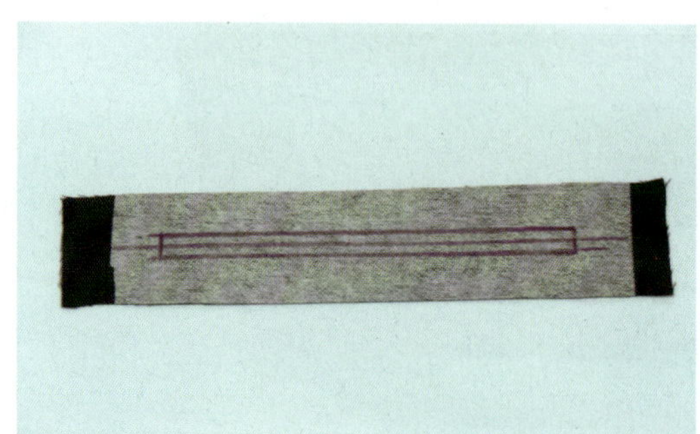

图 5—5—19 划大袋袋位

16. 钉嵌线：将嵌线沿划线钉缝在袋口位上，缝线要顺直，无跳线、浮线，起落针回针固定，嵌线沿中线开剪，袋口开剪，开剪时上下大小要相等（见图 5—5—20）。

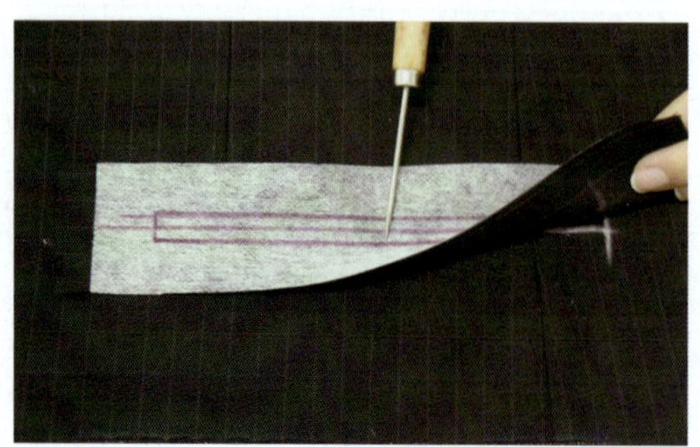
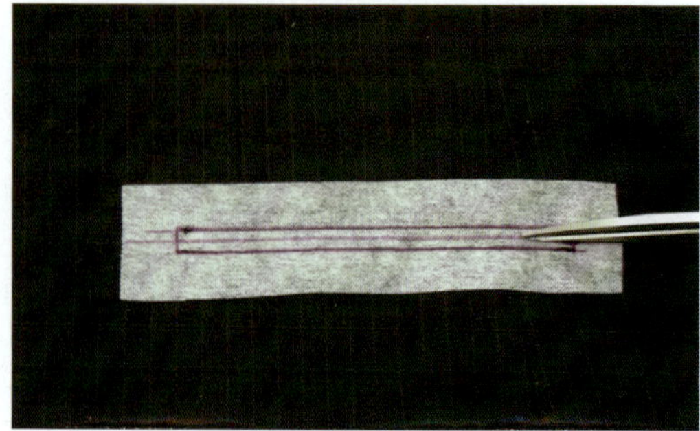

图 5—5—20 钉嵌线

17. 烫嵌线：将剪好的嵌线缝份分烫开，并沿分烫的缝份将嵌线翻到衣身反面，将嵌线上下宽度烫成 0.4 cm，要求上下嵌线宽窄一致（见图 5—5—21）。

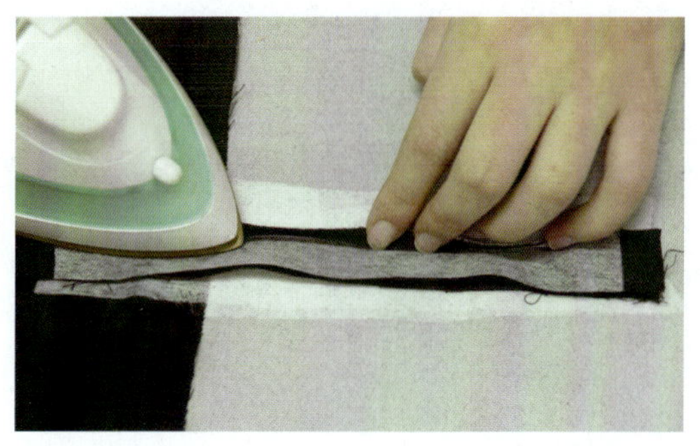
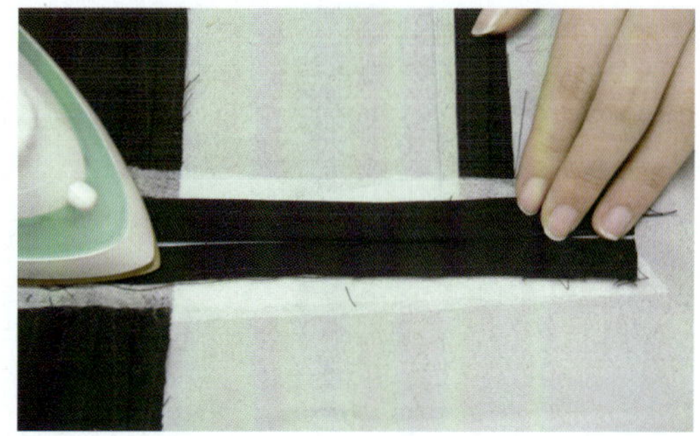

图 5—5—21　烫嵌线

18. 嵌线完成：要求嵌线烫煞，宽窄一致（见图 5—5—22）。

图 5—5—22　嵌线完成

19. 缝袋盖：将袋盖粘有纺衬后，划出袋盖净样，并在袋盖前端做出标记，之后里布垫于袋盖面下，沿袋盖净样拼缝，袋盖圆角处要做出窝势（见图 5—5—23），缝线要顺直，无跳线、浮线。

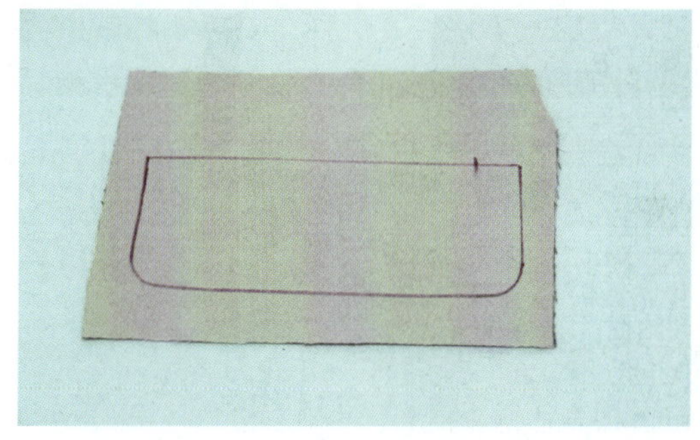

图 5—5—23　缝袋盖

20. 烫袋盖：将袋盖缝份修剪成 0.6 cm，圆角处缝份修剪成 0.3 cm，翻正袋盖后烫平袋盖，熨烫时袋盖要烫出里外匀，袋角要顺着窝势熨烫（见图 5—5—24）。

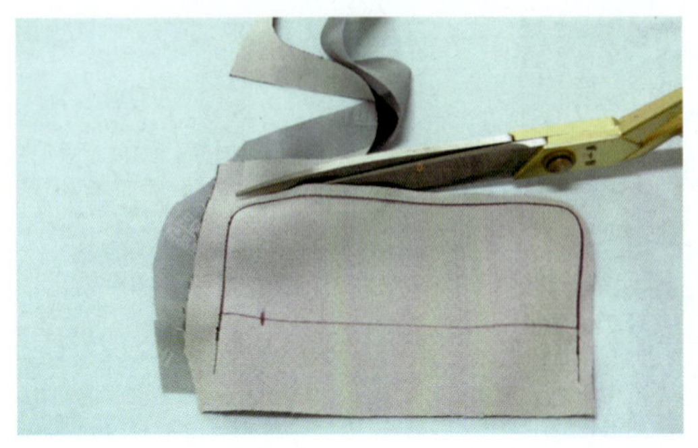

图 5—5—24　烫袋盖

21. 钉下口袋布、封袋口三角：将袋布置于衣片下，袋布缝份与下嵌线缝份对合，在下嵌线上做漏落缝，起落针回针固定，缝线无跳线、浮线，之后将袋口两端开剪三角与嵌线固定三道缝线（见图 5—5—25）。

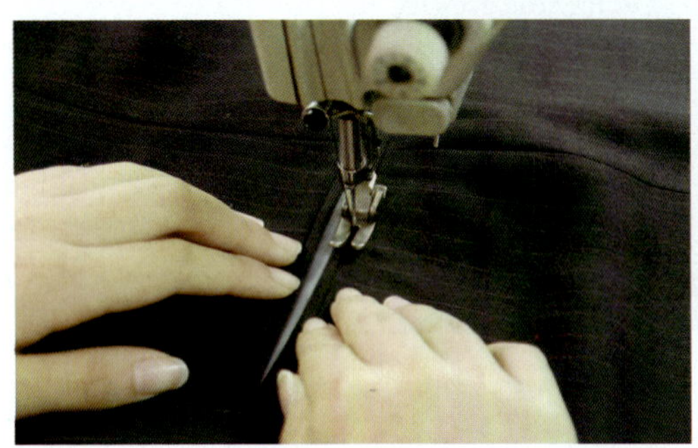

图 5—5—25　钉下口袋布、封袋口三角

22. 固定袋垫布：将袋垫布下口折光后 0.1 cm 固定于上口袋布上（见图 5—5—26）。

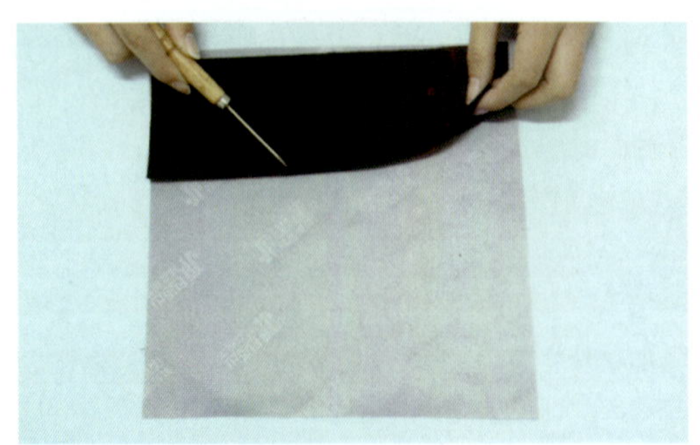

图 5—5—26　固定袋垫布

23. 固定上口袋布：将上口袋布与袋口位相对，并将袋盖置于袋口中，沿上口嵌线做漏落缝，将袋盖、嵌线、袋布一并固定，起落针回针，缝线顺直，无跳线、浮线，注意袋盖与衣身对条格，袋盖宽度为 5.5 cm（见图 5—5—27）。

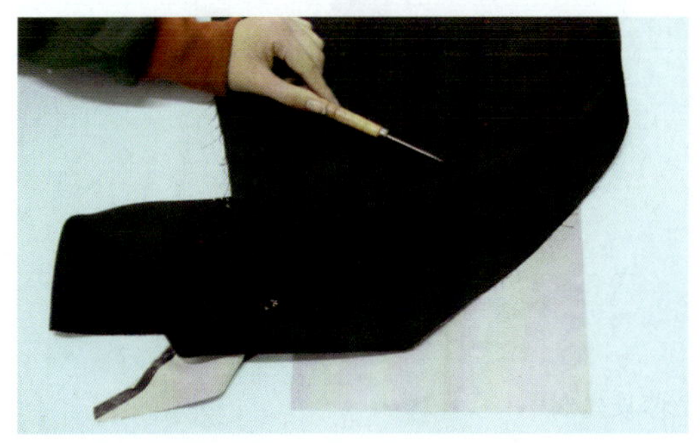
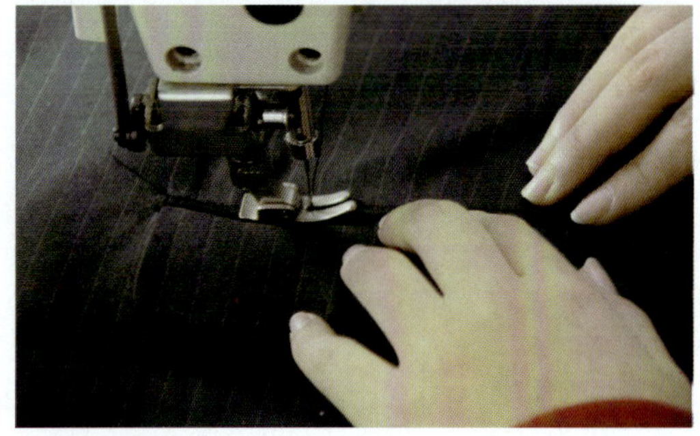

图 5—5—27　固定上口袋布

24. 合袋布：将袋布四周缝合，完成西服大袋缝制（见图 5—5—28）。

图 5—5—28　合袋布

25. 里布拼挂面：将粘好衬的挂面与前衣片里布 1 cm 缝合，缝线要顺直，无跳线、浮线（见图 5—5—29）。

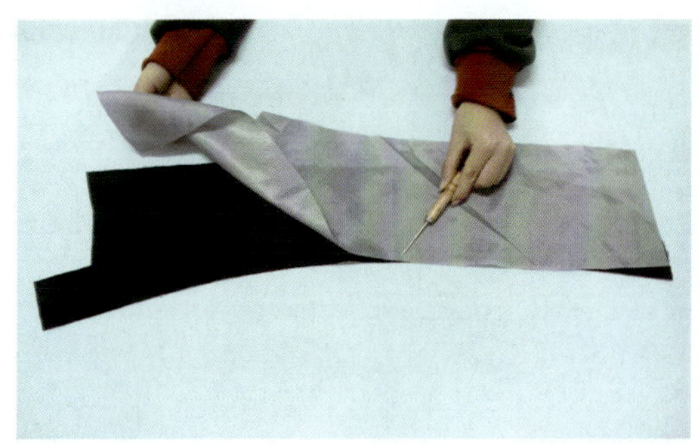

图 5—5—29　里布拼挂面

26. 里怀袋定位：将前衣片里布烫平，距肩缝下落 28 cm 做里怀袋定位（见图 5—5—30）。

图 5—5—30　里怀袋定位

27. 袋位、嵌线粘衬：在袋口位反面粘衬，嵌线粘无纺衬（见图 5—5—31）。

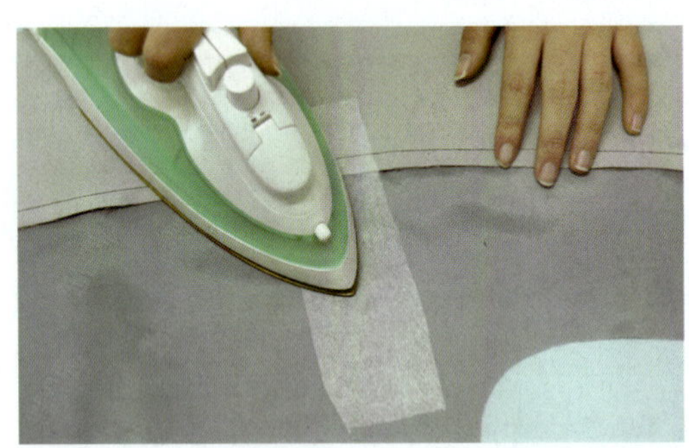
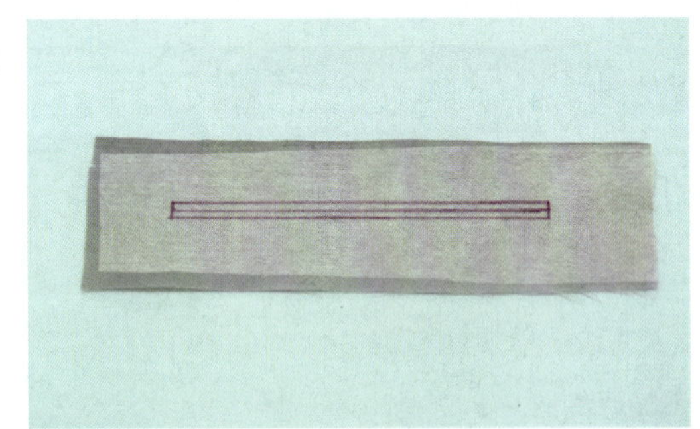

图 5—5—31　袋位、嵌线粘衬

28. 钉里怀袋嵌线：将嵌线按袋口位钉缝在里怀袋袋位上，缝线要顺直，无跳线、浮线，起落针回针固定（见图 5—5—32）。

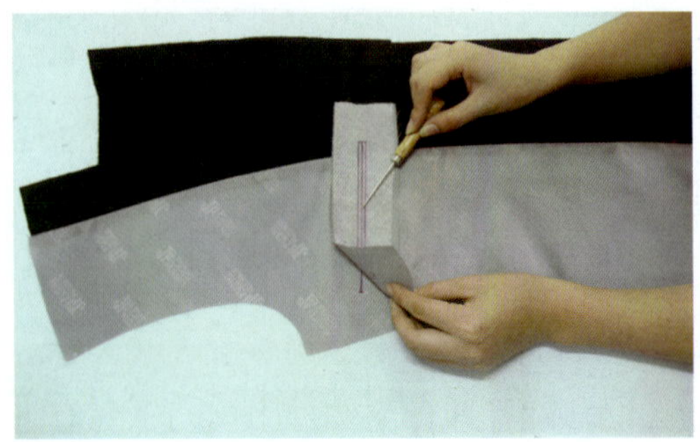

图 5—5—32　钉里怀袋嵌线

29. 开剪袋口：将里怀袋与嵌线开剪，口袋位开剪至距两端缝线最外侧止点 1 mm 处，并将嵌线两端剪通（见图 5—5—33）。

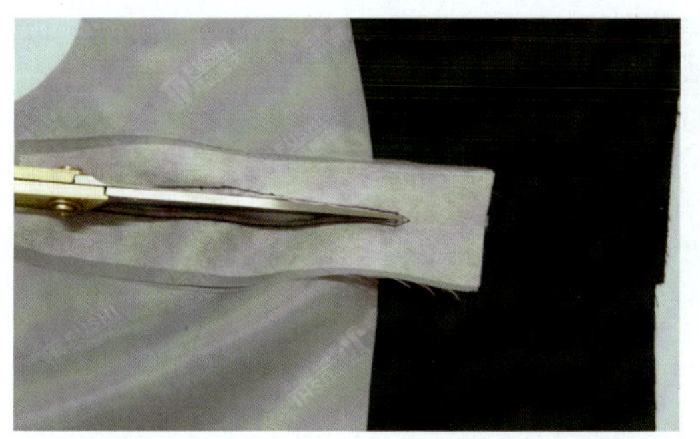
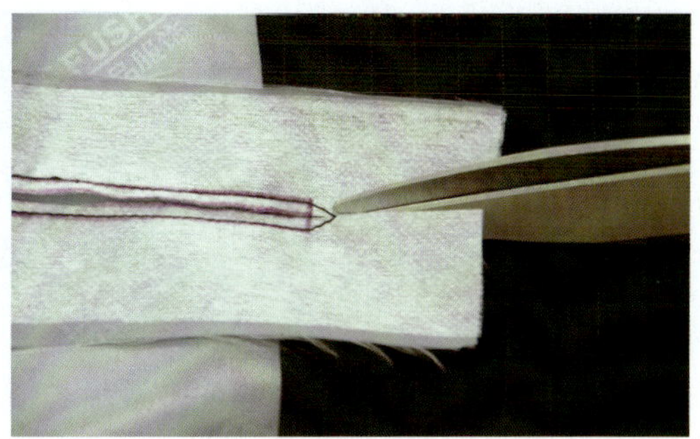

图 5—5—33　开剪袋口

30. 烫嵌线：将嵌线翻到反面折烫，上下嵌线宽窄一致（见图 5—5—34）。

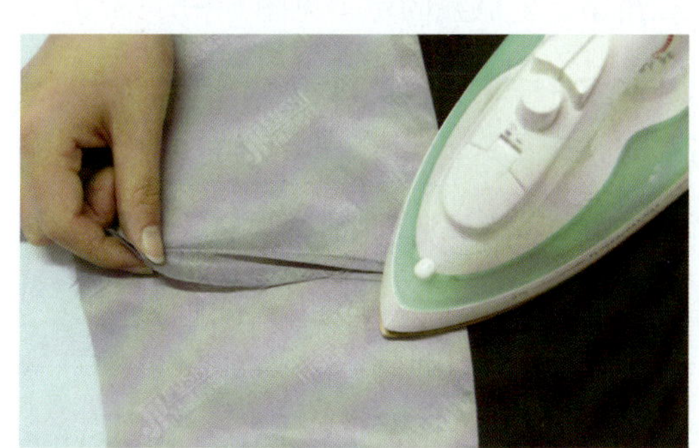
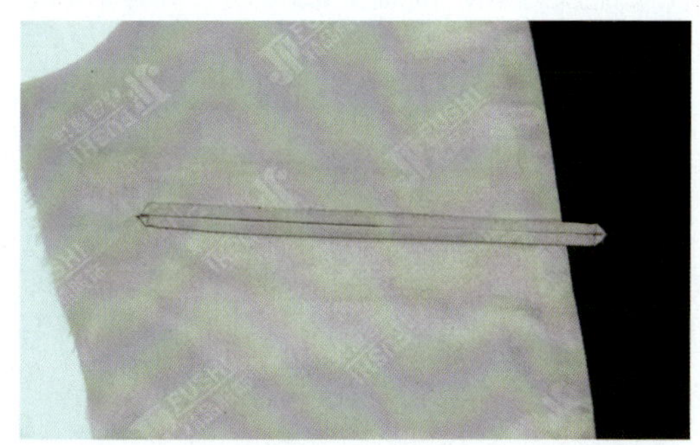

图 5—5—34　烫嵌线

31. 烫三角巾：将三角巾反面粘无纺衬，三折成等腰直角三角形（见图 5—5—35）。

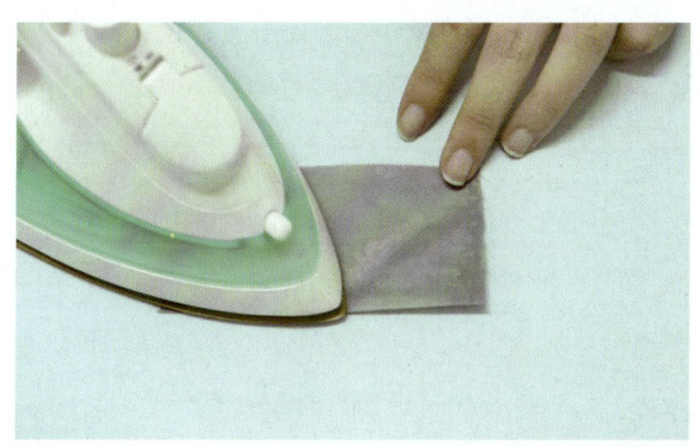
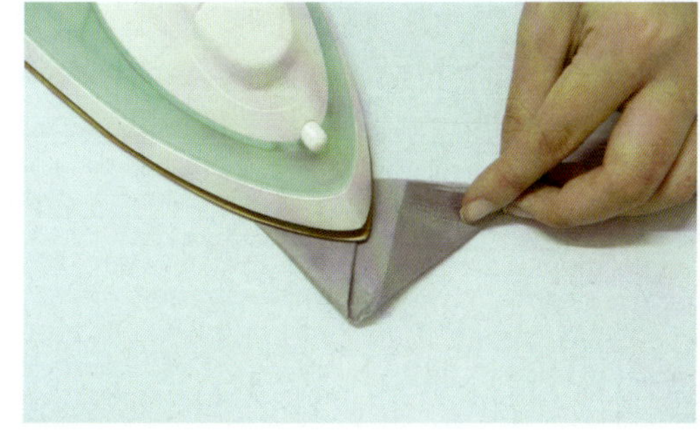

图 5—5—35　烫三角巾

32. 钉袋布：袋布置于衣身下，沿下嵌线做下坑缝，将下嵌线与袋布固定（见图 5—5—36）。

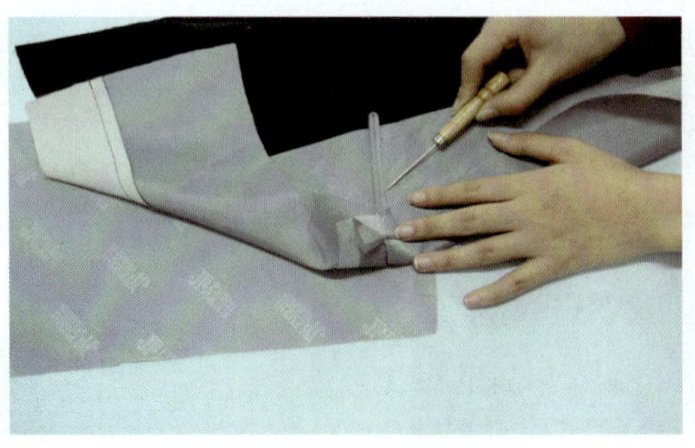

图 5—5—36 钉袋布

33. 缝上嵌线：袋布与上嵌线缝份对合，并将三角巾置于袋口中，在衣身里布正面接住下嵌线缝线，围绕上嵌线做下坑缝，将袋布、三角巾、上嵌线固定（见图 5—5—37）。

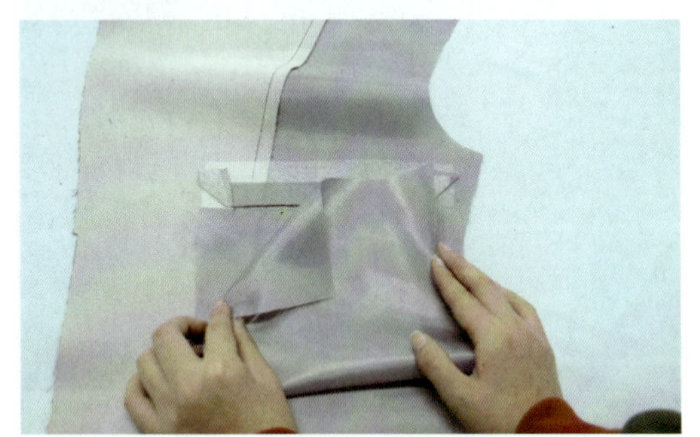

图 5—5—37 缝上嵌线

34. 袋布封口：将里怀袋袋布两端 1 cm 拼缝（见图 5—5—38）。

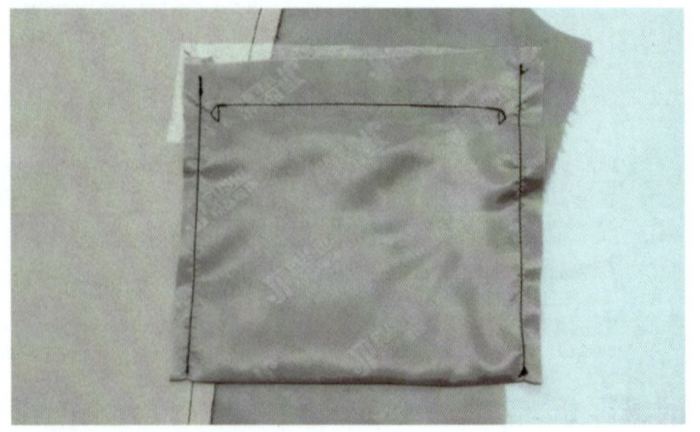

图 5—5—38 袋布封口

35. 合侧片里布：侧片里布与前片里布 1 cm 拼合，缝线要顺直，无跳线、浮线，将缝份扣烫出 0.3 cm 座势（见图 5—5—39）。

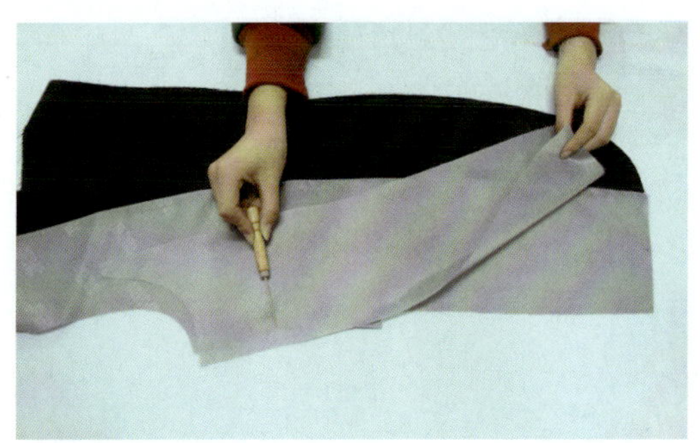
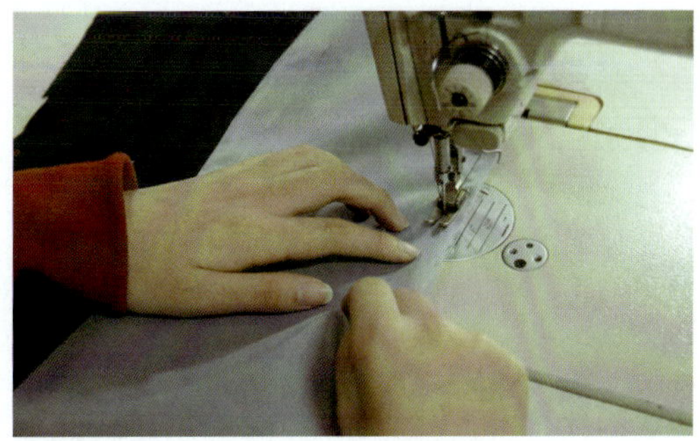

图 5—5—39　合侧片里布

36. 合门襟止口：将衣片与挂面正面相对 1 cm 拼合，拼合时驳头部位吃紧挂面，翻驳点下吃紧衣身面布（见图 5—5—40），要求缝线顺直，无跳线、浮线，左右对称。

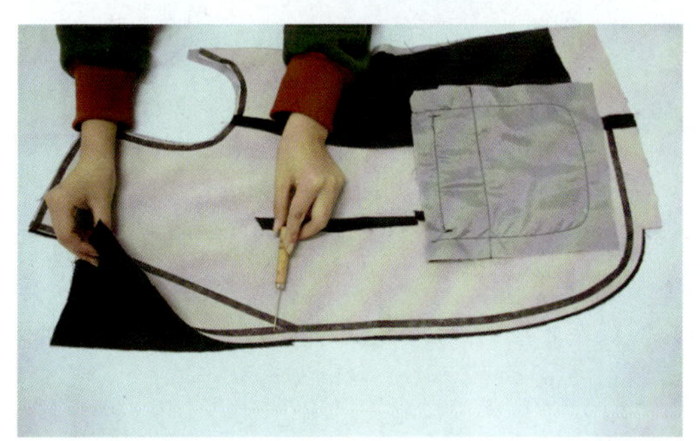
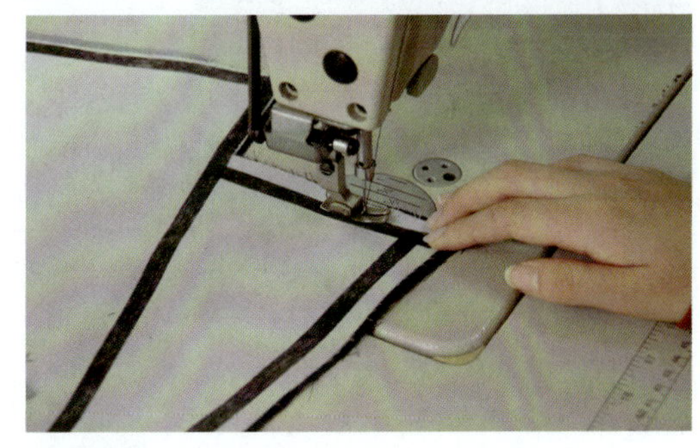

图 5—5—40　合门襟止口

37. 修剪缝份：将门襟止口缝份修剪成高低缝（见图 5—5—41）。

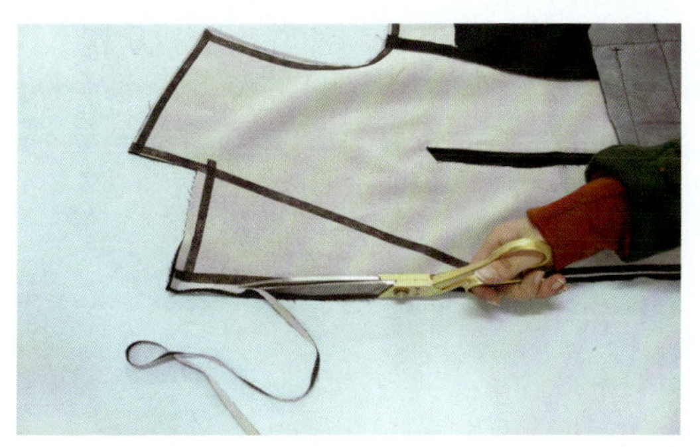

图 5—5—41　修剪缝份

38. 翻烫门襟止口：将驳头装领点处开剪后翻正衣身，将门襟止口烫出里外匀（见图5—5—42）。

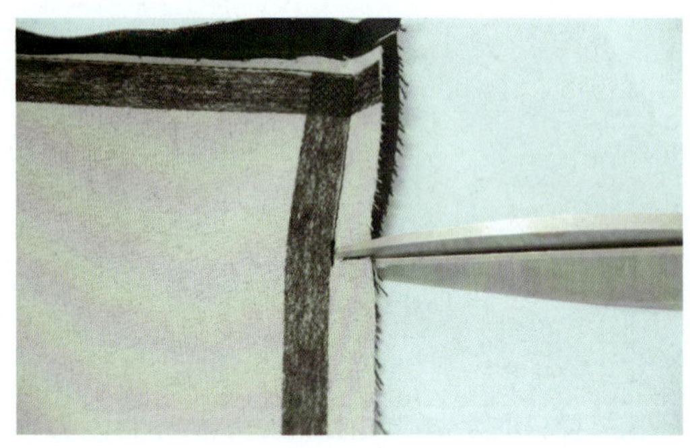
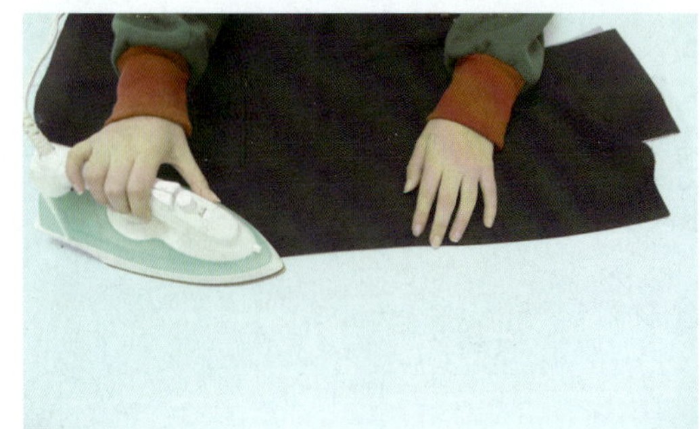

图 5—5—42　翻烫门襟止口

39. 比对驳角：烫好的驳头驳角大小形状要一致（见图 5—5—43）。

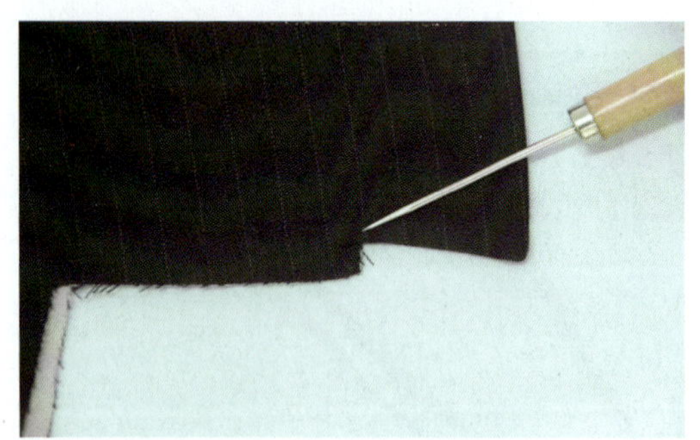
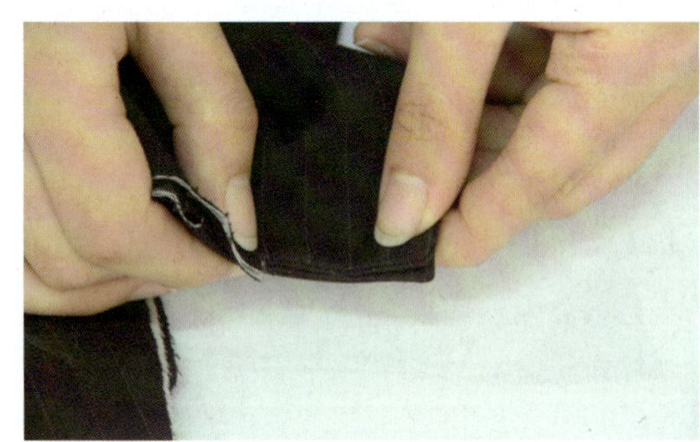

图 5—5—43　比对驳角

40. 比对门襟止口：做好的左右衣片门襟下摆要对称（见图 5—5—44）。

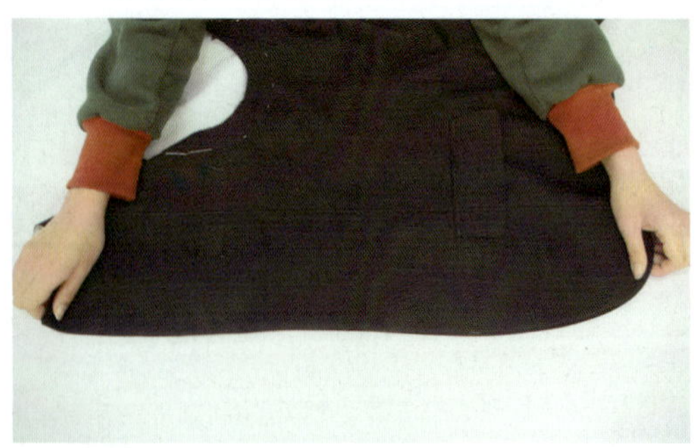
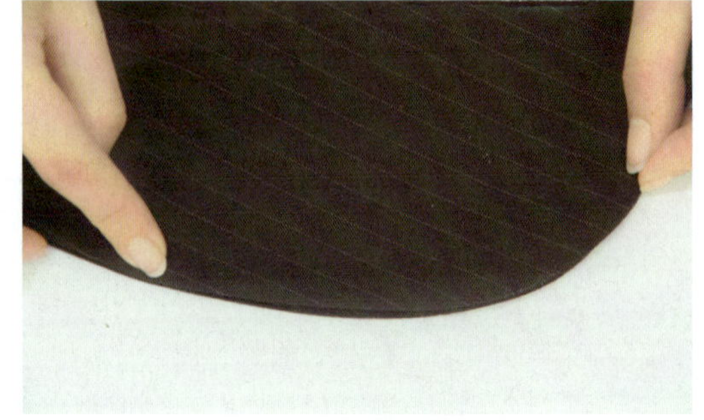

图 5—5—44　比对门襟止口

41. 合后中：将后衣片面面相对，1 cm 拼合后中，缝线要顺直，无跳线、浮线；并分烫，要烫煞（见图 5—5—45）。

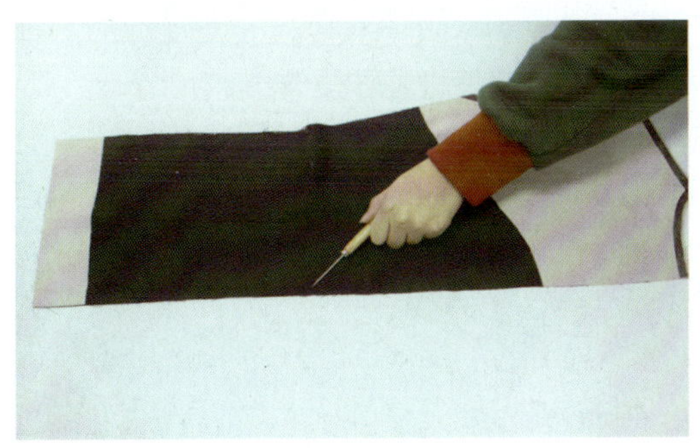
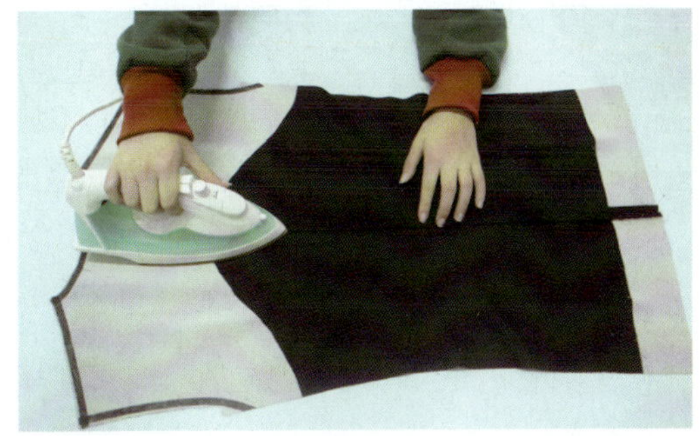

图 5—5—45　合后中

42. 拼面布后侧缝：将后衣片与前侧片 1 cm 拼缝后侧缝，缝线要顺直，无跳线、浮线（见图 5—5—46）。

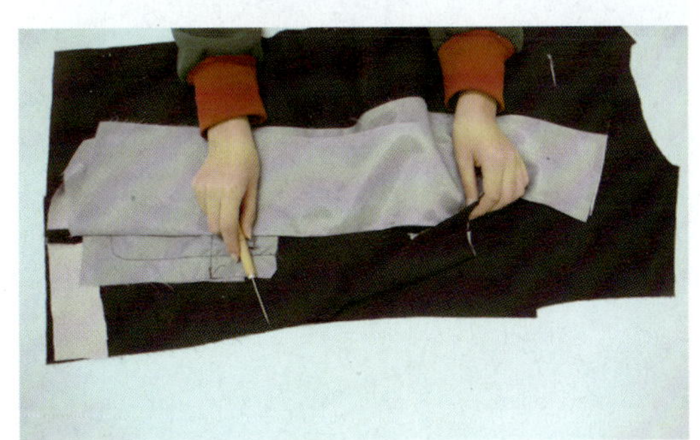

图 5—5—46　拼面布后侧缝

43. 分烫后侧缝：将后侧缝分烫开，要烫煞，无褶皱（见图 5—5—47）。

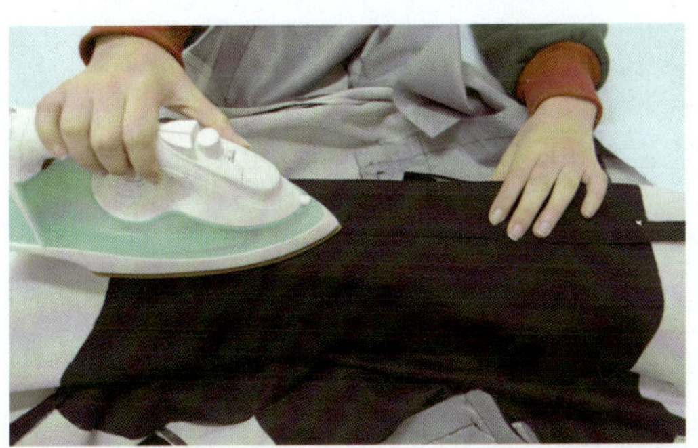

图 5—5—47　分烫后侧缝

44. 合里布后中：里布后中 1 cm 拼合，缝份倒向左衣片扣烫，腰节以上烫出 1 cm 座缝（见图 5—5—48）。

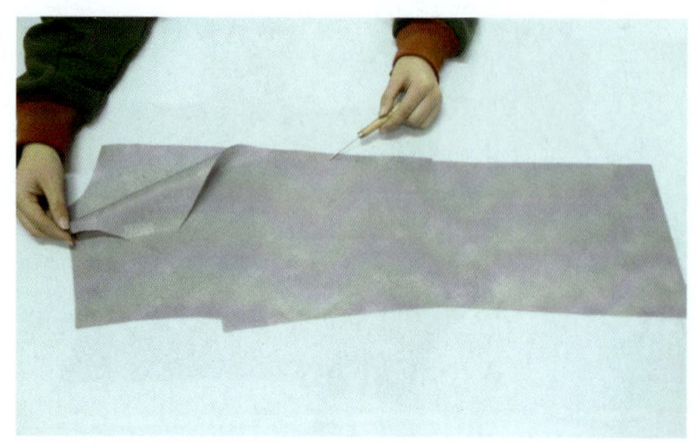
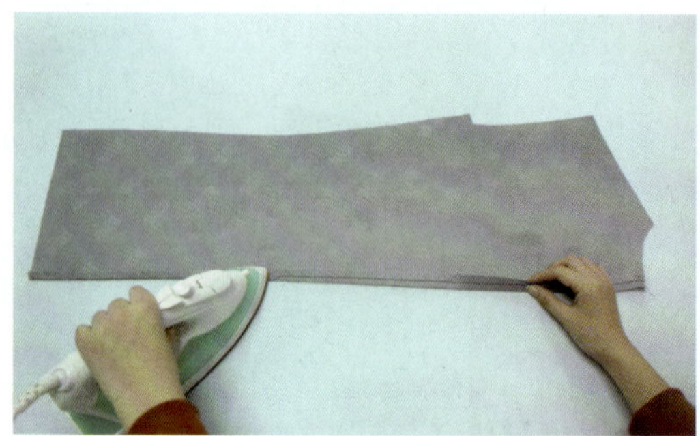

图 5—5—48 合里布后中

45. 合里布后侧缝：将里布后片与里布侧缝 1 cm 拼合，缝线要顺直，无跳线、浮线（见图 5—5—49）。

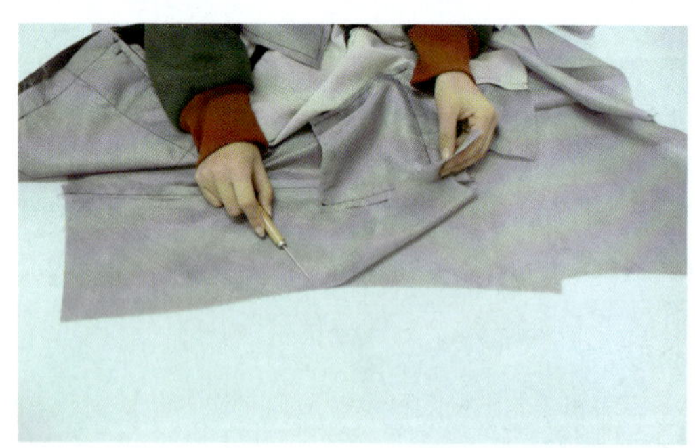

图 5—5—49 合里布后侧缝

46. 烫里布后侧缝：将后侧缝缝份倒向后片，扣烫 1.3 cm，烫出 0.3 cm 座势（见图 5—5—50）。

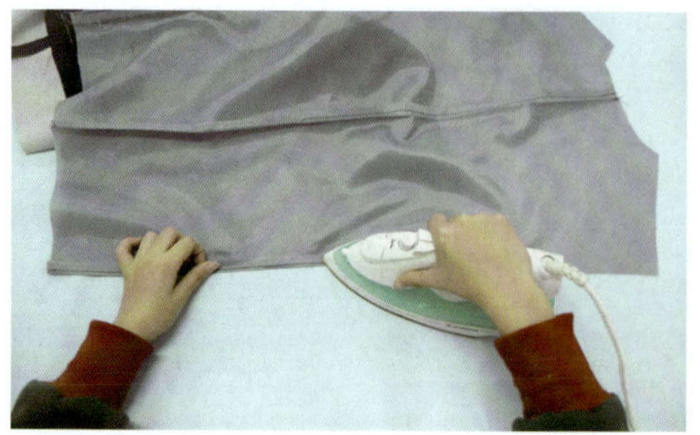

图 5—5—50 烫里布后侧缝

47. 烫底边：将面布底边向反面折烫 4 cm，之后将面里底边对齐（见图 5—5—51）。

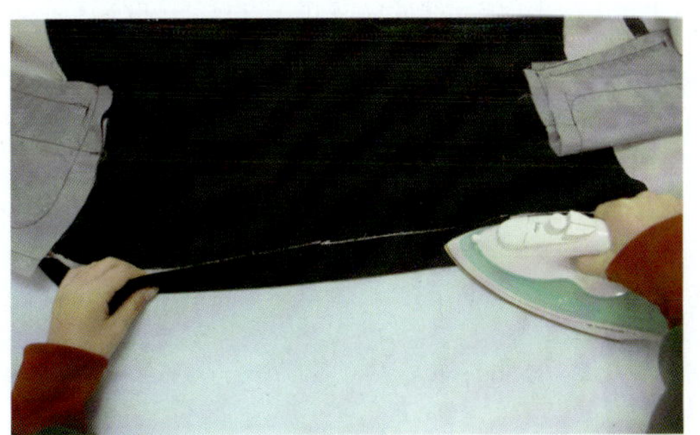
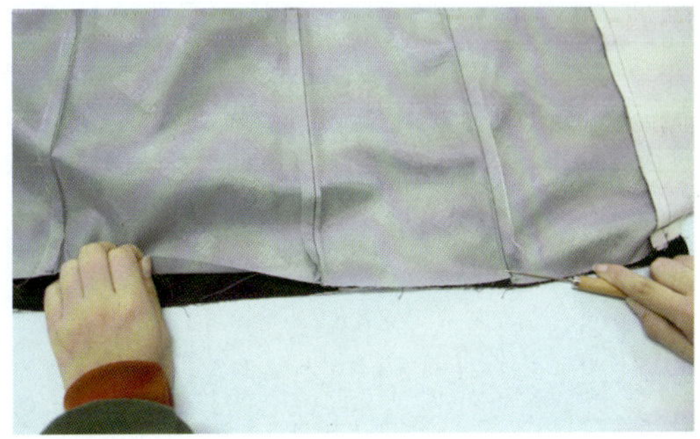

图 5—5—51　烫底边

48. 合底边：将底边 1 cm 拼合，缝线无跳线、浮线（见图 5—5—52）。

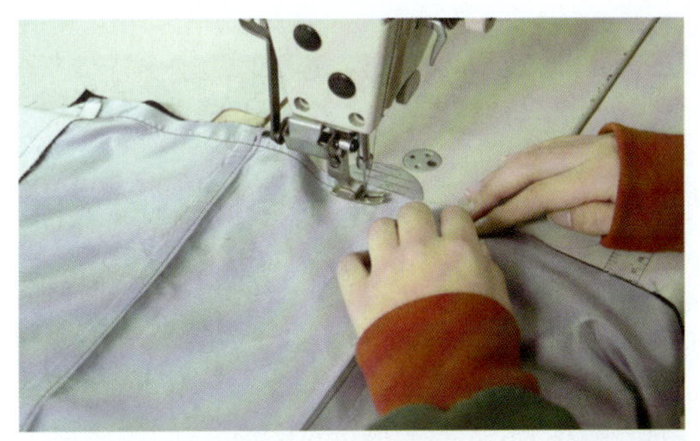

图 5—5—52　合底边

49. 缲底边：将底边沿底边净样向上折好，手工三角针缲缝底边，针距 2 cm，并将里布与面布摆平，将里布底边烫出 1 cm 座势（见图 5—5—53）。

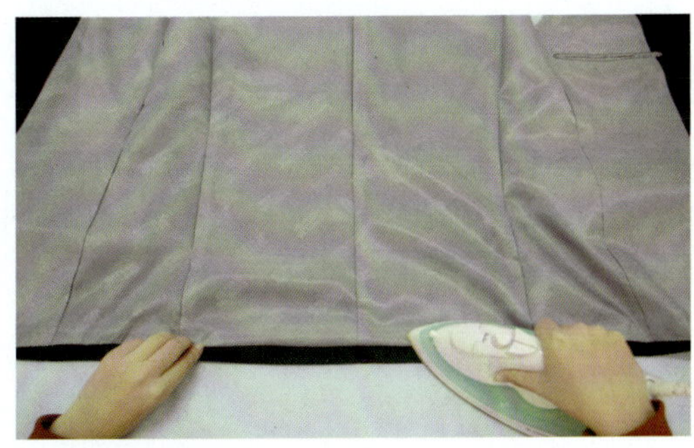

图 5—5—53　缲底边

50. 修剪里布：里布与衣身沿袖窿 10 cm 用手缝长针法固定，再将里布袖窿、肩缝、领圈修剪成面布大小（见图 5—5—54）。

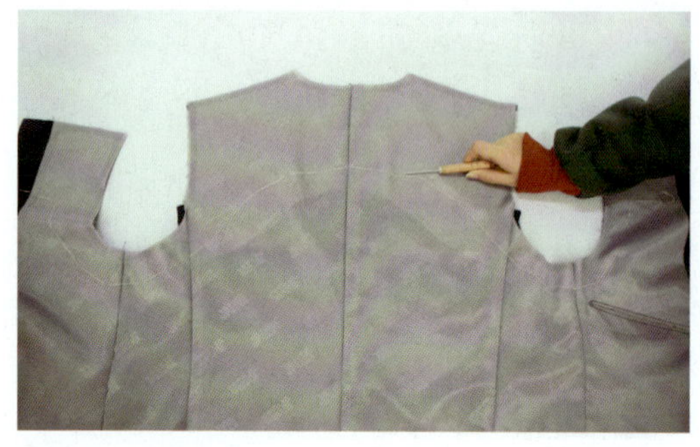

图 5—5—54 修剪里布

51. 合面布肩缝：将面布肩缝 1 cm 拼合，缝线要顺直，无跳线、浮线（见图 5—5—55）。

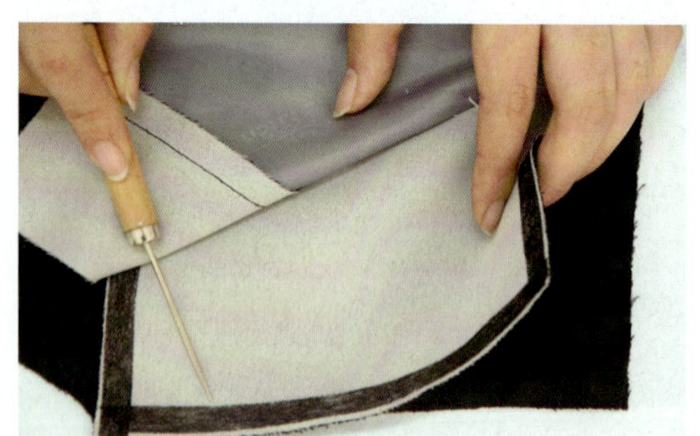

图 5—5—55 合面布肩缝

52. 合里布肩缝：将里布肩缝 1 cm 拼合，缝线要顺直，无跳线、浮线（见图 5—5—56）。

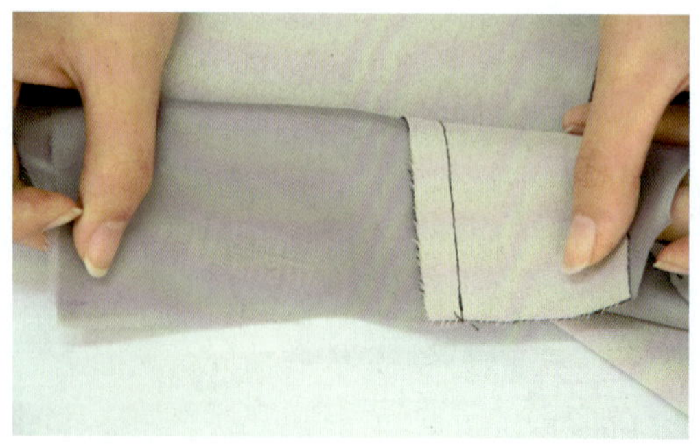

图 5—5—56 合里布肩缝

53. 烫肩缝：面布肩缝分烫，里布肩缝倒向后衣片熨烫，要求烫煞，面料不能烫黄、烫焦（见图 5—5—57）。

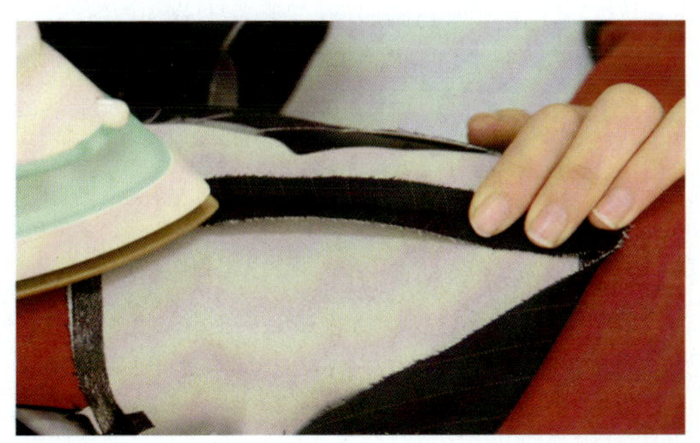
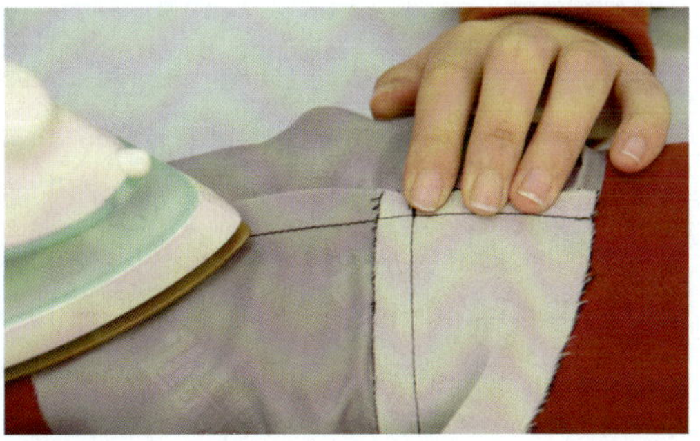

图 5—5—57　烫肩缝

54. 划领净样：将上、下领划出净样，并沿净样修剪成 1 cm 缝份，注意上领要与衣身对条格（见图 5—5—58）。

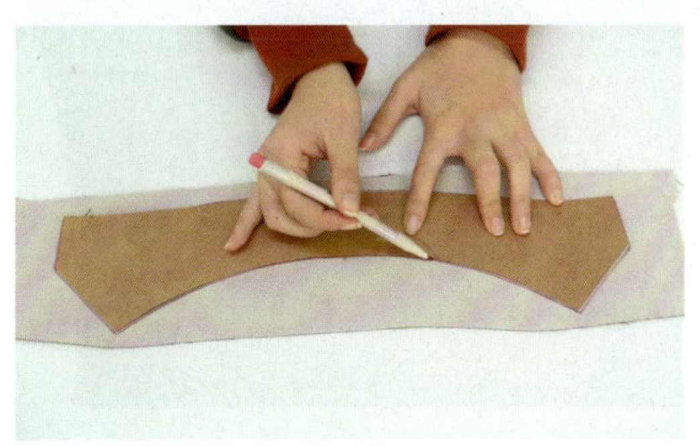
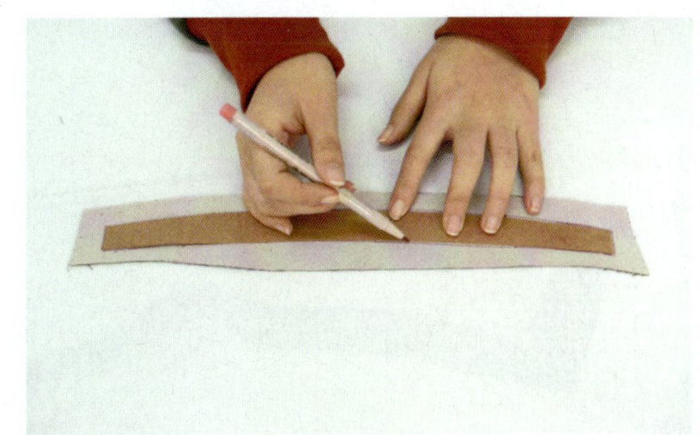

图 5—5—58　划领净样

55. 扣烫上领止口：将上领的外领口沿净样板扣烫，要烫煞（见图 5—5—59）。

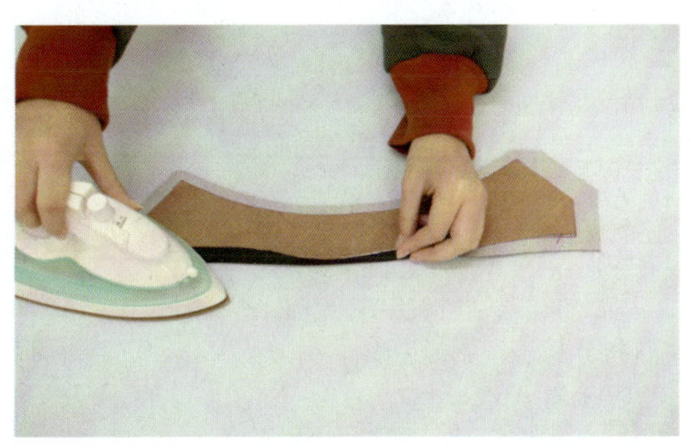
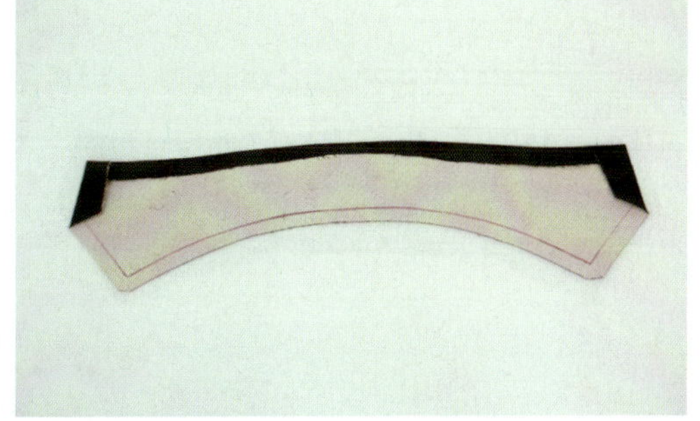

图 5—5—59　扣烫上领止口

56. 合上、下领：将上下领沿净样拼缝，起落针回针加固（见图 5—5—60）。

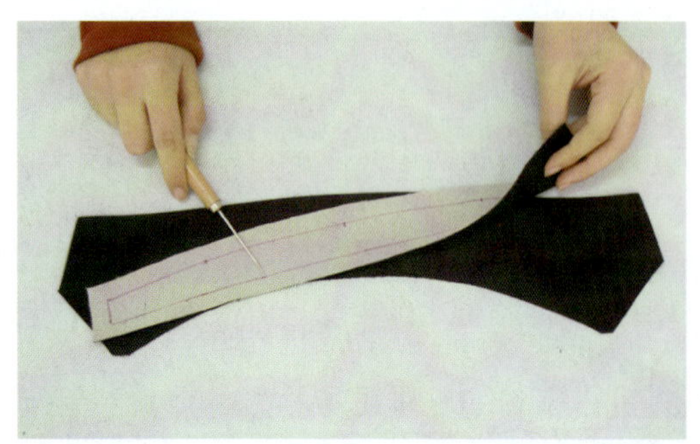

图 5—5—60　合上、下领

57. 分压上、下领：将上、下领缝份修剪成 0.4 cm，分压上、下领，明线要顺直，无跳线、浮线（见图 5—5—61）。

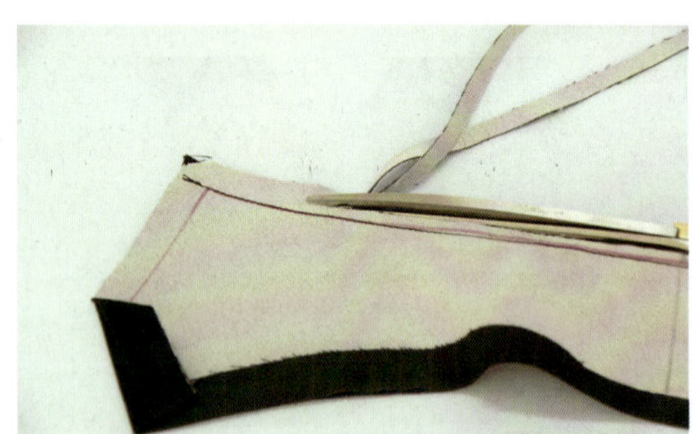
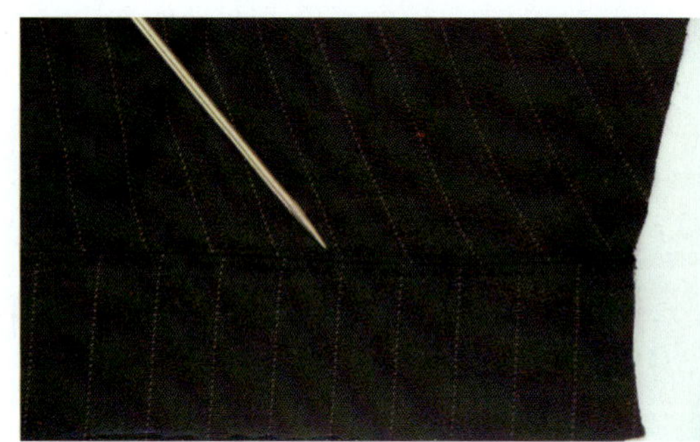

图 5—5—61　分压上、下领

58. 做领底呢：将领底呢划出净样，领外口沿净样修进 0.2 cm，并在翻折线处车缝一道明线（见图 5—5—62）。

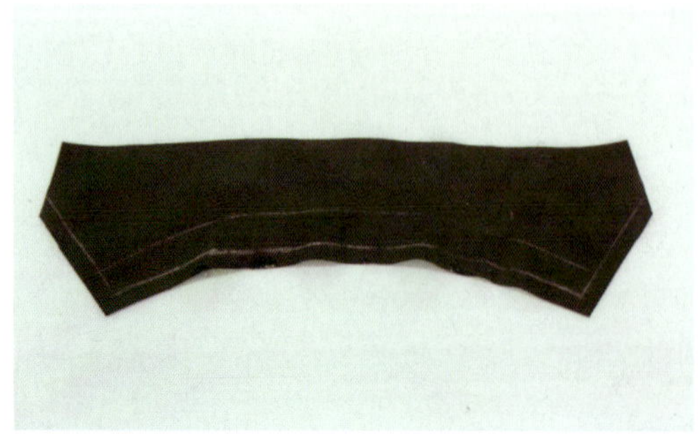
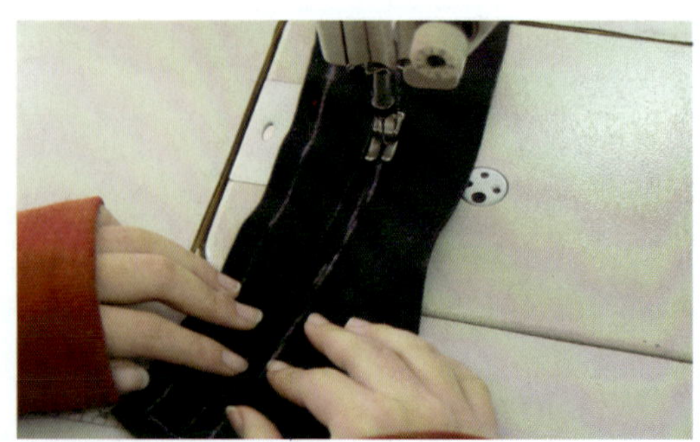

图 5—5—62　做领底呢

59. 固定领子：将领底呢与领面摆正，领底呢外口躲进领面外口 0.2 cm，用棉线手缝两道固定（见图 5—5—63）。

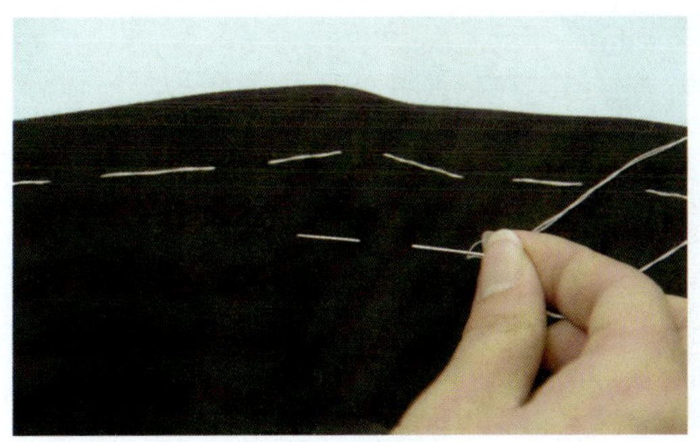
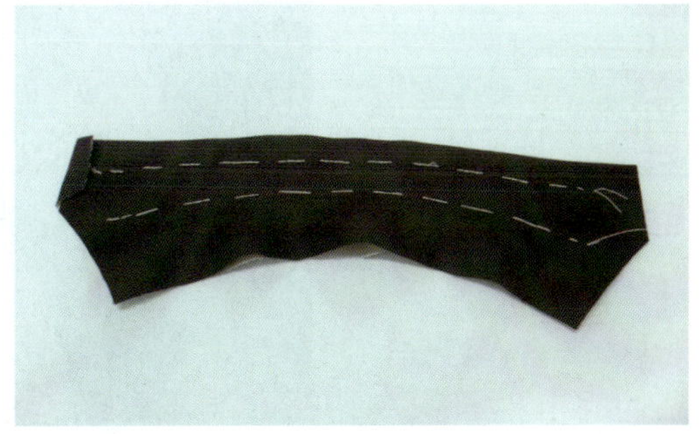

图 5—5—63　固定领子

60. 装领：将领面与衣身里 1 cm 缝合，在领圈转折处需要开剪口，剪口至缝线 0.1 cm（见图 5—5—64），要求剪口位置准确，缝线顺直，无跳线、浮线。

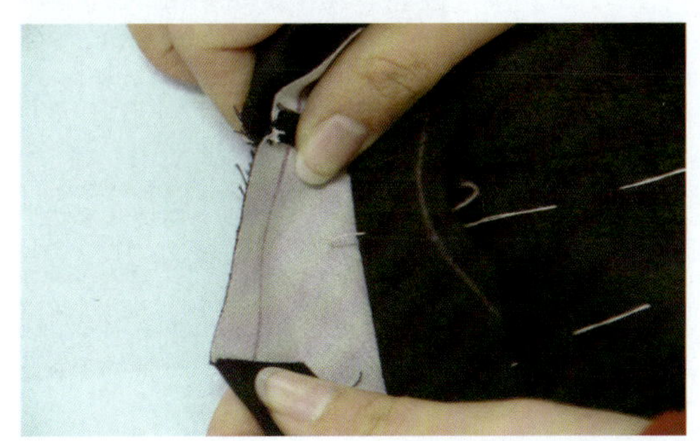
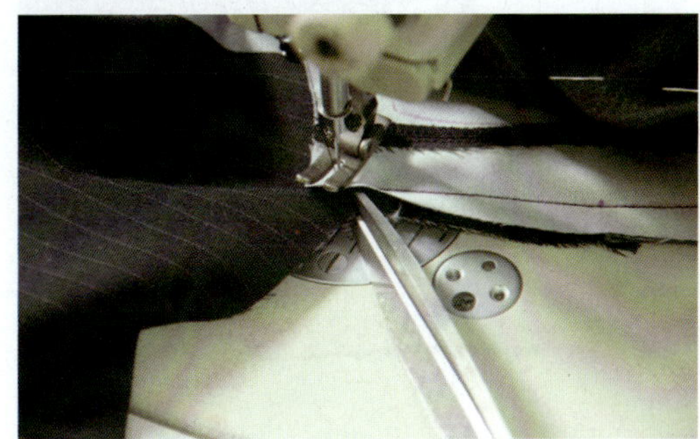

图 5—5—64　装领

61. 合领圈：将领圈开几个剪口后分烫开，并将衣身面里领圈手缝针固定（见图 5—5—65）。

图 5—5—65　合领圈

62. 缲缝领底呢：将领底呢用手工三角针以 0.4 cm 针距一周缲缝在衣身与领面上（见图 5—5—66）。

图 5—5—66 缲缝领底呢

63. 烫袖衩：将大袖片沿净样折烫（见图 5—5—67）。

图 5—5—67 烫袖衩

64. 缝袖衩门襟：将袖衩门襟沿折烫线迹对角再进行折烫，之后 45° 角缝合至缝份 1 cm 处，缝线要略紧些（见图 5—5—68）。

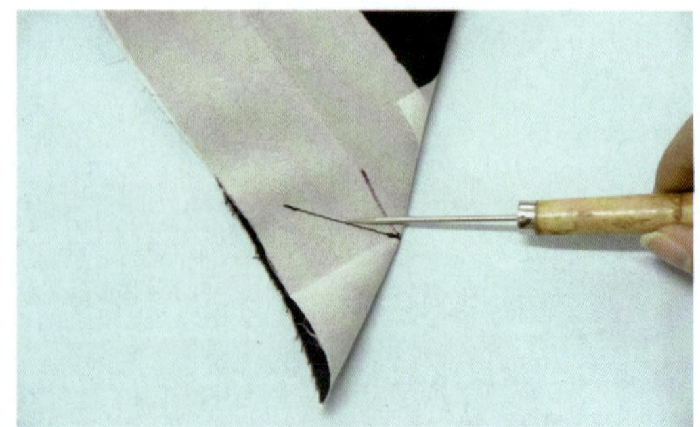

图 5—5—68 缝袖衩门襟

65. 烫袖衩门襟：将袖衩门襟缝份修剪成 0.4 cm，之后分烫，翻正后再进行整烫（见图 5—5—69）。

图 5—5—69　烫袖衩门襟

66. 拼后袖缝：将后袖缝 1 cm 拼合，缝线要顺直，无跳线、浮线（见图 5—5—70）。

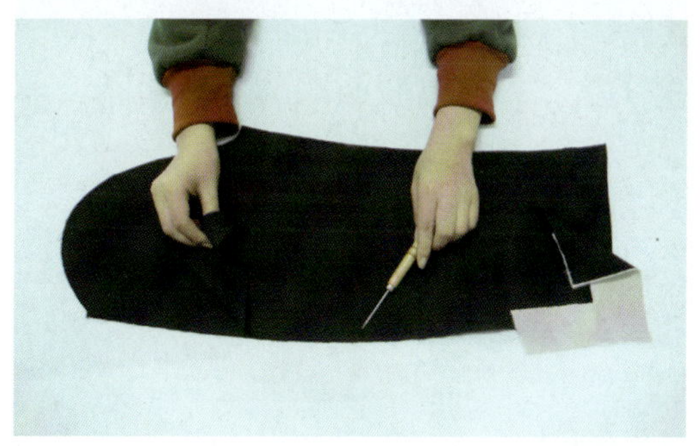
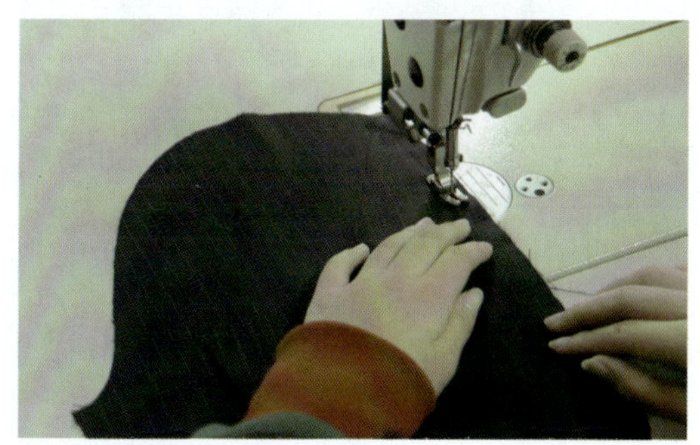

图 5—5—70　拼后袖缝

67. 分烫后袖缝：小袖片袖衩处开剪，将袖衩倒向大袖片，分烫后袖缝，熨烫时面料不能烫黄、烫焦（见图 5—5—71）。

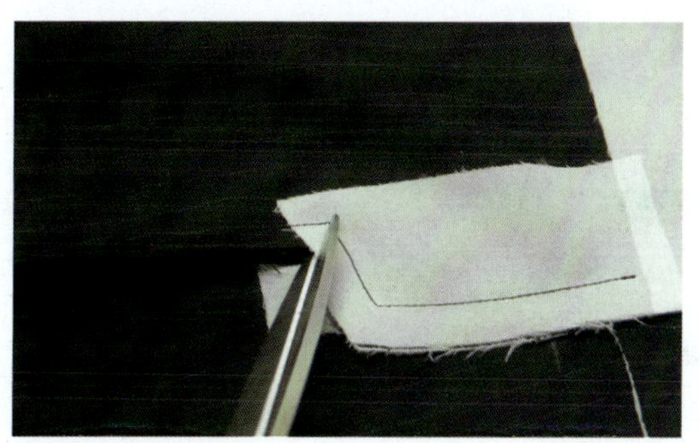
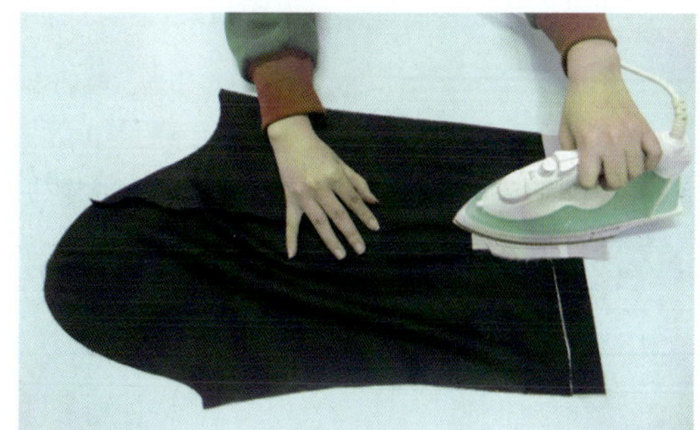

图 5—5—71　分烫后袖缝

68. 烫小袖片袖口：将小袖片袖口沿净样向上折烫，沿净样向上翻折 1 cm 拼合至距缝份 1 cm 处（见图 5—5—72）。

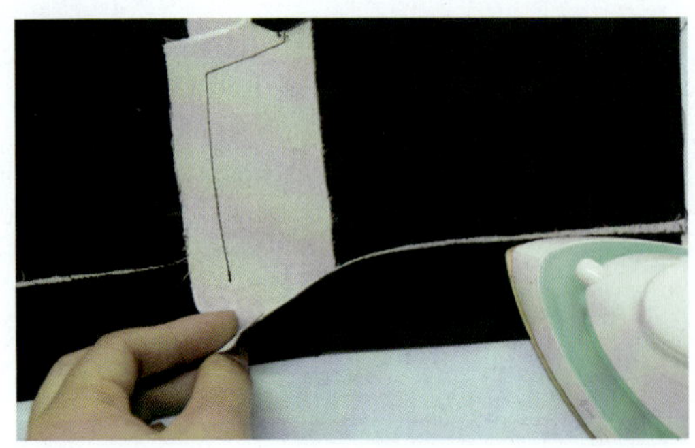
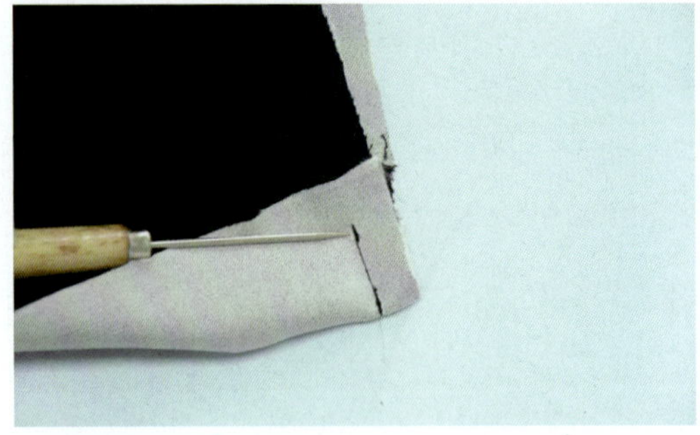

图 5—5—72　烫小袖片袖口

69. 袖衩缝制完成：袖衩要预留 1 cm 缝份，以便缝里布袖口（见图 5—5—73）。

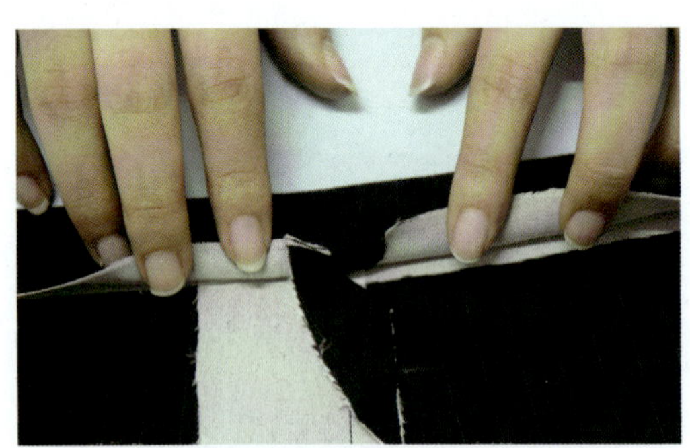

图 5—5—73　袖衩缝制完成

70. 拼前袖缝：将袖子前袖缝 1 cm 拼合，缝线要顺直，无跳线、浮线（见图 5—5—74）。

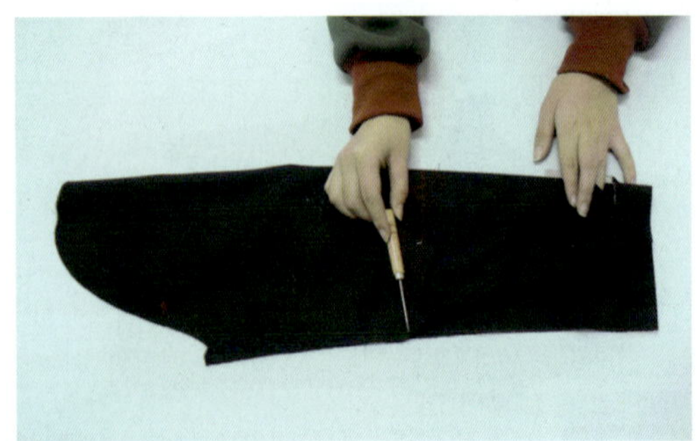
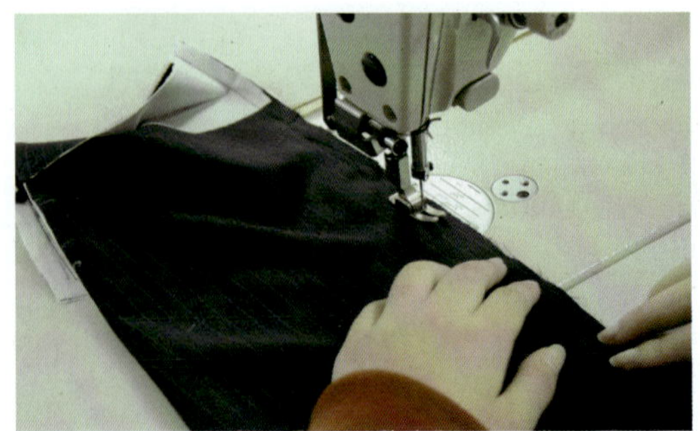

图 5—5—74　拼前袖缝

71. 分烫前袖缝：将前袖缝分烫开，要烫煞，不能烫焦、烫黄（见图 5—5—75）。

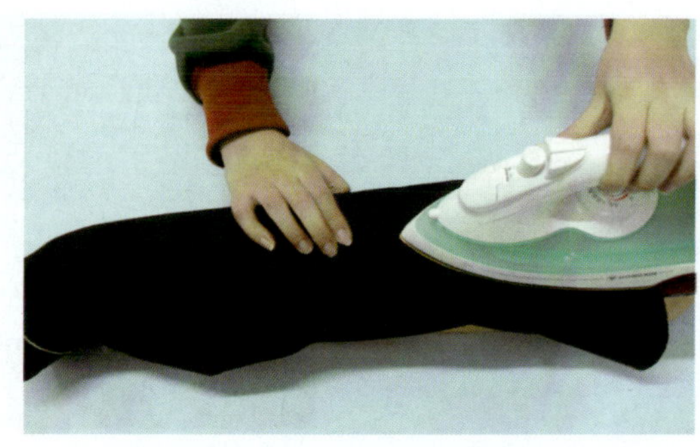

图 5—5—75　分烫前袖缝

72. 缝袖子里布：将袖子里布前后袖缝 1 cm 拼合，缝线要顺直，无跳线、浮线（见图 5—5—76）。

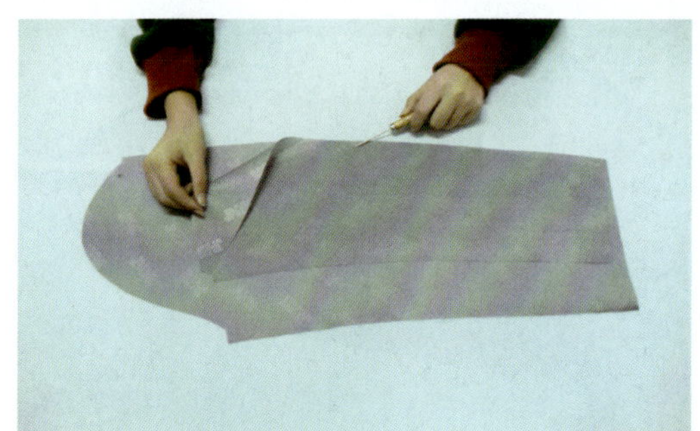

图 5—5—76　缝袖子里布

73. 烫里布袖缝：将里布前后袖缝倒向大袖片，扣烫 1.3 cm，烫出 0.3 cm 座势，面料不能烫黄、烫焦（见图 5—5—77）。

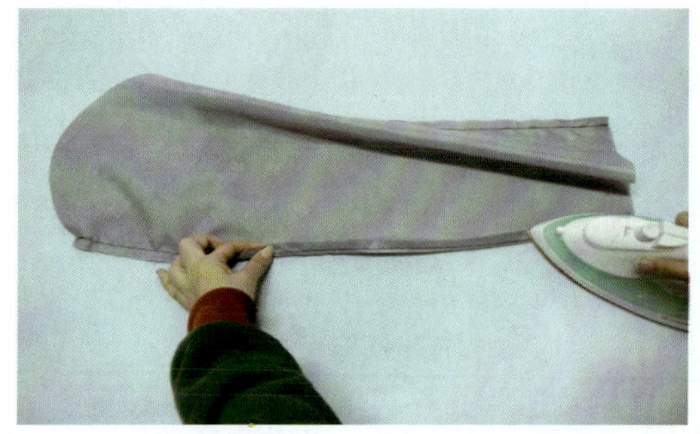

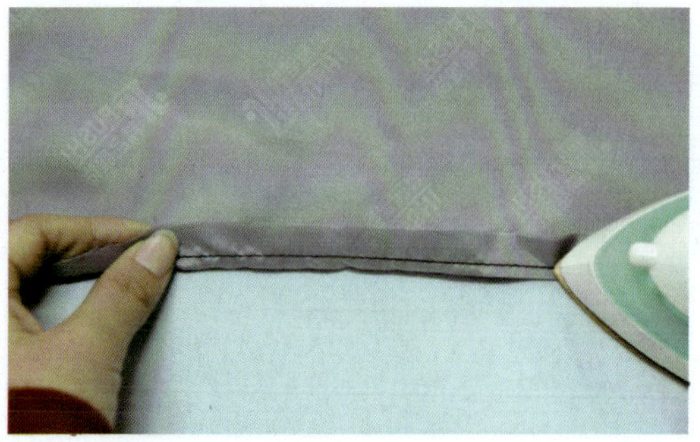

图 5—5—77　烫里布袖缝

74. 缝袖口：将袖子面布塞进袖子里布，袖口相对，1 cm 拼合袖口，缝线要顺直，无跳线、浮线（见图 5—5—78）。

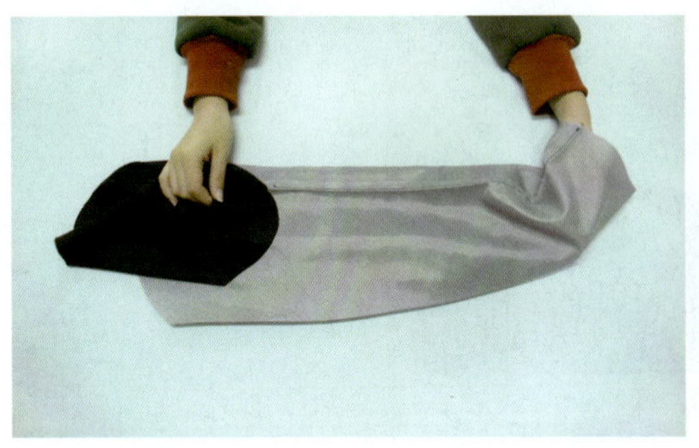
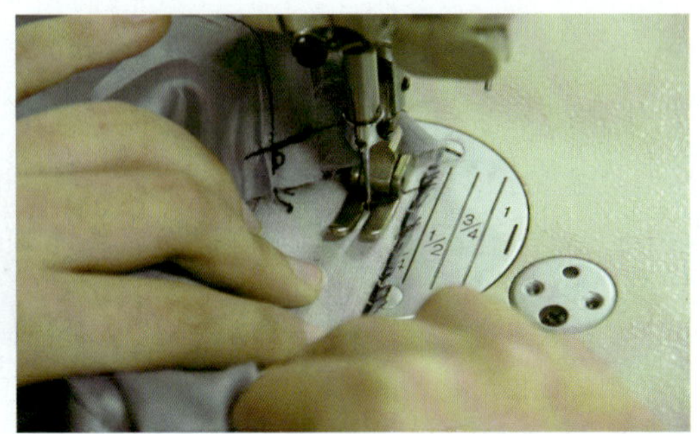

图 5—5—78　缝袖口

75. 缲袖口：将袖口用三角针缲缝，并翻正袖子，袖里布袖口处烫出 1 cm 座势（见图 5—5—79）。

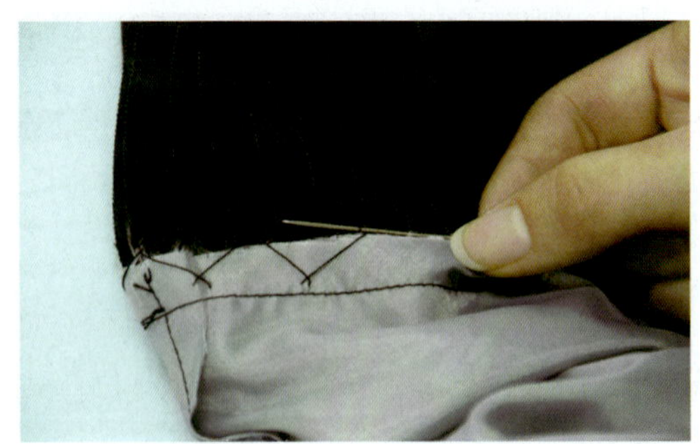
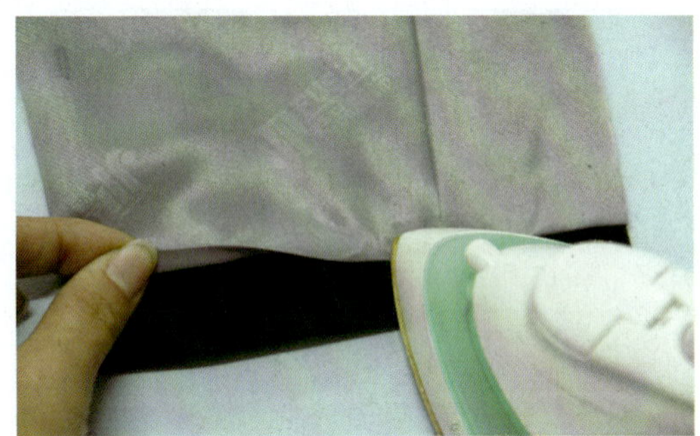

图 5—5—79　缲袖口

76. 抽袖山：将袖山用全棉线以 0.4 cm 针距手缝抽紧一周，抽袖山线距缝份 0.6 cm（见图 5—5—80）。

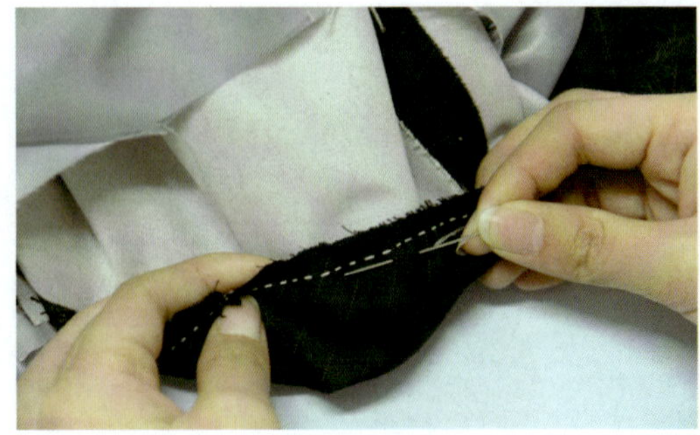

图 5—5—80　抽袖山

77. 装袖：将袖子的袖山与衣身袖窿相对，衣身在下，袖子在上，1 cm 装袖（见图5—5—81）。装袖时，注意缝线要顺直，无跳线、浮线，装袖对位标记要对准。

图 5—5—81　装袖

78. 装袖棉、肩棉：将袖棉用手缝针缝在袖窿面布处，肩棉用手缝针固定（见图 5—5—82）。

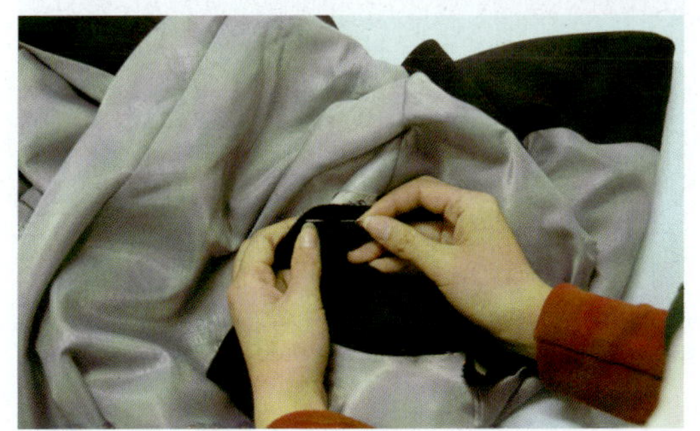

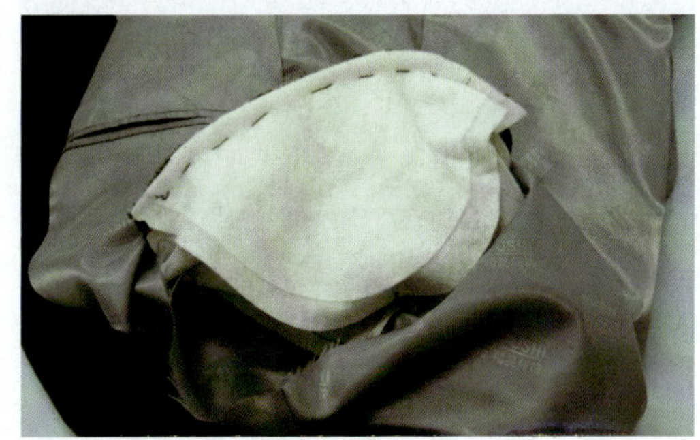

图 5—5—82　装袖棉、肩棉

79. 缲袖里布：将里布袖山向反面烫 1 cm，并用手缝针暗缲缝针法将袖里布与衣身固定住，缲缝针距均匀，松紧适中（见图 5—5—83）。

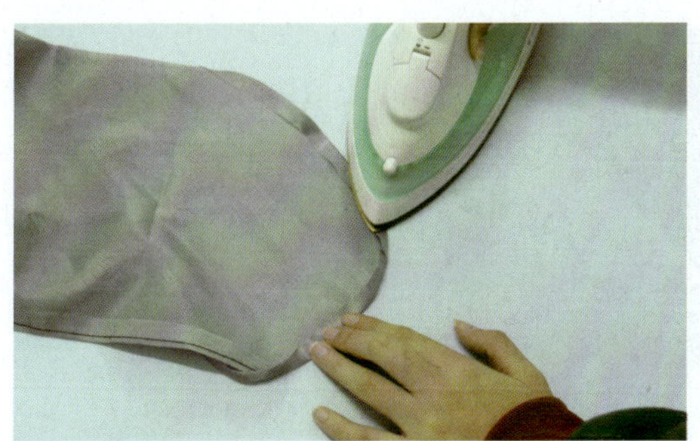

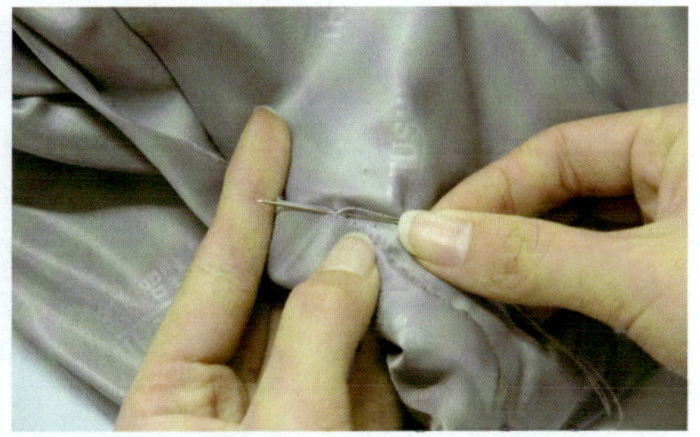

图 5—5—83　缲袖里布

80. 锁眼：将衣片门襟锁圆眼，袖口锁装饰圆眼（见图 5—5—84）。

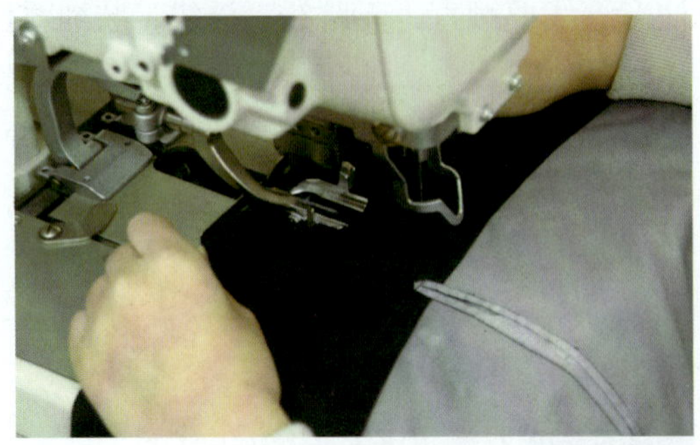

图 5—5—84 锁眼

81. 钉扣：将门襟、袖衩处钉纽扣，缝线松紧适中（见图 5—5—85）。

图 5—5—85 钉扣

82. 整烫：将做好的男西服进行全面整烫，注意控温，不能烫黄、烫焦（见图 5—5—86）。

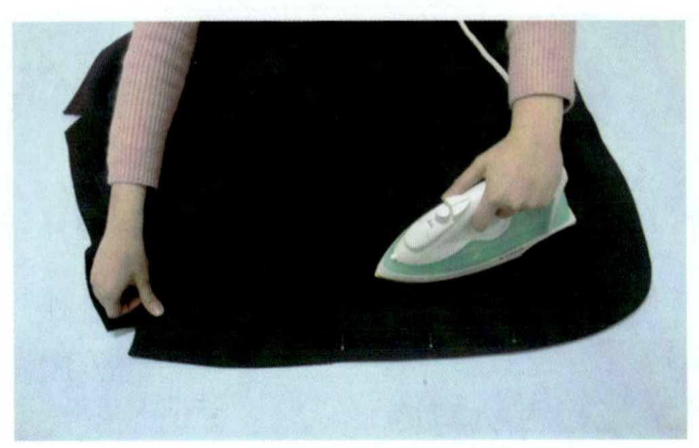

图 5—5—86 整烫

男西服成品如图5—5—87所示。

图5—5—87　男西服成品图

操作提示

◆手巾袋、衣身大袋是男西服的门面，制作时要左右严格对称，条格面料要对条格。

◆领、袖是男西服制作的重点之一，要做到领、袖平整，领子贴身，袖衩左右对称，不能外翘，袖子要做出“三势”（即前势、弯势、扣势）。

◆装袖刀眼位对准，前后不能装反。

◆门、里襟长短一致，左右对称，锁眼钉扣要准确。

◆产品要求整洁，无线头、无极光。

◆制作男西服时，衣身、袖子要进行归拔处理。

五、学习评价

序号	项目	质量要求	分值	自评	小组互评	教师评价	小计
1	规格	各部位规格尺寸不超极限标准	10				
2	衣身	衣身平整，无不良皱褶，无极光、烫黄，口袋位准确，里布松紧适中，衣身无起吊	10				
3	袖子	左右袖子长短一致，开衩平整，袖子装袖三势要准确，里布松紧适中，袖子无起吊	10				
4	领子	领角左右对称，领角贴身，领子不外翘，装领点对位对准	10				
5	整烫	熨烫平整，无烫黄、烫焦、水渍、污渍	10				
合计							

第六节　男西服工艺质量标准

一、男西服成品规格测量方法与极限偏差（见表 5—6—1）

表 5—6—1　男西服成品规格测量方法及极限偏差　　单位：cm

序号	部位	测量方法	极限允许偏差
1	衣长	衣身摆平，由后领中垂直量至衣身底边	±1
2	胸围	纽扣扣好，前后身放平，袖底缝处横量（周围计算）	±2
3	总肩宽	衣身放平，在后身平量两肩端点间距	±0.6
4	袖长	由袖子最高点量至袖口边	±0.7
5	袖口	衣袖放平，平量（周围计算）	±0.2

1. 衣长测量(见图5—6—1)

图5—6—1　衣长测量

2. 胸围测量(见图5—6—2)

图5—6—2　胸围测量

3. 总肩宽测量(见图5—6—3)

图5—6—3　总肩宽测量

4. 袖长测量(见图5—6—4)

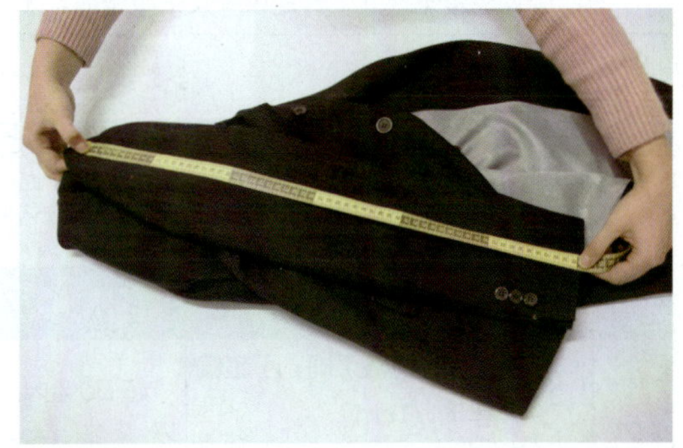

图5—6—4　袖长测量

5. 袖口测量(见图5—6—5)

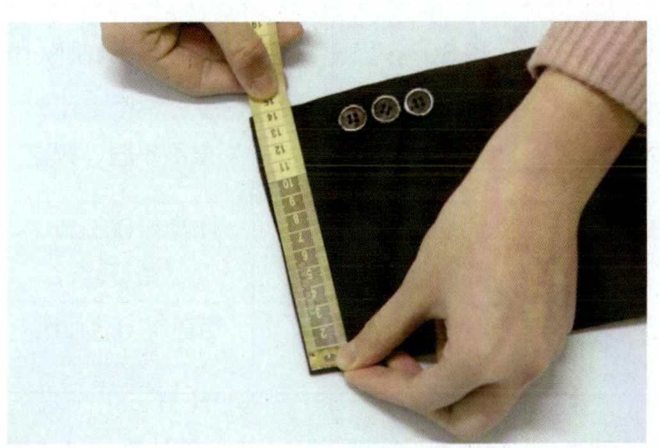

图5—6—5　袖口测量

二、男西服外观质量标准（见表 5—6—2）

表 5—6—2　男西装外观质量标准

序号	部位	外观质量标准
1	领子	领面平服，领窝圆顺，左右领尖不翘
2	驳长	串口、驳口顺直，左右驳头、领嘴大小对称
3	止口	顺直平挺，门襟不短于里襟，不搅不豁，两圆头大小一致
4	前身	胸部挺括，对称，面里衬服帖，省缝顺直
5	袋盖	左右袋高低前后对称，袋盖与袋宽相适应，袋盖与衣身的花纹一致、平服
6	后背	平服
7	肩	肩部平服，表面没有褶，肩缝顺直，左右对称
8	袖	绱袖圆顺均匀，两袖前后长短一致
9	整烫	各部位熨烫平服整洁，无线头、高光，采用粘合衬的部位不渗胶、不脱胶

三、男西服质量评分细则（见表 5—6—3）

表 5—6—3　男西服质量评分细则

项目	序号	质量标准要求	轻缺陷	扣分	重缺陷	扣分	严重缺陷	扣分
规格 20	1	衣长规格正确，不超偏差 ±1.0 cm	超 50%内		超 50% ~ 100%内		超 100%以上	
	2	胸围规格正确，不超偏差 ±2.0 cm	超 50%内		超 50% ~ 100%内		超 100%以上	
	3	肩宽规格正确，不超偏差 ±0.8 cm	超 50%内		超 50% ~ 100%内		超 100%以上	
	4	袖长规格正确，不超偏差 ±0.8 cm	超 50%内		超 50% ~ 100%内		超 100%以上	
	5	领大规格正确，不超偏差 ±0.3 cm	超 50%内		超 50% ~ 100%内		超 100%以上	
领子 20	6	领面平服，顺直，端正	轻不平服、顺直		重不平服、顺直			
	7	领角左右对称，大小一致，不反翘	互差 0.2 cm，反翘		互差 > 0.3 cm，重反翘		互差 > 0.5 cm	
	8	驳角左右对称，大小一致，串口顺直	互差 0.2 cm，轻弯		互差 > 0.3 cm，重弯		严重不对称，平服	
	9	底领不外露，不起涌	轻外露，起涌		重外露，起皱		严重外露，皱	

续表

项目	序号	质量标准要求	轻缺陷	扣分	重缺陷	扣分	严重缺陷	扣分
领子 20	10	领面不反吐止口	有		重反吐			
	11	绱领平服，无弯斜	有，弯斜 ＞ 0.5 cm		重弯斜＞ 1.0 cm		严重弯斜 ＞ 1.5 cm	
	12	领窝平服，不拉还或起皱	有皱		重拉还，皱		严重拉还，皱	
	13	驳口顺直，位置正确，左右对称	轻不顺直， 位置上 / 下 ＞ 1.5 cm /1.0 cm		重不顺直， 位置上 / 下 ＞ 2.0 cm /1.5 cm		严重弯曲	
	14	挂面平服，宽窄一致，缉线顺直，松紧适宜	轻不平服顺直， 互差＞ 0.3 cm		重弯曲，皱， 反翘			
	15	竖开刀顺直平服，左右对称	左右互差 0.5 cm		重弯曲，互差 ＞ 1.0 cm			
门里襟与袋 20	16	门里襟平服，顺直	轻不平服，顺直		重不平服，顺直		严重弯斜	
	17	门里襟长短一致	门襟长里襟 ＞ 0.4 cm		门襟长里襟 ＞ 0.7 cm， 或门襟短于里襟		互差 ＞ 1.0 cm	
	18	门里襟止口不反吐	有反吐		重反吐		全部反吐	
	19	袋位高低进出一致	互差 ＞ 0.5 cm		互差＞ 0.8 cm			
	20	口袋平服，大小一致，袋盖止口不反吐	袋口袋盖互差 ＞ 0.4 cm， 轻反吐		互差＞ 0.8 cm， 重反吐			
	21	贴袋与袋盖窝服，缉线顺直，牢固	轻不平服，弯斜		重不平服，弯斜		严重弯斜	
	22	袋口嵌线宽窄一致，袋角方正	互差＞ 0.1 cm， 轻不方正		互差＞ 0.2 cm， 重不方正		互差＞ 0.3 cm， 严重毛出， 不方正	
	23	手巾袋平服方正，宽窄一致，丝绺相符	宽窄互差 ＞ 0.1 cm， 轻偏斜		互差＞ 0.3 cm， 重弯斜		丝绺用错	
肩胸腰部位 12	24	肩部平服，肩缝顺直	轻不平服，弯		重弯，皱			
	25	小肩宽窄左右一致	互差 ＞ 0.4 cm		互差＞ 0.7 cm			

续表

项目	序号	质量标准要求	轻缺陷	扣分	重缺陷	扣分	严重缺陷	扣分
肩胸腰部位 12	26	后肩背圆顺，后背方登	轻不平服，方登		重不平服，方登			
	27	里袋、笔袋、卡袋袋口整齐，嵌线宽窄一致，封口牢固、整洁	宽窄互差 > 0.1 cm，不牢固、方正		互差 > 0.3 cm，重不牢固、方正			
	28	胸省位置适宜，大小左右对称	长短互差 > 0.5 cm，左右互差 > 0.4 cm		长短互差 > 0.8 cm，左右互差 > 0.7 cm			
	29	腰部、摆部平服顺直（背衩平顺）	轻不平服		重不平服，门短里长			
	30	胸部面、里、衬服帖，挺括位置准确，左右一致	胸不丰满，不挺括，起皱		左右不对称，重皱、起壳			
绱袖 12	31	绱袖圆顺，顺势均匀	轻不圆顺均匀		重皱		严重不均匀	
	32	袖子前后适宜，左右对称	前后互差 > 0.6 cm		前后互差 > 1.0 cm		严重弯斜	
	33	两袖不翻不吊	有翻、吊		两袖均有			
	34	袖缝线顺直，平服	轻不顺直		严重弯曲			
	35	袖衩、扣左右一致，袖方向均匀对称	衩、扣互差 > 0.5 cm		两衩反向			
里子、底边 8	36	面与夹里松紧一致，肩、摆、袖缝滴针	轻不一致，未滴 1 处		里距底边，袖口 < 0.5 cm，未滴 2 处		里子外露，未滴针	
	37	底边顺直，宽窄一致	宽窄互差 > 0.4 cm		宽窄互差 > 0.5 cm		严重弯斜	
	38	无里底边花绷针脚均匀不外露	轻皱，外露		针脚 3 cm < 5 针			
整洁牢固 8	39	领驳头、大身袋、袖、背符合对条格要求	1 处		2 处		多处	
	40	针码 3 cm > 12 针（明线）	少于 12 针					
	41	领面有浮线、极光	浮线 1 处		极光，浮线多于 2 处			

续表

项目	序号	质量标准要求	轻缺陷	扣分	重缺陷	扣分	严重缺陷	扣分
整洁牢固 8	42	产品整洁无线头、污渍	有		面 2 根暗 4 根，污渍 2 cm			
	43	无断线或轻微毛脱	长度 < 0.5 cm		长度 > 0.5 cm，< 1.0 cm			
100	合计扣分							

注：出现下列情况扣分标准

1. 凡各部位有开线、脱线长度 > 1 cm 以上应扣 3 ~ 5 分，长度 > 2 cm 扣 8 分，部位是________。

2. 严重污渍，面积在 2 cm^2 以上，按面积大小扣分，一般扣 4 分，严重扣 8 分，部位是________。

3. 凡出现丢工、缺件、错序，按其部位轻重，一处扣 4 ~ 8 分，部位是________。

4. 凡出现事故性质量问题，如烫黄、变质、破损等，扣 4 ~ 15 分，部位是________。

5. 粘合衬严重起泡、脱胶、渗胶扣 3 ~ 5 分，部位是________。

6. 本标准质量总分为 100 分，时间分为 20 分。总成绩 = 质量分 80% + 时间分。

7. 表中项目轻缺陷扣 1 分，重缺陷扣 2 分，严重缺陷扣 3 分，每栏扣分不超过该项目总分数。

知识拓展

男西服作为上衣中的重点，在学习服装制作的过程中有着举足轻重的作用。一件好的男西服要历经上百道工序才能制作完成，其工艺方法涵盖了多数服装品种的制作方法。所以，学好一件男西服的制作，众多服装工艺即可迎刃而解。

男西服制作分为全麻衬、半麻衬（见图 5—6—6）和粘合衬三种工艺方式。其中以全麻衬西服最为考究，工艺最为烦琐，制作过程中需要用手缝针以“八字针”（见图 5—6—7）的形式将麻衬缝制在面料上。这种西服挺括，胸部饱满，松紧适度，属于男西服的上品。半麻衬西服只做胸部麻衬，其他用粘合衬的方式制作，这种西服制作时要比全麻衬西服简便些，造型与全麻衬西服相仿。在粘合衬流行之后，为了简化西服工艺使用粘合衬的方式制作的西服称为粘合衬西服。相比全麻衬西服，粘合衬西服胸部不够饱满，失去了男西服的庄重感，但却显得更为休闲。

图 5—6—6　全麻衬男西服与半麻衬男西服

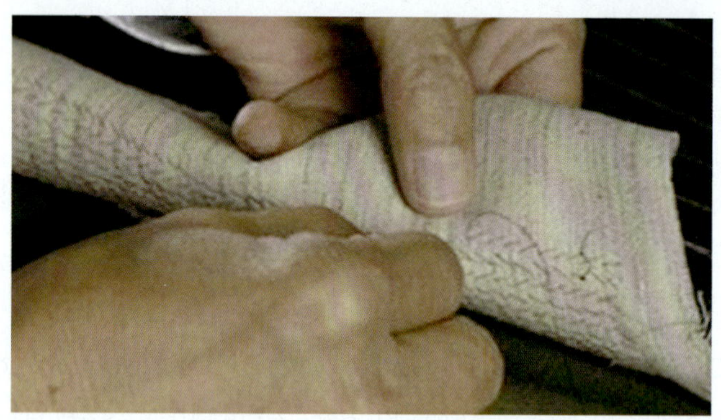

图 5—6—7　手工纳衬

男西服可以通过改变驳领样式、门襟样式以及后背底边的开衩来进行款式变化。驳领样式有戗驳领、平驳领、青果领等（见图 5—6—8），门襟样式有单排扣、双排扣、一粒扣、两粒扣和三粒扣，后背开衩有后侧开衩、后中开衩（见图 5—6—9）或者不开衩。

图 5—6—8　男西服戗驳领、平驳领、青果领

图 5—6—9 男西服后侧开衩、后中开衩

思考与练习

制作一件男西服，并编制出工艺单。

第六章

中式服装缝制工艺

中山装和旗袍是中式服装的代表。它们在中国传统服饰设计的基础上，结合了中国人的穿着习惯和中西方的审美习俗，在国际上被视为具有中国气派的民族服装。

本章选取了中山装和旗袍的部件工艺进行讲述，这些零部件工艺在整件服装工艺中有着重要的作用。本章的重点工艺是中山装领袋、旗袍领和旗袍盘扣工艺。

学习目标

1. 掌握中山装口袋、领子的工艺制作方法。
2. 能够制作旗袍的盘扣及中式立领。
3. 培养对中式服装部件的品控能力。

第一节　中山装部件缝制工艺

中山装上身左右各有两个带盖子和扣子的口袋，下身是西式长裤。其主要特点是立翻领、前身四个明贴袋，款式造型朴实而干练。中山装既有西式服装平整、挺括、有衣兜的优点，又有当时中式服装高领、庄重的特色。

本节主要讲述中山装胸前贴袋、立体贴袋和中山装领的缝制工艺。

一、中山装胸前贴袋缝制工艺

中山装胸前贴袋，工艺难度较其他有盖口袋复杂。它要求“盖”与“袋”正好匹配，不能“大头戴小帽”，也不能“小头戴大帽”；袋盖面缉 0.6 cm 明线。中山装胸前贴袋缝制材料见表 6—1—1。

表 6—1—1　中山装胸前贴袋缝制材料表

类别	材料
面料	前片大身 ×1　袋盖面 ×1 袋盖里 ×1　贴袋 ×1
辅料	无纺衬若干

具体缝制工艺如下：

1. 贴袋划净样：将贴袋上口 1.5 cm 卷边缝，反面中间垫一小块本色布，以增加钉扣牢度，并在反面划出贴袋净样（见图 6—1—1）。

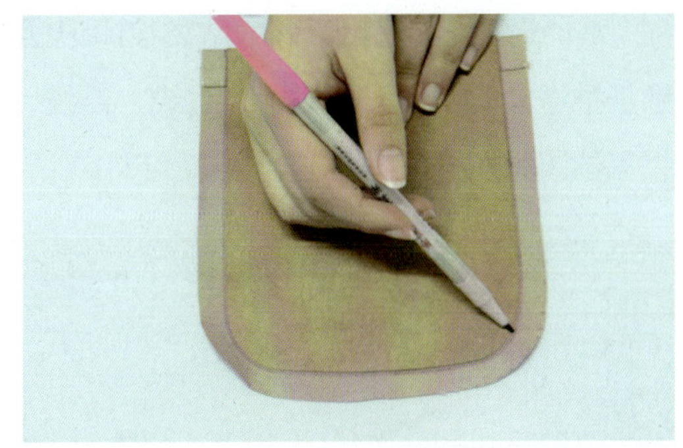

图 6—1—1　贴袋划净样

2. 抽缩袋角：在贴袋圆角处离进止口 0.5 cm 车缝一道针迹较疏缝线，之后拉紧缝线，使袋底圆角自然扣转（见图 6—1—2）。

图 6—1—2　抽缩袋角

3. 烫贴袋：把贴袋净样板放置在胸贴袋面料的反面，沿边扣转缝份，钉好烫煞，注意左右对称（见图 6—1—3）。

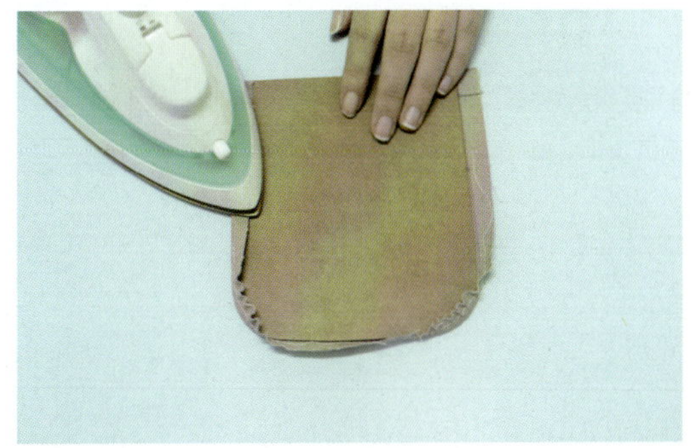
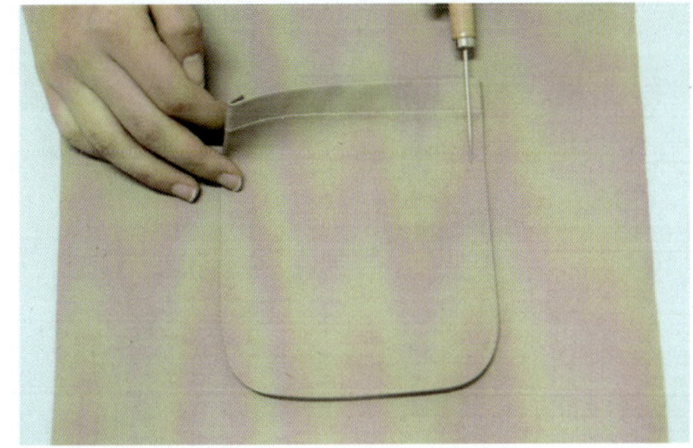

图 6—1—3　烫贴袋

4. 缉贴袋：把扣烫好的贴袋按印记摆放在袋位上，缉 0.6 cm 明线，在圆角转弯处用锥子推送。要求缉线顺畅，无跳线、浮线、断线，圆角处圆顺。接着在距袋口 1.5 cm 划出袋盖位（见图 6—1—4）。

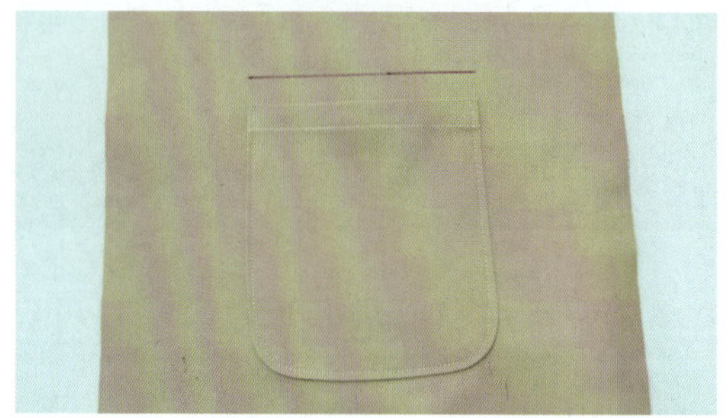

图 6—1—4 缉贴袋

5. 袋盖粘衬、划样：在袋盖的反面烫上粘合衬，按袋盖净样板划线（见图 6—1—5）。

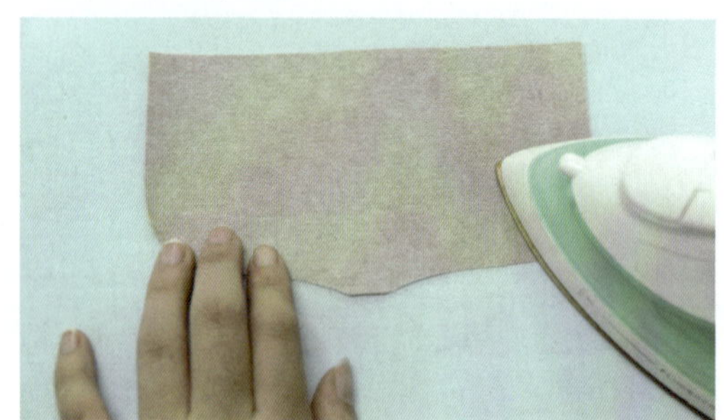

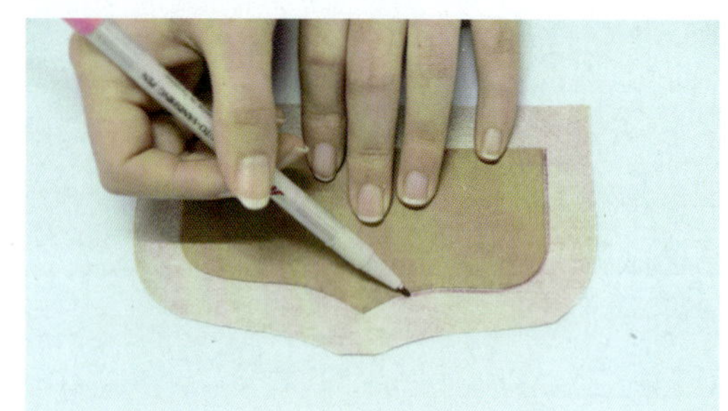

图 6—1—5 袋盖粘衬、划样

6. 缉袋盖：把贴袋盖面、里正面相对，袋盖里在上，按净线车缉，缉时袋盖里略带紧，圆角圆顺。靠门襟侧袋袋盖处需做插笔洞一个，按贴袋盖前端偏进 1 cm、笔洞大 4 cm 缉线（见图 6—1—6）。

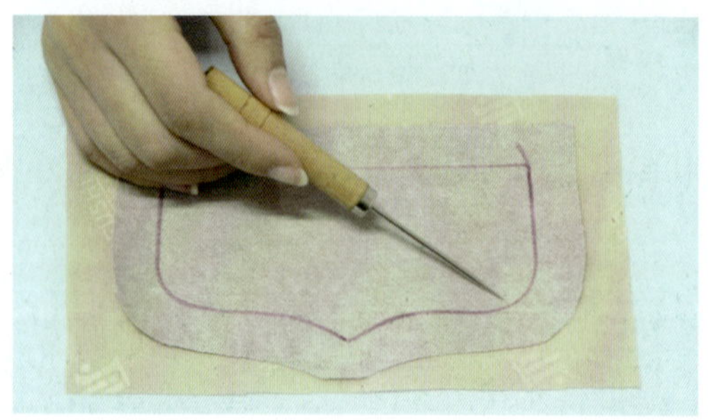

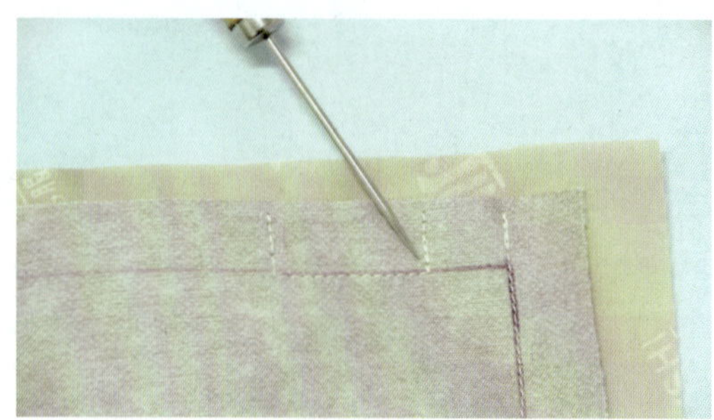

图 6—1—6 缉袋盖

7. 修剪袋盖缝份：将小袋盖缝份修剪整齐，圆角处缝份修成 0.3 cm，注意不能剪断缉线。并将笔洞位置缝份修剪成 0.3 cm（见图 6—1—7）。

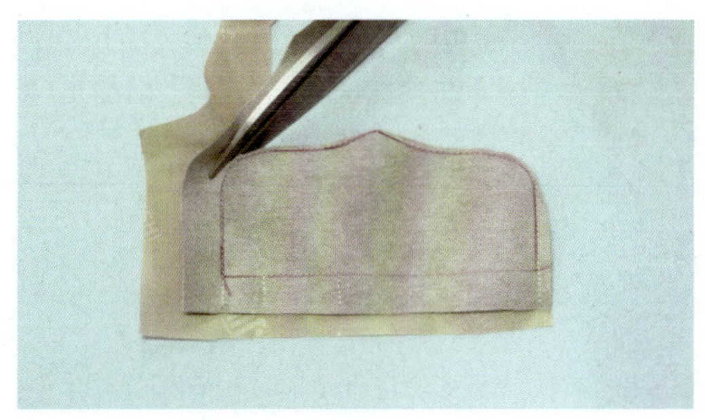

图 6—1—7　修剪袋盖缝份

8. 缉笔洞明线：将袋盖翻正熨烫，圆角窝势自然，烫圆，并烫出里外匀，之后距笔洞 0.6 cm 车缝明线一道，并将上口缝份修剪成 0.5 cm（见图 6—1—8）。

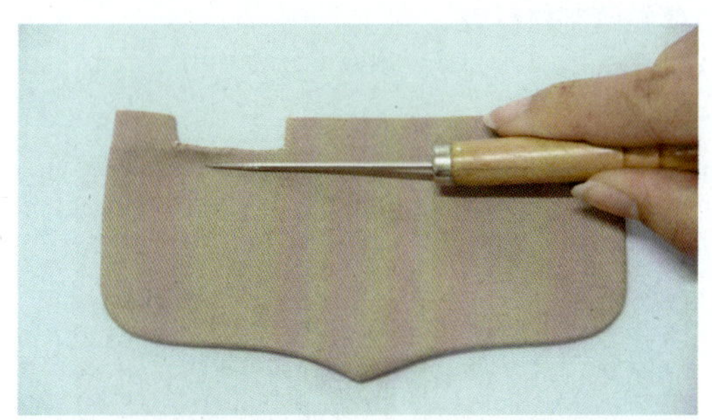
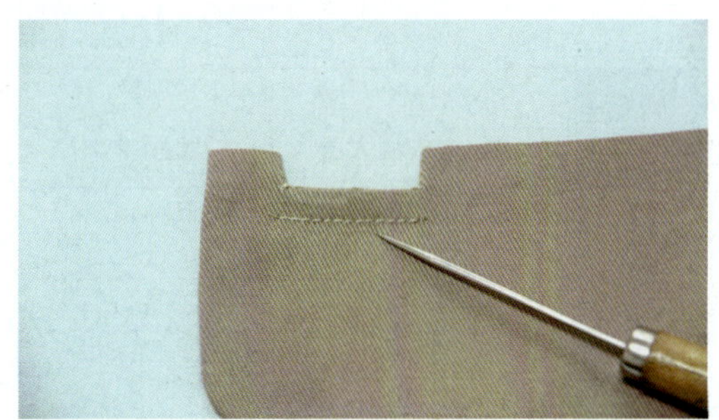

图 6—1—8　缉笔洞明线

9. 缉袋盖：袋盖车缝 0.6 cm 明线一道后，将袋盖缉缝在袋盖位上，缝线要顺直，无跳线、浮线；并将袋盖翻正，在上口处缉 0.6 cm 明线一道加固（见图 6—1—9）。

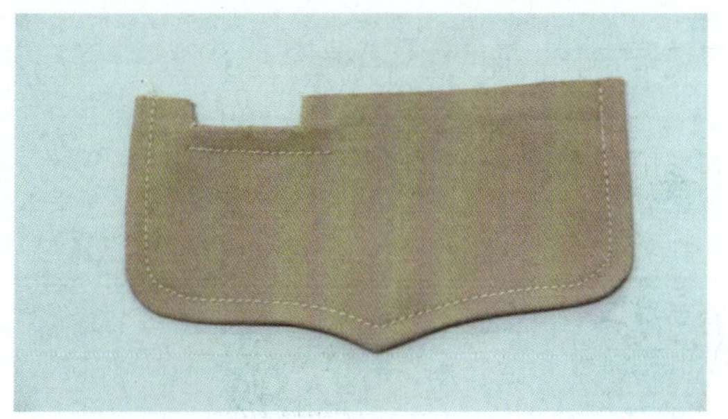

图 6—1—9　缉袋盖

10. 贴袋缝制完成：贴袋明线顺畅，无跳线、浮线、断线，袋盖圆角窝势自然不外翘，左右贴袋对称（见图 6—1—10）。

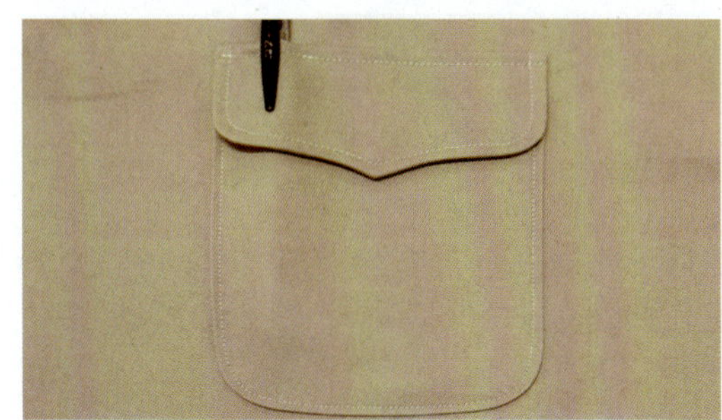

图 6—1—10　贴袋缝制完成图

二、中山装立体贴袋缝制工艺

通常，中山装立体贴袋必须先将贴袋的立体内芯部分做好，袋盖和贴袋需相互匹配，袋盖面缉 0.6 cm 明线。中山装立体贴袋缝制材料见表 6—1—2。

表 6—1—2　中山装立体贴缝制材料表

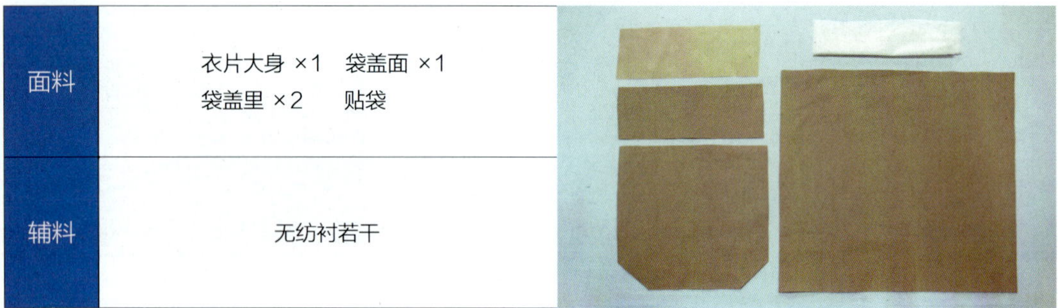

面料	衣片大身 ×1　袋盖面 ×1 袋盖里 ×2　　贴袋
辅料	无纺衬若干

具体缝制工艺如下：

1. 缉大袋口：袋口卷边 1.5 cm 缉线，反面中间垫本色料一块，以增加钉纽牢度（见图 6—1—11）。

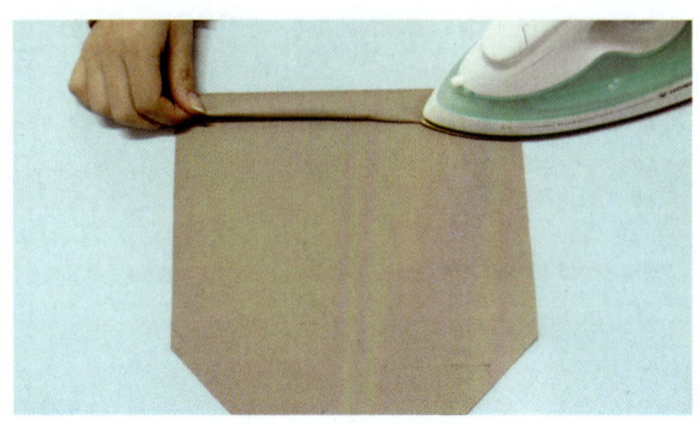
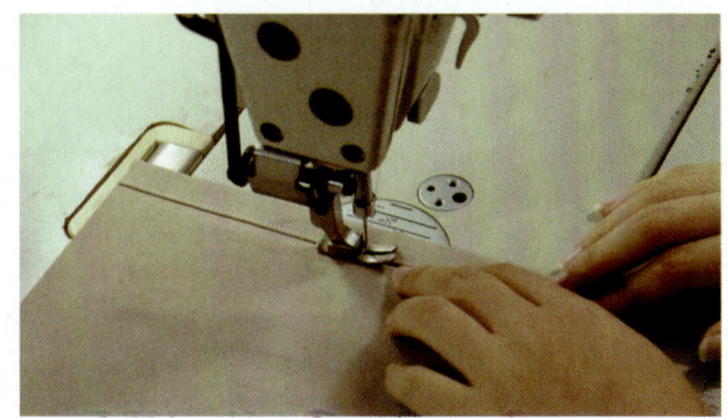

图 6—1—11　缉大袋口

2. 烫大袋：将大袋按净样板扣烫，要烫煞，袋底角对折（见图 6—1—12）。

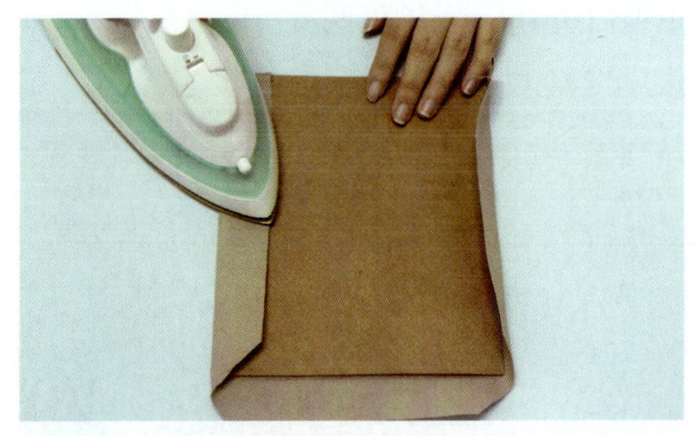

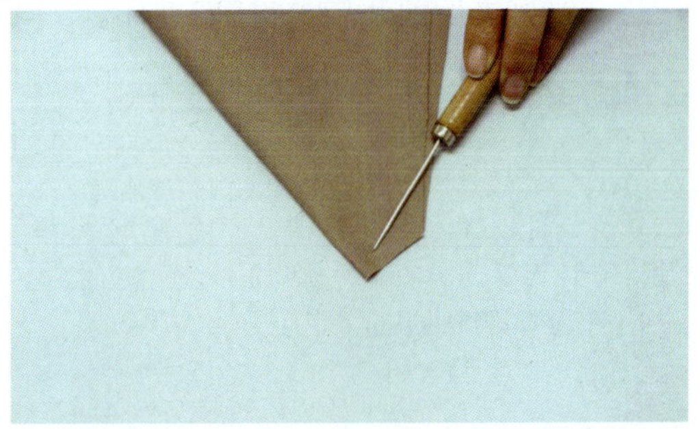

图 6—1—12　烫大袋

3. 缉袋底角：将袋底角对折 1 cm 拼缝，缝份修成 0.6 cm，并分烫（见图 6—1—13）。

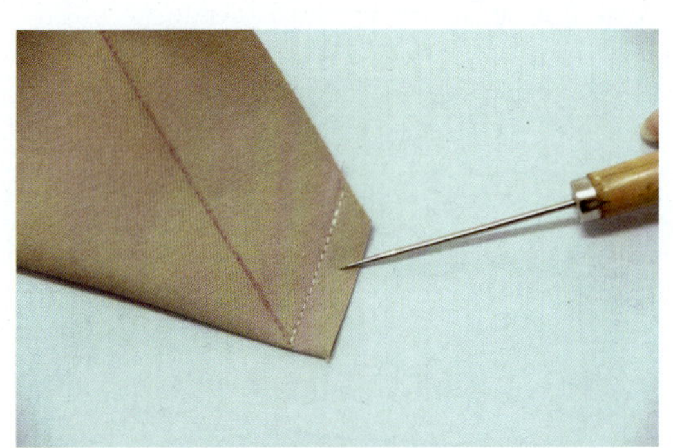

图 6—1—13　缉袋底角

4. 固定大袋：将大袋角翻正，用手辅助工具将大袋固定在衣身贴袋袋位上（见图 6—1—14）。

图 6—1—14　固定大袋

5. 缝贴袋：从贴袋前侧止口边开始，沿折边 0.6 cm 缝份进行缝合，沿大袋贴边暗缉三边，缉好之后前后袋角封口。封口长 1 cm，距袋口边 0.5 cm（见图 6—1—15）。

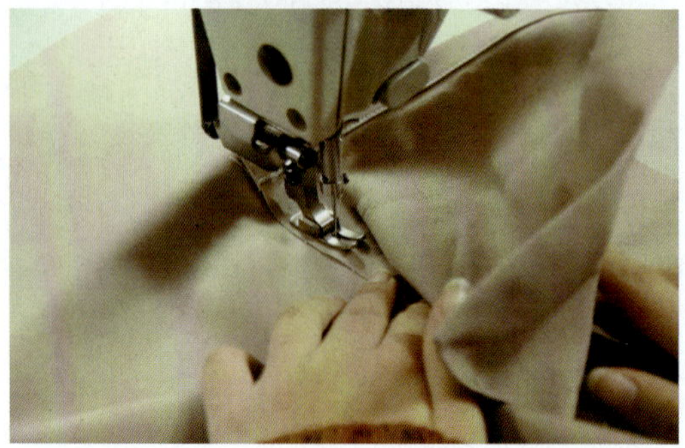

图 6—1—15 缝贴袋

6. 划袋盖位：距大袋口 1.5 cm 处划出大袋盖位（见图 6—1—16）。

图 6—1—16 划袋盖位

7. 袋盖粘衬、划样：大袋盖反面熨烫粘合衬，后按大袋盖净样板划线（见图 6—1—17）。

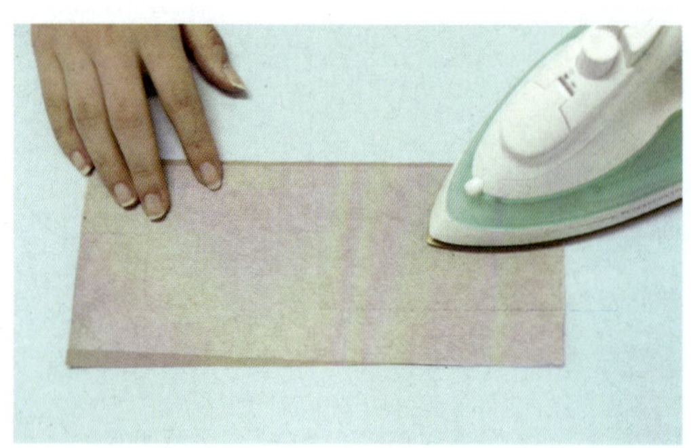

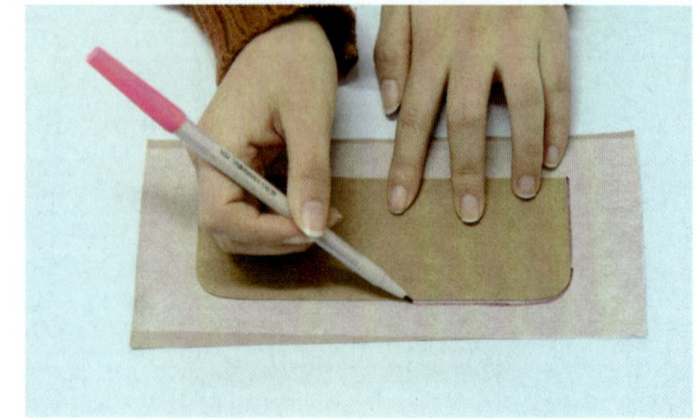

图 6—1—17 袋盖粘衬、划样

8. 缉大袋盖：袋盖长 17 cm 宽 6 cm，袋盖前端为直丝绺。袋盖里比袋盖面小 0.3 cm，按照袋盖净缝线进行缝合；袋盖圆角处袋盖面要吃进，做出袋盖圆角窝势（见图 6—1—18）。

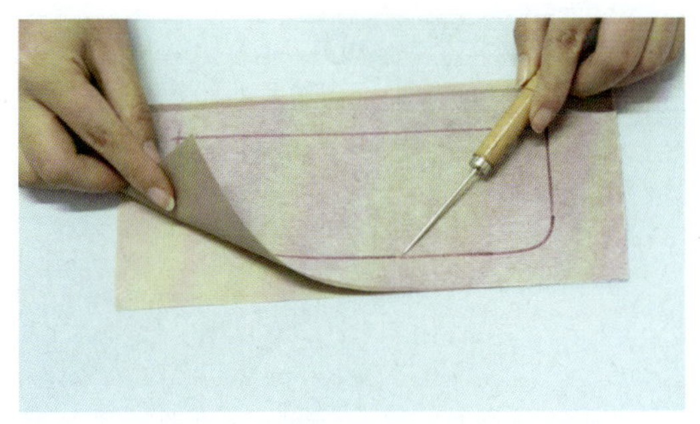

图 6—1—18　缉大袋盖

9. 修剪袋盖缝份：将缝份修剪整齐，袋盖圆角缝份 0.3 cm，修剪圆顺。然后扣烫缝份，并将袋盖翻正，烫出里外匀（见图 6—1—19）。

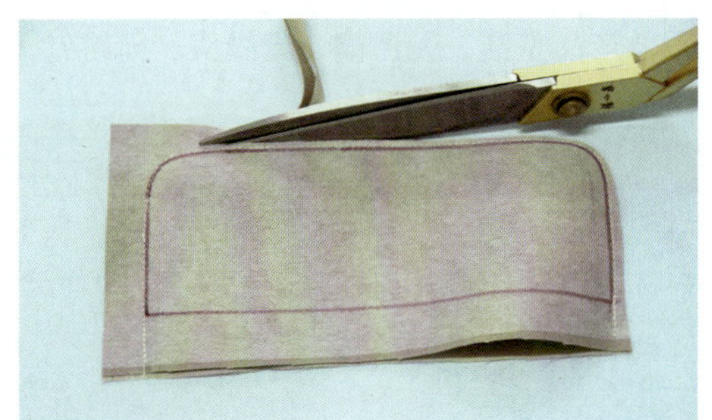

图 6—1—19　修剪袋盖缝份

10. 缉袋盖明线：将袋盖轻微卷起形成工艺制作手势，并在袋盖上端缝份处车缝一道固定线迹，之后沿袋盖止口三周缉明线 0.6 cm，修剪袋盖上口留缝份 0.5 cm（见图 6—1—20）。

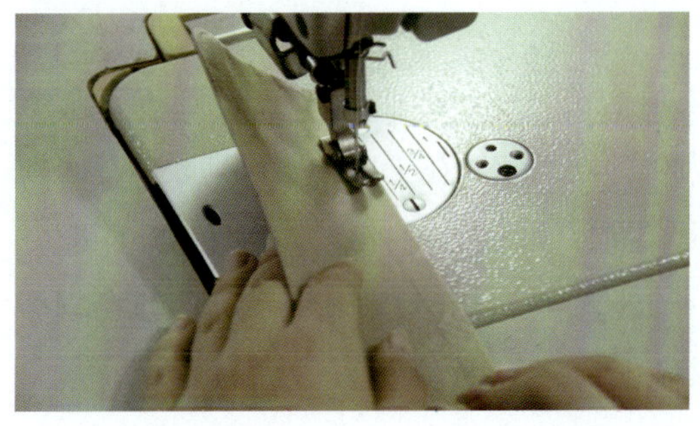
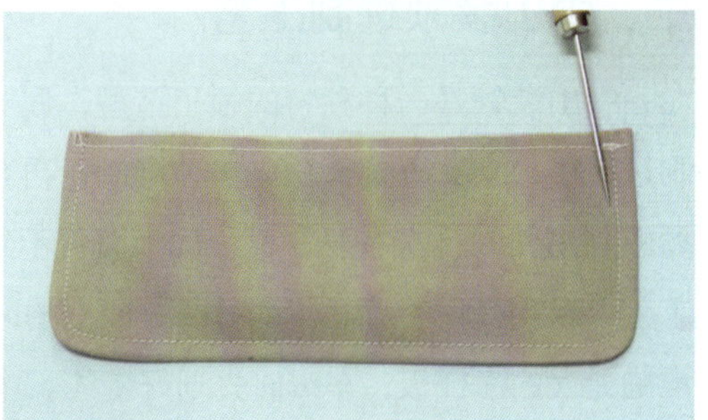

图 6—1—20　缉袋盖明线

11. 绱大袋袋盖：将大袋袋盖净宽线与袋口位对齐缉线，袋盖中段略放吃势，使袋口保持胖势，并把多余的缝份修净后将袋盖折转，在袋盖正面压缉 0.6 cm 明线一道，起落针回针加固（见图 6—1—21）。

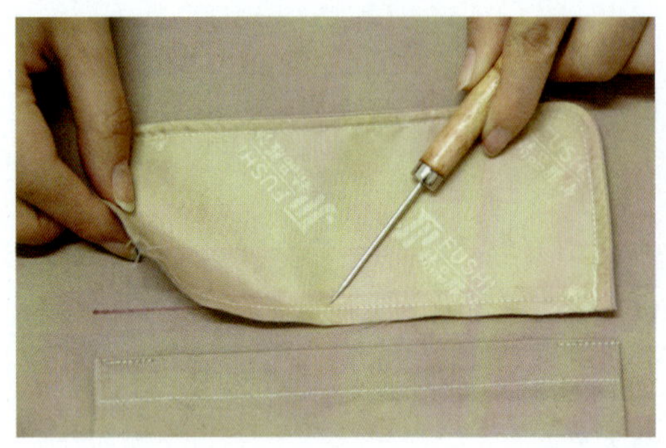

图 6—1—21 绱大袋袋盖

12. 立体贴袋缝制完成：袋盖要比贴袋两端多出 0.2 cm，袋盖要里外匀层势，袋盖窝服，产品整洁，无污渍、无线头、无跳针（见图 6—1—22）。

图 6—1—22 立体贴袋缝制完成图

三、中山装领缝制工艺

中山装领是一种独特的领子造型，属于翻立领款式，分上翻领和下立领两部分。在缝制过程中，上、下领部分先单独缝制，再合二为一。中山装领在工艺上要求高，领子必须要做好里外匀且左右要对称，从领面看不到领里，而且领头窝势要自然，操作时应注意各工艺要求和操作手势。裁剪时要有面里的区分，一般领面要比领里大 0.2 cm。要准备规格准确无误的净样板，车缉时先划好缝线。中山装领缝制材料见表 6—1—3。

表 6—1—3　中山装领缝制材料表

面料	上领面 ×1　上领里 ×1 下领面 ×1　下领里 ×1	
辅料	无纺衬若干	

具体缝制工艺如下：

1. 上领粘衬、划净样：上领面比上领里四周要大 0.2 cm。粘衬必须粘牢，平服，不起泡。并用净样板划出上领净样（见图 6—1—23）。

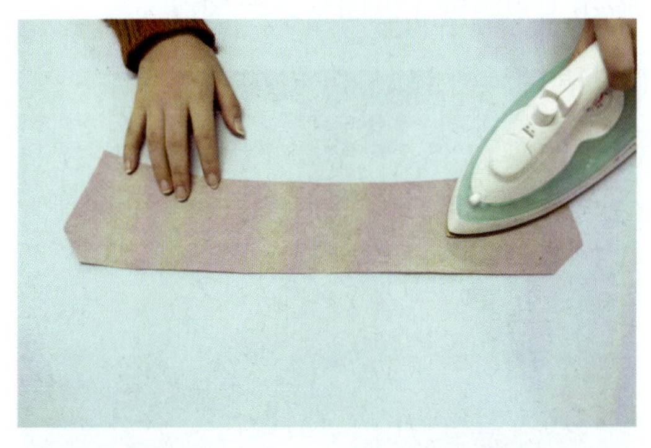
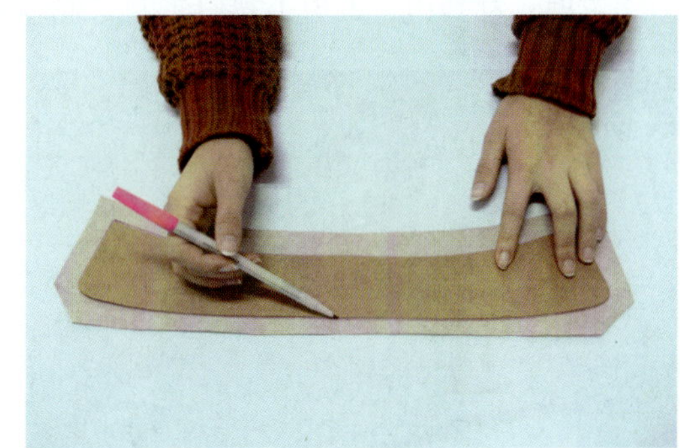

图 6—1—23　上领粘衬、划净样

2. 合上领：按上领净样将上领面、上领里缝合，起落针回针固定，缉线要顺直，无跳线、浮线；领面圆角处略放层势，做出领角窝势，同时防止上领里反吐（见图 6—1—24）。

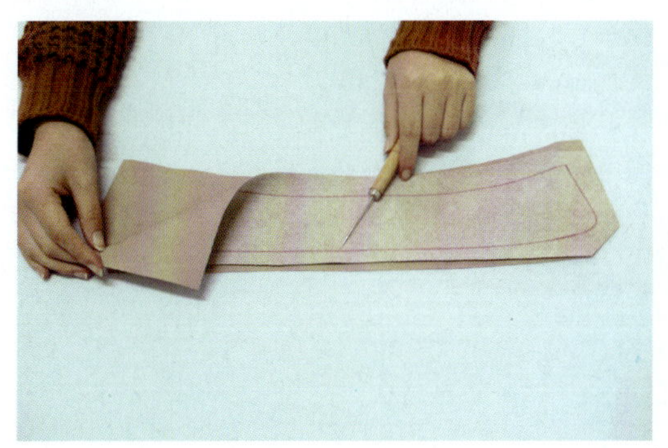

图 6—1—24　合上领

3. 修烫上领缝份：将上领缝份修成高低缝，两角缝份修剪成 0.3 cm，其余缝份 0.5 cm。然后向领面方向扣倒，在两角处要扣烫圆顺（见图 6—1—25）。

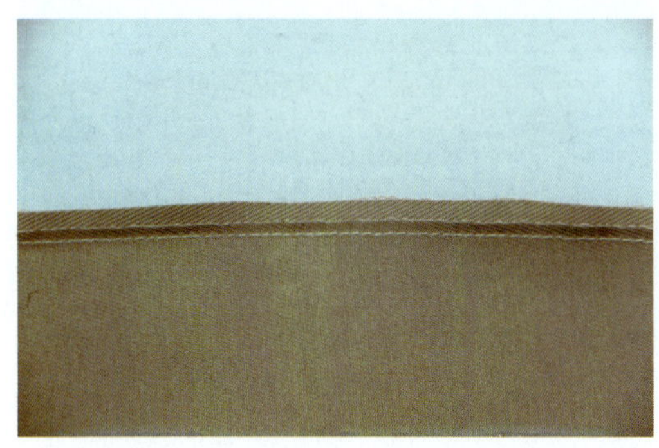
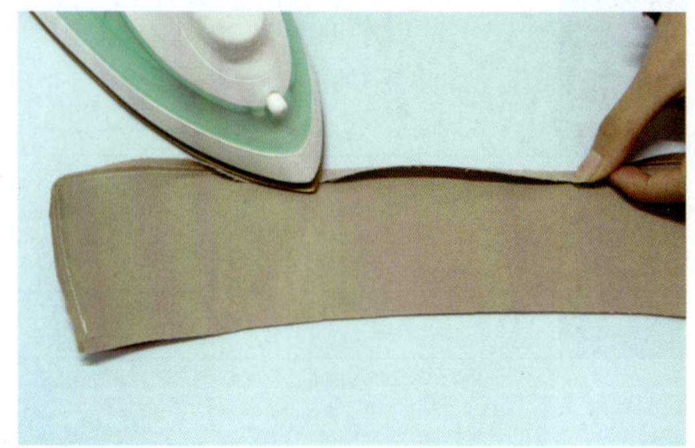

图 6—1—25　修烫上领缝份

4. 缉上领明线：将上领翻正后，校正领角，两领角要对称一致，沿领外口缉 0.6 cm 明线一道，并利用手势沿上领口车缝一道明线，做出上领窝势（见图 6—1—26）。

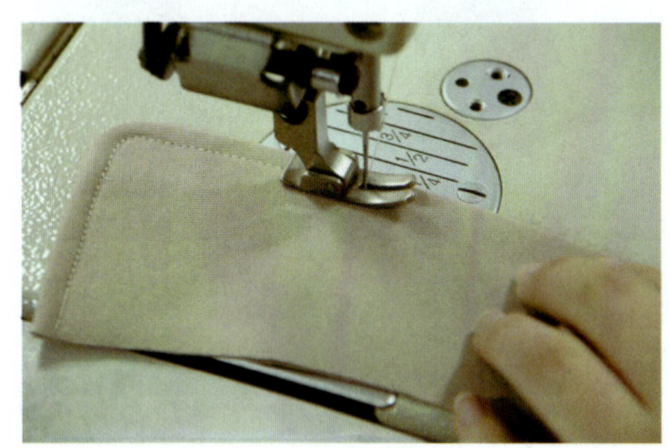
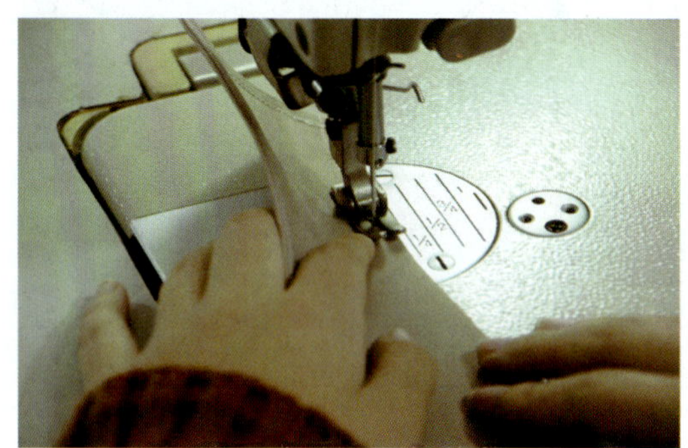

图 6—1—26　缉上领明线

5. 上领缝制完成：上领明线要求无跳线、浮线、断线，缝线顺直，领角左右对称，窝势自然，领子里外匀准确，有上领窝势（见图 6—1—27）。

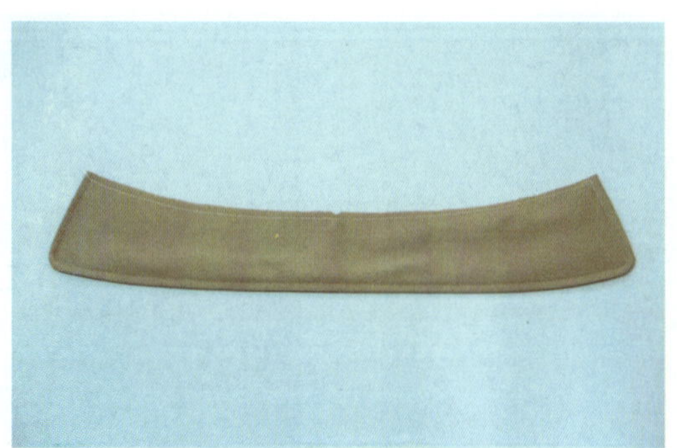

图 6—1—27　上领缝制完成图

6. 下领粘衬、划净样：将领衬与下领里粘合，并划出净样（见图 6—1—28）。

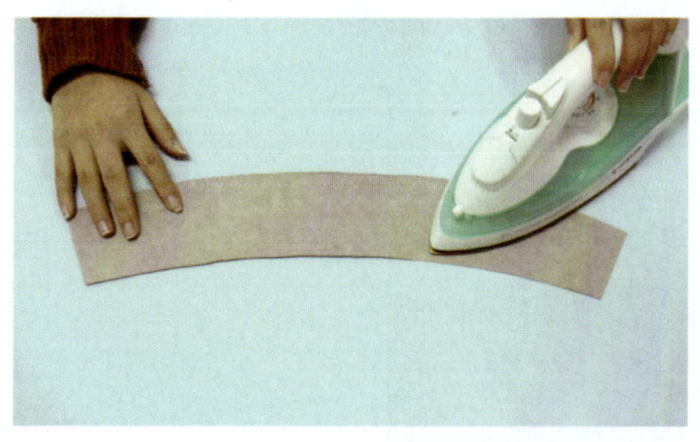

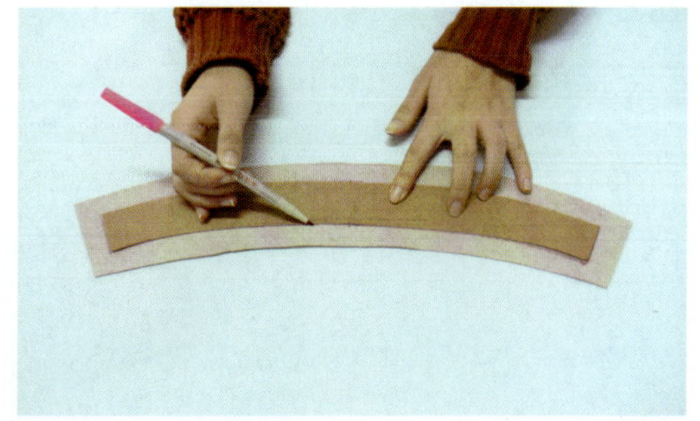

图 6—1—28　下领粘衬、划净样

7. 扣烫下领里：将粘衬的下领里四周缝份向粘衬方向扣烫，要烫煞（见图 6—1—29）。

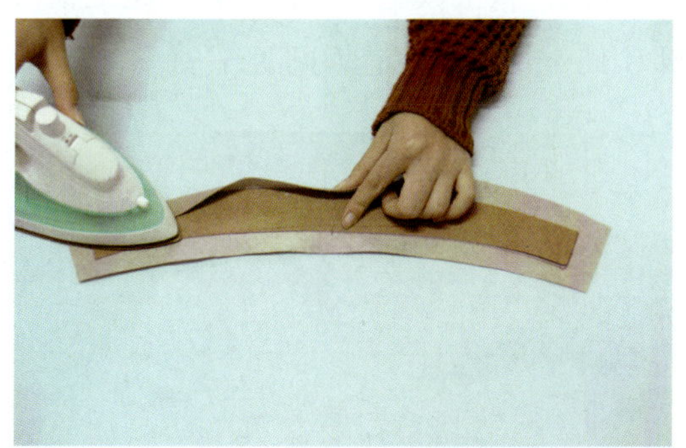

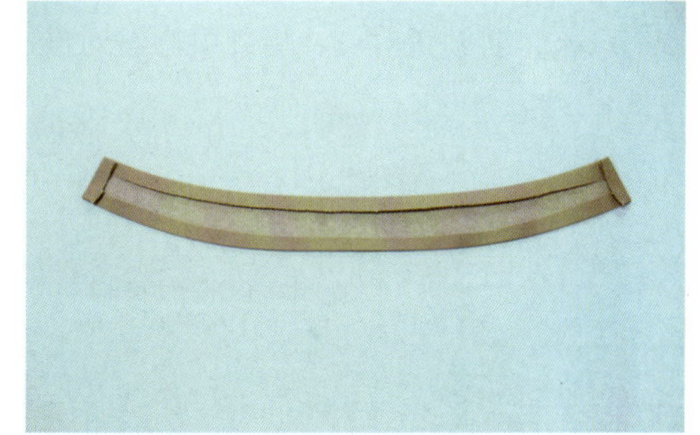

图 6—1—29　扣烫下领里

8. 做下领：下领钉领钩与领钩袢，然后选直丝绺小布条分别穿入领钩和领钩袢内，在领子左端钉领钩，右端钉领钩袢，沿下领四周缉 0.8 cm 明线一道，最后划出中间及肩缝处标记，以备装领时对准（见图 6—1—30）。

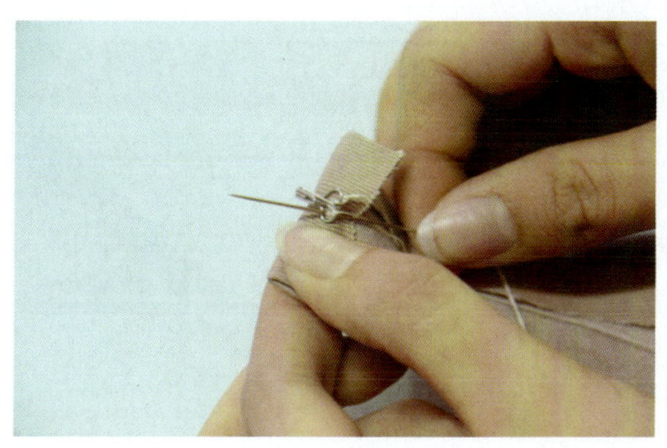

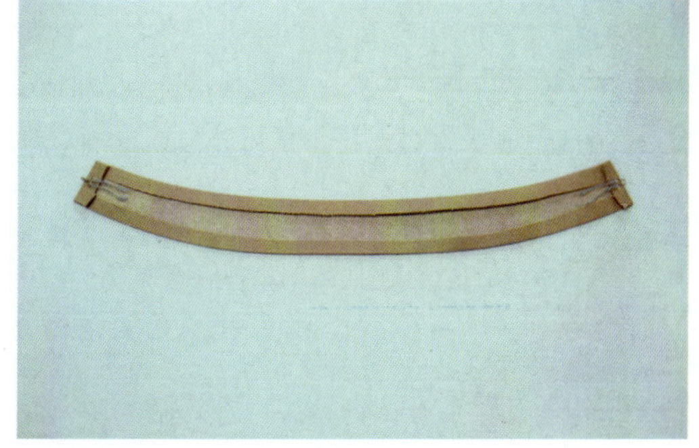

图 6—1—30　做下领

9. 下领里缝制完成：下领里明线要顺直，无跳线、浮线，领钩与领钩袢位置准确（见图 6—1—31）。

图 6—1—31 下领里缝制完成图

10. 压缉上、下领：上、下领分别做好缝制标记，将上领里朝上，下领里距上领口 0.15 cm，前领角对齐，后领中心线对准，车缉 0.15 cm 明线一道（见图 6—1—32）。

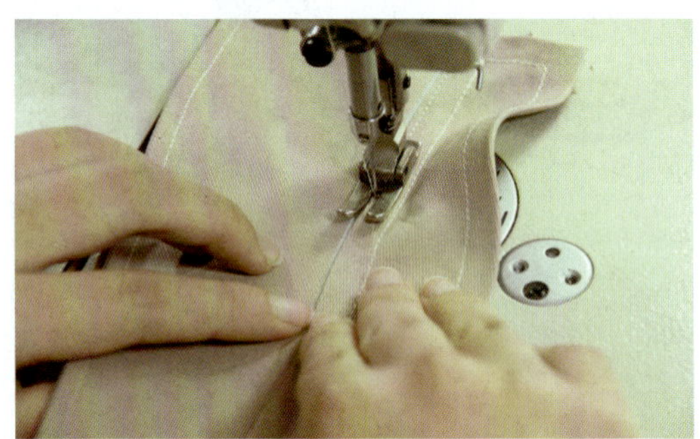

图 6—1—32 压缉上、下领

11. 烫下领面：将下领面按净样折烫上口与两端，盖住上下领缝线（见图 6—1—33）。

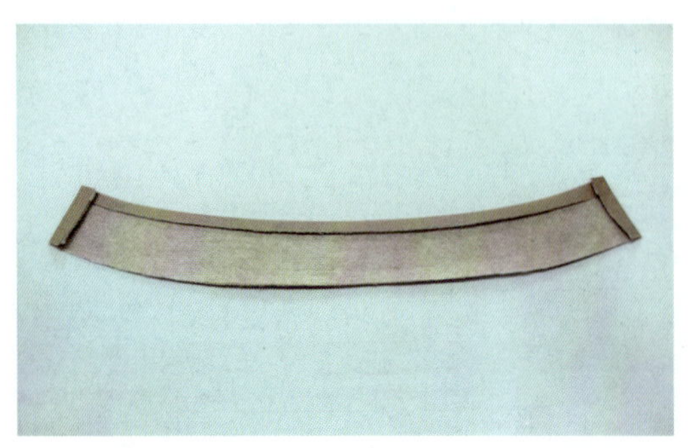

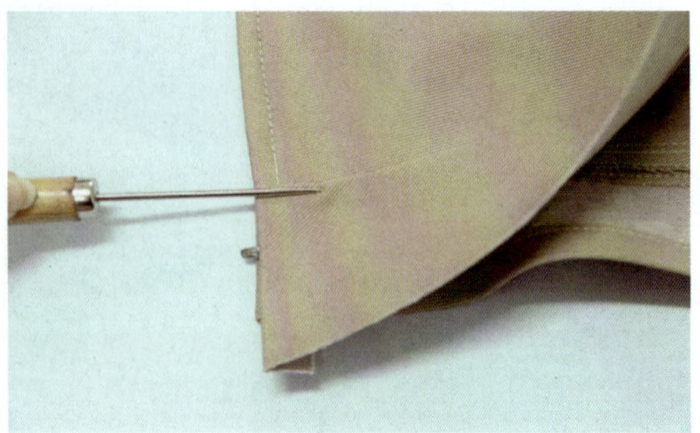

图 6—1—33 烫下领面

12. 缉下领面：将下领面上口与上领下口的后中对准，下领面盖过绱领线，车缉 0.15 cm 明线（见图 6—1—34）。缉线时下领里要略拉紧，缉线要顺直，无跳线、浮线、断线。

图 6—1—34　缉下领面

13. 中山装领缝制完成：上领口圆顺，两领角对称，窝势自然，明线顺直，无跳线、浮线、断线（见图 6—1—35）。

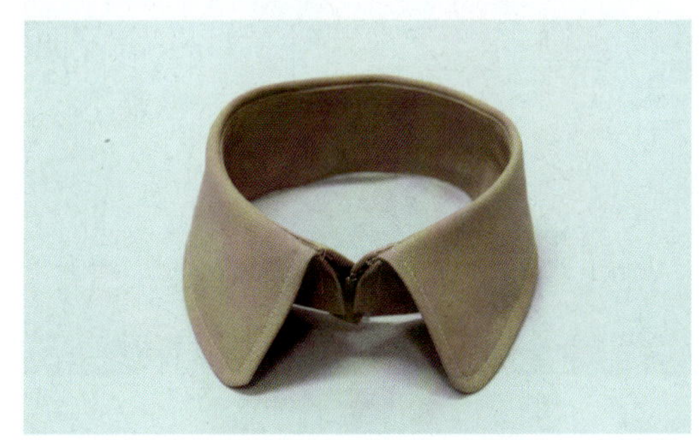

图 6—1—35　中山装领缝制完成图

第二节　旗袍部件缝制工艺

旗袍，中国女性的传统服装，被誉为中国国粹和女性国服。它以流动的旋律、潇洒的画意与浓郁的诗情，表现出中国女性贤淑、典雅、温柔、清丽的性情与气质，被誉为中华服饰文化的代表。旗袍一般要求全部或部分具有以下外观特征：右衽大襟开襟或半开襟形式，立领，盘扣，下摆侧缝开衩（开衩不是必要的，只是旗袍的特征之一），单片衣料，衣身连袖的平面裁剪等。

古典旗袍以京派旗袍为代表，大多采用平直的线条，衣身宽松，两侧开衩，胸腰围度与衣裙的尺寸比例较为接近。而现代旗袍以海派旗袍为代表，引入了立体造型，衣片上出现了省道，并配上了西式的装袖，旗袍的衣长、袖长大大缩短，腰身也更为合体。

本节主要讲述旗袍立领与盘扣的制作方法。

一、旗袍立领缝制工艺

旗袍立领的成品领高一般为 3 ~ 5 cm，领边处可采用滚边、镶边等传统工艺制作，要求领角圆顺、对称。旗袍立领缝制材料见表 6—2—1。

表 6—2—1 旗袍立领缝制材料表

面料	领面 ×1 领底 ×1 滚边条 ×1
辅料	领面衬 ×1 盘扣若干

具体缝制工艺如下：

1. 烫领衬、划领样：烫领衬时，注意领面的里外匀；用铅笔在领衬上划出净样（见图 6—2—1）。

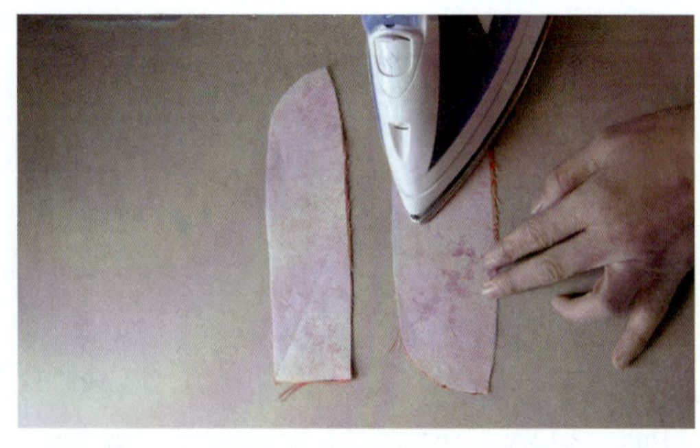
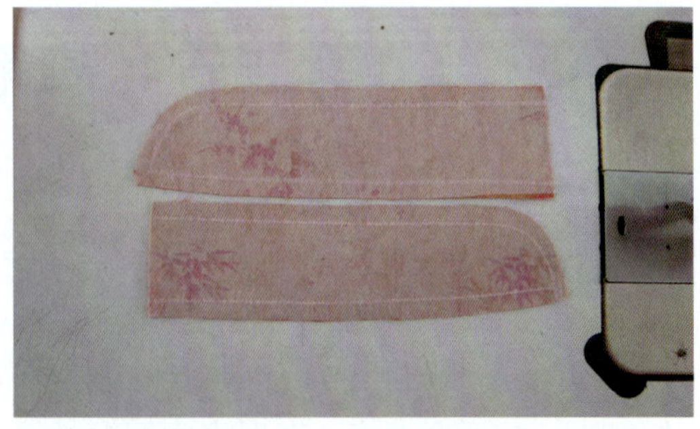

图 6—2—1 烫领衬、划领样

2. 合肩缝：两头平齐，缝份宽窄一致（见图 6—2—2）。

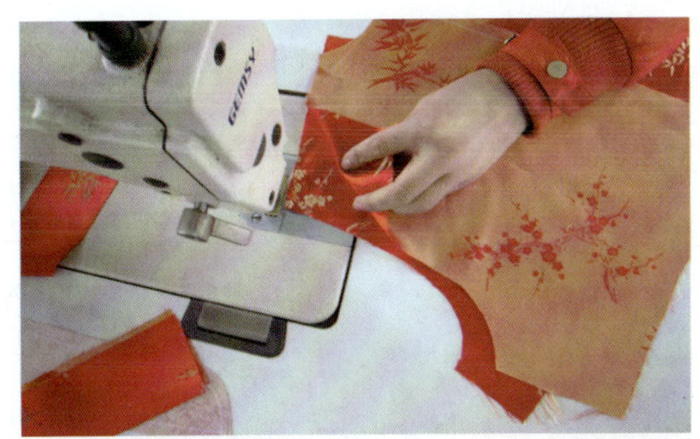

图 6—2—2　合肩缝

3. 绱领：立领领面和领里正面和正面相对，衣片领圈夹在中间，三层面料一道夹绱（见图 6—2—3）。

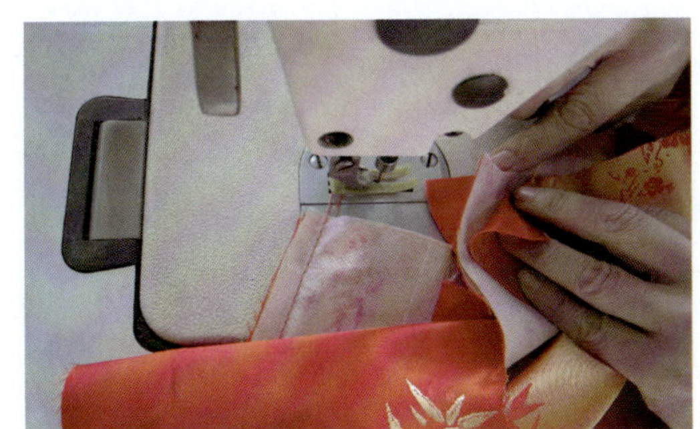
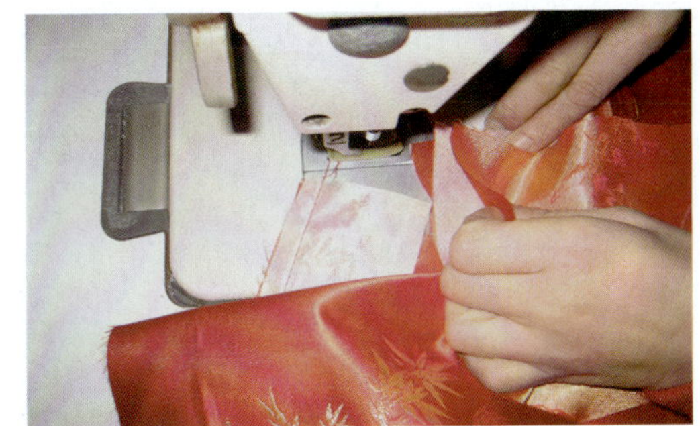

图 6—2—3　绱领

4. 修烫缝份：把领子放在烫凳上熨烫；缝份倒向领片，把领窝缝份熨烫平服，修整多余的缝份（见图 6—2—4）。

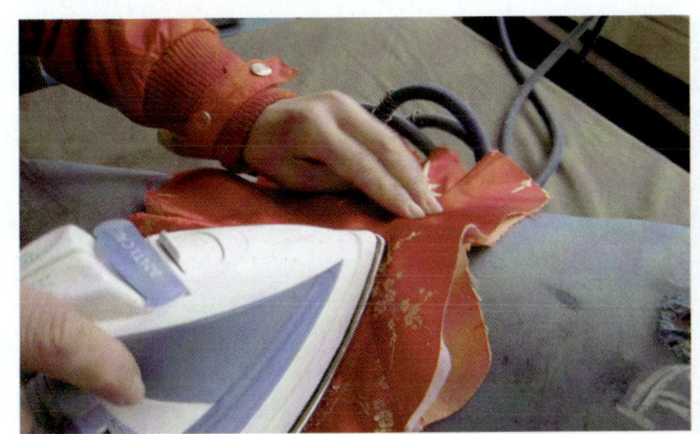
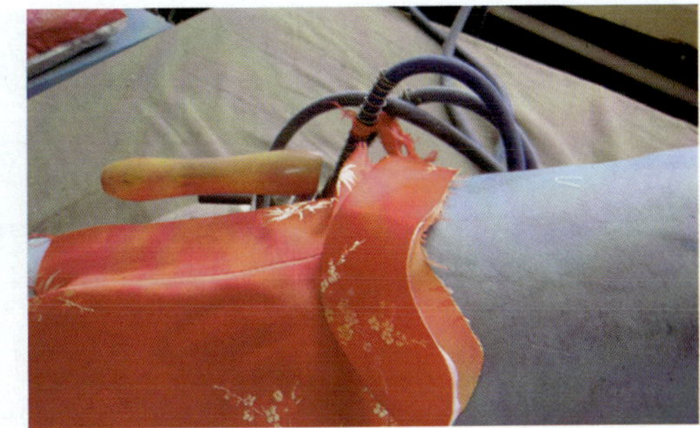

图 6—2—4　修烫缝份

5. 固定面、里：用稀针码在立领上口车缉一道，固定领里和领面两层面料，注意内外匀，并将止口修齐，左右领对称（见图 6—2—5）。

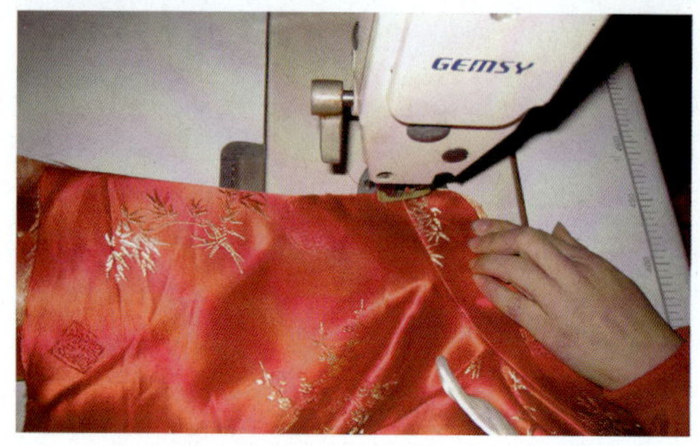

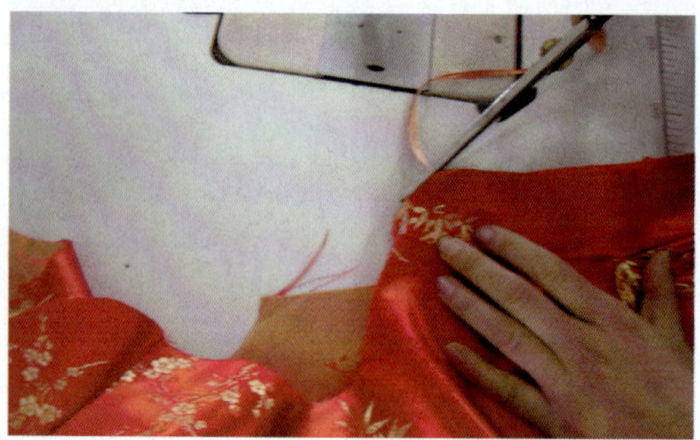

图 6—2—5 固定面、里

6. 领子修好：修剪好的领子左右领头对称，领口水滴左右对称（见图 6—2—6）。

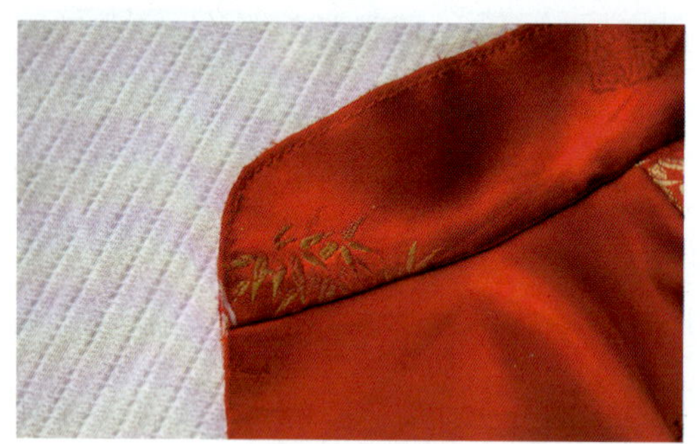

图 6—2—6 领子修好

7. 领口滚边：用卷边器把立领上口及领圈毛边包住，从左边后领中心起针，到右边后领中心止针（见图 6—2—7）。要求宽窄一致，松紧适宜，没有毛边，不能有漏针。

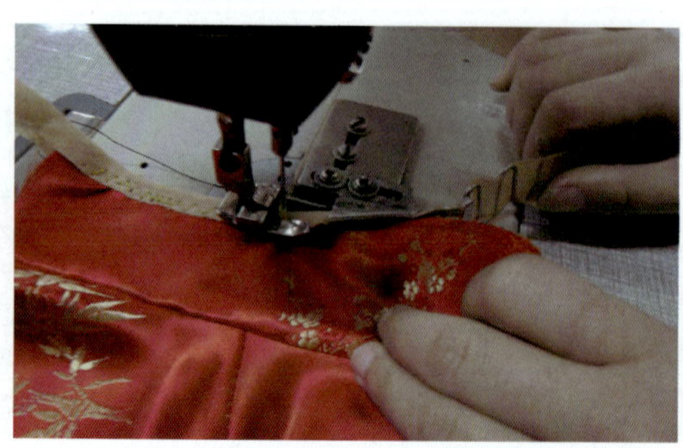

图 6—2—7 领口滚边

8. 完成装领：在领口水滴处钉盘扣（见图 6—2—8）。

图 6—2—8　装领完成图

操作提示

◆领面与领里缝合时，领里比领面小 0.3 cm。目的是为了领面里外匀，使领子产生圆顺的窝势。

◆滚边布一般采用 45° 角正斜纱条。45° 角正斜纱条伸缩性最大，易于操作，包滚效果好。

二、盘扣制作工艺

盘扣，也称为盘纽或纽结、纽袢，是中式传统服装中使用的一种纽扣，用来固定衣襟或作为装饰。常常将盘扣做成盘花扣，盘花扣实则是古老中国结的一种。盘扣缝制材料见表 6—2—2。

表 6—2—2　盘扣缝制材料表

面料	盘扣面料 ×1	
辅料	钩针	

具体缝制工艺如下：

1. 做盘扣绳：将盘扣绳对折 0.5 cm 车缝，之后将缝份修剪成 0.5 cm，并用钩针将绳子翻正（见图 6—2—9）。

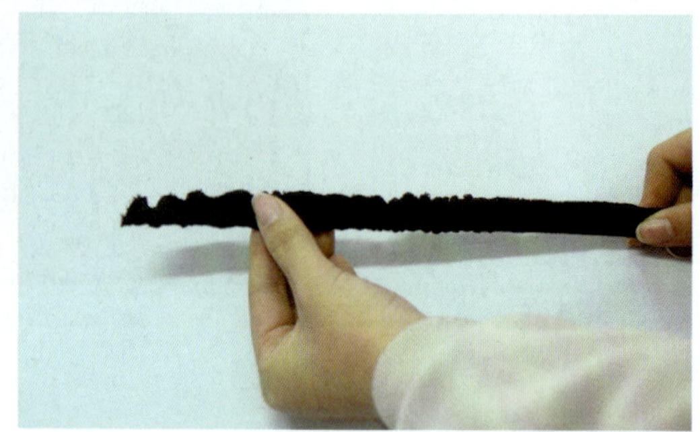

图 6—2—9　做盘扣绳

2. 做扣坨一：双手执绳，右手置于左手下方，做出一个反圈（见图 6—2—10）。

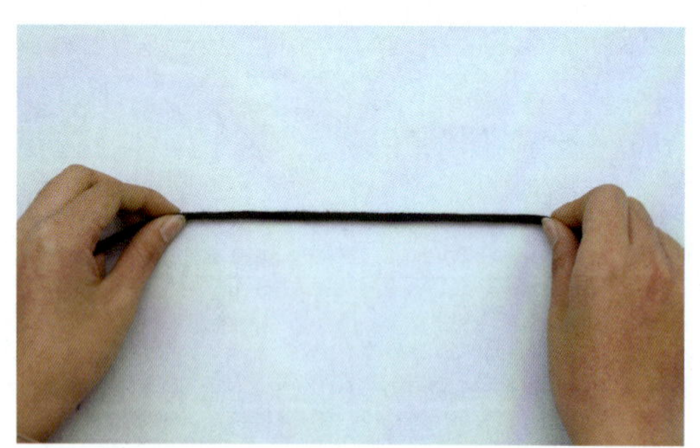

图 6—2—10　做扣坨一

3. 做扣坨二：用左手捏住第一个绳圈，之后右手执绳，向下方绕出一个反圈，并将右手绕出的圈叠在左手圈上（见图 6—2—11）。

图 6—2—11　做扣坨二

4. 扣坨三：左手拿好两个叠好的绳圈，右手拉起左手一侧的绳头，从上方穿进两个绳圈形成的第一个孔内（见图 6—2—12）。

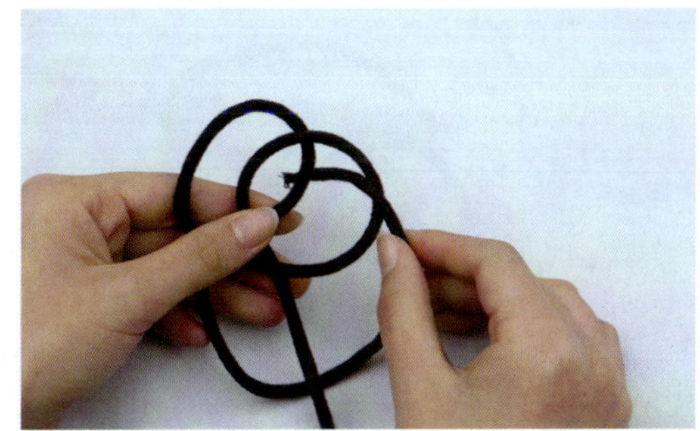

图 6—2—12　做扣坨三

5. 做扣坨四：将绳头由下方从两个绳圈形成的中间孔洞中穿出，此时形成一个新的孔洞（见图 6—2—13）。

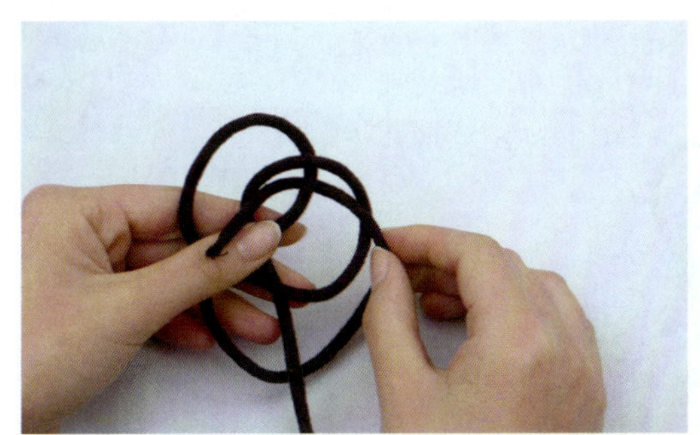

图 6—2—13　做扣坨四

6. 做扣坨五：将绳头从新形成的孔洞中穿出，此时左手不能松开绳子，右手拿起另一端绳头，穿入左上方孔洞（见图 6—2—14）。

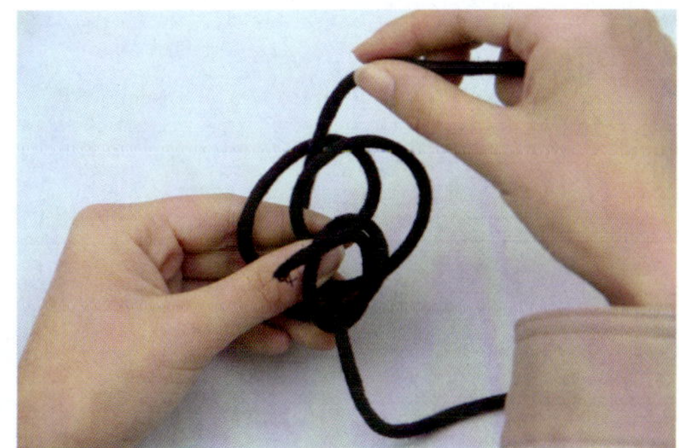

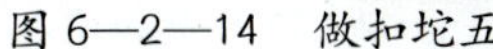

图 6—2—14　做扣坨五

7. 做扣坨六：将绳头由下方从第一根绳头所在孔洞内穿出，并拉紧两根绳头（见图 6—2—15）。

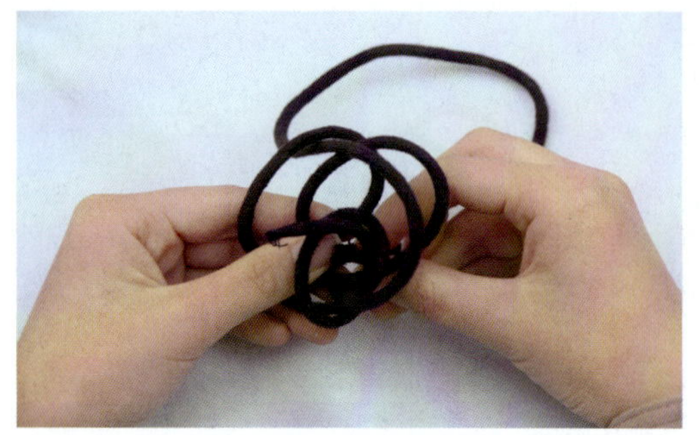

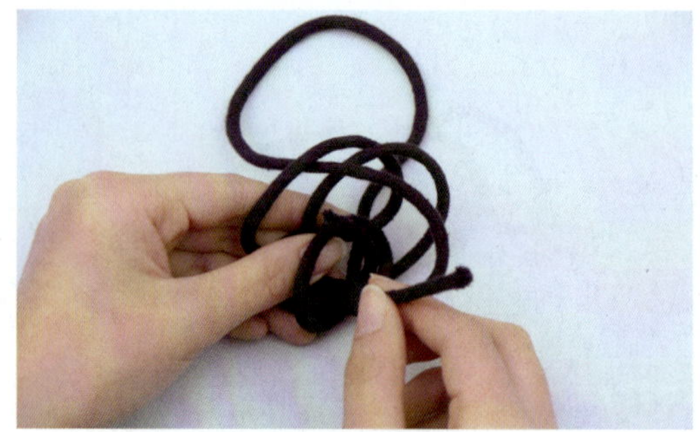

图 6—2—15 做扣坨六

8. 做扣坨七：单独用一根绳子穿进左手第一个洞内，防止拉紧扣坨时不成形（见图 6—2—16）。

图 6—2—16 做扣坨七

9. 做扣坨八：将两根绳头拉紧，并一步一步将绳子拉出，最后形成一个梅花状扣坨（见图 6—2—17）。

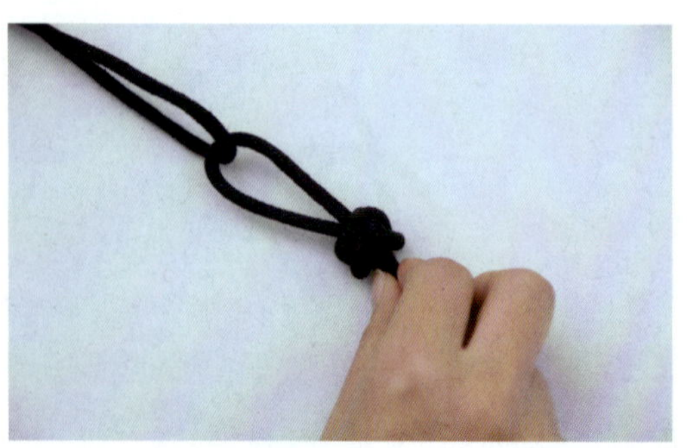

图 6—2—17 做扣坨八

10. 完成扣坨、扣袢制作：将做好的扣坨尾端留 5.5 cm，按照扣坨与坨尾长度，用单根绳做成扣袢，之后将扣坨尾与扣袢尾折光，用针钉缝在面料上，就成为一字盘扣（见图 6—2—18）。

图 6—2—18　完成扣坨、扣袢制作

三、花式盘扣制作工艺

花式盘扣是指利用各种装饰，将盘扣尾做出各类图案的盘扣。花式盘扣大大增加了盘扣的观赏性，同时给旗袍增添了色彩，能够起到画龙点睛的作用。花式盘扣缝制材料见表 6—2—3。

表 6—2—3　花式盘扣缝制材料表

面料	盘扣面料 ×1	
辅料	软铜丝	

具体缝制工艺如下：

1. 做盘扣绳：将盘扣绳三折熨烫，并将软铜丝放在盘扣绳中，两端 0.1 cm 固定（见图 6—2—19）。

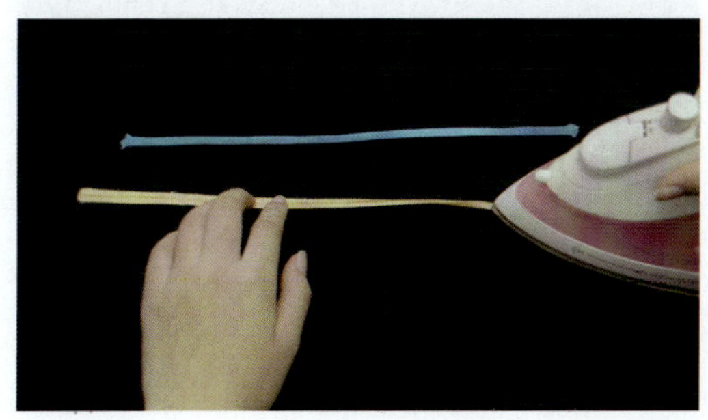

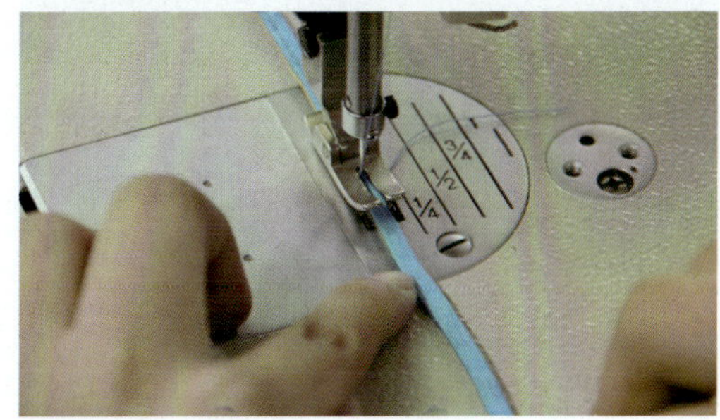

图 6—2—19　做盘扣绳

2. 折花：将做好的盘扣绳折出预先设计好的图案，做出花式扣坨尾（见图 6—2—20）。

图 6—2—20　折花

3. 做扣坨：用单色盘扣绳分别做出扣坨与扣袢（见图 6—2—21）。

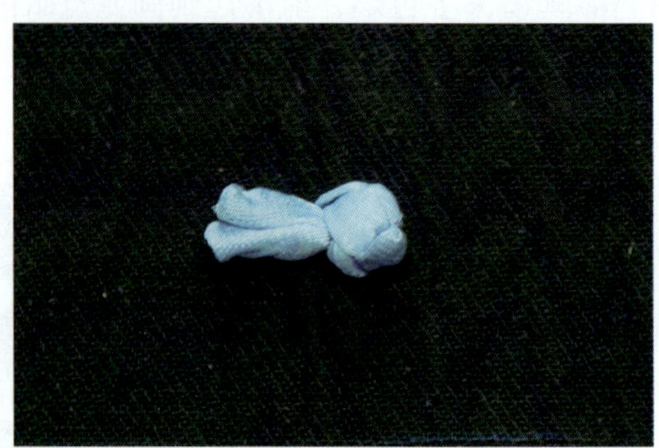

图 6—2—21　做扣坨

4. 缝扣坨：将扣坨尾塞入扣坨中，并用手缝针结合配色线固定（见图 6—2—22）。

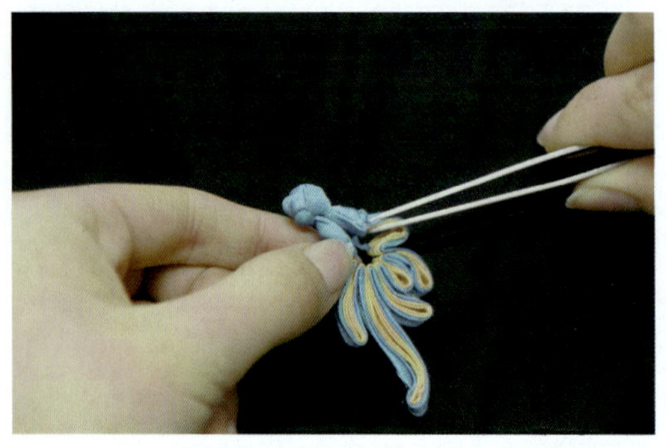

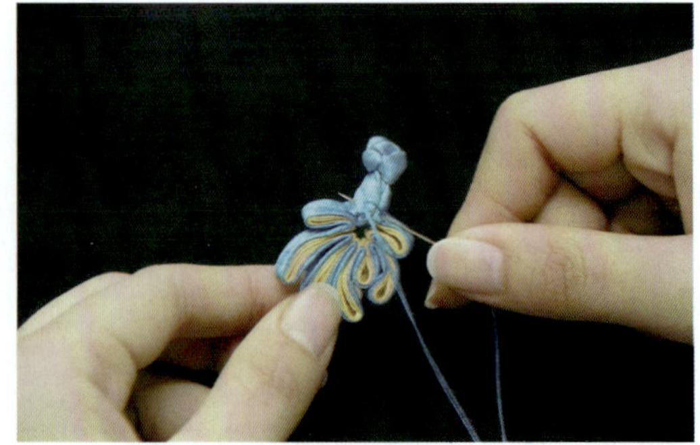

图 6—2—22　缝扣坨

5. 完成扣坨与扣袢：扣袢缝制方法与扣坨一致，注意扣袢要刚好留出扣坨直径（见图 6—2—23）。

图 6—2—23　完成扣坨与扣袢

6. 完成花式盘扣制作（见图 6—2—24）。

图 6—2—24　花式盘扣制作完成图

知识拓展

花式盘扣赏析

采用上述方法，即可做出漂亮的各式花式盘扣，在扣尾可利用填充物使盘扣更具观赏性。花式盘扣赏析如图 6—2—25 所示。

图 6—2—25　花式盘扣赏析图